I0044132

HACIA UNA CULTURA DE LA GESTIÓN ENERGÉTICA EMPRESARIAL

Enrique Posada Restrepo

Prefacio

Esta obra es creada a partir de la experiencia de trabajo de más de 35 años en la empresa INDISA S.A. y de la experiencia personal de más de 40 años del autor. Se ha complementado con revisiones de la literatura especializada.

El objetivo fundamental de este trabajo es ofrecer a los lectores herramientas de ingeniería, de termodinámica, de administración para el logro de la eficiencia energética en los procesos productivos y de fabricación. Es esencial en el este trabajo todo lo relacionado con el **establecimiento de una cultura** del uso eficiente de la energía y con el **establecimiento y desarrollo de proyectos** para el logro de mejoras y cambios favorables en los procesos que permitan contribuir a una mejor gestión de la energía y al logro de los objetivos del desarrollo sostenible en que está comprometida la humanidad.

Estos materiales fueron organizados como parte de un servicio prestado por INDISA S.A. a la empresa ISAGEN S.A. E.S.P. para el ofrecimiento de un diplomado virtual de eficiencia energética a personas que trabajaban con sus clientes.

Este diplomado, que estuvo compuesto por cuatro módulos, se ofreció con el respaldo de la universidad CEIPA y con la responsabilidad académica, científica y técnica de INDISA S.A., siendo el tutor del diplomado el ingeniero Enrique Posada Restrepo. El ingeniero Posada ha sido el autor de los materiales originales, que constituyen la mayor parte del trabajo y el que ha hecho la revisión la selección y el resumen de los materiales tomados de las fuentes referenciadas. La ingeniera Viviana Monsalve contribuyó con su asistencia en las tareas de redacción, recopilación y edición.

Esperamos que los lectores encuentren entretenido, interesante y enriquecedor el contenido de esta publicación y que ella contribuya a su crecimiento cultural y personal y al desarrollo sostenible del mundo y de nuestra región.

Segunda edición: septiembre 2019

Primera edición: febrero de 2014

Imagen de la Carátula: Enrique Posada Restrepo

Autor: Enrique Posada Restrepo
enrique.posada@hatch.com
eposadar@yahoo.com

HATCH S.A.S.
Carrera 75 # 48 A 27
Medellín – Colombia

Propiedad editorial de estos materiales

Estos materiales son propiedad del Ingeniero Enrique Posada. En buena parte son resultado de su trabajo como director de proyectos y asesor de la empresa INDISA S.A., que ahora es la empresa HATCH S.A.S.

No se permite la reproducción total o la parcial de temas integrales en ninguna forma sin la autorización de sus propietarios editoriales.

Partes específicas del material pueden ser copiadas y citadas libremente referenciando al autor y a la empresa INDISA S.A. (Ahora HATCH S.A.S.)

Agradecimientos

El autor agradece a INDISA S.A. (Ahora HATCH S.A.S.) por haber dado los espacios laborales para escribir y recopilar estos materiales y por permitir el uso de resultados de diversos estudios como base para muchos análisis y ejemplos de trabajo.

Agradece a ISAGEN S.A. E.S.P. por haber permitido el servicio de los cursos y del diplomado virtual que dieron lugar a la elaboración de los materiales.

Agradece a la ingeniera Viviana Monsalve por toda su colaboración en la recopilación de los materiales consultados y originados en INDISA y en el trabajo editorial.

Contenido

CAPÍTULO 1. AUDITORÍAS ENERGÉTICAS EN LA INDUSTRIA

Introducción

Conscientes de la importancia de generar una cultura empresarial y personal en la búsqueda del uso eficiente de la energía, y generar conocimiento sobre temas energéticos que permitan una buena gestión y ahorros en procesos y operaciones, se creó esta obra, en la cual a través de lecciones de temas de interés en la industria, se espera llevar al lector a estimular el desarrollo de una cultura del uso eficiente de la energía, la cual debería ir más allá de los aspectos energéticos, hasta convertirse en una cultura de la gestión energética integral.

En esta primera parte abordaremos el tema de las auditorías energéticas industriales, con el objetivo de contribuir a racionalizar el empleo de los energéticos del país, contribuir al desarrollo sostenible y a una economía comprometida con el medio ambiente. Generar competencias entre los lectores sobre el tema de las auditorías de energía aplicables a su trabajo o a sus responsabilidades dentro de una organización industrial. Generar capacidad para trabajar con indicadores y para participar en actividades de evaluación y seguimientos de proceso.

1.1 HACIA UNA CULTURA DEL USO INTEGRAL Y EFICIENTE DE LA ENERGÍA EN LA INDUSTRIA

Introducción

Se podría pensar que los temas de la energía en la industria están relacionados con la tecnología esencialmente. Sin embargo, el logro de un compromiso con el uso eficiente de la energía y su manejo integral involucra aspectos culturales, educativos, de política, de objetivos, de trabajo en equipo y de compromiso y responsabilidad, se presentan diversos elementos de tipo cultural y de comportamiento humano que deben ser tenidos en cuenta. Por ejemplo, la organización debe contar con una política de gestión energética, con unos principios que guíen la acción y con una cierta claridad metodológica y conceptual, es decir con un sistema de creencias alineado y operativo, que genere acciones coherentes y eficaces. Por ello, conocer los aspectos técnicos acerca de estos temas no es suficiente para garantizar el éxito en el uso adecuado e inteligente de la energía. El éxito se va a facilitar si se tiene en cuenta la motivación de las personas que comprenden la empresa, cada una de las cuales tiene que ver, de alguna manera, con la gestión integral de la energía.

La más profunda motivación que pueden tener las empresas para incluir el medio ambiente y el manejo racional de la energía en su entorno de trabajo está relacionada con temas de ética, los cuales en el fondo son cuestionamientos sobre los efectos de las acciones de la organización. Son preguntas sobre lo que traerá el futuro y sobre el mal que se hace o el bien que se deja de hacer. La ética está fundamentalmente asociada con la conciencia y por ello la actuación ética de las organizaciones y de las empresas depende también del estado de conciencia de las mismas.

El conocimiento energético y medio ambiental establece ciclos de retroalimentación en el interior de las organizaciones, los cuales están asociados con estados de conciencia desarrollados y creativos. Estas actitudes creativas tienen que ver con el despertar de las capacidades para imaginar, para establecer visiones, declaraciones, compromisos y políticas de ahorro y de respeto por lo racional y lo correcto. Igualmente generan preguntas y cuestionamientos de fondo, que dan lugar a actitudes de investigación, de aproximaciones novedosas a la problemática y de generación de alternativas.

1.1.1 Creencias, nivel de conciencia y la gestión integral de la energía en la industria

- **Las creencias, la cultura y los efectos resultantes**

La motivación y exitosa implementación de los aspectos ambientales y energéticos en una empresa, se encuentran íntimamente ligadas con las creencias y esquemas mentales de las personas que la componen. La coherencia entre el aspecto mental (creencias y nivel de conciencia) y práctico conduce a un aumento en la calidad del proceso, profundidad en las actuaciones y efectividad en los resultados. En este sentido se puede afirmar que:

- Las creencias son pensamientos, ideas, esquemas mentales a través de las cuales las personas crean e interpretan la realidad e interaccionan con ella.
- Las creencias se manifiestan en forma de declaraciones de la empresa o de la persona. Estas frases dan forma y ponen límites a las realidades empresariales y personales (por ejemplo: Mis funciones son... Ese operario depende de mí... Yo no hago tal cosa... Así funcionan las cosas aquí... Ese es el procedimiento y nunca se ha cambiado...Tal es la naturaleza de esta empresa... Ensayemos esa idea... Busquemos los mejores puntos de trabajo... Nuestra empresa está comprometida con...)
- Las creencias interpretan y contribuyen a crear las experiencias que confirman la verdad de lo que las personas o las organizaciones creen, por ejemplo: Si se cree que investigar es algo complejo y difícil, casi con seguridad que no se dará apoyo a la investigación, con lo cual esta será todavía más inalcanzable para la organización. Si se cree que es muy difícil o imposible cambiar las costumbres de la gente con respecto a un asunto, no se hará nada en este sentido, con lo cual se reafirma la dificultad.
- Las creencias dan lugar a relaciones de causa-efecto y de efecto-causa entre las personas y los elementos del sistema productivo (por ejemplo: Como yo confío en los trabajadores... establezco grupos de trabajo que buscan objetivos. Como yo creo que hay buenas oportunidades de ahorro... establezco un plan de trabajo para concretarlas... Como la empresa está comprometida con el desarrollo sostenible... involucra en sus compras el tema ambiental y de eficiencia energética)
- Las personas y las organizaciones, al manejar deliberadamente sus creencias y su cultura, adquieren el poder de reestructurar su conciencia y de poner a tono su cultura con las nuevas circunstancias y realidades del entorno, lo cual facilita el cambio.
- **Estructuras de conciencia**

3

La cultura y las creencias de las personas y de las organizaciones tienen que ver con la forma en que está estructurada su conciencia, es decir, de la forma en que están estructuradas sus creencias. Estas aparecen como racimos o conjuntos, más o menos confusos o claros, asociados con unos niveles o estados. Los estados o modos de la conciencia pueden agruparse bajo tres categorías: estados reactivos, estados mentales y emocionales y estados creativos.

Los *Estados reactivos* se pueden asociar con los conceptos del miedo, la incomodidad, la agresividad y el estar centrado en el pasado. Cuando las personas y las organizaciones funcionan en estado reactivo, tienden a alejarse de la responsabilidad social y personal, ya que advierten en las situaciones elementos de miedo y temor, defensa y ataque, de repetición de fracasos o de culpabilidad.

Los *Estados mentales, racionales y emocionales* se pueden asociar con los conceptos del manejo organizado de los datos y los registros históricos, el empleo de la lógica, del análisis y de la metodología, la motivación basada en emociones positivas y el trabajo experimental y predictivo. Estas son las bases principales del modo racional de hacer las cosas y funcionando desde estos modos se ha construido en buena parte la actual estructura social y económica y el buen funcionamiento de las organizaciones. Con estas estructuras se superan los modos reactivos.

La gestión energética integral pretende revisar la calidad de lo que se está haciendo, para evitar que lo aparentemente racional y bien motivado, pueda representar situaciones que obstaculicen el trabajo evolutivo de las personas y de las empresas.

Los *Estados creativos* se encuentran asociados con conceptos como imaginación, innovación, investigación, desarrollo, evolución, creatividad y creación, intuición y observación. Estos estados dejan brillar la naturaleza superior de las personas y estimulan las responsabilidades personales y sociales.

Puede que estos conceptos suenen demasiado ideales en el mundo empresarial, sujeto a la competencia, a las exigencias del mercado, a las exigencias del tiempo. Sin embargo, las empresas, el sistema productivo y las personas no pueden ser ajenas a estas realidades idealizadas, dado que los seres humanos son seres integrales. Por ello conviene establecer una realidad industrialmente productiva que sea creativa y que tenga aspectos idealizados.

- **Principios hacia las buenas prácticas en la industria**

El manejo constructivo de la reactividad y de la inteligencia empresarial apoyado en los estados creativos facilita el que cada integrante de la empresa se identifique con los temas ambientales y energéticos y que aporte significativamente con su actuar y sus ideas a la gestión y al logro de mejoras dentro de los procesos de la organización. Para facilitar el trabajo constructivo se presentan a continuación diez principios de trabajo práctico y el desarrollo de la ética personal y empresarial.

El *Principio de la potencialidad universal* se refiere al potencial interno, con frecuencia escondido, que reside en todas las personas y los diversos aspectos de los objetos. Si se tiene en cuenta este potencial, se puede ver más allá de las clasificaciones habituales cómo "malo", "bueno", "problema", "trabajador", "jefes", "pérdidas", "ineficiencia", "dato", "medición", etc., enfocándose más bien en la posibilidad y en la responsabilidad que existe de localizar y encontrar el valor subyacente detrás de estas clasificaciones: las oportunidades.

Las oportunidades son aquellos potenciales que están escondidos. Con este principio en mente, se facilita el aprovechamiento de las mediciones y de los registros y datos existentes en la empresa; se aprovechan muy bien las auditorías y se detectan en ellas acciones correctiva, preventivas y de mejora; se aprovechan las gestiones ambientales para disminuir los costos de producción o encontrar la rentabilidad potencial, se estimula y se da valor a los grupos de trabajo y a las personas.

Principio de la observación participativa. Examina el hecho de que la realidad tiene aspectos subjetivos que dependen en gran medida de la participación las personas. Con este principio se facilita que se den pasos después de la detección de las oportunidades, para hacerlas reales, para aprovecharlas. En la construcción del desarrollo sostenible, todos participan.

Un ejemplo sencillo es el siguiente: Velar porque las mediciones que se tomen y los registros existentes den lugar a análisis posteriores y a toma de decisiones. La captura de datos confiables de medición depende fuertemente de nuestra capacidad de observar. El dato que arroja el instrumento de medición no es realmente independiente del observador, pues está involucrada la calibración y la validación de los datos y de los instrumentos.

Principio del manejo de la incertidumbre. Se refiere a que todo proceso es susceptible de mejoras y de examen, ya que el funcionamiento ocurre en un amplio espectro de posibilidades, algunas de las cuales aportan incertidumbre o están condicionadas. Aún si se cuenta con muy buena automatización y experiencia, habrá aspectos no dominados o que se salen de especificaciones y que pueden generar ineficiencias.

Detrás de las variaciones e incertidumbres están subyacentes ahorros potenciales y nuevas posibilidades de interpretación.

Principio de la asociación o complementariedad. Se refiere a la importancia de la perspectiva para examinar e interpretar las realidades, de manera que se tengan en cuenta los lados opuestos y las visiones complementarias. Este principio facilita que se acepte que son varias las posibilidades de resolver un problema y que no hay que fijar limitaciones arbitrarias ni juzgar perentoriamente. En términos de trabajo en equipo este principio facilita apreciar el espacio del otro y practicar la escucha activa.

Con este principio en la mente empresarial, se amplifican los beneficios de hacer parte de grupos de trabajo, de unirse a otras empresas, de trabajar con las universidades, con las autoridades, con los clientes y los proveedores, de establecer cadenas de servicio, de aprovechar los programas estatales, de estimular el trabajo en grupo. La solución y el problema se combinan para el logro de la mejora continua.

Principio de la unidad. Se basa en la idea de que hay unidad subyacente entre los distintos objetos, las personas y las organizaciones. Una valiosa herramienta de trabajo para estimular el efecto positivo de este principio es tomar cualquier objeto, persona, concepto, creencia, norma, equipo, problema, y sentir como se siente eso, es decir, acercarse a las cosas y sentirlas como de uno, identificarse con ellas, experimentarlas cercanamente. Esto da lugar a asociaciones sinérgicas que optimizan el trabajo empresarial. Ello da fuerza y conocimiento compartido.

Por ejemplo, cuando las personas sienten el aspecto energético y vibran con él, se facilita el manejo de los parámetros, en comparación con verlos desde lejos, sin mayor interés o conciencia.

Principio de las alternativas variadas. Se refiere a que hay varios niveles de la realidad, así como hay varios niveles de conciencia y un espectro interesante de alternativas y de niveles de funcionamiento. Este principio facilita el que las personas y las empresa acepten la existencia de modelos de mejora aplicables a sí mismas y los distintos procesos; con ello se establecen estándares, se plantean metas, se abre la mente a los conceptos y a las visitas de asesores, se asiste con gusto a cursos, se busca la capacitación, se conversa con los clientes y con los proveedores, se asiste a ferias, se conocen y se exploran las normativas energéticas y ambientales como fuentes de acción y mejora.

Principio del manejo del tiempo. Con este principio se facilita la observación de los eventos con una perspectiva más amplia y se logra un mayor enfoque y efectividad a darse cuenta de la importancia del instante que se vive, de la oportunidad que aparece, de la realidad presente. Los problemas van apareciendo a medida que se tiene conciencia para verlos, tiempo para vivirlos y energía para resolverlos. Si se les da la espalda y no se les vive, aparecen el acoso, la tensión y el incumplimiento y el tiempo nos atrapa.

La gerencia y los directivos deben tener tiempo para escuchar las señales que salen de todas partes y para plantear una visión participativa en cuyos logros todos se conviertan en gerentes. Eso creará tiempo.

Principio de la energía prevalente. Reconoce que la vida, la naturaleza y todos nosotros tenemos un potencial que se manifiesta energéticamente. Este principio facilita que las personas y las organizaciones entiendan las muchas conexiones e implicaciones que las agitan y estimulan y se vean a sí mismas como fuentes energéticas generadoras de comportamientos armónicos y responsables.

En último término, con la búsqueda de un mundo más sano y la sostenibilidad se logrará enriquecer el trabajo comunitario, estimular el empleo y la prosperidad, creando a su vez espacios para la felicidad individual y colectiva. Con este principio se facilita que los procesos de auditoría y de gestión energética, en vez de ser traumáticos e incómodos, sean más bien procesos que brinden confianza y orgullo de lo que se está haciendo y deseo de que mejore, para el beneficio de todos.

Principio de la entropía. Se refiere a los elementos de orden y desorden implicados en los procesos, reflejados en que hay tendencias a que se desintegren y se desordenen las cosas, siendo necesario intervenir activamente para que haya integración y orden. Las crisis de funcionamiento aportan claves para la mejora y el desarrollo y la agitación y la turbulencia aportan señales útiles para cambiar de nivel de funcionamiento. Este principio facilita el visualizar que es importante contar con mantenimiento preventivo y predictivo para que los equipos no se deterioren; que es importante prestar atención a los equipos e instrumentos, pues se descalibran y se salen de sus puntos de trabajo deseables; que esta es una tarea continua que no termina. Permite darse cuenta que si se desea aumentar el nivel de confiabilidad, es necesario aumentar el nivel de conocimientos y de tecnologías. Ello implica invertir, pero puede ser más rentable el resultado final. No se debe temer al cambio, pero se requiere manejo responsable de los recursos.

Principio de los aspectos caóticos de las grandes transformaciones. Se refiere a los efectos escondidos en las pequeñas variaciones de los parámetros que influyen sobre la realidad y que pueden ser muy influyentes. Estos efectos de tipo caótico, son parte natural de la existencia, guardan relación con los fenómenos y pueden generar altas inestabilidades y complejidad.

Existen los catalizadores, que son elementos que facilitan el cambio. Un asesor, un curso, la idea de una persona, un intercambio con un cliente, asistir a un feria. Son pequeños eventos de alcance insospechado. La empresa se debe catalizar con frecuencia. Aún las ideas que fracasan contienen claves que catalizan. Por ejemplo, la existencia de una fuga en un sistema, significa una pequeña perturbación que puede llevar a un gran caos si no se le presta atención, y puede significar una oportunidad de mejora si se actúa creativamente. En lo pequeño existen las posibilidades de grandes cambios.

1.1.2   Creencias que estimulan el cambio cultural deseado

Se exponen a continuación varias creencias que tienen impacto positivo para crear realidades de gestión energética integral.

El consumo se puede racionalizar y minimizar. Los gastos energéticos pueden ser muy importantes. La experiencia generalizada muestra que se pueden racionalizar. Es ideal lograr la minimización de los gastos energéticos en la fuente para lograr menos perdidas y más beneficios. Ello va a incidir directamente en los resultados económicos de la empresa. El uso racional de la energía es una bella oportunidad para obtener beneficios, y en el actual entorno económico, ecológico y normativo es además una necesidad inclusive de supervivencia.

Las pérdidas energéticas pueden ser más importantes de lo que las empresas creen. Es posible que por falta de revisión de los datos y por falta de indicadores, se estén aceptando pérdidas notables como cosa normal. El mero hecho de revisar los datos y de establecer metas e indicadores puede ser suficiente para crear beneficios. El aumento en el nivel de conciencia que ello genera tiene efectos insospechados.
La minimización de consumos y pérdidas energéticas incide directamente sobre los resultados de la empresa. En comparación con otras acciones relacionadas con la economía empresarial, la reducción de consumos y de pérdidas energéticas se

refleja directamente en el balance final, con resultados que pueden ser muy atractivos y sorprendentes.

Las inversiones para lograr las reducciones de consumos y evitar las pérdidas se amortizan en tiempos casi siempre cortos. Es muy frecuente que las inversiones necesarias para llevar a cabo las buenas prácticas se recuperen en menos de un año. Con mucha frecuencia ocurre que su puesta en práctica no implica gastos o esfuerzos significativos para la empresa.

Al trabajar los temas de energía y medio ambiente, en general se da lugar a mejoras de los procesos. Los aspectos energéticos y ambientales casi siempre van apareados con temas de proceso. Organizar lo energético y lograr buenas prácticas con frecuencia va a significar también mejoras de proceso, mejor control, modernización, racionalización de consumos, menos gastos de materias primas, menos contaminación y mejores condiciones de trabajo para las personas.

Las auditorías van a mostrar oportunidades de ahorro y de mejora. En todos los procesos de auditoria se encuentran ahorros potenciales significativos, aún en el caso de que se haga una auditoría simple de corta duración, especialmente cuando la organización contribuye con una actitud abierta y de suministro de información sobre sus estadísticas de consumo y de producción.

La tabla que se muestra a continuación contiene un resumen de metas factibles de ahorro de energía eléctrica y combustibles encontrados durante auditorías energéticas realizadas por INDISA.

Tipo de empresa	% de ahorro posible	Ahorro potencial mensual, millones de Col $ (año 2011)
Ahorros en el uso de la electricidad		
Llantas	5,9	23,9
Metalmecánica	5,6	8,6
Cerámica	3,2	15,2
Molinería de arroz	5,0 a 18,9	1,8 a 10,9
Cementos	8,6 a 10,0	94,0
Textil	3,6 a 20,0	13,0 a 17,0
Ahorros en el uso de combustibles		
Llantas	4,9	9,3
Metalmecánica	14,6	5,0
Cerámica	2,8	17,0
Molinería de arroz	31,6	1,6
Cementos	8,6	42,8 a 60,0
Textil	10,0	2,9

Tipo de empresa	% de ahorro posible	Ahorro potencial mensual, millones de Col $ (año 2011)
Acería	16,6-23,6	276-517

Existen costos y beneficios ocultos que se deben descubrir, evaluar y considerar cada vez más. La humanidad ha tratado la energía como un bien barato durante muchos años. Esto ha ocurrido en buena parte porque no se consideran la totalidad de los costos involucrados ni la totalidad de los beneficios que se pueden obtener al trabajar de forma más racional. Hay costos y beneficios intangibles y hay costos y beneficios no considerados. El considerar de forma más integral la situación puede hacer atractivo un programa de buenas prácticas, de reducción de pérdidas y de ahorros energéticos que en apariencia muestre recuperaciones pequeñas de capital invertido.

Cada vez más se tendrán que tener en cuenta las externalidades. Las externalidades se refieren a costos que la empresa no está pagando y que debiera pagar. Son costos que está pagando la sociedad o que no se están cubriendo adecuadamente, de forma que por no considerarlos se está deteriorando el ambiente o se está contribuyendo a situaciones injustas en algún punto de la cadena de producción. Al contar con programas de buenas prácticas, de optimización y de ahorros, se están rebajando estas externalidades, de forma que cuando se internalicen, no tendrán un impacto tan severo sobre la empresa.

Siempre es factible establecer programas más racionales y creativos. Si las empresas actúan solamente como reacción a los estímulos externos, por ejemplo, como respuesta a mayores costos de combustibles, a la existencia de normas o a las presiones de la comunidad o del mercado, de cierta forma actúan de forma reactiva, por impulsos y menos racional. Un programa de buenas prácticas y ahorros ayuda a que la empresa actúe sin presiones, de forma imaginativa, inteligente y creativa, anticipándose, estableciendo nuevas realidades, ejerciendo liderazgo. El utilizar herramientas preventivas y de minimización energética en origen, por ejemplo, es una forma muy rentable de disminuir pérdidas, que se favorece bajo ambientes racionales y creativos.

La gestión energética integral es una ventana hacia el desarrollo de la tecnología. Existen interesantes potenciales de ganancia en el desarrollo de tecnología, El trabajo creativo en el área energética puede dar origen a ideas propias técnicas que se pueden comercializar o que se pueden involucrar en los procesos.

1.2 GENERALIDADES Y CONCEPTOS SOBRE LA ENERGÍA Y LOS PROCESOS DE SU TRANSFORMACIÓN Y APROVECHAMIENTO EN LA INDUSTRIA

Introducción

La energía hace parte esencial de los procesos industriales, de la vida en general y del funcionamiento del universo. Es el potencial detrás de todas las transformaciones y cambios físicos. El entendimiento de su naturaleza y su uso creciente y cada vez más abundante, ha permitido los grandes cambios de la era industrial, que se inició a comienzos del siglo XIX y que son en esencia los siguientes:

- Transformación de la energía calorífica que genera la combustión de los combustibles en trabajo mecánico.
- Generación de energía eléctrica y su transformación en trabajo mecánico.
- Desarrollo tecnológico reflejado en una gran cantidad de inventos y de procesos de transformación.
- Desarrollo de la energía atómica y entendimiento de las leyes de la física cuántica.

Algunos de los ejemplos y aplicaciones de estas transformaciones son:

Inventos	Aplicaciones	Desarrollo
Máquina de vapor	Bombas	Minería de profundidad
	Locomotora	Transporte de bienes y personas
Motores de combustión interna	Medios de transporte Generación de electricidad	Transporte de bienes y personas Artículos eléctricos
Calderas	Generación de vapor	Desarrollos industriales
Turbinas	Aviones a chorro Generación de electricidad	Viajes globales y aumento de la velocidad.
Motores de cohete	Viajes espaciales	Comunicaciones
Motor eléctrico	Todo tipo de aplicaciones	Suministro de energía mecánica
Resistencias eléctricas	Electrodomésticos	Calidad de vida en el hogar
Iluminación	Lámparas	Disponibilidad de tiempo
Espectro de luz	Comunicaciones, análisis químico e iluminación	Globalización y automatización

La energía se presenta en múltiples formas: trabajo, electricidad y calor. Existen otros tipos de energía que son fijadas según el estado del sistema y que además son propiedades inherentes a los cuerpos: interna, cinética, potencial y fisicoquímica. En el manejo de la energía y sus transformaciones hay muchas oportunidades para que haya pérdidas e ineficiencia, pues se trata de temas complejos y siempre existe la tendencia a que se disipe la energía. Esto ha llevado a que la humanidad dilapide cantidades enormes de energía en proporción al uso útil de la misma.

Dentro del desarrollo de un programa de racionalización de energía es importante contar con un conocimiento mínimo sobre el tema, y así disminuir las dilapidaciones de energía con un criterio basado en el conocimiento. Se presentan inicialmente en esta sección algunos elementos esenciales de este extenso tema. También se presentan ejemplos de las diferentes áreas energéticas y térmicas en la industria, presentando adicionalmente algunos equipos y sistemas industriales comunes y algunas de sus características energéticas. Un uso muy importante de la energía a nivel industrial son los combustibles, los cuales llevan consigo la energía que es transformada posteriormente para un fin en particular, por tanto también se abordará este tema.

Todos los procesos industriales cumplen con las leyes de la conservación de la masa y las leyes termodinámicas, las cuales establecen las categorizaciones y los límites en la transformación de la energía. Estas leyes nos hablan de varios aspectos acerca de la energía como el calor, el trabajo, la energía como propiedad y parte de los procesos (energía interna, cinética, potencial, fisicoquímica), entre otros. A continuación se presentarán algunos conceptos generales.

1.2.1   Tipos de energía

La energía es la fuente de todos los movimientos del universo dando dinamismo y vida a los sistemas por medio del efecto de fuerzas potenciales.

La energía se presenta de múltiples formas, siendo el *calor* la más intuitiva de todas. Esta se presenta como energía en movimiento a través de las fronteras de los sistemas, impulsada por la diferencia de temperatura entre el sistema y el ambiente que lo rodea. "El calor es el flujo de energía asociado con la diferencia de temperatura entre dos zonas del espacio", por ejemplo:

- Una pared caliente cede energía calorífica a un ambiente frío.
- Un intercambiador de calor facilita el flujo de calor entre dos fluidos que están a diferentes temperaturas.

- En la cámara de combustión de una caldera, las llamas y los gases calientes ceden calor a las paredes y a los tubos de agua que las rodean.

El calor está asociado en general con tres elementos:

- Un área de transferencia
- Una diferencia de temperatura
- Un coeficiente indicativo de la resistencia al flujo de calor

Otra forma de energía fundamentalmente es el *trabajo.* Esta forma de energía se presenta cuando un cuerpo es capaz de ejercer una fuerza sobre otro cuerpo, y al mismo tiempo generar el desplazamiento de este en el mismo sentido de la fuerza. Por ejemplo:

- Un agitador en movimiento cede trabajo al fluido agitado.
- El rotor de una bomba cede trabajo al fluido bombeado.
- El rotor de una turbina recibe trabajo del fluido que pasa por ella.

El trabajo en general está asociado con dos elementos:

- Una superficie que aplica o recibe las fuerzas
- Un movimiento relativo entre dos cuerpos

Existen otros tipos de energía que son fijadas según el estado del sistema y que además son propiedades inherentes de los cuerpos. Esto significa que para cada tipo de materia y de estado en que se encuentre esta, se obtendrán energías diferentes. Según lo anterior se han establecido cuatro tipos de energía: energía interna, energía físico-química, energía potencial gravitacional y energía cinética.

La *energía interna* es una propiedad de las sustancias que depende de su estado, especialmente de su temperatura. Se manifiesta como una energía que depende de los movimientos moleculares y de las estructuras de estas mismas moléculas. Con el aumento y disminución de la temperatura se ve afectado el movimiento molecular por lo que se afecta la energía interna de manera proporcional. Algunos aspectos de la energía interna:

- Existen tablas de propiedades para las distintas sustancias en las cuales aparecen las energías internas por unidad de masa.

- En estas tablas se muestra el estado de las sustancias (que sea líquido, gas o sólido), las temperaturas y presiones y la energía interna correspondiente.

La energía interna en general está asociada con los siguientes elementos:

- El calor específico a volumen constante de la sustancia. Este parámetro indica cuanta energía se debe entregar a una masa dada para aumentar su temperatura en un valor dado
- La temperatura
- La cantidad de masa considerada

La *energía potencial* gravitacional es una propiedad que depende de la ubicación de un cuerpo, en el plano vertical. Algunos aspectos de la energía potencial gravitacional son los siguientes:

- Es proporcional a la gravedad y a la posición vertical con relación a un sistema de referencia.
- Depende de la cantidad de masa considerada.

La *energía cinética* es la energía que posee un cuerpo en virtud de su velocidad. Aspectos de la energía cinética:

- Es proporcional al cuadrado de la velocidad.
- Depende de la cantidad de masa considerada.

Existen otras manifestaciones de la energía que se revelan en diferentes formas. La energía solar, por ejemplo, se presenta en forma de vibraciones de las ondas de luz, denominadas radiaciones, que poseen una longitud de onda y frecuencia determinada. Según la frecuencia y la longitud de onda se pueden hacer una caracterización de la radiación, conformándose así el espectro como una distribución de energías según el tipo de radiación.

1.2.2 Las expresiones para la energía

A continuación se presentan algunas formas prácticas en las que se maneja la energía y cómo se expresan.

- **Energía potencial**

Si un objeto de masa m se encuentra en reposo a una altura z, relativa a algún plano de referencia dentro del campo gravitacional de la Tierra, de intensidad g (llamada también aceleración debida a la gravedad), la energía potencial, de dicho objeto debida a su posición vertical, está dada por:

$$EP = mgz$$

- **Energía cinética**

Es la forma de energía que un objeto o sistema de masa m posee, relativa a su estado en reposo, debido a su movimiento global a una velocidad constante v. Específicamente, se puede calcular mediante la fórmula:

$$EC = \tfrac{1}{2}\, mv^2$$

- **Energía interna**

Se simboliza por la letra u, como energía interna por unidad de masa. Es una de las propiedades termodinámicas y por ello se encuentra en tablas de propiedades de las distintas sustancias, como función de la temperatura y de la presión. Al observar dichas tablas se advierte que depende casi linealmente de la temperatura y está poco influenciada por la presión. Cuando un fluido es calentado se puede calcular el cambio de energía interna generalmente mediante la expresión.

Cambio de energía interna = Flujo de masa Cv ΔT

Donde ΔT es el cambio de temperatura y Cv es el calor específico medido a volumen constante. Esta es una propiedad de las sustancias que se reporta basada en mediciones experimentales.

- **Trabajo de flujo y entalpía**

En las zonas de entrada y de salida de flujo se genera un trabajo producido por las presiones que allí existen, las cuales hacen una fuerza sobre las masas que se desplazan por dichas áreas. Este trabajo, por unidad de masa, es igual al producto de la presión por el volumen específico, pv o p/ρ, donde ρ es la densidad. Viene a ser el trabajo que hace fluir las sustancias en las zonas por las que ellas entran o salen al sistema.

La entalpía h, es la suma de la energía interna más el trabajo de flujo.

$$h = u + pv$$

Como la presión y el volumen específico son ambas propiedades de las sustancias, su producto también lo es y por ello la entalpía es así mismo una propiedad. En la literatura se encuentra en las tablas de propiedades de las distintas sustancias, como función de la temperatura y de la presión. Al observar dichas tablas se advierte que depende casi linealmente de la temperatura y está menos influenciado por la presión, lo que se explica mediante la expresión:

Cambio de entalpía $(\Delta h) = \dot{m} * Cp * \Delta T$

Donde $\dot{m}$ es el flujo de masa, el cual está cambiando su entalpía, ΔT es el cambio de temperatura y Cp es el calor específico medio a presión constante.

Esta es una propiedad de las sustancias que se reportada basada en mediciones experimentales. La tabla siguiente muestra algunos valores de Cp y Cv para diversas sustancias a 27 °C. Para los sólidos y los líquidos Cp y Cv son bastantes similares y se habla del calor específico C.

Sustancia	Cp, kcal/kg°C	Cv, kcal/kg°C
Aire (gas)	0,24	0,17
Nitrógeno (gas)	0,248	0,177
Hidrógeno (gas)	3,43	2,44
CO_2 (gas)	0,203	0,158
Oxígeno (gas)	0,219	0,157

- **Potencia eléctrica en un motor eléctrico**

Se puede conocer mediante mediciones del amperaje y del voltaje que consume teniendo en cuenta el factor de potencia, mediante la siguiente expresión para un motor trifásico.

Potencia activa eléctrica = Voltaje*Intensidad*$\sqrt{3}$ cos Φ,

Donde $cos\ \Phi$ es el factor de potencia del motor.

La eficiencia (Ef) del motor es la relación, expresada como porcentaje, entre la potencia consumida eléctrica y la entregada en el eje, o potencia mecánica:

Potencia mecánica, potencia de eje = Potencia activa, Ef / 100

El factor de potencia y las eficiencias del motor son funciones de la carga. Cuando las cargas son altas, mayores del 60 % de la carga nominal, se pueden emplear los factores de potencia y las eficiencias nominales. Cuando las cargas son bajas, caen apreciablemente las eficiencias y el factor de potencia y se requiere información sobre estos parámetros como función del porcentaje de carga (que a la vez es función de la relación entre la intensidad de trabajo y la intensidad nominal), La gráfica siguiente muestra un comportamiento típico para estos parámetros.

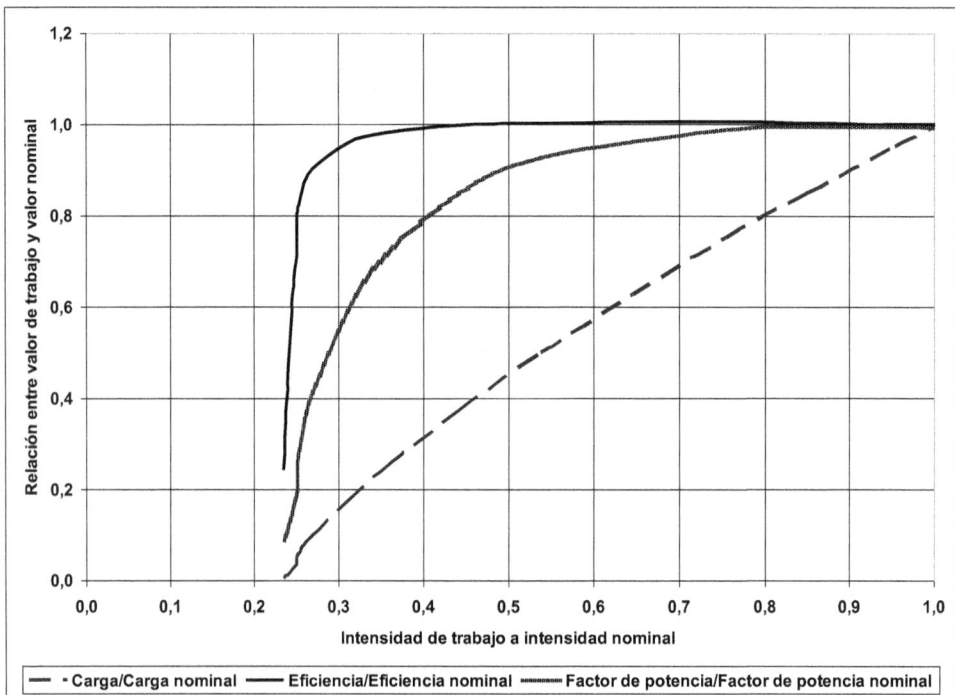

- **Pérdidas de potencia eléctrica por el paso de la corriente**

Se calcula mediante la expresión:

$$Wp = I^2 * R$$

Donde *I* es la intensidad de la corriente en amperios y *R* es la resistencia del conductor en Ohmios. *Wp* es la potencia disipada en vatios.

- **Potencia mecánica de flujo entregada a un líquido que pasa por una bomba o a un gas que pasa por un ventilador**

Se calcula mediante la expresión

$$PotFlujo = \rho g Q H$$

Donde ρg es el peso específico del fluido, producto de su densidad por la gravedad, Q es el caudal y H la cabeza generada por la bomba, en unidades de longitud, La cabeza H se calcula con base en las diferencias de energía entre la entrada y la salida de la bomba o ventilador, mediante la expresión:

$$H = (Vs^2/2 \cdot g) - (Ve^2/2 \cdot g) + Zs - Ze + (Ps/\rho \cdot g - Pe/\rho \cdot g)$$

Es decir, H es la diferencia entre las cabezas de velocidad $[(Vs^2/2 \cdot g) - (Ve^2/2 \cdot g)]$, de trabajo de flujo $(Ps/\rho \cdot g - Pe/\rho \cdot g)$ y de posición entre la salida y la entrada de la bomba o ventilador $(Zs - Ze)$.

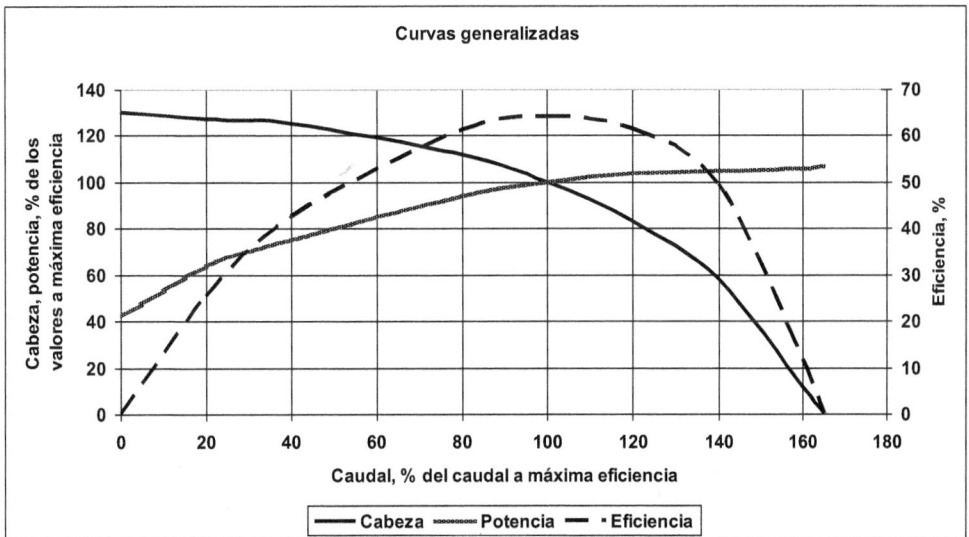

Curvas generalizadas de una bomba

La relación entre la potencia mecánica de flujo y la potencia real entregada en el eje de la bomba, es la eficiencia del dispositivo, Estas eficiencias son función del caudal que manejan estos dispositivos y de la velocidad a la cual se mueven y son medidas experimentalmente por los fabricantes y suministradas como curvas o tablas de funcionamiento. La figura muestra estos parámetros típicos para una bomba centrífuga, basadas en las relaciones entre los valores de trabajo y aquellos a máxima eficiencia.

1.2.3   Balance de masa y principios de conservación

Todos los procesos industriales cumplen con las leyes de la conservación de la masa y las leyes termodinámicas, las cuales establecen las categorizaciones y los límites en la transformación de la energía. Estas leyes relacionan los varios aspectos de la energía como el calor, el trabajo, la energía como propiedad y parte de los procesos (energía interna, cinética, potencial, fisicoquímica), entre otros.

Las leyes se refieren también a las limitaciones existentes en cuanto a la dirección que siguen los procesos y en cuanto a las eficiencias de trabajo que se pueden alcanzar. En todo proceso existen pérdidas, por otra parte, es imposible convertir totalmente el calor de una fuente caliente en trabajo útil en sistemas cíclicos. Tampoco es posible transferir calor en un ciclo desde una fuente fría a una caliente sin aportar trabajo. Estos tres comportamientos naturales conducen a la aparición de ineficiencias, La eficiencia se definen como la relación entre la salida deseada de energía útil y la entrada total de energía al sistema considerado.

Cuando se están llevando a cabo procesos de mejora y de racionalización de los consumos energéticos es de mucha ayuda, casi esencial, el realizar balances de masa y de energía y aplicar las leyes de la termodinámica.

*   **Balance de masa**

El balance de masa consiste en la contabilidad de los materiales que entran, salen, se acumulan, se generan y se destruyen en el curso de un intervalo de tiempo dado para un proceso dado. La relación entre estos materiales se encuentra dada por la ecuación:

Entradas + Generaciones = Salidas + Consumos + Acumulaciones

Para realizar balances de masa es necesario contar con datos de flujos de productos, Una de las acciones más importantes que puede hacer una empresa es contar con elementos para medir los flujos de productos a la entrada y a la salida de los procesos. Cuando se desconocen los flujos, las masas involucradas y los tiempos de trabajo, se dificulta enormemente llegar a resultados concluyentes sobre el uso racional de la energía en un proceso dado.

Uno de los flujos más importantes es de los productos que salen y que se consideran como productos no deseados, se trata de los escapes de materiales que dan lugar a la contaminación de suelos, aire y agua. Igualmente de los productos de baja calidad o rechazados que deben ser desechados o regresados al proceso productivo. El conocimiento de estos flujos facilita la gestión integral energética y ambiental.

Es igualmente muy importante conocer los flujos de salida de producto útil, es decir, la producción que se vende o que se alimenta a otros procesos. Estos flujos tienen que ver con la capacidad de producción de los equipos y son esenciales para calcular indicadores de consumo específico.

El balance de masa involucra con frecuencia cálculos e información sobre reacciones químicas, ya que en muchos procesos las materias primas reaccionan para dar lugar a nuevos productos. Con frecuencia los balances de masa tienen que ver con volúmenes, con concentraciones de materiales en una mezcla, con densidades.

- **Balance de energía**

La primera ley de la termodinámica o principio de la conservación de la energía establece las relaciones entre los flujos de energía que experimenta un sistema físico y la forma en que cambian sus propiedades. Si se analiza un sistema abierto en estado estable y con flujos uniformes las expresiones de la primera ley se pueden manejar de manera práctica. La siguiente es la expresión de la primera ley en estado estable:

$$Q - W = \Sigma m_e (h_e + EC_e + EP_e) - \Sigma m_i (h_i + EC_i + EP_i) + [m_2 (u_2 + EC_2 + EP_2) - m_1 (u_1 + EC_1 + EP_1)]$$

e = en las salidas de sustancias
i = en las entradas de sustancias
1 = al inicio del proceso
2 = al final del proceso
m: masa; h: entalpía; EC: energía cinética; EP: energía potencial,
W: trabajo que se hace sobre el medio, o el medio hace sobre el entorno,
Q: calor que entra o sale del sistema.

El sentido práctico de esta ley se observa en que:
- Es posible convertir calor en trabajo mecánico útil mediante máquinas térmicas.

- Las máquinas y turbinas de vapor, los motores de combustión interna, las turbinas de gas y las plantas térmicas son consecuencia práctica de esta conversión.
- Esta conversión ha permitido el desarrollo industrial y el desarrollo tecnológico con base en la utilización de los combustibles fósiles.
- Antes de estos descubrimientos se dependía de las energías humana, animal, eólica e hidráulica para realizar trabajo mecánico útil.

Mediante la aplicación de esta ley a distintos aparatos y procesos, se establecen los balances de energía. En estos balances aparecen en general las siguientes categorías:

- Entradas y salidas de calor, las cuales ocurren a través de las paredes, Estas van a depender de los aislamientos térmicos, de los movimientos de fluidos y de las diferencias de temperatura entre las paredes y los fluidos o sustancias que las rodean interna y externamente. En el caso de la radiación, el flujo de calor dependerá también de las características (rugosidad, color) de las superficies.
- Trabajo, el cual va a depender de la presencia de sistemas mecánicos, casi siempre asociados con ejes, agitadores, rotores, pistones o superficies en movimiento.
- Flujo de entalpía en las entradas y salidas de masa, las cuales dependen de las sustancias involucradas y de sus temperaturas y presiones en las entradas y salidas.
- Flujo de energía cinética en las entradas y salidas de masa, las cuales dependen de las velocidades.
- Flujos de energía potencial, los cuales dependen de los desniveles entre las entradas y las salidas de masa.
- Acumulaciones de energía interna, las cuales dependen de las sustancias consideradas y de las temperaturas de las masas existentes dentro de los sistemas considerados.

Para realizar balances de energía se requiere en general de datos experimentales, los cuales se recogen en las auditorías o en estudios especiales, se registran con los instrumentos existentes, se toman de información estadística o histórica. Esto se completa con información de catálogos o de fabricantes y con referencias al estado del arte de los procesos y de los equipos. Idealmente se debe confeccionar un modelo de comportamiento del equipo o proceso, que permita simular distintas condiciones de trabajo para ver el efecto sobre las eficiencias al cambiar las condiciones operativas.

- **Eficiencias y pérdidas**

Las transformaciones de la energía presentan límites impuestos por la naturaleza, que deben considerarse. El primero de ellos se refiere a que toda la energía que se le suministra a un proceso con una finalidad no se podrá transformar totalmente en energía útil, perdiéndose parte en otras formas de energía. Es así como se habla de eficiencia y pérdidas impuestas a cualquier proceso real de transformación de un tipo de energía en otro.

Eficiencia = (energía real útil para un proceso) / (energía total suministrada al proceso) x 100

La segunda ley de la termodinámica establece los límites y direcciones a los procesos de intercambio energético. Esta ley define otro tipo de límite impuesto por la naturaleza, que consiste en que no es posible transformar totalmente el calor en energía mecánica en un dispositivo que trabaje de forma cíclica. Siempre va a ocurrir que parte del calor suministrado por una fuente de alta temperatura se convierte en calor que se debe entregar a una fuente de temperatura baja, por lo que siempre se lograrán eficiencias límites por debajo del 100% en situaciones ideales, es decir sin irreversibilidades. Las irreversibilidades corresponden a circunstancias que no permiten que el proceso se mueva en dos direcciones indiferentemente. En presencia de irreversibilidades las eficiencias alcanzadas están por debajo de la eficiencia límite. Para que un proceso esté exento de irreversibilidades, es decir sea ideal, se debe cumplir que:

- La generación de trabajo y los movimientos ocurran sin presencia de fricción.
- No ocurran mezclas de sustancias diferentes ni se dé lugar transformaciones radicales y reacciones químicas.
- La transmisión de calor se dé a través de diferencias de calor infinitesimales (es decir, muy pequeñas).

Como se aprecia siempre existirá irreversibilidad.

Existen dos consecuencias prácticas de la segunda ley de la termodinámica que valen la pena mencionar:
- Las máquinas que generan potencia mecánica a partir del calor recibido de una fuente caliente, generan calor de desecho y deben contar con una fuente fría que reciba ese calor.

- Los equipos de refrigeración necesitan potencia mecánica y por ello entregan a la fuente caliente mayor calor que el que extraen al refrigerar la fuente fría.

Estas dos consecuencias dan lugar a toda una gama de puntos de funcionamiento de los equipos, de acuerdo con la cantidad de irreversibilidad, de calor de desecho y de trabajo involucrado. El uso racional de la energía y la gestión integral deberán enfocarse en lograr las mayores eficiencias posibles, las menores pérdidas posibles, las menores mezclas de materiales posibles y el mejor uso posible de los recursos.

Ejercicio. Balances de masa y energía

El caso que se propone es el de una caldera pequeña operada con gas natural. La información de partida es la siguiente:

Consumo de gas natural	kg/h	51,24
Flujo de vapor generado (saturado)	kg/h	1 000
Presión absoluta del vapor	bar	8,51
Temperatura del agua de entrada	°C	104
Temperatura de salida de los gases	°C	160
Oxígeno en los gases	% Vol base húmeda	2,00
Poder calorífico superior del GN (PCS)	kcal/kg	13 241
Humedad en el aire de la combustión	kg/kg aire seco	0,015

El consumo de gas natural en general viene dado por un medidor, que mide en forma volumétrica. Es importante llevar los datos a consumos de masa. ¿Están en su empresa en capacidad de hacerlo?

Es importante que cada caldera o equipo consumidor cuente con la posibilidad de medición de consumos de combustible. De lo contrario, se dificulta cualquier intento de auditoría. ¿Cuenta su empresa con esta capacidad?

El flujo de vapor generado en la caldera y los datos del vapor y del agua son importantes para el análisis, ya que indican la capacidad a la cual se trabaja y permiten establecer balances de energía. ¿Se cuenta en su empresa con elementos para conocer este flujo y estos datos?

La temperatura de salida de los gases y el oxígeno en los gases permiten estimar en forma rápida las eficiencias de trabajo y los excesos de aire. ¿Cuenta su empresa con elementos para conocer estos parámetros?

El poder calorífico superior del GN (PCS) es un dato suministrado por la empresa de gas o que se puede consultar. La humedad en el aire de la combustión tiene que ver con la humedad relativa del ambiente y se utiliza para establecer balances de masa con las humedades de los gases que pasan por la caldera. Para este caso, el tipo de combustible, gas natural puro CH_4. Al estudiar el comportamiento del mismo, se puede establecer la siguiente gráfica que relaciona el exceso de aire con el contenido de oxígeno en los gases:

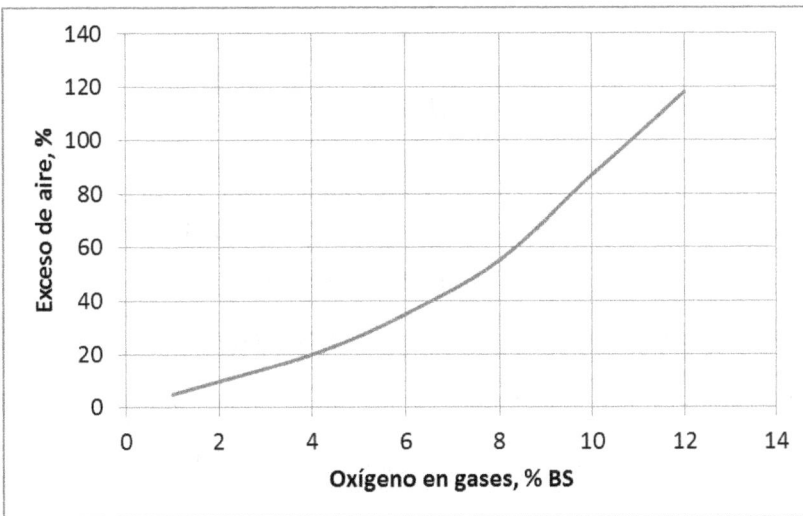

La gráfica anterior sigue la siguiente correlación:

$$Exceso\ de\ aire =$$
$$0{,}048768 * (O_2)^3 - 0{,}214421 * (O_2)^2 + 5{,}5525 * (O_2) - 0{,}89473$$

Al conocer el exceso de aire (basado en el tipo de combustible y en el contenido de O_2) y las temperaturas de salida de los gases, se pueden establecer relaciones como las indicadas en la figura siguiente para la eficiencia de la caldera como función de la temperatura de gases y el exceso de aire:

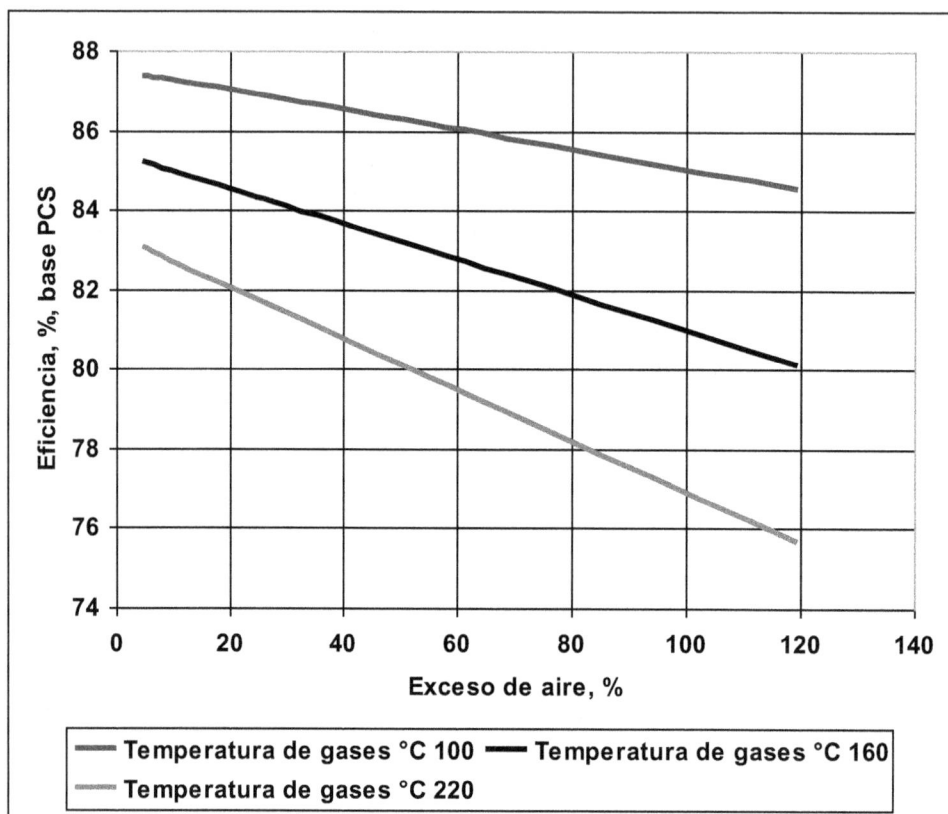

Esta gráfica sigue la correlación:

$$Eficiencia\ de\ la\ caldera =$$
$$\left(-0{,}0003283 * T_{gases}(ºC) + 0{,}0081333\right) * (\%Exceso\ de\ aire) + (-0{,}0348$$
$$* T_{gases}(ºC) + 90{,}979$$

Los equipos de medición de gases utilizados para calibrar la combustión de este tipo de calderas, cuentan con un programa de cálculo que emplea correlaciones como las indicadas. Naturalmente que el programa de cálculo es diferente para cada tipo de combustible.

Para elaborar estas gráficas y los programas de los equipos de medición de gases, se supone generalmente que todas las pérdidas de energía se dan en los gases que salen de la caldera. En realidad, hay otras pérdidas menores asociadas con el agua de las purgas y las pérdidas de calor en las paredes.

¿Estaría en capacidad de deducir este tipo de comportamientos con base en balances de masa y de energía en una caldera de este tipo? ¿Podría hacerlo para combustibles distintos al gas natural puro?

Las tablas siguientes se adentran en los balances de masa y energía para la caldera. Como resultado de este tipo de balances se obtienen las figuras y correlaciones que se acaban de presentar. Le proponemos que entre en detalle en las tablas para lograr una buena comprensión del tema de los balances.

En esta forma se conoce el flujo de agua que deben arrastrar los gases.

Balances de agua		
Relación estequiométrica de aire de combustión (sale de la composición del gas natural puro CH4)	kg aire seco/kg GN	17,16
Exceso de aire	%	9,4
Relación real de aire de combustión	kg aire seco/kg GN	18,78
Consumo de gas natural	kg/h	51,23
Aire seco suministrado	kg/h	962
Humedad en el aire de la combustión	kg/kg seco	0,015
Agua que entra con el aire de la combustión	kg/h	14,43
Agua generada en la combustión (sale de la composición del gas natural puro CH4)	kg/kg de GN	2,25
Agua generada en la combustión	kg/h	115,3
Agua total en los gases	kg/h	129,7

Balance de gases totales		
Relación estequiométrica de aire de combustión	kg aire seco/kg GN	17,16
Exceso de aire	%	9,4
Relación real de aire de combustión	kg aire seco/kg GN	18,78
Consumo de gas natural	kg/h	51,23
Aire seco suministrado	kg/h	962
Humedad en el aire de la combustión	kg/kg seco	0,015
Agua que entra con el aire de la combustión	kg/h	14,4
Aire húmedo suministrado	kg/h	976
Gases totales de salida	kg/h	1.028

En esta forma se conoce el flujo de gases a la salida de la caldera en el punto en el cual se ha determinado el oxígeno.

Cálculo de la energía suministrada con el combustible y determinación de la energía sensible que se llevan los gases de salida de la caldera. Esta energía sensible se calcula con respecto a una temperatura de referencia de 25 °C		
Consumo de GN	kg/h	51,23
Poder calorífico superior del GN (PCS)	kCal/kg	13.241
Potencia energética entregada por el GN	kCal/h	678.283
Temperatura de salida de los gases= T_g	°C	160
Calor específico de los gases = C_p	kCal/kg-°C	0,250
Flujo de gases de salida = m_s	kg/h	1.028
Temperatura de referencia = T_r	°C	25
Potencia calorífica perdida en los gases (energía sensible) = $m_s \, C_p \, (T_g - T_r)$	kCal/h	34.679
Potencia calorífica perdida en los gases (energía sensible)	% del suministro a PCS	5,11

Cálculo de la energía suministrada con el combustible y determinación de la energía latente que se llevan los gases de salida de la caldera. Esta energía latente tiene que ver con el hecho de que el agua de la combustión no se condensa.

Consumo de gas natural	kg/h	51,23
Poder calorífico superior del GN (PCS)	kCal/kg	13.241
Potencia energética entregada por el GN	kCal/h	678.283
Agua generada en la combustión	kg/kg de GN	2,25
Agua generada en la combustión	kg/h	115,26
Entalpía de vaporización del agua generada en la combustión	kCal/kg de agua	582
Potencia calorífica por energía latente perdida en los gases (agua de la combustión que no se condensa)	kCal/h	67.080
Potencia calorífica por energía latente perdida en los gases (agua de la combustión que no se condensa)	% del suministro a PCS	9,89

Se observa que las pérdidas por energía latente son casi un 10 % de la energía del gas natural (calculada a su poder calorífico superior). Estas pérdidas no se tienen en cuenta si se trabaja con el poder calorífico inferior.

Cálculo de la energía ganada por el vapor y de la eficiencia de la caldera

Flujo de vapor generado (saturado)	kg/h	1 000
Presión absoluta del vapor	bar	8,51
Entalpía del vapor generado	Kcal/kg	661
Temperatura del agua de entrada	°C	104
Entalpía del agua de entrada	Kcal/kg	104
Ganancia de entalpía del agua al pasar de la entrada (líquida) a la salida (vapor)	Kcal/kg	557
Flujo de ganancia de entalpía del agua al pasar de la entrada (líquida) a la salida (vapor)	Kcal/h	556 808
Consumo de gas natural	kg/h	51,23
Poder calorífico superior del GN (PCS)	Kcal/kg	13 241
Potencia energética entregada por el GN	Kcal/h	678 261
Flujo de ganancia de entalpía del agua al pasar de la entrada (líquida) a la salida (vapor). Esta es la eficiencia de la caldera.	% del suministro a PCS	82,1

La eficiencia de la caldera se puede encontrar aproximadamente mediante el cálculo de las pérdidas en los gases de salida. En este caso

Eficiencia aproximada = 100 – pérdidas de energía sensible en los gases de salida – pérdidas de energía latente en los gases de salida = 100 – 5,11 – 9,89 = 85,0 %

Nótese que este valor (85,0 %) no coincide totalmente con las eficiencias basadas en la energía que gana el vapor (82,1 %). Esto se debe a las pérdidas menores que no están incluidas en las pérdidas en los gases de salida. Obsérvese la tabla siguiente:

Balance de energía en la caldera		
Potencia entregada por el gas natural	Kcal/h	678 261
Potencia recibida por el agua para volverse vapor	Kcal/h	556 808
Potencia calorífica por energía latente perdida en los gases (agua de la combustión que no se condensa)	Kcal/h	67 080
Potencia calorífica perdida en los gases (energía sensible)	Kcal/h	34 679
Balance de energía en la caldera por justificar	Kcal/h	19 694
Eficiencia de la caldera	%	82,1
Desbalances y pérdidas no contabilizadas	%	2,90

Los desbalances y pérdidas se examinan a continuación:

Análisis de otras pérdidas y desbalances		
Para las purgas		
Agua de purgas (este es un dato relacionado con la forma en que se purga la caldera)	% del vapor	8,00
Agua de purgas	kg/h	80,0
Temperatura de salida de las purgas (luego de pasar por sistema de recuperación)	°C	90
Calor específico del agua	Kcal/kg-°C	1,00
Temperatura de referencia	°C	25
Pérdidas en las purgas	kCal/h	5 200
Pérdidas en las purgas	% del suministro a PCS	0,77
Para las pérdidas de las paredes		
Temperatura externa de las paredes	°C	50
Área externa de las paredes	m²	32
Coeficiente de pérdidas	kCal/h-m²-°C	5,0
Temperatura ambiente	°C	23
Pérdidas en las paredes	kCal/h	4.320
Pérdidas en las paredes	% del suministro a PCS	0,64
Finalmente, por balance de energía		
Otras pérdidas y desbalances	kCal/h	10.174
Otras pérdidas y desbalances	% del suministro a PCS	1,50

En esta forma se ha establecido una aproximación al balance de energías y de masas de la caldera. ¿Está en posibilidad de hacer un ejercicio como este para una de las calderas de su empresa? ¿Qué dificultades se presentan?

Para terminar, se presenta un balance de masa de las especies químicas formadas (se ha considerado que no se forman compuestos de combustión incompleta en este análisis). Inicialmente se calculan los flujos de gases totales y de las especies que ellos contienen.

Cálculos de flujos de gases y de las especies contenidas en ellos		
Aire seco suministrado	kg/h	962
Oxígeno que entra con el aire seco	% en peso	23,3
Oxígeno que entra con el aire seco	kg/h	224,1
Exceso de aire	% del estequiométrico	9,4

Cálculos de flujos de gases y de las especies contenidas en ellos		
Exceso de aire	kg/h	82,8
Oxígeno que sale con los gases (Oxígeno que no se combina con el gas natural)	kg/h	19,30
N_2 que sale con los gases	% masa del aire seco	76,7
N_2 que sale con los gases	kg/h	737,7
CO_2 generado en la combustión	kg/kg de GN	2,75
CO_2 generado en la combustión (sale en los gases)	kg/h	140,9
H_2O que sale con los gases	kg/h	129,7
Gases totales secos	kg/h	898
Gases totales húmedos	kg/h	1.028

Cálculo de las composiciones de las especies		
N_2 en los gases	kmol/h	26,35
O_2 en los gases	kmol/h	0,603
CO_2 en los gases	kmol/h	3,20
Moles secas en los gases	kmol/h	30,15
Moles de H_2O	kmol/h	7,205
Moles húmedas en los gases	kmol/h	37,36
Peso molecular de los gases secos	kg/kmol	29,78
Peso molecular de los gases húmedos	kg/kmol	27,51
Presión de los gases	bar	0,84
Temperatura de los gases	°C	160
Densidad de los gases húmedos	kg/m³	0,642
Flujo de gases húmedos	kg/h	1.028
Flujo de gases húmedos	m³/h	1.599
N_2 en los gases	% Vol. BS	87,38
O_2 en los gases	% Vol. BS	2,00
CO_2 en los gases	% Vol. BS	10,62
N_2 en los gases	% Vol. BH	70,53
O_2 en los gases	% Vol. BH	1,61
CO_2 en los gases	% Vol. BH	8,57

Cálculo de las composiciones de las especies		
H₂O en los gases	% Vol. BH	19,29

Cuando se estudia una caldera, se llevan a cabo mediciones de estos flujos y composiciones. Se recomienda que las mediciones se comparen con estos flujos y con las composiciones resultantes del balance de masa. Con esta tabla, estudiada bajo condiciones variables de temperaturas de salida y de contenidos de O^2 en los gases (excesos de aire) se elaboraron las figuras siguiente y las correlaciones presentadas.

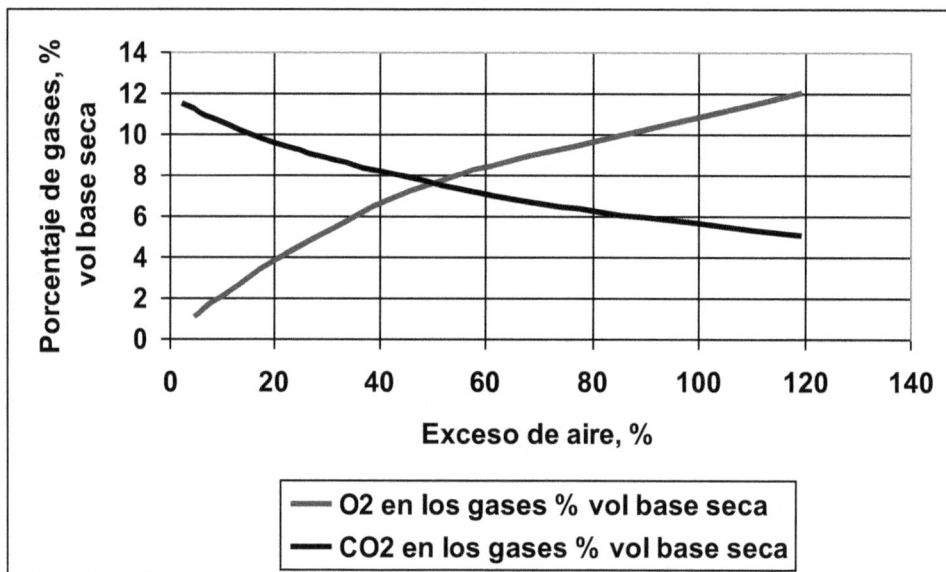

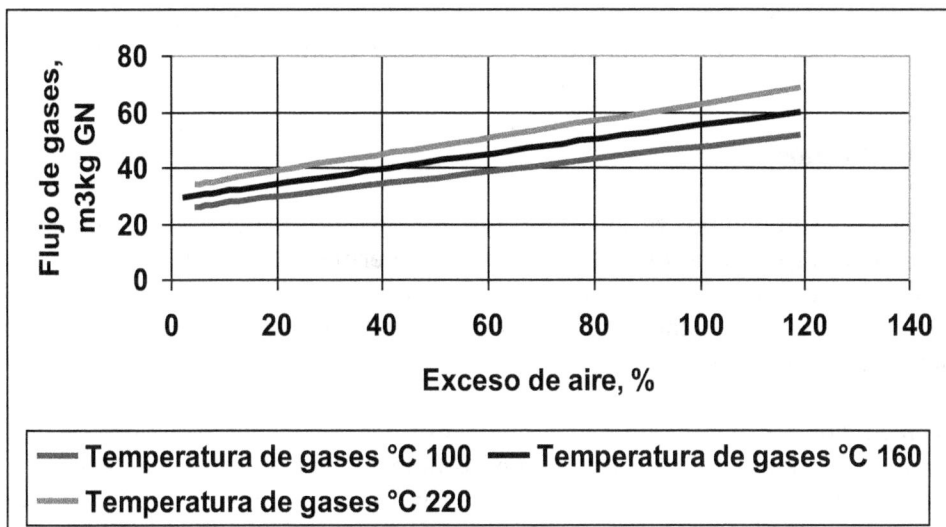

Gráfico con eje vertical "Flujo de gases, m3kg GN" (0 a 80) y eje horizontal "Exceso de aire, %" (0 a 140).

Temperatura de gases °C 100 — Temperatura de gases °C 160
Temperatura de gases °C 220

1.2.4 Uso de la energía en la industria

La industria usa la energía para diferentes propósitos. Uno de las áreas donde más se evidencia este uso es en el área térmica, que dentro de la industria incluye los siguientes elementos:

- Vapor
- Agua
- Redes de frío
- Aire comprimido
- Sistemas de combustión
- Sistemas de ventilación
- Acondicionamiento de aire
- Sistemas de control ambiental
- Redes de bombeo
- Hornos
- Calderas
- Reactores
- Calentamiento y enfriamiento de tanques y de procesos
- Secado
- Enfriamiento
- Calcinación

A continuación se describen de manera general algunos equipos, procesos y fenómenos presentes en las industrias en donde es importante el tema de la energía.

- **Hornos**

Los hornos son equipos térmicos de tipo muy variado y diverso que utilizan la energía para generar ambientes calientes que permitan secar productos, calentar (aumentar la energía interna de una sustancia dada), provocar transformaciones químicas de sustancias, fundir minerales u otros materiales, realizar tratamientos térmicos, etc.

Las mediciones claves de un horno tienen que ver con las temperaturas de proceso, con el suministro de energía, con los flujos de entrada y salida de los productos y de los aires calientes y fríos. El suministro de energía de los hornos puede provenir de varias fuentes: combustión (oxidación de combustibles sólidos, líquidos o gaseosos), de la disipación de energía en resistencias eléctricas, de la descarga eléctrica entre dos electrodos por efecto de arco, de la energía contenida en un plasma térmico, del sol (concentración de rayos solares), de fuentes de microondas, de inducción, etc.

Los hornos pueden clasificarse en continuos, semicontinuos e intermitentes. Dentro de los hornos continuos se pueden mencionar los tipos de túnel ampliamente utilizados en la industria cerámica; los rotatorios, muy utilizados en el sector cementero, los reactores en lecho fluidizado, actualmente utilizados en el sector minero.

Entre los hornos semicontinuos se pueden mencionar el tipo Hoffman, muy utilizado en la industria ladrillera. En estos hornos, la carga es estática y el quemador va viajando por cada una de las zonas del horno. Con relación a los hornos intermitentes son muy usados en zonas poco desarrolladas. Sin embargo, numerosos procesos especializados de tipo químico, metalúrgico deben hacerse en este tipo de procesos de horneado por tandas especialmente cuando se requieren atmósferas especiales, Los procesos intermitentes tienden a ser altos consumidores de energía. En este grupo, se encuentra los hornos de llama invertida, los hornos de arco eléctrico, los de inducción, los cuartos de secado.

- **Calderas**

En estos equipos, dotados de cámara de combustión e intercambiadores de calor, se transfiere el calor proveniente de la combustión a un fluido, para vaporizarlo o calentarlo a altas temperaturas. La mayor parte de las calderas se usan para generar vapor de agua, que se transporta para el suministro de energía térmica hacia una gran diversidad de procesos de calentamiento. En estos procesos el vapor a su vez se condensa, entregando al proceso la entalpía de vaporización que había ganado en la caldera. El agua es un excelente fluido para estas aplicaciones por su disponibilidad y su alta entalpía de vaporización.

Existen también calderas para calentar aceites térmicos o agua en estado líquido, sin vaporización, los cuales se llevan a otros procesos como fluidos de calentamiento. La fuente de la energía calorífica más conocida proviene de combustibles fósiles: carbón, aceites combustibles, gases combustibles, también se han usado algunos desechos sólidos combustibles como son: la cascarilla de arroz, llantas de desecho, papel, madera de desecho, bagazo, fibras vegetales. Otras fuentes de calor son las resistencias eléctricas y la energía térmica residual de los gases calientes de procesos industriales.

Al ser la caldera un equipo de transferencia de calor por medio de una reacción de combustión, hay que tener en cuenta algunas mediciones claves para conocer el funcionamiento actual del equipo y para tener criterios sobre la eficiencia, Estas son: flujos, temperatura y composición de los gases de salida (especialmente oxígeno y humedad); flujos de entrada de aire; flujos y propiedades del combustible (poder calorífico, humedad, cenizas); flujos de cenizas y material particulado de desecho; flujo de agua de alimentación y temperaturas de entrada del agua; flujos y propiedades del vapor producido; temperaturas de pared; flujos y temperaturas de salida de las purgas.

La eficiencia de una caldera se define como la relación entre la energía ganada por el vapor y la energía calorífica entregada por el combustible.

$$Eficiencia = (M_v \cdot Hf_g)/(M_c \cdot H_c) \cdot 100$$

Donde,
M_v: flujo del vapor generado
Hf_g: entalpía de vaporización
M_c: flujo del combustible consumido
H_c: poder calorífico del combustible

El poder calorífico de los combustibles puede ser superior e inferior. El superior considera que el agua generada en la combustión sale en forma líquida, mientras que el inferior se basa en que salga en forma gaseosa. Este último caso es el más real y es recomendable utilizar el poder calorífico inferior. Si se trabaja con el superior, en las pérdidas habrá que tener en cuenta la energía de vaporización del agua generada en la combustión.

Las pérdidas en las calderas más significativas tienen que ver con la energía que se escapa en los gases de salida, que va a depender del flujo de gases (es decir del aire que entra) y de su temperatura. Estas pérdidas estarán muy relacionadas con los excesos de aire, que se deben mantener bajos. Muchas calderas cuentan con economizadores y precalentadores de aire de combustión. En los primeros se hacen pasar los gases por un intercambiador para calentar el agua de suministro a la caldera. En los segundos, el intercambiador precalienta el aire de la combustión. Las pérdidas en los gases pueden estar entre un 8 y un 25 % de la energía del combustible.

Otra pérdida importante tienen que ver con las purgas de agua. Cuando se vaporiza el agua, sus sales solubles, los contaminantes y aditivos de tratamiento, quedan atrapados en el líquido existente en la caldera y se deben sacar como una purga, que sale de la caldera a alta presión y temperatura, por lo tanto con cierta energía. En muchos casos el agua de purga se hace pasar por un intercambiador para ayudar a precalentar el agua de suministro. Es importante que los flujos de purgas sean los mínimos posibles que protejan la caldera químicamente y que no den lugar a altas pérdidas y consumos de agua y de químicos de tratamiento. Las pérdidas de purgas pueden estar entre el 0,5 y el 2,5 %. Si los combustibles no se queman totalmente, se generan emisiones de CO, hidrocarburos y productos intermedios orgánicos, hollines y de cenizas con combustible sin quemar. Estas pérdidas pueden estar entre el 0,25 y el 5 %. Si las paredes no se aíslan correctamente aparecen pérdidas de calor, Estas pueden estar entre el 0,20 y el 1,5 %. Las cenizas salen calientes del hogar y por ello dan lugar a pérdidas, que en general son pequeñas, del orden del 0,0 al 0,3 %. De acuerdo con lo anterior las calderas van a mostrar eficiencias basadas en el poder calorífico inferior que estarán entre un 65 % en un caso con amplias oportunidades de mejora y un 90 % cuando la situación sea muy ideal.

- **Secaderos**

La operación de secado consiste generalmente en la eliminación de los elementos líquidos o las humedades de una sustancia. La aplicación de este concepto es muy amplia, pero en general se aplica a la eliminación térmica, en comparación con la eliminación mecánica de la humedad mediante el exprimido o centrifugado. En la práctica se utiliza un gas para extraer la humedad que sale como vapor mezclado con el gas. En la mayor parte de los secaderos el gas de extracción es el aire y el líquido que se extrae es agua. El grado de presión de vapor o presión de saturación que ejerce la humedad contenida en un sólido húmedo o en una solución líquida depende de la naturaleza de la humedad, la naturaleza del sólido y la temperatura. Por lo tanto si un sólido húmedo se expone a una corriente continua de gas con un contenido de humedad que ejerce un presión parcial determinada en el gas, el sólido o bien perderá humedad por evaporación o ganará humedad por condensación del vapor contenido en el gas, hasta que la presión parcial del vapor en el gas iguale la presión de vapor de la humedad.

En un secador las fuentes principales de energía están dadas por la energía interna (temperatura) contenida en el aire de suministro, el cual es previamente acondicionado a la temperatura y humedad requerida, Alternativamente se puede transferir calor por conducción a través del sólido para facilitar la evaporación o tener una fuente de calor por radiación o algún otro sistema, por ejemplo, por microondas. En los secaderos que trabajan secando agua con energía suministrada por un combustible, las eficiencias están dadas por la siguiente expresión.

$$Eficiencia= (Ma*Hfg/ Mc*Hc) *100$$

Dónde:
Ma: Agua evaporada del producto
Hfg: Entalpía de vaporización
Mc: Consumo de combustible
Hc: Poder calorífico combustible

- **Sistemas de refrigeración**

Existen principalmente dos sistemas de refrigeración: Sistemas de refrigeración por compresión y sistema de refrigeración por absorción, En las dos siguientes figuras se muestran diagramas de cada uno de ellos:

Ambiente

QH

Condensador

Expansor

Compresor

W entrada

Evaporador

QL

Área refrigerada

Refrigeración por compresión

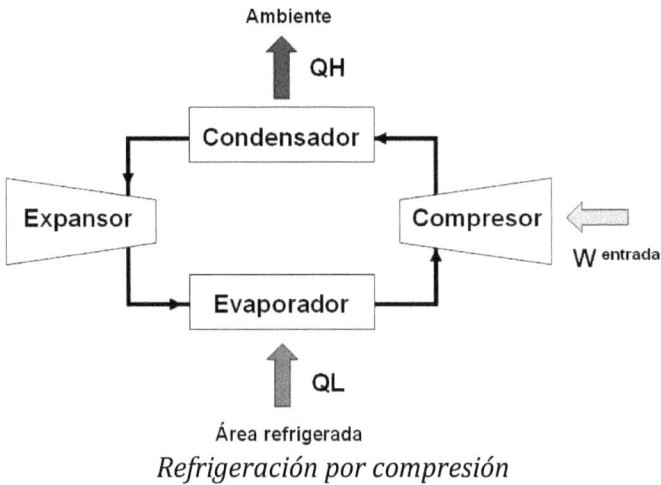

La relación entre la potencia $W^{entrada}$, para el sistema por compresión, o QG, para el sistema por absorción, y el calor QL que se retira de la fuente fría, se denomina *COP*, coeficiente de rendimiento (Coefficient of Performance), en sistemas por compresión se tienen COPs mayores a 1,5, con frecuencia mayores de 3, mientras que en sistemas por absorción el COP está entre 0 y 1.

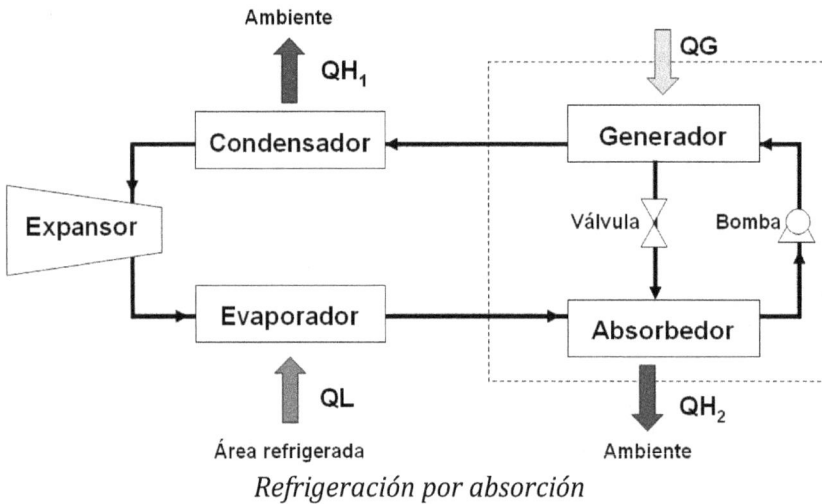

Ambiente

QG

QH_1

Condensador

Generador

Expansor

Válvula   Bomba

Evaporador

Absorbedor

QL

QH_2

Área refrigerada

Ambiente

Refrigeración por absorción

En el ciclo de refrigeración por absorción se usa una fuente de calor para proveer la energía necesaria para mantener un ambiente a baja temperatura, Estos sistemas son una alternativa común a los sistemas por compresión cuando la electricidad es difícil de conseguir, costosa o no se encuentra disponible, Desde el punto de vista de uso racional de la energía, se abren posibilidades con estos equipos para aprovechar calores de desecho para generar refrigeración.

Ambos sistemas de refrigeración utilizan un refrigerante con un bajo punto de ebullición, En ambos tipos, cuando el refrigerante es evaporado, toma calor consigo (QL), proveyendo un efecto de enfriamiento, La principal diferencia entre los dos tipos de refrigeración es la forma en que el refrigerante se transforma desde gas hacia líquido, La refrigeración por compresión utiliza un compresor eléctrico para aumentar la presión en el gas, y luego se condensa el gas caliente de alta presión a líquido por intercambio de calor con un sumidero (ambiente), Una vez que el gas a alta presión ha sido enfriado, pasa a través de una válvula de expansión de la presión que baja la temperatura del refrigerante por debajo del punto de enfriamiento, Un refrigerador por absorción transforma el gas en líquido usando un método diferente que necesita únicamente calor, y no tiene partes móviles, La otra diferencia es el tipo de refrigerante utilizado, Los refrigeradores por compresión utilizan normalmente compuestos clorofluorocarbonados (CFC), mientras que los de absorción utilizan amoníaco.

Los equipos de refrigeración trabajan de acuerdo con los puntos de ajuste de las presiones y temperaturas del refrigerante en su paso por el condensador a alta temperatura y en su paso por el evaporador a baja temperatura, Estos puntos tienen rangos óptimos que dan lugar a los menores consumos de energía.

Transformadores. El transformador es un dispositivo que convierte energía eléctrica de un cierto nivel de voltaje, en energía eléctrica de otro nivel de voltaje, por medio de la acción de un campo magnético, Está constituido por dos o más bobinas de alambre, aisladas entre si eléctricamente por lo general y arrolladas alrededor de un mismo núcleo de material ferromagnético.

Los transformadores tienen gran importancia dentro de los sistemas de generación, transporte y distribución de electricidad, ya que han contribuido a que se generalice el uso de la corriente alterna a los niveles de tensión más apropiados y económicos, atendiendo a factores tales como: potencia a transmitir, seguridad de utilización, longitud de líneas, etc., Los transformadores presentan rendimientos muy elevados, bastante superiores a los obtenidos en las máquinas eléctricas rotativas como motores y generadores.

El transformador transmite una potencia P1 a una tensión V y en el paso de dicha potencia a través del transformador se producen pérdidas de manera que la salida llega a una potencia P2 menor que la potencia de entrada P1.

Eficiencia   = *Potencia de salida (P2)/Potencia de entrada (P1)*
                      = *P2/ (P2 + Perdidas)*

Las pérdidas que se producen en un transformador son de dos tipos: las denominadas pérdidas en el hierro, debidas a la magnetización del núcleo y las denominadas pérdidas en el cobre que se producen en los devanados, debido a la resistencia de los conductores.

Las pérdidas en el hierro (Po) también se producen mientras el transformador está energizado y por lo tanto son independientes de la carga del transformador, Estas pérdidas se pueden hallar mediante el ensayo en vacío del transformador y este es un dato que normalmente es suministrado por el fabricante.

Las pérdidas en el cobre (Pcu) también se denominan pérdidas por efecto joule en los devanados y son proporcionales al cuadrado de la corriente y a la resistencia de los devanados y por lo tanto, aproximadamente proporcionales al cuadrado de la carga del transformador.

Se recomiendan ciertas rutinas de mantenimiento y pruebas de rutina para aplicar a los transformadores.
Tareas de mantenimiento:

- Desconectar el equipo de la red de tensión, tomando todas las medidas necesarias establecidas en algún protocolo preestablecido, Las más habituales son: puesta a tierra del equipo, bloqueo de todas las posibles conexiones entrantes y salientes, delimitación y marcado del área de trabajo.
- Comprobación del sistema de seguridad por sobre temperatura.
- Comprobación del sistema de seguridad por sobre presión interna de transformador.
- Comprobación de los sistemas de sobrecorriente, fuga a tierra, diferencial, etc., en función del tipo y modelo del transformador.
- Comprobación del resto de indicadores, alarmas ópticas y/o acústicas.
- Comprobación del nivel de aceite, así como posibles fugas.
- Prueba de rigidez dieléctrica del aceite.
- Comprobación, limpieza y ajuste de todas las conexiones eléctricas, fijaciones, soportes, guías y ruedas, etc.
- Comprobación y limpieza de los aisladores, buscando posibles grietas o manchas donde pueda fijarse la suciedad y/o humedad.
- Comprobación en su caso del funcionamiento de los ventiladores, así como limpieza de radiadores o demás elementos refrigerantes.

- Limpieza y pintado del chasis, carcasas, depósito y demás elementos externos del transformador susceptibles de óxido o deterioro.

Prueba de Rutina:

- Medida de la resistencia de los bobinados.
- Medida de la relación de transformación y control del grupo de conexión.
- Medida de la tensión de impedancia, impedancia de corto circuito y perdidas debida a la carga.
- Medida de las pérdidas y de la corriente y en vacío.

Al examinar el papel energético de los transformadores dentro de una empresa, conviene observar aspectos como los siguientes:

- Capacidad de los transformadores en comparación con la capacidad instalada de los equipos consumidores de energía de la empresa, Con frecuencia se cuenta con una capacidad de transformación inferior a la capacidad instalada total de los equipo bajo funcionamiento simultáneo, puesto que no es usual que ocurra que todos los equipos funcionen en simultáneo, Se pueden presentar, sin embargo, casos en los cuales una empresa deje de utilizar capacidad instalada por falta de capacidad de transformación suficiente y esto puede tener implicaciones ocultas sobre la productividad que den lugar a mayores consumos específicos de energía que los que son factibles trabajando a altas producciones,
- Contar con mucha capacidad instalada de transformación puede dar lugar inversiones y costos mayores de los necesarios,
- Puede ocurrir que las medidas que se tomen para racionalizar y optimizar consumos impliquen la necesidad de cambios en los equipos de transformación y ello debe de ser tenido en cuenta en el análisis económico respectivo.

- **Desbalance de tensión**

La Calidad de la Potencia Eléctrica (CPE) hace parte de la llamada Compatibilidad Electromagnética (CEM), la cual establece las condiciones para que un equipo o sistema pueda funcionar de manera satisfactoria dentro de su ambiente electromagnético sin introducir perturbaciones electromagnéticas intolerables a ningún otro elemento en ese ambiente, Los calificadores son las características físicas de la energía eléctrica que permiten evaluar su calidad y son de carácter fenomenológico, Uno de los calificadores es el desbalances de tensión.

En un sistema polifásico, las tensiones de fase deben tener la misma magnitud, y deben estar desfasadas entre si el ángulo correspondiente a la relación entre 360 grados y el número de fases del sistema, Cuando alguna de las tensiones no es igual a las demás en magnitud, o cuando algún ángulo de desfase entre dos tensiones consecutivas no es igual a los demás se presenta un desbalance de tensión, Las compañías eléctricas generan electricidad trifásica porque tiene un menor costo en su producción y distribución, además que las tres fases producen el momento de torsión estable necesario en motores y generadores industriales.

Los desbalances pueden ser producidos por cargas monofásicas conectadas en circuitos trifásicos, transformadores conectados en una configuración delta abierta, fallas de aislamiento en conductores no detectadas, etc., Estas situaciones producen corrientes de carga desbalanceada, caídas de voltaje irregulares, y por lo tanto, voltajes desbalanceados. Un indicador definido internacionalmente para la evaluación del desbalance de voltaje en un sistema trifásico, consiste en encontrar la razón entre los valores eficaces de las componentes de secuencia negativa y de secuencia positiva del sistema, y expresarlo de manera porcentual, Dicho indicador se conoce como desbalance de voltaje – Vumb – , y su nivel de compatibilidad aceptado es del 2 %, Así un sistema perfectamente balanceado tiene un Vumb del 0 %, mientras que un sistema de secuencia negativa (intercambio de una de las fases), tiene un Vumb del 100 %, En la siguiente tabla se observan los umbrales sugeridos para cargas a 120 V.

Umbrales sugeridos para cargas a 120 V			
	Categoría	Límite sugerido	Comentarios
Umbrales de tensión de fase	Sag	108 V rms	Menor del 10% de la tensión nominal.
	Swell	126 V rms	Mayor del 5% de la tensión nominal.
	Transitorios	200 V	Aproximadamente dos veces la tensión nominal fase-neutro.
	Ruido	1,5 V	Aproximadamente 1% de la tensión nominal fase-neutro,
	Armónicos	5% THD	Límite de distorsión de tensión en el cual las cargas pueden ser afectadas.
	Frecuencia	±Hz	—

	Desbalance de tensión por fase	2%	Un desbalance de tensión mayor al 2% puede afectar equipos. (Los motores de inducción trifásicos deben ser derrateados cuando operan con desbalances de tensión).
Tensiones inducidas de neutro y tierra	Swell	3,0 V rms	Límite típico de tensión para problemas de neutro o tierra,
	Impulsivos	20 V Peak	10 a 20% de la tensión fase-neutro.
Umbrales de tensión	Ruido	1,5 V rms	Límite típico para equipos de alta susceptibilidad,
Umbrales de corriente	Corriente Fase/Neutro	Corriente normal de carga rms	-
	Corriente de tierra	0,5 A rms	Considerar la sección 250-21 de la NEC,
	Armónicos	20% THD (para pequeños clientes) a 5% THD (para grandes clientes)	Medida en el punto de acople común (PCC), y relacionada a la demanda máxima de corriente,

Desbalances de voltaje mayores al 2% pueden causar muchos problemas en cargas trifásicas, Por ejemplo, motores trifásicos con un desbalance del 5% pueden mostrar una disminución del 25% en la torsión, un 50% de aumento en pérdidas, un 40% de aumento en temperatura, y un 80% de disminución en la vida del motor, Algunas implicaciones de desbalances de voltaje en ciertos sistemas se presentan a continuación.

Sistema	Observaciones
Motores	El principal problema que provocará el desbalance de voltaje (VUB) a un motor eléctrico en marcha, es el aumento de la temperatura del motor, Ello, debido a la aparición de corrientes de secuencia negativa en sus arrollados, Estas corrientes, producirán un campo electromagnético contrario al que impulsa el sentido de giro que posee el motor, Este campo electromagnético contrario, provocara una pérdida de la potencia relativa del motor y dicha perdida se, convertirá en más calor para el embobinado, El par de inicio y la torsión máxima de funcionamiento de los motores de inducción estándar varían de acuerdo al cuadrado del voltaje, La temperatura aumenta con alto voltaje o bajo voltaje y con desbalance de voltaje

Sistema	Observaciones
	Con un 15 % menos de voltaje la torsión disminuye 38 %, la corriente aumenta 20 %, las pérdidas aumentan 38 %, la temperatura aumenta 32 % y la vida del motor disminuye 72 % Con 10 % más de voltaje la torsión aumenta 21 %, la corriente disminuye 6 %, las pérdidas aumentan 19 %, la temperatura aumenta 10 % y la vida del motor disminuye 25 %
Iluminación	La salida de la luz y la vida de las lámparas incandescentes se ven muy afectadas por los cambios en el voltaje, Las lámparas fluorescentes no se ven muy afectadas, Sin embargo, las bobinas de inductancia fluorescentes son muy sensibles al voltaje, Con un 15 % menos de voltaje la vida útil aumenta 880 %, pero la luz disminuye un 40 %, necesitándose un tercio más de bombillas para lograr iluminación adecuada. Con un 10 % más de voltaje la vida disminuye 67 %, la luz aumenta 33 %, Esto lleva a que las bombillas se deban remplazar tres veces más a menudo.
Calentamiento Infrarrojo y de Resistencia	Esto incluye calentadores de inmersión, radiantes y de láminas; cautines y crisoles para soldaduras; hornos para termotratamientos; hornos; etc., El calor producido varía según el cuadrado del voltaje. Con un 15% menos de voltaje el calor disminuye 28% y el calentamiento típico toma 4 horas en lugar de 3 horas, Con un voltaje 10% mayor, el calor aumenta 21% y la vida del elemento calefactor disminuye
Aparatos Solenoides	Estos incluyen solenoides, alimentadores vibratorios, embragues y frenos magnéticos, contactores, relés, etc., La fuerza de los solenoides CA varía según el cuadrado del voltaje. Con un voltaje 15% menor: la fuerza disminuye 28%, El solenoide se demora más en abrir una válvula, cerrar un relé, etc., El aparato puede fallar. Con un voltaje 10% mayor, la fuerza aumenta 21%, La temperatura y uso del solenoide aumenta, y la vida del solenoide se reduce en forma sustancial.
Equipos Electrónicos	Las computadoras personales y máquinas numéricas se ven tan afectados por las variaciones de voltaje que algunos tienen algún tipo de regulación incorporada. Con 15% menos de voltaje los tubos de electrones emiten mucho menos potencia, las imágenes se reducen, y pueden fallar los circuitos. Con 10% más de voltaje los tubos de electrones sin regulación fallan 4 veces más, los circuitos fallan, aumentan las fallas de componentes y sistemas,

Sistema	Observaciones
Cargas Rectificadoras	Estas incluyen chapeadoras, soldadoras de CD, precipitadores, cargadores de baterías y motores de CD, El voltaje de salida del rectificador varía con el voltaje de entrada CA. Con 15% menos de voltaje se producen malas soldaduras, El chapeado baja entre 15-40%, La capacidad de cargar de la batería disminuye, Además se produce una caída de un 38% del precipitador, Con 10% más de voltaje el grosor del chapeado resulta excesivo, Las soldaduras traspasan metal, Las baterías se sobrecargan, Se reduce la capacidad de sobrecarga de los rectificadores de metales,

Generalmente, en las instalaciones nuevas se pone especial cuidado en balancear la distribución de las cargas en cada fase, Sin embargo, a medida que se incorporan nuevos equipos monofásicos al suministro eléctrico comienza a presentarse el desbalance de voltaje.

- **Factor de potencia y condensadores**

El factor de potencia tiene que ver con la efectividad con que se trasmite la energía es entre una fuente y la red de carga, Se define como la relación entre la potencia activa (kW) usada en un sistema y la potencia aparente (kVA) que se obtiene de las líneas de alimentación, El factor de potencia tiene un valor entre cero y uno, En un caso ideal del empleo de la energía para entrega de cargas mecánicas y resistivas, el factor de potencia tiene el valor de uno.
La potencia activa representa la capacidad del circuito de transformar la energía eléctrica en trabajo, Es la potencia realmente consumida por los circuitos, es decir, es el flujo de potencia que produce una transferencia neta de energía en una dirección, No siempre existe solamente el efecto de cargas mecánicas o resistivas en los circuitos, Pueden existir elementos inductivos o capacitivos en los equipos dando lugar a la generación y consumo de potencia reactiva, La potencia reactiva tiene un valor medio de cero, por lo que no produce ni consume trabajo útil, Más bien se trata de una energía oscilante que se genera y regresa a la fuente en cada ciclo, La corriente reactiva produce un desfase entre la onda de tensión y la onda de corriente, que conduce a un factor de potencia diferente de la unidad, asociado con el coseno del ángulo de desfase, Si estos dos elementos estuviesen en fase, el factor de potencia sería la unidad.

Entre más alejado se encuentre el factor de potencia de la unidad, mayor serán las pérdidas eléctricas de conducción asociadas con el suministro de una carga eléctrica, En efecto, la corriente que circula por el circuito respectivo será mayor que la realmente necesaria para la potencia activa y ello repercute en los costos del proceso. Algunos efectos de un factor de potencia bajo son los siguientes:

- Se requiere una mayor demanda de energía para poder obtener una cantidad de corriente eléctrica determinada, La demanda alta de energía produce sobrecostos que son cobrados por la compañía eléctrica directamente al consumidor industrial.

- Sobrecarga en los generadores, transformadores y líneas de distribución dentro de la planta. Además de caídas de voltaje y pérdidas de potencia, esto lleva a pérdidas y desgaste de equipos.

Cuando existen cargas de tipo inductivo en los equipos, como es el caso de los motores eléctricos, el factor de potencia tiende a rebajar, con lo cual se generan los efectos negativos señalados. Al trabajar los motores a bajas cargas mecánicas comparadas con su capacidad nominal, se rebaja notablemente el factor de potencia. Es importante conocer los factores de potencia de los motores y sus cargas de trabajo reales. Es importante seleccionar motores de alta eficiencia, los cuales, a su vez, presentan altos factores de potencia.

Las empresas de electricidad establecen límites para el factor de potencia admisible en una instalación, que son del orden de 0,90 como límite inferior, Cuando se presenten bajos factores es posible corregirlos mediante el empleo de elementos capacitivos. El factor de potencia se logra corregir mediante el empleo de bancos de condensadores, los cuáles corrigen el desfase entre la onda de tensión y la onda de corriente, lo que hace que el funcionamiento del sistema sea más eficaz y, por lo tanto, requiera menos corriente. Esto se conoce como compensación.

La forma más habitual de compensación en la industria, principalmente en sistemas trifásicos, es el uso de condensadores en paralelo. La compensación en paralelo se puede utilizar como compensación individual, compensación central o compensación por grupos, En el caso de compensación individual, se asigna un condensador a cada consumidor inductivo, Esta compensación es empleada principalmente con equipos de trabajo continuo de gran consumo, sin embargo, no resulta muy atractiva económicamente si en la instalación se tienen muchas máquinas que no trabajan simultáneamente.

En la compensación centralizada se dispone de un banco de condensadores a la salida del transformador, los cuales se pueden conectar en paralelo, Se conectan en cada momento tantos condensadores como sea necesario para cubrir el consumo de potencia reactiva, por medio de un equipo regulador automático. En la compensación por grupos se condiciona un solo condensador común para un grupo de consumidores eléctricos que tengan igual potencia y tiempo de trabajo.

1.2.5 Uso de la energía en la industria mediante la combustión

Una de las aplicaciones de la transformación de la energía más empleada en la industria es la combustión, En las dos siguientes tablas se pueden apreciar algunas cifras que dan un panorama del uso de la energía a nivel mundial.

Aportes de energía según fuente (%)					Consumo total, 10^3 TWh
Año	Gas N.	Carbón	Petróleo	Otros	
1961	13	39	39	9	40
1971	17	27	48	8	70
1980	19	29	43	9	80
1985	20	31	38	11	86
1990	22	27	39	12	93
2020	24	25	28	23	120
2050	23	21	20	36	135

Fuente parcial: AF ENERGIKONSULT

Año	Gas N.	Carbón	Petróleo
1961	343	2419	1241
1971	785	2931	2672
1980	1003	3598	2736
1985	1135	4135	2599
1990	1350	3894	2885
2020	1901	4653	2672
2050	2049	4397	2147

Millones de toneladas anuales de combustibles

Se nota un pronóstico de aumento sustancial del consumo energético a nivel mundial basado en la combustión, Por eso, esta transformación de la energía es y seguirá siendo por un buen tiempo un aspecto importante a considerar.

- **Generalidades de la combustión**

Cuando se quema un combustible fósil como el carbón, los átomos de hidrógeno y carbono que lo constituyen se combinan con los átomos de oxígeno del aire, produciéndose una oxidación rápida en la que se forman agua y dióxido de carbono y se libera calor.

Durante las reacciones químicas se generan cambios de entalpía o de energía interna, los cuales se reportan como calores de reacción o entalpías de reacción y se determinan experimentalmente, Para el caso de los combustibles, se reportan los poderes de combustión o poderes caloríficos, Existe un poder calorífico superior y uno inferior, El poder calorífico superior (PCS) considera que el agua producida por la combustión se encuentra en estado líquido, El poder calorífico inferior (PCI) considera que el agua producida por el proceso de combustión se encuentra en estado gaseoso. La tabla siguiente muestra tales valores para los combustibles elementales que son el C, el H y el S.

Combustible	Reacción	Poder calorífico, kCal/kg
Carbono	$C + O_2 \rightarrow CO_2$	7 870
Hidrógeno	$H_2 + \frac{1}{2} O_2 \rightarrow H_2O$	34 180
Azufre	$S + O_2 \rightarrow SO_2$	2 245

Para el hidrógeno el valor mostrado corresponde al Poder calorífico superior.

A continuación se muestra algunos valores típicos de poder calorífico superior e inferior de combustibles consumidos en Colombia (Un kJ es igual a 0,239 Cal).

Combustibles	PCS (kJ/kg)	PCI (kJ/kg)
Fuel-oil	42 956	41 363
ACPM	46 800	44 726
Kerosene	46 208	43 050
Carbón de Amagá	29 072	24 495
Gas natural	53 638	46 414
Leña	--	17 500
Cascarilla de Arroz	12 800	12 500
Gasolina	46 904	43 565
Crudo de castilla	42 857	40 834

Con el poder calorífico se puede calcular la temperatura que alcanza la mezcla combustible en una cámara de combustión y el calor generado durante los procesos de combustión, Los combustibles en general son compuestos de carbono e hidrógeno y sus poderes caloríficos serán el resultado de las proporciones entre estos dos elementos, El azufre aparece con frecuencia en los combustibles, pero dado que el SO_2 es un contaminante, cada vez se refinan más los combustibles para eliminar su azufre.

Los combustibles pueden clasificarse según su estado en sólidos, líquidos, o gaseosos), La siguiente tabla muestra algunos ejemplos de combustibles dentro de cada una de estas categorías.

Sólidos	Líquidos	Gaseosos
Madera	ACPM, Kerosene	Gas natural
Carbón	Fuel Oil pesado e intermedio	Propano
Bagazo	Crudos	Gas manufacturado
Basuras y desechos	Metanol, disolventes	Aire propanado

Los productos de una combustión a nivel industrial, son en general:

- Agua que proviene de la humedad del combustible
- Agua por generación en la combustión cuando los combustibles tienen hidrógeno en su composición
- Agua que trae el aire empleado en la combustión
- Cenizas del combustible
- Sólidos, material particulado, inquemados y hollines formados en la combustión
- Nitrógeno del aire de la combustión
- Oxígeno del aire de la combustión y que estaba en exceso con respecto al requerido para la combustión
- Azufre y compuestos de azufre, como el SO_2, el SO_3 y las nieblas de H_2SO_4
- CO
- CO_2
- Volátiles orgánicos, compuestos reactivos, no quemados
- Compuestos intermedios y de disociación del combustible y de sus reacciones con el aire
- Remanentes de aditivos

En el proceso de combustión se presentan pérdidas indeseadas que son generadas por múltiples causas, En la siguiente tabla se presentan algunas de las causas más sobresalientes de estas pérdidas y sus consecuencias.

Concepto	Comentarios
Energía latente asociada con el agua de la combustión que sale en forma de vapor en vez de salir en forma líquida	Se pierde la diferencia entre el poder calorífico superior y el inferior
Energía sensible pérdida en los gases secos y en el vapor de agua que sale con los gases	No se puede aprovechar la totalidad de la energía que tienen los gases a la salida de la combustión, Esto se debe a que en muchos casos estos gases no pueden salir demasiado fríos debido a problemas de corrosión, Además no se cuenta con tiempos de residencia ilimitados en los equipos térmicos,
Inquemados y problemas de combustión	No se logra aprovechar totalmente el poder calorífico inferior
Pérdidas al ambiente	Por aislamientos deficientes, cenizas que salen calientes, aires infiltrados que luego salen calientes; por las purgas que salen calientes,
Almacenamientos de calor	Desvío de la energía hacia efectos de almacenamiento en arranques y paros,

- **Generalidades de la combustión industrial de Gas Natural**

Uno de los combustibles más importantes a nivel industrial debido a su potencial como tecnología limpia, es el gas natural. El gas natural es una mezcla de hidrocarburos ligeros, En la tabla siguiente se puede ver la composición de un gas típico de Sebastopol utilizado en Colombia.

Composición en %peso de un Gas natural típico de la Guajira

Sustancia	Fórmula	Porcentaje en peso
Nitrógeno	N_2	1,589
Dióxido de carbón	CO_2	0,041
Metano	CH_4	98,005
Etano	C_2H_6	0,271
Propano	C_3H_8	0,051
i-butano	$i\text{-}C_4H_{10}$	0,017
n-butano	$n\text{-}C_4H_{10}$	0,007
i-pentano	$i\text{-}C_5H_{12}$	0,006
n-pentano	$n\text{-}C_5H_{12}$	0,001
n-hexano	C_6H_{14}	0,013

Sustancia	Fórmula	Porcentaje en peso
neopentano	neo-C_5H_{12}	0,000
n-octano	n-C_8H_{18}	0,000

Como se observa en la tabla, el gas natural se puede considerar, para fines prácticos, como metano (CH_4), Con la composición se determinan factores operativos tales como el flujo de gas requerido para las necesidades de calor de un proceso, el tamaño de los quemadores, la cantidad de aire necesaria para la combustión y las emisiones de CO_2 y agua generadas. Se trata entonces de un combustible bastante limpio en su combustión, ya que no genera cenizas ni hollines si se quema correctamente, De todos los combustibles que contienen carbono, es el que menos cantidad de CO_2 genera en la combustión, lo cual es una gran ventaja ante los problemas de emisión de gases de invernadero, Sin embargo, es muy importante quemarlo completamente y evitar la emisión de gas no quemado, ya que el metano como tal, es un gas de invernadero de efecto más grande que el mismo CO_2.

Las propiedades del aire de combustión (presión, densidad y temperatura) son importantes, Los quemadores vienen en general especificados en su capacidad y flujos de aire de combustión, para trabajar a nivel del mar, Al operar en las zonas altas, con aire menos denso, un flujo volumétrico de aire dado tiene menor densidad y esto afecta directamente la combustión y la capacidad se rebaja, lo cual debe ser tenido en cuenta al seleccionar sistemas de gas natural y de combustión en general. La cantidad de aire comburente también es determinante, si hay poco exceso de aire o hay falta de este, la combustión puede ser incompleta produciendo monóxido de carbono (CO) o gases sin quemar, Por el contrario, si hay demasiado aire en exceso, se pueden producir óxidos de nitrógeno NO_x y se pierde energía en el calentamiento del aire en exceso, además de disminuir la temperatura de la llama y la temperatura de los gases de combustión, lo cual puede afectar la capacidad térmica de los equipos (ver siguiente figura).

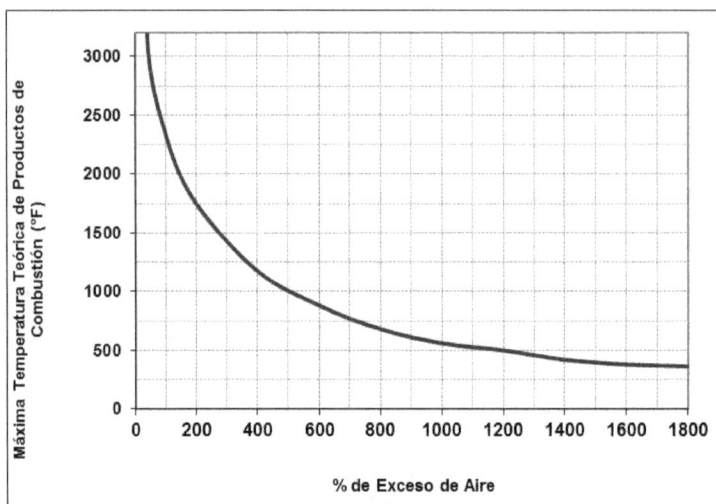

Relación de la temperatura de llama con la cantidad de aire en exceso para gas natural completamente quemado con aire a 60 ºF.

El gas natural es un combustible relativamente económico que puede competir claramente con todos los combustibles en Colombia, a excepción del carbón, En este último caso, cuando se tienen en cuenta todos los factores involucrados, puede suceder igualmente que sea ventajoso en algunas situaciones, En muchas aplicaciones es ventajoso reemplazar los calentamientos que se hacen con electricidad por el uso del gas natural. Se aplica en la industria para la obtención de energía calorífica en una gran cantidad de procesos, tales como: calderas, hornos, calentadores de agua y aire, secado, tratamiento térmico, generación de frío por absorción.

Una ventaja importante es que se puede, en la mayor parte de los casos, utilizar los gases de combustión en calentamientos directamente, sin necesidad de intercambiadores de calor, dado que genera gases suficientemente limpios para la mayor parte de los procesos, aún en industrias de alimentos.

Transformación de sistemas existentes a gas natural. Entre los factores más importantes que se deben tener en cuenta para una transformación a sistemas por energía con gas natural, está la potencia nominal de los equipos existentes, así como la naturaleza energética de los mismos en cuanto a si funcionan con electricidad o combustibles y en este último caso que tipo de combustible (carbón, fuel oil, etc.).

También se debe analizar el consumo actual de los equipos, el costo de este consumo y los costos asociados como los de mantenimiento para ser comparados

51

con el costo del funcionamiento del equipo a gas, Se debe además tomar en consideración la posibilidad de una expansión o aumento en la capacidad de la planta a mediano plazo.

Es importante identificar la distribución actual de los diferentes equipos y líneas para configurar la línea de gas, También es necesario considerar la existencia y condiciones (presión) de las líneas de distribución cercanas para establecer la configuración y dimensiones de la estación de regulación y medición de gas, En caso que ya se disponga de dicha estación se debe analizar si la capacidad actual es la adecuada.

1.3 LA EFICIENCIA EN EL USO DE LA ENERGÍA

Introducción

La puesta en marcha de un programa de buenas prácticas de manejo de energía en la industria siempre trae consigo ahorros de energía y mayor rentabilidad en las operaciones de la empresa, La realización de estas prácticas requiere, en general, de cierto nivel de entrenamiento, personal calificado, un buen mantenimiento de los equipos y un registro detallado de los consumos.

Las buenas prácticas y la racionalización de los consumos de energía se refieren a acciones concretas sobre los equipos de la empresa en los que se quieren lograr ahorros.

Es importante contar con un cierto entendimiento de la primera y de la segunda ley de la naturaleza (primera y segunda ley de la termodinámica), dado que gobiernan los procesos energéticos y brindan las herramientas para aproximarse a la medición de las eficiencias, Algunos de los conceptos a continuación fueron vistos anteriormente, pero ahora se ampliarán y se enfocarán en el tema de eficiencia.

La ley de conservación de la energía, es la primera ley de la termodinámica, En ella se establecen las relaciones entre los flujos de energía que experimenta un sistema físico y la forma en que cambian las propiedades que definen el estado de las sustancias que hacen parte del sistema.

La segunda ley, de extrema importancia, fija los límites y direcciones a los procesos de intercambio energético, Señala hasta dónde se puede llegar en las eficiencias de trabajo.

Todos los procesos transforman la energía modelando la naturaleza, Una de las consideraciones más importantes de la primera ley es que al entrar y salir energía a un sistema, se presenta cambio de la energía interna, En la práctica esto significa que las masas se calientan y se enfrían al ser sometidas a los procesos.

A modo de estudio, existen sistemas ideales y no ideales, Un sistema ideal se caracteriza por:

- Ausencia de irreversibilidades
- Trabajo sin fricción

- No ocurren mezclas de sustancias diferentes ni hay transformaciones radicales de las sustancias
- Transmisión de calor a través de diferencias de calor infinitesimales

En la práctica, estas características son inalcanzables, Sin embargo, cuando se trabaja en esa dirección, se logra aumentar las eficiencias de los procesos, con acciones como las siguientes:

Ciclos combinados y sistemas de recuperación de calor. Buscan interponer un elemento aprovechador de la energía entre una fuente caliente y el ambiente, buscando la transmisión de calor a través de diferencias pequeñas.

Recirculaciones de energía. Buscan disminuir los flujos netos que van al ambiente, rebajando la posibilidad de mezclas e irreversibilidades.

Combustiones completas con menores excesos de aire. Buscan disminuir los flujos netos que van al ambiente, rebajando la posibilidad de mezclas e irreversibilidades.

Aislantes térmicos. Buscan interponer un elemento que evite el flujo de la energía entre una fuente caliente y el ambiente, buscando la transmisión de calor a través de diferencias pequeñas, ya que la pared del aislante trabaja a temperaturas muy cercanas a las del ambiente.

Lubricantes de alta calidad, maquinados precisos y diseño correcto del sistema de lubricación. Buscan que no haya perturbaciones y pérdidas asociadas con altas fricciones y desajustes, Ello da lugar a menores irreversibilidades y a trabajo con menor fricción,

Catalizadores. Son sustancias que facilitan los procesos químicos, sin que se vean alteradas por el proceso como tal, Su presencia contribuye a que ocurran menos mezclas de sustancias diferentes y a que no haya niveles extremos de transformaciones radicales de las sustancias,

Una máquina térmica genera trabajo operando entre dos fuentes de calor, Una es el suministro, la otra es el sumidero, La eficiencia térmica de una máquina para generar trabajo se define, expresada como fracción, como:

$$\eta = W / Qh,$$

$$\eta = 1 - Ql/Qh,$$

Maquina térmica para generar trabajo

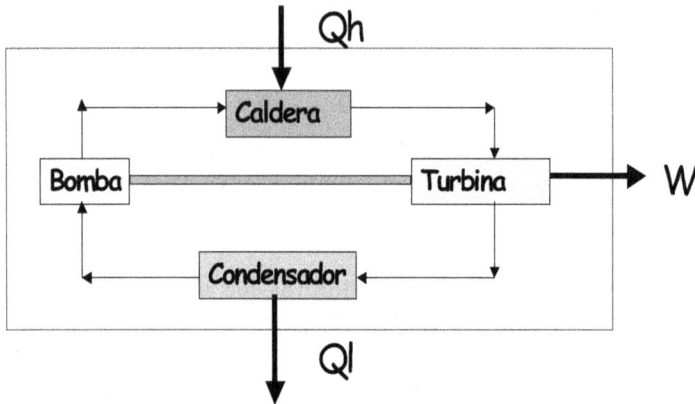

Donde:

W = trabajo producido por la máquina
Qh = Calor de suministro
Ql = Calor de sumidero

En todo proceso de transformación de energía hay una energía de entrada, una energía de salida y una energía de pérdidas, Para contabilizar estas energías se hace un balance de energía:

$$Q - W = \Delta U$$

Q es el calor neto que fluye y W el trabajo realizado, Q y W son flujos en las fronteras del sistema y ΔU se refiere al cambio en la energía interna del sistema, el cual resulta como consecuencia de los flujos de calor y de trabajo.

Para contabilizar de los materiales que entran, salen, se acumulan o se agotan en el curso de un intervalo de tiempo, se realiza un balance de masa.

$$M\ entra - M\ sale = M\ acumula$$

A continuación se muestran las eficiencias de algunos procesos:

Sistema	Tipos de energía		Eficiencias (%)		Acciones de mejora
	Entrada	Salida	Baja	Alta	
Vehículo	Combustible	Trabajo mecánico	16	50	Sistemas híbridos
Planta térmica	Combustible	Potencia eléctrica	30	50	Sistemas combinados
Motor eléctrico	Electricidad	Trabajo mecánico	85	93	Diseño de cojinetes eficientes
Compresores	Trabajo mecánico	Energía de flujo	60	85	Diseño de dispositivos
Lámparas	Electricidad	Energía luminosa			Diseño de dispositivos

De la expresión para la eficiencia en un ciclo térmico

$$\eta = 1 - Ql/Qh$$

Considerando que el calor que sale de la fuente de alta temperatura, Qh es proporcional cuando el proceso es ideal a la temperatura absoluta de dicha fuente, Th y que el calor que recibe la fuente de baja temperatura, Ql, es igualmente proporcional para procesos ideales a la temperatura absoluta de dicha fuente, Tl, Se tendrá, para ciclos térmicos ideales, diseñados para generar trabajo con base a la diferencia de calor entre dos fuentes a Th y Tl:

$$\eta = 1 - Tl/Th$$

De acuerdo con ello la máxima eficiencia estará limitada por la relación entre las dos temperaturas absolutas de las fuentes, como se puede apreciar en la tabla siguiente:

Sistema	T alta, K	T baja, K	Eficiencia límite %	Eficiencia típica %
Planta térmica a carbón	1273	303	76,2	35
Motor de combustión a gasolina	1773	303	82,9	25
Motor de turbina a gas	2273	303	86,7	40

Se observa que la irreversibilidad da lugar a que se esté lejos de lograr las eficiencias idealizadas.

1.3.1 Medición de datos de proceso y realización de balances

En la medición y el monitoreo de variables con objetivos de encontrar oportunidades de ahorro y mejora, existen tres aspectos muy importantes:

- El éxito se basa en el manejo enfocado y alerta de la atención
- La atención intencional, alerta y bien enfocada es la energía creativa que da lugar a los descubrimientos de las oportunidades
- La intencionalidad que busca el desarrollo evolutivo da lugar a que se generen cambios positivos

Para lograr identificar el real funcionamiento de un proceso se deben medir las variables relacionadas con los aspectos energéticos significativos y elaborar balances de masa y energía en el proceso.

Estos trabajos se pueden llevar a cabo en forma rutinaria o puntual, Para ello a veces se aplica la tecnología disponible en la empresa, En otras ocasiones se requiere la consultoría externa, En todo caso, se busca que el costo sea razonable y que se haga de manera inteligente y realmente útil para la empresa, Los responsables deben conocer las metodologías de medición, y siempre que sea posible, las personas cuyo trabajo esté más directamente relacionado con las variables a medir, deberían participar en los procesos de medición o al menos mantenerse informadas e interesadas.

- **El trabajo de Medición y Monitoreo**

Normalmente los procedimientos de control operacional llevarán a indicaciones sobre las variables que deben ser controladas y medidas en cada caso, Estos procedimientos se pueden aprovechar para medir las variables que se asocian a los balances y al conocimiento de las eficiencias, Cuando una variable tenga mucha importancia, se pueden generar instrucciones o procedimientos específicos.

Si se desean aprovechar las mediciones de las variables operativas y de control para el estudio de las eficiencias, los resultados de las mediciones deben registrarse en algún tipo de formato, Se recomienda utilizar formatos digitales, estos formatos son los registros para la documentación del sistema de gestión de energía y son la base para detectar las desviaciones del comportamiento energético esperado del sistema, Una muy buena medida que las empresas pueden tomar es contar con computadores en los puntos de operación de los sistemas importantes para que los operarios introduzcan en tiempo real las variables operativas, Deberían existir herramientas ya desarrolladas para que se generen las eficiencias y consumos específicos promediados en dicho sitio, de manera que el operario y la supervisión puedan tomar ciertas decisiones autorizadas por los procedimientos o reportar a la dirección inmediata cuando los parámetros se salgan de control.

Es recomendable contar con un análisis estadístico de los datos, de tipo elemental, que se asocie con un procedimiento de revisión de los datos contra las especificaciones de las variables, Desde el punto de vista de energía, productividad y medio ambiente, los procesos tienen calidad que es una medida del nivel de cumplimiento de las especificaciones deseadas.

Los indicadores nos permiten medir la eficiencia y la calidad de los procesos, Cuando un proceso opera, está sujeto a perturbaciones que dan lugar a problemas de eficiencia, de calidad y de productividad, Estas dificultades pueden ser de tal magnitud que den lugar a falta de capacidad del proceso para cumplir con los requisitos y los buenos puntos de eficiencia y de consumo de energía, Por ello es importante conocer la capacidad de los procesos para cumplir con lo deseado, Mediante el análisis estadístico se puede lograr una buena aproximación racional al conocimiento de la capacidad de los procesos.

Las faltas de capacidad de los procesos tienen origen en diversas circunstancias, tales como:

- Problemas de manejo de información
- Desconocimiento del operario y falta de comunicación adecuada
- Falta de capacitación y entrenamiento
- Falta de conciencia sobre la importancia de mantener el funcionamiento ajustado, estable y eficiente
- Falta de conocimiento de los procedimientos
- Carencias en relación con las herramientas de manejo y administración
- Problemas de programación de recursos

Para la determinación de la capacidad de los procesos se sigue un ciclo de acciones así:

- Determinación de las variables y de los indicadores que se van a usar
- Determinación de las especificaciones, es decir, de los límites aceptados para las variables y para los indicadores. El rango de las especificaciones es el espacio comprendido entre los límites superior e inferior
- Registro de las variables y de los indicadores

- Comparación con los valores especificados y deseados
- Análisis continuo y seguimiento práctico
- Análisis estadístico y seguimiento predictivo

Las desviaciones de una muestra significativa de las variables o de los indicadores, dan una buena idea del comportamiento de las mismas. El análisis estadístico de las desviaciones se basa en la denominada desviación estándar, Con las desviaciones estándares y los rangos especificados para las variables, se puede determinar la capacidad de proceso, Una expresión típica para ello es la siguiente:

Se puede calcular un índice CPK o RCP (relación de la capacidad del proceso) definiendo el rango de especificaciones (RE), Para ello

RE = Límite superior – Límite inferior

Con las desviaciones se estima el rango del proceso (RP) así:

RP = 6 desviaciones estándar
RCP = RE / RP
A menor índice RCP menos confiable es el proceso, Con frecuencia se utiliza como valor deseable para seguridad casi total un valor tal que RECP > 1,2

Se recomienda el establecimiento de indicadores productivos, energéticos y ambientales tales como los siguientes:

- Horas hombre por tonelada de producción
- Materia Prima por tonelada de producción
- Cantidad de agua usada por tonelada de producción
- Combustible usado por tonelada de producción
- Energía térmica usada por tonelada de producción
- Energía eléctrica usada por tonelada de producción
- Aire usado por tonelada de producción
- Cantidad de agua de desecho por tonelada de producción
- Materiales de desecho por tonelada de producción
- Eficiencia energética del proceso
- Eficiencia másica del proceso

En un primer plano, conviene llevar estos indicadores a costos, Estos indicadores deben estudiarse como función de la producción y del tiempo, dando lugar a bases de datos vitales para entender y mejorar las eficiencias de los procesos, Estos estudios se constituyen en herramientas de administración de los procesos, Buscan mantener los procesos dentro de límites y detectar potenciales de ahorro y mejora.

Un segundo plano de más exigencia tecnológica, constituye el estudio de los indicadores como función de las variables de proceso: de las temperaturas, presiones, flujos, relaciones aire combustible, tipo de combustible, tipo de proceso usado, Estos estudios se hacen por personal especializado externo o por personas entrenadas internas que desarrollan proyectos reales de mejora de los procesos.

Un tercer plano corresponde al de los ensayos piloto o de proceso, el de las investigaciones experimentales y el de los estudios que hacen los fabricantes de equipo, En este caso se busca aplicar un cambio tecnológico significativo, Para avanzar a esta etapa, probablemente la empresa ya ha llegado a los límites operativos y tecnológicos del equipo en cuestión.

Para emprender cualquiera de las tres etapas, una organización debe recolectar datos regularmente, sistemáticamente, y de fuentes confiables, Además el procedimiento de recolección debe asegurar la confiabilidad de los datos con control calificado y prácticas confiables y una apropiada identificación, registro y almacenamiento.

Algunas de las fuentes de datos comunes son: Monitoreos y mediciones, entrevistas y observaciones, reportes legales, registros de inventarios y producción, registros contables y financieros, registros de compras, revisiones y auditorías, catálogos, manuales e información de los fabricantes del equipo, reportes ambientales, reportes y estudios científicos, reportes e información de entes gubernamentales, instituciones académicas y ONGs, proveedores y contratistas, clientes, consumidores y asociaciones comerciales y gremiales.

Los principios de la recolección de datos en para la evaluación de eficiencias en todos los niveles, son:

- La información está disponible para ser usada
- Poner atención a los datos crea oportunidades
- El orden es esencial
- El recurso humano es esencial

- Hay inteligencia en las operaciones de recolección de dato
- El proceso de recoger datos hace parte de bucles de mejora

1.3.2 Análisis y conversión de datos

Referente a los datos recolectados se debe considerar su calidad, que sean válidos, adecuados, y completos. Es de mucha importancia que luego de la recolección de los datos, se conviertan a información que describa el desempeño, expresada en forma de indicadores, mediante el empleo de cálculos, estimaciones adecuadas, métodos estadísticos, técnicas gráficas, índices y valoraciones.

Luego se deben comparar los indicadores con los criterios de desempeño de la organización, indicando los progresos o deficiencias existentes, Conviene registrar en qué forma se han obtenido los logros o qué ha impedido alcanzar el desempeño deseado.

La información debe ser reportada y comunicada, Los registros se deben archivar, Los reportes se deben compartir y divulgar, Una buena comunicación aumenta la conciencia y facilita el diálogo sobre las políticas, el desempeño y los logros de la organización, Además demuestra su compromiso.

1.3.3 Consideraciones prácticas sobre las eficiencias de los procesos

Recordando, los procesos eficientes se caracterizan por:

- Tener baja irreversibilidad
- Trabajar con baja fricción empleando lubricantes de alta calidad y trabajando con partes maquinadas con precisión y acabados adecuados y materiales de alta calidad
- Se evitan mezclas de sustancias diferentes y transformaciones radicales de las sustancias cuando sea posible
- Transmitir el calor a través de diferencias de calor pequeñas, Se usan aislantes
- Emplear buenas prácticas de operación y manejo
- Emplear catalizadores
- Trabajar con ciclos combinados
- Emplear equipos eficientes

Existen varias prácticas generales que inducen a los procesos industriales a desarrollarse eficientemente:

- Cambios en la cultura de las personas y de la organización para llevarlas a un sistema de creencias que apoye el trabajo en URE y en GEI
- Desarrollo de conocimiento y de herramientas de gestión
- Mejoras tecnológicas
- Mejoras en el mantenimiento y operación de los procesos,
- Cumplir y conocer las normas energéticas
- Equipos nuevos con tecnología ambiental
- Conocer los consumos de energéticos
- Llevar estadísticas de consumo específico y por procesos
- Conocer los costos de energéticos
- Elaborar planes de rebaja de consumos
- Calibraciones frecuentes de equipos
- Conocer las eficiencias de trabajo
- Trabajar en armonía y en colaboración con los proveedores de los equipos y de los procedimientos
- Buen estado la instrumentación de los equipos
- Entrenar a las personas frecuentemente

Algunos de los equipos y sistemas que con frecuencia se deben monitorear y evaluar su eficiencia en las empresas son los siguientes: Calderas, hornos, secadores, torres de atomización, intercambiadores de calor, ventiladores, bombas, turbinas, compresores, sistemas de refrigeración, molinos, equipos de tratamiento de aire, equipos de tratamiento de aguas, torres de enfriamiento, sistemas de bombeo, sistemas de aire comprimido, redes de vapor, redes de agua, sistemas de transporte.

A continuación se abordará el tema de eficiencia en algunos de estos equipos y sistemas en la industria.

Hornos. En un horno muchas de las ineficiencias tienen que ver con el estado del horno, Estos equipos tienden a deteriorarse debido a las condiciones de trabajo, Es muy conveniente, como en todo equipo térmico, tener datos sobre los consumos específicos energéticos del horno, por lo menos una vez al mes.

Los principales orígenes de las pérdidas de energía son:

- Temperatura de gases de escapes excesiva
- Combustión defectuosa
- Temperaturas de paredes altas por falta de aislamientos adecuados
- Entradas de aire falso

- Radiación a través de aberturas
- Temperatura excesiva en el producto y en los elementos de transporte
- Funcionamiento intermitente
- Mala carga
- Operación defectuosa
- Paradas imprevistas
- Uso de gases de elevada temperatura en hornos que deben trabajar a baja temperatura

La mejor manera de determinar las pérdidas es por medio de la realización de los balances energéticos, los cuales se pueden presentar en tablas de forma porcentual o específica, Es importante aprovechar al máximo las transferencias de calor y operar las cámaras de combustión a las mayores temperaturas posibles, A continuación se da una lista de buenas prácticas industriales que permiten aumentar la eficiencia en estos equipos:

Prácticas operativas
- Aumentar la carga de los hornos y operarlos a plena producción
- Evitar enfriamiento excesivo entre operaciones para los hornos intermitentes
- Aislar adecuadamente las paredes del horno
- Precalentar el aire de combustión
- Quemar el combustible con bajo exceso de aire
- Precalentar el material con los gases calientes
- Operar en contracorriente
- Recuperar la energía sensible de los humos
- Secar con los gases calientes de la zona de precalentamiento

Prácticas desde el diseño
- Permitir posibilidades de aprovechamiento del calor de los gases para secado
- Permitir precalentamiento o recirculación con el objeto de tener los gases de la chimenea a una temperatura lo más baja posible
- Tener en cuenta las necesidades reales de producción
- Trabajar en forma continua y a alta capacidad
- Seleccionar quemadores de alta eficiencia
- Instrumentar completamente los sistemas

Prácticas de mantenimiento
- Realizar mediciones de control

- Mantener parámetros de diseño en las operaciones
- Conservar el aislamiento en condiciones óptimas
- Mantener el sistema de control en buen estado

Prácticas de evaluación y registro
- Realizar evaluación de pérdidas regularmente
- Llevar estadísticas de carga y de proceso,

Calderas. En estos equipos se desea conocer los consumos específicos de combustible por unidad de vapor generado y las eficiencias, Para ello es necesario conocer información sobre tales consumos y producciones y conocer el poder calorífico del combustible.

Otros parámetros importantes a medir en estos equipos son los flujos de gases de chimenea, temperatura de gases, composición de los gases.

Los parámetros que inciden en las pérdidas de energía en las calderas y por lo tanto en la disminución de la eficiencia son:

- Temperatura excesiva de gases de salida
- Inquemados del combustible
- Excesivo oxígeno en los gases producido por excesos de aire
- Elevada temperatura de paredes en las superficies externa
- Calidad pobre del vapor (alto contenido de agua líquida)
- Excesivo caudal de purgas
- Agua en el aire de combustión y combustible
- Fugas de vapor
- Redes mal dimensionadas
- Falta de control en el uso del vapor

Existen buenas prácticas industriales que permiten el aumento de la eficiencia en calderas.

- Limpieza en las superficies de los tubos, interna y externamente
- Regular el tiro del hogar a un nivel bajo que garantice la evacuación de los gases.
- Procurar combustión eficiente, manteniendo los quemadores bien ajustados para una relación constante de aire combustible
- Mantener en buen estado y calibrados los pulverizadores, atomizadores, parrillas, etc.

- Trabajar con combustibles de características conocidas
- Mantener buen sello en la caldera
- Evitar incrustaciones por mal tratamiento del agua de caldera
- Proteger los combustibles de la humedad
- Instalar controles automáticos
- Disminuir picos altos de carga elaborando un plan de demanda y suministro de calor
- Aprovechar el calor de los gases
- Llevar registros y estadísticas
- Realizar un tratamiento adecuado de las aguas

A modo de ejemplo se muestra un estudio de pérdida de gases en una caldera como función de los flujos de gases y del oxígeno en los gases, Se observa la presencia de puntos óptimos de trabajo, que pueden ser buscados en la práctica operativa de manera regular.

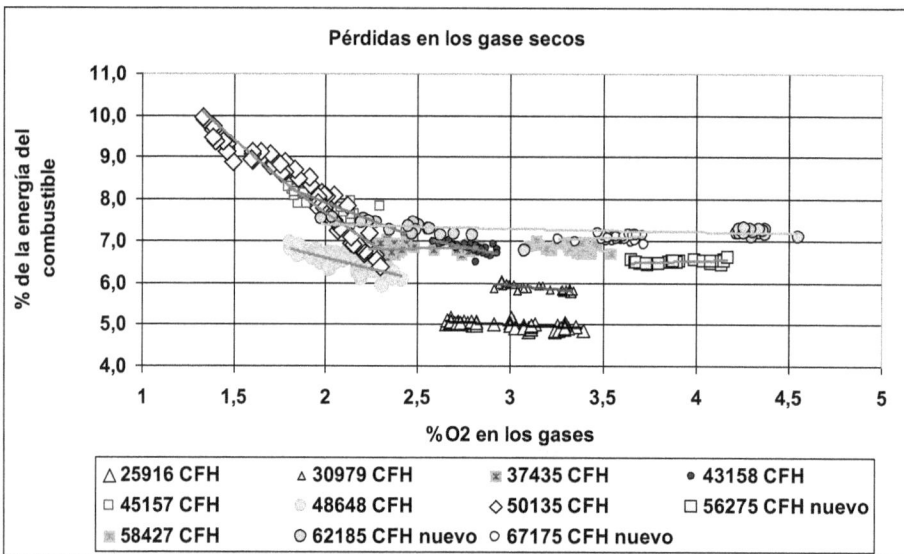

Pérdidas en los gase secos

Eje Y: % de la energia del combustible
Eje X: %O2 en los gases

△ 25916 CFH	▲ 30979 CFH	✳ 37435 CFH	● 43158 CFH
▫ 45157 CFH	◉ 48648 CFH	◇ 50135 CFH	▫ 56275 CFH nuevo
✳ 58427 CFH	○ 62185 CFH nuevo	○ 67175 CFH nuevo	

Estudio de pérdidas de energía en los gases en una caldera como función del flujo de gases

Secaderos. En estos equipos se desea conocer los consumos específicos de combustible por unidad de producto secado o por unidad de agua evaporada y las eficiencias, Para ello es necesario conocer información sobre tales consumos y flujos de agua y de producto y conocer el poder calorífico del combustible utilizado.

Otros parámetros importantes son:
- Rata de producción y ratas de evaporación
- Humedad de entrada y salida del producto
- Flujo, humedad y temperatura de aire de secado

En el proceso de secado es importante conocer que:

- A mayor temperatura del aire de secado, más facilidad para remover la humedad
- Hay productos que tienen temperaturas límites, La temperatura del producto la limitan las temperaturas de bulbo húmedo del aire
- Las temperaturas de entrada y de salida y el flujo de gases son muy importantes
- Se debe buscar buen contacto entre el producto a secar y el aire de secado
- Es importante la recirculación del aire

A modo de ejemplo del tipo de análisis que se pueden hacer, en la figura siguiente se muestra un estudio comparativo de consumos específicos como función de la producción en un secadero, Se aprecia la importancia de trabajar a producciones altas y estables, Se observa que entre 2008 y 2009 se generó un cambio favorable.

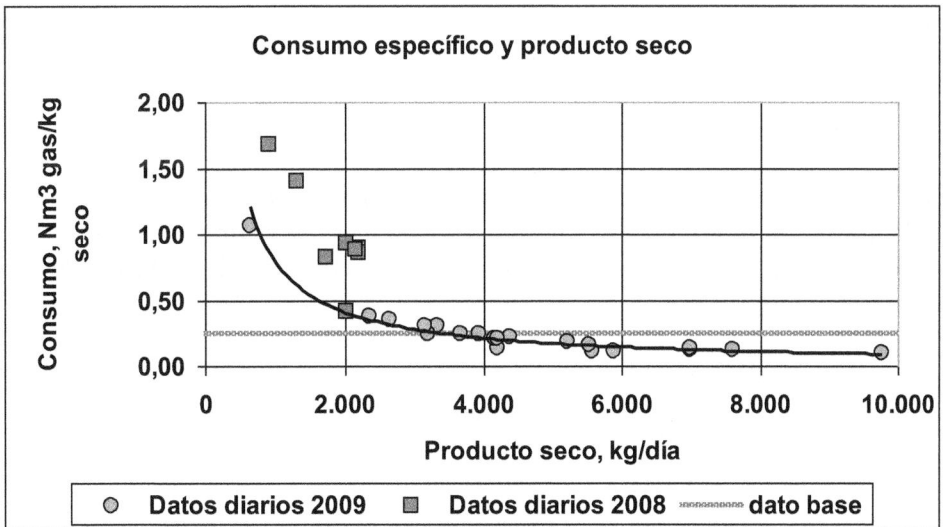

Consumos específicos en un secadero Vs. Producto seco

Entre las buenas prácticas para el aumento de la eficiencia en el proceso de secado se encuentran:

- Operar de forma regulada el equipo
- Medir la eficiencia regularmente
- Cargar el producto de forma regular, de forma que no se dejen espacios para que el aire busque rutas preferenciales
- Si el equipo tiene sistemas de recirculación, estos se deben utilizar y calibrar
- Evitar que la temperatura sea la única variable que se controla, Esto puede ser muy engañoso y llevar a consumos excesivos de combustibles
- Calibrar los instrumentos
- Desarrollar métodos adecuados de determinación de humedad en el producto, Este punto es muy importante, pues se pueden generar altos costos en busca de puntos de secado muy exigentes,
- Mantener el sistema limpio
- Evitar que el aire de descarga final sea succionado de nuevo hacia la entrada del sistema

Sistemas de refrigeración. En estos equipos se desea conocer los coeficientes de rendimiento (COP), como función de los flujos de calor de enfriamiento que se manejan, Para ello es necesario conocer información sobre los consumos de potencia eléctrica, sobre los calores de enfriamiento y los calores entregados al medio. Otros parámetros importantes en estos sistemas son:

- Flujo, presión y temperatura fluidos
- Propiedades físicas y termodinámicas de los fluidos
- Potencia eléctrica consumida por compresor o calor aportado por el generador

Entre las buenas prácticas para el aumento de la eficiencia en sistemas de refrigeración está el realizar un mantenimiento regular, registrar el COP, evacuar correctamente el calor de desecho, aislar las tuberías y los tanques de frío y realizar un correcto diseño del sistema de control.

La figura siguiente muestra un ejemplo típico de las oportunidades que advierten de mejora de COP con base en las variables de proceso.

Comportamiento del coeficiente de rendimiento COP de chiller con el flujo de agua de condensadores a dos presiones de evaporación

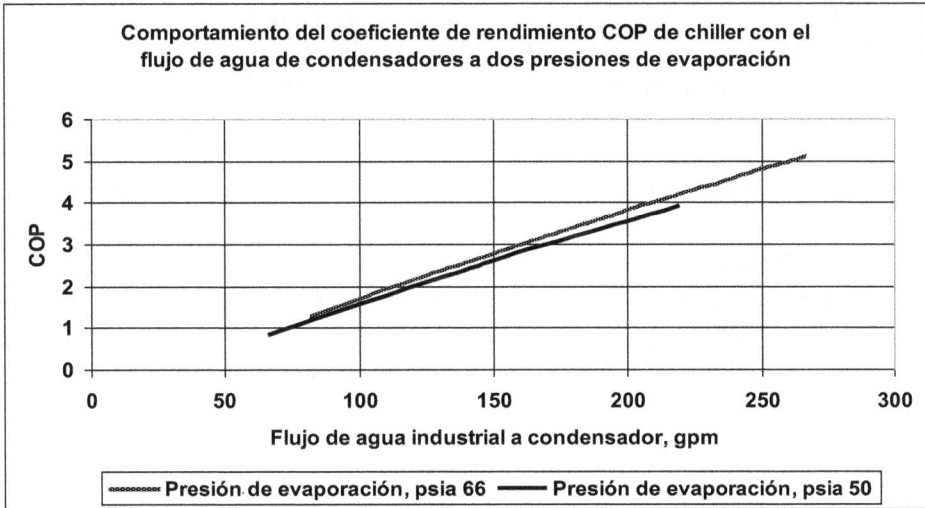

Presión de evaporación, psia 66 ———— Presión de evaporación, psia 50

Comportamiento de un chiller de refrigeración variando flujos de agua al condensador y presiones de evaporación

Aire comprimido. Entre las buenas prácticas en los sistemas de aire comprimido para el aumento de la eficiencia se puede mencionar:

- El aire aspirado debe estar limpio y frío, Cada 4 °C de aumento de temperatura en el aire aspirado, aumenta el consumo de energía en 1% para el mismo caudal
- Combinar bien los equipos cuando trabajen en paralelo para evitar trabajar a presiones caídas de presión excesivas en equipos que no las requieran
- Contar con un factor de carga apropiado permite:
    - Presión más uniforme, incluso durante los periodos de demanda pico
    - Existencia de un periodo de enfriamiento (muy conveniente para equipos refrigerados por aire)
    - Menor mantenimiento
    - Facilidad de incrementar la demanda de aire sin tener que aumentar inmediatamente el tamaño de la instalación
- Evitar las pérdidas por fugas, las cuales varían del 1 al 5 % en instalaciones bien mantenidas, y desde el 10 al 30% en instalaciones sin buen mantenimiento
- Poner atención a los puntos de fuga comunes:
- Instalar válvulas de seguridad en los dispositivos acumuladores,
- Vigilar que las juntas de tubería y mangueras estén en buen estado

- Vigilar que las válvulas de corte que estén ajustadas
- Los acoples rápidos deben ser de buena calidad
- Al utilizar herramientas neumáticas vigilar que no estén operando sin carga

La cuantía de las fugas se puede hacer siguiendo la siguiente metodología:

- Cerrar los consumos de todos los equipos,
- Llevar los depósitos de aire hasta la presión de trabajo,
- Apagar los compresores,
- Medir el tiempo que tardan los depósitos en bajar hasta una presión determinada

Las tuberías de aire y sus accesorios pueden afectar el rendimiento del sistema, en caso de diseño incorrecto o estado defectuoso de los elementos. En una red de distribución dispuesta de manera óptima no deberá existir una caída de presión superior al 5% entre el compresor y el punto de utilización más lejano.

Ventiladores. En estos equipos se desea conocer los consumos de energía eléctrica como función del flujo de aire que se mueve y comparar estos consumos con la energía ganada por el aire.

$$Eficiencia = (M_{aire} \cdot \Delta H \cdot g \ / \ Pot\ consumida) \cdot 100$$

Parámetros:

- Flujo másico aire (M_{aire}) y cabeza de presión (ΔH) del ventilador
- Temperatura del aire
- Potencia eléctrica consumida (*Pot consumida*)

Entre las buenas prácticas en el manejo de los sistemas de ventilación pueden nombrarse las siguientes:

- Mantenimiento regular y revisión de los balances de flujo y presiones
- Cambio de compuertas de regulación por variadores de velocidad, luego de un adecuado análisis económico
- Evitar velocidades excesivas en los conductos de aire
- Diseño balanceado del sistema de ventilación
- Mantenimiento de los conductos, para evitar que tengan fugas o que estén restringidos por depósitos de materiales

La gráfica siguiente muestra un estudio realizado en un ventilador de una caldera. Se aprecia que el efecto de las compuertas puede ser muy importante.

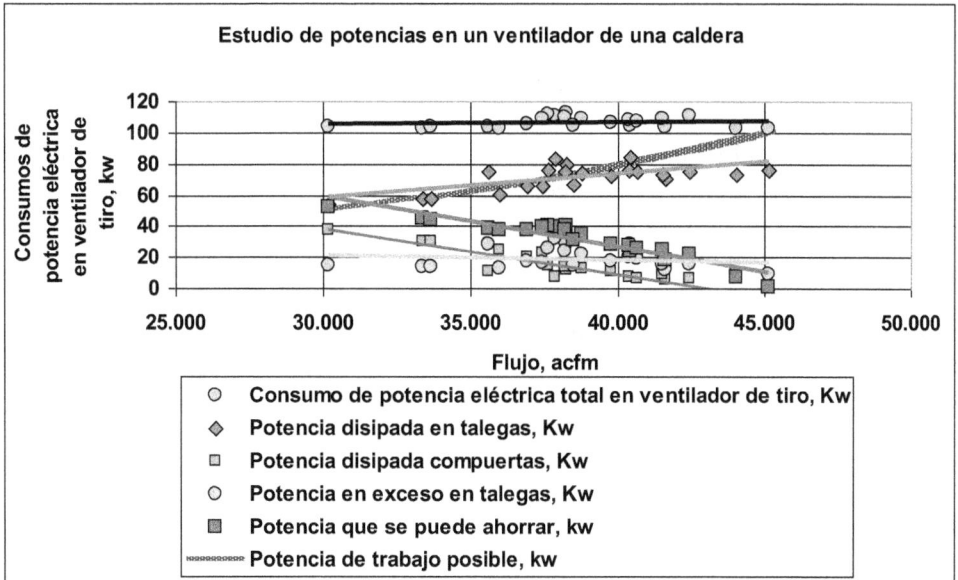

Estudio de potencias en un ventilador de una caldera

○ Consumo de potencia eléctrica total en ventilador de tiro, Kw
◇ Potencia disipada en talegas, Kw
▫ Potencia disipada compuertas, Kw
○ Potencia en exceso en talegas, Kw
▣ Potencia que se puede ahorrar, kw
▨▨▨▨ Potencia de trabajo posible, kw

1.4 LAS AUDITORÍAS ENERGÉTICAS COMO MEDIO PARA EL HALLAZGO DE OPORTUNIDADES DE MEJORA Y DE AHORRO

Introducción

La unidad UPME del Ministerio de Minas y Energía de Colombia, define a la Auditoría Energética como es un proceso sistemático mediante el cual se obtiene un conocimiento suficientemente fiable del consumo energético de la empresa para detectar los factores que afectan el consumo de energía e identificar, evaluar y ordenar las distintas oportunidades de ahorro de energía, en función de su rentabilidad.

Las auditorías energéticas son unos mecanismos de revisión y diagnóstico realizados por agentes externos o internos, que permiten a la empresas contar con momentos de verdad sobre el estado de sus consumos de energía, sobre las relaciones entre estos y sus procesos y sobre la forma en que están gestionando el manejo de la energía, Las auditorías son mecanismos para impulsar el conocimiento energético y el desarrollo de la conciencia de las personas y de las organizaciones.

1.4.1   Bases que sustentan un trabajo de auditorías

Este trabajo tiene unas bases que garantizan el éxito, algunas de ellas vistas en capítulos anteriores, pero que se quieren resaltar de nuevo.

- **La energía obedece a leyes de conservación y no se destruye sino que se transforma**

La clave para entender las pérdidas de energía son los balances energéticos que aplican las leyes de la conservación de masa y de energía a un sistema, En esencia se calcula la cantidad de energía consumida y se resta la energía realmente necesaria para los procesos, La diferencia es la pérdida.

Una parte de las pérdidas aparece en las corrientes de salida del proceso, otra parte aparece en forma de pérdidas más difusas. La eficiencia es la relación entre la energía realmente necesaria para el proceso y la energía invertida. Conocer estos datos para cada proceso es ideal y las auditorías orientadas al ahorro y la mejora ayudan a identificar puntos clave de proceso en los cuales es importante aplicar estas leyes y a ayudan a establecer el punto en qué están situados diversos procesos.

- **Todo lo que sucede tiene causas reales que se pueden identificar, Hay causas más importantes**

Las auditorías orientadas a la mejora, contribuyen a establecer en la empresa una filosofía y una metodología de búsqueda creativa y racional de las causas verdaderas de una situación, Las pérdidas y las ineficiencias excesivas se originan en causas que se pueden detectar y corregir, Existe tecnología relativamente sencilla que se puede comunicar y que se puede emplear para detectar las causas, Trabajar en esto es un primer requisito para disminuir pérdidas y minimizar consumos, Como las causas reales de la generación de pérdidas y consumos exagerados no son siempre obvias y la explicación de estas causas puede no ser la correcta, se necesita trabajar con unas mínimas bases técnicas, pero también con disciplina, buen análisis, medios experimentales y mediciones, con intuición y con base en objetivos y persistencia para alcanzarlos, Las auditorías contribuyen a revisar estos procesos y a plantear oportunidades para establecerlos.

En este proceso es de mucha ayuda entender que hay unas pocas causas más importantes, las cuales son responsables de mayor parte de los efectos, El atacar estas causas primero es lo más adecuado en comparación con enfocarse en muchas causas cuyos efectos no son tan importantes.

- **El control del proceso es muy importante**

Además de trabajar en la prevención y disminución de pérdidas e ineficiencias, es muy importante enfocar el control del proceso y su conocimiento, Con frecuencia los procesos están fuera de control, o dependen de los trucos y de la buena voluntad de los operadores, El definir adecuadamente los manuales y procedimientos de proceso, el entrenar al personal, el aprovechar sus experiencias, el instrumentar los procesos, el medir sus eficiencias y sus flujos, son formas de control de procesos que se combinan con los programas de buenas prácticas y que conducen a mejoras y a ahorros importantes, tanto en el campo de la energía como en el de la producción, Las auditorías bien orientadas, ayudan a detectar carencias en este sentido y a descubrir áreas de oportunidad.

- **Medir y comunicar son muy importantes para motivar y para mejorar**

La utilización de indicadores que muestren los logros que resultan de los esfuerzos para minimizar las perdidas energéticas y los consumos y que indiquen los rendimientos de los procesos, es muy importante, Es igualmente muy importante comunicar a todo el personal, de forma sencilla y clara, estos indicadores y estos logros, Ello motiva a las personas para que presten especial atención a los procesos, de forma que puedan reaccionar adecuadamente para prevenir la generación de pérdidas y consumos exagerados, Ello los hace sentirse comprometidos y satisfechos, Las auditorías orientadas hacia las mejoras contribuyen a detectar mejoras y oportunidades en lo relacionado con registros, comunicaciones y uso de indicadores.

- **Hay claras relaciones entre trabajar con eficiencia, con menos pérdidas y con más calidad**

Un trabajo enfocado en las buenas prácticas energéticas, en el ahorro y en la minimización de pérdidas y consumos requiere ciertos grados de tecnología, de control, de comunicaciones y de atención a los detalles, Estos elementos son típicos de los programas de mejora continua y de calidad, Se pueden obtener, por ejemplo, logros de la calidad y menos producto rechazado en las inspecciones de proceso mediante las mejoras en el control de proceso apareadas típicamente con la minimización de pérdidas y consumos, Las auditorías orientadas hacia la mejora y el ahorro registran aspectos relacionados con la calidad, la tecnología y la gestión de calidad y ayudan a localizar oportunidades.

- **Los empleados apoyan estos procesos**

Las distintas personas de la organización van a tender a apoyar las mejoras en la calidad y las reducciones en energía que se desperdicia, Hoy en día todas las personas tienen preocupaciones crecientes por el medio ambiente y están dispuestas a comprometerse con ideas bien lideradas y prácticas, Una auditoría orientada hacia la mejora, genera espacios educativos y de participación y trata de estimular las ideas de las personas, las cuales pueden hacer parte de los hallazgos del proceso y ser retroalimentados por los responsables de la auditoría.

- **El punto de partida de la empresa**

Las empresas están situadas en distintos niveles en el avance hacia una total optimización de su situación energética, Es importante preguntarse sobre el nivel de conciencia y de acción energética en el que se encuentra la empresa, Los niveles van desde aquel en el cual las empresas no perciben como problema sus pérdidas y consumos exagerados hasta aquel en el cual las empresas han eliminado de manera rigurosa las pérdidas energéticas y minimizado los consumos en todas las etapas de sus procesos, La mayor parte de las empresas se encuentran en algún punto a medio camino, Son conscientes en alguna medida de sus pérdidas y consumos y del problema existente, pero aún no tienen conciencia plena de los beneficios que supondría su reducción y ahorro.

La tabla siguiente sugiere cómo se pueden concebir los distintos niveles, Situarse en ellos es importante para decidir el tipo de acciones a emprender, Las auditorías contribuyen a que las empresas se sitúen.

Nivel	Descripción
1	No hay conciencia sobre las perdidas y no se ven como problema
2	Existe conciencia de que las pérdidas dan lugar a costos que se pueden evitar
3	Se tiene el propósito o el deseo de reducir las pérdidas de energía
4	Se han identificado pérdidas y se trabaja en su manejo y control,
5	Se han logrado disminuciones de las pérdidas de energía a medida que se introducen cambios en las forma de trabajar,
6	Se están optimizando procesos y se están logrando importantes mejoras y reducciones en costos,
7	Se ha llegado a puntos en los cuales solamente mediante cambios en la tecnología pueden obtener mejoras sustanciales adicionales,
8	Se introducen cambios tecnológicos
9	Pérdidas totalmente disminuidas o eliminadas (Pérdidas "cero"), Procesos totalmente dominados y optimizados (Procesos ideales)

- **El requisito esencial**

Las ideas de la empresa están encarnadas en gran medida en la gerencia, Para dar buen curso a un programa de buenas prácticas, de minimización de consumos y de pérdidas energéticas es indispensable contar con el compromiso de la dirección general, Este es un requisito esencial, Debiera ser fácil de obtener, pues todo gerente quiere que su empresa sea más rentable y desea que tenga futuro y que pueda competir con ventajas en un mundo que debe comprometerse con el desarrollo sostenible y respetuoso con las futuras generaciones, Todo gerente hace cuentas y pide cuentas, La contabilidad energética es un aspecto esencial de la contabilidad empresarial industrial, Cuando la gerencia autoriza o genera auditorías orientadas hacia la mejora y el ahorro, está facilitando el logro de este requisito esencial.

1.4.2 Clases de auditorías energéticas

Existen varias formas de clasificar los tipos de auditorías energéticas, Una de las formas de clasificación es:

- *Por Áreas funcionales*: Operativas, administrativas, o sub-áreas de estas (talleres, oficinas, cocinas, calderas)
- *Por el Uso de la energía*: Iluminación, climatización, refrigeración, calefacción, actividades de oficina, producción de vapor, etc.,
- *Por Procesos*: Empaque, secado, trillado, despulpado, entre otros,

Otra diferenciación que se utiliza es entre auditorías eléctricas y térmicas, Las auditorías eléctricas son las que se realizan sobre equipos o sistemas que producen, producen, convierten, transfieren, distribuyen o consumen energía eléctrica, Las auditorías térmicas se realizan sobre equipos o sistemas que producen, convierten, transportan o distribuyen fluidos líquidos o gaseosos.

Por el esfuerzo que se hace, Hay auditorías **cortas,** que se hacen con menos de un día de trabajo; hay auditorias **muy completas**, que pueden tomar un par de meses dedicados a un proceso o equipo específico o a toda una planta.

Hay auditorías **externas**, realizados por un equipo de trabajo en el cual hay la intervención de una persona experta, Este equipo de trabajo viene a la empresa y desarrolla sus actividades con la colaboración de las personas de la organización, con base en un plan de trabajo previamente acordado.

Hay auditorías **internas**, realizadas por las personas de la organización que hacen parte de un equipo de trabajo que busca mejoras y gestión energética integral, Este curso está concebido para que se haga un trabajo interno, soportado por asesoría externa cuando sea del caso.

1.4.3 Equipos necesarios para la realización de auditorías energéticas

Con frecuencia las auditorías energéticas requieren la realización de medidas específicas que complementan la lectura de los instrumentos existentes en las plantas industriales. Para la elaboración de los balances de materia y energía, se requieren medidas específicas y concretas, las cuales pueden no ser habituales dentro del desempeño estándar de una industria.

A continuación se enlistan por tipo de medida una serie de equipos que facilitan la realización de las auditorías:

- Medidas eléctricas: Una analizador de redes con pinzas amperimétricas y multímetros, con un sistema de registro de datos.

- Medidas para sistemas de combustión: Un analizador de gases de combustión, termómetro para medición de temperaturas de bulbo húmedo y bulbo seco en los gases y el ambiente.
- Mediciones de flujos: Es conveniente contar con anemómetros para mediar flujos de gases y tubos de pitot y manómetro inclinado cuando se trabaje con gases sucios, Con estos equipos de miden flujos de gases.

Para sistemas de iluminación conviene contar con luxómetros.

Es conveniente contratar algunas mediciones especializadas con empresas que cuentan con equipos, Por ejemplo, medidores de flujo ultrasónicos para el caso de flujos de líquidos.

1.4.4 Metodología general para la realización de auditorías

La metodología general de trabajo que se propone es la siguiente:

- Presentación del plan general de la auditoría a la empresa o a la sección o unidad de la planta que se va estudiar, con sus objetivos, alcances, metodología, tiempos estimados, recursos y tiempo de ejecución. Esto como respuesta a una necesidad del cliente externo o interno o como una oferta más abierta y general.
- Recolección de información básica por medio de una encuesta sencilla aplicada previamente a la visita de auditoría. Esta encuesta está orientada a recoger información sobre consumos de energéticos y a aspectos de los motores, de las calderas y del sistema eléctrico. Se aplica, en lo posible, otro tipo de encuesta que recoge información sobre productos y procesos, sobre la categorización de los mismos, sobre el tipo de gestión energética que se hace, sobre el nivel en que se encuentra la gestión, sobre indicadores y consumos específicos y sobre las oportunidades que la empresa o el equipo operador conocen y que desea que se exploren en la auditoría.
- Realización de las visitas técnicas de seguimiento al proceso o a la planta o al equipo objeto de la auditoría. Estas pueden tomar uno o dos días de duración o un tiempo mucho mayor, de acuerdo con los objetivos deseados. La visita se inicia con una reunión de arranque con las personas responsables de la empresa o del proceso, que tengan relación con los temas de la gestión de energía, para definir lo que se va a hacer durante las visitas de auditoría. Las visitas son realizadas por un equipo de trabajo que en general debería soportarse en un ingeniero de experiencia, con una visión amplia que le permita detectar oportunidades.

- Realización de una sesión de capacitación, de motivación y de intercambio de ideas con personas de la empresa con los responsables de los procesos auditados en sus varios niveles, En esta sesión se explican generalidades sobre la energía y los procesos, los objetivos de la auditoría y su metodología y se recogen inquietudes, ideas y aportes de las personas, las cuales serán parte del proceso de auditoría orientada a las mejoras y al ahorro.
- Ejecución de las actividades de las visitas técnicas a la planta, por parte del equipo auditor, con acompañamiento de personal de la empresa o de los operadores del proceso, En algunos casos, se toman datos de campo, basados en instrumentos de la empresa o en instrumentos que maneja el auditor, Cuando se trata de una auditoría detallada de algún proceso, lo normal es hacer seguimientos de campo, Estos pueden tomar varios días y es importante que hay una estrecha colaboración del personal operativo.
- Recolección de información de los procesos, de los consumos y de la producción, que suministre la empresa o los responsables del proceso estudiado, con base en registros, preferiblemente en formato digital, En ocasiones esta información es enviada luego de la visita, con base en lo que convenga durante la misma.
- Reunión de cierre por parte del auditor que incluye algunos comentarios y conclusiones preliminares.
- Análisis de la información recolectada, Aquí se dedica un número significativo de horas de trabajo a examinar los datos; a elaborar algunos modelos de comportamiento y predicción para explorar posibles zonas de mejora; a presentar la información de forma clara, fácil de entender, en lo posible con ilustraciones, gráficos y curvas.
- La empresa evaluada o los responsables del proceso estudiado reciben un informe ejecutivo donde se reportan los hallazgos más relevantes de la auditoría y un informe completo con la información recogida, los modelos elaborados, las descripciones de los hallazgos y los análisis de ahorro y costo beneficio para las oportunidades detectadas.

- **Encuesta para recolección de información básica de la empresa**

Para el éxito del programa es importante contar con una información inicial suministrada por la empresa o por los que manejan el proceso, que se puede recoger en varias formas, por ejemplo por medio de una encuesta o formulario que hace parte de la metodología general para la realización de auditorías, Los objetivos de esta información son los siguientes.
- Dar bases para que el auditor responsable diseñe las visitas de campo

- Dar base para que el auditor responsable planee el trabajo y las charlas con el personal
- Contar con información para dar mayor soporte a los diagnósticos
- Facilitar el que el equipo de la empresa o responsable del proceso a estudiar, se sitúe en la realidad de la situación energética existente, previamente a la visita, para que esta se pueda aprovechar mejor
- Crear conciencia del nivel en el que se encuentran la empresa o el sistema estudiado dentro de su avance hacia una optimización de procesos y de consumos

1.4.5 Consideraciones adicionales de las auditorías

El aprovechamiento del trabajo realizado por el auditor depende de la calidad misma del trabajo realizado, del nivel de atención que se preste por parte de la empresa, de la capacidad organizacional, técnica y de respuesta de la empresa, de la disponibilidad de recursos humanos, económicos y administrativos, y finalmente, la disponibilidad empresarial para conseguir recursos que soporten las posibles soluciones cuando ellas dan lugar a inversiones.

Durante las auditorías se ha encontrado que las empresas cuentan con información de proceso y de consumos de energía que puede ser utilizada para establecer indicadores y programas de mejora, Además la información, mirada en detalle, muestra lo que se puede lograr con estas acciones en términos de oportunidades, Sin embargo, las empresas en general no utilizan la información de una forma clara para estos propósitos, sino que más bien para calcular los costos de los energéticos.

La mejor información se establece cuando los datos recogidos permiten establecer relaciones entre indicadores de consumo específico del energético y la producción para procesos y energéticos dados y para la generalidad de la empresa, Las curvas que recogen estos comportamientos pueden ser utilizadas para establecer programas de metas de consumos específicos mínimos para los energéticos, Para alcanzar las metas, se deben conformar grupos de trabajo con participación interdisciplinaria, los cuales ejercen su dominio de acuerdo al tipo de acciones que se requiere.

1.4.6 Recomendaciones para aprovechar las auditorías

En el momento en que una empresa decida prestar importancia al potencial de ahorro energético para sus procesos, es importante que dé continuidad a este aspecto y realice evaluaciones energéticas regulares de consumos pérdidas y eficiencias para los equipos o procesos críticos, También se considera importante el fortalecimiento de los contactos con proveedores de energéticos, con el fin de mejorar aspectos de energía enfocados en un plan de acción específico.

Es conveniente instalar equipos de medición de los consumos eléctricos, de agua, combustibles, vapor y aire comprimido en cada uno de los procesos principales para poder separar adecuadamente los consumos y permitir comenzar un trabajo serio con indicadores energéticos, aprovechando la información de producción real, Esto permitirá manejar costos reales de servicios por proceso y la implementación de indicadores energéticos, que permiten optimizar el aprovechamiento y reducir los consumos específicos.

Es primordial definir indicadores de consumo energético contra la producción en cada proceso, conseguir información de otras plantas para compararse y realizar acciones de seguimiento y mejora contra estos indicadores, Sólo a través de la interrelación de los datos de variables de proceso y de consumo de energéticos, es posible establecer indicadores energéticos, El uso de estos indicadores permitirá evaluar los consumos específicos y establecer acciones que de seguro, mostrarán ahorros sustanciales en el futuro.

1.5 LA PUESTA EN MARCHA DE PROGRAMAS DE GESTIÓN ENERGÉTICA

Se denomina gestión al conjunto de actividades organizadas con las cuales se busca el logro de objetivos en una empresa. La gestión implica cierto grado de formalidad, cierto nivel de administración, la existencia de un ciclo de manejo que incluya revisiones y cambios, cierto nivel de compromiso con objetivos, tiene que ver con la intervención de equipos de trabajo formados por personas de distintas áreas e involucra un claro compromiso gerencial.

Las empresas que hacen gestión de energía responden a una conciencia de mejoramiento continuo y al convencimiento de que existen importantes potenciales de ahorro, Al mismo tiempo, están contribuyendo a los programas energéticos del país y al desarrollo sostenible.

1.5.1   Elementos de la gestión y conservación

La gestión es la administración atenta de los recursos con el fin de obtener la armonía individual y colectiva, permitir y estimular la evolución personal y social, sin poner en riesgo la sostenibilidad, en un ambiente de sabiduría y de sentido de las proporciones, manteniendo la creatividad y el interés de las personas hacia objetivos y visiones que valgan la pena individual y socialmente, es administración de alta calidad.

La conservación es la capacidad para mantener los patrimonios y los potenciales de los recursos en niveles que permitan su manejo sostenido y equilibrado, Implica altos niveles de conciencia individual y colectiva, un sentido ético en las acciones, una capacidad para seguir leyes y normas y mucha apreciación por las personas, por la naturaleza y por los recursos. Es administración respetuosa y prudente.

En la siguiente tabla se hace una comparación entre la gestión y conservación frente a prácticas basadas en la respuesta a las circunstancias centradas en el corto plazo.

Esta tabla se presenta solamente para mostrar rangos de funcionamiento, Es importante aclarar que la visión de corto plazo es también importante para la gestión de energía.

Gestión y conservación con visión de largo plazo	Manejo con visión de corto plazo
Políticas asociativas, nacionales e internacionales	Visión muy basada en la capacidad de los directivos de salir adelante con base en astucia, olfato por el negocio y aprovechamiento de oportunidades
Programas de inversión, ahorro y manejo a largo plazo	
Programas de desarrollo del conocimiento y contactos con instituciones que impulsan el desarrollo de la tecnología	Acciones de tipo individual con actitud de desconfianza hacia la idea de trabajar gremialmente, en forma asociativa o en grupo, a no ser que se aprecien claras ventajas
Establecimiento de metas y objetivos con indicadores	Interesa ante todo el corto plazo
Ejecución de registros y seguimientos de los procesos	No se ve la necesidad de invertir en conocimiento ni en desarrollo propios, se piensa que en el mercado se consigue lo necesario cuando sea del caso a juicio de los directivos
Embellecimiento y mantenimiento de las instalaciones y de los equipos	
Entrenamiento y capacitación de las personas	Tendencia a que se atiendan los sistemas cuando se presentan daños y accidentes
Acompañamiento a los procesos con la colaboración de clientes y proveedores	No se aprecia la necesidad de llevar estadísticas ni de utilizar indicadores
Colaboración y trabajo de equipo	Se tiene la tendencia a manejar los datos y la información en un ambiente de secreto y de manipulación
Utilización de asesores y expertos	
Divulgación de la información y celebración de los resultados buenos que se obtienen	Se mantiene un cierto ambiente de inestabilidad e inseguridad entre las personas
Estímulo a la motivación y al sentido de pertenencia de las personas	

Las siguientes son algunas acciones y enfoques generales de la gestión, Esta lista se puede utilizar como una lista de chequeo básica:

- Evitar desperdicios en el consumo de energía
- Utilizar y transformar adecuadamente la energía
- Acoplar procesos para aprovechar las energías residuales
- Tener conciencia de la capacidad de los equipos

- Lograr un nivel cada vez mayor de control de los procesos
- Evitar interrupciones y paros
- Conocer los límites de rendimiento de los procesos
- Reducir al mínimo las pérdidas en redes de distribución
- Aislar térmicamente sistemas calientes
- Hacer revisiones a las instalaciones periódicamente
- Promover la conservación
- Establecer programas de entrenamiento
- Evitar encendido de equipos que no están en funcionamiento
- Hacer registros y monitoreos de consumos de energía
- Cumplir normas ambientales y energéticas
- Contar con bases técnicas y con información organizada de los equipos
- Llevar registros de consumo y costos energéticos de los equipos que lo ameriten
- Tener en cuenta los aspectos energéticos al adquirir nuevos equipos

Existen diversos factores y elementos claves a considerar en un programa de gestión energética en la industria, algunos de ellos son:
Vigilar y conocer:

- Las pérdidas por combustibles no quemados
- Las pérdidas térmicas por paredes
- Las pérdidas térmicas en humos calientes
- Las pérdidas por arranque de equipos o procesos
- Las pérdidas por funcionamiento en vacío (sin carga)
- Las pérdidas asociadas con productos rechazados o de mala calidad
- Las pérdidas asociadas al trabajar con excesos de temperatura o de flujos
- Las pérdidas asociadas con fugas de vapor y/o aire comprimido y derrames de líquidos o de sólidos
- Las pérdidas térmicas en tuberías
- Las pérdidas por fricción en tuberías
- Las pérdidas por excesiva e inadecuada iluminación

Sobre los equipos y maquinarias:

- Tener en cuenta la eficiencia al comprar y licitar maquinaria nueva
- Entender el impacto de trabajar con equipos viejos de bajo rendimiento
- Entender el efecto de las buenas prácticas de limpieza, mantenimiento y contabilidad sobre los consumos de energía

Sobre los servicios:

- Gestionar lo relativo a la selección y manejo eficiente de los aires acondicionados
- Vigilar los aspectos energéticos del calentamiento y enfriamiento de agua
- Seleccionar adecuadamente los motores eléctricos
- Vigilar los aspectos energéticos de la producción de vapor
- Vigilar los aspectos energéticos de los sistemas de refrigeración
- Vigilar los aspectos energéticos de los sistemas de bombeo
- Vigilar los aspectos energéticos de los sistemas de ventilación
- Vigilar los aspectos energéticos de los sistemas de aire comprimido
- Vigilar los aspectos energéticos de los sistemas de iluminación
- Vigilar los aspectos energéticos de los sistemas de transporte
- Manejo de información energética

Sobre energías alternativas y aprovechamientos:
- Examinar las ventajas de contar con sistemas de cogeneración
- Conocer y ensayar, cuando sean aplicables, sistemas de energía solar y eólica, biocombustibles, combustibles y materiales a base de desechos, gasificación, entre otros, Hacerlo, aún si están en etapa de desarrollo, con el fin de contribuir en su aplicabilidad futura
- Llevar un inventario de las energías que se desechan y examinar la conveniencia de aprovecharlas

1.5.2 Acciones en tres espacios

Las acciones de mejora se dan en **tres niveles** fundamentales.
- Nivel de piso, que es la zona de operación,
- Nivel de dirección de planta
- Nivel de gerencia

Estos tres niveles corresponden igualmente con **tres visiones del tiempo**.
- Acción del día a día, inmediata y de corto plazo
- Acciones semanales o mensuales, de medio plazo, basadas en proyectos cortos
- Acciones anuales o de largo plazo, de futuro

Acciones inmediatas, del día a día: Están bajo el dominio de las distintas personas, cada una en su puesto de trabajo y en sus campos específicos, En este espacio es factible comprometer a las personas con acciones de minimización de consumos y de ahorros que pueden ser significativas, evidentes, rentables, sencillas, y de bajo costo, En estos espacios se pueden lograr los ahorros energéticos inmediatamente y sin invertir grandes cantidades de dinero, Para ello se requiere de motivación, acompañamiento y apoyo técnico básico, dar confianza, dar entrenamiento basado en el conocimiento de principios sencillos y estimular un sentido de compromiso y de motivación de las personas.

De corto a mediano plazo, de mes a mes, En este plano las acciones corresponden a zonas de mayor responsabilidad, que implican inversiones y manejo presupuestal, Son acciones más técnicas que son emprendidas bajo la dirección de mandos y jefes de distintos niveles, Para ello se requiere un programa deliberado, acompañado igualmente de entrenamiento, de sentido de un compromiso con objetivos y del conocimiento de principios, algunos sencillos, otros más complejos.

De mediano a largo plazo: Es recomendable el desarrollo de un programa o sistema de manejo energético y el compromiso de la gerencia para mantener e incrementar los ahorros que se pueden logran en los dos niveles anteriores, En este nivel se manejan políticas y objetivos de toda la organización y se interviene sobre los fundamentos de los procesos y sobre el diseño mismo del producto.

Estos tres niveles corresponden igualmente a tres niveles de inversión, de gasto y de presupuesto:

- Las acciones operativas no involucran inversiones o costos adicionales significativos
- Las acciones de mando y de mejora técnica, pueden significar inversiones menores, basadas en proyectos cortos,
- Las acciones de cambio tecnológico, de aumento de capacidades, de cambios de energéticos o de proceso, se basan en proyectos que significan en general inversiones significativas

Estos tres niveles corresponden igualmente a tres niveles de ganancia energética y ambiental:

- Las acciones operativas sistemáticas pueden implicar ahorros entre un 2 y un 15 %
- Las acciones de mando y de mejora técnica pueden implicar ahorros entre un 5 y un 20 %
- Las acciones de cambio tecnológico y de proyectos e inversiones significativas pueden implicar ahorros entre un 10 y un 30 %

Estos tres niveles corresponden igualmente a tres niveles de motivación y de esfuerzo administrativo

- Las acciones operativas sistemáticas implican todo un trabajo de motivación, de capacitación, de entrenamiento del personal y muy buenas comunicaciones,
- Las acciones de mando y de mejora técnica implican contar con personal técnico administrativo capacitado y motivado, con cierta autonomía,
- Las acciones de cambio tecnológico y de proyectos e inversiones significativas implican una capacidad más que todo gerencial.

1.5.3   Implementación de programas de gestión energética

Los programas de gestión se caracterizan porque están sujetos al ciclo dinámico clásico de planear, ejecutar, medir y revisar.

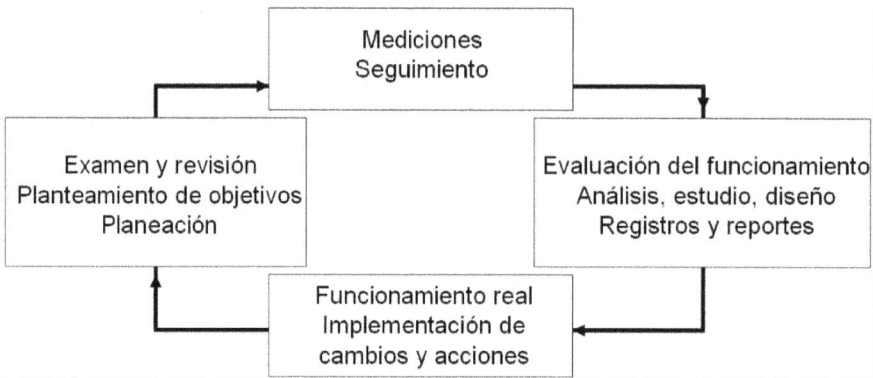

Los pasos para la puesta en marcha de un programa de este tipo en las empresas pueden ser generales como los siguientes:

- **Contar con una visión y una decisión administrativa al nivel gerencial, de forma que se trate de una iniciativa verdaderamente empresarial**

Como muchas de las actividades de ahorro energético dependen de las personas, es importante el compromiso desde la gerencia hasta el personal de la planta de producción, pues de lo contrario se pueden generar fricciones y contradicciones internas, Eventualmente el programa va a exigir cierto nivel de inversiones y cambios, Por ello involucra liderazgo, medición y reporte, entrenamiento y revisión de los procedimientos estandarizados, Para que la gestión energética se vuelva parte de la forma como la empresa hace los negocios, es conveniente que esté integrada a sistemas de gestión existentes como los de calidad, ambiente y salud y seguridad.

- **Selección de un equipo de trabajo**

Se requerirá que las personas de las áreas que tengan que ver con los programas se involucren, Es importante establecer lenguajes comunes y nivelar a las personas en lo relativo a los conceptos de conservación y manejo de la energía, Es aconsejable establecer un comité de energía que sea representativo y designar líderes de los programas.

- **Auditorías energéticas y revisiones**

Es aconsejable contar con auditorías energéticas de tipo general y específica, Lo que se quiere es detectar las áreas de oportunidad para mejoras y detectar las causas fundamentales de los problemas de ineficiencia o altos consumos y plantear acciones correctivas y preventivas.

Es posible que se requiera de personal experto en medición y cálculos de energía, así como asesoría relacionada con los procesos, Este personal puede ser interno y externo, Siempre es aconsejable contar con la visión de personas externas, que ven asuntos que pueden pasar inadvertidos para las personas de la organización.

- **Mediciones y registros: Uso de indicadores**

La medición regular de las variables de proceso es muy importante como base para encontrar las eficiencias y puntos de trabajo comparativos, Permite contar con elementos racionales y técnicos para:

- Estudiar las condiciones actuales y calculas los indicadores
- Fijar y revisar metas y comportamientos de indicadores
- Proponer y estimar ahorros y mejoras
- Entender la magnitud de los cambios necesarios y estimar inversiones
- Tomar decisiones y establecer prioridades

- **Puesta en marcha de los programas**

Todos los esfuerzos de evaluación deben estar acompañados de un correcto manejo de la información, Deben generarse reportes e informes, que representen el comportamiento de los indicadores, los cálculos y balances, el análisis de resultados y los correspondientes diagnósticos y recomendaciones.

Eventualmente se llevan a la práctica las recomendaciones y se ponen en marcha las medidas para reducir consumo, aumentar las eficiencias y establecer las formas mejoradas de manejo de los procesos, Esto puede lograrse mediante proyectos de optimización energética o Producción Más Limpia.

Se deberá evaluar los resultados obtenidos, con procedimientos objetivos y técnicos que permitan en verdad evaluar los ahorros y las mejoras, Es posible que haya necesidad de realizar ensayos y ajustes, pues el cambio con frecuencia trae complicaciones e incertidumbre, Seguramente se deberá entrenar nuevamente al personal y cambiar métodos y registros, Es un proceso que puede ser algo laborioso pero que resultará en los ahorros deseados.

- **Continuidad de los programas**

Estos programas son continuos y caracterizados por la retroalimentación, Con frecuencia el ciclo debe comenzar de nuevo, pero bajo condiciones más dominadas, Los aprendizajes se deben explorar, comunicar a la organización y extenderlos a otras áreas, Si hay logros, deben existir reconocimientos.

- **Puesta en marcha de concepto del consumo específico como indicador energético**

El consumo específico, que es la relación entre los consumos de energía y la cantidad de producción relacionada con dicho consumo, es un indicador valioso que vale la pena registrar, comentar y analizar periódicamente, Este indicador encierra todo un conjunto de variables de proceso y es de gran utilidad para la gerencia y para observar globalmente los comportamientos, Permite ver los costos y los límites de los procesos, El análisis de sus comportamientos históricos permite describir oportunidades de mejora.

1.5.4 Gestión mediante proyectos de optimización energética y producción más limpia (PML)

Producción Más Limpia (PML) es un término general que describe un enfoque de medidas preventivas para mejora en las actividades industrial, de servicios, sistemas de transporte y la agroindustria, El PNUMA (Programa de las Naciones Unidas para el Medio Ambiente) adoptó la siguiente definición para PML: "es la aplicación continua de una estrategia ambiental preventiva, integrada para los procesos y los productos, con el fin de reducir los riesgos al ser humano y al medio ambiente".

El término PML es muy amplio y abarca la optimización energética, la minimización de la generación de desechos y pérdidas, la prevención de la contaminación y de las pérdidas de energía, Es una mentalidad que enfatiza la producción con máxima eficiencia y mínimo impacto ambiental dentro de los márgenes de tecnología actual y límites económicos.

La filosofía estos programas de gestión reconoce que la producción no puede ser absolutamente limpia o totalmente eficiente, siendo inevitable generar residuos y pérdidas de algún tipo provenientes de los procesos y de los productos mismos, Sin embargo, se reconocer que es prioritario y de nuestra entera responsabilidad, garantizar la supervivencia futura del planeta, esforzándonos hoy por hacer las cosas mejor que en el pasado.

La gestión mediante este tipo de proyectos no desconoce la necesidad del progreso, sólo exige que el crecimiento sea ecológicamente sostenible en un período más largo que aquél que se ha venido obteniendo hasta el momento, Es un enfoque hacia la gestión ambiental y energética que ofrece muchos beneficios a la industria, Se pone en práctica con gran éxito por medio de acciones sistemáticas basadas en diagnósticos de eficiencias energéticas y operativas aplicadas a la producción.

El énfasis principal se basa en la prevención y la eficiencia, El carácter preventivo adoptado en estos diagnósticos, es la antítesis del enfoque donde se tratan los problemas después de que éstos han sido generados y tiene en cuenta primordialmente las eficiencias de los equipos de proceso.

La idea de estos proyectos es reducir la generación de contaminantes en todas las etapas del proceso de producción, con el fin de minimizar o eliminar los desechos u otras formas de contaminación que necesitan ser tratadas al final del mismo.
Para los procesos de producción, incluye la conservación de la materia prima y la energía, la disposición de materiales tóxicos o peligrosos y la reducción de las emisiones y los desechos, en la fuente donde se generan.

Para los productos, se enfoca en reducir los impactos a lo largo de todo el ciclo de vida de los artículos producidos, desde su creación, pasando por su utilización y hasta su disposición final.

Los enfoques involucrados en estos tipos de proyectos son la aplicación del conocimiento y la experiencia en el mejoramiento de tecnologías y procesos actuales y cambio de actitud de las personas.

Existen tres razones básicas para la puesta en marcha de esta filosofía:

- Porque se obtienen más bajos niveles de contaminación y las mayores eficiencias
- Porque se minimizan los riesgos ambientales y se maximiza la conservación de los recursos escasos
- Porque es una buena propuesta de negocios que en general genera mayor rentabilidad

La razón por la cual se consideran siempre una buena propuesta de negocios es debido a que la transformación más eficiente de los combustibles, insumos y materiales y la optimización de la eficiencia de los equipos de procesos y los mismos procesos, dan como resultado costos operativos más bajos, menos reproceso, menos desechos y menos contaminación. Por lo general, también acarrea un aumento en la productividad de los equipos y de las personas. Para procesos nuevos, tales procedimientos deben ser incluidos en los equipos a instalar. Para las plantas viejas, con frecuencia existe un incentivo económico para mejorar o modificar el proceso existente.

1.5.5 Ventajas de la gestión energética

- **Ventajas económicas**

En términos económicos, los proyectos de eficiencia energética apuntan a menores costos de producción, Se parte del supuesto de que el costo de producir con eficiencia va ser menor que el costo del tratamiento de los contaminantes generados y que el costo de los consumos excesivos de energéticos y de materiales. Aunque no se elimina totalmente la generación de contaminantes, se minimizan los costos de tratamiento final y los costos de disposición de los desechos resultantes, a la vez que se mejora la transformación de materia prima en producto final y se disminuyen los consumos específicos de energía y de servicios.

- **Ventajas ambientales**

La mayor fuente de emisiones ambientales es el uso de la energía. Al racionalizar este uso, se tiene un impacto positivo directo y efectivo. Por otra parte, la gestión integral de energía y medio ambiente, tiende a que se solucionen los problemas en la fuente, en el proceso mismo, en contraposición a los tratamientos al final del tubo, en las salidas del proceso, los cuales tienden a trasladar los contaminantes y las pérdidas de energía directamente al medio.

- **Otras ventajas**

Hay una lista importante de beneficios adicionales:
  - Cumplimiento de la legislación medioambiental
  - Cumplimiento de la legislación sobre uso racional de la energía
  - Mejoramiento de la imagen del producto y de la empresa
  - Posibilidad de aumentos de producción a mayor calidad
  - Se cumplen mejor las preferencias o especificaciones de los clientes, los cuales cada vez más buscan productos fabricados en forma responsable y sostenible
  - Posibilidad de que la empresa contribuya con innovación y creatividad
  - Se facilita el desarrollo de nuevos productos mejorados, Cada vez se vuelve más importante un nuevo tipo de ingeniería de diseño, ingeniería del medio ambiente, que involucra el ciclo total de vida dentro del sistema productivo,
  - Se contribuye al uso más eficiente de los recursos
  - Se evitan sanciones por incumplimientos normativos
  - Se contribuya a mejorar las relaciones con habitantes del entorno, con los clientes y proveedores
  - Se contribuye a mejorar el sentido de pertenencia y responsabilidad de los trabajadores y a propiciar un mejor ambiente de trabajo,
  - Se contribuye a disminuir los perjuicios de las externalidades
  - Se disminuyen las frecuencias de mantenimiento correctivo

1.5.6   Obstáculos en la gestión energética

En general se presentan dificultades de tipo cultural, esto hace que la aceptación de esta forma de trabajo sea muchas veces lenta. Los temas culturales tienen más que ver con factores humanos y de conciencia que con factores técnicos, por esta razón este curso tiene como primera sección una serie de consideraciones que faciliten el tránsito hacia una cultura del uso integral y eficiente de la energía en la industria, Este es un tema fundamental, sin el cual los programas se quedan limitados.

Por otra parte, los condicionamientos culturales son muy fuertes, como se aprecia en los siguientes ejemplos:

- El enfoque de tratamiento y de contención de pérdidas a la salida de los procesos, el tratamiento al final del tubo, es el más conocido, el más empleado y aceptado por la industria y los ingenieros de nuestro entorno
- Las políticas y las regulaciones existentes del gobierno en cuanto a medio ambiente y energía, en diversos casos favorecen las soluciones del final del tubo
- Existe con frecuencia falta de comunicación entre aquellos que están a cargo de los procesos de producción y aquellos que manejan los desechos generados o los temas de energía
- En general se carece de un sistema de recompensas o de motivación para que las personas sugieren mejoras, pues se considera algo que es obligación asociada con el puesto de trabajo, Sin embargo, cuando la personas hacen sugerencias, no siempre son escuchadas con suficiente interés o atención
- Es muy común una resistencia al compromiso y al cambio, Como la gestión integral involucra los diferentes niveles de una empresa y de manera simultánea, se requiere del compromiso en todos los niveles
- Es común que se eluda la responsabilidad y se utilicen los obstáculos como excusas que no dejan avanzar las cosas
- Falta de información sobre las opciones y carencia de nuevas tecnologías apropiadas, Ocasionalmente, circunstancias externas como las de mercado, obligan a una compañía a continuar operando en un proceso antiguo o a fabricar un producto tradicional, aunque se encuentren disponibles nuevas opciones más limpias,
- Puede existir la idea de que solamente con nuevas tecnologías de logre llegar a las situaciones deseadas, Sin embargo, muchos de los problemas ambientales y las pérdidas de energía podría evitarse con mejoras en las prácticas de operación y cambios simples en el proceso

1.5.7   Técnicas de gestión energética

91

Son diversas las técnicas disponibles para emprender la gestión integral de la energía en una empresa, Cada organización cuenta con su cultura, con sus métodos, con su estilo administrativo y gerencial, La idea de este curso es proponer un enfoque gradual por proyectos, que eventualmente podrá llegar a configurar una estructura propia de manejo si el tamaño de la organización lo justifica. Un proyecto sigue una estructura de tres pasos:

- **Evaluación y control del impacto, Análisis estratégico**

Como resultado de la revisión del estado de un sistema dado, se elabora una matriz estratégica que examina el estado desde cuatro puntos de vista, que corresponden a un análisis clásico de planeación estratégica: Se detectan sus **fortalezas, debilidades, oportunidades y amenazas o riesgos.** Este es un proceso de evaluación sistemática de la naturaleza del sistema revisado, naturalmente desde lo energético y lo ambiental.

- Se examinan las fortalezas y capacidades que el proceso y la empresa tienen y cómo se pueden utilizar para llevar el proceso a sus puntos de mejor operación
- Se examinan las oportunidades existentes para aprovechar energías, para aumentar productividad, para recuperar materiales, para utilizar los instrumentos y los recursos, para contratar asesorías
- Se examinan los puntos débiles, emisiones, pérdidas, incumplimientos normativos, faltas de entrenamiento, faltas de normalización y se plantean formas para mejorar
- Se examinan los riesgos que pueden llevar situaciones insostenibles o peligrosas o a pérdidas que se pueden evitar

Con base en lo anterior se hace una evaluación del impacto y de la forma en que se puede controlar y mejorar la situación. La siguiente matriz DOFA es un ejemplo generalizado de la aplicación de esta herramienta.

DEBILIDADES	AMENAZAS
Tecnologías de baja eficiencia en el uso de la energía	Agotamiento de los recursos energéticos en el plazo medio
Ignorancia sobre los consumos y las eficiencia de trabajo	Guerras y conflictos
Falta de instrumentos y de controles en los procesos	Fuerzas del mercado y predominio de las multinacionales
Falta de coordinación	Daños medio ambientales
	Multas y sanciones
	Costos exagerados que dañen la rentabilidad de la empresa

OPORTUNIDADES	FORTALEZAS
Aprovechamiento mejorado con la tecnología y la investigación El espectro electromagnético y todas sus amplias opciones para suministrar energía y medir Flujos ampliados de información El espacio de las leyes naturales	Experiencia tecnológica y científica Comunidad internacional capaz de establecer convenios Sistemas de normatividad Técnicas administrativas novedosas y evolutivas

Desarrollo del proyecto para logar la mejora, el ahorro y el control de los riesgos asociados

Con base en los diagnósticos asociados con los dos pasos anteriores, se establecen objetivos generales y específicos con el fin de corregir las debilidades, aprovechar y reforzar las fortalezas, aprovechar las oportunidades y evitar los riesgos y amenazas y evolucionar hacia la alta calidad, Para llevar a cabo los objetivos específicos se elabora una estrategia, con base en actividades, cronogramas de trabajo y asignación de recursos.

Este trabajo de proyectos, implica contar con un análisis de costo beneficio que propenda porque las inversiones que se hagan sean cubiertas por los beneficios generados dentro de plazos razonables, La empresa debería contar con una visión de largo plazo para este tipo de proyectos, más generosa que la que se emplea para otros proyectos, en cuanto a los años exigidos para que se recupere la inversión y las tasas de retorno consideradas, Es importante señalar que en este tipo de proyectos hay externalidades, normas y factores de productividad, entre otros, que no son de fácil inclusión en los análisis cuantitativos de costo beneficio, pero que son muy importantes y deben ser tenidos en cuenta al momento de fijar los criterios para dar el visto bueno a un proyecto.

A medida que se vaya desarrollando el plan, es necesario realizar una labor de control, para verificar que se esté cumpliendo el plan y los cronogramas, y que se esté dando un uso adecuado a los recursos y presupuestos designados para ello. Para seleccionar las herramientas más adecuadas a un proceso en particular, es necesario ubicarlas con un enfoque de desarrollo de proyectos y planeación a través de las gestiones de calidad y ambiental aunque no se posean certificados como el ISO 9000 o el 14000, Estos procesos se soportan en un manejo adecuado de información y en herramientas diversas, tales como análisis seis sigma y análisis de cuellos de botella, Es importante explorar las herramientas de gestión que posea la empresa y examinar la posibilidad de que la gestión energética integral sea manejada con dichas herramientas.

1.6 LA UTILIZACIÓN DE INDICADORES COMO HERRAMIENTA EN LA GESTIÓN DE LA ENERGÍA

Introducción

Las compañías cuentan normalmente con abundantes datos relacionados con la producción y los consumos de energía, Estos números tienen un gran potencial de ser utilizados para establecer metas para la mejora continua, para la minimización y reducción del uso de la energía, lo cual va a favorecer también la disminución de la contaminación ambiental y el manejo del problema del calentamiento global, Sin embargo, éste no es el caso en general, quizás porque las personas a cargo de los datos no saben bien cómo utilizarlos para este propósito, Más bien es común que las metas de consumos de energía se establezcan sin bases realmente objetivas, sin que se tengan en cuenta sus relaciones con los datos de producción, En esta sección se demuestra cómo utilizar los datos para establecer metas de proceso y de consumos que apunten hacia para la minimización y la reducción específica del uso de la energía.

1.6.1 Datos de consumos de energía y su manejo tradicional

Las compañías industriales obtienen y registran información sobre procesos y sobre los consumos de energía de una forma relativamente simple, de acuerdo con una investigación realizada en 2006 y 2007 en más de 30 compañías en Colombia, Lo típico es recopilar la información en formatos escritos manuales y en algunos pocos casos mediante medios automáticos basados en la instrumentación de proceso, La mayoría de las compañías estudiadas, contaban con suficiente información útil para establecer indicadores significativos del uso de la energía, Todas las empresas utilizaban los datos para calcular los costes energéticos para su proceso general, Pero solamente unas pocas utilizaban los datos para calcular los costes para operaciones o procesos específicos, Esto último tenía que ver con el hecho de que los datos de consumos de energía en la mayor parte de los casos eran generales y no estaban relacionados con operaciones específicas.

Cerca de las dos terceras partes de las compañías llevaban los registros a formatos consolidados en hojas electrónicas y calculaban indicadores específicos del uso de energía, El resto de las compañías no mostró evidencia de hacer ningún manejo deliberado de los datos.

Cerca de la tercera parte de las compañías elaboraban gráficos del comportamiento de los indicadores de consumo de energía contra tiempo, Éste era el uso principal de los indicadores, asociado con algún tipo de meta, En todos los casos, las metas estaban basadas en números fijos, sin intención de relacionarlas con los niveles de la producción o de basarlas en algún análisis técnico, con excepción del análisis histórico.

El uso normal que las compañías hacían de los datos, era preparar tablas de consumos y de costes de energía contra la producción para períodos de tiempo mensuales, Estas tablas se presentaban generalmente en forma de gráficos de barra, En algunos pocos casos se utilizaban gráficos de dispersión, La siguiente figura muestra un gráfico típico de datos de producción y consumo.

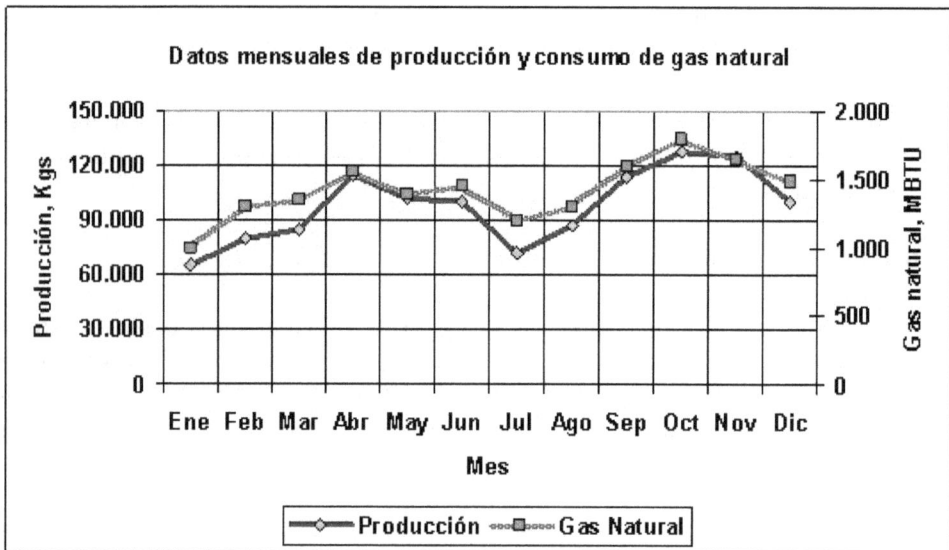

Tan solo dos de las compañías visitadas utilizaba los datos de consumos de energía en correlación con la producción, En ningún caso los indicadores específicos de la consumo de energía eran empleados para establecer metas racionales de ahorro de energía.

1.6.2 Metodología propuesta para manejo de indicadores

Debido a que comúnmente las metas de consumos de energía en las industrias se establecen sin bases verdaderas, se considera de gran valor el impulsar que las empresas hagan esfuerzos más orientados al uso de los datos para establecer metas realistas y para vigilar y minimizar sus consumos, Esto se puede hacer por medio del cálculo de los consumos específicos (por ejemplo de energía eléctrica kWh, por tonelada de producción y de combustible consumido por tonelada de producción).

El consumo específico, que es la relación entre los consumos de energía y la cantidad de producción relacionada con dicho consumo, es un indicador valioso que vale la pena registrar, comentar y analizar periódicamente, Este indicador encierra todo un conjunto de variables de proceso y es de gran utilidad para la gerencia y para observar globalmente los comportamientos.

Éstos son indicadores muy apropiados, ya que se basan en unidades objetivas comparables que se pueden examinar como función del tiempo y de las ratas de producción, El uso de consumos específicos facilita que las compañías obtengan conclusiones útiles y les permite establecer metas para ahorros y uso racional de la energía, Esto se basa en la obtención de gráficos con el indicador como función de la producción, La figura siguiente muestra un gráfico típico, preparado con los datos mensuales de la figura expuesta anteriormente.

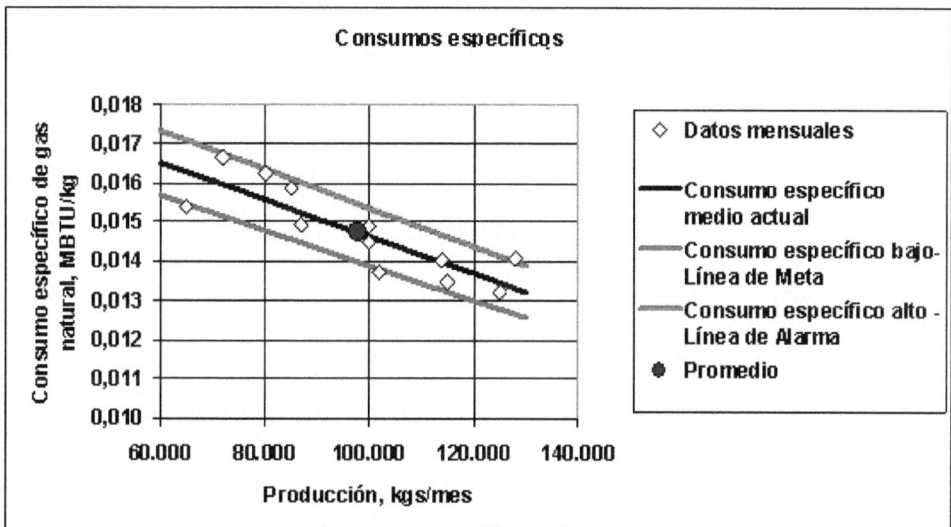

Otro ejemplo de este tipo de comportamientos, se muestra en la figura siguiente, aplicable a un grupo sistemas de secado, Tales comportamientos se llevaron a una forma adimensional en la figura que se presenta a continuación, para obtener un comportamiento más comparativo, lo cual es una útil forma de entender sistemas similares de capacidades diferentes.

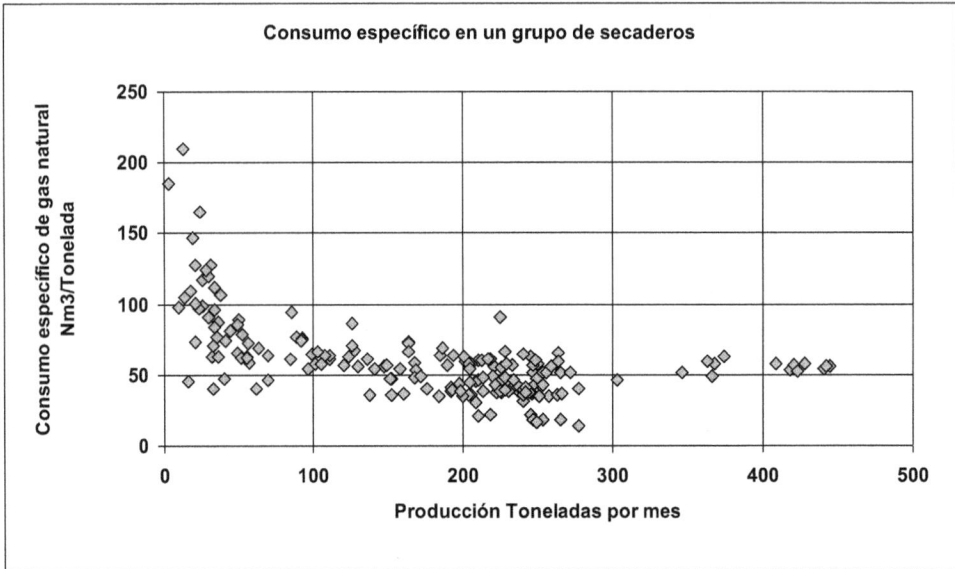

Consumo específico en un grupo de secaderos

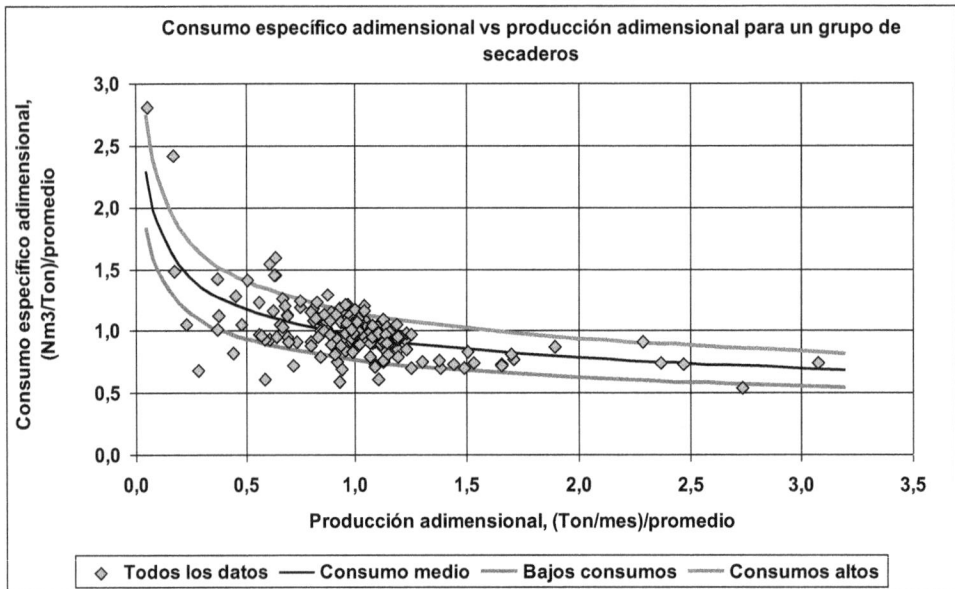

Consumo específico adimensional vs producción adimensional para un grupo de secaderos

◇ Todos los datos —— Consumo medio —— Bajos consumos —— Consumos altos

Lo normal en este tipo de gráficos, es que se aprecie cierta tendencia a que los consumos específicos disminuyan al aumentar la producción. Esto se observa en la línea de ajuste media de los consumo. Adicionalmente, los datos tienden a estar dispersos alrededor de esta línea media, Por ellos se pueden conformar dos conjuntos, uno con los datos que muestran menores consumos específicos y otro con los que muestran mayores consumos específicos, Para estos dos conjuntos se hacen ajustes, obteniéndose las líneas adicionales de la segunda figura, Lo que indican estas líneas es que se presenta un rango relativamente amplio de consumos específicos, Esto da lugar a establecer metas realistas de rebajas de consumos, basadas en datos que se dan en la práctica.

Por una parte, con la línea de altos consumos o curva de alarma, se tiene una idea de los extremos de ineficiencia a que se llega en las formas actuales de trabajo, Esto da lugar a examinar con atención las cosas que se hacen en el sistema productivo, las cuales a veces dan lugar a gastos excesivos o, en otras ocasiones, permiten mejores rendimientos, Por otra parte, y más útil, se tiene la línea inferior de menores consumos, que se puede establecer como meta de consumos realista con los sistemas y medios existentes.

Las gráficas permiten entender y aclarar aspectos como los siguientes:

- Es importante operar los equipos en los puntos en los cuales trabajan con sus mejores eficiencias, La gráfica muestra que generalmente ello va a ocurrir a ratas altas de la producción, Lograr que los equipos trabajen en estos puntos va a depender de logística, de la programación, de las ventas y del buen conocimiento que se tenga de la existencia de estos mejores puntos de funcionamiento para el proceso.
- Es posible lograr las reducciones de consumos de energía señaladas por la línea de la meta, basándose simplemente en la vigilancia interna del proceso y en prestar atención a las operaciones, generalmente sin la necesidad de inversiones adicionales. Por otra parte, los ahorros permitirán que haya recursos disponibles para algunas inversiones básicas que faciliten la operación y la supervisión de los procesos enfocada en las metas.
- Existen relaciones claras entre las metas de los consumos específicos de energía y las ratas producción, Se debería contar con una tabla de metas relacionadas con la producción y no únicamente con metas fijas, como base para registro y para revisión, Las metas fijas no darán un sentido verdadero a lo que está sucediendo.

Una vez calculado un indicador de consumo específico real, se procede a establecer una meta, tal como se ha explicado con la segunda figura, es decir, un valor de consumo específico al que se desea llegar, La línea de meta debería ser comparada con datos conocidos de empresas que trabajen con procesos similares, A esta meta de consumo específico se puede llegar mediante acciones de mejora continua, Las acciones se deben basar en la observación continua del indicador y su comparación con las metas, Un equipo de personas enfocado en la eficiencia energética busca el cumplimiento de las metas, poniendo su atención en la operación y control de los sistemas y equipos que consumen las mayores cantidades de energía.

Se recomienda que cuando se obtengan buenos resultados se debe determinar qué pasó y luego reaplicar los aprendizajes, Igualmente, cuando el indicador muestra elevaciones anormales de consumo, se deben examinar las posibles causas y tomar las acciones correctivas, De esta forma el equipo de trabajo irá detectando las acciones a ejecutar que redunden en la disminución continua de los consumos y así se irá logrando establecer nuevas metas más atractivas.

Se considera que es posible lograr las metas de rebaja de los consumos actuales mediante esta metodología en menos de un año, sin que sea necesario realizar inversiones importantes. Para ello se recomienda la implementación de proyectos de gestión energética de optimización de energía o Producción Más Limpia.

Eventualmente, se podrán proponer acciones que impliquen inversiones y costos significativos cuando se agoten las metas de mejoramiento continuo basado en acciones de tipo operativo, En este caso, se debe contemplar la colaboración de consultoría externa y la intervención del departamento de ingeniería y/o proyectos de la empresa.

Para que estos indicadores sean verdaderamente apropiados como fuente de información para mejora continua, es importante que los datos de consumos estén medidos con equipos confiables, debidamente calibrados.

Otro asunto a considerar es la conveniencia de los datos se puedan estudiar con frecuencias más estrechas, en lo posible diarias, Los promedios mensuales y aún los semanales ocultan la información contenida en los datos diarios de tal manera que no se advierten tan claramente lo potenciales de ahorro y mejora existente.

1.6.3 Generalización de la metodología

Se ha examinado en forma general los resultados obtenidos en 21 compañías en Colombia, con la idea de proponer un sistema simple para encontrar metas basadas en información estadística de la producción y del consumo de energía para un proceso dado, Para hacer esto, la información ha sido llevada a números adimensionales, de modo pudieran compararse formas diversas de medir las producciones y los consumos específicos. Los números adimensionales utilizados fueron:

- Indicador de producción = producción/producción media
- Indicador de consumo = consumo específico/consumo específico medio

Se tomaron datos de 27 procesos en campos como los siguientes: fabricación de cemento, cerveza, cerámica, tejas, envases, llantas, frenos acero e hilos, procesos de café, arroz, cebada y cacao, En la mayor parte de los casos se tomaron indicadores generales del proceso total, aunque en algunos casos se trabajó con procesos particulares, En general, los datos correspondían a promedios mensuales, pero en algunos pocos casos se estudiaron datos diarios, Se trabajó con dos insumos energéticos: electricidad y gas natural.

Resultados para el uso de la electricidad (datos de 27 procesos)			
Característica	Mínimo	Máximo	Medio
Valor máximo del indicador de producción de la muestra	1,02	1,66	1,28
Valor mínimo del indicador de producción de la muestra	0,25	0,92	0,67
Rango del indicador de producción, %, de la media	16,04	135,2	60,82
Desviación estándar del indicador de los datos de producción, % sobre la media	6,71	42,38	17,5
Valor máximo del indicador de consumo específico de la muestra	1,05	1,93	1,31
Valor mínimo del indicador de consumo específico de la muestra	0,41	0,96	0,81
Rango del indicador de consumo específico, %, de la media	8,45	133,02	49,63
Desviación estándar del indicador de consumo específico, % sobre la media	3,8	45,65	12,48
Ahorros potenciales de electricidad a producción media, %	1,58	26,4	8,62
Ahorros potenciales de electricidad a producción media, kWh/ton	0,041	1,512	74,88
Ahorros potenciales de electricidad a producción media, US $/ton	0,00364	132,74	6,57
Ahorros potenciales de electricidad a producción media, US $/año	2,335	898,357	129,165
Sobrecostos de electricidad a producción media, %	2,86	58,45	10,07
Tangente de correlación lineal entre los indicadores	-0,998	-0,026	-0,52
Intersección de la línea de correlación	1,026	2	1,52

Factor de correlación lineal R²	0,007	0,96	0,52
Resultados para el consumo de gas natural (datos de 8 procesos)			
Característica	*Mínimo*	*Máximo*	*Medio*
Valor máximo del indicador de producción de la muestra	1,08	1,51	1,22
Valor mínimo del indicador de producción de la muestra	0,34	0,92	0,73
Rango del indicador de producción, %, de la media	16,04	117,31	48,9
Desviación estándar del indicador de los datos de producción, % sobre la media	6,98	42,38	15,45
Valor máximo del indicador de consumo específico de la muestra	1,11	1,83	1,42
Valor mínimo del indicador de consumo específico de la muestra	0,28	0,9	0,72
Rango del indicador de consumo específico, %, de la media	29,54	154,81	69,83
Desviación estándar del indicador de consumo específico, % sobre la media	8,8	53,05	20,86
Ahorros potenciales de gas natural a producción media, %	3,65	44,92	13,5
Ahorros potenciales de gas natural a producción media, kWh/ton	0,21	103,17	20,87
Ahorros potenciales de gas natural a producción media, US $/ton	0,05	25,16	5,09
Ahorros potenciales de gas natural a producción media, US $/año	5,094	470,000	136,878
Sobrecostos de gas natural a producción media, %	3,32	44,92	13,93
Tangente de la correlación lineal entre los indicadores	-1,94	-0,5	-1,08
Intersección de la línea de correlación	1,5	2,94	2,08
Factor de correlación lineal R²	0,16	0,90	0,60

Las tablas anteriores demuestran las características generales de los datos recopilados en la muestra, con base en los indicadores adimensionales.

Los datos se muestran en gráficos generales para todos los casos estudiados, correlacionando los dos indicadores adimensionales.

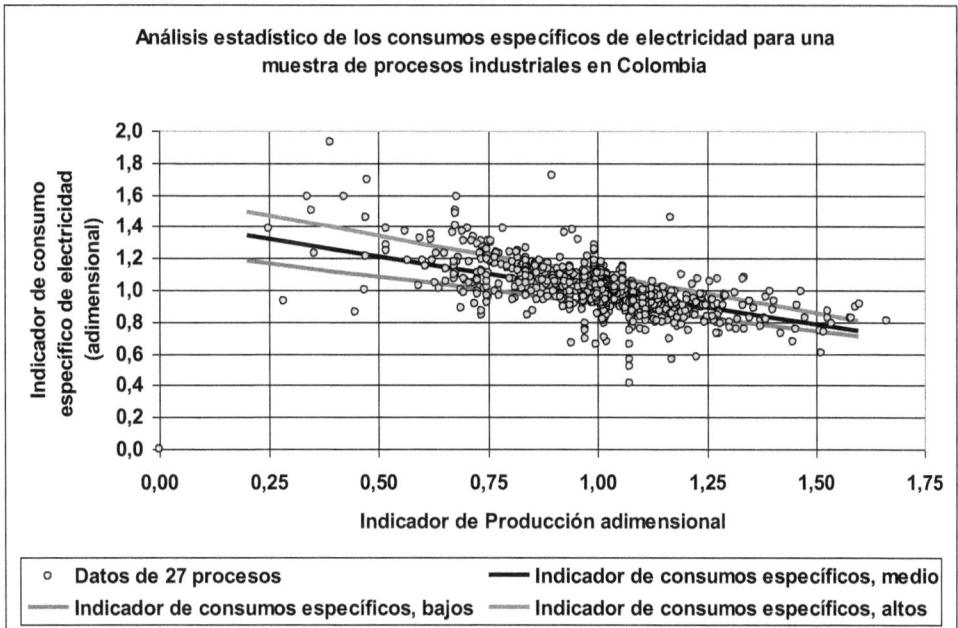

Análisis estadístico de los consumos específicos de electricidad para una muestra de procesos industriales en Colombia

Indicador de consumo específico de electricidad (adimensional)

Indicador de Producción adimensional

○ Datos de 27 procesos — Indicador de consumos específicos, medio
— Indicador de consumos específicos, bajos — Indicador de consumos específicos, altos

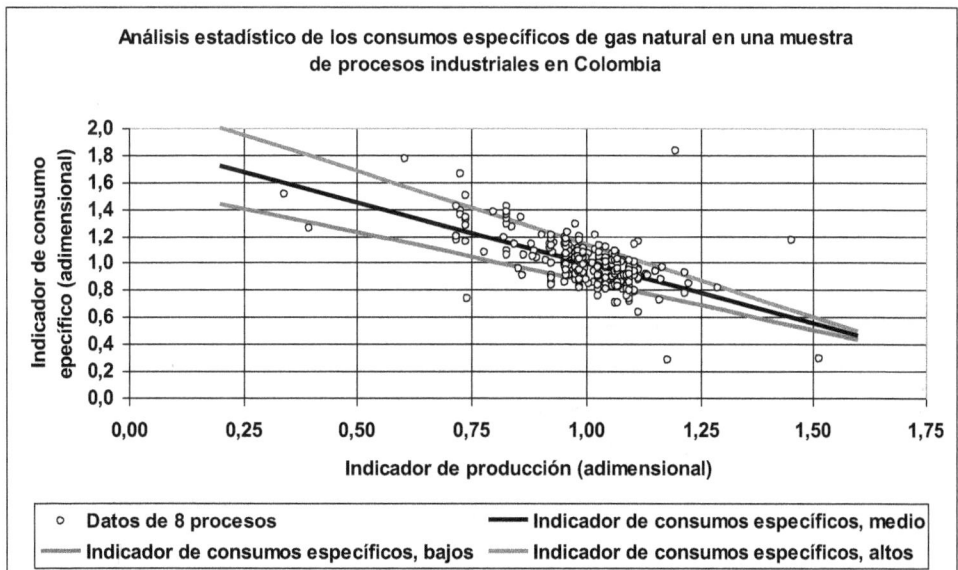

Análisis estadístico de los consumos específicos de gas natural en una muestra de procesos industriales en Colombia

Indicador de consumo epecífico (adimensional)

Indicador de producción (adimensional)

○ Datos de 8 procesos — Indicador de consumos específicos, medio
— Indicador de consumos específicos, bajos — Indicador de consumos específicos, altos

Es muy interesante ver que un sistema tan diverso de datos se puede mostrar coherentemente en un gráfico general, Esto fue posible con el uso de los indicadores adimensionales, La figura siguiente muestra los ahorros potenciales deducidos de los datos examinados, como función del indicador de la producción, Está claro que los ahorros porcentuales factibles tienden a disminuir con la producción.

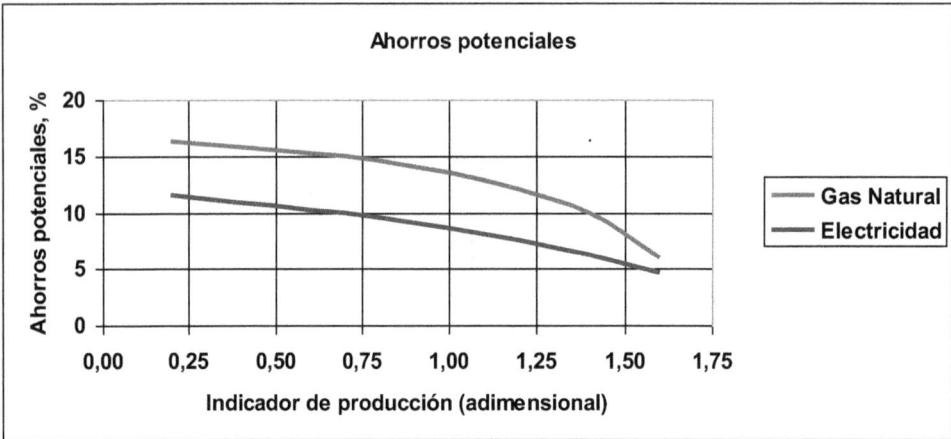

Los ahorros potenciales medios fueron correlacionados con las diversas variables, Se pudo encontrar, como se aprecia en la figura siguiente que los ahorros se podrían correlacionar con el rango de los valores para el indicador de consumo específico, expresado como porcentaje de la media.

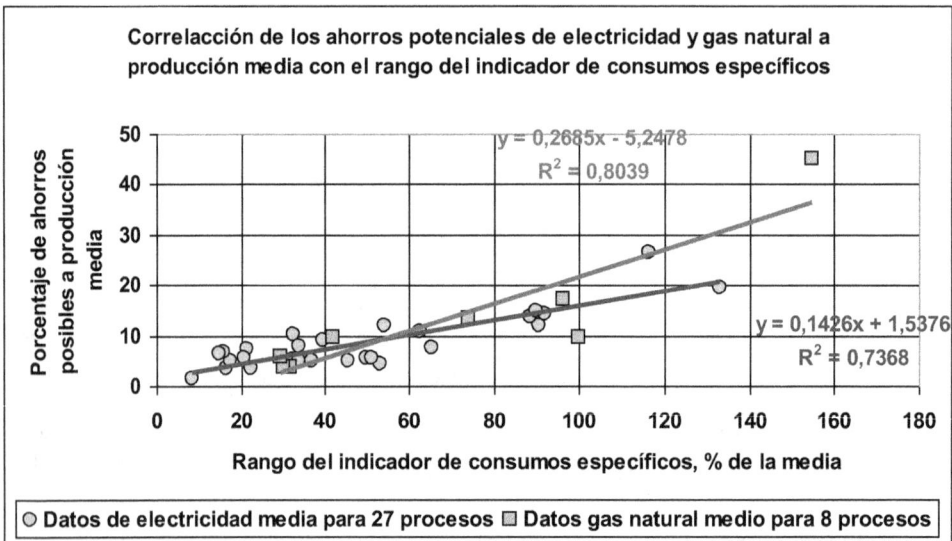

Es decir, se observa que a mayores oscilaciones de los consumos específicos, asociados con mayores rangos del indicador, mayores son los ahorros potenciales encerrados en los datos.

La tabla siguiente presenta las correlaciones propuestas presentadas como resultado del estudio descrito.

Insumo energético →	Electricidad	Gas natural
Variable considerada	Rango del indicador de consumo específico	Rango del indicador de consumo específico
Tangente de la correlación lineal	1,538	0,2685
Intersección de la correlación	0,143	-5,248
Factor de correlación R²	0,737	0,804

1.6.4 Conclusiones de la metodología

Se ha propuesto una metodología racional para fijar metas de ahorros en consumos de energía, Al conocer las desviaciones de los datos de consumo específico de energía, es posible determinar metas racionales de ahorro para un proceso a las ratas medias de producción, utilizando las correlaciones presentadas, Elaborando gráficos de consumos específicos como función de la producción, se pueden determinar metas como función de la producción misma, Se ha propuesto una metodología de trabajo, la cual ha sido probada en diversos casos con muy buenos resultados, Aplicando esta metodología la industria nacional puede aspirar a ahorros de electricidad medios del 8,6 % y de gas natural del 13,5 %, según la muestra estudiada, que se puede considerar como representativa, Estos ahorros contribuirían grandemente a disminuir el aporte de Colombia al calentamiento global.

1.6.5 Metodologías para presentación de los datos de energía y producción para visualizar oportunidades de ahorro y mejora

Se presentan a continuación diversas formas de visualizar los datos estadísticos de un proceso que se está estudiando o siendo objeto de auditoría, con el fin de apreciar las oportunidades, Se trata de formas que aparecen en la literatura especializada, como es el caso de las que se recomiendan por la UPME del Ministerio de Minas y Energía de Colombia en su documento Herramientas para el Análisis de Caracterización de la Eficiencia Energética.

- **Gráficos de control**

Los gráficos de control son diagramas que permiten observar el comportamiento de una variable en función de ciertos límites establecidos, El objetivo de este gráfico es determinar si los consumos energéticos tienen un comportamiento estable dentro de rangos esperados y aceptables, Para realizar este gráfico se toman el grupo de datos que se desea analizar y se calcula la media y la desviación estándar.

Cuando se cuenta con una serie de datos que obedecen a un comportamiento estadístico normal (es decir que tiene una distribución estándar, normal o gaussiana) el rango de comportamiento de los datos va a estar comprendido dentro variaciones típicas de +/- tres veces la desviación estándar, Así, el promedio de los datos más tres veces la desviación estándar tiende al valor máximo del parámetro y el promedio de los datos menos tres veces la desviación estándar tiende al valor mínimo del parámetro, Este espacio de seis desviaciones estándares se denomina el rango del proceso y dentro de este rango tienden a ocurrir los datos de proceso.

Por otra parte, cuando se desea establecer metas y objetivos para el comportamiento de un parámetro, se establecen límites superiores (LCS) y límites inferiores (LCI) de comportamiento, La diferencia entre estos dos valores se denomina el rango deseado de comportamiento.

Estadísticamente, el rango comprendido entre +/- una vez la desviación estándar tiende a abarcar del orden de dos terceras partes de los datos, por lo cual es un rango enteramente factible de comportamiento y se puede considerar como un criterio para establecer límites superiores e inferiores de comportamiento deseable y factible a corto plazo para llevar los consumos a rangos deseados, naturalmente en busca de la zona de bajos consumos.

En el gráfico siguiente se aprecian estos rangos y comportamientos para un conjunto de datos de consumo total en un cierto proceso, Se muestran los consumos de energía eléctrica para una serie consecutiva de tandas de producción.

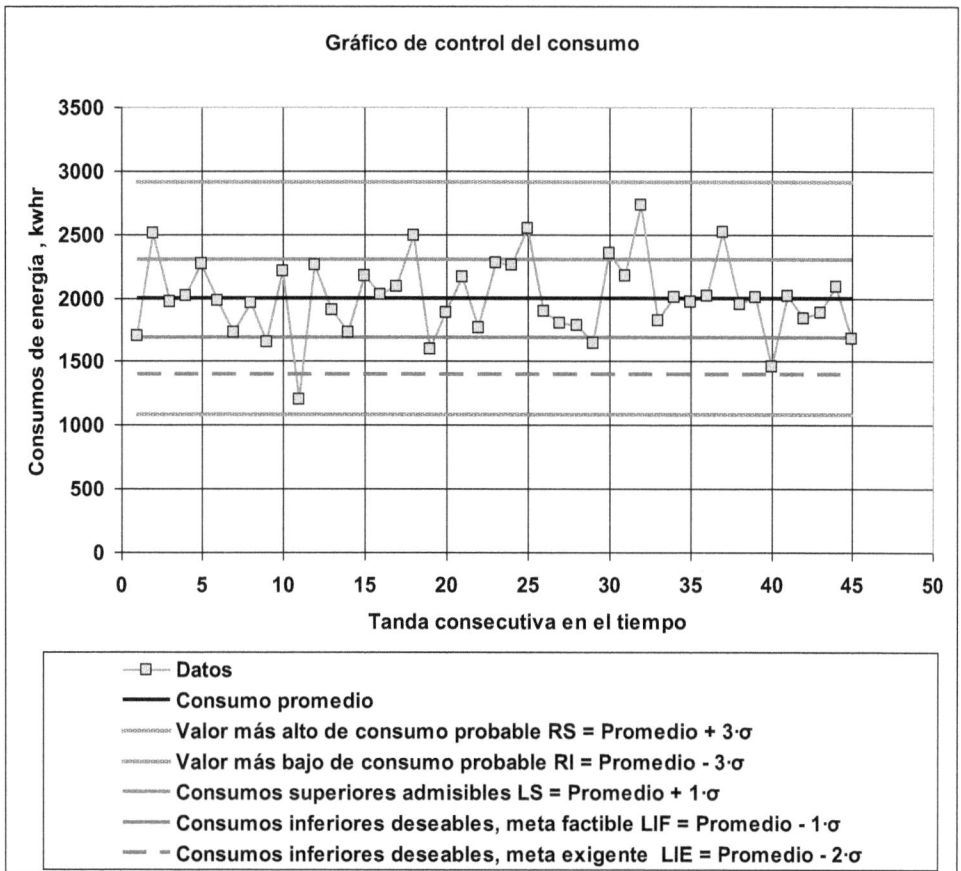

Consumo específico como función del tiempo

Ya se ha señalado que es muy conveniente trabajar con los consumos específicos, en comparación a trabajar con consumos totales, debido a la alta influencia que tienen las producciones sobre los consumos.

Un análisis similar al anterior es el del consumo específico como función del tiempo presentado en forma de gráfico. En este tipo de gráfico se pueden colocar las dos líneas indicadores de consumos altos y bajos. Una forma de obtener las zonas de trabajo es trazar líneas con el consumo promedio más y menos una desviación estándar de los consumos específicos.

La figura siguiente muestra un ejemplo de este tipo de gráficos, Se observa que esta forma de presentar, permite observar cuando el comportamiento de las tandas consecutivas de una producción se salen de un rango determinado y en qué forma están ocurriendo las desviaciones, Se examina lo siguiente:

- Si se aprecia una tendencia a mejora o deterioro o si el comportamiento es oscilante
- Qué tan grandes son las desviaciones en comparación con los valores medios
- El tamaño de los ahorros potenciales se puede entender como la diferencia porcentual entre el límite inferior indicativo y el valor promedio, Como se ha usado una desviación estándar para definir el límite indicativo inferior, es de esperar que cerca del 20 % de los datos tengan consumos específicos inferiores a los de tal límite, Ello muestra que mediante un correcto manejo operativo se puede llevar el comportamiento hacia el límite inferior indicativo.

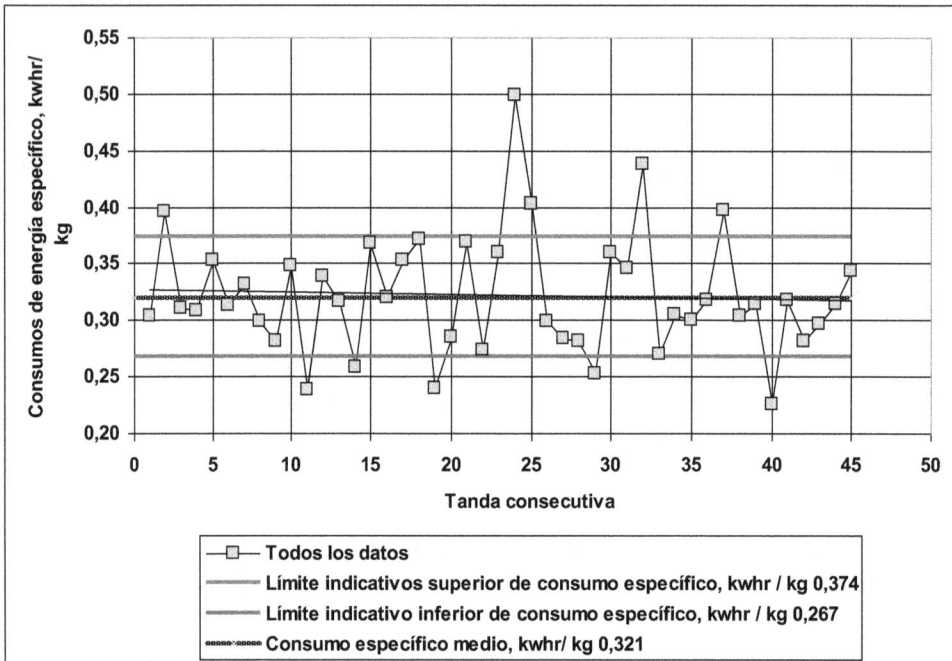

Consumo específico como función del tiempo (o de las tandas consecutivas)

Gráfico de consumo como función de la producción. Este tipo de gráfico permite visualizar información referente a la eficiencia de los procesos, Además, arroja información acerca de la relación que guarda los procesos de producción con el consumo energético, que debe ser aproximadamente proporcional. Con frecuencia es posible establecer una correlación lineal en los gráficos de consumo contra producción, Si este es el caso, el intercepto de la línea de correlación con el eje de producción cero, puede interpretarse como una energía consumida no asociada a la producción, Otra interpretación importante tiene que ver con las eficiencias asociadas con la línea de correlación: los datos que estén encima la línea representan menores eficiencias y los que se encuentran por debajo indican mayores eficiencias en los consumos de energía del proceso productivo analizado.

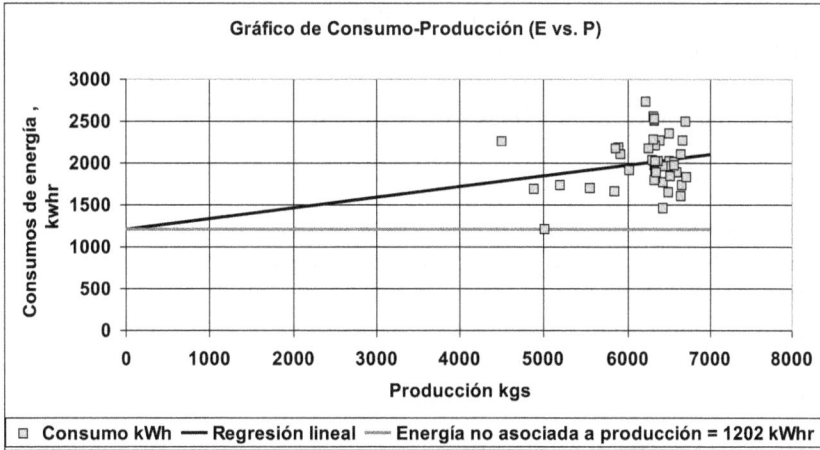

Consumo como función de la producción

Otra aplicación de este tipo de gráfico es el establecimiento de metas alcanzables, La meta de consumo para una producción dada, puede hallarse a partir de la ecuación de la línea recta que correlaciona los datos de producción y consumo por debajo de la media.

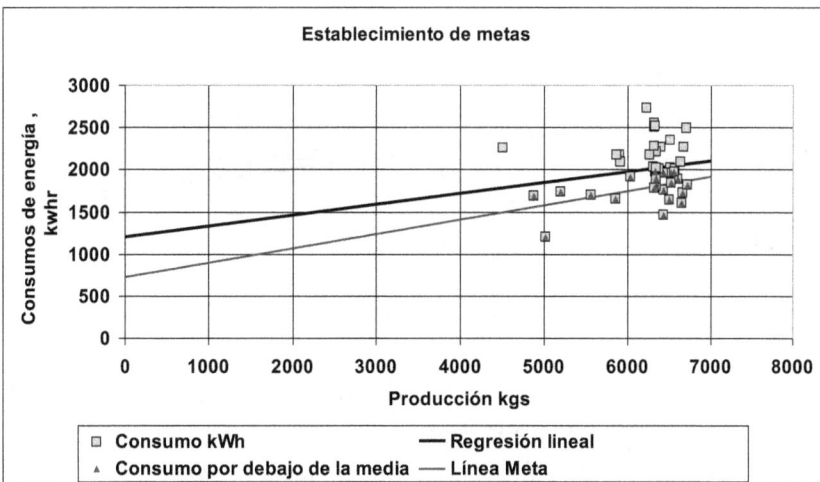

Consumo como función de la producción y metas

Para establecer la línea meta, se puede adoptar el criterio de establecer una co-rrelación lineal para los datos de mejores eficiencias, es decir, de aquellos que están por debajo de la línea de regresión lineal para todos los datos.

Consumo específico como función de la producción. Este es el tipo de gráfico que se ha explicado en la primera parte de esta sección y se considera que es una de las formas más útiles de presentar la información, ya que muestra tanto los rangos de producción como los rangos de consumo, Aparece en estos gráficos:

- Lo relacionado con los temas de productividad
- El comportamiento de los consumos específicos a muy baja producción, que tiende a ser alto
- El comportamiento de los consumos específicos a alta producción, que tiene a tener un valor asintótico que indica los límites del proceso que se tiene
- La pendiente de la curva de ajuste de los datos da una idea de lo dependiente que son los consumos específicos de la producción, Cuando estas pendientes son muy altas, es importante mantener los procesos en altas producciones
- Se observan las dispersiones de los datos, que son indicativos de las oportunidades de ahorro, Los valores bajos indican oportunidades; los altos formas de trabajo que se deben evitar

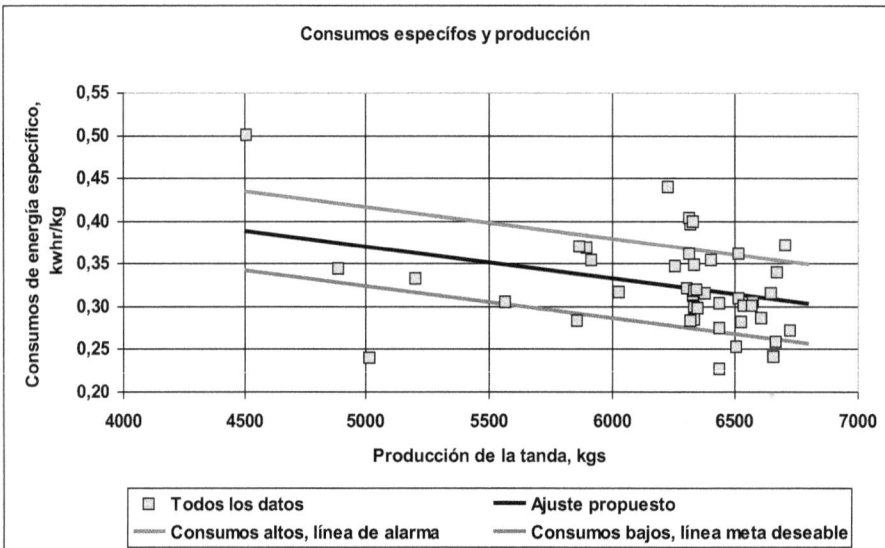

Consumo específico como función de la producción

Consumos contra producciones acumuladas. Se presenta a continuación un gráfico de consumo de energía acumulada contra producción acumulada, La pendiente de la línea es similar a los consumos específicos promedios

Con este gráfico se puede comparar la forma en que se acumulan los datos contra lo que sucede a condiciones de bajos consumos posibles o contra una línea de consumos medios históricos, como se muestra para el ejemplo, en el cual, a partir del comportamiento de los consumos específicos como función de la producción, se han supuesto consumos específicos bajos probables un 8 % por debajo de los promedios existentes.

La diferencia entre las líneas de consumos acumulados reales y la de consumos acumulados bajos posibles, da una idea de los consumos mayores de energía que se van acumulando en el tiempo.

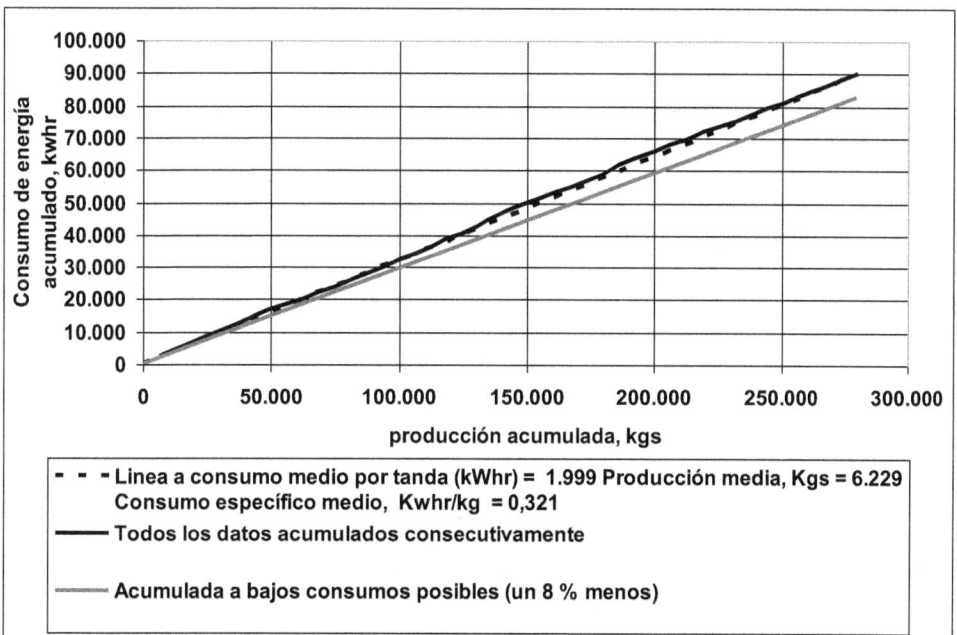

Consumos contra producciones acumuladas

Consumos en cada tanda o período comparados con valores esperados. La siguiente forma de presentar los datos se basa en comparar los consumos de cada tanda o período contra un valor esperado, Este valor esperado se ha calculado en este caso con el consumo específico medio multiplicado por la producción

110

media de las tandas o períodos, El gráfico se hace contra el avance del tiempo (en este caso, contra las tandas consecutivas).

La comparación se hace restando del consumo de la tanda o del período el valor esperado, Si es negativo este resultado, se trata de tandas de bajo consumo; si positivo, de tandas de alto consumo.

Este gráfico da información sobre la forma histórica en que la producción se aleja o se acerca a un cierto consumo, en este caso, un consumo medio, Se puede también trabajar contra un consumo mínimo deseable, como se observa igualmente en el gráfico, en la cual se ha trabajado contra el valor de consumo específico bajo posible (Se ha considerado un 8 % de menos consumo en este caso), contra el valor medio.

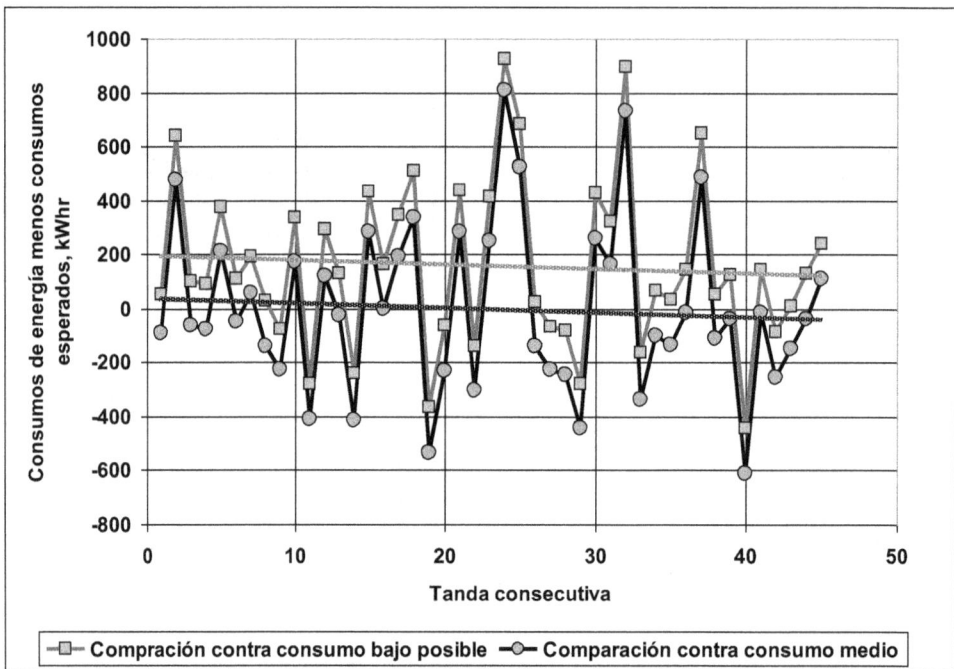

Consumos en cada tanda o período comparados con valores esperados

Consumos en cada tanda o período comparados con valores esperados en forma acumulativa. Se presenta a continuación el gráfico denominado CUSUM, en el cual se muestran las diferencias entre los consumos esperados y reales como función del tiempo o de las tandas, pero se hace de manera acumulativa, Se ha trabajado con los consumos esperados como los resultantes del consumo promedio menos un porcentaje esperado de ahorro, que se tomó como un 8 % en este caso.

Esta gráfica y las demás se pueden llevar a valores en pesos, considerando los costos unitarios de los energéticos empleados. Esta forma de presentar los datos tiene la ventaja inmediata de poner las situaciones en términos económicos.

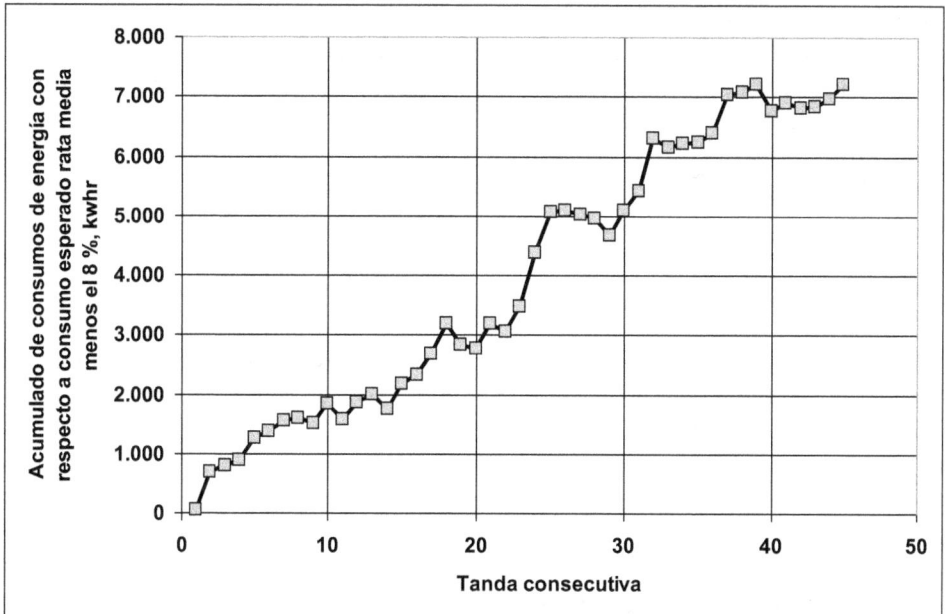

Consumos en cada tanda o período comparados con valores esperados en forma acumulativa

1.6.6   Criterios económicos

Cuando se hagan propuestas de mejora como resultado de las auditorías de energía es importante examinar lo concerniente a los aspectos económicos, En general de deben tener en cuenta los siguientes aspectos:

- **Cambios en los costos de operación**

Puede suceder que el sistema propuesto dé lugar a cambios importantes en los costos de operación, Naturalmente que casi siempre las ideas o mejoras propuestas van en la dirección de menores consumos de energía y por lo tanto de menores costos energéticos, Sin embargo, pueden darse aumentos o rebajas de otros costos, como los de materiales e insumos o de los de mantenimiento o los de mano de obra, Esto se debe tener en cuenta.

- **Costos financieros y de depreciación**

La puesta en marcha de un cambio en los equipos o de sistemas nuevos va a dar lugar a la necesidad de conseguir recursos, los cuales deben ser financiados y por ello van a dar lugar a costos financieros, asociados con el costo del capital, Si la empresa cuenta con capital propio, puede decidir que no se requiera buscar recursos externos y que no se aplique un costo financiero, Pero aún en este caso, de financiación propia, es recomendable considerar costos financieros basados en el costo de capital típico para los montos necesarios.

Cuando haya lugar a adquirir bienes deben considerarse los costos de depreciación asociados con el empleo de los equipos en el tiempo.

- **Inversiones**

Es importante estimar adecuadamente las inversiones asociadas con las mejoras propuestas, para que la empresa pueda someter el proyecto a un análisis de rentabilidad y a un análisis de flujo de caja que le permita financiar y costear adecuadamente el cambio y ser consciente de la factibilidad de recuperar sus inversiones con las disminuciones de costos y los aumentos de productividad resultantes.

- **Análisis de costo beneficio**

Lo idea es que el nuevo proyecto o el cambio propuesto da lugar a un flujo positivo de caja que permita recuperar las inversiones en un plazo razonable, Con frecuencia las empresas desean recuperar sus inversiones en tiempos cortos, por ejemplo, en menos de dos años, Sin embargo, dado que el uso racional de la energía tiene implicaciones de largo plazo, deberían ser más abiertos los que manejan las empresas a considerar mayores plazos de recuperación de las inversiones para este tipo de proyectos, Tiempos de retorno de seis años deberían considerase como atractivos para este tipo de proyectos, especialmente si las inversiones están claramente dentro de la capacidad financiera de la empresa.
En general las empresas cuentan con departamentos financieros que hacen este tipo de análisis, Es importante que los responsables de los temas de energía intervengan en el análisis para contribuir a que se tengan en cuenta criterios integrales dentro del análisis, Para ello, es conveniente que los que propongan el proyecto o el cambio, sean capaces de estimar el costo beneficio y el tiempo de

retorno en forma aproximada al menos, de tal manera que se sientan apoyados por las ventajas económicas del proyecto al presentarlo a consideración de la empresa.

Las siguientes expresiones, que se presentan en forma tabulada para dos situaciones, una actual y una de proyecto, permiten una aproximación inicial a este problema.

- **Modelo de análisis económico inicial**

Con ayuda de una tabla como la siguiente, aplicada a varias una o varias opciones, es posible tomar decisiones más sabias sobre una propuesta de mejoras de energía y uso racional, Con frecuencia las propuestas pueden conducir a mayores capacidades de producción y ello se va a reflejar en tal caso, en situaciones todavía más ventajosas.

Situación	Unidades	Expresión	actual	Propuesta
Producción considerada	t/mes	P	100	100
Costos energéticos				
Electricidad	kWh/kg	E	0,500	0,450
Valor de la electricidad	$/kWh	Es	200	200
Combustible	U/kg	C	0,100	0,080
Valor del combustible	$/U	Cs	700	700
Costo total energético	$/kg	C1 = E*Es+C*Cs	170,0	146,0
Costo de mano de obra				
Mano de obra operativa	h/t	O	1,0	1,0
Valor mano de obra operativa	$/h	Os	8 000	8 000
Mano de obra supervisión	h/t	S	0,2	0,5
Valor mano de obra supervisión	$/h	Ss	12 000	12 000
Mano de obra dirección	h/t	D	0,1	0,15
Valor mano de obra dirección	$/h	Ds	20 000	20 000
Costo total de mano de obra	$/kg	C2 = (O*Os+S*Ss + D*Ds)/ 1000	12,4	17,0
Costo mantenimiento	$/mes	Mt	1 500 000	1 400 000
Valor mantenimiento	$/kg	C3 = Mt/(P*1000)	15,0	14,0
Otros costos operativos	$/mes	V	800 000	800 000
Valor otros costos operativos	$/kg	C4 = V/(P*1000)	8,0	8,0
Costos totales operativos	$/kg	Co = C1+C2+C3+C4	205,4	185,0
Inversiones necesarias	millones $	I	0,0	65,0

Situación	Unidades	Expresión	actual	Propuesta
Ventas de equipos y recuperaciones	millones $	R	0,0	5,0
Inversiones netas	millones $	In = I-R	0,0	60,0
Costos financieros				
Costo del capital	% mes	Ca	1,0	1,0
Costo del capital	$/mes	Cam = (Ca/100*In) *1 000 000	0	600 000
Costo del capital	$/kg	C5= Cam/(P*1 000)	0,0	6,0
Costo de depreciación				
Años de depreciación		D	10,0	10,0
Costo de depreciación	$/mes	Cd=(In/D)* 1 000 000/12	0	500 000
Años de depreciación	$/kg	C6 = Cd/(P*1 000)	0,0	5,0
Costos totales	$/kg	Ct = Co+C5+C6	205,4	196,0
Costos totales	$/mes	Cm = Ct*P*1 000	20 540 000	19 600 000
Ahorros con respecto a situación actual	$/mes	Am = Cm actual- Cm proyecto		940 000
Ahorros	millones $/año	Aa = Am*12 / 1 000 000		11,28
Tiempo para recuperar la inversión	años	Tr = Aa/In		5,32

CAPÍTULO 2. CUANTIFICACIÓN ECONÓMICA Y TÉCNICA DE CONSUMOS DE ENERGÍA

Introducción

La economía y la energía están íntimamente relacionadas. Cuando se tienen claras las cuentas, cuando se lleva contabilidad, es más fácil tomar decisiones, todo queda más claro. Por eso cualquier programa de uso racional de la energía debe considerar aspecto de contabilidad.

¿Qué es lo que contabiliza? Los más importante es llevar cuentas de los consumo de energía y de las producciones relacionadas con esos procesos. Es decir, medir los consumos de energía y medir los flujos de materiales o de productos que están relacionados con esos consumos de energía. Es también muy importante convertir estos consumos y estos flujos en dinero. En esta forma se pueden establecer comparaciones, se pueden establecer metas, se pueden evaluar los programas.

Suena simple, suena lógico, pero no siempre se hace. En efecto:
Muchos procesos energéticos carecen de elementos para medir los consumos de energía. En un reciente estudio realizado en el Valle de Aburrá, se encontró, en una muestra de 20 calderas, que menos del 20 % de ellas contaba con sistemas para medir los consumos de combustibles y menos del 30 % contaban con medios para medir las producciones de vapor.
En la mayor parte de los casos no se cuenta con información sobre los consumos de energía eléctrica de los motores en las empresas. En casi la totalidad de los casos se carece de información sobre las potencias mecánicas generadas por los motores.

¿Qué más se puede contabilizar? En todos los procesos ocurren flujos variados de energía, que se pueden clasificar en tres grande categorías: las energías entregadas (consumos de energía); las energías convertidas en algo útil (energías aprovechadas) y las energías que se pierden, que salen del sistema en formas no aprovechables. La cuantificación de las energías perdidas y de las energías aprovechadas es importante. En estos aspectos hay todavía más carencias y vacíos, solamente se cuantifican en una pequeña minoría de los casos.

¿Qué vale la pena cuantificar económicamente? Se puede aseverar que es muy importante llevar los datos técnicos (flujos y energías) a datos de dinero. El lenguaje del dinero es uno que la mayor parte de las personas pueden visualizar,

116

entender, palpar, gustar, oír, comparar, ya que se utiliza día a día en las transacciones normales. En cambio las personas tienen mayores dificultades de manejar conceptos como el calor, los kilovatios, los julios o las calorías.

Cuando se establecen metas y planes, se descubre la necesidad de cuantificar, de llevar contabilidad. De lo contrario, no habría forma objetiva de saber qué está pasando. Esta es una de las ventajas principales de establecer metas y objetivos: ello va a significar que se van a medir los consumos y las producciones.

Para responder a las necesidades contables de la energía, se han desarrollado diversos métodos de cálculo, aplicando para ello leyes o teorías demostrables. Estos son los principios de conservación, también llamados balances, siendo los más importantes para temas de energía los principios de conservación de la masa y de la energía. Gracias a estos principios es posible cuantificar las relaciones entre los beneficios económicos que generan una actividad industrial y los consumos, las producciones y las pérdidas relacionadas. Pero no basta con conocer la cantidad de energía consumida y cuánto cuesta, además se requieren técnicas que permitan darle un uso eficiente a las energías disponibles. Un uso eficiente genera dinero, produce prosperidad, genera capital para progresar y para invertir en mejoras.

Con un uso eficiente se obtienen beneficios económicos, ecológicos y ahorros de tiempo y de esfuerzos. En último término se está hablando de recursos y de su valoración. La valoración de un recurso parte de una declaración de un grupo de personas con fuerza e influencia social, que considera a distintos elementos como valiosos. Cuando hay declaraciones de valor, se inicia una búsqueda de estrategias para definir la cantidad y la calidad de los recursos. Esto es lo que ocurre con los recursos energéticos. Su valor, en último término, dependerá de la cantidad de energía contendida en el recurso que puede transformarse en otras formas de energía como flujo de calor, trabajo, energía eléctrica. Al final la cuantificación debería conducir a que se propongan y se realicen proyectos en las empresas. Idealmente todos pueden contribuir.

2.1 ESTUDIOS DE PROCESOS INDUSTRIALES MEDIANTE LAS LEYES DE LA CONSERVACIÓN DE ENERGÍA Y MASA

En esta sección se dan elementos para que los lectores puedan aproximarse a la cuantificación mediante la realización de balances de energía y de masa. Se define el proceso en términos de entradas y de salidas de masa y de energía y se plantea lo que es un balance. Se hace una categorización de los elementos del balance y se discute su importancia relativa a la hora de cuantificar. Se señalan formas prácticas para cuantificar dichos elementos.

2.1.1   Técnicas para estudiar los sistemas

El estudio de los procesos y de los sistemas que consumen energía presenta importantes desafíos. La energía tiene manifestaciones de difícil cuantificación, aún para personas muy preparadas equipadas con equipos sofisticados. Por ello es recomendable enfocarse en aquellos elementos que se puedan cuantificar con mayor facilidad. Es el caso de los consumos y entradas de energía y de los productos útiles que se obtienen. La técnica de los balances permite cuantificar aquellas entradas y salidas de difícil o imposible cuantificación.

Para adentrarse en el tema de los balances y de las aplicaciones de las leyes de conservación es fundamental el prestar atención de muy buena calidad a los procesos y a los equipos involucrados. La atención es uno de los recursos más importantes que pueden aportar las personas para administrar los procesos. Hablando en términos energéticos, la atención es realmente la energía creativa humana que posibilita el logro de cambios positivos y significativos en los sistemas de producción.

La atención tiene tres estados fundamentales:

El *estado reactivo*, en el cual las personas responden a las situaciones, a los estímulos.

El *estado inteligente*, en el cual las personas examinan la situación y toman decisiones al respecto, con cierto grado de autonomía.

El *estado creativo*, en el cual las personas establecen nuevas realidades, con ayuda de la inteligencia, de sus conocimientos, de su motivación e imaginación.

Cuando la atención está funcionando en modo creativo, se facilita la generación de los cambios positivos y significativos que permiten el crecimiento y el progreso. Cuando la atención está funcionando en modo reactivo, se tiene la tendencia a caer en la repetición del pasado, a ser dominado por los eventos. Es función de la inteligencia dirigir la atención hacia el dominio de las situaciones, alejándola de las situaciones de desorden y de ineficiencia.

Para un grupo humano que dedique tiempo a un proceso energético, es muy importante contar con unos conocimientos básicos de la termodinámica.

La termodinámica es la ciencia que trata del calor, de la energía, de los movimientos del calor y de los movimientos de la energía. Además de ello, la termodinámica ayuda a comprender los grandes problemas energéticos que está enfrentando la humanidad, como son el calentamiento global, el efecto invernadero y el agotamiento de los recursos. Adicionalmente, la termodinámica ayuda a plantear las soluciones a estos problemas.

Al examinar la historia de las ciencias, se ve que la termodinámica ha contribuido a dotar a la humanidad con herramientas creativas y capacidad tecnológica e inventiva. Por esto es que es tan atractiva. Esto se evidencia de forma clara con el descubrimiento de la primera ley, mediante el principio de Joule, que estableció la equivalencia entre el trabajo y el calor, permitiendo el desarrollo de las máquinas térmicas, aquellas que transforman la energía de los combustibles en trabajo mecánico. Con estas máquinas se dio origen a la transformación industrial y a la eventual generación de tiempo libre para las personas. En efecto, con las máquinas se logra el movimiento basado en el calor producido por la combustión de los combustibles y el esfuerzo animal deja de ser la fuente principal de los movimientos necesarios para mantener el funcionamiento de las cosas.

¿Qué significa esto en términos de atención? El tiempo libre es el que permite tener atención creativa. Cuando hay agobio, se satura la atención y las personas se vuelven esclavas de las circunstancias. Este módulo explora las posibilidades de realizar un manejo creativo de los procesos, mediante la aplicación de las leyes de la conservación de la termodinámica, para generar atención de alta calidad.

La atención de alta calidad tiene que ver con los siguientes elementos:

Responsabilidad, que consiste en asumir el liderazgo y en apropiarse de las cosas, evitando dejarlas abandonadas a su suerte. Implica garantizar el funcionamiento estable de los procesos, debidamente controlados, instrumentados y administrados.

119

Apreciación, que consiste en encariñarse de las cosas, sintiéndolas muy cercanas, identificándose con ellas, acercándose a ellas con intimidad, confianza y cariño. Implica el conocimiento de los procesos y el deseo de que funcionen armónicamente.

Actitud serena y tranquila, que consiste en enfocarse en la observación de las cosas, permitiendo que fluyan, que se manifiesten, dejando que la información se genere de forma objetiva, confiable y constructiva. Implica hacer seguimientos de los procesos, para aprender de ellos y para buscar que sean más eficientes, seguros, integrales y económicos.

Para los objetivos de este módulo, la atención se refleja en estudiar los sistemas para mejorarlos y operarlos adecuadamente. Conviene señalar algunas técnicas de trabajo básicas. Son las siguientes.

- **El trabajo recurrente**

Se denomina trabajo recurrente al que se hace de forma incremental, mediante ciclos de retroalimentación de información. Se hace primero una exploración inicial y se asignan atributos y valores como puntos de partida para el estudio. Con base en estos valores iniciales, se hacen chequeos de masa y de energía. Los resultados obtenidos se comparan con los datos experimentales que se tienen. En la siguiente etapa, se mejoran las suposiciones iniciales y se va avanzando hasta lograr una visión coherente de los flujos de masa y de energía. El diagrama siguiente señala los principios del trabajo recurrente.

Por ejemplo, sucede que en el estudio de una caldera no se conocen las pérdidas en las purgas (1), tampoco las pérdidas por inquemados (2) ni las pérdidas por las paredes aisladas (3). En cambio se tiene una idea de las ganancias de energía en el vapor (4), de las entradas de energía en el combustible (5) y de las pérdidas de energía en los gases (6).

A estas seis entradas se les asignan valores o atributos (por ejemplo, se pueden despreciar o decir que son un porcentaje de algo). En este caso los valores o atributos 1, 2 y 3 son inciertos y los 4, 5 y 6 son más aproximados a la realidad.

Se examinan con detalle los datos experimentales (estos siempre están variando) para definir mejor a las entradas 4, 5 y 6. Se refinan estos valores.

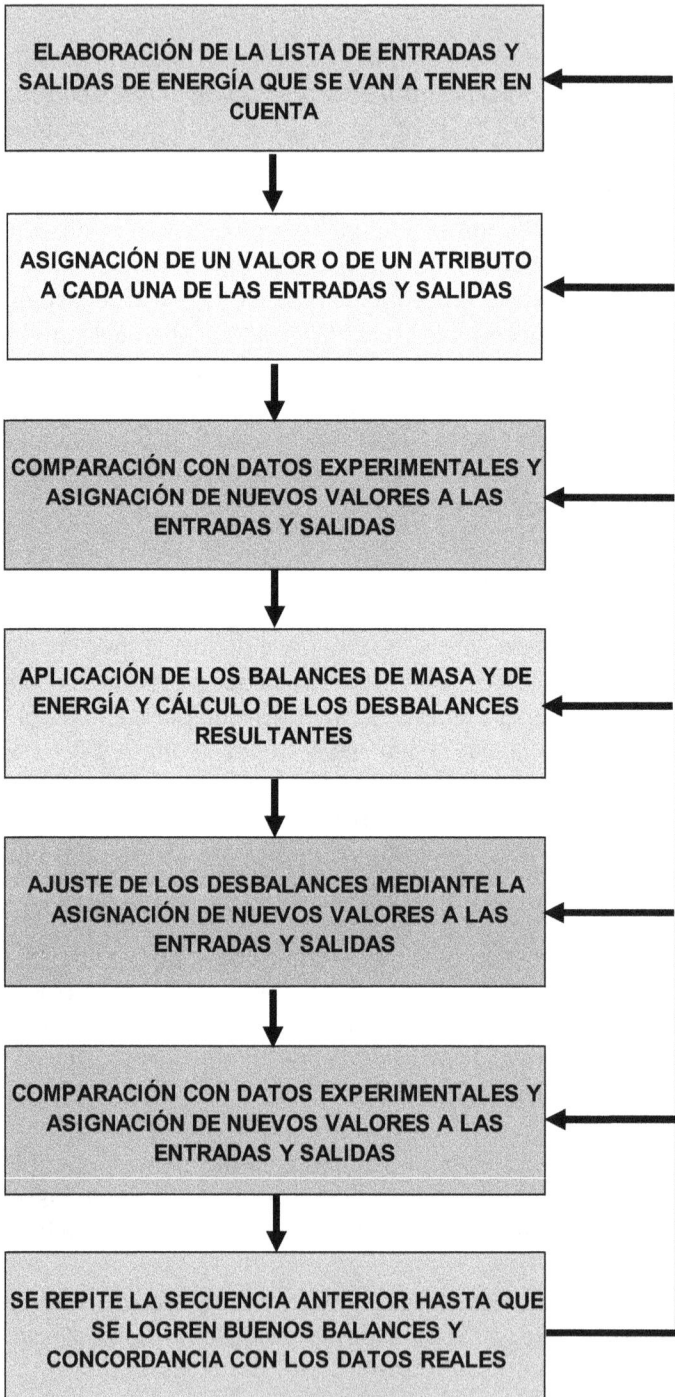

```
┌─────────────────────────────────────┐
│   ELABORACIÓN DE LA LISTA DE         │
│   ENTRADAS Y SALIDAS DE ENERGÍA      │◄──┐
│   QUE SE VAN A TENER EN CUENTA       │   │
└─────────────────────────────────────┘   │
              │                            │
              ▼                            │
┌─────────────────────────────────────┐   │
│   ASIGNACIÓN DE UN VALOR O DE UN     │   │
│   ATRIBUTO A CADA UNA DE LAS         │◄──┤
│   ENTRADAS Y SALIDAS                 │   │
└─────────────────────────────────────┘   │
              │                            │
              ▼                            │
┌─────────────────────────────────────┐   │
│   COMPARACIÓN CON DATOS              │   │
│   EXPERIMENTALES Y ASIGNACIÓN DE     │◄──┤
│   NUEVOS VALORES A LAS ENTRADAS      │   │
│   Y SALIDAS                          │   │
└─────────────────────────────────────┘   │
              │                            │
              ▼                            │
┌─────────────────────────────────────┐   │
│   APLICACIÓN DE LOS BALANCES DE      │   │
│   MASA Y DE ENERGÍA Y CÁLCULO DE     │◄──┤
│   LOS DESBALANCES RESULTANTES        │   │
└─────────────────────────────────────┘   │
              │                            │
              ▼                            │
┌─────────────────────────────────────┐   │
│   AJUSTE DE LOS DESBALANCES          │   │
│   MEDIANTE LA ASIGNACIÓN DE          │◄──┤
│   NUEVOS VALORES A LAS ENTRADAS      │   │
│   Y SALIDAS                          │   │
└─────────────────────────────────────┘   │
              │                            │
              ▼                            │
┌─────────────────────────────────────┐   │
│   COMPARACIÓN CON DATOS              │   │
│   EXPERIMENTALES Y ASIGNACIÓN DE     │◄──┤
│   NUEVOS VALORES A LAS ENTRADAS      │   │
│   Y SALIDAS                          │   │
└─────────────────────────────────────┘   │
              │                            │
              ▼                            │
┌─────────────────────────────────────┐   │
│   SE REPITE LA SECUENCIA ANTERIOR    │   │
│   HASTA QUE SE LOGREN BUENOS         │───┘
│   BALANCES Y CONCORDANCIA CON LOS    │
│   DATOS REALES                       │
└─────────────────────────────────────┘
```

Se elabora el balance con los valores asignados. Si no dan balance, se pueden revisar para que mejore el balance.

Con esta nueva visión, más completa, se asignan nuevos valores a todos los flujos y entradas y se repite el proceso recurrente. Al contar con valores para todos los elementos, se pueden cuantificar económicamente y tomar decisiones sobre ellos. Al ejecutarlas, se repite el proceso, notando las variaciones que han ocurrido, las cuales deben ir en la dirección esperada.

El trabajo recurrente es muy común en los procesos de evaluación continua y de mejora de los procesos.

- **La categorización**

Dada la complejidad de los procesos que consumen energía, es bueno seguir algunos sencillos principios que faciliten su estudio, los cuales se han agrupado acá bajo el concepto de categorización. Al seguir estos principios se pueden obtener resultados más efectivos y habrá más tiempo disponible para investigar y para profundizar en el conocimiento de los sistemas.

Son los siguientes:
- Organización de la información
- Establecimiento de relaciones entre los elementos
- Definición de los comportamientos
- Presentación de conclusiones y elaboración de propuestas de mejora.
- Discusión de los resultados con otras personas, tanto externas como relacionadas con el proceso.
- Recapitulación de los logros obtenidos y proyección hacia otros procesos y sistemas.
- Mantenimiento del sistema mejorado.

La organización de la información se basa en el manejo ordenado y consciente de los datos disponibles, mediante el empleo de tablas, el uso de gráficos y la revisión de la información. Es importante que los instrumentos estén calibrados y que se cuente con datos que cubran las variaciones temporales (en el tiempo) y espaciales (en distintos puntos). Lograr un manejo de datos de alta calidad implica mucha responsabilidad, buenas comunicaciones, aprecio y cercanía a los equipos y a los instrumentos y un trabajo colaborativo, superando las dificultades comunes de celos, información perdida o que no se registra y desorden. Es importante reconocer que los datos o fenómenos se pueden clasificar como pertenecientes a categorías. Es importante conocer los nombres de los equipos, las marcas y características de los instrumentos, sus rangos de trabajo, sus procesos de calibración y las variaciones que ocurren.

Las empresas cuentan cada vez más con sistemas ordenados de manejo de información en tiempo real. Sin embargo no es usual que los datos sean examinados con el objetivo de cuantificar los aspectos energéticos. Es importante que los sistemas de manejo de datos permitan su procesamiento mediante hojas de cálculo.

El establecimiento de relaciones se refiere a no dejar que los datos se queden sueltos, sin conexión, sin significado real. El ordenarlos por categorías es un primer paso hacia establecer las relaciones. Cuando los datos están incompletos, inexactos o faltantes, cuando las comunicaciones son defectuosas, cuando hay celos, secretos e intenciones ocultas, o falta de conocimiento, los datos tienden a estar sueltos, de modo que no se miran ni se relacionan entre sí.

Las hojas de cálculo cuentan con muchas herramientas útiles para establecer relaciones. Por ejemplo:
- Tablas ordenadas y filtradas por categorías
- Tablas dinámicas
- Gráficos
- Correlaciones y funciones estadísticas.

La definición de los comportamientos es la capacidad que se tiene para establecer leyes, ideas, conceptos, descubrir nuevos fenómenos, encontrar nuevos datos y plantear nuevos conocimientos e interpretaciones. Esto está muy relacionado con la capacidad de los involucrados para abrirse a nuevos conceptos. Implica capacidad de estudiar, de plantear ideas, de trabajo en grupo, de escribir y de elaborar reportes, de dar charlas.

La presentación de conclusiones y la elaboración de propuestas de mejora es una consecuencia esperada de haberse acercado a los datos de forma organizada e interesada. Al plantear y definir los comportamientos, se abre la curiosidad para predecir mejoras y buscar puntos nuevos de funcionamiento. El que estudia los procesos experimenta que los conoce, que los domina y que los puede predecir, inclusive, que los puede rediseñar.

Estas capacidades se basan en contar con buenos registros y estadísticas. Mediante la razón, el pensamiento y la lógica, se establecen relaciones y cruces de datos. Con capacidad imaginativa y creatividad, se logran plantear las mejoras y los posibles cambios y diseños.

Es importante poder avanzar más aún, llegando a la discusión de los resultados con otras personas, tanto externas como relacionadas con el proceso. Así se podrán validar los resultados y extrapolarlos a otros procesos, con lo cual se logran mayores ahorros y economías. Para que esto suceda, debe contarse con una cierta capacidad para exponer y demostrar resultados y trabajar con otras personas.

Para mantener la motivación, siempre es conveniente contar con instancias para la recapitulación de los logros obtenidos y la proyección hacia otros procesos y sistemas. Esto es factible cuando las empresas cuentan con un sistema estructurado de manejo de los temas de la energía.

Finalmente, debe tenerse en cuenta que los sistemas que se han estudiado, cuantificado y mejorado, igualmente se podrán descompensar y perderán su balance si se los deja sueltos. Por ello debe incluirse en todo este proceso algún método efectivo para asegurar que haya un mantenimiento del sistema mejorado en el tiempo.

La siguiente figura muestra un ejemplo de manejo ordenado de un conjunto de datos que estaban desordenados. Se aprecia lo siguiente:

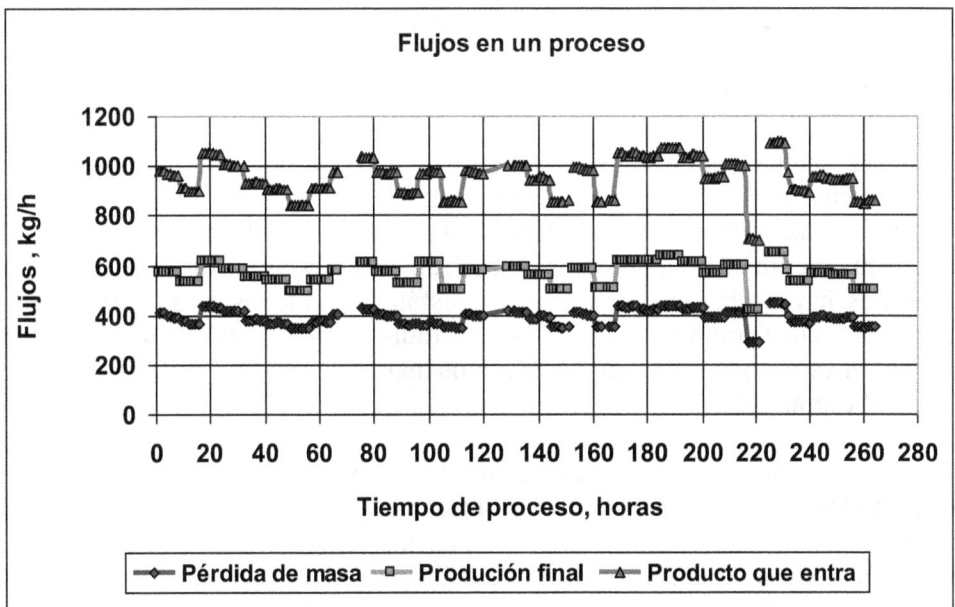

- El uso de distintivos o colores variados facilita distinguir los elementos

- Las variaciones que aparecen se pueden relacionar entre sí.
- Se puede observar el comportamiento temporal
- Se pueden establecer índices con los datos.
- Los datos que se alejan de lo normal se pueden localizar y estudiar en mayor detalle.

2.1.2 Leyes de conservación

Las leyes de conservación establecen equilibrios entre los distintos elementos que fluyen y que se mueven en los procesos industriales. Estos equilibrios se plantean mediante ecuaciones en las cuales intervienen los flujos de masa y de energía. Con ayuda de las ecuaciones se pueden encontrar elementos desconocidos o de difícil cuantificación, como es el caso de las pérdidas de calor por las paredes de equipo. Al aplicar las leyes de conservación se identifican los desbalances existentes, los cuales deben ser pequeños cuando están bien conocidos los elementos que intervienen.

Hay dos leyes de conservación importantes para el estudio energético de los procesos y su cuantificación económica: la conservación de la masa y la conservación de la energía. Un tercer principio, denominado segunda ley de la termodinámica, permite entender los conceptos de uso racional de la energía ya que plantea los límites existentes en las transformaciones de la energía.

- **Conservación de la masa**

La conservación de la masa es el primer principio que se debe tener en cuenta. Es el principio de la contabilidad. Cuando se hace un manejo muy responsable de los procesos productivos, este principio se aplica regularmente para evaluar el aprovechamiento de los materiales. Si los desbalances y las pérdidas de masa son pequeños, hay cierta seguridad de que se están haciendo las cosas bien hechas. En cambio sí hay grandes desbalances y pérdidas de masa, hay alta probabilidad de que ser esté desperdiciando los recursos materiales o generando residuos de forma irresponsable.

Mediante la realización de balances de masa, se lleva a cabo una contabilidad de los materiales que entran, salen, se acumulan, se generan y se destruyen en el curso de un intervalo de tiempo dado. Se aplica la siguiente expresión, para cada una de las especies que tienen que ver con los procesos:
Flujo de entradas de masa +Flujo de generaciones internas de masa = Flujos de salidas de masa + Flujo de consumos de masa internos +Acumulaciones de masa por unidad de tiempo

Flujo de entradas de masa - Flujos de salidas de masa = Cambios internos
Cambios internos = Flujo de consumos de masa internos - Flujo de generaciones
internas de masa + Acumulaciones de masa por unidad de tiempo

Esta sencilla expresión debe ser aplicada a cada proceso, para cada especie que circula por el sistema respectivo. Si existen reacciones químicas, se recomienda trabajar con base en los flujos molares y de masa. Es importante contar con un conocimiento esencial de las reacciones que están ocurriendo. En este análisis, se genera la necesidad de conocer los flujos de materiales, dando lugar a un número de incógnitas que corresponde al número de balances independientes que se pueden formular. En la práctica, va a ser necesario contar con diversos criterios para suplir los datos faltantes. Se recomienda utilizar varios métodos y confrontar.

Por ejemplo si se trata de un tanque con una sola entrada que acumula masa y que está vacío antes de ingresar el flujo al tanque, el balance de masa del sistema será el siguiente:

Flujo de entrada de masa = Acumulaciones de masa por unidad de tiempo

Flujo de entrada de masa x Tiempo = Acumulaciones de masa

Entonces si se tiene un tanque de 1000 litros, vacío, que se va a llenar con agua, con un flujo de entrada de 100 L/min durante 5 minutos, al final, estarán almacenados en el tanque 500 L de agua.

El desconocimiento de los balances de masa tiene consecuencias prácticas, todas ellas generadoras de reactividad y agobio. El conocimiento, por el contrario, genera atención creativa, como se señala en el cuadro siguiente:

Desconocimiento de los balances	Conocimiento de los balances
Se producen pérdidas desconocidas y descontroladas de materiales, las cuales se reflejan en mayores costos de producción, en agotamiento de recursos, en generación de emisiones y de suciedad. Ello da lugar a ocultar información, a temores, a discusiones y problemas administrativos.	Al conocer las pérdidas de materiales, se pueden establecer controles y metas de ahorro y recuperación. Esto permite trabajar con costos menores y mayor productividad. Se está en capacidad de elaborar reportes y de dar a terceros información confiable. Se siente la tranquilidad de la tarea bien hecha.
Se pueden generar situaciones inseguras por escapes y emisiones de sustancias desconocidas, que pueden ocasionar daños, accidentes y pérdidas súbitas de materiales y de tiempo. Se trabaja bajo situaciones de riesgo, ignorancia y temor.	Se advierten los riesgos, se cuantifican y se pueden controlar. Se da lugar a entrenamiento de las personas y ello permite mejor manejo del proceso. Se hacen seguimientos e inspecciones, que dan tranquilidad y seguridad operativa.
Se desconocen opciones para aprovechar materiales y para mejorar las relaciones de productividad del proceso, puesto que no se miden los comportamientos de los flujos y sus variaciones con el tiempo y con las variables de proceso. Se está bajo el dominio del azar y de las fluctuaciones. Se carece de criterios de proceso para hacer cambios y ello genera dependencia de terceros y mayores gastos.	Se plantean teorías de proceso que permiten establecer relaciones de productividad racionales y metas. Se establecen posibles recirculaciones y aprovechamientos. Se hacen ensayos frecuentes que dan lugar a mejoras. Se siente la satisfacción de la labor cumplida y la capacidad para predecir y extrapolar los comportamientos cuando se quieren hacer cambios y aumentos de producción.

Algunos casos prácticos en los cuales se justifica ampliamente el contar con balances de masa son los siguientes:

- Determinación de flujos de purgas en las calderas
- Determinación de flujos de aditivos en las plantas de tratamiento de aguas.
- Determinación de flujos de agua en procesos de secado.
- Determinación de flujos de material que se pierde en procesos cerámicos y químicos.
- Determinación de flujos de polvo en sistemas de control ambiental de polvo.
- Determinación de flujos de combustible en procesos de combustión.
- Determinación de flujos de agua, aire comprimido y vapor en redes de servicio.
- Determinación de emisiones en procesos diversos

Estos flujos se deben llevar a relaciones de producción, dividiéndolos por los flujos de los productos asociados, para establecer indicadores de flujo específico, los cuales se grafican como función del tiempo y de la producción, para establecer metas. La figura muestra un ejemplo de este tipo de análisis. En ella se han fijado metas (línea inferior) y puntos de alarma (línea superior) como función de la producción, mientras que la línea intermedia muestra los comportamientos medios.

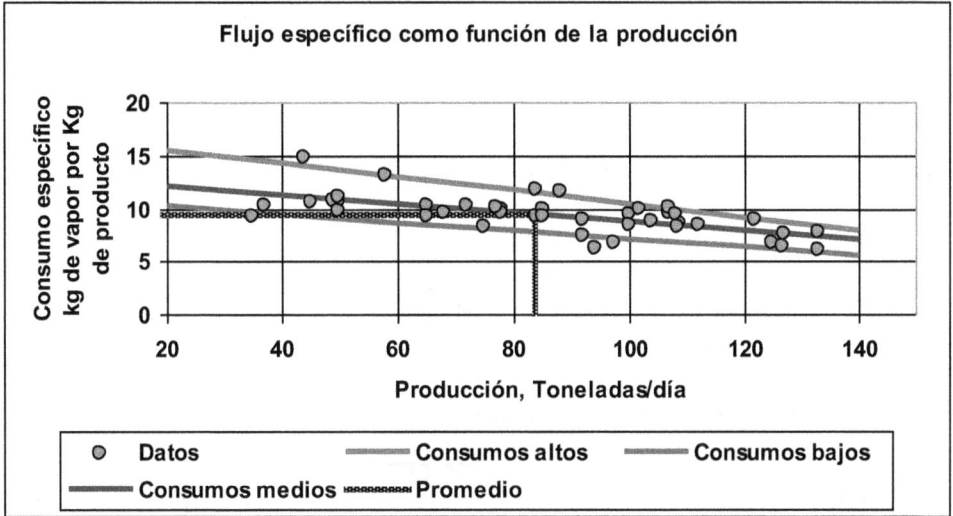

Flujo específico como función de la producción

A modo de ejemplo se presenta el manejo para una fábrica que produce piezas de acero y que lleva contabilidad de materiales y que hace sus cuentas al final del mes y muestra las siguientes cifras.

Contabilidad de materiales en una fábrica de piezas de acero				
Mes		1	2	3
Informe de contabilidad				
Materiales que entran a la planta (1)	t	8.200	8.900	8.700
Productos despachados (2)	t	7.500	7.200	7.600
Materiales en la bodega de materias primas al inicio del mes (3)	t	9.200	9.250	9.600
Materiales en la bodega de materias primas al final del mes (4)	t	9.250	9.600	9.200
Materiales en la bodega de producto terminado al inicio del mes (5)	t	9.100	9.000	9.500

Contabilidad de materiales en una fábrica de piezas de acero				
Mes		1	2	3
Materiales en la bodega de producto terminado al final del mes (6)	t	9.000	9.500	10.000
Balance de masa global				
Flujo de masas que entran (1)	t/mes	8.200	8.900	8.700
Flujo de masas que salen (2)	t/mes	7.500	7.200	7.600
Cambios internos (C) =(1) -(2)	t/mes	700	1.700	1.100
Flujo de acumulación de masa en bodega de materias primas (A) = (4)- (3)	t/mes	50	350	-400
Flujo de acumulación de masa en bodega de producto terminado (B) = (6)- (5)	t/mes	-100	500	500
Flujo total de acumulación de masa (D) = (A)+(B)	t/mes	-50	850	100
Desbalance = (E) = (C) - (D)	t/mes	750	850	1.000
Balance de masa de desechos en bodega de desechos				
Desechos despachados en el mes (7)	t	500	670	750
Desechos en bodegas de desechos al inicio del mes (8)	t	650	720	750
Desechos en bodegas de desechos al final del mes (9)	t	720	750	810
Balance de masa desechos				
Flujo de masas que entran (D1) = (BD) + (D2) (vienen de la producción)	t/mes	570	700	810
Flujo de masas que salen (D2) = (7)	t/mes	500	670	750
Cambios internos (CD) =(D1) - (D2) = (BD)	t/mes	70	30	60
Flujo de acumulación de masa en bodega de desechos = (BD) = (9)- (8)	t/mes	70	30	60
Nuevo balance incluyendo bodega de desechos				
Flujo de masas que entran (1)	t/mes	8.200	8.900	8.700
Flujo de masas que salen (2) + (7)	t/mes	8.000	7.870	8.350
Cambios internos (CF) =(1) -(2) - (7)	t/mes	200	1.030	350
flujo de acumulación de masa en bodega de materias primas (AF) = (4)- (3)	t/mes	50	350	-400
Flujo de acumulación de masa en bodega de producto terminado (B) = (6)- (5)	t/mes	-100	500	500
Flujo de acumulación de masa en bodega de desechos (BD)	t/mes	70	30	60
Flujo total de acumulación de masa (DF) = (AF)+(B)+(BD)	t/mes	20	880	160

Contabilidad de materiales en una fábrica de piezas de acero				
Mes		1	2	3
Desbalance = (EF) = (CF) - (DF)	t/mes	180	150	190
Pérdidas no contabilizadas = (EF)	t/mes	180	150	190
Balance de bodega de materias primas				
Flujo que entra de materias primas (1)	t/mes	8.200	8.900	8.700
Flujo que sale de materias primas (M2) (entra a la producción)	t/mes	8.150	8.550	9.100
Cambios internos (CM) =(1) - (M2) = (BM)	t/mes	50	350	-400
Flujo de acumulación de masa en bodega de materias primas = (A)	t/mes	50	350	-400
Desbalance = (EM) = (CM) - (A)	t/mes	0	0	0
Balance de bodega de producto terminado				
Flujo que entra de producto terminado (P1) (sale de la producción)	t/mes	7.400	7.700	8.100
Flujo que sale de producto terminado (2)	t/mes	7.500	7.200	7.600
Cambios internos (CP) =(P1) -(2) = (BP)	t/mes	-100	500	500
Flujo de acumulación de masa en bodega de producto terminado = (B)	t/mes	-100	500	500
Desbalance = (EP) = (CP) - (B)	t/mes	0	0	0
Balance neto de producción				
Consumo neto de materias primas (M2)	t/mes	8.150	8.550	9.100
Producción neta (P1)	t/mes	7.400	7.700	8.100
Desechos contabilizados generados (D1)	t/mes	570	700	810
Otras pérdidas (EF)	t/mes	180	150	190
Balance neto	t/mes	0	0	0
Índices del proceso				
Consumo de materias primas	t/t pro-ducto final	1,101	1,110	1,123
Desechos contabilizados	t/t pro-ducto final	0,077	0,091	0,100
Otras pérdidas	t/t pro-ducto final	0,024	0,019	0,023

Se observa que con este tipo de información una empresa puede determinar las pérdidas de masa y los consumos como función de la producción.

2.1.3   Conservación de la energía

La conservación de la energía es un segundo principio de conservación a tener en cuenta. Se denomina también primera ley de la termodinámica. Es el principio de la transformación del calor y de la generación del movimiento mecánico. ES la base de la producción industrial y de la generación de energía eléctrica y mecánica en centrales de energía y en motores de combustión interna y turbinas de gas.

El uso racional de la energía se logra mediante la aplicación de conocimientos y de estrategias basados en este principio. El cuadro siguiente señala algunos aspectos estratégicos a tener en cuenta en ese manejo racional de la energía.

DEBILIDADES	AMENAZAS
Tecnologías de baja eficiencia en el uso de la energía	Agotamiento de los recursos energéticos en el plazo medio
Ignorancia sobre los consumos y las eficiencia de trabajo	Guerras y conflictos
Falta de instrumentos y de controles en los procesos	Fuerzas del mercado y predominio de las multinacionales
Falta de coordinación	Daños medio ambientales
OPORTUNIDADES	**FORTALEZAS**
Aprovechamiento mejorado con la tecnología y la investigación	Experiencia tecnológica y científica
El espectro electromagnético	Comunidad internacional capaz de establecer convenios
Flujos ampliados de información	Sistemas de normatividad
El espacio de las leyes naturales	Técnicas administrativas novedosas y evolutivas

Como resultado de un análisis estratégico, resulta la gestión de la energía. La gestión es la administración atenta de los recursos con el fin de obtener la armonía individual y colectiva, permitir y estimular la evolución personal y social, sin poner en riesgo la sostenibilidad, en un ambiente de sabiduría y de sentido de las proporciones, manteniendo la creatividad y el interés de las personas hacia objetivos y visiones que valgan la pena individual y socialmente. Es administración de alta calidad

Como resultado de una conciencia desarrollada, aparece la necesidad de la conservación. La conservación es la capacidad para mantener los patrimonios y los potenciales de los recursos en niveles que permitan su manejo sostenido y equilibrado. Implica altos niveles de conciencia individual y colectiva, un sentido ético en las acciones, una capacidad para seguir leyes y normas y mucha apreciación por las personas, por la naturaleza y por los recursos. Es administración respetuosa y prudente

El cuadro siguiente compara estas dos estrategias con sus opuestos.

Gestión y conservación	*Abandono y destrucción*
• Políticas gremiales y nacionales • Programas de inversión, ahorro y manejo • Establecimiento de metas y objetivos con indicadores • Registros y seguimientos • Embellecimiento y mantenimiento • Entrenamiento y capacitación • Acompañamiento • Colaboración y trabajo de equipo • Divulgación • Motivación y pertenencia	• Falta de unidad en las acciones y en los propósitos • Solo interesa el corto plazo • No se invierte en conocimiento ni en desarrollo • Solo se atienden los sistemas cuando se presentan daños y accidentes • No se llevan estadísticas ni se utilizan indicadores • Ambiente de secreto y de manipulación de la información • Inestabilidad e inseguridad

La energía aparece bajo formas diferentes, siendo las más importantes el calor, el trabajo, la electricidad y la energía como propiedad (interna, cinética, potencial, fisicoquímica). Los procesos transforman la energía modelando la naturaleza, sometidos a las leyes de conservación de la energía y la masa. Al entrar y salir energía a un sistema, se presentan cambios de la energía de las masas involucradas. Además, la naturaleza impone límites que se deben conocer para dar uso correcto a este recurso.

En todo proceso de transformación de energía hay una energía de entrada, una energía de salida y una energía de pérdidas. Para contabilizar estas energías se hace un balance de energía:

Esquema de transformación de la energía.

La ecuación esencial del balance de energía es la siguiente

$$Q - W = \Delta U$$

Q es el calor neto que fluye y *W* el trabajo realizado. *Q* y *W* son flujos en las fronteras del sistema y ΔU se refiere al cambio en la energía interna del sistema, el cual resulta como consecuencia de los flujos de calor y de trabajo.

La siguiente expresión representa la ecuación anterior, llamada primera ley de la termodinámica, ley de conservación de la energía, para un sistema que fluye de manera uniforme y estable

$$Q - W = \Sigma me (he+ECe+ EPe) - \Sigma mi (hi+ECi+ EPi) + [m2 (u2+EC2+EP2)- m1(u1+EC1+EP1)]$$

Q= calor que entra al volumen de control durante un intervalo de tiempo
W= trabajo que se genera en el volumen de control durante un intervalo de tiempo
m1 y *m2* = masa en el volumen de control en tiempos dados 1 y 2
me y *mi* = masas que entran (i) o salen (e) al volumen de control durante el intervalos de tiempo
h=entalpía por unidad de masa = u+p/r

p=presión
r= densidad
u=energía interna por unidad de masa
EC=energía cinética por unidad de masa = ½ V²/g
V=velocidad
g=aceleración de la gravedad
EP= energía potencial por unidad de masa = z
Z=posición
e= en las salidas de sustancias al volumen de control
i=en las entradas de sustancias al volumen de control
1= al inicio del proceso
2= al final del proceso

Con esta expresión se pueden hacer estimados de flujos de energía para una gran cantidad de procesos industriales. Por ejemplo, para el caso de una bomba (o un ventilador), adiabática (sin flujos de calor), la expresión se convierte en:

$$Wb = \Sigma me (he+ECe+ EPe) - \Sigma mi (hi+ECi+ EPi)$$

Denominando a la expresión *rgQH* como potencia de flujo, potencia útil mecánica que gana el fluido, *Potf*, en la cual

$$H = (Ve^2/2g) - (Vi^2/2g) + ze - zi + (pe/rg - pi/rg)$$

H = cabeza de la bomba

Q = caudal de la bomba

Denominando a *PotB* = potencia de la bomba, como el trabajo recibido en el eje por unidad de tiempo, se tiene

$$PotB = rgQH + r\,Q\,(ue\text{-}ui) = Potf + c\,(Te - Ti)$$

(ue-ui) = c (Te – Ti) = Energía disipada que gana el fluido

c = calor específico

T = temperatura

Es decir, la potencia recibida en el eje de la bomba se convierte en potencia mecánica útil (Potf) y en potencia disipada en calentamiento. La relación entre la potencia útil y la potencia recibida, expresada como porcentaje, se denomina eficiencia de la bomba:

$$\eta = (rgQH / PotB)\times 100$$

Conociendo el cambio de temperatura en el paso por una bomba, se puede deducir la eficiencia. Igualmente con base en el conocimiento de la cabeza H, que es el método más usual. El conocimiento de las eficiencias permite saber si la bomba (o el ventilador) está haciendo su trabajo como es debido. Con frecuencia se encuentra que estos equipos están trabajando en condiciones deficientes, lo cual da origen a costos exagerados en la energía eléctrica suministrada al motor.

De la primera ley se desprenden las siguientes consecuencias:

Es posible convertir el calor en cierta cantidad de trabajo mecánico útil, mediante máquinas térmicas, teniendo en cuenta los límites impuestos por la eficiencia. Las máquinas y turbinas de vapor, los motores de combustión interna, las turbinas de gas y las plantas térmicas son consecuencia práctica de esta conversión.

Esta conversión ha permitido el desarrollo industrial y el desarrollo tecnológico con base en la utilización de los combustibles fósiles.

Antes de estos descubrimientos se dependía de las energías humana, animal, eólica e hidráulica para realizar trabajo mecánico útil. Ahora estos tipos de energía han sido reemplazados por las energías térmica, eléctrica, química y nuclear.

Los procesos que buscan generar energías útiles (en general se trata de equipos que producen potencia mecánica o que la emplean para agitas o transportar) dan lugar también a calentamientos y a pérdidas de calor.

- **Disipaciones, eficiencias y pérdidas en el manejo de la energía**

Las disipaciones y la eficiencia son el tema de estudio de la segunda ley de la termodinámica y este es el tercer principio.

La naturaleza impone límites de eficiencia, que no podrá ser igual al 100 % debido a la irreversibilidad. La irreversibilidad es el objeto de la segunda ley de la termodinámica y tiene que ver con la propiedad denominada entropía, que refleja el desorden interno de los materiales, muy asociado con la temperatura de los mismos. Para evitar la irreversibilidad, sería necesario que el trabajo se hiciera sin fricción, que no ocurrieran mezclas de sustancias diferentes, ni transformaciones radicales de las sustancias ni transmisión de calor a través de diferencias de temperatura finitas. Como esto es imposible, siempre habrá irreversibilidad, pérdida de eficiencia y disipación en los procesos. Pero estos efectos se pueden minimizar.

De la segunda ley se desprenden las siguientes consecuencias:

Las máquinas que generan potencia mecánica a partir del calor recibido de una fuente caliente, producen también calor de desecho y deben contar con una fuente fría que reciba ese calor. No es posible convertir todo el calor de la fuente caliente en trabajo. Hay un límite de eficiencia máxima en la conversión de calor a trabajo, fijado por la naturaleza.

Los equipos de refrigeración necesitan potencia mecánica y por ello entregan a la fuente caliente mayor calor que el que extraen al refrigerar la fuente fría. El calor siempre fluye espontáneamente de las fuentes calientes a las frías. Siempre se generan fricciones e irreversibilidades en los procesos.

No es posible convertir la totalidad de la energía eléctrica en energía mecánica ni la totalidad de la energía mecánica en energía eléctrica. Siempre hay pérdidas de eficiencia en este proceso.

Algunas formas de aumentar las eficiencias son las siguientes:
- Trabajo en ciclos combinados. Lo que se hace es aprovechar las salidas de energía no aprovechadas y utilizarlas en un proceso combinado para generar energía útil.

- Recirculaciones y recuperaciones de energía de desecho. Lo que se hace es retornar a las entradas del equipo parte de los flujos de salida. Otra posibilidad es la de extraer energía a la corriente de desecho, para reemplazar energía suministrada.
- Utilización de aislantes térmicos. Con estos se evitan las pérdidas de calor a través de altas diferencias de temperatura.
- Utilización de lubricantes de alta calidad y diseño correcto de los sistemas de lubricación para rebajar las fricciones. Lo que ocurre con esto es que se rebajan las generaciones de calentamiento por fricción y se disminuyen los daños de los materiales al trabajar bajo condiciones menos sometidas a rozamientos y desgastes.
- Utilización de catalizadores. En este caso, se disminuyen los requisitos de energía de activación química y se rebajan las temperaturas de reacción. Con ello se aminora el efecto disipativo de la radicalidad de las transformaciones químicas.
- Construir los equipos con elegancia, con mecanizados y ajustes de alta calidad. En esta forma se lograr trabajar con menos fricción y con mayor simetría en los flujos, lo cual da lugar a menores disipaciones y pérdidas y a mayor facilidad de balance y control.

Una máquina térmica genera trabajo operando entre dos fuentes de calor. Una es el suministro, la otra es el sumidero.

Maquina térmica para generar trabajo

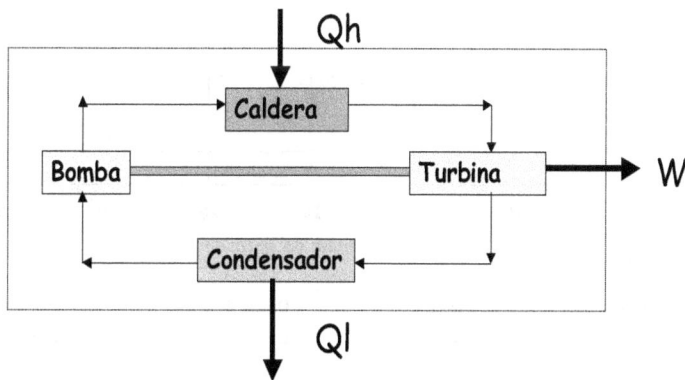

La eficiencia térmica de una máquina para generar trabajo se define como:

$$\eta = W / Qh$$
$$\eta = 1 - Ql/Qh$$

Donde:

W = trabajo producido por la máquina;
Qh = Calor de suministro (el que se recibe de la fuente caliente)
Ql = Calor de sumidero (el que se entrega al ambiente)

Este concepto de eficiencia se extiende a la generalidad de los elementos que trabajan con energía. En general se define la eficiencia mediante la siguiente expresión

Esquema de transformación de la energía.
Eficiencia = η = Energía de salida deseada / Energía de entrada

Eficiencia = 1 – Pérdidas / Energía de entrada

En las expresiones anteriores la eficiencia está expresada como fracción. Al multiplicar por 100 se expresa como porcentaje. Por ejemplo, para una caldera, la energía de salida deseada es la que gana el agua al evaporarse en su paso por la caldera. La energía de entrada es la que se suministra en el combustible. Las pérdidas ocurren en los gases calientes que se escapan por la chimenea, en las purgas calientes que salen, en los combustibles no quemados, en las pérdidas de calor por las paredes.

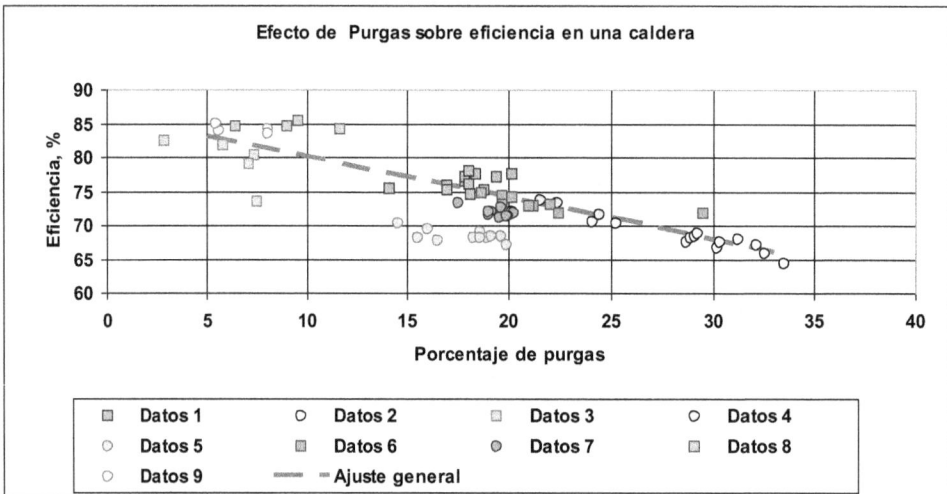

La figura anterior muestra un análisis de eficiencias en una caldera, mirando el efecto de las purgas de agua.

El efecto de las purgas puede ser importante, como lo ilustra esta curva, que se ha elaborado con base en datos reales. Obviamente la empresa que tenía esta situación procedió a dar mucha importancia al control de las purgas y a la recuperación de la energía asociada con las mismas. La tabla siguiente ilustra en detalle como entran en el balance de energía de dos calderas a gas natural, estudiadas por INDISA, para estos flujos de energía.

Flujo energético	Caldera 1	Caldera 2
Potencia que entra en el combustible	100,000	100,000
Potencia en el aire seco de entrada	0,281	0,296
Potencia en el agua del aire de entrada	0,004	0,005
Potencia en el agua de entrada	18,500	19,330
Potencia en bombas y ventiladores	0,187	0,190
Total entradas	118,972	119,821
Potencia en vapor	100,100	102,300
Potencia ganada por el agua al pasar de la entrada y salir como vapor	81,550	82,950
Potencia que sale en el agua de purga	1,890	1,550
Potencia que sale en los gases secos de chimenea	4,690	4,530
Pérdidas de paredes	0,190	0,180
Pérdidas por mala combustión a CO	0,410	0,160
Pérdidas por mala combustión a C_xH_y	1,220	0,880
Potencia en agua que viene con el aire del ambiente	0,074	0,075
Potencia en la evaporación del agua de combustibles	10,600	10,500
Total salidas	119,100	120,200
Desbalance y otros	0,128	0,379

Se observa que un análisis detallado es complejo y posiblemente requiera trabajo de especialista. Sin embargo se aprecia que los valores realmente importantes son los relacionados con las energías ganadas por el agua y las energías entregadas por el combustible. Algunas de las energías de pérdidas se pueden estimar por balances.

2.1.4 Los elementos del balance de energía

Para los encargados de trabajar con la energía, es conveniente conocer algunas expresiones que permiten hacer cálculos y estimativos de consumo. Se hace a continuación un recorrido por diversos términos y elementos que hacen parte de los balances de energía, con el fin de tener mejor comprensión de los mismos. Se presentan a continuación algunas expresiones sencillas y útiles.

- **Energía potencial**

Si un objeto de masa m se encuentra en reposo a una altura z, relativa a algún plano de referencia dentro del campo gravitacional de la Tierra, de intensidad g (llamada también aceleración debida a la gravedad), la energía potencial, de dicho objeto como resultado de su posición, está dada por:

$$EP = mgz$$

Nótese que la energía potencial es proporcional a la masa del objeto, por lo que se trata de una propiedad extensiva. Nótese además que si z es positiva, la energía potencial es positiva, por lo que el objeto tendría un nivel de inventario de energía (o contenido de energía) superior al que tendría si estuviera sobre el plano de referencia. Esta energía almacenada puede transferirse fácilmente a otro objeto. Para convertir la energía potencial en propiedad intensiva, se divide por la masa, siendo igual a gz. Si se calcula por unidad de peso, es igual a z, la altura con respecto a la referencia. Se denomina cabeza gravitacional.

- **Energía cinética**

Es la forma de energía que un objeto o sistema posee, relativa a su estado en reposo, debido a su movimiento global a una velocidad constante v. Específicamente, se puede calcular mediante la conocida formula

$$EC = \frac{1}{2} mv2$$

La velocidad v en la expresión anterior se refiere al movimiento relativo del centro de gravedad del objeto. La energía interna por unidad de masa es $\frac{1}{2}$ v2. Si se calcula por unidad de peso, es igual a $(v^2 / 2g)$ y tiene unidades de altura, por lo cual se denomina cabeza de velocidad.

- **Energía Interna**

Se simboliza por la letra u, como energía interna por unidad de masa. Es una de las propiedades termodinámicas y por ello se encuentra en las tablas de propiedades de las distintas sustancias, como función de la temperatura y de la presión. Al observar dichas tablas se advierte que depende casi linealmente de la temperatura y está poco influenciada por la presión.

Cuando un fluido es calentado se puede calcular el cambio de energía interna generalmente mediante la expresión

Cambio de energía interna = Flujo de masa x Cv x DT

Donde Cv es el calor específico medido a volumen constante. Esta es una propiedad de las sustancias que se reporta basada en mediciones experimentales.

- **Trabajo de flujo**

En las zonas de entrada y de salida de flujo se genera un trabajo producido por las presiones que allí existen, las cuales hacen una fuerza sobre las masas que se desplazan por dichas áreas. Este trabajo, por unidad de masa, es igual al producto de la presión por el volumen específico, pv o p/ρ, donde ρ es la densidad. Viene a ser el trabajo que hace fluir las sustancias en las zonas por las que ellas entran o salen al sistema.

- **La entalpía**

Se calcula como la suma $h = u + pv$. Es la suma de la energía interna más el trabajo de flujo. Como la presión y el volumen específico son ambas propiedades de las sustancias, su producto también lo es y por ello la entalpía h es así mismo una propiedad y por ello, como sucede con la energía interna, se encuentra en las tablas de propiedades de las distintas sustancias, como función de la temperatura y de la presión. Al observar dichas tablas se advierte que depende casi linealmente de la temperatura y está menos influenciada por la presión.

Cuando un fluido es calentado se puede calcular el cambio de entalpía (Δh) generalmente mediante la expresión

Δh= Flujo de masa x Cp x DT

Donde *Cp* es el calor específico medido a presión constante. Esta es una propiedad de las sustancias que se reporta basada en mediciones experimentales.

La tabla siguiente muestra algunos valores de *Cp* y *Cv* para diversas sustancias a 27 °C. Para los sólidos y los líquidos *Cp* y *Cv* son bastante similares y se habla del calor específico C.

Sustancia	Cp , kCal/kg°C	Cv , kCal/kg-°C
Aire (gas)	0,24	0,17
Nitrógeno (gas)	0,248	0,177
Hidrógeno (gas)	3,43	2,44
CO2 (gas)	0,203	0,158
Oxígeno (gas)	0,219	0,157
Vapor de agua	0,445	0,335
Agua	1,0	
Acero	0,11	
Aluminio		
Cobre	0,092	
Ladrillos	Alrededor de 0,20	
Gasolina	0,53	
Concreto	0,156	
Celulosa	0,32	

- **Potencia (trabajo mecánico por unidad de tiempo)**

El trabajo es la energía asociada con el efecto que hacen las fuerzas externas existentes en un proceso, contra las masas que se mueven. Las fuerzas, actuando en movimiento hacen trabajo.

$$W = F \, x \, d$$

La fuerza F actuando en una distancia d en la dirección en que actúa, hace un trabajo W.

En la práctica industrial estas fuerzas se aplican mediante ejes que penetran las fronteras del elemento considerado y que mueven elementos de flujo: paletas, agitadores, rotores, álabes, superficies móviles, pistones.

El trabajo que se hace continuamente, se expresa para mayor facilidad como trabajo por unidad de tiempo y se denomina potencia.

- **Potencia mecánica de flujo entregada a un líquido que pasa por una bomba o a un gas que pasa por un ventilador**

Se calcula mediante la expresión

$$Potflujo = \rho g \, Q \, H$$

Donde ρg es el peso específico del fluido, producto de su densidad por la gravedad, Q es el caudal y H la cabeza generada por la bomba, en unidades de longitud.

La cabeza *H* se calcula con base en las diferencias de energía entre la entrada y salida de la bomba o ventilador, mediante la expresión:

$$H = (Vs^2 / 2g) - (Ve^2 / 2g) + Zs - Ze + (Ps/\rho g - Pe/\rho g)$$

Es decir, H es la diferencia entre las cabezas de velocidad, de trabajo de flujo (presión sobre ρg) y de posición entre la salida y la entrada de la bomba.

La relación entre la potencia de mecánica de flujo y la potencia real entregada en el eje de la bomba o ventilador, es la eficiencia del dispositivo. Estas eficiencias son función del caudal que manejan estos dispositivos y de la velocidad a la cual se mueven y son medidas experimentalmente por los fabricantes y suministradas como curvas o tablas de funcionamiento.

En la figura siguiente aparece la forma que tienen las curvas de los fabricantes, expresadas en forma adimensional con respecto al punto de trabajo de máxima eficiencia.

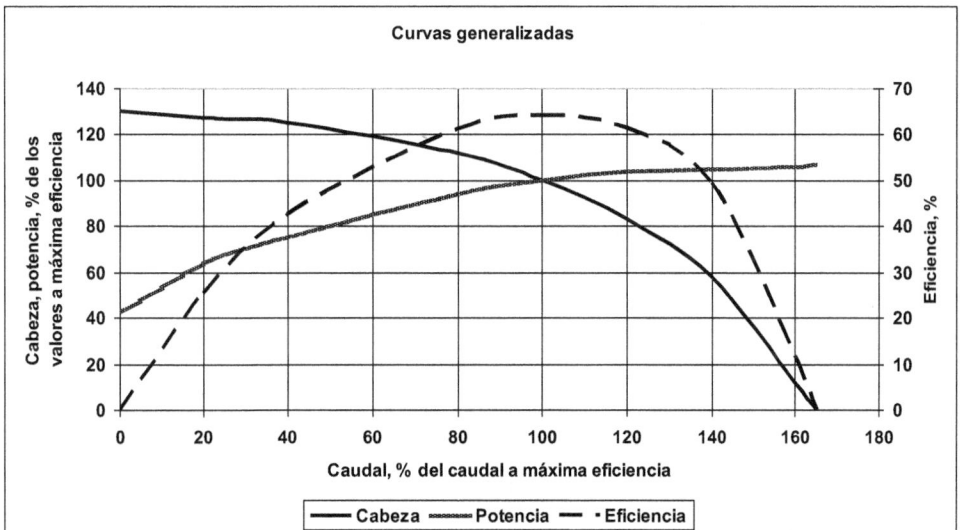

- **Potencia en un motor eléctrico.**

Se puede conocer mediante las características de la placa del equipo y la medición del amperaje y del voltaje que consume.

Potencia consumida = Potencia de placa x (voltaje medido / voltaje de placa) x (amperaje medido / amperaje de placa)

Esto es válido para condiciones de trabajo a cargas medias o altas del motor. Cuando las cargas son bajas, se afecta el factor de potencia del motor y su eficiencia y se pierde la proporcionalidad con respecto a los datos de placa.

Por otra parte, la potencia eléctrica consumida por un motor trifásico se calcula con la siguiente expresión

Potencia eléctrica (vatios) = Voltaje x amperaje x$\sqrt{3}$ x cos θ

Donde *cos θ* es el factor de potencia del motor.

La eficiencia del motor es la relación, expresada como porcentaje, entre las potencias mecánica y eléctrica.

La potencia de placa es la potencia mecánica que entrega el motor en su eje, a las condiciones de trabajo de entrega del 100 % de su capacidad. En tal caso consume el amperaje de placa al voltaje de placa.

- **Pérdidas de potencia eléctrica por el paso de la corriente eléctrica**

Se calcula mediante la expresión:

$$Wp = I^2 R$$

Donde *(I)* es la intensidad de la corriente en amperios y *R* es la resistencia del conductor en Ohmios. *Wp* es la potencia disipada en vatios.

- **Energía de combustión y poder calorífico**

Hasta comienzos del siglo XIX, el principal combustible era la leña, cuya energía procede de la energía solar acumulada por las plantas. Como ya se explicó, al comenzar la Revolución Industrial, los seres humanos dependen de los combustibles fósiles —carbón o petróleo—, que también son una manifestación de la energía solar almacenada. Cuando se quema un combustible fósil como el carbón, los átomos de hidrógeno y carbono que lo constituyen se combinan con los

143

átomos de oxígeno del aire, produciéndose una oxidación rápida en la que se forman agua y dióxido de carbono y se libera calor. Esta cantidad de energía es típica de las reacciones químicas que corresponden a cambios en la estructura electrónica de los átomos. Parte de la energía liberada como calor mantiene el combustible adyacente a una temperatura suficientemente alta para que la reacción continúe.

Durante las reacciones químicas se generan cambios de entalpía o de energía interna, los cuales se reportan como calores de reacción o entalpías de reacción y se determinan experimentalmente. Para el caso de los combustibles, se reportan los poderes de combustión o poderes caloríficos. La tabla siguiente muestra tales valores para algunos elementos combustibles.

Combustible	Reacción	Poder calorífico, Kcal/Kg
Carbono	$C + O_2 -> CO_2$	7 870
Hidrógeno	$H_2 + \frac{1}{2} O_2 -> H_2O$	34 180
Azufre	$S + O_2 -> SO_2$	2 245

Con el poder calorífico se puede calcular la temperatura que alcanza la mezcla combustible en una cámara de combustión y el calor generado durante los procesos de combustión. Los combustibles en general son compuestos de carbono e hidrógeno y sus poderes caloríficos serán el resultado de las proporciones entre estos dos elementos. El azufre aparece con frecuencia en los combustibles, pero dado que el SO2 es un contaminante, cada vez se refinan más los combustibles para eliminar su azufre.

- **Calor**

El calor desempeña un papel importante en la vida cotidiana de cada ser vivo; en los seres humanos por ejemplo, es algo que se nota desde los primeros días de nacido donde inmediatamente se logra distinguir objetos fríos de calientes. El cuerpo humano genera entonces un ejemplo práctico del manejo del calor, pues es considerado una máquina térmica, donde el alimento se convierte en el combustible que le provee de energía para el desarrollo de sus diversas actividades.

No obstante, el calor es algo más que una sensación, Benjamin Thompson, contribuyó significativamente a lo que actualmente se acepta como la teoría correcta acerca de la naturaleza del calor. Las pruebas experimentales presentadas por Thompson en 1798 y por el químico británico Humphry Davy en 1799 sugerían que el calor, al igual que el trabajo, corresponde a energía en tránsito (proceso de transferencia de energía). Entre 1840 y 1849, el físico británico James Prescott Joule, en una serie de experimentos muy precisos, demostró de forma concluyente que el calor es una transferencia de energía, es decir, que una cantidad dada de energía mecánica produce la misma cantidad de calor y puede causar los mismos cambios en un cuerpo que el trabajo. Esto dio origen a un nuevo concepto del calor como forma de energía.

Es así como a través del tiempo se ha venido profundizando en este concepto, de tal manera que se han encontrado aplicaciones que permiten recuperarlo y reutilizarlo al interior de un mismo proceso.

El calor es una forma de energía asociada al movimiento de los átomos y moléculas que forman la materia. La transferencia de calor se basa en el principio que plantea que dos cuerpos en contacto intercambian energía hasta que su temperatura se equilibra.

La energía usada para generar calor puede provenir de fuentes directas o indirectas como la combustión, la electricidad, el vapor o agua caliente. Las fuentes directas hacen referencia a calentadores donde el calor es generado como producto final del uso de materiales y equipos, por ejemplo, el empleo de un calentador eléctrico directo. Las fuentes indirectas por su parte, trabajan con el principio de transferencia de calor, en el cual el fluido empleado en un equipo determinado, se calienta y cambia de estado, como en el uso de una caldera o un transformador de calor. La Figura presenta un diagrama de flujo del calor.

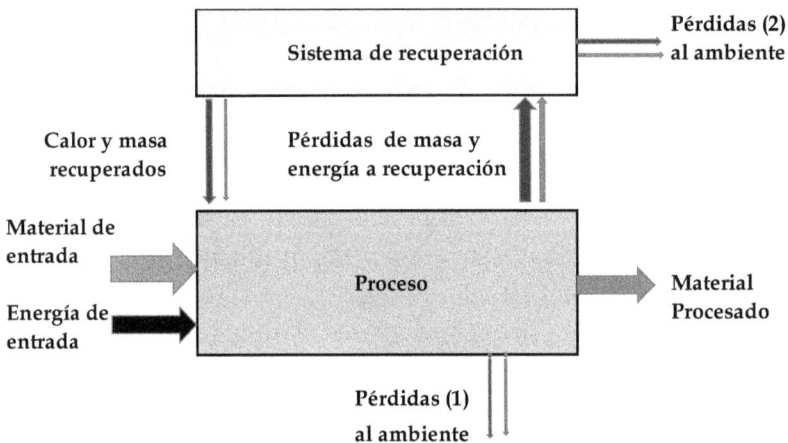

Diagrama de flujos energía y masa

Específicamente, el calor puede transferirse por tres formas diferentes o por combinación de estas: convección, conducción o radiación.

La convección es muy importante cuando hay flujos. Ocurre cuando dos fluidos (líquidos o gaseosos) a diferentes temperaturas se mezclan entre sí o cuando un fluido entra en contacto con una superficie sólida que está a temperatura diferente. Los movimientos de los fluidos pueden ser originados mecánicamente (convección forzada) o causados por las diferencias mismas de temperatura (convección natural). La convección es muy importante en los intercambiadores de calor, en los sistemas de refrigeración y en los hornos.

La conducción ocurre en virtud de las diferencias de temperatura entre distintas partes de un cuerpo, sin que intervenga en la transferencia el movimiento mismo de las partículas que componen al cuerpo. La conducción es especialmente significativa en el caso de los sólidos, cuyas partículas carecen en general de la capacidad de fluir, pero hace parte también de los mecanismos de transferencia en los fluidos. Es muy importante al examinar los aislamientos de los equipos y los calentamientos de piezas sometidas a tratamientos térmicos.

La transferencia de calor por radiación no necesita de un medio de transmisión y puede darse en el vacío. Ocurre cuando la energía en forma de ondas electromagnéticas es emitida por un material a alta temperatura y absorbida por una sustancia, sin contacto directo entre ellas. Este mecanismo es especialmente importante cuando hay grandes diferencias de temperatura entre los cuerpos y depende de que las dos superficies se enfrenten entre sí. Ejemplos de este tipo de transferencia se presentan en hornos microondas y calentadores infrarrojos, lo mismo que en las transferencias de calor en zonas de llamas y cámaras de combustión.

En general se da una combinación de procesos simultáneos de transferencia de calor por los tres mecanismos. En procesos de recuperación de calor son muy importantes la convección (intercambiadores de calor y sistemas de mezclas) y la conducción (sistemas regenerativos y empleo de aislamientos).

Un concepto muy importante cuando se trabaja con el calor es de los cambios de energía asociados con cambios de fase, con hidrataciones y deshidrataciones, con reacciones químicas y con la disolución de sustancias. Estos cambios se denominan calores. Es así como se habla de calor de fusión, calor de combustión o poder calorífico, calor latente, calor de reacción. En realidad estas energías se deben llamar entalpías y no corresponden al concepto real de transferencia de calor, si bien están relacionados, ya que dichas entalpías generan o requieren transferencias de calor, según sean exotérmicas o endotérmicas.

Resumiendo, la conducción puede tener lugar en sólidos, líquidos y gases aunque es característica de los sólidos, puesto que en gases y líquidos siempre se producirá convección simultáneamente. La convección por su parte se presenta generalmente entre una superficie sólida y el fluido adyacente (líquido o gas). Cuanto más rápido es el movimiento del fluido mayor es la transferencia de calor por convección. En ausencia de dicho movimiento la transferencia de calor entre una superficie sólida y el fluido adyacente sería por conducción pura. En la radiación pueden intervenir a su vez sustancias sólidas, líquidas o gaseosas, aunque en sólidos, esta es considerada baja. La tabla siguiente presenta el tipo de transferencia de calor que puede llevarse a cabo según el estado de agregación de la materia.

Tipo de transferencia de calor según el estado de la materia

Tipo de transferencia de calor	Estado de agregación de la materia
Convección	Sólido – Gas o Líquido
Radiación	Sólido, Gas, Líquido
Conducción	Sólido

En todos los fenómenos de transferencia puede identificarse:

- Una diferencia de potencial o fuerza conductora que causa la transferencia. Es la diferencia de temperatura.
- Un flujo de energía que se transfiere entre puntos a diferentes potenciales, ayudado o no por movimientos de masa.
- Una resistencia que los medios o sustancias oponen a la transferencia en la región en que existe la diferencia de potencial. Esta resistencia depende del mecanismo de transferencia de calor, del tipo de material y de la geometría del proceso.

- **El aprovechamiento de los calores y los mecanismos de transferencia de calor**

En términos muy generales, para los tres mecanismos se tiene lo siguiente

Flujo de calor por conducción

$$Qk = k \, A \, dT/dx$$

Donde:

k es la conductividad térmica del material, la cual indica la facilidad con la cual conduce el calor
dT/dx es el gradiente de temperatura a través del espacio x.
A es el área respectiva a través de la cual fluye el calor.

Flujo de calor por convección

$$Qh = h\,A\,DT$$

Donde:

h es el coeficiente de convección, que depende de las temperaturas, de las velo-cidades de los fluidos y de sus propiedades.
A es la superficie a través de la cual se entrega el calor.
DT es la diferencia de temperatura entre la superficie y el fluido adyacente.

Flujo de calor por radiación

$$Qr = \sigma\,\varepsilon\,A\,T\,4$$

Donde:

σ es la constante de Stefan-Boltzmann
ε es la emisividad, una propiedad de radiación de la superficie, cuyos valores es-tán entre 0 y 1.
T es la temperatura de la fuente que irradia el calor
A el área de la fuente considerada.

Al examinar estas expresiones se puede visualizar que al transmitir calor para recuperar energías es importante:

- Tener en cuenta el tamaño de los diferenciales de temperatura. Si una corriente de gases tiene altas temperaturas, habrá mayor potencial de recuperación de su energía, pues se la puede transmitir a otro cuerpo a menor temperatura.
- Las áreas de transferencia, representados por A en las expresiones. Para recuperar calores, serán necesarias áreas de transferencia, que en general están representadas en equipos, tubos, paredes, aislamientos. Cuando las temperaturas son bajas, se van a requerir equipos muy grandes para recuperar el calor.

- Los movimientos de los fluidos asociados, representados en sus velocidades de paso por ductos y por equipos. Estos están asociados con pérdidas de presión, con fricción y con elementos que generan potencia (ventiladores, sopladores, bombas). Va ser necesario usar energía mecánica, la cual puede ser costosa.
- El uso de elementos aislantes y conductores y de elementos que almacenan calor, los cuales facilitan o dificultan las transferencias de calor.
- Las propiedades de las sustancias involucradas.

Hay otros elementos que se deben considerar al examinar las posibilidades de recuperar energías y calores sobrantes mediante transferencias de calor:

- Aspectos químicos y físicos. A medida que se rebajan las temperaturas de las corrientes que se desechan de un proceso, se pueden generar problemas de corrosión (por presencia de óxidos de azufre) y de condensación de las humedades existentes.
- Aspectos de contaminación. Los fluidos de desecho pueden contener sustancias contaminantes que pueden afectar a los equipos de recuperación, formando depósitos, incrustaciones y eventualmente taponando los sistemas o afectando la transferencia de calor.
- Aspectos de espacio. Los equipos de recuperación en general requieren tamaños grandes y movimientos de fluidos entre equipos a través de grandes distancias.

2.2 APLICABILIDAD DE LOS BALANCES DE ENERGÍA Y MASA A PROCESOS REPRESENTATIVOS INDUSTRIALES

En esta sección se presentan diversos casos que permiten demostrar el empleo de las técnicas de balance. Para ello se han seleccionado un grupo de procesos representativos, los cuales son sometidos a balances de masa y energía.

Es importante categorizar para tener mayor claridad para enfrentarse a sistemas como los energéticos, en los cuales hay una cierta riqueza de aspectos que conviene discriminar y estudiar por separado, pero sin perder la coherencia interna de los datos. Con los balances de masa y energía se logra que la visión sea integral, con ellos se equilibran las interacciones entre los elementos y se unifican los aspectos separados.

2.2.1 Transformación de la energía

La energía cruza las fronteras de un sistema, de un equipo que se esté estudiando para hacerle balances de masa y de energía, en forma de calor y de trabajo. Los flujos de masa que entran y salen del equipo transportan energía interna y trabajo de flujo (transportes que sumados se denominan transportes de entalpía). Estas masas que fluyen también transportan energía cinética y energía potencial. Internamente en el equipo, se pueden generar flujos de energía mediante resistencias eléctricas, intercambiadores de calor o reacciones químicas o inclusive procesos físicos. La ecuación de la energía relaciona todos estos términos en un balance.
El balance expresa, en términos sencillos, lo siguiente:

$$Q - W = \Sigma me\ (he + ECe + EPe) - \Sigma mi\ (hi + ECi + EPi) + [m2(u2 + EC2 + EP2) - m1(u1 + EC1 + EP1)]$$

El calor que entra al equipo (por las paredes externos o por una fuente interna), más el trabajo que recibe el equipo (mediante los ejes que le suministran potencia mecánica) se balancea con dos efectos:

- Con los flujos de energía que entran y que salen transportados por los flujos de masa que entran y que salen del equipo (flujos de entalpía, de energía cinética y de energía potencial)
- Con las acumulaciones o disminuciones de la energía contenida en la masa que contiene el equipo (se acumula la energía como energía interna, energía cinética o potencial).

Las diversas formas de energía son intercambiables mediante la utilización de procesos adecuados. Buena parte de la tecnología moderna se basa en este tipo de procesos. Buena parte de esta tecnología está modelada en procesos naturales que ocurren en los seres vivos o en las estructuras físicas de la tierra.

En los sistemas abiertos, la suma total de las energías internas va cambiando con el tiempo, en función de los flujos de energía que entran o que salen por las paredes del sistema.

La tabla siguiente señala algunas de las formas energéticas más utilizadas y sus transformaciones más comunes.

Forma de energía	Elemento típico que presente esta forma	Transformaciones típicas
Energía química	Combustibles	Calor generado en quemadores. Energía cinética en turbinas.
Energía química	Agentes Reductores	Al ser oxidados se genera calor que da lugar a calentamientos.
Energía química	Agentes oxidantes	Actúan sobre los reductores generándose calor.
Energía físico química	Sustancias que cambian de fase (Líquido – Vapor, Sólido – Líquido)	Los cambios de fase en general requieren suministro de calor o generan calor.
Energía radiante	Sustancias calientes	Se emite en función de la temperatura en forma de calor. No requiere un vehículo.
Energía de conducción	Sustancias que poseen diferencias internas de temperatura	Se transmite calor en proporción a las diferencias de temperatura y a la conductividad del cuerpo. Se producen desplazamientos y trabajo interno.
Energía de convección	Paredes rodeadas de fluidos cuya temperatura es diferente.	Se transmite calor entre la pared y el fluido en función de la dinámica del movimiento y de las propiedades del fluido. Se genera energía cinética en el fluido.
Energía hidráulica	Agua situada a niveles altos con respecto a una referencia	Energía cinética en chorros y tuberías. Calentamiento por efectos de fricción. Energía mecánica en turbinas

Forma de energía	Elemento típico que presente esta forma	Transformaciones típicas
Energía nuclear	Elementos radiactivos	Los procesos de fusión y fisión nuclear generan y requieren calor. Energía de radiación de diversos tipos..
Energía eléctrica	Baterías y combinaciones de cátodos y ánodos	Trabajo mecánico. Generación de calor Energía radiante
Energía eléctrica	Conductores que se mueven en un campo magnético.	Trabajo mecánico.
Energía de radiación solar	Ondas luminosas	Electricidad por efecto fotoeléctrico. Elevación de temperatura de los cuerpos. Trabajo mecánico por deformación de cuerpos. Energía química por procesos de fotosíntesis.
Energía potencial	Masas situadas a diferentes niveles	Trabajo mecánico Energía cinética Calentamientos por fricción al cambiar de nivel.
Energía eléctrica	Sistemas de electrolisis	Cambios en energía química mediante estimulación de reacciones.

Estos son algunos de los centenares de ejemplos que se pueden citar.

Las transformaciones de energía que ha desarrollado el hombre buscan un objetivo determinado. Estos procesos de transformación están sujetos a ciertos límites naturales.

Algunos sistemas de ingeniería, especialmente los mecánicos, están diseñados para transportar un fluido desde un lugar a otro. Para ello se deben suministrar ciertos flujos, velocidades y vencer o aprovechar diferencia de elevación. Los equipos involucrados pueden generar trabajo mecánico (por ejemplo con una turbina) o pueden consumir trabajo mecánico como en una bomba o ventilador durante un proceso. Estos sistemas no involucran una transferencia de calor ni un aumento significativo del mismo y operan esencialmente a temperatura constante. En estos sistemas se da una transferencia de energía de forma mecánica.

Los sistemas térmicos son más complejos en general. En ellos aparecen fuentes o sumideros de energía calorífica y transferencia de calor por las paredes externas siguiendo los mecanismos ya señalados de convección, radiación o conducción.

Con base en los balances de masa y de energía y un entendimiento de los procesos de transformación, se puede trabajar estratégicamente el tema del uso racional de la energía. La segunda ley y las limitaciones de los sistemas deben ser tenidas también en cuenta. A continuación se señalan las bases para ello.

- **Principios limitantes de la energía**

Como se ha señalado, las leyes de la naturaleza poseen también aspectos que limitan los procesos y señalan direcciones preferidas. En este sentido en el análisis hay que tener en cuenta los conceptos pérdidas y la eficiencia.

Todo proceso tiene una finalidad, un objetivo que se está buscando. Por la existencia de las irreversibilidades no es posible realizar procesos ideales, en los cuales se logre la transformación total de las entradas de energía en las formas deseadas de energía.

La eficiencia del proceso de transformación es una relación entre la energía de salida deseada y la energía de entrada. Si es alta, es porque las energías no deseadas son bajas.

Sin embargo, existen unos límites de la eficiencia que se pueden alcanzar. Estos límites dependerán del equipo y del principio bajo el cual éste trabaje. Para alcanzarlo, se están implementando con mucha frecuencia programas de mejoramiento y optimización industrial los cuales permiten aprovechar al máximo los flujos de masa y energía disponibles.

La humanidad ha ido descubriendo formas cada vez mejores de transformar la energía. Uno de los compromisos de las personas responsables de los procesos es mantenerse al día de los desarrollos que van resultando y estudiar y plantear las ventajas y los costos y beneficios de cambiar los sistemas que sean menos eficientes por sistemas mejorados.

Algunos ejemplos de sistemas mejorados son los siguientes:

	Tipos de Energías	Eficiencias (%)	Acciones de mejora

Sistema	Entrada	Salida	baja	Alta	
Vehículo	Combustible	Trabajo mecánico	16	50	Sistemas híbridos
Planta térmica	Combustible	Potencia eléctrica	30	50	Sistemas combinados
Motor eléctrico	Electricidad	Trabajo mecánico	85	93	Diseño Cojinetes eficientes
Compresores	Trabajo mecánico	Energía de flujo	60	85	Diseño Dispositivos

Las mejoras de procesos no son únicamente de tipo tecnológico. Con mucha frecuencia se presentan problemas de operación, de mantenimiento y de proceso, que dan lugar a pérdidas excesivas y costosas. Algunos casos típicos son los siguientes:

- Equipos y tuberías calientes mal aisladas que dan origen a pérdidas de calor al ambiente.
- Utilización de tuberías en las cuales los fluidos van a velocidades muy altas, lo cual da origen a altas pérdidas por fricción.
- Fugas de gases y derrames de líquidos y sólidos y entradas parásitas a sistemas calientes o fríos o que poseen energía de flujo. En este caso los equipos que suministran la potencia mueven masa que no es utilizada en el proceso o que no se requiere mover. Igualmente se pierde la inversión energética cuando se pierde masa por derrames.
- Salidas de gases o de fluidos calientes al ambiente, a temperaturas mayores que las deseables, por problemas de control o de operación.
- Inestabilidades en los procesos, que dan lugar a flujos no controlados o a escapes de masa y de energía.
- Operación de equipos en puntos de baja eficiencia.
- Utilización de sistemas de control de flujos basados en fricción.
- Falta de atención a los sistemas, lo cual da lugar a desajustes en los controles o en los puntos de trabajo.

En los equipos en los que se transforma calor en energía mecánica, no es posible lograr su total conversión, esto se debe a las irreversibilidades.

Muchos dispositivos que se emplean en los procesos operan en forma cíclica, como es el caso de las plantas térmicas de potencia o lo motores de combustión interna. En estos dispositivos, no será posible que toda la energía entregada por la fuente de alta temperatura en forma de calor se transforme totalmente en trabajo útil. Siempre habrá un calor a entregar a la fuente de baja temperatura. En este sentido el límite de eficiencia (%) que impone la naturaleza está dado por la siguiente expresión

$$\eta = \left(1 - \frac{Tl}{Th}\right) * 100$$

En ella η es la eficiencia, Tl y Th son las temperaturas absolutas de las fuentes de calor. Una fuente de calor siempre tiene una temperatura asociada, que la identifica en términos termodinámicos. La tabla siguiente muestra los límites anteriores y los compara con las eficiencias típicas que se logran en algunos sistemas de ciclo cerrado.

Sistema	T alta, K	T baja, K	Eficiencia límite, %	Eficiencia típica, %
Planta térmica a carbón	1273	303	76,2	35
Motor de combustión a gasolina	1773	303	82,9	25
Motor de turbina a gas	2273	303	86,7	40

La razón para que no se logre llegar a las eficiencias límites tiene que ver con las denominadas irreversibilidades. Los procesos reversibles son aquellos de tipo ideal, en los cuales se podrían lograr las eficiencias límites. Serían procesos sometidos a las siguientes condiciones:

- Generación de trabajo sin presencia de fricción.
- No ocurren mezclas de sustancias diferentes ni hay transformaciones radicales de las sustancias.
- Transmisión de calor a través de diferencias de calor infinitesimales (es decir, muy pequeñas).

En la práctica existe la fricción, el calor se transmite a través de amplias diferencias de temperatura y se generan reacciones químicas violentas, en una sola dirección y se generan mezclas entre sustancias. Estas son las irreversibilidades normales de los procesos.

En la ingeniería de proceso se busca disminuir las irreversibilidades mediante desarrollos, diseño y el uso de dispositivos de control y mejoras en los equipos. Se pueden emplear las siguientes medidas, entre otras:

Se logra aproximarse a una transmisión de calor reversible, colocando una nueva máquina térmica entre el sistema y la fuente externa de baja temperatura, de tal forma que se aproveche la diferencia de temperatura entre la parte fría del sistema y el ambiente al cual este descarga. Esto permitiría en principio obtener más trabajo neto a partir del calor recibido. Los ciclos combinados, en los cuales se aprovechan los calores de desecho, son una aproximación en esta dirección.

Mediante el empleo de aislantes térmicos, se establecen gradientes de temperatura más moderados entre los cuerpos. Ello da lugar a menores pérdidas de calor al ambiente y a más disponibilidad de utilizar el calor para los fines deseados.

Mediante el empleo de lubricantes de alta calidad y el diseño apropiado de los sistemas de lubricación, se logra minimizar la fricción en los sistemas que transmiten energía mecánica.

Mediante el empleo de catalizadores, se logra que las reacciones químicas se lleven a cabo en condiciones menos violentas y más controladas, con lo cual se rebajan las pérdidas al ambiente.

Otra limitación relacionada con la anterior es que no es posible transformar totalmente el calor sacado de una fuente de baja temperatura en calor entregado a una fuente de alta temperatura. Será necesario entregar trabajo mecánico mediante algún dispositivo. Esto es aplicable a los sistemas de refrigeración y aire acondicionado en los cuales se saca calor de una zona que se quiere mantener fría. Necesariamente esto va a implicar descargar un calor mayor a una fuente caliente, ya que se debe suministrar trabajo mecánico al sistema objeto de los ciclos de transformación. Se enfría un salón, pero se calienta el mundo.

Otra forma de expresar la limitación anterior, es que el calor siempre va fluir, de forma espontánea, de la fuente caliente a la fuente fría. Para que el flujo de calor ocurra en la dirección opuesta, se debe entregar trabajo mecánico.

- **Una visión general de los sistemas asociados con las transformaciones eléctricas**

En las plantas industriales en general se tienen unas entradas de energía que provienen del sistema eléctrico y que entran a altos voltajes. En subestaciones eléctricas, se transforman los voltajes a unos que sean compatibles con los motores eléctricos o con los equipos que consumen electricidad.

Las subestaciones eléctricas y sus transformadores son equipos de alta eficiencia, en las cuales las pérdidas de energía son pequeñas. Tienen que ver con fenómenos de calentamiento asociados con el paso de la electricidad por circuitos. La energía eléctrica ya transformada, se lleva a los equipos consumidores, mediante redes de conducción. En general se hace un buen diseño y selección de las mismas y las pérdidas de energía asociadas con estos transportes son pequeñas. Los mayores consumidores de energía eléctrica son los motores eléctricos, las lámparas para iluminar los salones de producción y las instalaciones y, en ocasiones, equipos especializados de calentamiento, de inducción, de magnetización.

Los motores eléctricos tienden a ser equipos de altas eficiencias, que pueden oscilar entre un 83 y un 94 %. Su potencia de entrada es eléctrica. Su potencia de salida es mecánica y se entrega en su eje. Sus pérdidas tienen que ver con el calentamiento por el paso de la electricidad por sus bobinas y devanados y con los rozamientos que se generan en el giro del rotor y del eje. Estas pérdidas se evacuan al ambiente en forma de calor disipado y se manifiestan en calentamientos moderados del motor y del aire que fluye por él y que lo rodea.

Las lámparas tienen como objetivo transformar la energía eléctrica en energía radiante, luminosa, que aporte luz y comodidad. La efectividad de la transformación tiene que ver con su posición física, con la naturaleza (color y textura) de las superficies del área iluminada, con el tipo de luminaria, con las rutinas operativas, de mantenimiento y de control, con el diseño de los circuitos mismos. Lo que se quiere es lograr generar la mayor cantidad posible de iluminación (medida en lúmenes) con la menor cantidad posible de potencia eléctrica, medida en vatios. Los rangos de eficiencia son muy amplios. El área de la iluminación eléctrica es uno de los que ofrece un mayor potencial de ahorro de energía, en parte por la cuantía absoluta del ahorro que puede ser importante y más que todo porque contribuye a formar en las personas un alto grado de concientización que se transforma en rutina y finalmente en cultura del uso racional de la energía.

Las eficiencias de luminosidad máximas teóricamente posibles (100 %) podrían transformar un vatio en 683 lúmenes. En la realidad las lámparas comerciales generan entre 20 lúmenes por vatio y 200 lúmenes por vatio, con un rango de eficiencia entre el 3 y el 30 %.

Los sistemas de calentamiento eléctrico buscan generar calor utilizando diversos mecanismos, tales como resistencias eléctricas, inducción, arco eléctrico. En general son equipos muy eficientes, con eficiencias de más del 90%. Sin embargo, esto va a depender de las pérdidas, las cuales se deben a calor que se va al ambiente o a los elementos refrigerantes que tienen los equipos para protegerlos de las altas temperaturas que se generan. Por ejemplo, un horno de arco eléctrico cuenta con refrigeración de los electrodos y de las paredes del horno, de tal manera que si bien la mayor parte de la electricidad suministrada se convierte en calor, no todo el calor llega al producto que se quiere calentar, pues una parte importante, que puede ser del orden del 35 %, va al aire ambiente o al agua de refrigeración.

Ya transformada la energía eléctrica en calor o en movimiento, se deben considerar las eficiencias energéticas de los procesos relacionados.

En el caso de las potencias mecánicas entregadas en los ejes de los motores eléctricos, estas se entregan a diversos equipos, siendo los más comunes las bombas, los ventiladores, los sopladores, los compresores, las máquinas herramientas, los equipos de transporte, los sistemas de agitación, los molinos, los mezcladores. Entre los motores y los equipos mencionados, hay elementos de conexión para que las velocidades sean las correctas, tales como variadores de velocidad, transmisiones, acoples y reductores. Cada uno de estos elementos tiene su propia eficiencia de conversión de la energía mecánica en energía útil.

En cada paso, en cada transformación se va degradando la energía y se van generando pérdidas de calor y escapes de productos y de sustancias, a su vez asociados con pérdidas de energía. Al final, el elemento útil resultante, en términos energéticos, puede ser una pequeña fracción de la energía de entrada.

Por ejemplo, al maquinar una pieza, la energía útil es la necesaria para deformarla y para destruir los enlaces mecánicos y lograr los cortes de material. Esta energía puede ser entre un 5 % y un 60 % de la energía eléctrica que entra al motor de la máquina dependiendo del estado de la herramienta, del tamaño del corte, de las velocidades de corte y de la calidad de la refrigeración. El resto se convierte en calor disipado al ambiente (el cual se debe a la ineficiencia del motor, a los calentamientos de las piezas, al calentamiento del aire que circula, al calentamiento de los aceites y líquidos de refrigeración).

Por ejemplo, al agitar un líquido en un tanque, la energía útil tiene que ver con la energía de los movimientos internos de las sustancias hasta lograr el estado de mezcla y de homogeneidad deseada. Un buen agitador logra hacerlo de forma eficiente, tomando menores tiempos y gastando menos potencia. Esto tiene que ver con el diseño, con las velocidades de giro, con las dimensiones del tanque y del agitador. Para determinar las eficiencias, se debe contar con información de proceso sobre el grado de mezcla y de homogeneidad. Puede suceder que se agita una mezcla durante dos horas, a pesar de que con media hora se logre el estado deseado, debido a que no se ha examinado en detalle el proceso. Puede ser que con algunas modificaciones se logren mayores rendimientos. Si no se cuenta con criterios de evaluación objetivos, lo más probable es que no se van a hacer nada al respecto por falta de conocimiento de lo que está sucediendo. Un agitador de alta eficiencia puede lograr la calidad de mezcla deseada con menores calentamientos de los productos.

En el caso de los agitadores es difícil establecer valores de eficiencias energéticas puesto que el objetivo tiene que ver con temas de mezcla, altamente dependientes de los productos y de los procesos. Una aproximación es determinar las potencias de flujo y compararlas con las potencias eléctricas. En este sentido las eficiencias pueden oscilar entre un 10 y un 60 %. Los mezcladores se asemejan en su concepción energética a los sistemas agitados.

Los equipos que mueven fluidos incompresibles (ventiladores y bombas) están concebidos para suministrar potencia de flujo, que es proporcional a los flujos que se mueven, a las densidades y a las cabezas que se generan en el movimiento. Sus eficiencias se encuentran comparando la potencia de flujo con la potencia suministrada por el motor. Estas oscilan entre un 30 y un 70 %. Para estos equipos las pérdidas de energía útil se reflejan en calentamientos del fluido. En ciertos casos, es necesario retirar calor, refrigerando los componentes, para evitar daños del producto o de elementos mecánicos.

Los equipos que mueven fluidos compresibles (sopladores, bombas de vacío y compresores) están concebidos para suministrar potencia de flujo asociada con efectos de compresibilidad de los fluidos que se manejan. Las potencias están relacionadas con los cambios de entalpía de los fluidos y sus flujos de masa. Las eficiencias se encuentran comparando las potencias para un cambio de presión (compresión) bajos condiciones ideales (reversibles, adiabáticas, es decir a entropía constante) con las potencias entregadas por el motor. Estas eficiencias oscilan entre un 30 y un 80 %. Para estos equipos las pérdidas de energía útil se reflejan en un sobrecalentamiento del fluido y en la necesidad de retirar calor, refrigerando los componentes, para evitar daños por calentamiento. Con frecuencia estos equipos cuentan con intercambiadores de calor para enfriar los gases de salida y con deshumidificadores para retirar las humedades que se condensan o que saturan al gas. Ello da cierta complejidad al análisis energético.

En el caso de los equipos de transporte, lo que se desea es mover una sustancia, unos materiales, desde una zona de la planta a otra zona. En algunos casos se desea cambiar de nivel, elevar. En otros casos se trata de movimientos horizontales o mixtos. Desde el punto de vista de la potencia, la potencia útil es la energía por unidad de tiempo que ganan los materiales en virtud de su cambio de posición gravitacional, es decir, energía potencial. Cuando no hay movimientos verticales, no hay energía útil ganada, propiamente, pero si hay una mínima energía necesaria, para vencer las fricciones en los movimientos.

Las eficiencias se pueden definir como la comparación entre las potencias mínimas posibles y las potencias realmente invertidas. Hay diversos sistemas de transporte: neumático, en el cual los sólidos son arrastrados por aire o por un gas; por pastoducto, en los cuales el arrastre de los sólidos se hace en una suspensión en un líquido de arrastre; por tornillo sinfín, por banda transportadora, por cadenas, por cangilones, por medio de equipo rodante, por elevadores hidráulicos o eléctricos. Las eficiencias tienden a ser bajas en estos sistemas. Las energías se disipan en forma de calor o de calentamientos asociados con las fricciones relacionadas con los distintos movimientos y con los frenos del movimiento de los materiales transportados, una vez que se llega al destino. No es fácil estimar las eficiencias en estos sistemas, pueden estar entre un 5 y un 50%

Los molinos son equipos que fragmentan los materiales sólidos, para obtener tamaños pequeños. La energía útil está relacionada con la necesaria para romper las estructuras que mantienen unidas las partículas. Al darse el rompimiento se generan calentamientos, cuya magnitud se asemeja bastante a la de las entradas de energía, siendo muy disipativo este proceso. En el proceso se generan otros gastos de energía, como los asociados con los movimientos de los fluidos que intervienen en la agitación y transporte de los sólidos que se muelen, los asociados con el desgaste de los medios de molienda o de los materiales del molino, las asociadas con moler una cierta proporción de los materiales a tamaños más pequeños de los necesarios. Las eficiencias se pueden definir como la comparación entre las potencias mínimas posibles para obtener los tamaños deseados con las distribuciones de tamaño requeridas y las potencias realmente invertidas. Como en otros casos de gastos de energía en procesos, no es fácil estimar las eficiencias en estos sistemas, pueden estar entre un 15 y un 60 %

En muchos procesos industriales se necesita trabajar a bajas temperaturas y por ello hay que enfriar fluidos. Para generar enfriamiento o refrigeración de fluidos (agua fría, agua glicolada fría, aire frío, gases fríos), se utilizan los equipos de refrigeración, que pueden ser por compresión o por absorción. Los sistemas de refrigeración por compresión utilizan entradas de potencia mecánica (compresores, ventiladores o bombas movidos por motores eléctricos) para lograr el enfriamiento. El enfriamiento consiste en un bombeo de calor desde una fuente (ambiente) fría hasta una fuente (ambiente) caliente. El calor que se extrae desde la fuente fría es el calor de enfriamiento o refrigeración. El enfriamiento del aire es muy común en los sistemas de aire acondicionado.

En un proceso de refrigeración por compresión se invierte en potencia mecánica (proveniente de la electricidad) para mover el calor. Las eficiencias se encuentran comparando el calor refrigerado con la potencia invertida, determinando un coeficiente de rendimiento llamado COP. Los COP altos indican altas eficiencias. Los equipos industriales muestran COP entre 1.0 y 4.0. Otra forma de determinar la eficiencia es la de comparar la potencia consumida con la del mejor equipo que puede hacer el enfriamiento. Los aspectos operativos juegan un papel significativo en los rendimientos reales de estos equipos. Las eficiencias comparativas pueden estar entre un 25 % y un 90 %.

Son también equipos de enfriamiento las torres de enfriamiento. Estas trabajan enfriando agua por enfriamiento evaporativo. Para ello se hace pasar agua caliente por una corriente de aire ambiente, la cual se satura de humedad por evaporación. La energía de evaporación sale del enfriamiento del agua. Las eficiencias de las torres, que son del orden del 65 al 80 %, se obtienen comparando la diferencia de temperatura que pierde el agua con la diferencia de temperatura entre el agua de entrada y la temperatura de bulbo húmedo del aire y llevando a porcentajes. Por otra parte, desde el punto de vista de consumos de potencia eléctrica, acá las potencias gastadas son las consumidas en los ventiladores que mueven el aire (a las cuales se pueden sumar las potencias gastadas en pasar el agua por boquillas de aspersión). Una forma de medir los rendimientos es comparar la potencia invertida mecánicamente con la potencia de enfriamiento obtenida (que proporcional al flujo de agua y a su cambio de temperatura). Se pueden comparar estos rendimientos con los de las mejores torres disponibles para hacer este trabajo. Los gastos de potencia típicos pueden estar entre un 0.15 y 1.0 kW mecánico / 100 kW enfriamiento. Al combinar los dos conceptos, las eficiencias pueden estar entre el 50 y el 80 %.

- **Una visión general de los sistemas asociados con las transformaciones térmicas**

El segundo gran bloque de transformaciones de la energía industrial tiene que ver con las energías térmicas. Estas están relacionadas con los combustibles y con otras fuentes que generan calor para utilización industrial. En este caso las entradas de energía no son de tipo mecánico ni eléctrico, sino térmico.

Las calderas y los generadores de vapor son los más importantes elementos en los equipos térmicos. En ellos de quema un combustible, dando lugar a que se produzca energía de combustión, la cual es aprovechada para calentar y evaporar agua en el caso los generadores de vapor y para calentar otros fluidos, por ejemplo aceite térmico, en las calderas de aceite térmico. En estos equipos la energía útil está asociada con la energía que gana el agua o el aceite en su paso por las calderas. Al llevarla a potencias, es proporcional al flujo que gana energía y a la entalpía que se gana. La potencia de entrada es proporcional al flujo de combustible y a su poder calorífico. Las eficiencias de las calderas industriales oscilan entre el 55 y el 90 %. Las pérdidas están asociadas con gases de combustión, cenizas y aguas de purga que salen calientes y con pérdidas por combustible mal quemado y paredes calientes.

Los calentadores de aire, agua y gases son otros importantes elementos en los equipos térmicos. En ellos de quema un combustible, dando lugar a que se produzca energía de combustión, la cual es aprovechada para calentar aire (o agua u otro gas). En estos equipos la energía útil está asociada con la energía que ganan los fluidos en su paso por los calentadores. Al llevarla a potencias, es proporcional al flujo que gana energía y a la entalpía que se gana. La potencia de entrada es proporcional al flujo de combustible y a su poder calorífico.

Los calentadores pueden ser directos o indirectos. En los primeros, el gas combustible hace parte del fluido que se calienta. En los segundos, hay un intercambiador de calor que separa los gases de combustión de los fluidos que se calientan. Las eficiencias de estos equipos oscilan entre un 45 y un 95 %. Las pérdidas están asociadas con gases de combustión y cenizas que salen calientes y con pérdidas por combustible mal quemado y paredes calientes.

El fluido que pasa por la calderas y los calentadores, vapor, aceite térmico o agua o aire caliente, se lleva a los procesos industriales para desempeñar múltiples funciones de calentamiento y de suministro de energía térmica (en hornos, secadores, reactores, cristalizadores, evaporadores, entre otros) o inclusive mecánica, en turbinas, inyectores, eductores, molinos y termocompresores, entre otros.

Cada uno de estos usos tiene sus propias eficiencias, las cuales dependen en grado sumo de los procesos involucrados. En cada caso las eficiencias se obtienen comparando las energías útiles con las energías de entrada.
En un reactor, por ejemplo, la potencia útil es proporcional a las energías (entalpías) de reacción y de calentamiento netas requeridas (endotérmicas menos exotérmicas) y a los flujos de materiales que reaccionan. Estas se comparan con las potencias térmicas que entran en los fluidos calientes y energéticos de entrada (sean vapor o combustibles que se queman en camisas que rodean al equipo respectivo). Las pérdidas ocurren por gases o sustancias que salen del proceso a altas temperaturas, por las potencias de refrigeración asociadas con camisas de

enfriamiento, con las pérdidas por las paredes calientes y por las purgas de materiales calientes. Los reactores pueden tener eficiencias entre un 10 y un 70 %.

Los secadores son equipos muy comunes. En ellos lo que se hace es extraer agua de un material húmedo hasta llevarlo a la humedad deseada. La potencia útil es proporcional al flujo de agua extraída y a la entalpía de evaporación del agua. Las eficiencias se obtienen dividiendo estas potencias por las existentes en los fluidos que entran, que son proporcionales a sus flujos y sus entalpías de entrada. Las pérdidas están asociadas con escapes de fluidos de trabajo calientes, con pérdidas por las paredes y con el calentamiento de los sistemas de transporte que mueven los materiales que se secan. Los secadores pueden tener eficiencias entre un 30 y un 90 %.

2.2.2 Las transformaciones de la energía en un contexto integrado del uso de la energía en un proceso

Idealmente, las empresas debieran contar con una matriz energética que les permitiera conocer, para cada energético, la forma en que se distribuye su uso según procesos o usos, las eficiencias asociadas con cada uso y los consumos de energía útil en cada uso o proceso. Obtener esta matriz es un trabajo laborioso, pero muy útil, que permite contar con una visión estratégica del manejo de la energía.

A modo de ejemplo, se presenta a continuación un esquema de usos de energía en una planta. Se parte de una matriz de consumidores, en la cual se indica, para cada consumidor final, la energía útil necesaria. Conocer esta información implica un cierto dominio de los procesos y de los conceptos. La siguiente es la matriz de consumidores considerada. Los consumos se han llevado todos a unidades de energía consumidas mensualmente, en kWh.

Matriz de consumidores	Consumo mensual, kWh
Proceso o uso	
Energía útil en sistemas mecánicos alimentados por motores	
Energía útil en ventiladores	246 495
Energía útil en bombas	105 641
Energía útil en compresores	73 244
Energía útil equipo mecánico en refrigeración	35 214
Energía útil equipo mecánico procesos	211 281
Energía útil equipo mecánico otros	35 214
Energía útil en sistemas mecánicos alimentados por motores	**707 088**
Consumos de energía eléctrica en procesos	
Energía útil en iluminación	55 237
Energía útil en calentamientos con electricidad	131 188
Energía útil en sistemas de información	24 550
Energía eléctrica útil en otros sistemas	11 508
Consumos de energía eléctrica en procesos	**222 482**
Consumos de energía térmica en procesos	
Usos del vapor	
Energía útil en generación electricidad con vapor	469 859
Energía útil en calentamiento con vapor procesos	2 439 090
Energía útil en otros usos del vapor	66 824
Total energía útil en el uso del vapor	**2 975 773**
Usos de energía térmica en procesos	
Energía útil en calentamiento agua	348 044
Energía útil en calentamiento aire	368 517
Energía útil en calentamiento aceite térmico	556 870
Energía útil en calentamiento procesos	1 310 282
Energía útil en otros usos	131 028
Usos útiles totales de energía térmica en procesos	**2 714 740**
Uso total útil de la energía	**6 620 084**

Esta matriz se completa con la matriz de las eficiencias de consumo. Esta matriz permite determinar las entradas de energía necesarias para alimentar a los consumidores en sus necesidades de energía útil.

Eficiencias del uso de la energía	Altas eficiencias, %	Bajas eficiencias, %
En usos de energía mecánica entregada por los motores		
Eficiencia de los ventiladores	75,0	50,0
Eficiencia de las bombas	75,0	50,0
Eficiencia de los compresores	78,0	50,0
Eficiencia del uso de potencia mecánica en refrigeración	75,0	40,0
Eficiencia del uso de potencia mecánica en procesos	75,0	40,0
Eficiencia del uso de potencia mecánica en otros usos	75,0	40,0
Eficiencias del uso de energía eléctrica en procesos		
Eficiencia mecánica de los motores	90,0	85,0
Eficiencia energética de la iluminación	18,0	5,0
Eficiencia energética de los calentamientos con electricidad	95,0	80,0
Eficiencia energética de sistemas de información	80,0	60,0
Eficiencia energética de otros sistemas eléctricos	75,0	50,0
En transformación y conducción		
Pérdidas en subestaciones	0,50	1,50
Pérdidas en conducciones	0,50	2,00
En el uso del vapor		
Eficiencia de la generación de electricidad por vapor	45,0	28,0
Eficiencia del uso del vapor en calentamiento de procesos	80,0	50,0
Eficiencia de otros usos del vapor	80,0	50,0
En los procesos térmicos		
Eficiencia energética en generación de vapor	85,0	65,0
Eficiencia energética en calentamiento agua	85,0	70,0
Eficiencia energética en calentamiento de aire	90,0	60,0
Eficiencia energética en calentamiento de aceite térmico	85,0	65,0
Eficiencia energética en calentamiento de procesos	80,0	60,0
Eficiencia energética en otros usos de la energía térmica	80,0	60,0

Al combinar estas informaciones, una empresa está en capacidad de hacer un balance global de energía, el cual se muestra a continuación en forma de diagrama de bloques para cada uso y para dos casos, altas y bajas eficiencias del uso de la energía. En el diagrama aparecen los siguientes elementos

Eficiencia del proceso o uso en porcentaje	*Identificación del proceso o uso*
Pérdidas de energía en kWh mes	Energía útil entregada al proceso, en kWh mes
Porcentaje de pérdidas con respecto a la energía total de entrada	Porcentaje de la energía útil con respecto a la energía total de entrada

Eficiencia	Generación
85,0	vapor
737.034	4.176.523
7,57%	42,88%

Eficiencia	Vapor
80,0	Procesos
609.772	2.439.090
6,26%	25,04%

Eficiencia	Otros
80,0	Vapor
16.706	66.824
0,17%	0,69%

Eficiencia	Generación
45,0	electricidad
574.272	469.859
5,90%	4,8%

Eficiencia	Otros
80,0	térmicos
32.757	131.028
0,34%	1,35%

Energía	Energía
total	térmica
9.739.120	8.189.261
100,0%	84,1%

Eficiencia	Calentar
80,0	procesos
327.570	1.310.282
3,36%	13,45%

Eficiencia	Calentar
85,0	aceite
98.271	556.870
1,01%	5,72%

Electricidad	Electricidad
externa	interna
1.080.000	469.859
11,1%	4,8%

Eficiencia	Calentar
85,0	agua
61.419	348.044
3,57%	0,63%

Eficiencia	Calentar
90,0	aire
40.946	368.517
0,42%	3,78%

Electricidad
total
1.549.859
15,9%

Eficiencia	Electricidad
80,0	información
6.137	24.550
0,06%	0,25%

Eficiencia	Electricidad
75,0	Otros
3.836	11.508
0,04%	0,12%

Eficiencia	Subestación
99,0	conductor
15.499	1.534.360
0,16%	15,75%

Eficiencia	Iluminación
18,0	
251.635	55.237
2,58%	0,57%

Eficiencia	Electricidad
95,0	Calentador
6.905	131.188
0,07%	1,35%

Eficiencia	Motores
90,0	Mecánica
104.336	939.028
1,07%	9,64%

Eficiencia	Mecánica
75,0	Ventilador
82.165	246.495
0,84%	2,53%

Eficiencia	Mecánica
75,0	Bombeos
35.214	105.641
0,36%	1,08%

Eficiencia	Mecánica
78,0	Compresor
20.659	73.244
0,21%	0,75%

Eficiencia	Mecánica
75,0	Frío
11.738	35.214
0,12%	0,36%

Eficiencia	Mecánica
75,0	Proceso
70.427	211.281
0,72%	2,17%

Eficiencia	Mecánica
75,0	Otros
11.738	35.214
0,12%	0,36%

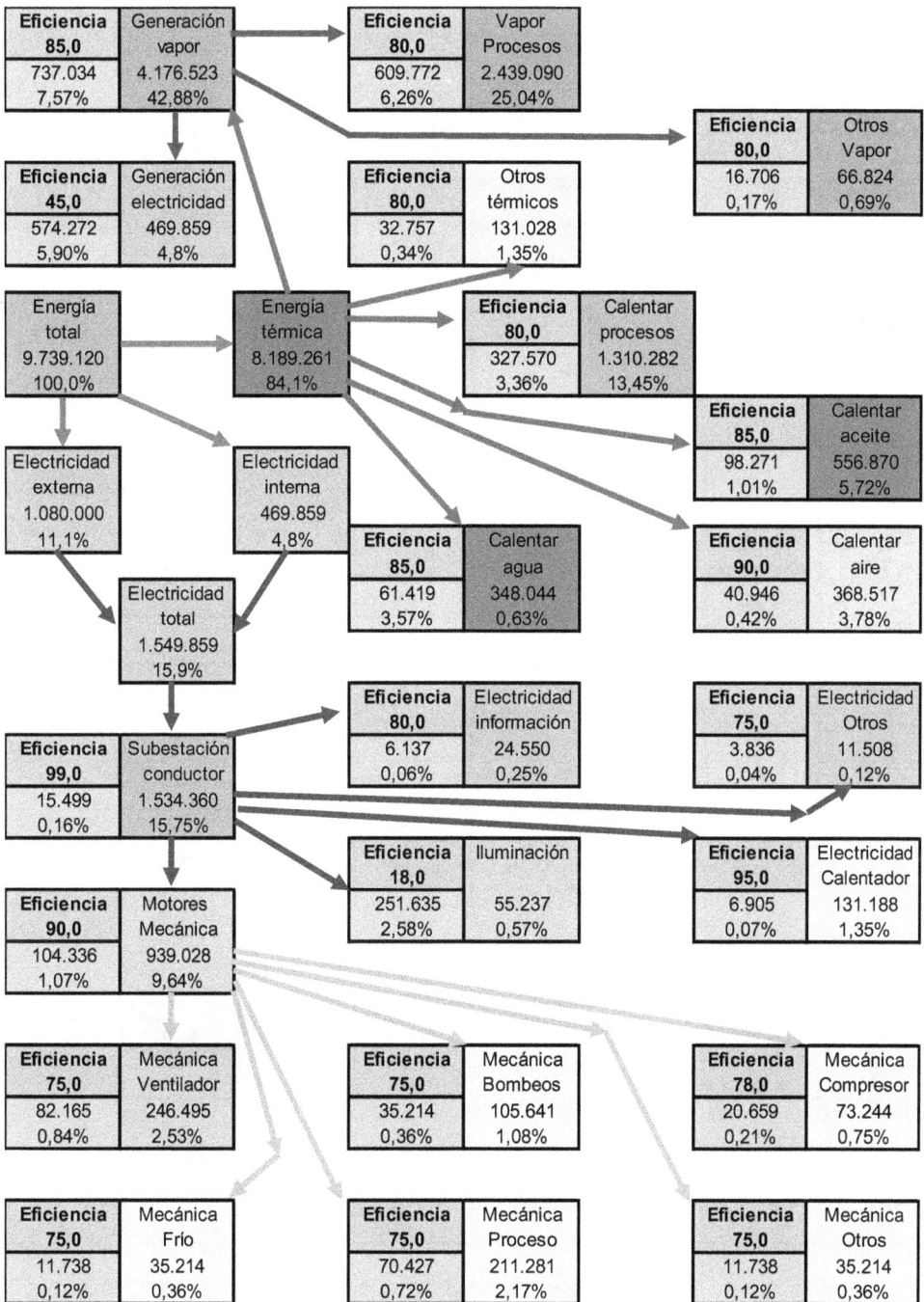

Diagrama de bloques para una planta trabajando a altas eficiencias

Eficiencia	Generación
65,0	vapor
3.602.252	6.689.896
20,08%	37,29%

Eficiencia	Vapor
50,0	Procesos
2.439.090	2.439.090
13,60%	13,60%

Eficiencia	Otros
50,0	Vapor
66.824	66.824
0,37%	0,37%

Eficiencia	Generación
28,0	electricidad
1.208.209	469.859
6,74%	2,6%

Eficiencia	Otros
60,0	térmicos
87.352	131.028
0,49%	0,73%

Energía	
total	
17.938.232	
100,0%	

Energía	
térmica	
14.662.455	
81,7%	

Eficiencia	Calentar
60,0	procesos
873.521	1.310.282
4,87%	7,30%

Eficiencia	Calentar
65,0	aceite
299.853	556.870
1,67%	3,10%

Electricidad	
externa	
2.805.918	
15,6%	

Electricidad	
interna	
469.859	
2,6%	

Eficiencia	Calentar
70,0	agua
149.162	348.044
1,94%	0,83%

Eficiencia	Calentar
60,0	aire
245.678	368.517
1,37%	2,05%

Electricidad	
total	
3.275.777	
18,3%	

Eficiencia	Electricidad
60,0	información
16.367	24.550
0,09%	0,14%

Eficiencia	Electricidad
50,0	Otros
11.508	11.508
0,06%	0,06%

Eficiencia	Subestación
96,5	conductor
114.652	3.162.108
0,64%	17,63%

Eficiencia	Iluminación
5,0	
1.049.503	55.237
5,85%	0,31%

Eficiencia	Electricidad
80,0	Calentador
32.797	131.188
0,18%	0,73%

Eficiencia	Motores
85,0	Mecánica
274.418	1.555.033
1,53%	8,67%

Eficiencia	Mecánica
50,0	Ventilador
246.495	246.495
1,37%	1,37%

Eficiencia	Mecánica
50,0	Bombeos
105.641	105.641
0,59%	0,59%

Eficiencia	Mecánica
50,0	Compresor
73.244	73.244
0,41%	0,41%

Eficiencia	Mecánica
40,0	Frío
52.821	35.214
0,29%	0,20%

Eficiencia	Mecánica
40,0	Proceso
316.922	211.281
1,77%	1,18%

Eficiencia	Mecánica
40,0	Otros
52.821	35.214
0,29%	0,20%

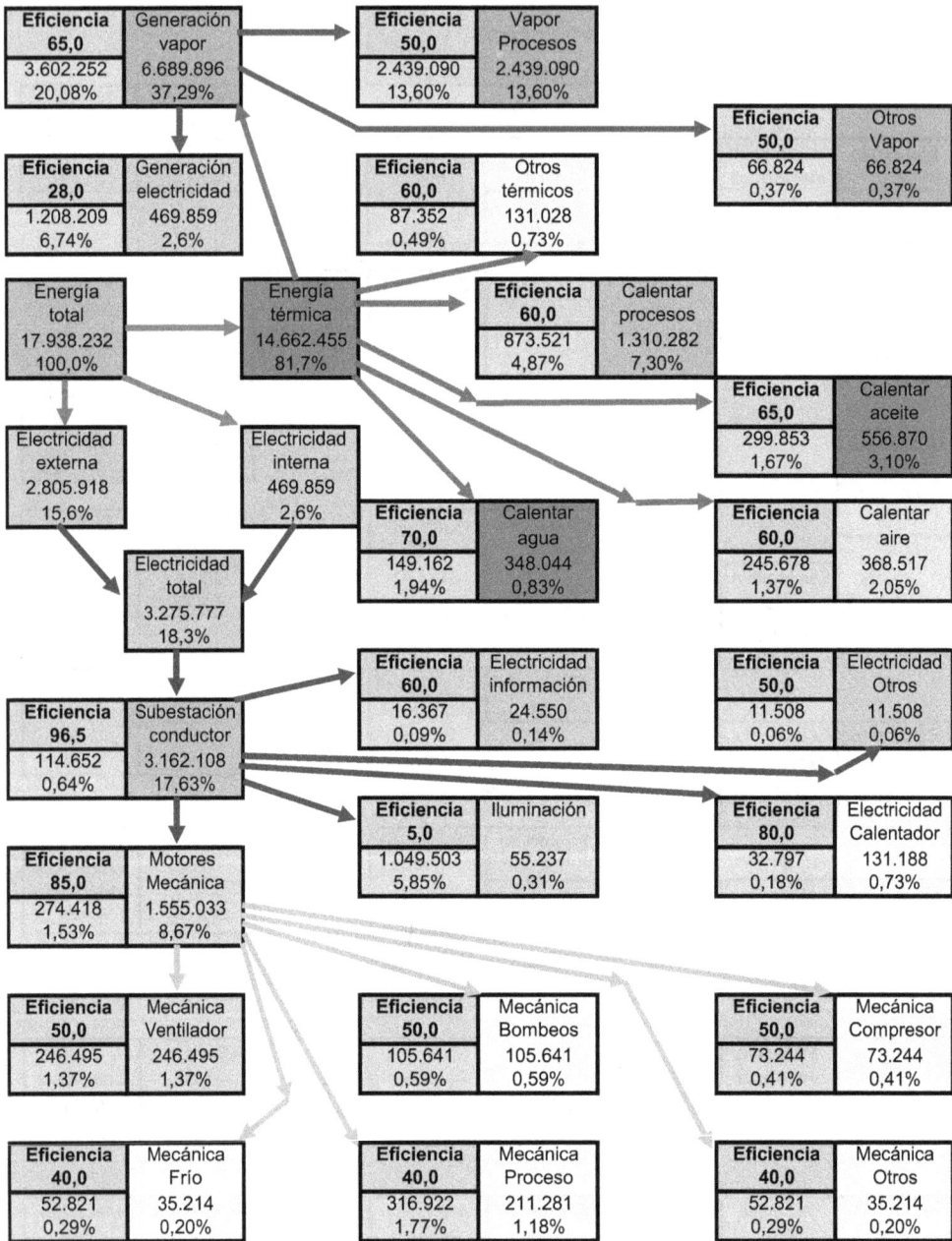

Diagrama de bloques para una planta trabajando a bajas eficiencias

Las tablas siguientes resumen las situaciones en forma global para cada caso presentado. (Valores en kWh)

Resumen de la situación a altas eficiencias de trabajo

Primaria	Energía total primaria (electricidad y térmica)	9 739 120	kWh	100,00%
	Energía total primaria (electricidad y térmica) útil	8 052 774	kWh	79,74%
	Pérdidas en el uso de la energía primaria	1 686 346	kWh	20,26%

Primaria	Energía eléctrica (con motores)	1 549 859	kWh	15,91%
	Usos útiles de energía eléctrica (con motores)	1 161 511	kWh	11,93%
	Pérdidas en el uso de la energía eléctrica	388 348	kWh	3,99%

Secundaria	Energía mecánica total (sale de motores)	939 028	kWh	9,64%
	Usos útiles de Energía mecánica	707 088	kWh	7,26%
	Pérdidas en el uso de la energía mecánica	231 940	kWh	2,38%

Primaria	Energía térmica total (con vapor)	8 189 261	kWh	84,09%
	Usos útiles de Energía térmica (con vapor)	6 891 263	kWh	67,82%
	Pérdidas en el uso de la energía térmica	1 297 998	kWh	16,27%

Secundaria	Energía total del vapor (sale de la térmica)	4 176 523	kWh	42,88%
	Usos útiles de la energía del vapor	2 975 773	kWh	30,55%
	Pérdidas en el uso de la energía del vapor	1 200 750	kWh	12,33%

Resumen de la situación a bajas eficiencias de trabajo

Primaria	Energía total primaria (electricidad y térmica)	17 938 232	kWh	100,00%
	Energía total primaria (electricidad y térmica) útil	11 182 152	kWh	61,23%
	Pérdidas en el uso de la energía primaria	6 757 062	kWh	38,78%

Primaria	Energía eléctrica (con motores)	3 276 760	kWh	18,26%
	Usos útiles de energía eléctrica (con motores)	1 777 516	kWh	9,91%
	Pérdidas en el uso de la energía eléctrica	1 499 244	kWh	8,36%

Secundaria	Energía mecánica total (sale de motores)	1 555 033	kWh	8,67%
	Usos útiles de Energía mecánica	707 089	kWh	3,94%
	Pérdidas en el uso de la energía mecánica	847 944	kWh	4,73%

Primaria	Energía térmica total (con vapor)	14 662 455	kWh	81,74%
	Usos útiles de Energía térmica (con vapor)	9 404 637	kWh	51,32%
	Pérdidas en el uso de la energía térmica	5 257 818	kWh	30,42%

Secundaria	Energía total del vapor (sale de la térmica)	6 689 896	kWh	37,29%
	Usos útiles de la energía del vapor	2 975 773	kWh	16,59%
	Pérdidas en el uso de la energía del vapor	3 714 123	kWh	20,71%

La información presentada en esta forma permite visualizar cada uno de los usos y entender las implicaciones globales para la totalidad de los procesos. Permite diseñar estrategias de trabajo y enfocarse en los temas prioritarios, aquellos que muestran bajas eficiencias y altos consumos.

Nótese la gran diferencia de consumos de energía para las dos situaciones comparadas, bajo los mismos consumos finales de energía útil. Ello muestra la gran importancia de trabajar a altas eficiencias. El impacto es mucho mayor que el que se visualiza simplemente con el valor de la eficiencia misma.

Ejemplo 1. Sobre los balances de masa y su aplicabilidad

Los cambios o transformaciones que puede sufrir la masa van desde las mezclas hasta las reacciones químicas. Algunas operaciones básicas que se realizan con la masa son:

- Mezcla

169

- Separaciones (sólido – sólido, sólido – líquido, sólido – gas)
- Reacciones químicas
- Procesos de cambio de fase
- Estos procesos industriales se pueden dar en continuo, procesos semi-continuos y por lotes o tandas.

- **Proceso de separación**

Estos procesos pueden definirse como un proceso en el que dos fases fluyen en contacto en sentidos iguales u opuestos, para producir un cambio de concentración entre la entrada y la salida. El objetivo del proceso es alcanzar un cambio de concentración de uno o más componentes de la alimentación. Los procesos de separación de masa pueden ocurrir en contracorriente o en flujos paralelos. Por ejemplo, en el fraccionamiento del crudo de petróleo se emplean múltiples etapas de separación con el objetivo de concentrar cada uno de sus componentes, es decir, en cada etapa aprovechando las propiedades de cada uno de los componentes del petróleo, se extrae una sustancia de la mezcla.

Los equipos de separación dependerán de la fase de la mezcla a separar, por ejemplo, para separar el carbón de acuerdo a su granulometría se emplean zarandas y tamices, los cuales clasifican el carbón de acuerdo a su tamaño. Para remover material particulado de los gases de combustión que salen de una caldera, se emplean ciclones, filtros de talegas, precipitadores electrostáticos. Para retirar el agua de un producto se utilizan secadores. De ésta manera, se aprecia que las operaciones de separación son muy comunes, especialmente en temas del manejo medio ambiental.

- **Mezclas**

Con frecuencia se requiere realizar mezclas, por ejemplo, aire caliente y aire frío o agua caliente y fría para lograr una temperatura deseada. En estos casos se requiere aplicar balances de masa y energía.

Ejemplo 2. Medición de descargas de vapor – Combinación de los balances de energía y masa.
Una aplicación sencilla e interesante de los balances de energía y masa es la medición de descargas de vapor y de condensados calientes. Cuando se trata de descargas pequeñas, por ejemplo como la que ocurre a la salida de un serpentín de un secador pequeño operado a vapor, es factible hacer lo siguiente:

Llenar parcialmente una caneca con agua de temperatura y volumen conocido.

Acoplar a la descarga de vapor-condensados una manguera o tubería que se pueda sumergir en la caneca parcialmente llena de agua.

Dejar que fluya la mezcla de vapor y condensados.

Tomar datos de cambios de nivel y temperaturas en la caneca, a medida que fluye la mezcla y a medida que pasa el tiempo. Esta se va condensando y mezclando con el agua de la caneca.

Medir las temperaturas de salida de la mezcla antes de entrar a la caneca.

Cuando se haya recogido una cantidad razonable de agua condensada, parar el ensayo.

En este ensayo, la cantidad de agua recogida dividida por el tiempo es igual a los flujos combinados de condensados de agua y de vapor

Flujo combinado = Flujo de condensados + Flujo de vapor =Masa de agua recogida/tiempo

La diferencia entre las energías finales del agua en la caneca y las energías iniciales, es igual (esencialmente, descontando pérdidas por la pared caliente de la caneca) a la energía que ha entregado la mezcla que se descarga al agua de la caneca.

Masa final de agua en caneca x temperatura final x calor específico del agua – Masa inicial de agua en caneca x temperatura inicial x calor específico del agua = (Flujo de vapor x entalpía de vaporización + Flujo de condensados x entalpía del agua a la temperatura de salida) x tiempo

Se tienen dos ecuaciones con dos incógnitas (el flujo de condensados y el flujo de vapor). El sistema se puede resolver. Como ejemplo se presenta la tabla siguiente para tres combinaciones de flujos de condensados y de vapor mezclado (llamado valor flash).

Flujo de vapor en la mezcla que sale (a)	kg/h	0	50	100
Flujo de condensados en la mezcla que sale (b)	kg/h	200	200	200
Agua inicial en la caneca (mi)	kg	100	100	100
Tiempo del ensayo (t)	s	240	240	240
Flujo combinado que entra (vapor más condensados) c= (a+b)	kg/h	200	250	300
Masa que entra a la caneca y se acumula (c x t / 3600 = me)	kg	13,3	16,7	20,0
Agua final en la caneca (mf = me + mi)	kg	113,3	116,7	120,0
Temperatura de referencia para calcular entalpías (Tr)	°C	0,0	0,0	0,0
Temperatura de la mezcla que sale (Tm)	°C	80,0	80,0	80,0
Temperatura inicial del agua (Ti)	°C	25,0	25,0	25,0
Temperatura final del agua (Tf)	°C	31,5	48,6	64,8
Calor específico del agua (Ca)	kCal/kg°C	1,0	1,0	1,0
Entalpía en el agua inicial Hi = mi x Ca x (Ti - Tr)	kCal	2 500	2 500	2 500
Entalpía en el agua final Hf = mf x Ca x (Tf - Tr)	kCal	3 567	5 668	7 770
Entalpía que trae el condensado Hc = (b x Ca x (Tm - Tr)) * t / 3600	kCal	1 067	1 067	1 067
Entalpía de vapor a Tf = hg	kcal/kg	630,5	630,5	630,5
Entalpía que trae el vapor Hv = hg * a * t / 3600	kCal	0	2 102	4 203
Entalpía que entra = Hv + Hc + Hi = He	kCal	3 567	5 668	7 770
Entalpía que resulta = Hf	kCal	3 567	5 668	7 770
Balance de energías (despreciando pérdidas al ambiente) = Hf – He	kCal	0	0	0

Se observa que a medida que aumenta el flujo de vapor mezclado con el flujo de condensados, aumenta la temperatura final de la mezcla en la caneca.

Ejemplo 3. Flujos en boquillas- la conservación de la masa

Fluye agua por una boquilla en forma de tobera. Se hace un trabajo de calibración con este sistema y para ello se llena con agua un tanque de 3 m³. El diámetro interior de la tubería es de 2 in, y se reduce a 1.0 in en la salida de la boquilla. Se encontró que se requieren 20 minutos para llenar el tanque con agua. Con este ensayo se pueden determinar los flujos másico y volumétrico del agua a través de la tubería y las velocidades medias del agua en la salida de la boquilla. En un estudio más amplio, se pueden tomar datos de presión a la entrada de la boquilla y a la salida, con lo cual se determinan las pérdidas de energía en el paso por la boquilla.

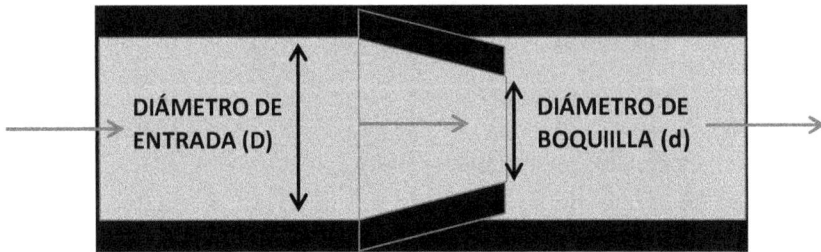

Para enfocar este problema, se supone que el agua es incompresible, es decir, no cambia de densidad, en su paso y también que el flujo de agua a través de la tubería es estable y sin desperdicios. La densidad del agua es

$$1000 \text{ kg/m}^3 = 1 \text{ kg/L}$$

$$Q = \frac{V}{\Delta t} = \frac{3m^3}{20 \min}\left(\frac{1\min}{60s} * \frac{1000 L}{1m^3}\right) = 2.50 L/s$$

$$\dot{m} = \rho Q = (1 kg/L)(2.50 L/s) = 2.50 kg/s$$

El área A de salida de la boquilla es igual a 0000507 m²
El flujo volumétrico a través de la tobera es constante. Entonces la velocidad del agua a la salida de la tobera es

$$\frac{Q}{A} = \frac{2.50 L/s}{5.07 * 10^{-4} m^2}\left(\frac{1m^3}{1000 L}\right) = 4.93 m/s$$

La velocidad media en la tubería, que es de mayor área, de 1.23 m/s, por lo tanto, la tobera incrementa la velocidad del agua 4 veces. En términos de energía cinética, se tiene:

Energía cinética a la entrada por unidad de masa ½ V_i^2= 0,76 m²/s²
Energía cinética a la salida por unidad de masa ½ V_e^2= 12,15 m²/s²
Cambio de energía cinética por unidad de mass para pasar por la boquilla = 11,4 m²/s²

Se observa que el flujo por una boquilla requiere suministrar el aumento de energía cinética. Además se genera fricción y turbulencia en el flujo, que genera unas pérdidas adicionales de energía. En la práctica de estos cálculos, se utiliza un coeficiente de pérdidas k, que se multiplica por la energía cinética a la salida de la boquilla. Con ello la energía necesaria para forzar el fluido por la boquilla estará dada por

Energía total necesaria, por unidad de masa = (11,4 + k 12,15) m²/s²

Los valores de k dependen del tipo de boquilla y se encuentran experimentalmente. Por ejemplo, en este ensayo, al medir el cambio de presión en el paso por la boquilla se puede determinar el valor de k, con base en la ecuación de la energía ya presentada.

Cambio de presión = DP entre entrada i la boquilla y salida e = p i – p e
0 = (Ve²/2g) - (Vi²/2g) + (pe/ρg – pi/ρg) + pérdidas de cabeza
0 = (Ve²/2g) - (Vi²/2g) + (pe/ρg – pi/ρg) + k Ve² / 2g

Con este ejemplo se quiere resaltar el uso de las ecuaciones de balance para calibrar elementos de flujo.

Ejemplo 4. Examen en detalle de los flujos de energía. Ejemplo para una caldera.

A continuación se detalla la forma en que hace un balance de energía en una caldera.

Análisis de gases con medidor de gases
Con frecuencia se determina la eficiencia de las calderas simplemente midiendo la composición (CO_2, Oxígeno) y temperatura de los gases a la salida de la caldera, sin que haya necesidad de conocer flujos de combustibles o vapor. Un equipo del tipo Bacharach hace este tipo de mediciones. El equipo se ajusta para un tipo de combustible. Determina el exceso de aire y la eficiencia, asumiendo que la energía que se escapa se va toda por la chimenea, por lo cual al conocer la temperatura de gases y su composición, se conoce la energía aprovechada.

Este es el método más sencillo. No tiene en cuenta lo siguiente:
* Pérdidas por inquemados
* Pérdidas por las paredes
* Pérdidas por purgas
Tampoco permite evaluar la carga de la caldera (es decir, qué tanto se está trabajando con respecto a la capacidad nominal).

Para realizar mediciones y balances más completos se tienen en cuenta los siguientes parámetros adicionales, con los cuales lo que se hace es un balance de energía de las calderas. Igualmente se debe contar con un balance de masa.

Producción de vapor: Hay dos formas para evaluarla
Por medición directa del vapor mediante un dispositivo de medición de flujo existente en la caldera. A veces existen placas orificio u otros dispositivos. Estos deben estar calibrados. Con frecuencia las señales se llevan a registradores.

Por medición indirecta. Esta se hace midiendo los consumos de agua en la caldera, mediante un dispositivo de medición de flujo existente en la caldera. A veces existen contadores de consumo de agua u otros dispositivos. Estos deben estar calibrados. También puede ser factible medir cambios de nivel en los tanques de suministro de agua. Al consumo de agua deben restarse las descargas de aguas de purga, las cuales no se convierten en vapor.

Es importante caer en cuenta que si hay varias calderas y los sistemas de medición son comunes a todas, será complejo evaluarlas por separado.

Condiciones del vapor: Se debe conocer la entalpía del vapor a la salida de la caldera. Para ello se debe conocer la temperatura y la presión (si es recalentado). Si es saturado, basta con la presión, pero debe conocerse el título de vapor, pues puede que esté saliendo húmedo (con al algo de agua líquida).

Las calderas siempre tienen medición de presión de vapor. Si es recalentado, también tienen medidores de temperatura. Debe verificarse que estén calibrados.

El título de vapor se mide con un calorímetro de vapor. A veces lo tienen las calderas. A veces no. Se puede medir con una toma de vapor de media pulgada que se lleva a una caneca con agua mediante una manguera o tubo. Se recoge y de mide el condensado y de mide la temperatura inicial y final y con ello se puede medir el título.

Consumos de agua y purgas: Ver nota anterior sobre el flujo de vapor. En cuanto a las purgas, con frecuencia hay dos purgas. Una continua que se puede medir con relativa facilidad, siempre y cuando haya acceso, mediante mediciones de volumen y tiempo. Otra purga es la discontinua, más difícil de medir, pues puede ser un flujo grande, corto y con agua caliente llena de vapor.

175

Con frecuencia se cuenta con un dato de las purgas, no siempre ajustado a la realidad.

Consumos de combustible: Junto con el vapor, son los datos más importantes. Se pueden medir mediante mediciones en los tanques o depósitos de suministro (niveles, pesos, etc.). En otros casos, por cambios de inventarios que lleve la empresa. A veces se cuenta con medidores de flujo o con contadores de consumo en línea. Es importante que estos sistemas estén calibrados. Para el caso del gas, se deben conocer las condiciones de temperatura y presión.

Características del combustible: Se requiere conocer el poder calorífico. Hay dos, el alto y el bajo. Cuando se reporte, se debe estar seguro de cuál es.

Para hacer balances de masa, conviene conocer la composición del combustible, con lo cual se pueden determinar excesos de aire y verificar mediciones de CO_2, humedades u oxígeno en las chimeneas de descarga. Pero no siempre se hacen este tipo de consideraciones, las cuales son más para verificar.

Para explicar diversos comportamientos, sobre todo de tipo ambiental, en el caso de los combustibles sólidos y líquidos, es conveniente conocer los contenidos de cenizas, humedad y azufre en los combustibles.

Gases de combustión: Se miden los flujos en la chimenea, mediante tubo de pitot y mediciones de temperaturas. En estudios más completos se determinan la humedad y las composiciones de los gases (con equipos analizadores). Con esto se determinan las pérdidas de chimenea.

La humedad se puede determinar mediante mediciones de temperatura de bulbo húmedo y seco.

Pérdidas por las paredes: Se determinan con base en conocimiento del área superficial y de las temperaturas de superficie.

Pérdidas de las purgas: Se determinan con base en conocimiento del flujo de las purgas y de las temperaturas de las mismas.
Pérdidas por inquemados: Se determinan midiendo la composición (contenido de material orgánico combustible) de las cenizas o polvos. Igualmente mediante mediciones de CO e hidrocarburos en los gases.
Consumos de energía en dispositivos: Para un balance más completo de energía se tienen en cuenta los consumos eléctricos de las bombas y ventiladores.

Otros puntos a tener en cuenta: La interrelación entre la generación de vapor y los procesos tiene mucha importancia en este tipo de estudios. Es importante conocer la forma en que se trabajan las calderas en relación con los procesos, las cargas de trabajo, las oscilaciones de carga, las cargas súbitas y puntuales que pueden sobrepasar la capacidad, a pesar de que en promedio esté capaz el sistema.

Debe tenerse en cuenta que estos estudios no son meramente puntuales, a no ser que se trate de un proceso muy estable y de cargas muy constantes.

Los temas medio ambientales hacen parte de este tipo de estudios.

Dimensiones: Es importante contar con datos de las calderas (tipo, combustibles, tamaños).

Ejemplo 5. Examen en detalle del comportamiento de un motor eléctrico.

Los motores eléctricos reciben energía eléctrica y entregan energía mecánica en sus ejes. El consumo de energía eléctrica se puede determinar midiendo la corriente en amperios, el voltaje en voltios bajo las cargas de trabajo. Pero debe conocerse también el factor de potencia FP. Para motores trifásicos:

*Potencia eléctrica consumida (vatios) = Voltaje * corriente x 1.732 x FP*

A su vez, el motor entrega una potencia mecánica útil en su eje que depende de la eficiencia del motor.

Eficiencia = η = Potencia mecánica / Potencia eléctrica x 100

No se deben interpretar los consumos a baja carga como proporcionales a la corriente del motor, ya que a baja carga se producen notables caídas del factor de potencia y de la eficiencia mecánica del motor, como se puede apreciar en las siguientes figuras, que muestran un comportamiento típico de la carga del motor y sus relaciones con corriente, con eficiencia y con el factor de potencia.

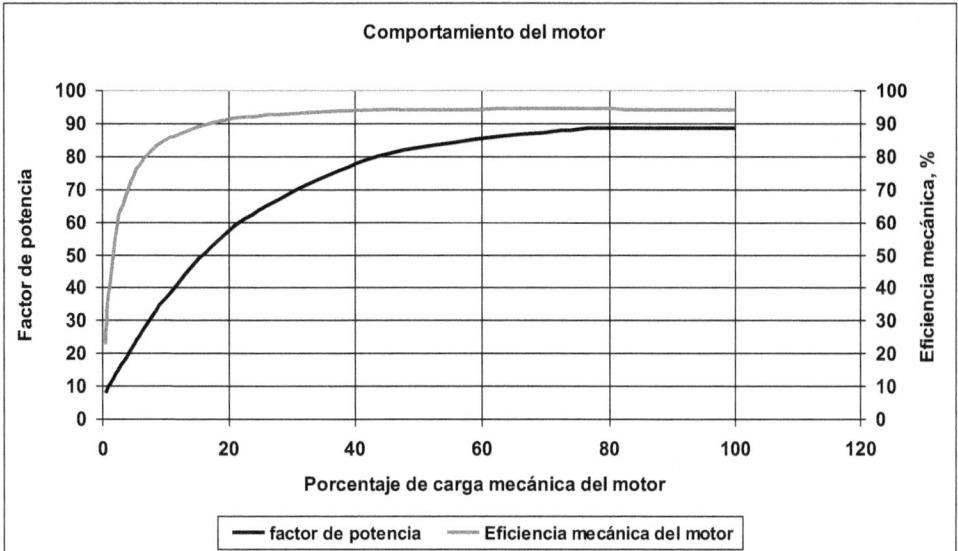

Eficiencia y factor de potencia como función de la carga del motor

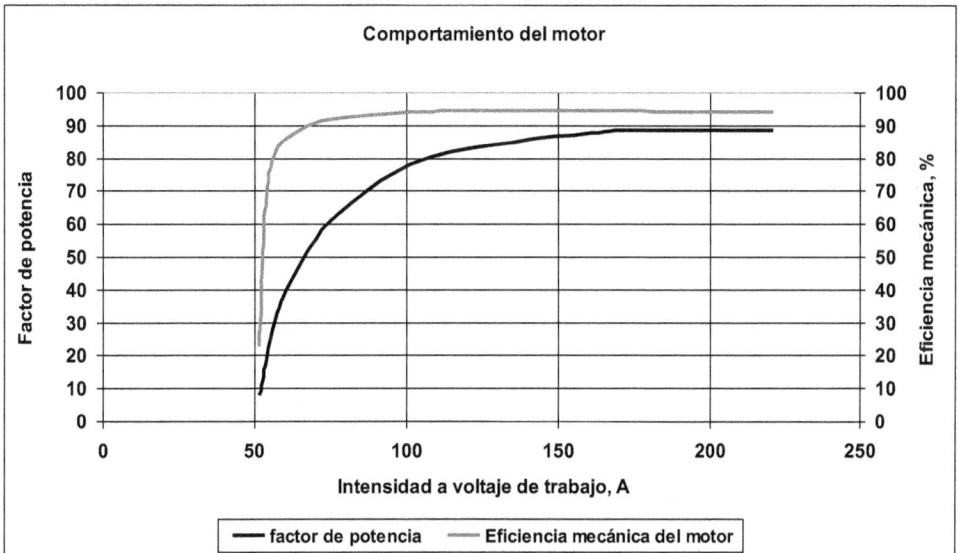

Eficiencia y factor de potencia como función de intensidad

Con la información de las figuras anteriores se puede construir la relación entre carga del motor e intensidad de corriente y deducir el consumo de potencia eléctrica según las corrientes del motor.

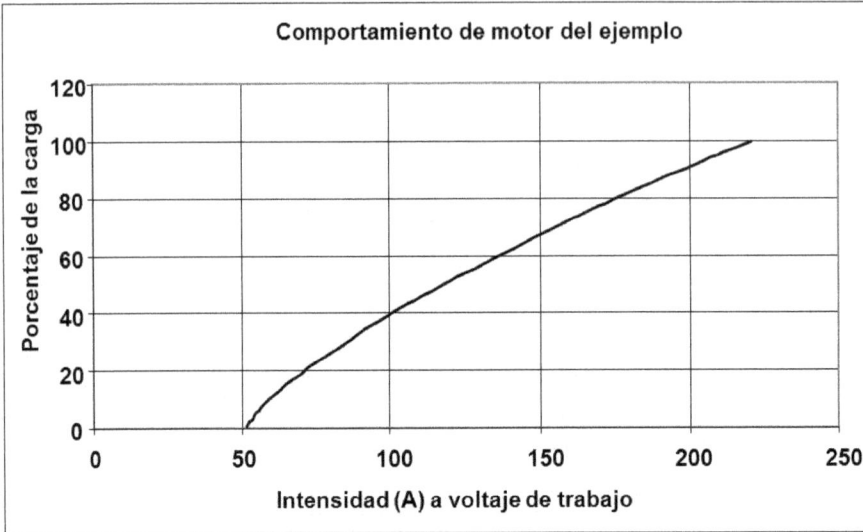

Porcentaje de carga del motor del ejemplo vs corriente

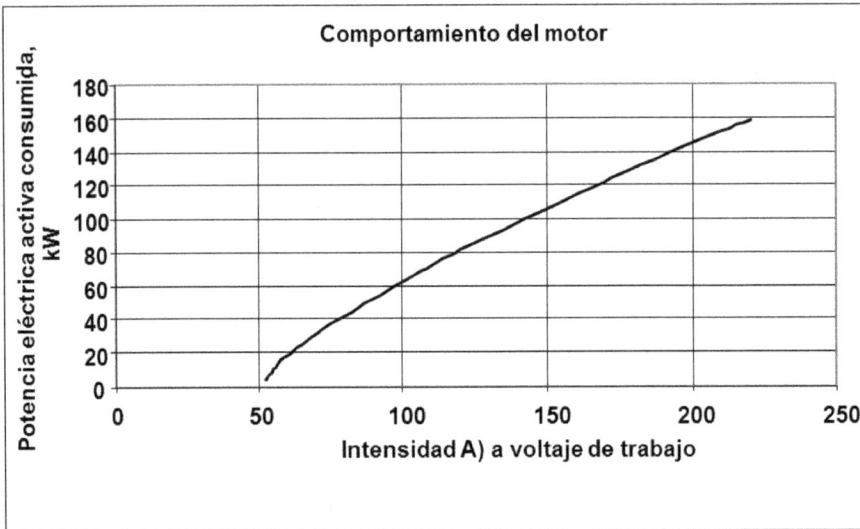

Consumo de electricidad para motor del ejemplo vs corriente

Con este tipo de información, las empresas pueden preparar tabla de consumos reales de electricidad de sus motores, como función de la carga real que están alimentando.

Ejemplo 6. Diagramas de Sankey y aprovechamiento del poder calorífico

Es importante anotar que no toda capacidad calorífica del combustible es aprovechada en los procesos de combustión. Los diagramas de Sankey son útiles para visualizar cómo se distribuyen los flujos de energía a medida que pasan por el proceso. El diagrama siguiente, muestra cómo se generan pérdidas diversas durante la combustión.

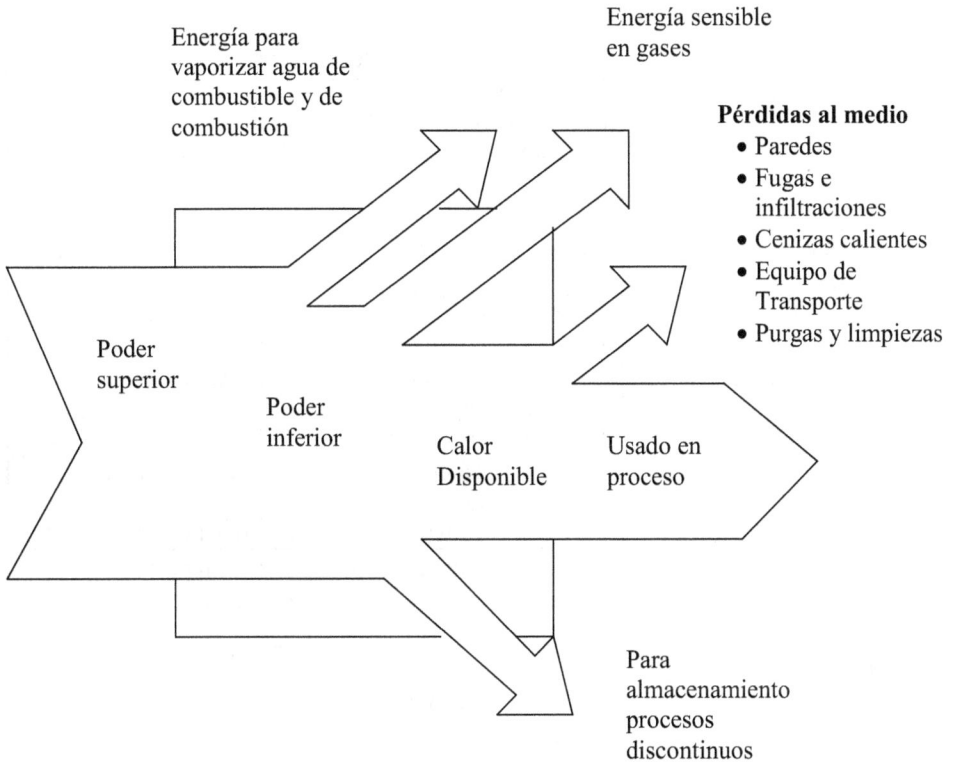

Diagrama de Sankey para un proceso de combustión

La tabla siguiente ilustra lo que sucede en la combustión.

Concepto	Descripción
Poder calorífico inferior	En general no se cuenta con la posibilidad de utilizar todo el poder calorífico superior que se reporta en la literatura, ya que el agua de la combustión casi siempre sale como vapor del proceso y se requiere energía para vaporizarla.
Flujo de energía sensible que se escapa con los gases secos y con el vapor de agua.	Los gases secos que genera la combustión salen calientes de los dispositivos ya que no pueden ceder todo el calor ganado, tanto por limitaciones en el tiempo de residencia como por razones de corrosión. Si la temperatura de salida es muy baja, de menos de 150 °C o inclusive 180 °C, se generan problemas de corrosión, tanto por humedad como por nieblas ácidas. Al salir calientes los gases, se pierde energía.
Inquemados y problemas de combustión	No se logra aprovechar el poder calorífico inferior.
Pérdidas al ambiente	Por las paredes se generan pérdidas, las cuales se minimizan aislando bien. Las limpiezas y purgas dan lugar a salidas de fluidos calientes no aprovechados. Las cenizas salen calientes. Los aires parásitos y las infiltraciones dan lugar a gastos inoficiosos Durante el transporte se pueden perder combustibles.
Almacenamientos de calor	En procesos discontinuos, durante un período dado de tiempo, se puede desviar energía hacia almacenamientos o hacia arranques y paros.

La tabla siguiente muestra los poderes caloríficos de algunos combustibles de uso común en Colombia.

Combustibles	PCS (kJ/kg)	PCI (kJ/kg)
Fuel-oil	42 956	41 363
ACPM	46 800	44 726
Kerosene	46 208	43 050
Carbón de Amaga	29 072	24 495
Gas Natural	53 638	46 414
Leña	--	17 500
Cascarilla de Arroz	12 800	12 500
Gasolina	46 904	43 565

Crudo de Castilla	42 857	40 834

Ejemplo 7. Bombas

En un alto porcentaje de procesos a nivel industrial está involucrado el transporte de fluidos de un lugar a otro. Para realizar este trabajo se hace indispensable un sistema de bombeo que aporte la energía requerida para producir el desplazamiento. Sin embargo, no siempre la energía que se suministra es la que en verdad se requiere y se desperdicia en múltiples formas. Se puede definir una bomba como un dispositivo capaz de adicionarle energía a una sustancia fluida para producir su desplazamiento de una posición a otra, incluyendo cambios de elevación.

La bomba es considerada como el corazón del sistema de bombeo, del cual forman parte las tuberías de succión y descarga y los elementos de control como válvulas, manómetros, etc. Debido al amplio uso y desempeño de las bombas es indispensable al diseñar, dimensionar y poner en operación los sistemas de bombeo, minimizar los costos en el consumo de energía. Lo primordial que se debe buscar con tales ahorros es reducir al mínimo los requisitos y condiciones hidráulicas para tratar de hacer la selección de la bomba lo más eficiente para el sistemas. En muchos sistemas de bombeo, la caída de presión en tuberías es la principal perdida dinámica.

Los fabricantes de las bombas suministran las curvas de rendimiento, cabeza contra caudal, potencia contra caudal y eficiencia contra caudal. Estas son las mejores herramientas para revisar los sistemas de bombeo rutinariamente.

Existen numerosos tipos de bombas, Las categorías más importantes son las de tipo centrífugo y las de desplazamiento positivo.
En las primeras, el flujo está muy relacionado con la cabeza. En las segundas el flujo depende poco de la cabeza.
La eficiencia de una bomba se calcula con la siguiente expresión

$$Efic = (Potencia\ de\ flujo\ /\ P\ )*100$$

$$Potencia\ de\ flujo = \rho gQH$$

Donde:

P = potencia mecánica suministrada
  = potencia eléctrica* eficiencia eléctrica del motor
  = voltaje * amperaje * 1.732* eficiencia eléctrica (para motores trifásicos)
Q = caudal del liquido

H = Cabeza entregada al líquido. Casi siempre viene a ser el cambio de presión que da la bomba, expresado como unidades de longitud del fluido.

La cabeza de la bomba se calcula por la expresión

$$H = \left(\frac{Vs^2}{2g} - \frac{Ve^2}{2g}\right) + (Zs - Ze) + \left(\frac{Ps}{\rho g} - \frac{Pe}{\rho g}\right)$$

Donde **s** es la salida de la bomba y **e** la entrada.

ρg es el peso específico del fluido, producto de su densidad por la gravedad, Q es el caudal y H la cabeza generada por la bomba, en unidades de longitud.

La bomba suministra su cabeza H para vencer las pérdidas del fluido en su paso por las tuberías; para vencer diferencias de altura (cambios de elevación); para vencer diferencias de presión y para crear chorros (altas velocidades).
Las tuberías tienen pérdidas en la entrada y en la salida. Si la toma de la bomba está en un depósito, tanque o cámara de entrada, las perdidas ocurren en el punto de conexión de la tubería de succión con el suministro. La magnitud de las perdidas depende del diseño de la entrada del tubo. Las pérdidas por fricción en las tuberías de entrada y de salida varían en general en proporción al flujo al cuadrado.

$$hl = f(L/D)*Hv$$

Donde:

hl = caída de presión (se expresa en unidades de longitud del fluido)
f = factor de fricción.
L = Longitud del ducto. A la longitud real se le añade las longitudes equivalentes de los accesorios (codos por ejemplo)
D = Diámetro del ducto
Hv = Cabeza de velocidad del flujo = $V^2/2g$. V = velocidad.

Aplicando la ecuación de la energía a las tuberías de entrada y de salida de la bomba, se pueden conocer los valores de la presión de la entrada y de la presión de salida como función del caudal. Restando estas presiones y las energías cinética de entrada y de salida, se calcula la denominada cabeza del sistema y su curva como función del flujo. La bomba debe vencer la curva del sistema con su cabeza, como se indica en la gráfica siguiente. En ella se ha colocado una bomba centrifuga a trabajar a tres velocidades distintas. A su vez se han colocado tres distintas condiciones de pérdidas a vencer, asociadas con tres posiciones de una válvula de regulación, indicadas por el valor de la K. K baja indica válvula abierta, alto flujo. K alta indica válvula muy restringida, bajo flujo. Las curvas del sistema se cruzan con las de la bomba, dando diferentes puntos de funcionamiento (cabezas y caudales).

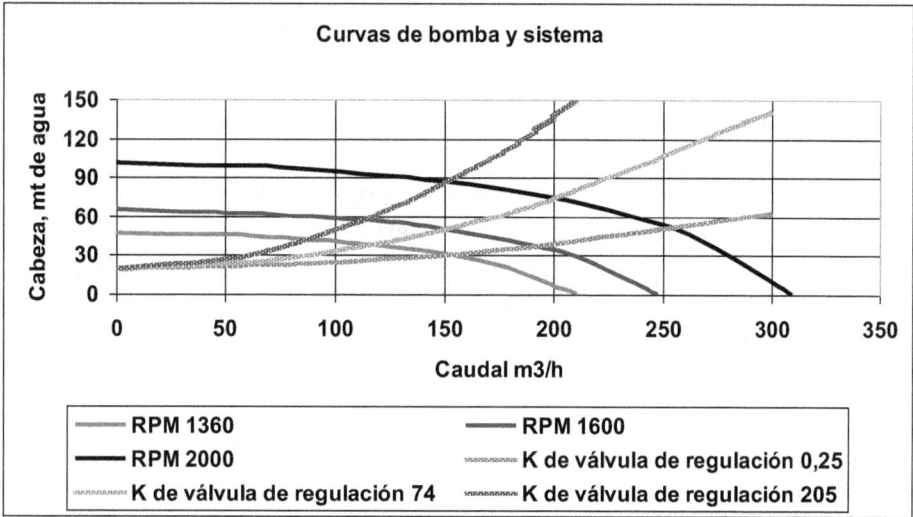

A su vez, estos puntos consumen ciertas potencias, según se muestra en la figura siguiente. Conocido el flujo y la velocidad de la bomba, se conoce la potencia de trabajo. A su vez, con la expresión ya señalada, se calcula la eficiencia.

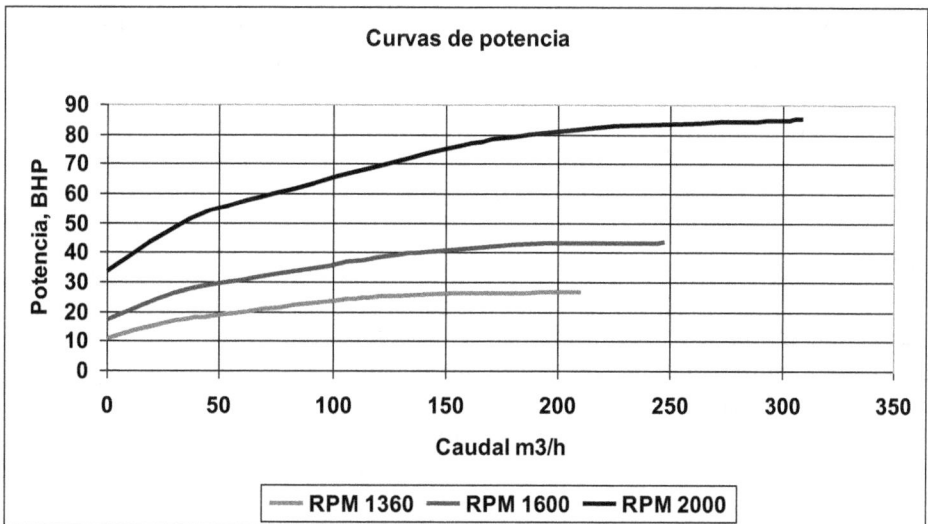

Al trabajar con bombas, desde lo energético, es recomendable:
- Medir la eficiencia regularmente.
- Calibrar los instrumentos.
- Mantener las tuberías limpias. Cuando se transportan sólidos mezclados con los líquidos, se requieren sistemas de lavado de las tuberías y velocidades suficientes para evitar depósitos.
- Estos sistemas se deben evaluar regularmente, sobre todo si son complejos y de alto consumo de energía,
- Evitar fugas.
- Mantener en buen estado los sellos y rodamientos.
- Los rotores se pueden deteriorar y perder eficiencia y capacidad.
- Revisar la energía perdida en los elementos de regulación y estudiar la posibilidad de que se trabaje con control electrónico de velocidad en los motores.
- Revisar las velocidades de transporte y evitar trabajar con altas pérdidas de fricción.
- Estudiar el control automático como alternativa al control manual.
- Contar con diagramas de los sistemas de bombeo y con una tabla de puntos de diseño y funcionamiento esperados.

Ejemplo 8. Equipos de transferencia de calor:

El objetivo primordial de un equipo de transferencia de calor es acondicionar térmicamente una corriente de proceso con ayuda de otro fluido que le entregue la energía suficiente para lograr el objetivo propuesto. En estos equipos se define el área de transferencia conociendo las temperaturas inicial y final de los fluidos caliente y frío. La ecuación básica para la transferencia de calor a través de una superficie es:

$$Q = UA \, \Delta Tm$$

Donde:

Q es el calor transferido por unidad de tiempo.
U es el coeficiente global de transferencia de calor.
A es el área de transferencia de calor.
ΔTm es la diferencia media de la temperatura.

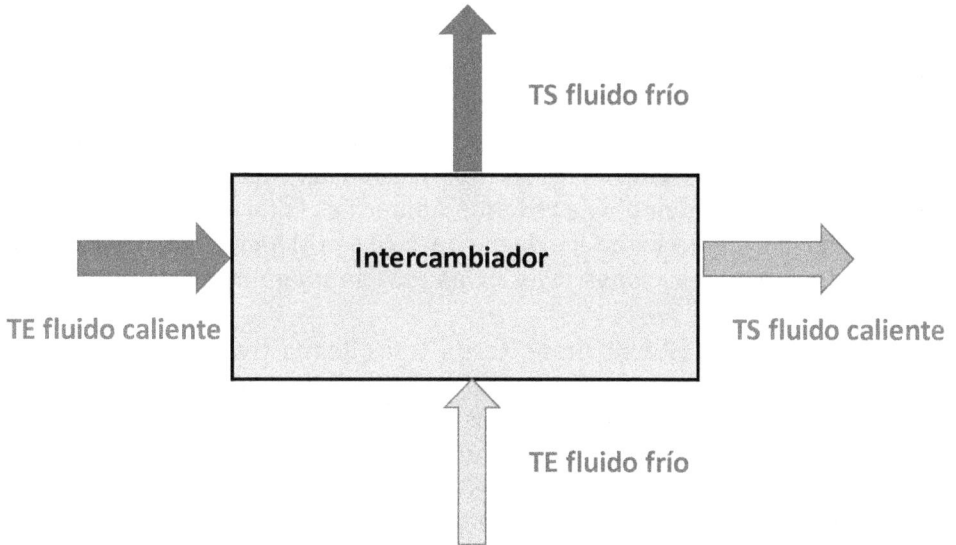

La eficiencia de un intercambiador se define según el requerimiento de calentamiento o enfriamiento del proceso, por lo tanto si lo que interesa es calentar una corriente fría, el flujo de calor hacia la corriente fría será el objetivo principal. Para este caso la eficiencia es:

$$Efic= (M*Cp*(TS\text{-}TE))frío \ / \ (\ M*Cp*(TE\text{-}TS))cal *100$$

Donde:

M = Flujos de masa de los fluidos de intercambio.
Cp = Calores específicos de fluidos
TE = Temperatura de entrada.
TS = Temperatura de salida
Cal = lado caliente (fluido que se enfría)
Frío = Lado frío (fluido que se calienta).

Para los intercambiadores de calor se recomienda
- Medir la eficiencia regularmente.
- Calibrar los instrumentos.
- Mantener los sistemas limpios.

Ejemplo 9- Reacciones químicas – La combustión

La materia sufre constantes transformaciones gracias a las reacciones químicas. Una reacción química es todo proceso químico en el cual dos o más sustancias (llamadas reactantes o reactivos), por efecto de un factor energético, se transforman en otras sustancias llamadas productos. Esas sustancias pueden ser elementos o compuestos. Un ejemplo de reacción química es la formación de óxido de hierro producida al reaccionar el oxígeno del aire con el hierro. A la representación simbólica de las reacciones se les llama ecuaciones químicas.

Los productos obtenidos a partir de ciertos tipos de reactivos dependen de las condiciones bajo las que se da la reacción química. No obstante, tras un estudio cuidadoso se comprueba que, aunque los productos pueden variar según cambien las condiciones, determinadas cantidades permanecen constantes en cualquier reacción química. Estas cantidades constantes, las magnitudes conservadas, incluyen el número de cada tipo de átomo presente, la carga eléctrica y la masa total.

Las reacciones químicas más comunes son:

Reacción de síntesis: se da cuando elementos o compuestos sencillos se unen para formar un compuesto más complejo. La ecuación que representa este tipo de reacción es la siguiente:

$$A + B \rightarrow AB$$

Reacción de descomposición: se puede llamar de esta forma a una reacción en la que un compuesto se fragmenta en compuestos más sencillos. Se representa de la siguiente forma:

$$AB \rightarrow A + B$$

Sustitución simple: la sustitución se presenta en una reacción química cuando un elemento reemplaza a otro en un compuesto.

$$A + BC \rightarrow AC + B$$

Reacción de doble sustitución: en esta reacción, los iones de un compuesto cambian lugares con los iones de otro compuesto para formar dos sustancias diferentes.

$$AB + CD \rightarrow AD + BC$$

Si tienen lugar reacciones químicas, se hace necesario desarrollar balances de materia basados sobre elementos químicos, o sobre radicales compuestos o sustancias que no se alteren, descompongan o formen en el proceso. En este caso es importante conocer las reacciones que ocurren y se facilitan las cosas trabajando en base molar y másica.

- El número de incógnitas desconocidas que ha de ser calculado debe corresponder al número de balances de materia independientes.
- Se pueden emplear criterios variados para suplir los datos que no se logren generar por mediciones o por balances. Con frecuencia hay flujos de masa que son pequeños y que se pueden suponer racionalmente o no tener en cuenta.
- Es importante hacer cruces con base en sustancias que aparezcan en varias corrientes.
- Es muy conveniente realizar los balances por varios métodos y verificar los resultados contra la lógica del proceso y contra otras informaciones provenientes de la planta.

La combustión es una reacción de oxidación rápida a alta temperatura de la cual se puede extraer suficiente energía para la realización de múltiples procesos. Este proceso es la fuente de energía térmica más importante a nivel industrial en la actualidad. Con excepción de los hornos eléctricos y los hornos de arco eléctrico, la generalidad de los procesos de calentamiento se hace por medio de la combustión.

Un modelo del proceso de combustión se presenta en las figuras siguientes, tanto para combustibles líquidos como para los gaseosos. La diferencia entre ellos radica en que los primeros deben seguir unos pasos adicionales que son atomización, precalentamiento y vaporización.

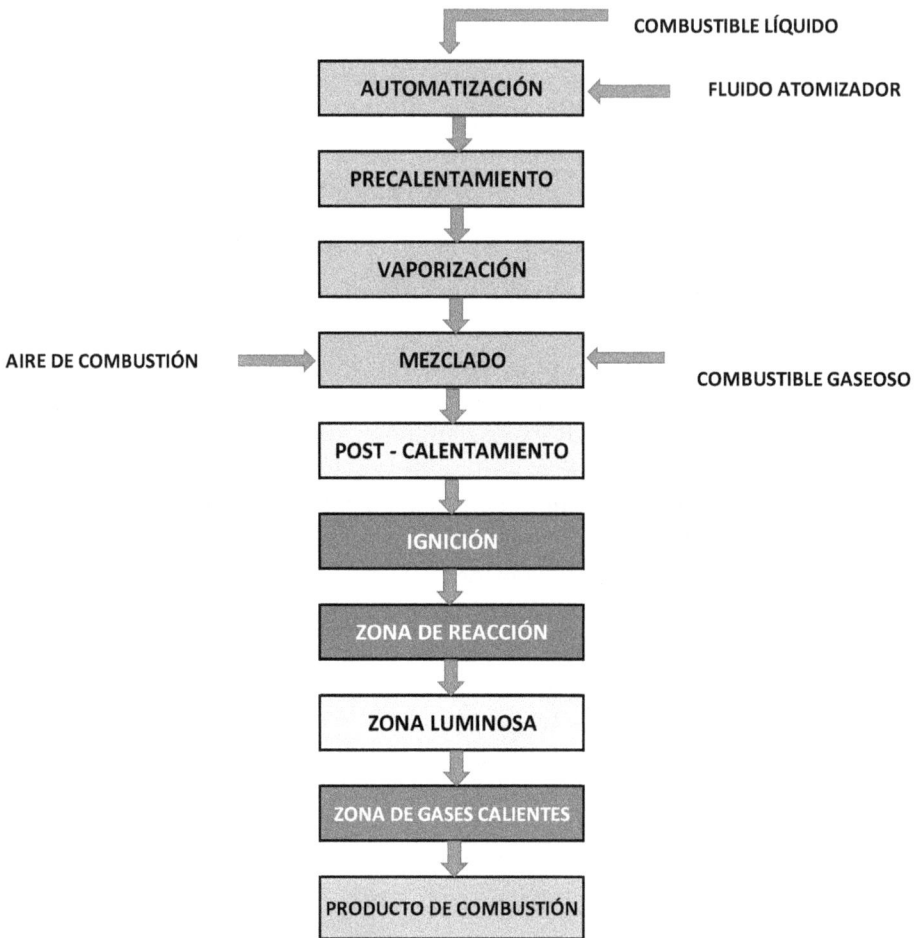

Modelo para combustibles gaseosos y líquidos

El modelo de combustión para materiales sólidos es diferente debido a nuevas etapas o zonas involucradas como se puede observar en la figura siguiente.

```
                                              COMBUSTIBLE SÓLIDO

   AIRE                  ALIMENTACIÓN
 PRIMARIO

                      PRE-CALENTAMIENTO

                          SECADO                 VAPOR DE AGUA

                     POST-CALENTAMIENTO

                         PIRÓLISIS               COMPUESTOS
                                                 AROMÁTICOS
AIRE SECUNDARIO
                        GASIFICACIÓN             GASES COMBUSTIBLES

                      QUEMA DE COQUE

                                 IGNICIÓN

                            ZONA DE REACCIÓN

                             ZONA LUMINOSA

      CENIZAS           ZONA DE GASES CALIENTES

                               PRODUCTOS DE COMBUSTIÓN
```

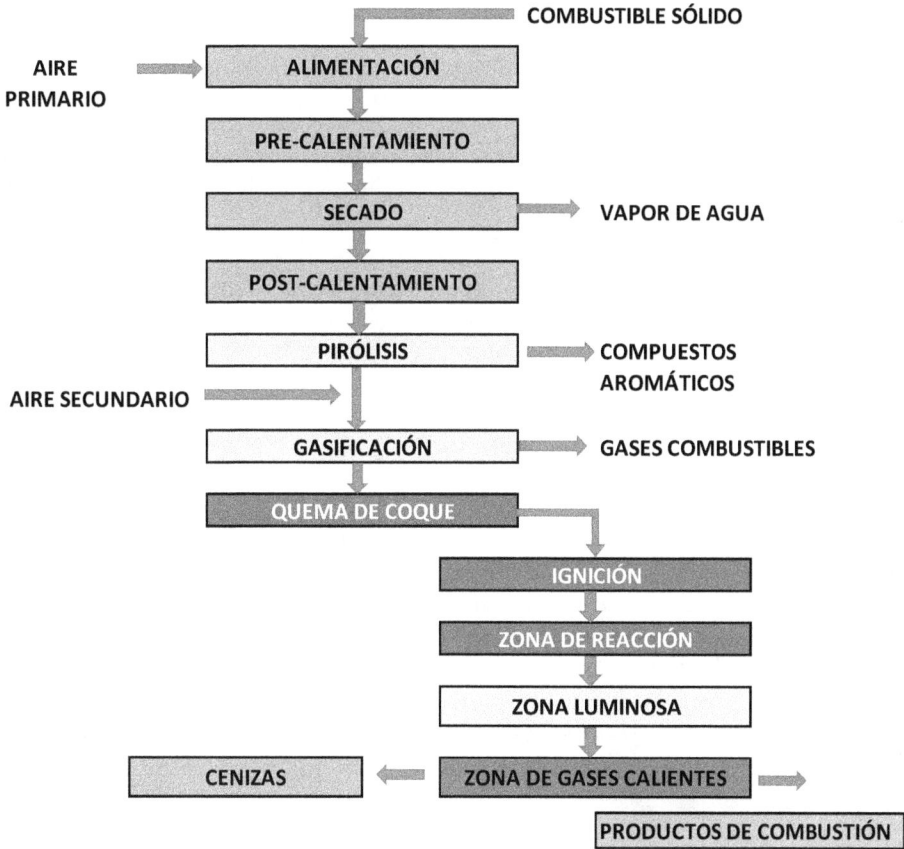

Modelo para combustibles sólidos

En términos generales, la reacción de combustión es la combinación del combustible con el oxígeno. En el caso más común, él oxígeno se toma del aire. Del proceso se libera energía, productos de la combustión y residuos, tal como se puede ilustrar en la tabla siguiente.

Concepto	Descripción
Presencia de agua física	Hay agua que proviene de la humedad del combustible. El carbón y otros combustibles llegan con humedad física a la combustión. Esta humedad generalmente sale como vapor en los gases de combustión.
Generación de agua en la combustión	Hay agua que proviene de la oxidación del hidrógeno que contiene el combustible. Esta agua generalmente sale como vapor en los gases de combustión.
Agua que trae el aire	Hay agua que proviene del aire mismo, que en general no está seco y contiene vapor de agua. Esta agua generalmente sale como vapor en los gases de combustión.
Cenizas del combustible.	Hay cenizas inherentes en el combustible. El carbón y otros combustibles contienen cenizas. . Estas cenizas salen con los gases o se quedan atrapadas en los hogares, en los conductos o en los equipos de control ambiental.
Sólidos, material particulado, inquemados y hollines formados en la combustión.	Hay sólidos y material particulado que se forman en la combustión. Pueden ser nieblas de combustibles sin quemar, o coques y hollines que se forman por reacciones incompletas o intermedias. Todos los combustibles pueden generarlas si no se controla bien el proceso, por falta de temperatura, de aire, de agitación o tiempo de residencia .Estos productos salen con los gases o se quedan atrapadas en los hogares, en los conductos o en los equipos de control ambiental.
Aire de combustión	Se requiere una cantidad dada de oxígeno (y por lo tanto de aire) para las reacciones. Este aire se denomina estequiométrico. En general se agrega exceso de aire para lograr combustión completa y evitar generar CO.
Nitrógeno	Es un componente mayoritario del aire (79 % en volumen aproximadamente). Es muy inerte y prácticamente no reacciona en la combustión. Sin embargo se generan pequeñas cantidades de óxidos de nitrógeno, sobretodo bajo condiciones dadas de aire en exceso y temperatura, los cuales salen con los gases de combustión y son contaminantes.
Azufre	Casi todos los combustibles tienen azufre. Este reacciona en su mayor parte dando lugar a SO_2 y a cantidades menores de SO_3 y nieblas de H_2SO_4, que salen con los gases y son contaminantes. Cierta fracción puede quedar en las cenizas
CO	Es un componente que se forma por oxidación parcial del carbono del combustible, sobre todo en el caso de los combustibles sólidos o quemados con bajos excesos de aire. Es contaminante y sale con los gases de combustión.
CO_2	Es un componente que se forma por la oxidación completa del carbono del combustible y que sale en los gases. No es contaminante tóxico, pero contribuye al efecto de gases de invernadero.

Concepto	Descripción
Volátiles orgánicos y compuestos reactivos.	Los combustibles pueden generar este tipo de compuestos como parte de la cadena de reacciones.
Temperatura de llama	La reacción de combustión da lugar a generación de calor y a calentamiento de los productos de combustión. Cuando la combustión se hace en forma adiabática, los gases de combustión alcanzan la mayor temperatura, la cual se denomina temperatura de llama adiabática.
Compuestos intermedios y disociación	En la combustión se pueden generar numerosas especies intermedias como resultado de los equilibrios físico químicos existentes. Esto aguarda mucha relación con las temperaturas de combustión, con la presencia de oxígeno y humedad y con los tiempos de residencia.
Condiciones TTT	TTT se refiere a tiempo, turbulencia y temperatura. Son condiciones muy determinantes de la calidad de la combustión y están determinadas por el diseño de los quemadores, del sistema de aire, de los controles, por el tamaño y diseño de las cámaras de combustión. A más altas TTT, en general, mejor combustión.
Aditivos	Son sustancias que se agregan a los combustibles para mejorar sus propiedades de tensión superficial, de atomización, de mezcla, de limpieza, entre otras.
Modificaciones de las condiciones de combustión.	Existen varios sistemas que apoyan una buena combustión, tales como el uso de imanes, lámparas para formar ozono, uso del oxígeno puro, etc.

2.3 CUANTIFICACIÓN ECONÓMICA, TÉCNICA Y AMBIENTAL DE CONSUMOS DE ENERGÍA

Se discuten algunos conceptos básicos económicos y se aplican a los sistemas y procesos energéticos industriales, con la idea de convertir los flujos de energía en flujos de caja y los desarrollos necesarios en inversiones y en acciones de gestión integral.

2.3.1 Bases económicas, éticas y de sentido común subyacentes en la búsqueda de un manejo adecuado de los aspectos energéticos en las empresas

Siempre hay posibilidad de mejorar y de optimizar. Las pérdidas siempre se pueden reducir.

La humanidad está bastante lejos de lograr los puntos óptimos o adecuados de consumo y de eficiencia que le permitan llegar a que el desarrollo sea sostenible. Desde que se vienen haciendo acciones para manejar correctamente los temas de la energía, se han logrado avances significativos y esto continúa. Todos pueden contribuir, mediante acciones de mejoramiento continuo, a buscar puntos óptimos de eficiencia y de consumo. Las empresas tienen una gran responsabilidad social en todos estos aspectos.

Existen costos y beneficios ocultos que se deben descubrir, evaluar y considerar cada vez más.

Empresa y sociedad han tratado la energía como un bien barato durante muchos años. Ello ha conducido al despilfarro y al consumo exagerado, a lo desechable y a la contaminación. Esto ha ocurrido en buena parte porque no se consideran la totalidad de los costos involucrados ni la totalidad de los beneficios que se pueden obtener al trabajar de forma más racional considerando toda la cadena de suministro y uso final. Hay costos y beneficios intangibles y hay costos y beneficios no considerados. El considerar de forma más integral la situación puede hacer atractivo un programa de buenas prácticas, de reducción de pérdidas, de ahorros energéticos y reducción en gases de efecto invernadero que en apariencia muestre recuperaciones pequeñas de capital invertido. De alguna forma se deben tener en cuenta todos los costos y beneficios que sean posibles.

Los beneficios para la gestión del conocimiento
Cuando se trabajan con calidad los temas de la energía, se abren caminos para el desarrollo científico y tecnológico del país. La tecnología avanza de la mano de

los desarrollos de la energía, bajo el impulso de la ciencia. Los programas de optimización energética y ambiental son susceptibles de apoyo por parte de los organismos que impulsan la investigación y el desarrollo. Las universidades y los grupos de investigación tienen en esta área un fértil campo de desarrollo y de estudio, que se traslada a las empresas.

La gestión energética y la vida cotidiana.

Cuando las personas en sus actividades laborales desarrollan competencias y habilidades para manejar correctamente los asuntos de la energía, casi con toda seguridad van a extrapolar a sus vidas cotidianas estas nuevas formas de ver la vida. Entonces la sociedad entre recibe los beneficios.

La sostenibilidad

La sostenibilidad implica desarrollar las actividades económicas de manera armónica con la sostenibilidad de los recursos naturales y energéticos. Esto será más práctico y más evidente a medida que las personas y las organizaciones son capaces de conocer los aspectos económicos de lo que hacen en sus trabajos.

Cada vez más se tendrán que tener en cuenta las externalidades

Las externalidades se refieren a costos que la empresa no está pagando y que debiera pagar. Son costos que está pagando la sociedad o que no se están cubriendo adecuadamente, de forma que por no considerarlos se está deteriorando el ambiente o se está contribuyendo a situaciones injustas en algún punto de la cadena de producción. Al contar con programas de buenas prácticas, de optimización y de ahorros, se están rebajando estas externalidades, de forma que cuando se internalicen, no tendrán un impacto tan severo sobre la empresa.

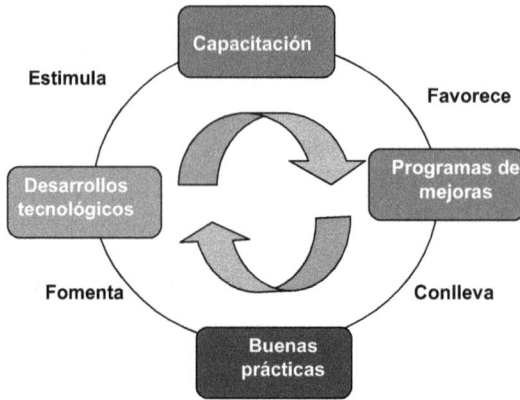

Programas más racionales y creativos

Si las empresas actúan solamente como reacción a los estímulos externos, por ejemplo, como respuesta a mayores costos de combustibles, a la existencia de normas o a las presiones de la comunidad o del mercado, de cierta forma actúan de forma reactiva, por impulsos y menos racional. Un programa de buenas prácticas y ahorros ayuda a que la empresa actúe sin presiones, de forma imaginativa, inteligente y creativa, anticipándose, estableciendo nuevas realidades, ejerciendo liderazgo. El utilizar herramientas preventivas y de minimización energética en origen, por ejemplo, es una forma muy rentable de disminuir pérdidas, que se favorece bajo ambientes racionales y creativos.

Desarrollo de tecnología

Existen interesantes potenciales de ganancia en el desarrollo de tecnología. El trabajo creativo en el área energética puede dar origen a ideas propias técnicas que se pueden comercializar o que se pueden involucrar en los procesos. Para lograr la competitividad empresarial es importante contar con las mejores prácticas, que en general, van a ser las más económicas si se considera el conjunto total de variables.

La minimización de consumos y pérdidas energéticas incide directamente sobre los resultados de la empresa.
En comparación con otras acciones relacionadas con la economía empresarial, la reducción consumos y de perdidas energéticas se refleja directamente en el balance final, con resultados que pueden ser muy atractivos y sorprendentes. El balance final debe tener en cuenta los aspectos de responsabilidad social de la actividad productiva, especialmente sobre las comunidades de relacionamiento

directo con las empresas y sobre el ecosistema. En la medida en que se contabilizan los beneficios y los impactos, se vuelve más real lo concerniente a la responsabilidad empresarial. Derrochar la energía va en la vía contraria de la responsabilidad social. Optimizar su uso agrega positivamente al balance social y es un resultado que se puede mostrar con satisfacción a la comunidad.

Las inversiones para lograr las reducciones de consumos y evitar las pérdidas se amortizan en tiempos casi siempre cortos

Es muy frecuente que las inversiones necesarias para llevar a cabo las buenas prácticas se recuperaren en menos de un año. Con mucha frecuencia ocurre que su puesta en práctica no implica gastos o esfuerzos significativos para la empresa.

Hay sinergias entre la energía y el manejo de procesos

Los aspectos energéticos casi siempre van apareados con temas de proceso. Organizar lo energético y lograr buenas prácticas con frecuencia va a significar también mejoras de proceso, mejor control, modernización, racionalización de consumos, menos gastos de materias primas, menos contaminación y mejores condiciones de trabajo para las personas.

2.3.2   Consumos en la industria

Los gastos energéticos pueden ser muy importantes. La experiencia generalizada muestra que se pueden racionalizar. Es ideal lograr la minimización de los gastos energéticos en la fuente para lograr menos perdidas y más beneficios. Ello va a incidir directamente en los resultados económicos de la empresa. El uso racional de la energía es una bella oportunidad para obtener beneficios y en el actual entorno económico, ecológico y normativo es además una necesidad e inclusive de supervivencia.

Las perdidas energéticas pueden ser más importantes de lo que las empresas creen. Es posible que por falta de revisión de los datos y por falta de indicadores, se estén aceptando pérdidas notables como cosa normal. El mero hecho de revisar los datos y de establecer metas e indicadores puede ser suficiente para crear beneficios. El aumento en el nivel de conciencia que ello genera tiene efectos insospechados.

Con ayuda de los principios de la conservación de la masa y de la energía se puede realizar la cuantificación de los consumos en la industria. Al hablar de consumos, se incluyen:

- Las materias primas requeridas para la preparación de un producto,
- La energía eléctrica
- Los distintos combustibles.
- Otras fuentes energéticas (por ejemplo un vapor que se recibe de una fuente externa)
- La mano de obra, la supervisión y la dirección que intervienen en la elaboración de los productos,
- El agua.
- Elementos y suministros, como por ejemplo los repuestos, los empaques.

Consideremos un sistema en el cual hay interacciones con los alrededores. Si las transformaciones en este sistema no son 100% eficientes, no toda la materia prima que ingrese al sistema se transformará en producto y no todo el producto generado se tendrá en las salidas, es decir, en el sistema se presentarán pérdidas que pueden ser tanto de materias primas como de producto. Esto ya ha sido visto con detalle al describir los balances de masa. Siempre debe ser tenido en cuenta, especialmente a nivel global, para el total del proceso productivo.

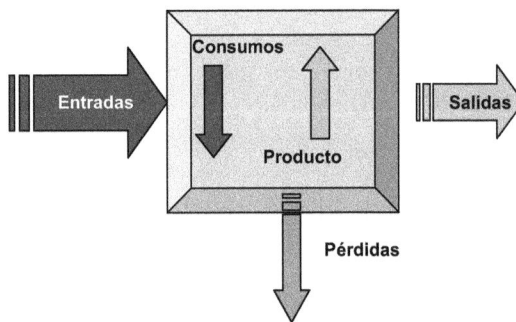

Las empresas tienen una teoría de sus consumos. Se trata de los consumos esperados según sus buenas prácticas internas (o según sus experiencias previas). Se habla de los consumos estándar. El consumo estándar es entonces el gasto de materias primas en que se espera tener en un proceso productivo. Sin embargo, por muchas razones, los consumos reales no coinciden con los estándares. El consumo real es el consumo de materias primas realmente observado tras la producción, y generalmente presenta diferencias con el consumo estándar.

Acá aparece una razón importante para cuantificar los distintos flujos de los procesos. Esta cuantificación permite descubrir las razones para los desbalances de masa, para las diferencias entre lo estándar y lo real. El balance general, que se obtiene con bases contables en una empresa organizada. Ya muestra la situación global. Los balances por procesos o por sistemas o por equipos, van a mostrar qué es lo que realmente pasa y van a indicar lo que se puede hacer.

En cuanto a la energía se puede considerar que toda la energía que entra al sistema productivo (desde los depósitos externos al mismo) es consumida y sale en como energía útil o pérdida. Esto ya fue examinado con detalle al considerar los balances de energía.

A diferencia de la masa, no es fácil elaborar un balance contable de la energía, que permita comparar las entradas y las salidas. Las entradas se pueden cuantificar con facilidad. Pero las salidas, sean pérdidas o energías útiles, son de cuantificación en general compleja e involucran aspectos muy técnicos. Esto ya ha sido señalado en la sección anterior.

Es común que los consumos de energía se midan por medio de indicadores de consumo específico, e general referidos a la producción

- Consumo de electricidad: kWh/kg
- Consumo de gas natural: Nm^3/kg

Lo que hacen las empresas es llevar registros de estos indicadores o de otros apropiados para sus fines o su contabilidad, sean generales o para procesos o equipos específicos. Estos indicadores:

- Los comparan contra los promedios históricos.
- Los comparan contra las mejores prácticas del sector
- Los comparan contra metas establecidas internamente.

No es tan generalizada la práctica de determinar en qué medida estos consumos se convierten en energía útil o en qué medida se convierten en pérdidas. Para desarrollar programas de uso racional de la energía, es importante, al menos para los procesos que sean grandes consumidores, desarrollar balances internos de energía que permitan acercarse a este conocimiento de eficiencias y pérdidas.

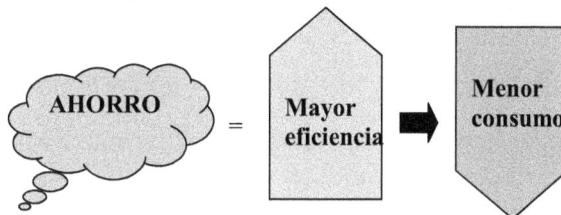

198

Las buenas prácticas y la racionalización de los consumos de energía se refieren a dispositivos concretos con los cuales se trabaja en las empresas y a los cuales se pueden aplicar los ahorros. Por ello es importante contar con un conocimiento básico de estos elementos. Cada equipo debe contar con registros de sus condiciones de operación, los cambios y las mejoras que se le realicen. La cuantificación de los consumos energéticos y de masa presentes en cada equipo dependerá de sus principios de operación.

Las pérdidas están directamente ligadas a la eficiencia de un equipo, son la causa para que no se alcance eficiencias del 100% Esto tiene mucho que ver con las irreversabilidades que se presentan.

2.3.3 La economía de los sistemas de energía

Es conveniente convertir los resultados de los balances de energía en los procesos en indicadores económicos. La cuantificación técnica de los consumos y pérdidas de masa y energía es necesaria para lograr la evaluación económica de sus impactos.

El punto de partida para cuantificar es lograr el conocimiento de los consumos de combustibles, electricidad y otros energéticos en los procesos; cuantificar las eficiencias de trabajo que se tienen y determinar las pérdidas de energía y plantear los ahorros potenciales que se pueden lograr.

Mediante herramientas relativamente sencillas, estos datos técnicos se pueden convertir en información económica. La ventaja de hacer esta transformación es que se puede determinar en esta forma la importancia relativa de los aspectos energéticos en el contexto general del proceso. Para que esto sea real, es necesario conocer la información general de los costos y de los flujos del proceso.

Es decir, a partir de información técnica energética, se pueden cuantificar los costos asociados con la energía. Pero para tener una dimensión de la importancia de estos costos, será necesario conocer el resto de los costos del proceso.

Se ha visto en las dos secciones anteriores que mediante la aplicación de las leyes de conservación de masa y de energía, se pueden cuantificar los aspectos energéticos. Lo que se hace es:

- Determinar las entradas y las salidas de materiales de proceso (materias primas y producto terminado) en el proceso que se está evaluando.
- Determinar los flujos de gases y de líquidos.
- Determinar los consumos de energía del proceso,

- Determinar las eficiencias de los procesos y de los equipos y transformaciones que puedan ocurrir.

Estas informaciones deben incluir el contexto en que han sido obtenidas:

- Capacidad a la cual se está operando el proceso y sus equipos asociados.
- Frecuencia a la cual se han tomado los datos.
- Período de tiempo que se va a emplear para analizar la información.
- Tipo de producto que se está obteniendo
- Estado de los equipos y de los instrumentos.
- Factores a tener en cuenta y que puedan afectar las conclusiones que se obtengan.

Para el análisis comparativo, para determinar la importancia de lo energético dentro de la totalidad económica del proceso, idealmente se debería completar la información de costos con lo relativo a los demás costos asociados con las operaciones:

- Mano de obra y supervisión asociada con el proceso y sus equipos.
- Costos de mantenimientos.
- Costos de materias primas
- Costos de insumos y de servicios asociados.
- Valor del producto fabricado.
- Costos asociados a las paradas no programadas.

Todos los consumos, las pérdidas y los ahorros existentes y que se puedan plantear en un proceso, se pueden llevar a unidades económicas. El lenguaje económico es el lenguaje más fácil de entender por parte de los que toman decisiones en la empresa. La mejora energética será más fácil de llevar a la práctica si se demuestra que es atractiva desde el punto de vista económico.

Pero no se trata solamente de un asunto de costos. Esta es apenas una cara de la moneda. Deben considerarse los aspectos relacionados con las inversiones, el dinero que se requiere para adelantar cambios en un proceso y el impacto del mismo sobre el ambiente y más específicamente sobre las emisiones de Gases de Efecto Invernadero.

Cuando se habla de mejoras, se está hablando de cambios. Cuando se habla de cambios, se está hablando de inversiones. Cuando se habla de inversiones, se transita por los caminos de la dirección de la empresa, de la administración, de los propietarios, del presupuesto, de la planeación.

Para que la empresa apruebe inversiones, estas deben estar cuantificadas. Cuantificar una inversión es:

- Elaborar un proyecto de ingeniería para disponer de una base técnica que permita contar con especificaciones y tamaños de los elementos necesarios. Las etapas de la ingeniería incluyen la etapa conceptual, la ingeniería básica, la ingeniería de detalle y la de puesta en marcha. A medida que se avanza en estas etapas es posible conocer con mayor precisión el presupuesto de inversiones necesarias.
- Determinar el monto de los recursos necesarios (capital a invertir y capital de trabajo)
- Determinar el cronograma de tiempos necesarios.
- Estudiar las interferencias entre el proyecto propuesto y la producción.
- Determinar los flujos de caja que genera el proyecto (ahorros menos costos) y determinar si con estos flujos de caja se logra recuperara los recursos de capital invertidos y en cuánto tiempo.
- Determinar la capacidad financiera de la empresa para acometer el proyecto y las posibles fuentes y formas de financiar el proyecto.
- Plantear esquemas de trabajo para acometer el proyecto.

Cuando se trata de inversiones mayores, la empresa debe estudiar con cuidado la situación, dado que con seguridad existen varias alternativas, algunas de ellas más atractivas que otras.

- **Categorización de los proyectos de mejora energética**

Es claro que la magnitud de los proyectos y su importancia son determinantes al momento de tomar una decisión económica. Son varios los criterios de selección, de tipo general.

La magnitud del ahorro esperado en términos operativos. Cuando un sistema se está operando a muy bajas eficiencias, casi seguramente se van a lograr claros beneficios con base en acciones de tipo operativo, las cuales pueden requerir muy bajas inversiones e inclusive puede que no requieran inversiones de ningún tipo.

La importancia de la productividad. Con frecuencia se tiene la necesidad de que un proceso se vuelva más productivo. En tales casos, las inversiones en aspectos energéticos (mejor instrumentación, correcciones de fugas, instalación de sistemas de recirculación, automatizaciones, dosificaciones acopladas con los consumos de energéticos, mejoras en aislamientos, cambios en los flujos de gases, cambios de algunos equipos y componentes) seguramente se van a recuperar con los aumentos de productividad y los cambios e temas de energía se pueden incluir en el proyecto mismo de aumentos de la producción.

La importancia del mantenimiento. Cuando los equipos muestran problemas de mantenimiento, daños frecuentes, paros, cambios de elementos y uso alto de repuestos, es casi seguro de que hay también problemas energéticos. Los responsables de la producción y del mantenimiento se van a generar en este caso un proyecto de cambio, que debería ser aprovechado para introducir mejoras energéticas. Una muy importante es contar con instrumentos y medios para medir las variables energéticas y de producción.

La importancia del proceso mismo y de su filosofía. Las empresas pueden estar interesadas en un cambio tecnológico significativo, por ejemplo pasar de operación por etapas o tandas a un proceso continuo; o automatizar; o cambiar de método o de tecnología. En tales casos, se trata de proyectos que ya cuentan con el visto bueno gerencial y deberían ser aprovechados para lograr que las nuevas tecnologías cuenten con las mejores prácticas energéticas.

La magnitud de la Inversión económica inicial. Cuando se trata de medidas operativas y de mantenimiento rutinario, las inversiones son bajas y se pueden hacer con base en los presupuestos de gastos normales de las áreas operativas o de mantenimiento. Cuando se trata de cambios tecnológicos menores, se está hablando de inversiones medias, para las cuales ya se requiere consultar instancias superiores y demostrar cierto nivel de ahorro. Cuando el proyecto implica cambios significativos en inversiones altas, va a tomar cierto tiempo su aprobación y en general se hará si entra dentro de los presupuestos anuales de la empresa.

Los recursos disponibles (recurso humano, recursos energéticos, recursos económicos y financieros). Cuando la disponibilidad es alta, se facilitan los proyectos. Cuando es escasa, tienden a aplazarse o ni siquiera de consideran.

Los impactos ambientales en aire, tierra y agua. Cuando el proceso considerado tiene impactos negativos altos, será necesario emprender acciones correctivas o cambios radicales. En este caso, las consideraciones ambientales, en general muy asociadas con el cumplimiento de normas, se vuelven prioritarias y la empresa tendrá que llevar a cabo los proyectos del caso. Es muy alta la relación entre energía y medio ambiente. Buenos resultados ambientales tienden a estar asociados con buenos resultados energéticos. De todas formas deben aprovecharse los proyectos ambientales para modernizar y optimizar los equipos desde lo energético. Por otra parte, para resolver problemas ambientales habrá que gastar energía adicional, ya que los procesos de separación, de reacción y neutralización y de filtración consumen cantidades importantes de energía, especialmente energía eléctrica.

La oferta de soluciones energéticas. Los proveedores de equipos y de soluciones existentes, las ofertas del mercado, el estado del arte, la facilidad de adquisición de los equipos, la disponibilidad de la tecnología, la disponibilidad de ingeniería de buena calidad. Todos estos factores influyen a la hora de emprender un proyecto.

Las restricciones legales o beneficios gubernamentales pueden tener un impacto significativo a la hora de emprender un proyecto.

Cada una de los criterios anteriores tiene su protagonismo en el desarrollo de un proyecto. La habilidad de los responsables de los proyectos para llevarlos a sus costos, beneficios e inversiones será determinante para el logro de los ahorros energéticos reales.

- **Metodología de análisis de oportunidades de ahorro basada en datos estadísticos de la empresa.**

Como se ha señalado, es importante registrar los datos de consumo de energía y de producción en los procesos para establecer metas de ahorro y encontrar oportunidades para nuevos proyectos.

A modo de ejemplo, en este apartado se muestra lo que se puede hacer mediante la utilización de datos estadísticos de generación de vapor y eficiencias del conjunto de calderas. En la misma forma se puede trabajar con los consumos de electricidad en los compresores o en cualquier equipo que sea consumidor importante, con los datos generales de consumo eléctrico y de combustibles en la empresa.

El siguiente gráfico permite que se visualice el consumo de energía en función de la producción. Otros gráficos de este tipo, son los de kWh de consumo eléctrico vs. ton-mes de producción, Nm3 de consumo de gas vs ton-mes de producción.

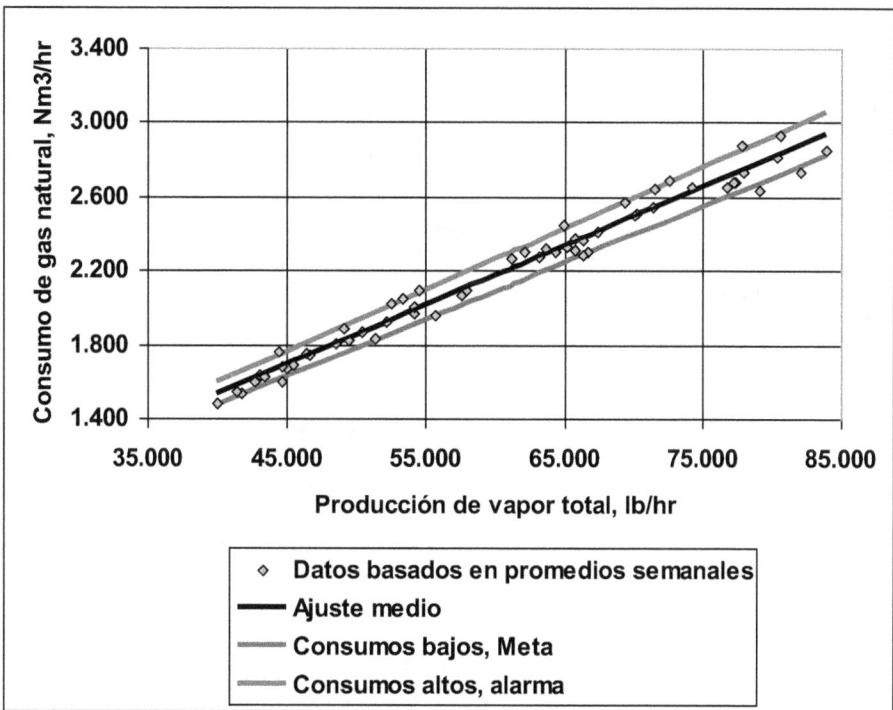

Consumos como función de la producción de vapor para el conjunto de las calderas

Una interesante herramienta para el manejo estadístico de los datos que se recogen en la empresa es calcular indicadores generación o de consumo específico. Por ejemplo, para generación de vapor específica (libras de vapor por Nm³ de gas). Este se puede graficar como función de la producción de vapor (por ejemplo libras de vapor por hora en promedio diario o semanal). Esto se puede hacer por caldera y para el total de las calderas. También para indicar de consumo específico se puede utilizar el inverso del anterior o la eficiencia. Con estos indicadores es posible establecer metas realistas de ahorro de energía para las calderas individuales o para el conjunto total. A modo de ilustración se presenta el comportamiento típico de estos indicadores, para el conjunto de las calderas de una empresa que estén operativas.

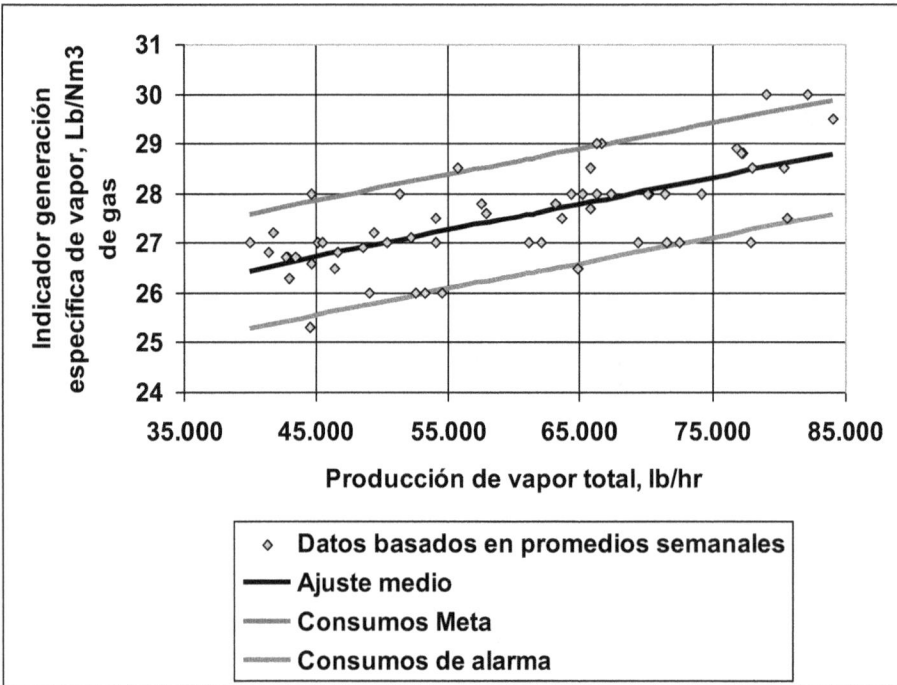

Indicadores típicos de generación específica de vapor para el conjunto de las calderas

Lo normal en este tipo de gráficos, es que se aprecie cierta tendencia a que los consumos específicos disminuyan y las eficiencias aumenten al aumentar la producción y que aumenten las generaciones específicas. Al observar los datos, se aprecia que se pueden conformar dos conjuntos, uno con los datos que muestran menores consumos específicos (mayores generaciones o eficiencias) y otros con los que muestran mayores consumos específicos. Para estos dos conjuntos se hacen ajustes, obteniéndose las líneas adicionales de las figuras. Lo que indican estas líneas normalmente es que se presenta un rango relativamente amplio de consumos específicos. Esto da lugar a establecer metas realistas de rebajas de consumos, basadas en datos que se dan en la práctica.

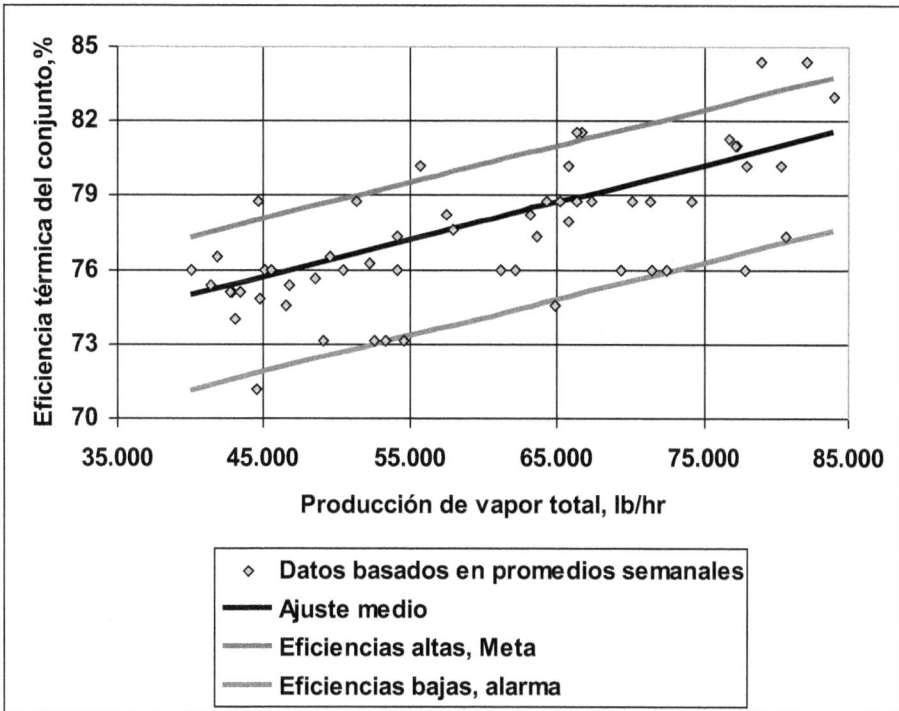

Indicadores típicos de eficiencia para el conjunto de las calderas

Por una parte, con la línea de altos consumos, bajas eficiencias o curva de alarma, se tiene una idea de los extremos de ineficiencia a que se llega en las formas actuales de trabajo. Esto da lugar a examinar con atención las cosas que se hacen en el sistema productivo, las cuales a veces dan lugar a gastos excesivos o, en otras ocasiones, permiten mejores rendimientos. Por otra parte, y más útil, se tiene la línea de menores consumos, que se puede establecer como meta de consumos realista con los sistemas y medios existentes

Este mismo sistema de análisis es recomendable para el sistema consumidor de vapor, caso en el cual el análisis se puede hacer contra las unidades de producción respectivas (vapor consumido para cada proceso por unidad producido contra la producción respectiva).

Algunos aspectos generales que conviene tener en cuenta al realizar el análisis de los consumos energéticos en un conjunto de calderas se describen a continuación:

- Los procesos, aún en paralelo, usualmente no son iguales. Por ello es útil comparar con estos indicadores para las calderas individualmente.
- Ocurren puntos fuera de control que pueden ser analizados en detalle por los responsables de planta, correlacionando los datos de producción y los correspondientes consumos específicos mes a mes, semana a semana, o día a día. De ahí la importancia de conocer los datos detallados de producción y de sus consumos energéticos, ojalá en tiempo real.
- Puede presentarse que algunas veces, se trabaja con equipos sobresaturados de trabajo para el proceso o producto específico (alta rata) y otras veces, los equipos se trabajan por debajo de su capacidad nominal (baja rata).
- Pueden ocurrir prácticas operativas que obligan en algunos casos a trabajar la planta con equipos a baja rata (por debajo de su capacidad) o con sobre carga, lo que se refleja en mayores consumos o ineficiencias. Esta tendencia del indicador (incremento de consumo específico) se puede reducir si se establecen operaciones empleando el equipo a una capacidad adecuada, energéticamente eficiente.

Es importante entonces analizar las causas de estas variaciones y tomar decisiones que permitan reducir los consumos de energía y demás recursos. Para cuantificar su magnitud y tendencia, es recomendable establecer indicadores apropiados.

Una vez calculado un indicador de consumo específico real, se procede a establecer una meta, tal como se ha explicado con las figura anteriores, es decir, un valor de eficiencia o de generación específica o consumo específico al que se desea llegar, que puede ser conocido de empresas que trabajen con procesos similares o sacado de los datos, como se muestra en el ejemplo. A esta meta de consumo específico se puede llegar mediante acciones de mejora continua. Las acciones se deben basar en la observación continua del indicador y el establecimiento de metas. Un equipo de personas enfocado en la eficiencia energética busca el cumplimiento de las metas, poniendo su atención en la operación y control de los sistemas y equipos que consumen las mayores cantidades de energía.

Se recomienda que cuando se obtengan buenos resultados se debe determinar qué pasó y luego reaplicar los aprendizajes. Igualmente, cuando el indicador muestra elevaciones anormales de consumo, se deben examinar las posibles causas y tomar las acciones correctivas. De esta forma el equipo de trabajo irá detectando las acciones a ejecutar que redunden en la disminución continua de los consumos y así se irá logrando establecer nuevas metas más atractivas.

Para ello se resaltan de nuevo unas recomendaciones metodológicas, las cuales se han complementado con sus aspectos económicos.

- Conformar un equipo de trabajo, en el cual intervengan personas de procesos, ingeniería, mantenimiento, administración y personal operativo. Este equipo debe enfocarse en el logro de metas de ahorro llevadas a cantidades razonables y evaluables.
- Este equipo debe ser entrenado en técnicas de mejoramiento continuo, trabajo en equipo, análisis de oportunidades y estrategias. Debe conocer cómo se calcula los costos y cómo se evalúan los ahorros. Debe contar con criterios para impulsar las decisiones que permitan el logro de metas.
- Establecer indicadores para las calderas o equipos individuales, para el conjunto y para equipos y procesos importantes que consumen vapor. Igualmente para otros energéticos y procesos. Estos indicadores deben incluir los costos energéticos por unidad de producción.
- Analizar al menos semanalmente el comportamiento de los indicadores. En este análisis incluir costos acumulados de pérdidas y costos acumulados de energía.
- Proponer acciones y llevarlas a la práctica. El equipo debe tener un conocimiento básico de alternativas de mejora energética y buscar acceso a datos sobre inversiones y los nuevos costos mejorados que se deben esperar con el proyecto.
- Recoger ideas con la ayuda del personal involucrado y divulgar el trabajo que se hace y los logros que se van obteniendo.
- Recoger ideas con proveedores. Contar con listas de posibles mejoras y de posibles alternativas.
- Impulsar que se hagan estudios externos y que se reciban ofertas de posibles proveedores.
- Impulsar el que se conozca el estado del arte y los indicadores que tiene la competencia o las otras empresas hermanas.

Eventualmente, se podrán proponer acciones que impliquen inversiones y costos significativos cuando se agoten las metas de mejoramiento continuo basado en acciones de tipo operativo. En este caso, se debe contemplar la colaboración de consultoría externa y la intervención del departamento de ingeniería y/o proyectos de la empresa.

Para que estos indicadores sean verdaderamente apropiados como fuente de información para mejora continua, es importante que los datos de flujo de vapor y de flujos de combustible estén calibrados. Lo mismo con relación a otros consumos, flujos y producciones.

Otro asunto a considerar es la conveniencia de los datos se puedan estudiar con frecuencias estrechas, en lo posible diarias. Los promedios mensuales y aún los semanales ocultan la información contenida en los datos diarios de tal manera que no se advierten tan claramente lo potenciales de ahorro y mejora existente.

- **Hacia la evaluación económica de las oportunidades de ahorro basadas en datos estadísticos de la empresa**

Siempre es importante llevar los datos estadísticos de la energía al análisis económico. Esto da una verdadera perspectiva gerencial. Ya se ha señalado que se trata de tres aspectos:

- El dato energético por un lado, que se compone de los datos de consumo y de los datos de producción. Estos se combinan en indicadores de consumo específico.
- Los datos de eficiencia y los límites que se pueden alcanzar, que es lo que muestran las desviaciones estadísticas para las condiciones operativas y las comparaciones con el estado del arte y con la teoría del proceso respectivo.
- Las evaluaciones económicas de los consumos, de las producciones y de las pérdidas y mejoras.

Para comprender estos aspectos, se han preparado varios análisis.

Revisión de los límites de eficiencia que se pueden alcanzar

Se hace a continuación una revisión de los límites a la eficiencia máxima que se puede alcanzar en calderas de un cierto tipo, en este caso pirotubulares operadas a gas natural. Se presentan a continuación unas tablas para tres excesos de aire en las calderas, a las condiciones de presión y de temperatura de entrada de agua típicas, en las cuales se obtienen valores para el índice de generación en millones de BTU por tonelada de vapor y para la eficiencia. En ellas se calcula la eficiencia máxima, descontando del 100 % de la energía del combustible, a poder calorífico alto, las pérdidas que a continuación se discuten. En las tablas se varía la temperatura de salida de los gases.

Las entradas de energía en el combustible se miden con base en el poder calorífico superior. Este poder calorífico superior supone que el agua generada en la combustión por la quema del hidrógeno que contiene el gas natural sale en forma líquida. Pero en la práctica con calderas del tipo considerado esto no es factible, pues los gases salen calientes y el agua sale en forma de vapor, por lo cual necesariamente se pierde la entalpía de vaporización de esta agua. Por ello existen las denominadas pérdidas de humedad de combustión. Son las pérdidas más altas y no se pueden evitar. Como tienen que ver con que la humedad generada en la combustión, para el gas natural es alta ya que la totalidad de la abundante humedad sale en forma de vapor dadas las temperaturas de salida. En cambio el poder calorífico superior, que es el que se está empleando para calcular el índice, supone que la humedad sale condensada a 25 °C. El cuadro siguiente (tomado de Perry) detalla que para 25 °C esas pérdidas de humedad de combustión corresponden a la diferencia entre el poder calorífico superior e inferior y son del orden del 9.9 %. Para mayores temperaturas de salida, estas pérdidas son algo mayores.

Del manual de Perry para gas natural				
Poder Calorífico Superior	23 861	BTU/lb	1006	BTU/scf
Poder Calorífico inferior	21 502	BTU/lb		
Diferencia entre estos poderes caloríficos	2 359	BTU/lb		
% de diferencia	9,89	Esta es la pérdida por humedad de combustión a 25 °C		
Densidad del gas natural estándar	0.0421	Lb/scf		
Poder Calorífico Superior usado	23 635	BTU/lb	996	BTU/scf

El poder calorífico usado de 1006 BTU/scf, es sólo para entender el efecto de las pérdidas por humedad en la combustión, pues se sabe que el poder calorífico para los proveedores locales puede llegar hasta los 1100 BTU/scf.

Además de las pérdidas por humedad de combustión, se deben descontar otras pérdidas así:

Pérdidas por purgas. Tienen que ver con el agua caliente de las purgas que se sale y que se lleva una energía. Esta va a depender de la temperatura de tal agua a la salida, luego de recuperar lo que se recupere y del flujo de purgas. En las tablas se trabajó con un valor del 0.3 %, que es indica bajas pérdidas y purgas controladas.

Pérdidas por paredes de la caldera y el economizador. Se trabajó con las pérdidas estimadas que son bajas, 0.1 %

Pérdidas de gases secos en la salida de gases. Tienen que ver con el flujo de gases secos que salen y su temperatura. Se calcularon para tres porcentajes de exceso de aire. En la salida de gases calientes secos siempre se va a perder cierta fracción de la energía, dado que los gases van a salir con una temperatura por encima de la temperatura del ambiente y de la temperatura de referencia que es 25 °C. Si la temperatura de salida es muy baja, se producen problemas de corrosión debido a que la humedad y los gases sulfurosos se condensan en puntos fríos. En la práctica la temperatura de salida no será menor de 150 °C a condiciones de trabajo normal de la caldera.

Pérdidas por inquemados. Estas existen, pero en las tablas siguientes se supusieron iguales a cero, ya que se desea estimar los índices a máxima eficiencia.
Por otra parte, hay una energía que aportan las bombas y el ventilador, la cual es positiva y se estima en el 0.5 %. Esta se ha descontado de las pérdidas.

Descontando de 100 %, se calcula la eficiencia máxima. Esta eficiencia se aplica al poder calorífico superior y lo que queda es la energía que se puede convertir en energía ganada por el vapor. El agua que se evapora en su paso por la caldera requiere una energía, la cual se calcula con base en la entalpía de vapor saturado a la presión de salida, menos la entalpía del agua de entrada. En esta forma se puede calcular el índice, tal como aparece en las tablas siguientes. Se observa que este índice no debería ser inferior a 2.62 MMBTU/ton de vapor, para las condiciones mostradas.

Si aparecen valores inferiores en los cálculos que se hagan, esto se debe a:

- Problemas de medición del vapor y del combustible.
- Generación de vapor húmedo, lo cual hace que la entalpía del vapor a la salida no sea la del vapor saturado.
- Menores diferencias de entalpía en el paso del agua para ser evaporada, por ejemplo si la temperatura de entrada es mayor.

Las tablas siguientes muestras valores óptimos de eficiencia y de índices de generación para tres excesos de aire y diferentes temperaturas de salida de los gases de combustión.

Temperatura gases	°C	150	165	175	185	195	205
Exceso de aire	%	10	10	10	10	10	10
Presión de vapor	Psig	132	132	132	132	132	132
Temperatura agua entrada	°C	103	103	103	103	103	103
Gases secos	kg/kg combustible	19,92	19,92	19,92	19,92	19,92	19,92
Humedad en los gases	kg/kg combustible	2,55	2,55	2,55	2,55	2,55	2,55
Poder Calorífico Superior gas natural (PCS)	BTU/kg	52 043	52 043	52 043	52 043	52 043	52 043
Eficiencia máxima	% del PCS	84,56	83,88	83,43	82,98	82,53	82,08
Energía latente en gases por humedad de la combustión	% del PCS	9,90	9,90	9,90	9,90	9,90	9,90
Purgas	% del PCS	0,30	0,30	0,30	0,30	0,30	0,30
Paredes	% del PCS	0,10	0,10	0,10	0,10	0,10	0,10
Energía sensible en humedad de los gases	% del PCS	1,08	1,21	1,30	1,39	1,47	1,56
Energía sensible en gases secos	% del PCS	4,56	5,10	5,47	5,83	6,20	6,56
Inquemados	% del PCS	0,00	0,00	0,00	0,00	0,00	0,00
Potencia que entregan bomba y ventilador	% del PCS	0,50	0,50	0,50	0,50	0,50	0,50
Cambio entalpía del vapor	BTU/lb	1006	1006	1006	1006	1006	1006
Índice de consumo de energía	MMBTU/Ton vapor	2,62	2,64	2,65	2,67	2,68	2,70
Índice de generación de vapor	Lb/Nm³	29,55	29,32	29,16	29,00	28,85	28,69
Exceso de aire	%	25	25	25	25	25	25
Presión de vapor	psig	132	132	132	132	132	132
Temperatura agua entrada	°C	103	103	103	103	103	103
Temperatura gases	°C	150	165	175	185	195	205
Gases secos	kg/kg combustible	22,5	22,5	22,5	22,5	22,5	22,5
Humedad en los gases	kg/kg combustible	2,59	2,59	2,59	2,59	2,59	2,59

Temperatura gases	°C	150	165	175	185	195	205
Poder Calorífico Superior gas natural (PCS)	BTU/kg	52043	52 043	52 043	52 043	52 043	52 043
Eficiencia máxima	% del PCS	83,95	83,20	82,70	82,20	81,70	81,20
Energía latente en gases por humedad de la combustión	% del PCS	9,90	9,90	9,90	9,90	9,90	9,90
Purgas	% del PCS	0,30	0,30	0,30	0,30	0,30	0,30
Paredes	% del PCS	0,10	0,10	0,10	0,10	0,10	0,10
Energía sensible en humedad de los gases	% del PCS	1,10	1,23	1,32	1,41	1,50	1,58
Energía sensible en gases secos	% del PCS	5,15	5,76	6,18	6,59	7,00	7,41
Inquemados	% del PCS	0,00	0,00	0,00	0,00	0,00	0,00
Potencia que entregan bomba y ventilador	% del PCS	0,50	0,50	0,50	0,50	0,50	0,50
Cambio entalpía del vapor	BTU/lb	1006	1006	1006	1006	1006	1006
Índice de consumo de energía	MMBTU/t vapor	2,64	2,66	2,68	2,69	2,71	2,73
Índice de generación de vapor	Lb/Nm³	29,34	29,08	28,91	28,73	28,56	28,38
Exceso de aire	%	35	35	35	35	35	35
Presión de vapor	psig	132	132	132	132	132	132
Temperatura agua entrada	°C	103	103	103	103	103	103
Temperatura gases	°C	150	165	175	185	195	205
Gases secos	kg/kg combustible	24,22	24,22	24,22	24,22	24,22	24,22
Humedad en los gases	kg/kg combustible	2,62	2,62	2,62	2,62	2,62	2,62
Eficiencia máxima	% del PCS	83,55	82,75	82,22	81,69	81,15	80,62
Energía latente en gases por humedad de la combustión	% del PCS	9,90	9,90	9,90	9,90	9,90	9,90
Purgas	% del PCS	0,30	0,30	0,30	0,30	0,30	0,30
Paredes	% del PCS	0,10	0,10	0,10	0,10	0,10	0,10
Energía sensible en humedad de los gases	% del PCS	1,11	1,25	1,33	1,42	1,51	1,60

Temperatura gases	°C	150	165	175	185	195	205
Energía sensible en gases secos	% del PCS	5,54	6,21	6,65	7,09	7,53	7,98
Inquemados	% del PCS	0,00	0,00	0,00	0,00	0,00	0,00
Potencia que entregan bomba y ventilador	% del PCS	0,50	0,50	0,50	0,50	0,50	0,50
Cambio entalpía del vapor	BTU/lb	1006	1006	1006	1006	1006	1006
Índice de consumo de energía	MMBTU/t vapor	2,65	2,68	2,69	2,71	2,73	2,75
Índice de generación de vapor	Lb/Nm³	29,20	28,92	28,74	28,55	28,36	28,18

La siguiente gráfica muestra estos resultados

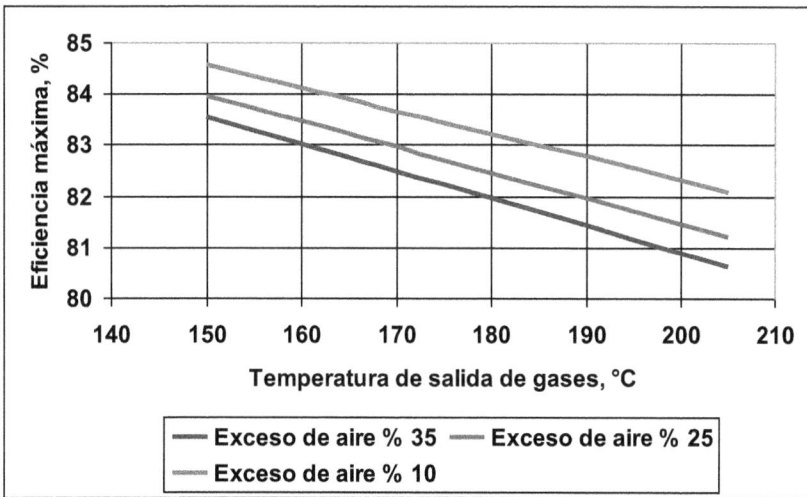

Comportamiento de las máximas eficiencias posibles según excesos de aire y temperaturas de salida de gases, con base en el PCS del gas natural

Con las consideraciones anteriores, el límite superior a la eficiencia para trabajo es del 84.5 %, el cual se logra con bajos excesos de aire y bajas temperaturas de salida. Este valor estará cercano al 83 %, para temperaturas de gases de 185 °C. Mediante un economizador que use la energía en los gases de salida, se pueden lograr entre 1,5 y 2.0 puntos adicionales de eficiencia.

Obviamente cuando se utilicen datos de flujos de vapor y flujos de gas natural para calcular eficiencias y estas sobrepasen los valores superiores de la tabla, lo que ocurre es que hay imprecisiones y falta de balances por problemas variados de medición, los cuales pueden ser menores en sí mismos, pero pueden llegar a afectar en porcentajes que se pueden estimar del orden del 5 %. Por ejemplo, no siempre hay verdadera simultaneidad entre los varios datos y los medidores tienen cierto nivel de error.

Con este tipo de información, que se basa en consideraciones técnicas y en un buen conocimiento de proceso, el grupo de análisis energético de la empresa puede proceder a analizar los datos reales y a visualizar los aspectos económicos.

Transformación de los límites de eficiencia en valores económicos

Para ello debe contarse con información de los costos de los energéticos (combustibles en este caso, gas natural) y de los flujos de producción (en este caso vapor). Para el ejemplo que se está considerando, se toma el gas natural a $ 700 el Nm3 y la producción de vapor se toma como de 37.8 millones de libras mensuales.

De acuerdo con los observado en la tabla y el gráfico correspondiente, se tomará la eficiencia máxima como el 84.56 %. Al comparar contra este valor los demás puntos de trabajo, se pueden conocer las diferencias de costos, como se indica a continuación.

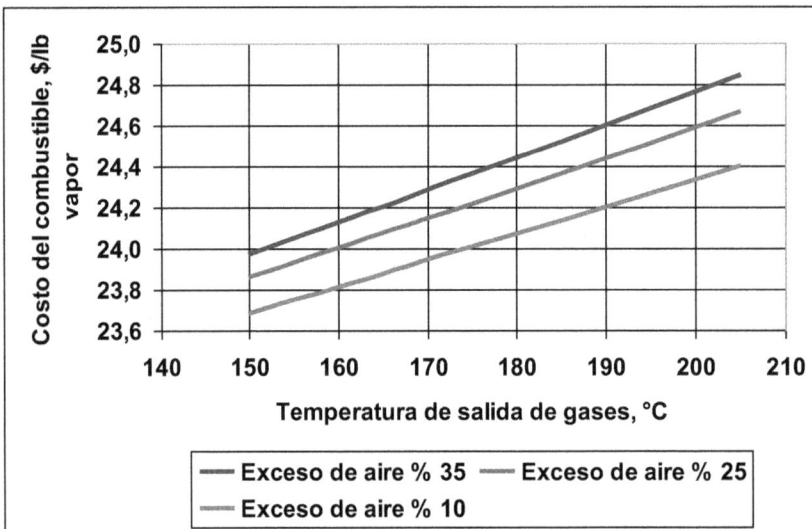

Costos de combustible específicos según temperaturas de gases a la salida y excesos de aire

Con base en las producciones mensuales de vapor, se pueden determinar los costos mensuales del combustible, como se muestra en la figura siguiente.

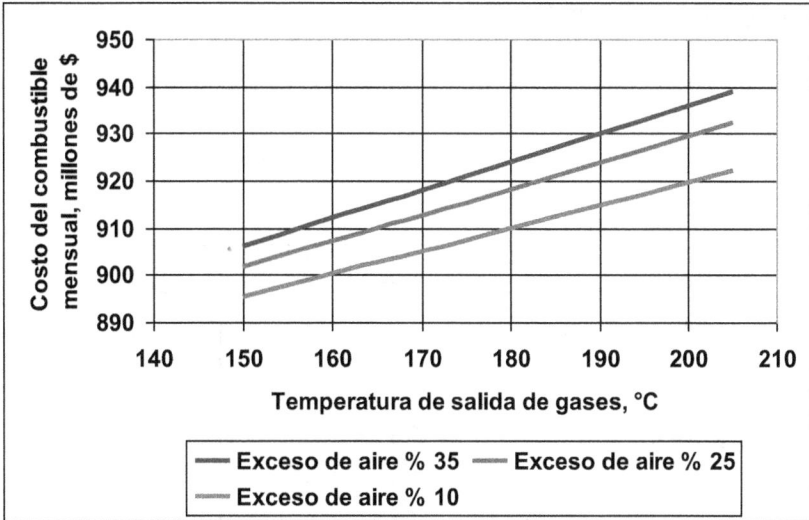

Costos de combustible mensuales según temperaturas de gases a la salida y excesos de aire

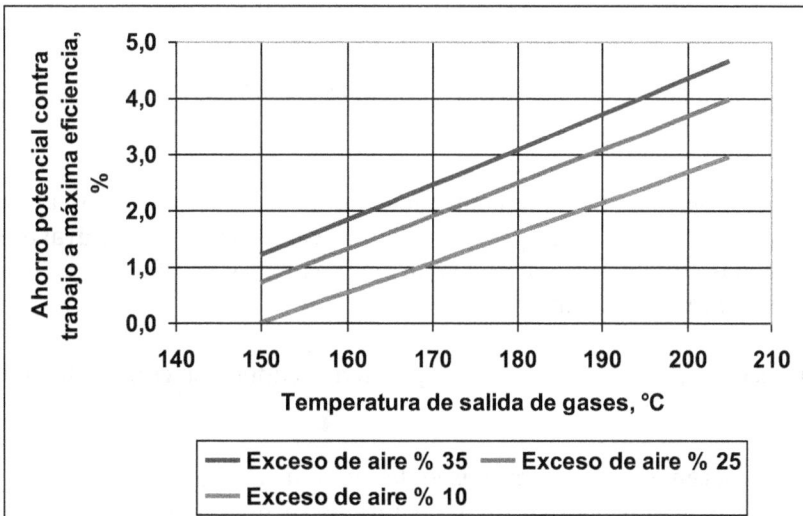

Ahorros potenciales comparativos contra la situación de trabajo a máxima eficiencia

Esta información permite tener mayor claridad sobre la dimensión del problema o de la oportunidad, según el tamaño de la empresa. En este caso se trata de cantidades significativas que merecen atención. Ahora se puede mirar en términos de porcentajes de ahorro potenciales.

Estos ahorros potenciales se pueden cuantificar, como se indica en la figura siguiente.

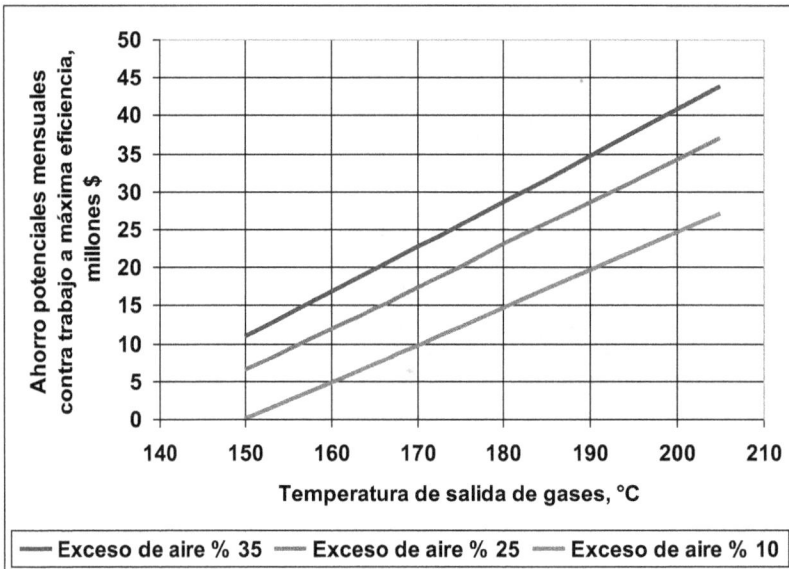

Ahorros potenciales comparativos contra la situación de trabajo a máxima eficiencia

En esta forma se llega hasta la cuantificación de los potenciales de ahorro. En este ejemplo se ha considerado el caso de unas calderas de gas natural operadas en muy buenas condiciones. De todas formas se observan diferencias importantes entre diversos modos operativos.

Determinación de las inversiones que pueden recuperarse con un nivel de ahorros dado

Los ahorros potenciales serán reales en la medida en que se lleven a cabo acciones correctivas, mejoras operativas o cambios tecnológicos. Para visualizar lo concerniente a las inversiones y las posibilidades de que los ahorros sean capaces de pagarlas, se hace un estudio detallado de flujos de caja, una vez que se cuenta con un proyecto definido que ha permitido conocer el monto de las inversiones y de los costos y ahorros asociados. Esto se verá más adelante. Sin embargo, cuando se están explorando oportunidades y no se cuenta con un proyecto ni con un diseño, como es el caso que se está analizando, existe una sencilla herramienta de cálculo que permite visualizar lo atractivo que es profundizar y analizar con mayor detalle una oportunidad de ahorro que se esté considerando.

Ahorros anuales netos que permiten pagar la inversión =
Ahorros de energía netos – costos de capital y financieros = A

Inversión = C

Costos de capital y financieros considerados = Inversión x Porcentaje de costos de capital y financieros = B

Tiempo de recuperación de la inversión (años) = C /A

Ejemplo

Ahorros de energía mensuales netos (millones de $) si se lleva el equipo a la condición deseada = 30

Ahorros de energía anuales netos = 30 x 12 = 360 millones de pesos

Inversión estimada para lograr el ahorro, millones de pesos = 500

Porcentaje de costos de capital y financieros = 15 % anual

Costos de capital y financieros considerados = Inversión x Porcentaje de costos de capital y financieros = B = 500 x 15/100 = 75 millones anuales

Ahorros anuales netos que permiten pagar la inversión =

Ahorros de energía netos – costos de capital y financieros = A

A = 360 – 75 = 285 millones de pesos

Tiempo de recuperación de la inversión (años) = C / A = 500 / 285 = 1.75 años

Si la inversión fuera de 745 millones, el tiempo de recuperación estimado por este método sería de 3 años. Mientras mayor la inversión, mayor es el tiempo de recuperación; mientras mayor el ahorro energético, menor es el tiempo de recuperación; mientras mayor el costo financiero y de capital, mayor es el tiempo de recuperación.

Este método es muy sencillo y con él se pueden estimar los órdenes de magnitud de las inversiones que soporta un proyecto para recuperar las inversiones en un tiempo dado. Si las inversiones que soporta son muy pequeñas, no se trata de una oportunidad rentable, a no ser que se trate de un proyecto muy simple, de tipo operativo. Si las inversiones que soporta son muy grandes, ello significa que los ahorros son también grandes y que la oportunidad es rentable, especialmente si sucede que las inversiones reales son menores a las estimadas por el método.

Para el caso que se está estudiando, se ha considerado un costo financiero y de capital del 15 % anual y un tiempo de recuperación de 3 años. La figura siguiente muestra los resultados obtenidos.

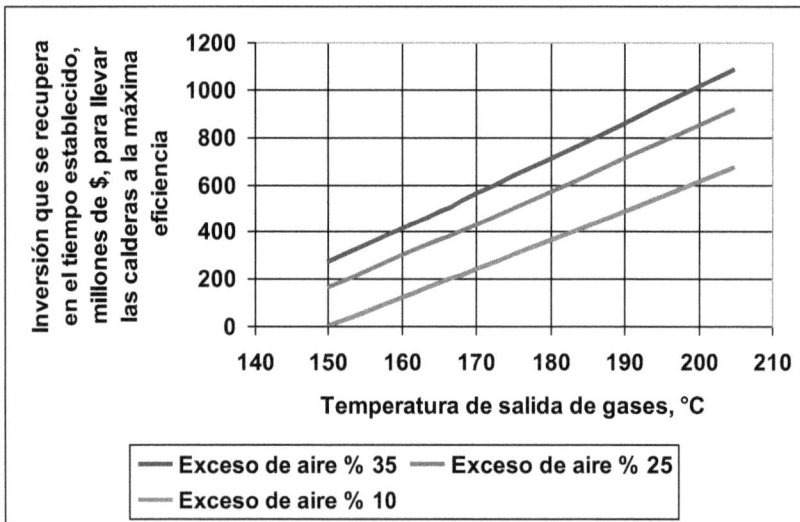

Inversiones que se pueden recuperar en el tiempo establecido (en este caso 3 años) con base en los ahorros potenciales comparativos, para llevar las calderas desde cada punto de funcionamiento hasta el de máxima eficiencia

Se observa que para las situaciones ineficientes, de ser estas las que existen en la realidad operativa, se pueden invertir sumas considerables si se desea llegar a puntos de alta eficiencia. En cambio si ya se está en cercanías de las altas eficiencias, el proyecto solo soportaría pequeñas inversiones.

Análisis de oportunidades observando los puntos reales operativos

Supóngase ahora que se cuenta con datos reales operativos para el conjunto de calderas que se ha venido discutiendo y que se concluye que las calderas están trabajando con eficiencias del 79,2 %. Como se ha señalado, es posible lograr eficiencias del orden del 83 %, para temperaturas de gases de 185 °C. Adicionalmente, mediante un economizador que use la energía en los gases de salida para calentar el agua que se alimenta a la caldera, se pueden lograr entre 1,5 y 2,0 puntos adicionales de eficiencia.

La tabla siguiente estima los ahorros que se pueden obtener para estos aumentos de eficiencias a las producciones medias que tiene la empresa que se está considerando.

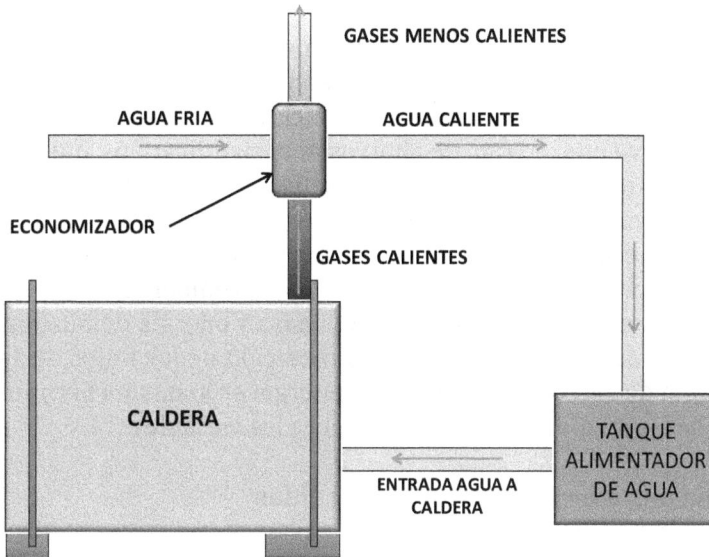

Caldera con economizador que aprovecha energía de los gases de salida

Posibles ahorros si se establecen metas de mayor eficiencia y se instalan economizadores en las calderas

Situación considerada	actual	Con logro de metas de ahorro		Con economizador	
Eficiencia media de las calderas	79,2	82,0	83,0	84,0	85,0
Horas por año de trabajo	8 400	8 400	8 400	8 400	8 400
Consumo de gas natural considerado, Nm³/h	1 850	1 787	1 765	1 744	1 724
Valor del gas natural considerado, $/Nm³	700	700	700	700	700

Valor del consumo anual de gas natural estimado, millones de $	10 878	10 507	10 380	10 256	10 136
Ahorro posible de gas natural, %		3,4	4,6	5,7	6,8
Ahorro posible de gas natural, millones de $/año		371	498	622	742
Ahorro posible de gas natural, millones de $/mes		31,0	41,5	51,8	61,9
Costo de capital, % mensual		1,25	1,25	1,25	1,25
Inversión para pagar el ahorro en tres años, millones de pesos		768	1.030	1.286	1.535

Se aprecia que los ahorros estimados están entre 31 y 62 millones de pesos por mes. Estos ahorros podrían soportar inversiones entre 768 y 1535 millones de pesos que se recuperarían en tres años, incluyendo costos de capital del 15 % anual. Se observa que se trata de ahorros muy significativos, que son capaces de soportar inversiones importantes. Sin embargo las medidas que se requieren para lograr las mayores eficiencias no necesariamente requieren de estas altas inversiones. En esencia, mucho se podría lograr con un manejo deliberado y consiente de los excesos de aire en la combustión. Sin embargo, esto debería ser confirmado con la realización de balances de masa y energía detallados y con datos que garanticen certeza, sobretodo en la medición de los flujos de agua y vapor. La realización de los balances de masa y energía en sí misma permite comprobar la validez de las medidas que se hagan sobre las variables.

- **Una mirada cuidadosa a las pérdidas**

Las pérdidas son muy importantes en los equipos térmicos, dado que trabajan a altas temperaturas, con generación de flujos de gases y de aguas de salida. Esto también ocurre en los sistemas eléctricos y mecánicos, pero con menor intensidad.

Los equipos térmicos son aquellos que utilizan calor proveniente de una fuente externa y lo entregan al proceso de forma directa, como en el caso de los hornos, o indirecta, como sucede en las calderas. Estos equipos intervienen en los procesos utilizando la energía para generar ambientes calientes que permitan secar productos, calentar (aumentar la energía interna de una sustancia dada), provocar transformaciones químicas de sustancias, fundir minerales u otros materiales, para realizar tratamientos térmicos, etc.

Las mediciones claves tienen que ver con las temperaturas de proceso, con el suministro de energía, con los flujos de entrada y de salida de los productos y de los aires calientes y fríos.

Muchas de las pérdidas en estos equipos tienen que ver con su estado. Estos equipos tienden a deteriorarse por razón de las condiciones de trabajo. Por ello es muy conveniente tener datos sobre los consumos específicos de los energéticos en estos equipos y hacer seguimientos en el tiempo.

Los principales orígenes de las pérdidas de energía son:

- Temperatura de gases de escapes excesiva.
- Combustión defectuosa.
- Temperaturas de paredes altas por falta de aislamientos adecuadas.
- Entradas de aires falsos.
- Radiación a través de aberturas.
- Temperatura excesiva en el producto y en los elementos de transporte.
- Funcionamiento intermitente.
- Mala carga.
- Operación defectuosa.
- Paradas imprevistas.
- Uso de gases de elevada temperatura en equipos que deben trabajar a baja temperatura, como puede suceder en intercambiadores de calor y hornos.

La mejor manera para determinar los focos de pérdidas es por medio de la realización de los balances energéticos. Al cuantificar la energía perdida, se puede calcular la cantidad de energético que se está dejando de aprovechar, de esta forma se puede saber económicamente cuanto representan estas pérdidas.

Las pérdidas de calor en paredes se pueden estimar como

$$Q = hA(Tp - Ta)$$

Donde:

h= Coeficiente de transferencia de calor al ambiente. Combina efectos de conducción y radiación. En muchos casos se pueden estimar las perdidas con un valor h de 1 BTU / h/ ft^2/°C.
A = área de contacto con el medio.

Tp = temperatura de pared.
Ta = temperatura del medio

Una característica importante de éste tipo de equipos térmicos es la velocidad de transferencia de calor que puede ocurrir en los aislamientos. Esta velocidad dependerá de su material de construcción y está representado por la siguiente expresión:

$$Velocidad = \frac{Caída\ de\ temperatura}{resistencia}$$

Por caída de temperatura se refiere a la disminución de la temperatura a través de la pared y por resistencia se refiere a la oposición que ofrece el material del equipo a la transferencia de calor. Lo opuesto a la resistencia es la conductancia. Ambas dependen del espesor del material y de la conductividad que es una propiedad del material.

Para realizar los balances de energía en los equipos térmicos se debe de tener en cuenta:
- El tipo de material que del que está fabricado el equipo,
- Los espesores de pared
- El tipo y calidad de los aislamientos térmicos,
- Los flujos másicos que interactúan con el equipo,
- Los mecanismos de transferencia de calor que se aplican al equipo.

Para completar el tema que se ha tratado de las calderas se hacen a continuación unas consideraciones sobre estos equipos

Las calderas son de uso abundante en la industria. Están diseñados para transferir calor proveniente de la combustión, a un fluido que generalmente es agua, que por su alto calor latente de vaporización hace que la fase gaseosa de este fluido pueda almacenar altas cantidades de energía térmica. Algunas mediciones claves para conocer el funcionamiento actual del equipo y para tener criterios sobre la eficiencia son: flujo, temperatura y composición de los gases de salida, contenido de humedad del combustible, flujo de aire, temperatura de entrada del agua.

La eficiencia de una caldera se define como la relación entre la cantidad de energía ganada por el vapor y la energía calorífica entregada por el combustible

$$\eta = \frac{Mv * Hfg}{Mc * Hc} * 100$$

Donde:

Mv = Flujo de Vapor entregado por la caldera.
Hfg = Entalpía de vaporización
Mc = flujo de combustible consumido por la caldera
Hc = poder calorífico del combustible.

Las pérdidas se originan en los siguientes fenómenos:
- Temperatura excesiva de gases efluentes.
- Inquemados del combustible.
- Porcentaje excesivo de oxígeno en los gases, el cual indica altos excesos de aire.
- Elevada temperatura de paredes de las superficies externas.
- Calidad pobre del vapor por arrastre de agua.
- Excesivo caudal de purgas y de fondo.
- Cenizas calientes.
- Agua en el aire de combustión y combustible.
- Fugas de vapor.
- Redes mal dimensionadas.
- Falta de control.
- Operación fluctuante con demandas muy variables de vapor.

Las calderas modernas a gas deben mostrar eficiencias cercanas al 85 %.

Algunas recomendaciones se pueden aplicar en general a los equipos industriales para disminuir sus pérdidas. Estas recomendaciones son:

- Aumentar las cargas de los equipos y operarlos a plena producción.
- Evitar el enfriamiento excesivo de los equipos que trabajan a altas temperaturas como hornos, secadores y calderas, entre operaciones.
- Aislar adecuadamente las paredes de los equipos térmicos y las conducciones calientes.
- Precalentar el aire de combustión con el material que se debe enfriar.
- Quemar el combustible con bajo exceso de aire.
- Precalentar el material con los gases calientes de la zona de cocción.
- Operar en lo posible en contra corriente en los intercambiadores y secadores.

- Secar con los gases calientes que provienen de la zona de precalentamiento.
- Recuperar la energía sensible de los gases de chimenea. Esta pérdida puede reducirse así:
  - Precalentar el aire para secados y precalentar los sólidos que van entrar al proceso.
  - Recirculando parte de los gases para rebajar la temperatura en la zona de combustión.
  - Recirculando parte de los humos para rebajar la temperatura en la zona de combustión.
- Realizar evaluación de perdidas regularmente.
- Llevar estadísticas de carga y de proceso. En general el rendimiento del equipo cae cuando se opera en puntos retirados del diseño.
- Es importante aprovechar al máximo las transferencias de calor y operar las cámaras de combustión a las mayores temperaturas posibles.
- En los intercambiadores de calor y en las calderas es importante realizar una buena limpieza en las superficies de los tubos, interna y externamente. El registro de temperaturas de los diferentes pasos de gas ayuda a detectar condiciones de limpieza para óptimas eficiencias.
- Trabajar con combustibles cuyas características sean conocidas y controladas.
- Mantener buenos sellos para evitar infiltraciones de aire que aumenten los excesos de aire en las cámaras de combustión.

- **Una mirada cuidadosa a los ahorro**s

El lado opuesto y complementario al de las pérdidas es el de los ahorros energéticos. Mirar los ahorros es enfocarse de forma proactiva y positiva sobre los sistemas energéticos.

El uso racional de la energía considera inicialmente el evitar el funcionamiento de lo superfluo, mediante la eliminación de los derroches. Ejemplos de derroches:

- Mantener temperaturas y flujos en un proceso superiores a las requeridas, dando lugar a descargas de gases también superiores en flujo y en temperatura. Si no se presta atención a esto, no se va a notar, en caso de que la calidad salga buena.
- Permitir entradas de aires parásitos o de alivio en un sistema de ventilación a altas succiones, simplemente para lograr que se balanceen ciertos flujos.

- Permitir escapes de gases calientes de un horno por falta de buenos sellos y juntas.
- Inyectar vapor a alta presión en un tanque de agua para calentarla, en vez de hacerlo en forma regulada.
- Controlar flujos mediante compuertas con grandes pérdidas de presión en vez de ajustar las velocidades de los elementos generadores del flujo.
- Trabajar sistemas de bombeo en paralelo en los cuales alguno de los elementos necesiten bajas caídas de presión en comparación con el resto y regular mediante restricciones el flujo por tales ramales.

Para hablar en realidad de ahorros, es necesario haber realizado acciones y modificaciones en los procesos que eliminen los derroches innecesarios. Los ahorros de energía se pueden considerar como el efecto de:

- Ajustes operativos que lleven los equipos a sus mejores puntos de operación.
- Ajustes de proceso con base en los sistemas existentes.
- Reformulaciones de las condiciones de trabajo.
- Cambios en los elementos de control y en la instrumentación.
- Cambios en la tecnología por otras de mayor eficiencia.
- Conexiones entre procesos, reutilizaciones y reciclajes de líneas de proceso.

El ahorro lo podemos determinar con una sencilla expresión:

Ahorro = Consumo antes – Consumo luego de las modificaciones

Se puede expresar como porcentaje con base en el valor antes de la modificación.

El ahorro se denomina potencial, cuando lo estamos proyectando a partir de un diseño, de un estudio, de un análisis, de un plan de acción. Se denomina real o efectivo cuando ha sido encontrado en la práctica.

Los ahorros se pueden perder si no se mantiene la calidad operativa, la calibración de los controles y de los instrumentos o el nivel de producción. También pueden aparecer mayores ahorros a los proyectados cuando aumenta la producción o cuando se habían hecho las proyecciones en forma conservadora.

Estas son algunas ideas de aprovechamiento energético que nos permite obtener ahorros:

- Ajustar y optimizar las recirculaciones, que son grandes consumidoras de energía en una planta.

- Reducir pérdidas de energía debidas a ciclos de enfriamiento y calentamiento de corrientes internas de alimentación a unidades de proceso.
- Instalar turbinas de expansión reemplazando las válvulas de control de vapor. Las válvulas de control pierden gran cantidad de energía que podría convertirse en electricidad instalando turbinas de expansión.
- Intercambiadores de calor de bajo coeficiente de ensuciamiento.
- Utilizar compresores para aumentar la presión de una corriente de vapor residual de baja presión. Este tipo de soluciones puede ser rentable en combinación con la instalación de vaporizadores, generadores de vapor de baja presión, para condensar destilados de las columnas.
- Reducir el exceso de aire en los equipos de combustión.
- Instalar economizadores en las calderas y hornos para calentar la corriente de alimentación de agua y el aire de combustión aprovechando el calor de los gases de la chimenea.
- Instalar controles de combustión para optimizar la operación de sistemas de calderas.
- Minimizar las purgas de condensados en el sistema de vapor, mediante la mejora del tratamiento del agua de alimentación.
- Recoger y reducir las purgas de las calderas.
- Minimizar el venteo de vapor de los desaireadores. Se puede para ello disminuir el oxígeno de los condensados por tratamientos químicos.
- Usar termografías para detectar zonas donde mejorar el aislamiento.
- Instalar variadores de velocidad en bombas y compresores de gran capacidad.
- Instalar válvulas automáticas de corte en la línea de mínimo caudal de bombas de gran capacidad.
- Incinerar subproductos con potencial energético en calderas de vapor o en hornos.
- Generar vapor aprovechando el calor de los gases de chimeneas de los hornos.

En el gráfico siguiente, adaptado de uno de la agencia EPA de Estados Unidos, se observa el caso más clásico de ahorro energético: trabajar con ciclos combinados en la producción de energía eléctrica mediante una turbina de gas y generación de vapor (calor) con sus gases de salida. En el ciclo convencional, una caldera genera vapor (calor) y otra unidad genera electricidad.

- **Análisis simple de oportunidades de ahorro basadas en los datos globales de la empresa**

Cualquier empresa debería contar con una información básica de dos tipos de consumos energéticos: los consumos de electricidad y los consumos de combustibles. Un análisis estadístico realizado por INDISA para un grupo significativo de procesos ha mostrado el comportamiento que se señala en la tabla siguiente. En ella aparecen datos de 27 procesos en campos como los siguientes: fabricación de cemento, cerveza, cerámica, tejas, envases, llantas, frenos acero e hilos, procesos de café, arroz, cebada y cacao. En la mayor parte de los casos se tomaron indicadores generales del proceso total, aunque en algunos casos se trabajó con procesos particulares. En general, los datos correspondían a promedios mensuales, pero en algunos pocos casos se estudiaron datos diarios. Se trabajó con dos insumos energéticos, electricidad y gas natural.

Resultados para el uso de la electricidad (datos de 27 procesos)			
Característica	Mínimo	Máximo	Medio
Ahorros potenciales de electricidad a producción media, %	1,58	26,4	8,62
Ahorros potenciales de electricidad a producción media, KWh/ton	0,041	1.512	74,88
Ahorros potenciales de electricidad a producción media, US $/ton	0,00364	132,74	6,57
Ahorros potenciales de electricidad a producción media, US $/año	2.335	898.357	129.165
Factor de correlación lineal R^2	0,007	0,96	0,52
Resultados para el consumo de gas natural (datos de 8 procesos)			
Característica	Mínima	Máxima	Media
Ahorros potenciales de gas natural a producción media, %	3,65	44,92	13,5
Ahorros potenciales de gas natural a producción media, kWh/ton	0,21	103,17	20,87
Ahorros potenciales de gas natural a producción media, US $/ton	0,05	25,16	5,09
Ahorros potenciales de gas natural a producción media, US $/año	5.094	470.000	136.878

La siguiente gráfica presenta una comparación entre las eficiencias de un sistema de cogeneración con ciclo combinado y un sistema de generación convencional.

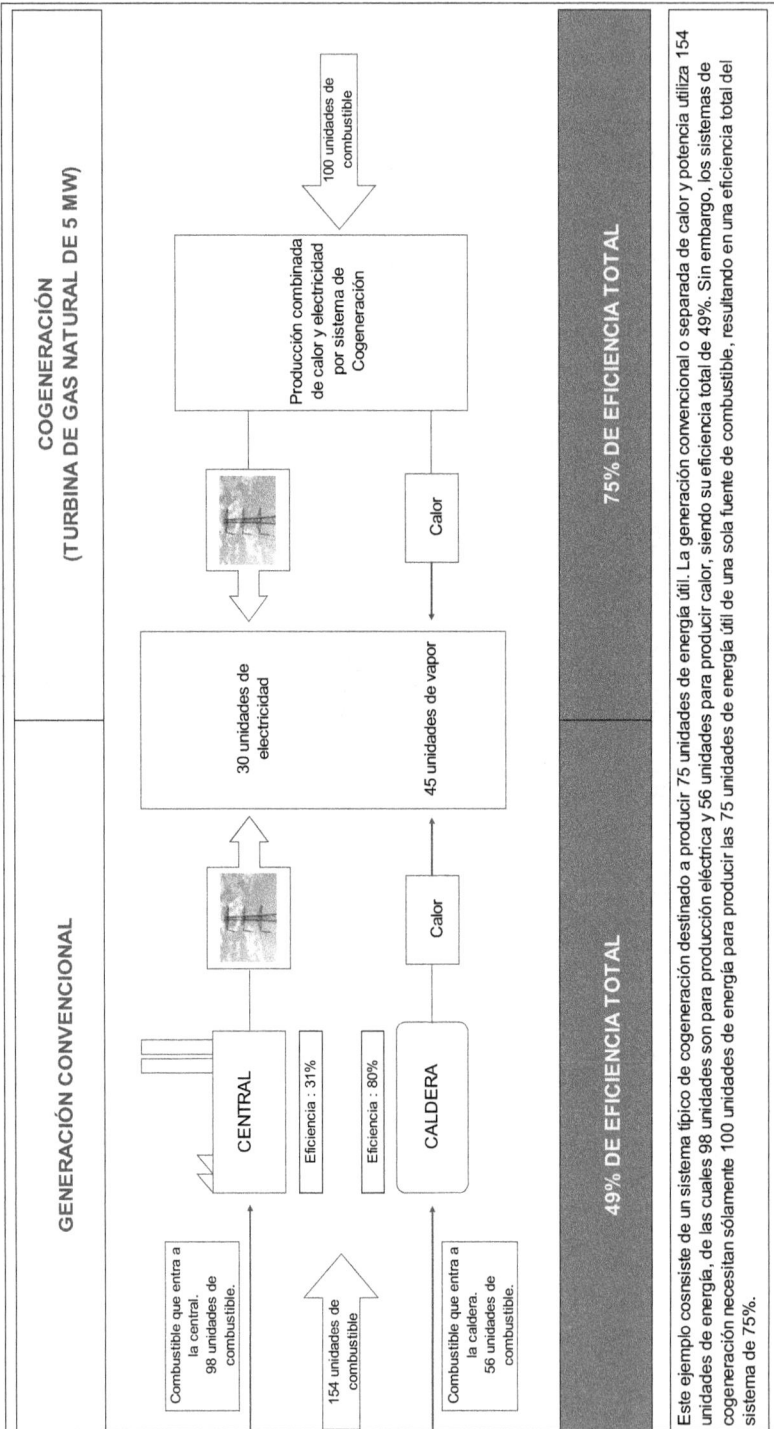

COGENERACIÓN (TURBINA DE GAS NATURAL DE 5 MW)

GENERACIÓN CONVENCIONAL

100 unidades de combustible

Producción combinada de calor y electricidad por sistema de Cogeneración

30 unidades de electricidad

45 unidades de vapor

Calor

CENTRAL

Eficiencia : 31%

Eficiencia : 80%

CALDERA

Calor

Combustible que entra a la central. 98 unidades de combustible.

154 unidades de combustible

Combustible que entra a la caldera. 56 unidades de combustible.

49% DE EFICIENCIA TOTAL

75% DE EFICIENCIA TOTAL

Este ejemplo cosnsiste de un sistema típico de cogeneración destinado a producir 75 unidades de energía útil. La generación convencional o separada de calor y potencia utiliza 154 unidades de energía, de las cuales 98 unidades son para producción eléctrica y 56 unidades para producir calor, siendo su eficiencia total de 49%. Sin embargo, los sistemas de cogeneración necesitan sólamente 100 unidades de energía para producir las 75 unidades de energía útil de una sola fuente de combustible, resultando en una eficiencia total del sistema de 75%.

229

Al observar esta información, resulta interesante proponer que las empresas examinen sus datos globales de consumo y planteen los ahorros potenciales que se pueden generar con la implantación de programas de mejora energética, uso racional de la energía y gestión energética integral. Según lo observado, es de esperar que los ahorros potenciales, basados en prácticas operativas, sin inversiones significativas, van a estar en promedio, para la electricidad en el 8 al 9 % y para los consumos de combustibles del 13 al 14 %. Ahora, si se plantean mejoras tecnológicas y cambios de procesos, los ahorros pueden ser mucho mayores. Con estas bases se propone que las empresas elaboren tablas como las de los siguientes ejemplos, que están basados en información real, para cada uno de sus energéticos.

Posibilidades de ahorros en electricidad según las medidas de ahorro propuestas

Producto terminado	t/mes	8 000			
Valor del producto	$/kg	1 000			
Ventas anuales	millones $	96 000			
Consumo específico electricidad	kWh/ton	140			
Consumo mensual de electricidad	kWh	1 120 000			
Valor del kWh	$/kWh	230			
Valor del consumo mensual	millones $	257,6			
Valor del consumo mensual	% ventas anuales	3,2			
Tipo de medidas de ahorro		Operativas sin inversión	Operativas y de baja inversión	Inversiones medias	Inversiones altas
Ahorros potenciales	%	4,2	8,5	15	30
Valor del ahorro mensual	millones $	10,8	21,9	38,6	77,3
Costo financiero y de capital considerado	% anual	15,0	15,0	15,0	15,0
Tiempo de recuperación de la inversión	años	1,0	2,0	3,0	4,0
Inversión que se puede recuperar con estos ahorros	millones $	113	404	959	2.318
Inversión	% ventas anuales	0,12	0,42	1,00	2,41

Posibilidades de ahorros en combustibles según las medidas de ahorro propuestas

Producto terminado	t/mes	8 000			
Valor del producto	$/kg	1 000			
Ventas anuales	millones $	96 000			
Consumo específico gas natural	Nm³/ton	60			
Consumo de combustible	Nm³/mes	480 000			
Costo de combustible	$/Nm³	700			
Valor del consumo mensual	millones $	336,0			
Valor del consumo mensual	% ventas anuales	4,2			
Tipo de medidas de ahorro		Operativas y de baja inversión	Operativas y de baja inversión	Inversiones medias	Inversiones altas
Ahorros potenciales	%	5	13,5	25	35
Valor del ahorro mensual	millones $	16,8	45,4	84,0	117,6
Costo financiero y de capital considerado	% anual	15,0	15,0	15,0	15,0
Tiempo de recuperación	año	1,0	2,0	3,0	4,0
Inversión que se puede recuperar con estos ahorros	millones $	175	838	2.085	3.527
Inversión	% ventas anuales	0,18	0,87	2,17	3,67

Obsérvese que en el análisis anterior, se han asignado tiempos de retorno de la inversión mayores para el caso de la búsqueda de ahorros mayores (es decir, para el caso de las inversiones mayores). Esto es lógico, las acciones operativas, por ejemplo, cuando requieren inversiones, deben mostrar resultados en el corto plazo. En cambio los grandes proyectos tecnológicos, van a mostrar sus resultados en un plazo mayor. Tener en la mente estos valores, estos porcentajes, da perspectiva para emprender acciones, para emprender proyectos. Las figuras siguientes muestran el impacto del tamaño de empresa (y por lo tanto del tamaño de consumos) sobre la magnitud de las inversiones factibles. Naturalmente, a mayor tamaño, mayores son las inversiones factibles.

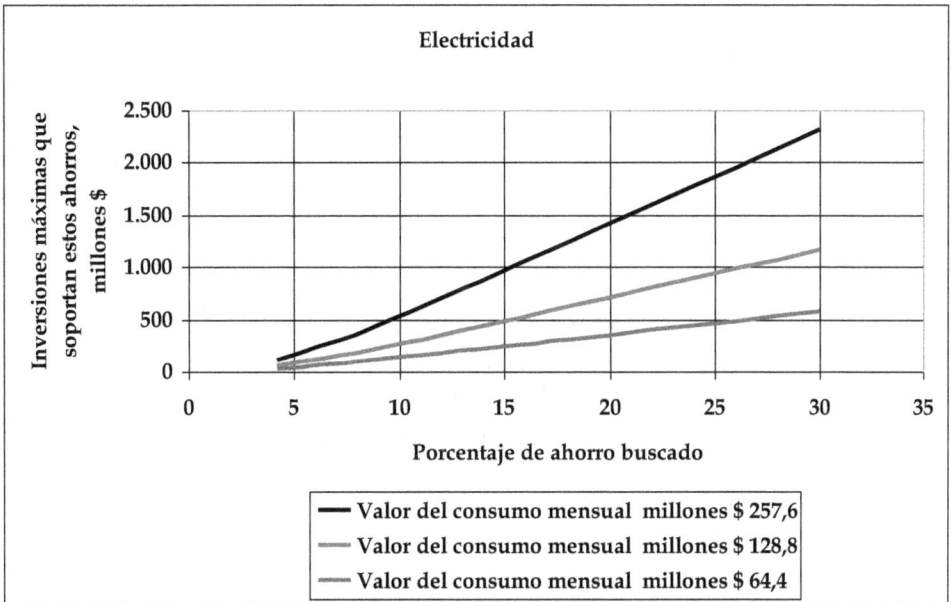

Inversiones que se pueden recuperar en el tiempo establecido con base en porcentajes de ahorro de electricidad crecientes y según el tamaño de empresa

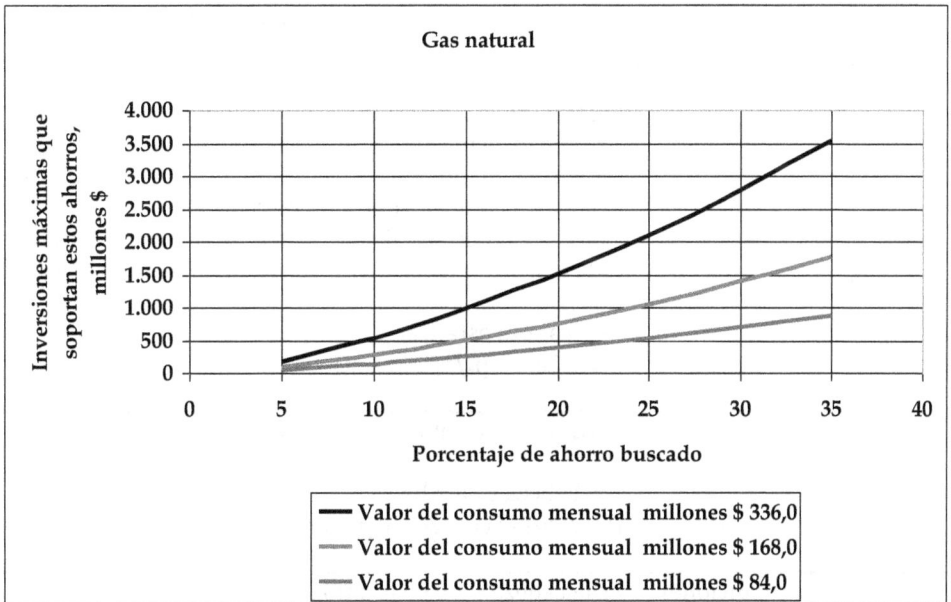

Inversiones que se pueden recuperar en el tiempo establecido con base en porcentajes de ahorro de gas natural crecientes y según el tamaño de empresa

- **Metodología de análisis de oportunidades de ahorro basada en equipos que se analizan en detalle.**

Se presenta a continuación un ejemplo de análisis de un equipo específico, para visualizar la metodología de trabajo. Como se ha indicado, se parte de un conocimiento detallado y técnico del equipo, el cual se somete a balances de masa y energía.

Los ventiladores industriales son altos consumidores de energía eléctrica y se usan en prácticamente la totalidad de las empresas industriales. En muchas ocasiones pueden estar trabajando en condiciones muy pobres desde el punto de vista energético. Es recomendable hacer un análisis como el que se indica, al menos para los ventiladores de más de 20 HP de potencia.

A continuación se presentan un resumen de los parámetros que se deben de tener en cuenta al estudiar un ventilador.

Concepto	Explicación
Velocidad del motor	En general es la de la placa del motor
Velocidad del ventilador	Depende de las relaciones de poleas de motor y ventilador o del algún sistema de variador existente. Cuando es muy alta, el ventilador es ruidoso. Esta es una seña de posibles ineficiencias energéticas.
Cabeza estática hs	Se define como la diferencia de presión estática entre la salida (e) y la entrada (i) del ventilador menos la cabeza de velocidad en la entrada. Ambas presiones se miden con manómetros. La cabeza de velocidad se calcula con base en la velocidad media (flujo dividido por el área). El flujo se calcula a partir de la velocidad medida con algún dispositivo, por ejemplo un tubo de pitot hs = cabeza estática= $(V_e^2/ 2g) + (p_e/\rho g - p_i/\rho g)$
Cabeza total H	Es la cabeza estática más la cabeza de velocidad en la salida H = cabeza total= hs + $(V_e^2/ 2g) =$ $(V_e^2/ 2g) - (V_i^2 / 2g) + (p_e/\rho g - p_i/\rho g)$
Cabeza total a condiciones estándar	Es la cabeza total en el sitio llevada a condiciones estándares, 1 atmósfera y 20 grados centígrados
Caudal Q	Se calcula con la velocidad y el área Q = V x A
Potencia placa	Es la que aparece en la placa del motor

Concepto	Explicación
Potencia mecánica flujo	Se calcula con base en el flujo del ventilador y la cabeza que se genera. Es la potencia útil que gana el fluido al pasar por el equipo. Pot flujo = ρgQH
Intensidad de trabajo	Es la corriente que se ha medido consumida por el motor.
Voltaje de trabajo	Es el voltaje medido
Factor de potencia	Relaciona la potencia aparente en KVA (kilovoltios x amperes) con la potencia real activa que consume el motor, que es la que se paga. Es menor de 1.
Eficiencia mecánica del motor	Es un dato del motor que se puede calcular con base en los datos de placa del motor para cargas normales. Relaciona como porcentaje la potencia mecánica que entrega el motor y la potencia eléctrica activa que recibe. Para cargas bajas se debe determinar según la curva de eficiencia del motor.
Potencia activa de trabajo	Es el resultado multiplicar la potencia aparente en KVA (kilovoltios x amperes) por el factor de potencia.
Potencia mecánica de trabajo del motor	Es el resultado de multiplicar la potencia activa por la eficiencia del motor. Se asimila a la potencia realmente entregada al ventilador o equipo movido por el motor.
Porcentaje de carga del motor	Es la relación entre la potencia mecánica de trabajo y la potencia de placa, llevada a porcentaje.
Eficiencia de trabajo del ventilador	Se calcula comparando la potencia de flujo con la potencia mecánica que se recibe del motor. Se pueden calcular dos eficiencias: la estática, basada en hs y la total, basada en H
Tiempo operación anual	Son las horas estimadas de trabajo del equipo a condiciones medias de carga por año. Se puede deducir de los flujos de producción y de las capacidades del equipo, ya sea medidas en campo o reportadas por la empresa.
Energía eléctrica anual consumida	Es el total del consumo anual. Se obtiene multiplicando la potencia activa consumida por el tiempo de operación anual.
Costo de funcionamiento eléctrico anual	Se obtiene multiplicando la energía eléctrica consumida por el costos del kWh
Análisis de cambio a ventilador más eficiente	En algunos casos, cuando se trabaja a eficiencias bajas, se debe evaluar la idea de cambio de ventilador.
Eficiencia posible con nuevo ventilador	Se basa en un estudio de las opciones disponibles. En la práctica se deben entrar en detalles específicos de selección o diseño.

Concepto	Explicación
Ahorro anual por uso de ventilador más eficiente	Se estima el ahorro anual que se lograría con el cambio. Un ventilador moderno puede dar eficiencias hasta del 85 %. Es posible que haya ventiladores en planta con eficiencias actuales menores del 50 %.
Inversión en cambio de ventilador que puede recuperarse en cierto tiempo (tres años por ejemplo) con costo financiero dado (por ejemplo del 15 % anual)	Se estima la conveniencia del cambio calculando esta inversión, en forma simple. El valor obtenido se puede comparar con las inversiones reales que serían necesarias para el cambio. Si se aprecia que podría ser atractivo el cambio, debe examinarse en detalle basándose en un equipo nuevo concreto, cotizado por un proveedor, teniendo en cuenta los elementos adicionales que implica el cambio.
Análisis de uso de variador de velocidad para eliminar pérdidas en compuertas	En los sistemas de flujo se usan con frecuencia compuertas para regular los flujos. Esto da lugar a pérdidas. Se pueden eliminar estar pérdidas mediante el empleo de variadores de velocidad o por cambio mediante poleas u otros medios a velocidades menores de giro.
Caída de presión en compuertas	Este es el parámetro que permite entender el efecto de las compuertas.
Energía eléctrica anual consumida	La caída de presión da lugar a consumos de potencias.
Costo anual de la energía gastada en compuertas	Este estimado permite evaluar el impacto de las compuertas.
Inversión en variador de velocidad o cambio de velocidad que puede recuperarse en el tiempo especificado con el costo financiero dado	Se estima la conveniencia del cambio calculando esta inversión, en forma simple. El valor obtenido se puede comparar con las inversiones reales que serían necesarias para el cambio. Si se aprecia que podría ser atractivo el cambio, debe examinarse en detalle basándose en un equipo nuevo concreto, cotizado por un proveedor, teniendo en cuenta los elementos adicionales que implica el cambio.
Pérdidas de tubería – curva del sistema	El flujo que entregan los ventiladores se lleva por medio de tuberías de cierto diámetro, para realizar diversas funciones, a velocidades de transporte determinadas. Este transporte da lugar a pérdidas de presión, que deben ser suministradas por el ventilador. En el punto de funcionamiento, las presiones de salida y de entrada del ventilador coinciden con las presiones en las tuberías en dichos puntos. Estas presiones son funciones del caudal manejado y de las pérdidas y con ellas se elabora la curva del sistema.

Concepto	Explicación
Ineficiencias del sistema	Se puede dar lugar a consumos excesivos de potencia cuando las velocidades de paso por los ductos son excesivas, cuando el diseño es pobre y se presentan codos muy cerrados o entradas de flujo en ángulos poco aerodinámicos o cuando hay escapes de aires o entradas parásitas o cuando hay taponamientos de los ductos o cuando las entradas y salidas de los ventiladores están diseñadas pobremente por falta de espacios o de criterios. Un buen análisis detecta estas fallas de sistema. Un buen diseño, las evita de partida.

A continuación se presenta un estudio realizado una planta en la cual un ventilador de buen tamaño tenía una compuerta en su salida que estaba muy cerrada, dado que este ventilador era de cabeza alta y con la compuerta se regulaba el flujo. Este ventilador estaba trabajando con un motor de alta potencia y porcentaje de carga alta. El análisis mostró que se podría reemplazar la compuerta de salida por un variador y además trabajar con un motor mucho más pequeño.

Situación		Con compuerta	Con variador
Cabeza de presión en la salida	mm H₂0	796	301
Cabeza de presión en la entrada	mm H₂0	-15	-15
Apertura compuerta	%	50	no hay
Potencia nominal del motor	kW	150	40
Factor de potencia		0,86	0,89
Voltaje	voltios	440	440
Corriente	amperios	98,0	40,5
Potencia eléctrica motor activa	kW	64,23	27,44
Eficiencia del motor	%	94,7	91
Potencia mecánica del motor en su eje	kW	60,8	25,0
Porcentaje de carga del motor		40,6	62,4
Flujo ventilador	m³/h	16.483	16.483
Flujo ventilador	cfm	9.700	9.700
Lado 1 salida ventilador	cm	60	60
Lado 2 salida ventilador	cm	80	80
Área salida ventilador	m²	0,480	0,480
Temperatura entrada	°C	22	22

Situación		Con com- puerta	Con varia- dor
Temperatura salida	°C	36,7	27,8
Presión de salida absoluta	psia	11,72	11,02
Densidad del aire en la salida	kg/m³	0,91	0,88
Densidad del aire en la entrada	kg/m³	0,86	0,86
Velocidad de entrada ventilador	m/s	6,46	6,46
Velocidad de entrada ventilador	fpm	1.272	1.272
Velocidad de salida ventilador	m/s	10,06	9,73
Velocidad de salida ventilador	fpm	1.980	1.915
Cabeza de velocidad salida	mm H₂O	4,71	4,26
Cabeza de velocidad entrada	mm H₂O	1,84	1,84
Cabeza estática hS del ventilador	mm H₂O	809	314
Cabeza total H del ventilador	mm H₂O	814	318
Potencia de flujo	kW	37,02	14,48
Eficiencia mecánica del ventilador	%	60,9	58,0
Caída de presión debida a la compuerta	mm H₂O	495	0
Horas por año de trabajo		7200	7200
Costo del kWh	$	230	230
Costo anual de electricidad	millones $	106,4	45,4
Ahorro de potencia si se elimina la com-puerta y se ajusta velocidad	kW	36,79	
Ahorro anual potencial de electricidad	millones $	60,9	
Ahorros potenciales mensuales	millones $	5,08	
Costo de capital, % anual		15,00	
Inversión para pagar el ahorro en tres años	millones $	126,1	

Con estas capacidades de inversión, se encuentra que es rentable el cambio, ya que la inversión real va a ser menor en este caso.

Este análisis muestra la conveniencia de estudiar los ventiladores no solamente desde sus eficiencias como tales, sino desde el punto de vista de sus sistemas de flujo (tuberías y compuertas). Es posible que algunos de los ventiladores y siste-

mas de una planta estén trabajando con flujos y cabezas mayores de los realmente necesarios y en puntos de trabajo de baja eficiencia. Lo que se hace con el
estudio y su puesta en marcha, es llevar tales sistemas a los puntos de eficiencia
aceptable.

2.3.4 Costos y beneficios ocultos en el empleo de combustibles de distintos costos

Cuando se trata de comparar entre las alternativas para generar energía térmica
en un proceso industrial con base en el uso de combustibles, uno de los aspectos
que de inmediato salta a la vista es el del costo de los combustibles, tal como se
reciben en la planta y la energía que resulta en la combustión por cada peso invertido. Sin embargo este no es el único factor que debe ser considerado al momento de tomar decisiones. Existen costos y beneficios ocultos que pueden ser
muy importantes y deben ser tenidos en cuenta. A medida que va evolucionando
la sociedad, aumenta la conciencia sobre los siguientes aspectos:

- Impactos globales, como los del calentamiento global.
- Calidad del empleo que se genera en las actividades asociadas con el pro-
  ceso.
- Manejo de residuos y subproductos.
- Posibilidad de reciclaje y aprovechamiento de las energías sobrantes.
- Nivel de atención que se requiere en los procesos para lograr funciona-
  mientos estables y controlables.
- Normatividad aplicable en lo relacionado con los impactos ambientales
  y la seguridad.
- Ciclo de vida de los procesos. Las actividades dan lugar a una serie de
  eventos que se interrelacionan y que tienen impactos de largo plazo.

En la actualidad en un país como Colombia, se presenta la posibilidad muy interesante de escoger entre dos combustibles que presentan relativa abundancia
y disponibilidad, que son el gas natural y el carbón. Colombia tiene el gran privi-
legio de contar con enormes reservas de carbón, por mucho las mayores de Su-
ramérica y una de las más grandes del mundo. Igualmente posee el país importantes reservas de gas natural, incluyendo el gas asociado a la explotación del
petróleo. A la hora de decidir entre estos dos combustibles, naturalmente que es
muy importante contar con las posibilidades de suministro estable. En este sentido el país ha venido desarrollando una importante red de suministro de gas
natural, de tal manera que este combustible se vuelve más y más una alternativa
a tener en cuenta. En cuanto al carbón, existe una tradición minera en varias re-

giones del país y sistemas de transporte a base de volquetas para su uso industrial y base de ferrocarril y de puertos especializados para las grandes exportaciones.

Una primera comparación entre ambos combustibles es la que se hace simplemente comparando los costos por unidad de calor generado en la combustión. En este sentido, aparentemente sencillo, aparece la primera complejidad. En efecto:

Los precios del carbón muestran amplios rangos. En estudios hechos en INDISA para cuatro empresas de la región de Antioquia, se encontraron precios de compra de este energético que oscilaban entre 114 y 158 $/kg, lo cual significa variaciones hasta de 44 $/kg, un 31,3 % con respecto al valor medio de la muestra. Esto da la idea de que se trata de un mercado que muestra un cierto nivel de desorden y de informalidad, ya que se trata de carbones relativamente semejantes que se traen de la misma región.

Cuando se consideran los poderes caloríficos reales de los carbones y su capacidad real de generar calor por unidad quemada, es muy importante tener en cuenta los contenidos de cenizas y de humedad. En el estudio realizado, los carbones mostraron humedades altas, del orden del 9,9 al 12.0 % y cenizas muy variables, entre el 3,9 y 14,2 %. Estas variaciones dan lugar a cambios importantes en el poder calorífico real. La tabla siguiente analiza este punto (datos en col $ 2011).

Caso	Precio carbón (2010), $/kg	Contenido de ceniza del, % BS	Contenido de hume-dad, %	Costo del calor, $/MMBTU, máximo	Costo del calor, $/MMBTU, mínimo	Costo del calor, $/MMBTU, probable
1	146,5	4 a 13	5 a 11	7.617	6.467	7.387
2	114,0	6 a 14	5 a 12	6.109	5.177	5.923
3	140,4	5,9 a 14,2	5 a 11,2	7.498	6.390	7.276
4	157,7	3,9 a 7,0	5 a 9,8	7.548	6.936	7.426
Media	139,7	3,9 a 14,2	5 a 12	7.617	5.177	7.129
Variación, %	31,3	113,8	82,4			

Se observa que el costo del calor basado en el precio del combustible, en unidades de calor (millones de BTU a poder calorífico inferior) por $, oscila entre 5177 y 7617, que es una variación equivalente al 34 % del valor medio de la muestra.

Por lo tanto, es evidente que al hablar del carbón para comparar su costo de generación de calor y compararlo con otro energético, como el gas natural, no es válido tomar un valor fijo, sino que se debe analizar el precio de compra real (con su transporte hasta la planta) y el efecto de las variaciones de cenizas y de humedad.

A continuación se presenta un cuadro comparativo entre el gas natural y el carbón, en lo relacionado con los costos de generación de calor, para los mismos casos estudiados.

Caso	Costo del gas natural (2010), $Nm³	Costo del calor, $/MMBTU	Relación de costos del calor entre gas natural y carbón, máximo	Relación de costos del calor entre gas natural y carbón, mínimo	Relación de costos del calor entre gas natural y carbón, probable
1	678,4	21.442	3,32	2,82	2,90
2	751,2	23.746	4,59	3,89	4,01
3	704,4	22.266	3,48	2,97	3,06
4	736,8	23.289	3,36	3,09	3,14
Media	717,7	22.686	4,59	2,82	3,18
Variación, %	10,2	10,2			

Se observa que las variaciones en los costos de generar calor para el gas natural no tienen que ver con sus propiedades (en los casos que nos ocupan el proveedor está en capacidad de certificar unas especificaciones dadas), sino con el precio de entrega en la planta respectiva.

Al comparar con el carbón, se observa que el millón de BTU generado con gas natural, costaría entre 2,82 y 4,59 veces lo que costaría hacerlo con carbón, según el tipo de carbón y su precio, para la muestra estudiada. La relación promedio encontrada fue de 3,18 veces para la muestra estudiada.

Cuando se profundiza más en las comparaciones entre ambos combustibles, aparecen elementos adicionales, que hacen que las diferencias entre ambos se acorten, aún desde el punto de vista de los costos de la generación de calor. La siguiente tabla muestra algunas consideraciones al respecto.

Aspectos a considerar en el manejo de los combustibles carbón y gas natural

Aspecto	Gas natural	Carbón
Almacenaje	No requiere tanques de almacenamiento ni áreas de almacenamiento, ya que se entrega por red.	Requiere grandes áreas de almacenamiento de combustible, así como sistemas de manejo que permitan disminuir la contaminación por material particulado al manipular el mismo.
Estabilidad en el suministro	El suministro está a cargo de empresas especializadas que ofrecen garantías.	Diversidad de proveedores, en general con capacidad limitada y variaciones de calidad entre ellos y entre suministros, siendo necesario contar con varios proveedores. Se generan situaciones estacionales que deben ser tenidas en cuenta manteniendo inventarios.
Precios y costos	Sus precios son regulados por la Comisión de Regulación de Energía y Gas (CREG). Pueden depender de precios del petróleo y de la tasa de cambio del dólar	El comportamiento del precio del carbón obedece a cambios en oferta y demanda del combustible y la capacidad de negociación de la empresa.
Emisiones de gases de efecto invernadero	Las emisiones de CO_2 por unidad térmica son sensiblemente menores. Es importante garantizar una combustión muy buena para evitar emisiones de gas natural sin quemar, que también es un gas de efecto de invernadero.	Hay una tendencia mundial a tratar de alejarse de la combustión del carbón por sus altas emisiones de CO_2. Existe la posibilidad de eliminar su uso, recibiendo como incentivo bonos MDL que son del orden de 15 dólares por tonelada de CO_2 que se deja de emitir.
Emisiones contaminantes	No genera material particulado ni SO_x. No genera cenizas. Se generan emisiones de NOx y debe trabajarse con quemadores de bajo NOx. No genera residuos sólidos.	Su combustión genera emisiones potencialmente altas de CO, NO_x, SO_x y material particulado que deben ser controladas. Genera cenizas, escorias y hollines.

Aspecto	Gas natural	Carbón
Eficiencia de las calderas asociadas	Alta eficiencias, entre el 80 y el 86 % basadas en el poder calorífico neto.	Eficiencias entre el 55% y el 80%, basadas en el poder calorífico neto.
Capacidad de las calderas	La capacidad puede ser hasta un 50 % superior con el uso del gas natural en comparación con el carbón.	
Tiempo de respuesta a demanda de proceso	Se logra respuesta inmediata a la demanda del proceso, por lo tanto se logra mayor estabilidad en la operación.	Se requiere supervisión permanente del operario para controlar el proceso; Respuesta lenta ante cambios de demandas del proceso.
Posibilidad de fuego directo	Dado que es un combustible limpio, los gases de combustión pueden estar directamente en contacto con el producto y el proceso se mejora la eficiencia energética.	No es posible y por ello debe hacerse fuego indirecto, empleando el vapor de la caldera o el aceite térmico; dando por resultado un mayor consumo del energético.
Vida útil de equipos y mantenimiento	Los equipos tienen mayor vida útil, al no estar expuestos a material particulado y óxidos de azufre. Menores necesidades de mantenimiento.	El manejo de cenizas, de escorias y de los óxidos de azufre causa deterioro más acelerado de los equipos. Mayores costos de mantenimiento.
Inversiones en equipos para manejo de combustible y costos de operación asociados	Si se trabaja con quemadores de baja generación de NOx no se requieren equipos para control ambiental.	Para cumplir con la legislación ambiental vigente se requiere: -Importantes inversiones en equipos de control de material particulado y los consecuentes costos asociados de operación y mantenimiento. - El control de emisión de SO_2 y NOx en muchos casos, dependiendo del combustible y del manejo.

Aspecto	Gas natural	Carbón
Dedicación del operativo	La operación requiere sólo de una fracción del tiempo del operario dado que los sistemas de combustión y de control son automáticos.	En general se requiere mayor trabajo operativo para lograr un buen manejo del proceso de combustión y manejar las cenizas y las alimentaciones de combustibles.
Control de calidad del combustible	No se requiere. Es garantizado por el proveedor.	Es importante dadas las variaciones que se generan por causa de la explotación, por el efecto del invierno en las minas y por la carencia de procesos de calidad en muchos de los proveedores.
Costos de electricidad asociados	Son menores, pues los equipos de manejo de gases son más pequeños	Son mayores, por el mayor tamaño de los equipos de manejo de gases y los equipos de manejo de combustible

Para el caso de las emisiones de CO_2, se tiene la siguiente comparación para ambos combustible, por millón de BTU de calor generado.

Combustible	CO_2, kg/MMBTU
Carbón	116,2
Gas natural	58,6
Relación basada en el calor generado	1,98

Es decir, el carbón emite el doble de kilos de CO2 por unidad de calor generado a poder calorífico inferior. Esta es una de las razones más poderosas que se ha tenido en muchos países del mundo para cambiar los consumos de carbón por el uso del gas natural.

 Al considerar esta situación y los diversos elementos señalados en la tabla comparativa en los cuatro casos estudiados, incluyendo el efecto de las eficiencias de los intercambios de calor se llega a las situaciones que se muestran en la tabla siguiente.

Caso	Aumento de costos de la generación de calor con carbón por costos ocultos del manejo del carbón, %	Disminución de costos de la generación de calor con gas natural por venta de bonos MDL, %	Relación de costos del calor entre gas natural y carbón real
1	62,3	8,7	1,63

2	71,9	8,9	2,13
3	78,1	10,8	1,53
4	40,7	7,9	2,05
Media	63,3	9,0	1,84

Con esta visión más integral, al comparar con el carbón, se observa que el millón de BTU generado con gas natural, costaría entre 1,53 y 2,13 veces lo que costaría hacerlo con carbón según el tipo de carbón y su precio, para la muestra estudiada. La relación promedio encontrada fue de 1,84 veces.

Nótese el muy importante impacto que tiene sobre las comparaciones el tener en cuenta costos y beneficios ocultos.

Finalmente debe mencionarse que es importante que el carbón genere para el país una serie de beneficios, comparativa de cierta forma con la que genera el gas natural, beneficios que están incluidos en el precio del gas natural, pero que no lo están en el precio del carbón. Por ejemplo, en los costos de transporte de gas natural, que son importante, están incluidos costos de ingeniería y de tecnología significativos y los costos de los diversos programas de responsabilidad social y ambiental que se deben hacer con las comunidades y en las zonas por donde pasan los gasoductos y donde se colocan las estaciones de regulación. Existe además una importante tasa de contribución. Para lograr el desarrollo de carbón a largo plazo, seguramente va a suceder que sus precios irán aumentando, a medida que se tienen en cuenta diversos factores asociados con la minería y con las comunidades asociadas con su explotación y manejo.

2.4 ANÁLISIS DE COSTO BENEFICIO

El análisis económico debe permitir sacar conclusiones y definir la factibilidad de las ideas, de tal manera que las directivas de la empresa, todos los involucrados y los propietarios, entiendan la conveniencia de adelantar las ideas y convertirlas en proyectos. Se presenta esquemas sencillos de análisis de costo beneficio que permitan a los lectores reforzar sus argumentos para sacar adelante una idea.

2.4.1 Generalidades sobre el análisis de costo beneficio

El análisis de costo-beneficio es una importante herramienta usada para la toma de decisiones en los distintos campos, incluyendo el del uso racional de la energía y el los proyectos energéticos. Pretende determinar la conveniencia de un proyecto mediante la enumeración y valoración posterior en términos económicos de los distintos costos y beneficios derivados directa e indirectamente de dicho proyecto.

Este análisis involucra la consideración de los gastos previstos en contra del total de los beneficios previstos de una o más acciones con el fin de seleccionar la mejor opción o la más rentable. Está basado en el principio de obtener los mayores y mejores resultados al menor esfuerzo invertido, tanto por eficiencia técnica como por motivación humana. Se supone que todos los hechos y actos pueden evaluarse bajo esta lógica, con la idea de seleccionar las opciones o alternativas en las que los beneficios superan los costos.

La humanidad ha entendido cada vez más las interacciones entre los temas del desarrollo, la energía y el medio ambiente. Se han desarrollado nuevos concepto que arrojan mayor luz y a la vez, hacen más complejos los temas de costo beneficio, entre ellos:

- El concepto de ciclo de vida, que trata de tener en cuenta que los productos y los movimientos tienen un impacto que incluye toda la vida del producto y del movimiento y sus relaciones con los otros productos y movimientos asociados, que no se limita únicamente al entorno y a los tiempos inmediatos. Si una empresa arroja gases calientes al ambiente, el calentamiento se distribuye por todo el entorno durante un tiempo mayor que el de la acción misma de salida de los gases y se relaciona con otros temas (calentamiento, efecto invernadero por ejemplo)

- El concepto de responsabilidad social empresarial, que incluye el que las empresas consideren globalmente sus impactos en todas las áreas, técnicas, económicas, ambientales, energéticas y humanas y que asuman responsabilidades claras en todos estos sentidos.
- El concepto de gestión energética integral, que considera que la energía está profundamente asociada con el medio ambiente y con los procesos.
- El concepto de la tierra como ser vivo, susceptible a la explotación excesiva y agresiva de los recursos y capaz de reaccionar ante las presiones que experimente en formas complejas y que implican riesgos.
- El concepto del agotamiento de los recursos naturales, especialmente, el del agotamiento de los combustibles fósiles.
- El concepto calentamiento global y del efecto invernadero, profundamente asociado con el uso de los combustibles y sus emisiones de gases.
- El concepto de costos que se deben internalizar. Es decir de costos intangibles o que no se contabilizan, pero que en lo posible, se deben evaluar y llevar a la contabilidad, al menos social, de las empresas.

En general la preocupación mayor de los que toman decisiones energéticas y ambientales se refiere a las inversiones necesarias, por ejemplo, las que se hacen en los equipos de control ambiental, ya sea para cumplir con las normas o para modernizar los sistemas. Otra preocupación es la de invertir en equipos para aumentar la producción. No es tan general la idea de invertir en elementos para contar con información energética o ambiental (por ejemplo instrumentos). Al momento de escoger entre opciones en una cotización, puede ser que se base la decisión más en el valor de la inversión y puede que no se tenga en cuenta qué tan eficientes son las alternativas, qué tan bajas son las emisiones, qué tan instrumentada y controlada está la solución. Si bien en general se tienen en cuenta los posibles beneficios económicos que resulten de los ahorros de energía, no se tiene el mismo enfoque para las mejoras ambientales y de los nuevos procesos e instalaciones necesarios para controlar el problema, ni los costos y beneficios asociados con las actividades de recuperación de subproductos, con las mejoras de procesos o con la minimización de residuos.

En el desarrollo de cualquier actividad se puede realizar el análisis de costo beneficio. En el caso específico de un proyecto de ingeniería, el análisis es una de las etapas que se requieren para la solución a un problema. Antes de llegar al análisis de costos se desarrollan las siguientes etapas:

- Planteamiento del problema
- Desarrollo de alternativas
- Lista de costos de cada alternativa

- Lista de beneficios de cada alternativa
- Límite de tiempo para recuperar la inversión.

Ante el surgimiento de alternativas de solución al problema se presenta la necesidad de realizar el análisis. En cada alternativa surgen costos y beneficios directos e indirectos y algunos de ellos no se pueden evaluar económicamente con facilidad. Por esto es recomendable realizar una categorización de los criterios de selección de un proyecto.

Al momento de plantear un proyecto, desde el punto de vista conceptual, se pueden aplicar expresiones sencillas en este análisis, en las cuales se involucra:

Costo total en un período: la suma del monto total de inversión, los gastos de operación y mantenimiento, y otros costos y gastos asociados a los programas y proyectos de inversión en un período de tiempo. Si bien la inversión no es en realidad un costo, en este análisis sencillo conceptual, será incluida como un costo, suponiendo que al final del período, por ejemplo, diez años, la inversión estará depreciada y se ha convertido en un costo.

Beneficio total: la suma total ahorrada o la rentabilidad total que se obtenga en total en el tiempo estimado para la recuperación de la inversión.

Al realizar la relación Beneficio/Costo, los resultados pueden ser:

B/C=1; significa que la rentabilidad de la alternativa propuesta resulta ser, en el tiempo estimado para la recuperación de la inversión, igual a los costos de la inversión requerida, es decir, que no habrá rendimientos sobre la inversión.

B/C>1; cuando el resultado es mayor a uno se tiene rentabilidad con la alternativa evaluada. En principio, se trata de una alternativa atractiva.

B/C<1; este resultado indica que elegir la alternativa evaluada dará lugar a costos mayores que los beneficios que se puedan obtener con la alternativa. En principio se trata de una alternativa que no es atractiva.

Otra forma de evaluar el costo beneficio de una propuesta es la siguiente:

Un resultado positivo, en este caso, significa que la ejecución de la alternativa planteada se puede realizar, ya que se obtendrán beneficios económicos con su ejecución de acuerdo al proyecto.

Si el resultado resulta ser negativo, el proyecto no será rentable, y requerirá mayor inversión en esfuerzos y dinero que los beneficios que se puedan obtener con él.
Es entonces un asunto de balance entre costos y beneficios.

La tabla siguiente muestra un ejemplo numérico. Se trata de comparar entre dos alternativas. En una de ellas se trabaja un motor eléctrico durante tres años a las condiciones existentes. En la otra, se lo cambia por uno de alta eficiencia. Se muestran dos casos, uno que resulta atractivo, otro que no.

Caso 1 Reemplazo de motor grande poco cargado por nuevo de alta eficiencia		
Alternativa	Motor existente	Motor nuevo de alta eficiencia
Período de análisis, años	3	3
Potencia del motor, kW	100	50
Potencia mecánica necesaria, kW	40	40
Factor de potencia	0,80	0,91
Eficiencia mecánica, %	80,0	91,0
Costo del motor, millones de pesos		9,0
Venta del motor o traslado a otro uso		4,0
Costo del cambio, millones de pesos		2,0
Horas de operación anual	6.480	6.480
Potencia activa eléctrica, kW	50,0	44,0
Consumo eléctrico anual, kWh	324.000	284.835
Valor del kWh primer año	240,0	240,0
Valor del kWh segundo año	250,0	250,0
Valor del kWh tercer año	261,0	261,0
Valor de los consumos totales de electricidad en los tres años, millones de pesos	243,3	213,9
Ahorro de electricidad, millones de $		29,4
Beneficio (ahorro de electricidad contra situación existente y venta del motor) (B)		33,4
Costo (Inversión y costos de instalación) (C)		11,0
B/C		3,04
B-C		22,41
Resultado		Sí es atractiva

Caso 2 Reemplazo de motor de eficiencia normal por nuevo de alta eficiencia y tamaño similar		
Alternativa	Motor existente	Motor nuevo de alta eficiencia
Período de análisis, años	3	3
Potencia del motor, kW	50	50
Potencia mecánica necesaria, kW	40	40
Factor de potencia	0,86	0,91
Eficiencia mecánica, %	88,0	91,0
Costo del motor, millones de pesos		9,0
Venta del motor o traslado a otro uso		3,0
Costo del cambio, millones de pesos		2,0
Horas de operación anual	6.480	6.480
Potencia activa eléctrica, kW	45,5	44,0
Consumo eléctrico anual, kWh	294.545	284.835
Valor del kWh primer año	240,0	240,0
Valor del kWh segundo año	250,0	250,0
Valor del kWh tercer año	261,0	261,0
Valor de los consumos totales de electricidad en los tres años, millones de pesos	221,2	213,9
Ahorro de electricidad, millones de $		7,3
Beneficio (ahorro de electricidad contra situación existente y venta del motor) (B)		10,3
Costo (Inversión y costos de instalación) (C)		11,0
B/C		0,94
B-C		-0,71
Resultado		No es atractiva

El tema ambiental cada vez está más unido al tema energético. No hay duda de que tanto la existencia de los problemas ambientales como la solución de los mismos involucran aspectos económicos. Uno de los análisis inmediatos que surgen cuando se planea establecer cualquier tipo de regulación es precisamente el económico. Son objeto de discusión aspectos tales como los aumentos de precios que se generan a hacer más complejo el sistema productivo, la posibilidad de que hayan fábricas que tengan que cerrar o licenciar personal, los aumentos de costos de producción, las posibilidades de cumplir los mismos objetivos ambientales a un menor costo, la procedencia, necesidad y sabiduría técnica de la regulación. Estas consideraciones son impulsadas de alguna forma por el sistema productivo y son tenidas en cuenta. Esto se puede apreciar claramente en la forma en que las regulaciones de la agencia EPA de los Estados Unidos son objeto de análisis económico, buscando que no se impongan sobre el sistema de producción demandas exageradas cuyo beneficio no sea claramente establecido.

Por otra parte los grupos cívicos y las ONG´s, las autoridades y en general los diversos proponentes de la legislación y del control hacen énfasis en los beneficios obtenidos al controlar los problemas ambientales: la protección de la salud, el manejo adecuado de los suelos y recursos, el embellecimiento del paisaje, la preservación de la flora y la fauna, la armonía y el equilibrio social, los ahorros de materiales, las posibilidades de reciclar productos valiosos.

Estas consideraciones han venido ganando fuerza y se ha llegado a una situación potencial de mercados verdes, en la cual se prefiere a los productores limpios, a los productos ecológicos, a los productores que cuenten con un sistema de manejo ambiental.

En sus inicios la discusión tuvo tintes muy ideológicos, de tal manera que se ha experimentado un cierto ambiente de lucha entre contaminadores y grupos ambientalistas. En medio de la discusión la comunidad anhela algo aparentemente contradictorio: un ambiente puro junto con un mejor nivel de vida y de consumo de productos industriales. Afortunadamente se han ido encontrando los espacios para lograr métodos de producción limpia y sistemas de normalización y de manejo ambiental muy efectivos, con grandes ventajas para la comunidad.

Además de estas consideraciones ambientales en sí mismas, los aspectos energéticos, como tales, dan lugar también a situaciones de costo beneficio. Por ejemplo, si se compara instalar una planta térmica de ciclo combinado, las inversiones van a ser mayores inicialmente que si se trabaja con una planta térmica existente de ciclo simple. Pero, al cabo de varios años, ¿qué sucede con los costos operativos, con los consumos de combustibles y con los ingresos por venta de electricidad y de calor? Dependiendo del análisis de costo beneficio se verá si se justifica o no el cambio desde lo económico. Pero el tema es un poco más complejo, cuando se tienen en cuenta todos los costos y todos los beneficios del proyecto.

2.4.2   El comportamiento de los costos. Puntos óptimos de trabajo

De lo anterior surge la posibilidad de cuantificar los costos de manera objetiva de forma tal que se entienda la existencia de zonas deseables de control ambiental y de mejora energética en términos de costos. Lo que se quiere es determinar si existen zonas de comportamiento, niveles de decisiones mejores, de tal manera que al momento de llevar a cabo inversiones, se hagan con buen criterio, teniendo en cuenta el costo y el beneficio.

- **Análisis de Costos y de puntos óptimos de trabajo**

Para visualizar los comportamientos, se pueden elaborar curvas de costos. En ellas se grafican los costos como función de alguna variable. Por ejemplo, se pueden graficas los costos operativos como función de la eficiencia de un proceso, como se muestra en la tabla y en la figura siguiente.

Alternativa	Motors Actual	Motor nuevo	Motor nuevo	Motor nuevo	Motor nuevo
Período de análisis, años	3	3	3	3	3
Potencia del motor, kW	50	50	50	50	50
Potencia mecánica necesaria, kW	40	40	40	40	40
Factor de potencia	0,86	0,98	0,89	0,90	0,91
Eficiencia mecánica, %	85,0	89,0	90,0	91,0	92,0
Costo del motor, millones de pesos		8,0	8,5	12,0	16,0
Venta del motor o traslado a otro uso		3,0	3,0	3,0	3,0
Costo del cambio, millones de pesos		1,5	2,0	2,0	3,0
Horas de operación anual	6.480	6.480	6.480	6.480	6.480
Potencia activa eléctrica, kW	47,1	44,9	44,4	44,0	43,5
Consumo eléctrico anual, kWh	304.941	291.236	288.000	284.835	281.739
Valor del kWh primer año	240,0	240,0	240,0	240,0	240,0
Valor del kWh segundo año	250,0	250,0	250,0	250,0	250,0
Valor del kWh tercer año	261,0	261,0	261,0	261,0	261,0
Valor de los consumos totales de electricidad en los tres años, millones de pesos	229,0	218,7	216,3	213,9	211,6
Ahorro de electricidad en los tres años, millones de $		2,5	4,9	7,3	9,6
Costos A (gastos de electricidad menos ingresos por venta)	229,0	215,7	213,3	210,9	208,6
Costos B (Inversión depreciada en tres años y costos de instalación)	0,0	9,5	10,5	14,0	19,0
Costos totales C = A + B	229,0	225,2	223,8	224,9	227,6

En las figuras aparecen graficados los dos tipos de costos de la tabla y el costo sumado contra el nivel alcanzado por la variable de control, en este caso, la eficiencia.

Los costos graficados tienen comportamiento contrario. Uno aumenta al incrementarse el nivel de la variable y el otro disminuye. El costo total será la suma de los dos costos y tiene un punto mínimo en cierto nivel de la variable controlada.

251

Cuando se comparan dos tipos de costos para encontrar un nivel óptimo de acción que minimice su combinación, se utilizan los llamados costos marginales. Esos corresponden a la pendiente de la curva de costos.

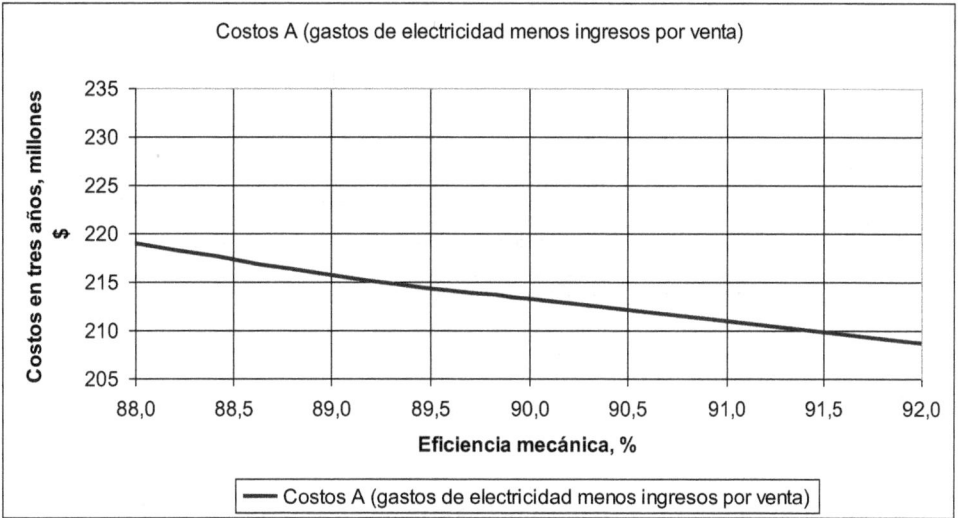

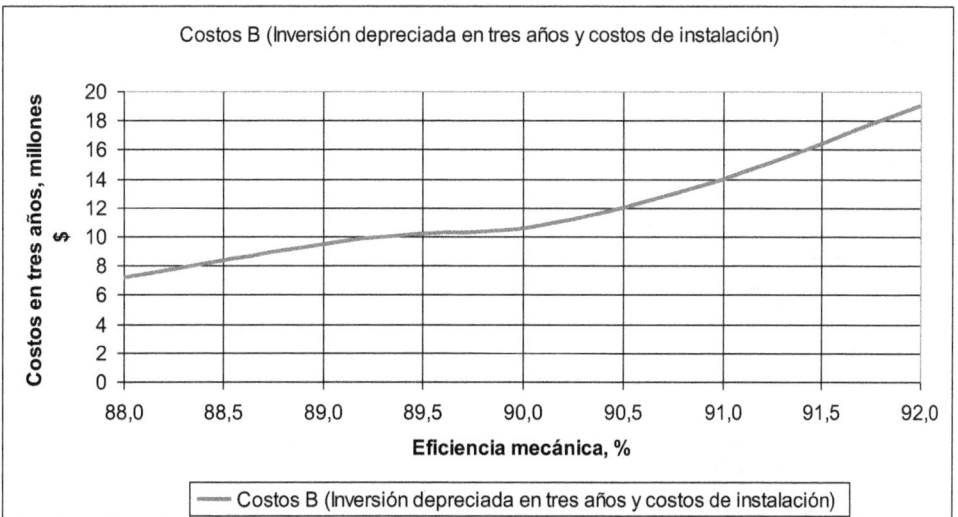

Costos que aumentan con la variable de control

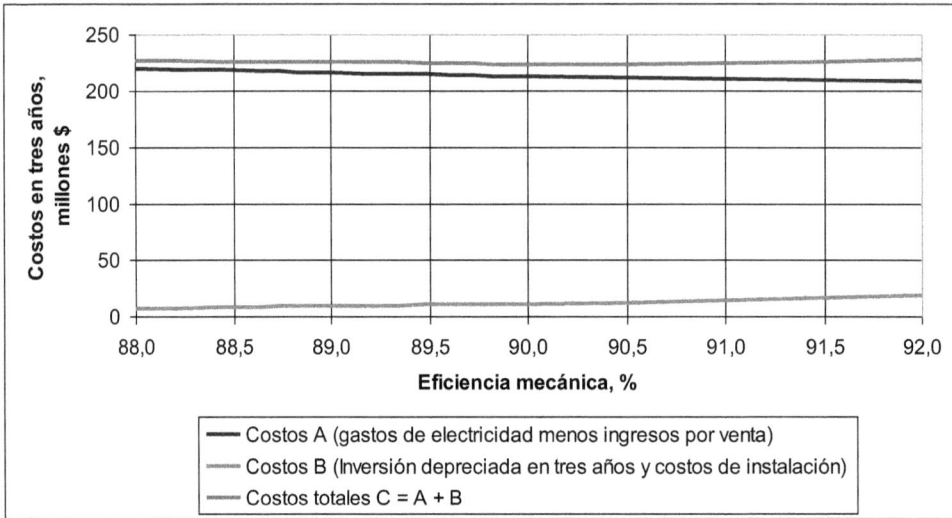

Los dos tipos de costos y su suma. Aparece un punto de mínimo costo total para la variable de control

La siguiente figura muestra en detalle la suma de costos con la aparición de un punto de costo óptimo.

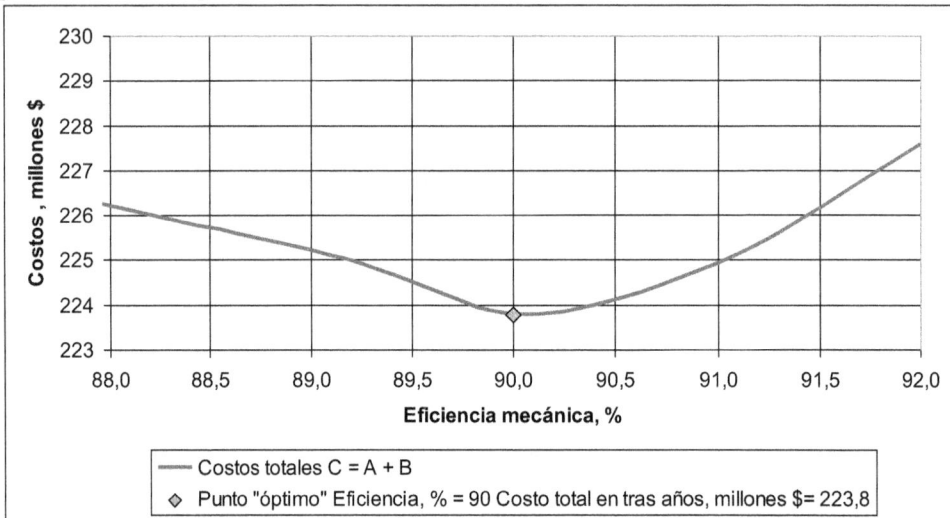

Punto de mínimo costo total para la variable de control

Estos comportamientos se muestran de forma generalizada y esquemática en las figuras siguientes

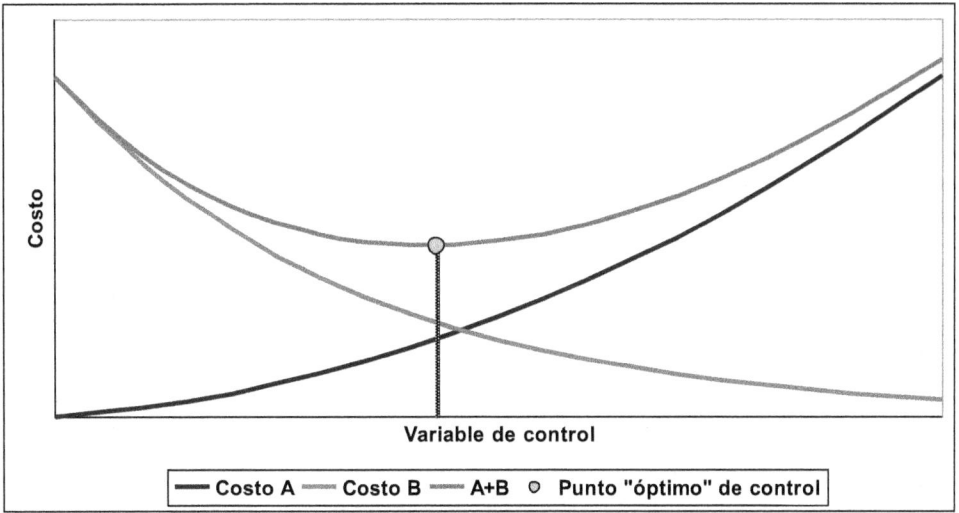

Punto óptimo de control

En la figura siguiente se han graficado las curvas de costos marginales. Es claro que el punto de corte de estos costos marginales corresponde a un hipotético punto óptimo de control ya que las curvas A y B tienen pendientes de igual magnitud y signo opuesto en ese punto.

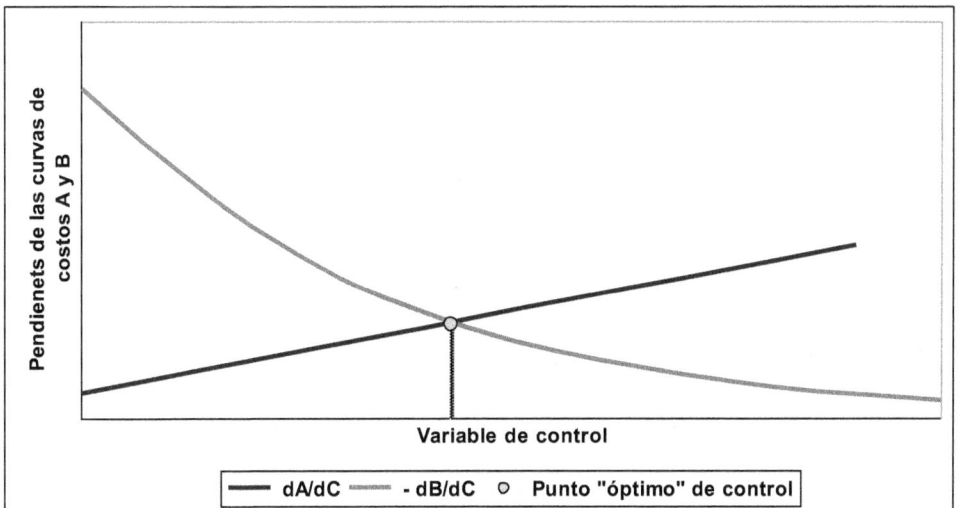

Costos marginales (pendientes de las curvas de los costos) y determinación del punto de costo mínimo

En general, en los proyectos al aumentar el nivel de control de desperdicios o emisiones (es decir, las eficiencias), aumentan los costos de tratamiento y disminuyen los costos causados por los impactos producidos. La figura siguiente aplica el concepto de costos de control y beneficios marginales (o costos producidos por los daños). En este caso la situación es algo más compleja debido a las incertidumbres que se presentan.

En la dos figuras siguientes se grafican los costos y sus pendientes (costos marginales) asociados con acciones de mejoras (sean ambientales o energéticas o inclusive de productividad). Cuando se conocen los rangos de precios de las inversiones en técnicas de control y de mejoramiento, es relativamente fácil establecer esta curva con buen nivel de objetividad. Sin embargo existen aspectos adicionales a las inversiones en equipos, que son de más difícil cuantificación, tales como los efectos sobre la competitividad, sobre la productividad o sobre el empleo, que hacen que la curva de tal figura tenga varias versiones. Las curvas A1, A2 y A3 corresponden a tres versiones. Sin embargo, tales diferencias son pequeñas y debidas a las diferencias mismas en el cálculo de costos que en general son claramente cuantificables.

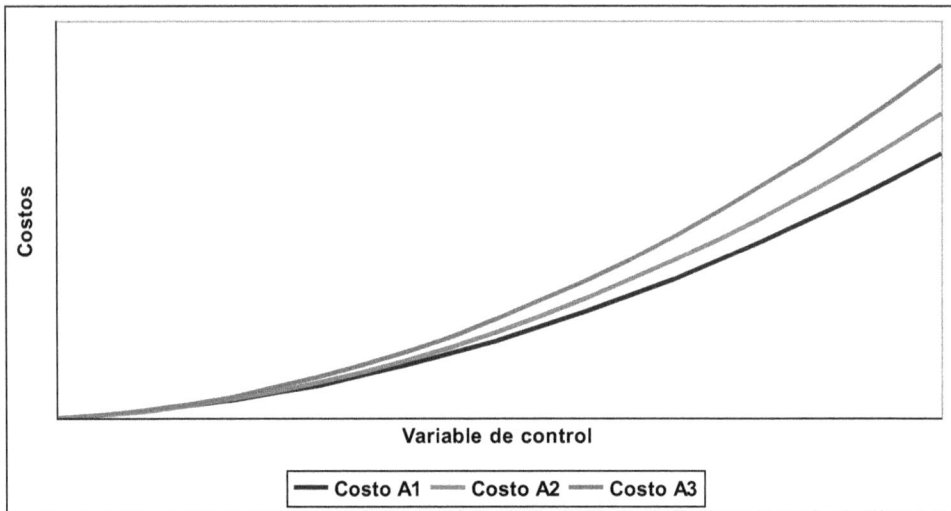

Costos de tipo creciente y sus variaciones

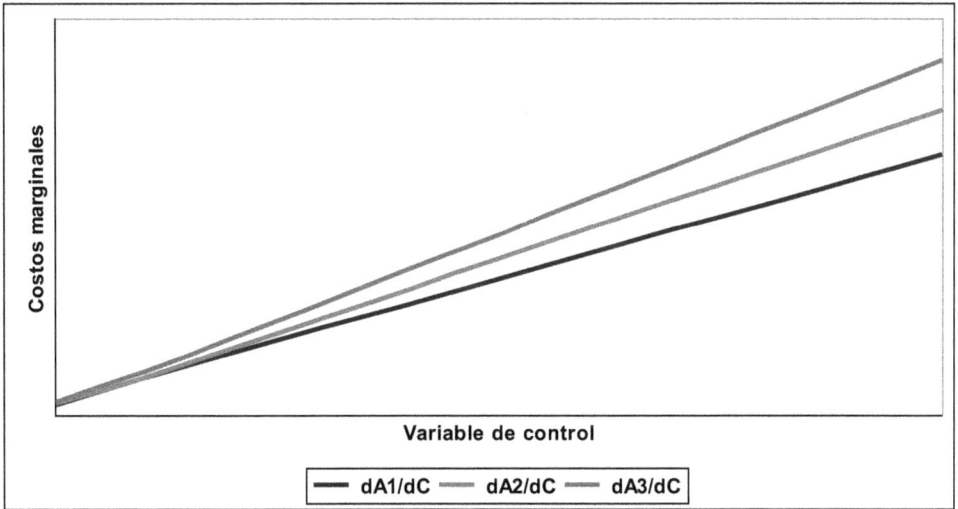

Pendientes de los costos de tipo creciente (costos marginales) y sus variaciones

Algo muy diferente ocurre cuando se discuten los beneficios que se obtienen al reducir los impactos negativos (por ejemplo los debidos a la contaminación) y al obtener las mejoras. Tales beneficios incluyen aspectos cuantificables con claridad, pero también aspectos de naturaleza social o de oportunidad y por lo tanto de difícil cuantificación. Al considerar el aspecto potencial de estos beneficios, se convierten en costos. No hacer inversiones en mejoras ambientales y de proceso implica altos costos, es decir (se pierden beneficios potenciales que no se están aprovechando) y daños que están afectando al medio o a los recursos naturales en forma costosa. Al aumentar el nivel de inversión, disminuyen los costos por daños y se logra llevar a la práctica el beneficio. Acá el trazo o evaluación de las curvas adquiere divergencias mayores y se presta a juegos de ideas y discusiones.

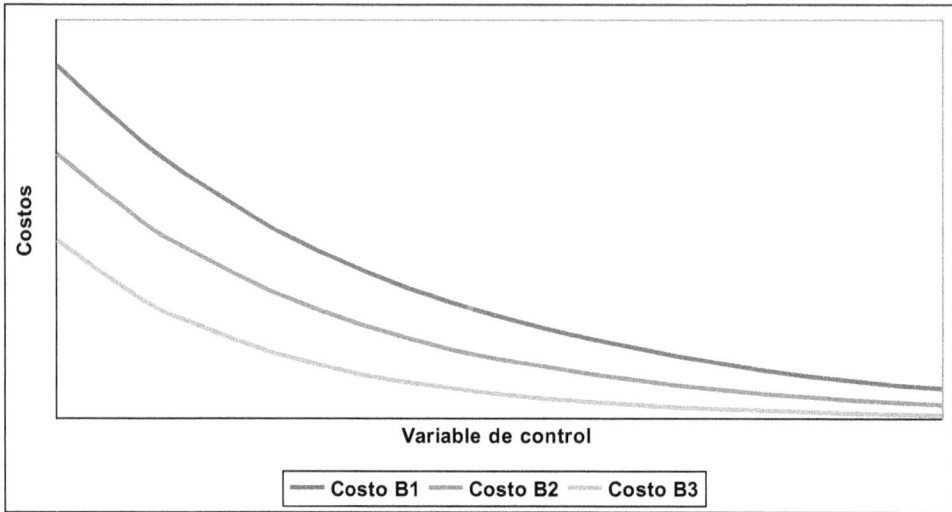

Costos de tipo decreciente (beneficios y mejoras) y sus variaciones

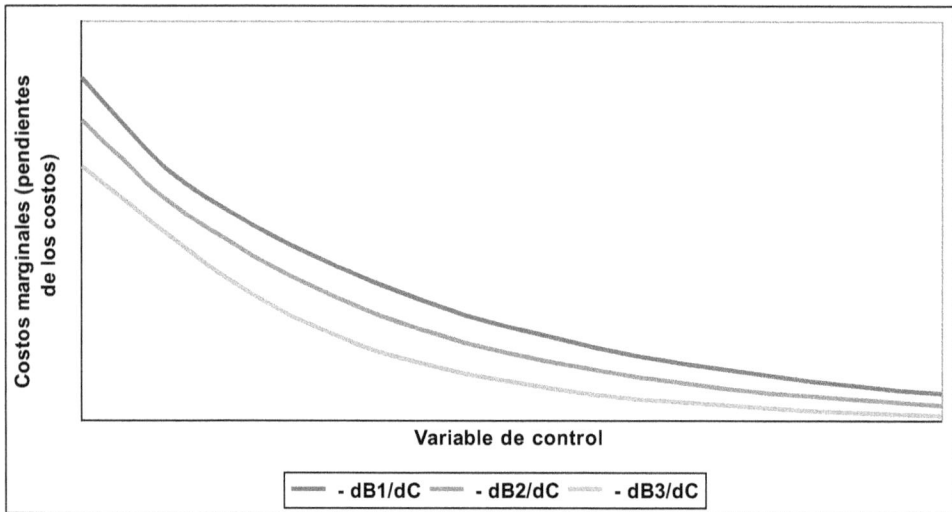

Pendientes de los costos de tipo creciente (costos marginales) y sus variaciones

Según lo explicado, es claro que el nivel deseable de mejora lo daría el punto mínimo de la suma de las dos curvas de costos o el punto de corte de los costos marginales. La Figura presenta los niveles de mejora y de controla que cada visión de las anteriormente propuestas indicaría como razonable, suponiendo que se acuerda la alternativa A2 como visión de costos de control intermedia.

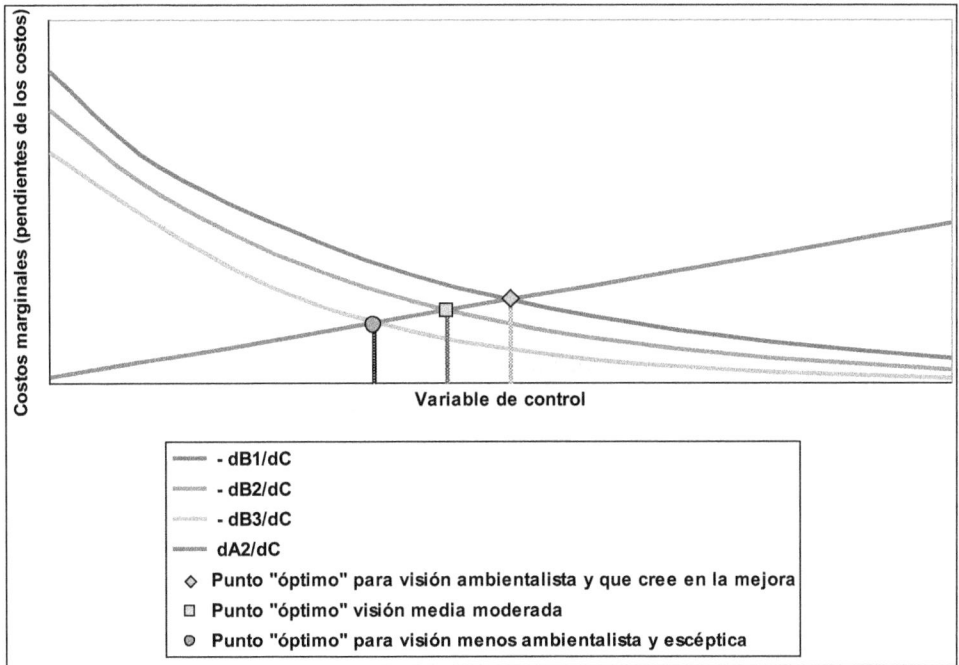

Puntos "óptimos" de trabajo según el punto de vista de los responsables

La Figura anterior evidencia que se trata de una situación que presenta indefinición y que se presta a controversias.

Un análisis económico global puede ayudar a encontrar el punto de mínimos costos y mejor inversión social. Aún si dicho punto es de determinación imprecisa, difícil o imposible, siempre será posible señalar tendencias y racionalizar el problema a la luz de tal análisis macroeconómico.

- **Aspectos a tener en cuenta en los estimativos sobre los Costos asociados con las mejoras ambientales y energéticas y con las inversiones para optimizar los sistemas y controlar los impactos negativos**

Las inversiones en equipos para buscar menos consumos de energía y los controles ambientales pueden resultar muy costosas si no se aplican mejoras de proceso, a sistemas de recuperación, ahorro y minimización de residuos y a aumentos de productividad y de disponibilidad de los equipos. Un sistema de producción o un proceso o un equipo de control ambiental sofisticado, puede estar sujeto a fallas y niveles muy exigentes de mantenimiento. A mayor sofisticación, mayor nivel de cuidado. Puede suceder que tales equipos agreguen nada a la productividad; sin embargo, requieren personal especializado para operarlos y están sujetos en su funcionamiento a un escrutinio constante. Por ejemplo, en los temas de control ambiental la comunidad y las autoridades no estarán dispuestas a tolerar fallas de operación, bien sean prolongadas o frecuentes. En los temas de automatización, instrumentación y modernización energética, habrá un seguimiento más completo de parte de los sistemas de auditorías internos y externos de la empresa.

Para determinar el nivel de inversiones con buena confiabilidad, es conveniente desarrollar un proyecto que cubra las distintas etapas de la ingeniería. En nuestro medio se cuenta con empresas de ingeniería capaces de elaborar presupuestos para proyectos complejos y se cuenta con fabricantes de muchos de los sistemas.

Los estimativos sobre los costos involucrados en el control de la contaminación ambiental incluyen los denominados costos "incrementales", que corresponden a los costos adicionales que resultan de las regulaciones gubernamentales, sin incluir lo que "naturalmente" estaría gastando en control ambiental las entidades involucradas en el problema. Se hacen adicionalmente estimativos de los costos totales:

Los costos de control y de mejora están relacionados con gran diversidad de conceptos, entre otros:

- Inversión en terrenos para colocar los equipos de control y los nuevos equipos.
- Costo de los equipos específicos.
- Costo de accesorios: tuberías, ventiladores, bombas, chimeneas, etc.
- Costos de evaluación y muestreos, ajuste de los procesos, lucro cesante por instalaciones y puestas en marcha.
- Costos de ingeniería, incluyendo selección, diseños y dirección de montajes.
- Costos de instalación y obras civiles.
- Costos de operación, incluyendo mantenimiento, energía eléctrica, agua, repuestos, etc.
- En el caso de proyectos ambientales, se dará lugar a costos de equipo periférico para eliminación o aprovechamiento de subproductos. Incluyendo costos de capital y de operación de estos sistemas.

- Además de los costos deben tenerse en cuenta los posibles beneficios. Entre estos se tienen los derivados de la venta de equipos que se reemplazan. En lo ambiental, las ventas de los subproductos. Tanto en lo energético como en lo ambiental, los beneficios de las mejoras realizadas en los procesos. El balance de costos y beneficios dará el costo total de control.

- Deben incluirse además los costos asociados con papeleos, permisos, aranceles y otras trabas burocráticas, que pueden demandar gran cantidad de tiempo y administración, sobre todo cuando se está financiando el proyecto con base en ayudas de entidades que apoyan los proyectos o que conceden beneficios tributarios.

Además de los costos y beneficios directamente asociados con el control de los problemas ambientales y con las mejoras energéticas, existen varios importantes efectos macroeconómicos que vale la pena discutir.

Impacto sobre el empleo

Las mejoras energéticas tienen impactos variados sobre el empleo. Pueden significar pérdidas de empleos operativos de tipo manual. Pero puede implicar contratación en niveles más exigentes en cuanto a entrenamiento y conocimientos. Al momento de considerar un cambio o una mejora significativa, deben tenerse en cuenta estos impactos para evitar perturbaciones del sistema social.

Existe la probabilidad de que la aplicación de legislación ambiental puede crear desempleo a través del cierre de industrias y la disminución del ritmo de crecimiento industrial. Sin embargo, desde otro punto de vista, también se crean empleos en las industrias constructoras de equipo de control ambiental, en el manejo de operación de dichos equipos, en las operaciones de reciclaje y ahorro, en las entidades que hacen estudios y certificaciones y en las entidades reguladoras, entre otras.

En estudios realizados en Estados Unidos, se ha planteado que el impacto sobre el empleo es muy pequeño y probablemente favorable.

En países como Colombia es importante fortalecer el desarrollo de fuentes de empleo que compensen los cambios tecnológicos asociados con muchas decisiones originadas energética y ambientalmente y que asuman la fabricación y del desarrollo de equipos y de sistemas de optimización, reciclaje, recirculación y tratamiento.

Impacto sobre el crecimiento económico y la estabilidad económica de las empresas

Una de las preocupaciones asociadas con el análisis económico de los programas de mejora y optimización tecnológica y de los programas de gestión integral, que incluyan lo ambiental, reside en que dichas inversiones pueden desplazar otras inversiones más productivas, necesarias para incrementar o modernizar la capacidad de producción.

Por ejemplo, un punto a considerar es el relacionado con las restricciones de tipo normativo y burocrático sobre el establecimiento de nuevas empresas que permitan crear empleo para las enormes cantidades de personas desempleadas. Las consideraciones medioambientales tienden a ser restrictivas en lo relativo al desarrollo de nuevas empresas. Las visiones meramente presupuestales, pueden no dar espacio en las empresas para hacer inversiones significativas en mejoras y en nuevas tecnologías energéticas.

Impacto sobre el encarecimiento de los precios

Los costos adicionales de producción y el desplazamiento de capital y trabajo de inversiones productivas a otras poco productivas podrían producir un aumento en el índice de precios al consumidor si se trabajan las mejoras ambientales con filosofía de control a fin de tubo únicamente. De ahí la importancia de mirar el manejo ambiental de un forma integrada, de manera que se generen beneficios económicos en vez de mayores costos operativos. En este sentido hay muchas posibilidades para explorar si se tienen en cuenta las implicaciones energéticas de lo ambiental.

Considérese por ejemplo el siguiente comportamiento encontrado en un grupo de calderas en cuatro empresas, que se estudiaron en una investigación de la cual hizo parte INDISA, en cuanto a sus emisiones de material particulado fino, en kilos por millón de kilocalorías, como función de las eficiencias de trabajo. Es evidente el acople, para cada conjunto de datos, entre emisiones de contaminación y eficiencia térmica: a mayor eficiencia, menores emisiones contaminantes.

En estos casos estudiados, las menores emisiones no han resultado por un intento de control deliberado, simplemente se trata del efecto de trabajar a mayores eficiencias como resultado de la práctica operativa de los equipos estudiados. ES de esperar que cuando se trabaja decididamente en busca de la mejora ener-

gética se da como resultado la mejora ambiental y cuando se trabaja decididamente en busca de la mejora ambiental se da como resultado la mejora energética.

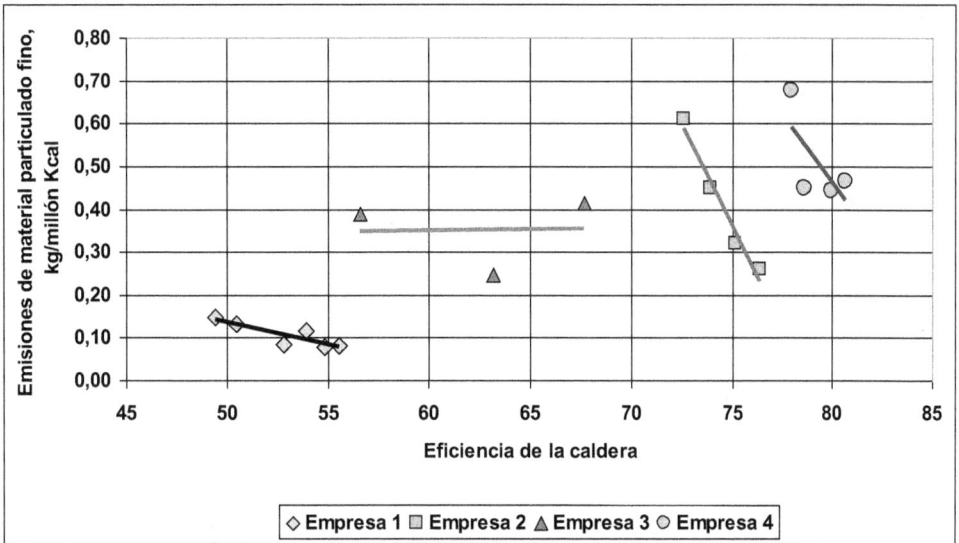

*Emisiones de material particulado según eficiencias de trabajo en calderas de
cuatro empresas*

Cuando se habla de encarecimiento y de inflación, debe examinarse lo concerniente a los montos de las inversiones si las compras se hacen a precios altos
para la economía del país, como es el caso de que se paguen precios y costos de
producción muy altos, basados en tecnología y sistemas producidos fuera del
país, como alternativa a desarrollar paquetes de tecnología local. La apertura de
los paquetes tecnológicos es importante para el desarrollo del país. Implica:

- Atacar los proyectos de mejora, de cambio tecnológico y de control ambiental como sistemas compuestos de varios subsistemas, que se pueden
  desagregar, en vez de considerarlo como un conjunto cerrado que debe
  atender un gran proveedor.
- Desarrollar los proveedores locales mediante asignación de trabajos de
  complejidad creciente.
- Estimular la formación de grupos de empresas locales que combinen sus
  capacidades para que puedan competir.
- Velar porque haya componentes locales de fabricación, montaje y diseños, al momento de contratar con proveedores del exterior.
- Contar con una filosofía de gestión tecnológica en las empresas.

- Impacto sobre el comercio exterior

Especialmente en el caso de las regulaciones ambientales se crean impactos sobre el comercio exterior. Algunos efectos pueden ser los siguientes:

- Elevación de costos de producción en las industrias que deben controlar y disminución de su capacidad competitiva en comparación con las industrias de otros países que no tengan el mismo nivel de control.
- Desplazamiento de la industria y de ciertos productos contaminantes de los países industrializados a los países en desarrollo. Este caso se ha venido dando, aunque con cierto respeto por el medio ambiente en las industrias maquiladoras que se han creado en los últimos 20 años.
- Desde otro punto de vista, el mercado internacional se ha vuelto cada vez más exigente en términos ambientales, lo cual se ha visto reforzado con los sistemas de calidad y de gestión ambiental ISO 9000 e ISO 14000. Se considera imperativo que una empresa que quiera competir en mercados externos debe contar con un sistema de gestión ambiental verificable por terceros, sea voluntario o impuesto.
- Igualmente han aparecido en los últimos años los mercados verdes, en los cuales se da un valor agregado a los productos fabricados bajo consideraciones ambientales, certificados con etiquetas especiales.

En el caso de los temas energéticos, es indudable que se está creando un gran movimiento para controlar las emisiones de CO_2 y los gases de efecto invernadero y se están creando estímulos para las empresas o proyectos que contribuyan a disminuir estos problemas. Es directo el acople entre emisiones de CO_2 y eficiencias de proceso, por lo que una gran contribución en este sentido es trabajar a mayores eficiencias, lo cual a su vez resulta en menores costos operativos y en menores consumos de energéticos.

- **La Economía Energética y Ambiental a Nivel Industrial**

Toda industria funciona con base en complejos procesos. El mismo hecho de que los procesos pueden ser numerosos y complejos aconseja el realizar un análisis a nivel de proceso previo a toda toma de decisiones energéticas y ambientales.

Algunos aspectos a considerar son los siguientes

Cambio de Proceso. No hay duda de que la tendencia moderna va orientada hacia la optimización de los procesos, que cada vez deberán ser más eficientes y económicos desde el punto de vista de los materiales y de la energía. A la luz de las regulaciones ambientales, en muchas ocasiones será más económico cambiar de proceso que controlar las emisiones. El cambio de proceso involucra gran diversidad de factores tales como los siguientes

- Cambios de combustibles
- Aumento de los pasos y contactos del reactivo o de los materiales por el proceso para mejorar la eficiencia.
- Cambio de materias primas por otras equivalentes, más limpias y abundantes.
- Rediseño de los productos o reemplazo por otras equivalentes.
- Cambio radical de la metodología y de los equipos.

Mejoras del Proceso. En la industria no siempre trabajan los procesos en forma óptima. Un importante punto a considerar en la evaluación económica de una decisión ambiental y energética resulta del hecho de que será necesario examinar detenidamente el proceso y esto trae beneficios económicos tangibles. Ello se debe a que muchas veces no se conoce el verdadero grado de eficiencia de un equipo o proceso y por lo tanto no se han emprendido los pasos conducentes a mejorarlo. Debido a que la correcta solución de un problema ambiental y el logro de los mejores funcionamientos energéticos, exigen un buen conocimiento de un proceso, será necesario mirarlo a fondo y quizás resultaran importantes mejoras y beneficios económicos que ayudarán a amortiguar los costos de inversión ambiental.

Aspectos a considerar son entre otros los siguientes:

- Reemplazo de materiales tóxicos, productores de polvo u olores, por otros de más fácil manejo ambiental. En esta forma se puede ahorrar energía dado que no será necesario contar con sistemas complejos de ventilación o de limpieza de ambientes.
- Calibración de instrumentos, reemplazo de instrumentación dañada e instalación de medidores nuevos para controlar los flujos y variables del proceso en forma óptima y confiable.
- Instalación de campanas de succión, sistemas de transporte y descarga cerrados, encerramientos, etc., para evitar escapes de materias primas contaminantes, generalmente valiosas. En estos asuntos de las ventilaciones hay grandes oportunidades para el ahorro de energía, a la vez que se da la posibilidad de desechar energía debido a problemas de diseño o de concepto.
- Instalación de dosificadores y medición precisa de las formulaciones para evitar uso de cantidades excesivas de materiales. Los ahorros de energía se van a dar ante el mejor control de los procesos y la nivelación

y estabilización de todas las variables que se obtiene al dosificar correctamente.

- Experimentación con formulaciones nuevas para disminuir el uso de materiales costosos y contaminantes o para reemplazarlos por otros menos contaminantes y más económicos. Las nuevas formulaciones indudablemente están asociadas con consumos de energía enteramente diferentes. El uso de catalizadores, por ejemplo, da lugar a energías de activación menores y a importantes ahorros de energía, que pueden compensar las inversiones en equipos más sofisticados.
- Mantenimiento adecuado de molinos, quemadores, válvulas y otros equipos de suministros de materiales cuyo correcto funcionamiento es vital por la economía y control, de procesos. Todas estas calibraciones se van a ver reflejadas en ahorros de energía.
- Medición de pérdidas caloríficas al ambiente e instalación de aislamientos para ahorrar energía.
- Estudio y programación de los ciclos de carga y operación de los equipos para evitar picos, sobrecargas y operación a baja carga, la cual disminuye la eficiencia a la vez que aumente las emisiones de contaminación.
- Estudio detenido de los flujos de gases utilizados. Cualquier exceso o defecto de aire, las fugas ambientales y las succiones en los ductos, causan perdidas económicas que pueden ser muy grandes. Los excesos de gases a tratar aumentan los costos de los equipos de control de contaminación y el tamaño de los mismos. Se debe investigar la eliminación de fugas, los puntos fríos, las posibilidades de separación de las emisiones de aire limpio de las de gases de combustión, revisión de ductos y quemadores y la estabilización de las cargas y los procesos.
- Reparación del equipo de proceso y establecimiento de programas de mantenimiento preventivo.
- Uso de motores eléctricos de alta eficiencia y de sistemas de regulación de velocidad, electrónicos, los cuales permiten amarrar el control a la productividad y a la eficiencia.

Una visión integral es necesaria. Debe mirarse la contaminación como un síntoma de desperdicio que se podría detener en el foco mismo, se deduce que el mejorar las condiciones de trabajo medioambientales contribuye directamente a generar ganancias para la empresa. En general pueden conducir a ahorros y ganancias diversas consideraciones como las siguientes:

Recuperación de calor en gases de desechos.

- Reducción de gases para recuperar materias primas.

- Integración de diversos procesos industriales conjuntamente, de tal forma que los subproductos de un proceso sean las materias primas de otro y que la energía sobrante en un sistema alimente a otro.
- Tratamiento de desechos orgánicos provenientes del personal de empleados en la plantas de generación de metano y abonos, en vez de generar grandes cantidades de lodos y desechos sólidos en una planta tradicional.
- Reciclaje de productos industriales ya gastados o de sobrantes del proceso. En este sentido es notable el desarrollo en nuestro medio de la industria del papel y de la fundición del hierro gris, que se basan en altos porcentajes de la utilización del material reciclado.

Es claro que para ampliar con provecho la filosofía expuesta, se debe hacer uso de la capacidad investigativa existentes en el medio, con el fin de encontrar procesos de transformación y usos para los subproductos. Acá hay un gran campo de posibilidad de cooperación industria – universidad y una excelente oportunidad para utilizar al máximo la preparación teórica y básica de los profesionales, desgraciadamente subutilizada con frecuencia en la industria nacional.

Uno de los primeros factores de una revisión es la posible obtención de mejoras en la calidad del producto, simplemente debido al control adecuado de las variables.

Si se llega hasta el control de las emisiones contaminantes utilizando ya sea equipos filtrantes o cambios en el proceso o recuperación de subproductos, se lograrán mejoras en los ambientes que rodean la planta y posiblemente en los ambientes de trabajo. Esto puede traer consecuencias muy favorables para el proceso cuyas emisiones se controlan y para otros procesos vecinos, ya sean estos, propiedad de la empresa o no. Igualmente las diversas recuperaciones de energía van a evitar que se arrojen calores sobrantes al ambiente, lo cual va a generar ahorros en sistemas de aire acondicionado y ventilación, entre otros.

Cierre de empresas y de procesos. Evidentemente ninguna industria ni empresa normal está concebida para suspender sus actividades y cerrar. Por lo tanto la industria luchará en lo posible por ajustarse a las regulaciones gubernamentales y a las presiones comunitarias y solo en último caso utilizará el recurso de cierre.

Sin embargo, el cierre es otra posibilidad que tiene claras implicaciones económicas y en ciertos casos será la alternativa manos costosa para una empresa. Tal es el caso de plantas viejas, obsoletas y demasiado ineficientes, en las cuales sería muy costoso modificar procesos o instalar sistemas de control o de mejora energética. Otro caso que puede ocurrir es el de empresas mal localizadas, en terrenos con fuerte presión urbana y alto costo y que por cualquier circunstancia no posean los medios para trasladarse a otra zona y controlar sus emisiones. Quizás resulta para más económico para la empresa vender a altos precios sus terrenos y cerrar. Puede darse también el caso de industrias que carezcan de la capacidad financiera para controlar un problema ambiental o para reconvertir a tecnologías más eficientes o más limpias, especialmente si se crean situaciones difíciles de mercadeo con los posibles aumentos de costos. El cierre total o parcial y la terminación de procesos, es acá una posibilidad que la empresa puede tener encuentra, o tal vez la única alternativa disponible.

Es claro que todo lo anterior dependerá de las políticas gubernamentales y que la empresa no pueda obrar a espaldas de la realidad social y política.

Relación con el Estado. Las relaciones de la empresa con el gobierno en el campo ambiental tienen claras implicaciones económicas. Una política gubernamental demasiado restrictiva y excesivamente reguladora obligará el cierre de empresas y establecerá trabas para un sano desarrollo empresarial. Por el contrario una política laxa, permitirá que la sociedad pague con altos costos sociales la ineficiencia industrial, la contaminación producida y los materiales y energéticos derrochados.

La empresa debe contribuir a que las autoridades fijen políticas adecuadas que tengan en cuenta aspectos como los siguientes:

Elaboración de legislación que tenga en cuenta las circunstancias propias de cada región y que no sea una mera copia de normas extranjeras. Se puede decir que en lo relativo a la calidad del aire y del agua se puede seguir en general las guías de entidades especializadas, tales como la Organización Mundial de Salud, sin embargo en lo relativo a normas sobre emisiones no es sabio copiar legislación extranjera, sino analizar las circunstancias propias del país, tales como localización de las zonas industriales, tipo de industria, contaminación existente, capacidad de control, etc.

Establecimiento de mecanismos fiscales para rebajar los costos de control, tales como depreciación acelerada y rebaja de aranceles.

Establecimiento de planes de trabajo a largo plazo y plazos adecuados para corregir los problemas de contaminación de forma que las empresas puedan hacer estudios serios, sin presión excesiva. Es importante que se conozcan las políticas oficiales futuras, para que ajusten sus programas a las mismas, con soluciones óptimas.

Disminución del papeleo y las trabas burocráticas. Es necesario que la empresa conozca los procedimientos legales y los cumpla

No hay duda de que la fijación de políticas ordenadas, claras y racionales rebajará los costos de controlar la contaminación. En un país como Colombia, la concertación industria–comunidad–gobierno, puede ayudar notablemente a fijar las prioridades y las políticas generales en forma correcta. La empresa debe reconocer esto y utilizar toda su capacidad y poder gremial para participar en este proceso de concertación.

Logro de políticas adecuadas de manejo de los energéticos, para que no se dé lugar a usos ineficientes y al derroche de energéticos valiosos.

Logro de políticas para estimular el empleo de energías alternativas y de fuentes limpias, de manera que el sector industrial pueda participar activamente y contribuir al desarrollo acelerado de estos campos.

Niveles de Control y Costos Asociados. Para manejar correctamente el medio ambiente es necesario instalar y operar sistemas costosos, aun si se miran los desechos como un producto útil que se debe aprovechar. Habrá necesidad de construir equipos nuevos, de importar componentes, de instalar instrumentación y controles sofisticados. En la primera parte de este trabajo se discutieron los aspectos involucrados en los costos de capital y operación de tales sistemas.

En cuanto a los sistemas energéticos, el logro de las grandes transformaciones también implica acciones como las mencionadas. Conviene agregar acá un comentario sobre la gran influencia que tienen sobre los niveles de control exigidos.

El comportamiento de la relación costo de los equipos - nivel exigido en el control, es prácticamente exponencial. Es importante entonces entender las implicaciones económicas de una selección acelerada del equipo y de su capacidad. El control y el conocimiento del proceso surgen de nuevo como un reconocimiento indispensable para resolver en forma óptima el problema, tanto desde el punto de vista técnico como desde el punto de vista económico. Puede decirse sin temor que el dinero invertido en las etapas de evaluación y ensayos será una garantía de ahorros importantes en la solución final del problema.
Instrumentos regulatorios y económicos

Algunas experiencias internacionales en instrumentos para una política de producción con menores impactos ambientales y un uso más racional de la energía, se aprecian en la siguiente tabla (tomada de curso Gestión Ambiental en la Industria latinoamericana, de la CDG de Alemania).

Instrumentos Regulatorios
Son instrumentos de regulación directa, de carácter obligatorio, que necesitan de una gran capacidad y solidez institucional para su aplicación.
• Regulaciones de calidad ambiental. • Regulaciones de la calidad de la energía • Estándares de calidad y tecnológicos. • Estándares sobre instalaciones y uso de la energía • Regulaciones sobre productos. • Licencias ambientales, permisos ambientales, sanciones.

Instrumentos Económicos
Son flexibles en su selección y adaptación; representan menores costos de implementación que los regulatorios y son menos difíciles de controlar. Son complementarios a los regulatorios, y requieren de una base institucional fuerte.
• Tasas, tarifas e impuestos por uso de recursos naturales, por emisiones, por uso de productos. • Instrumentos fiscales y financieros: subsidios, deducciones fiscales y arancelarias, créditos, garantías gubernamentales, fondos verdes.

Instrumentos Facilitadores
Instrumentos complementarios, que incluyen acciones voluntarias.
• Desarrollo de la capacidad institucional: educación y capacidad ambiental. • Acceso a la información. • Promoción y divulgación de la aplicación del tema: proyectos piloto, asistencia técnica, investigación, guías ambientales. • Mejoramiento de la gestión ambiental: Convenios de concertación, códigos voluntarios de gestión ambiental.

Veamos un ejemplo en el que los factores ambientales y económicos de una empresa se relacionan estrechamente y en cual se puede apreciar el establecimiento de los criterios para el análisis costo beneficio.

- **Ejemplos de proyectos reales**

Se presentan a continuación proyectos reales de tipo energético realizados por INDISA para diversos clientes que sirven como ilustración de las oportunidades.

Optimización de eficiencias en calderas

Una empresa contaba con dos calderas de gas, de la misma construcción y capacidad semejantes. Las eficiencias de trabajo estaban en el 75 y el 77 % respectivamente, cuando la empresa, según se detectó en el primer estudio realizado. La empresa decidió poner en marcha un programa de gestión interna energética, con metodología del tipo Seis Sigma. Como resultado de este programa se logró elevar las eficiencias al 83 y 85 % respectivamente. Todo se hizo con base en mejoras operativas.

¿Qué se aprecia? La importancia de estudiar la situación y de establecer objetivos. La importancia de establecer una metodología de trabajo interna, estructurada, seria, con objetivos.

Luego de lo anterior, se realizó un estudio para detectar las razones para las diferencias de eficiencias entre ambas calderas. Este estudio, de gran nivel de detalle, permitió encontrar las razones de las diferencias. Tenían que ver con unas reformas que se hicieron en los quemadores de una de las calderas.

¿Qué se aprecia? La importancia de mirar en detalle los aspectos técnicos finos, cuando se quiere llegar a los puntos óptimos.

Optimización energética de reacciones químicas

Una empresa contaba con un grupo de reactores en paralelo, calentados con vapor. No se contaba con buena información de consumos. Se seleccionó y se instaló un medidor de vapor que se usó para determinar consumos, encontrándose muchas irregularidades en los flujos. Al mirar en detalle los comportamientos, se encontró que una de las variables de proceso se podía ajustar a valores óptimos, siempre y cuando se contara con suministro regular de vapor. Se instalaron los elementos para ello, lográndose ajustar la variable a sus puntos óptimos. Como resultado, se lograron aumentos de producción sostenidos del 27 % con los mismos consumos de energía.

¿Qué se aprecia? La importancia de estudiar la situación y de medir las variables de forma confiable. La importancia de comparar sistemas paralelos y de observar en detalles las variables de proceso, relacionándolas con las variables de energía. La importancia de hacer ajustes de forma prudente en busca de objetivos de productividad. La importancia de regular las entradas de energía a un proceso. La importancia de hacer los ajustes tecnológicos del caso.

Optimización de secador atomizador

Una empresa cuenta con un equipo secador atomizador. La empresa desea aumentar la producción. Sin embargo cuando lo intenta, se generan depósitos excesivos en las paredes. Se hizo un completo balance de masa y de energía y se modelaron los flujos internos de gases y de partículas. Ello condujo a proponer cambios en las boquillas de inyección. El equipo se logró llevar a aumentos de producción del 20 % sin dificultades, con consumos específicos semejantes de energía.

¿Qué se aprecia? La importancia de estudiar la situación y de medir las variables de energía y de masa. La importancia de estudiar los sistemas de dosificación y de elaborar modelos de comportamiento. La importancia de contar con objetivos y de estudiar las dificultades que se presentan cuando se intentan cumplir.

Rediseño de sistema de bombeo en paralelo

Una empresa contaba con una red de bombeo que alimentaba un grupo de consumidores en paralelo. Varios de ellos requerían flujos grandes y caídas de presión moderadas. Un par trabajaban con flujos pequeños y altas caídas de presión. Como estaban en paralelo, se obligaba al sistema a trabajar con regulaciones con válvulas e los grandes consumidores, generando en esta forma pérdidas de energía que equivalían al 60 % de la energía del bombeo. Se estudió la situación con motivo de un cambio de tamaño de la red (nuevos consumidores) y se decidió rediseñarla, colocando la bomba a baja cabeza para alimentar los grandes consumidores, sin necesidad de regular excesivamente. Para los pequeños consumidores de alta cabeza, se instaló una bomba independiente. Los ahorros de energía fueron muy importantes.

¿Qué se aprecia? La importancia de estudiar la situación cuando se presenta la oportunidad, por ejemplo, cuando se desea cambiar de capacidades, evitando que simplemente se mantenga la disposición existente, cuando esta es ineficiente. La importancia de contar con un modelo de cálculo. La importancia de establecer criterios de energía al momento de diseñar (debe señalarse que el primer diseño que se hizo no tuvo en cuenta las posibilidades de mejora).

2.5 BASES PARA DESARROLLAR PROYECTOS DE AHORRO Y MEJORA ENER-GÉTICA

Para que la idea se vuelva real, el convertirla en un proyecto es importante. Se presentan aspectos esenciales del desarrollo, la formulación, el manejo y la dirección de proyectos en el campo del uso racional de la energía. En la formulación de estos conceptos han sido muy importantes los aportes del ingeniero Fabio Vélez, asesor de proyectos de INDISA S.A.

2.5.1 Generalidades sobre el manejo de proyectos

El desarrollo de las ideas de mejora energética y de uso racional de la energía puede ser muy simple o muy complejo. Puede requerir:

- Pequeños cambios en los sistemas operativos.
- Cambios sistemáticos y progresivos en los sistemas operativos.
- Cambios en los enfoques del mantenimiento.
- Cambios en la filosofía de administración
- Cambios en las formulaciones o en los tipos de energéticos.
- Cambios de proceso.
- Cambios de equipos
- Una nueva planta o sistema

Especialmente en los tres últimos casos mencionados, para hacer que la idea se vuelva real, puede ser esencial convertir las ideas en proyectos estructurados.

En los demás casos, también es conveniente manejar una filosofía de proyectos para su desarrollo, tan simple como sea del caso. El material siguiente da los elementos esenciales para trabajar con enfoque de proyectos.

- **Naturaleza de los proyectos**

Cuando se va a emprender un proyecto, es importante determinar de alguna manera su nivel de complejidad y hacer una lista de las razones que le confieren mayor o menor dificultad, a corto, a medio y a largo plazo. Un proyecto, por ejemplo, puede ser de alto nivel de complejidad debido a las siguientes razones, entre otras:

- El proyecto involucra una situación en la cual se han creado expectativas importantes por parte de los distintos clientes involucrados. Por ejemplo, relacionadas con mejoras en su situación de producción y en su nivel de rentabilidad, o expectativas de salir de una situación angustiosa o muy conflictiva o muy desconocida. Los proyectos de energía en general tienen esta connotación.

- La situación actual de los clientes del proyecto es bastante productiva y exitosa, pero los clientes, que son conscientes de ello, están a la espera, con el proyecto, de cambios que mejoren aún más la situación y quieren que estos sean evidentes.
- Los clientes aplican al proyecto normas de evaluación rigurosas y exigentes, que involucran muchas actividades y comunicaciones exigentes.
- El proyecto involucra cambios importantes en la cultura organizacional de la empresa, para que sean aceptados y efectivos. Puede ser más complicado aún, si existe alta resistencia al cambio dentro de la organización.
- El proyecto implica cambios importantes en los esquemas de producción, por ejemplo, pasar de trabajo manual y operaciones relativamente artesanales que involucran capacidades limitadas de producción y altos niveles de ocupación de mano de obra sin altas exigencias de entrenamiento hacia un nuevo esquema de altos niveles de producción automatizada y compacta, con personal especializado.
- El proyecto involucra tecnología compleja o desconocida.
- El proyecto implica la realización de ensayos relativamente sofisticados.
- El proyecto tiene límites muy exigentes de tiempo.
- El proyecto involucra varios clientes con necesidades variadas que pueden ser inclusive conflictivas.
- No se tiene experiencia clara sobre el tema objeto del proyecto.

De acuerdo con lo anterior, debe examinarse la necesidad de que el proyecto sea sometido a un diseño que involucre todas las etapas de la ingeniería.

Un esquema que es atractivo en principio es de llevarlo a cabo como un proyecto llave en mano, en el cual un proveedor se encarga de la totalidad del proyecto, hasta entregarlo en funcionamiento, de manera que la empresa no se involucra demasiado en el desarrollo del proyecto como tal. Estos esquemas pueden llegar a incluir la financiación. De hecho, en temas de energía se puede llegar a esquemas en los cuales el proveedor negocie el pago del proyecto con base en los ahorros y beneficios generados por el proyecto durante cierto tiempo o con base en unas tasas convenidas.

Estos esquemas pueden ser muy atractivos y a medida que se vaya adquiriendo experiencia se pueden volver muy comunes en nuestro medio. Tienen las siguientes dificultades:

- No son muy aplicables cuando se trata de una situación compleja sobre la cual no hay antecedentes claros ni experiencias maduras y probadas.
- Pueden resultar más costosos ya que el proveedor debe integrar diversos conceptos, algunos de los cuales pueden no ser del área de su experiencia y por ello los debe subcontratar probablemente con sobrecostos importantes.
- La tecnología puede ser transparente para la empresa si no se involucra, con lo cual se pueden perder opciones de desarrollo y mejora.
- En el caso de los proyectos que se pagan con los ahorros y con los beneficios, es necesario contar con una línea base clara y convenida mutuamente entre empresa y proveedor y esto supone que las empresas tengan muy bien estudiados sus procesos, sus costos y sus consumos actuales y las relaciones de estas variables con la producción.

De todas formas una visión de confianza y de apertura, facilita el que se puedan ensayar este tipo de alternativas.

- **Diseño con todas las etapas de la ingeniería**

Cuando se emprende un proyecto de mejora energética integral, se está tratando de encontrar una solución inteligente a una necesidad humana: el desarrollo sostenible, el ahorro sensato, la optimización de procesos, la competitividad, la mejora energética. Para ello se emprenden una serie de actividades y tareas que:
- Tienen objetivos específicos que debe ser cumplido bajo ciertas especificaciones.
- Tienen claramente definido fechas de inicio y terminación.
- Tienen fondos limitados.
- Consumen recursos corporativos.

Un clásico proyecto de ingeniería, involucra la programación, ejecución y control de todas las actividades y recursos necesarios para el logro de un objetivo específico en un tiempo determinado, mediante la aplicación de las ciencias físico-matemáticas y la tecnología industrial, combinadas con el empleo de herramientas al nivel económico y social.

Las etapas de la ingeniería son seis:
- La conceptual,
- La básica,
- La de detalle,
- La de ejecución,

- La de puesta en marcha y prueba
- La de cierre.

En un proyecto llave en mano, la idea es que un proveedor entregue la totalidad del proyecto, ya cerrado, puesto que ha ejecutado previamente este tipo de proyectos o cuenta con la experiencia, la capacidad financiera y el conocimiento que le permite hacerlo, sin riesgos indebidos para el cliente que encarga el proyecto. Cuando este no es el caso, es importante seguir un esquema de trabajo basado en todas las etapas de la ingeniería.

- **Dirección de proyectos**

El proyecto debe contar con una dirección suficientemente dedicada al proyecto, sea propia de la empresa o contratada externamente. Aunque dirigir un proyecto se suele asociar sólo a la dirección del recurso humano, en realidad, se refiere a la totalidad de los recursos (mano de obra, materiales y dinero), con un objetivo claro y preciso y medible en términos económicos, en un tiempo determinado.

Las etapas de administración de un proyecto de ingeniería son:

Planeación: Que implica el establecimiento de objetivos claros (tanto del proyecto como de cada una de las tareas que tendrá lugar a realizarse para su cumplimiento) para alcanzar una meta deseada.

Ejecución: Además de llevar a cabo la elaboración de todo el proyecto, tiene como objetivo la dirección de todas las personas que intervendrán en él, reuniendo los recursos necesarios y creando la estructura administrativa y de desarrollo para alcanzar el objetivo.

Control: Una vez desarrollada la estructura y reunidos los recursos, es necesario vigilarla conforme avanza el proyecto. Esto es para asegurar que en ningún punto del camino se pase por alto algo que obstaculice el cumplimiento de la meta.

Durante el proceso de desarrollo de un proyecto se pueden dar situaciones en las que se requiera un cambio en cualquier área, este cambio se debe prever lo máximo en las primeras etapas, pero si es necesaria la presencia de éste, el director de proyectos tendrá que llevarlo a cabo con mecanismos para realizarlo, nunca olvidando el objetivo.
La dirección de proyectos es el conjunto de técnicas basadas en la administración, que se usan para planear, ejecutar y controlar actividades, para alcanzar un

resultado final, en un tiempo corto, dentro de un presupuesto y conforme a unas especificaciones.

- **Aspectos a tener en cuenta variables críticas de éxito**

Las variables críticas de éxito son aspectos que hacen que un proyecto tenga un final óptimo. Si éstas se descuidan, no verificando que se lleven a cabo como fueron concebidas, pueden significar el fracaso del proyecto. Algunas de ellas son:

- El mercado
- Aspectos técnicos, tecnológicos y energéticos
- Tiempo
- Aspectos legales
- Laborales
- Ambientales
- Sociales
- Personales
- Seguridad
- Funcionalidad
- Oportunidad
- Riesgos
- Tecnología

Mercado. Es una variable muy importante en la realización de proyectos, ya que los ingresos generados en ellos se dan finalmente en la venta, bien sea de un servicio o un producto. En ambos casos (producto o servicio) es el mercado quien rige su valor, dependiendo éste de la oferta y la demanda.

En el caso de la energía esto tiene que ver, por ejemplo, con los suministros energéticos, sus evoluciones de costos y de oferta y demanda. En proyectos ambientales, pueden generarse subproducto que se pueden vender. Existen también bonos y créditos que se pueden negociar.

El tiempo es siempre muy importante en los proyectos. Por ello es muy apropiado utilizar en detalle el cronograma general del proyecto y valorar adecuadamente los recursos necesarios para que la variable tiempo no dé lugar a incumplimientos y a sobrecostos. De la rapidez con la que se logra el objetivo puede depender el éxito o el fracaso de un proyecto, ya sea porque se ejecute de forma superficial por no asignar los recursos realmente necesarios para ejecutar bien el trabajo dentro de los límites de tiempo previstos o exigidos o porque se genere incumplimiento. Es claro que el tiempo fluye en un solo sentido, así, el tiempo perdido es irrecuperable. De ahí la importancia de asignar el trabajo en cada caso a entidades conocedoras y responsables y no simplemente a las que son más económicas o más rápidas en apariencia.

En general los proyectos presentan complejidades especiales en los aspectos técnicos, tecnológicos y energéticos, ya que van a existir casi siempre diversas alternativas de manejo de productos que no se han definido completamente y se cuenta con limitaciones de espacio, los productos pueden ser muy variados, complejos sus flujos y los servicios necesarios y pueden darse situaciones de riesgo importantes.

Los aspectos legales son también muy importantes, especialmente cuando hay negociaciones pendientes y estructuras de propiedad, de compras, de ventas, de contratación, de asociación, normas aplicables, permisos y licencias en proceso de definición.

Los temas laborales pueden tener cierta complejidad, especialmente por la responsabilidad social y los efectos de un proyecto sobre el empleo digno y sostenible de personas y la potencial utilización de esquemas productivos o de diseño que favorezca el aspecto humano y social del proyecto.

El tema medio ambiental se convierte en prioritario a la luz de la situación del mundo. En principio, el proyecto debería ser demostrativo para la comunidad sobre cómo trabajar con orden y aseo, en un ambiente estético, ojalá ambientalista y ecológico y respetuoso, sobre el manejo de aguas, del calor, del ruido, del uso de la energía, del polvo.

- **Etapas de un proyecto**

Cada director tiene su forma de realizar proyectos, éste definirá cuáles serán las etapas y cómo llevarlas a cabo, el tiempo de duración y profundidad de análisis de cada una. Todas pueden llegar a ser válidas si se logran a los objetivos y metas propuestas inicialmente, así como los aspectos importantes en la ejecución de un proyecto. Ojalá que se realicen las seis etapas básicas para la ejecución de un proyecto de ingeniería ya mencionada, con las cuales se han obtenido muy buenos resultados en miles de proyectos en todo el mundo.

Aunque son varias las teorías sobre etapas de un proyecto, en realidad están muy relacionadas entre sí.

G. Wallas, por ejemplo, señala que un proyecto se divide en cuatro etapas: percepción, incubación, iluminación y elaboración. D.W ver Planck y B.R. Teare proponen las siguientes etapas: definición del problema, propuesta de planificación, ejecución del plan, estructuración del conjunto y generalización. H.R. Buhl define las siguientes etapas: reconocimiento del proyecto, definición, preparación, análisis, síntesis, evaluación e interpretación. Se puede apreciar un rico contenido conceptual en estas dos definiciones.

Lo que se debe lograr con las etapas de trabajo es que el director del proyectos pueda desarrollar una adecuada metodología, de forma creativa; de manera que sea capaz de plantear y resolver los problemas desde los puntos de vista técnico y económico; que se puedan definir y valorar todos los factores del entorno que afectan el proyecto, transformándolos en variables y parámetros cuantificables del diseño; de tal manera que se tenga acceso a los distintos métodos y técnicas de diseño que sean aplicable y se puedan seleccionar los más adecuados para su aplicación en cada caso.

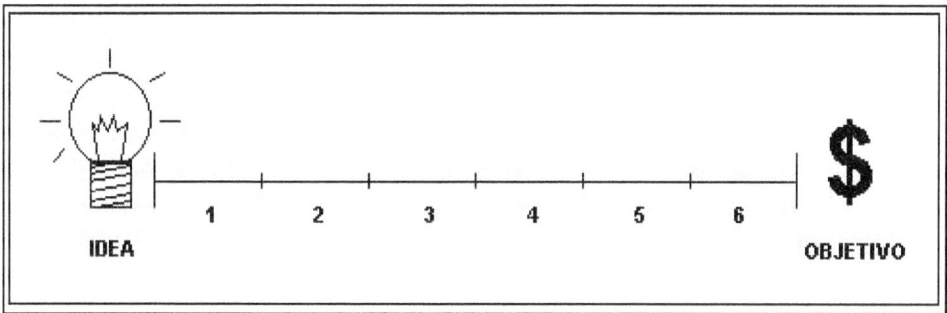

Además de estas seis etapas existen dos aspectos importantes, como se observa en la figura, la idea (al comienzo) y lograr el objetivo (al final). Todo proyecto surge o por una idea, o por la necesidad de lograr un objetivo. El objetivo que se busca en todo proyecto siempre se puede medir en términos económicos.

- **Trampas o dificultades de los proyectos**

La elaboración de un proyecto, desde que la idea nace hasta su terminación, implica tener en cuenta muchos aspectos, entre los que vale la pena mencionar: las numerosas reuniones para concretar y hacer estudios, los numerosos cálculos, las actividades de diseño y el tiempo invertido. Todo esto implica una importante inversión de tipo económica. Es por ello que la ejecución de un proyecto necesita tiempo, análisis y evaluación. Sin embargo, lo anterior no significa que la consecución de los objetivos esté garantizada si se dedican los recursos, ni que el proyecto ya sea un hecho, ya que existen trampas que se deben evitar.

- No hay claridad hacia donde se navega, o se navega en direcciones contrarias.
- Se realizan acuerdos verbales que pueden ser interpretados de diferentes maneras. Por ello es conveniente que todo quede adecuadamente registrado.
- Una deficiente asignación de los recursos.
- Que el personal no tenga las competencias requeridas.
- Incorrecta definición de actividades.
- Falta de autoridad o dirección.

Es muy importante definir claramente los objetivos. En temas de energía esto tiene que ver con los consumos, con los cambios que se prevén, con los impactos sobre las capacidades de producción y sobre la filosofía de producción.

Por otra parte, se debe ser consciente que no se debe confundir la eficiencia al adelantar las tareas de diseño con la rapidez, pues se puede amenazar la calidad. Se debe evitar que se definan aspectos del proyectos que involucran un gran tiempo de preparación y ejecución en reuniones muy cortas o en las cuales se carezca de la información necesaria, simplemente porque el tiempo es muy apretado o porque no se cuenta con la información. Cuando la comunidad y el estado estén involucrados, se complican aún más las comunicaciones y los puntos de conflicto, por lo cual debe encontrare el lenguaje común, para lograr que lo obtenido sea lo que se buscaba.

Velar por unas buenas comunicaciones, ya que dejar las cosas a un nivel muy verbal y no comprobar las bases o suposiciones puede traer problemas que en último término implican pérdidas económicas para los involucrados.

Una inadecuada asignación de los recursos es vital y ello implica desarrollar los presupuestos con base objetiva, lo cual toma tiempo.

Las personas involucradas deben trabajar con buena coherencia y alto sentido de compromiso y motivación, estando todos muy enfocados en lograr un resultado final de alta calidad. Para ellos deben tener buenas relaciones interpersonales, sentido de responsabilidad, capacidad de expresión, honestidad, buenas comunicaciones, conocimientos de los temas, enamoramiento con el trabajo y convencimiento de las bondades del proyecto. Es importante al realizar la metodología por etapas, contar con una correcta y completa lista y definición de las actividades y de las responsabilidades de las personas y equipos de trabajo. Es importante obviamente en todo esto la existencia de autoridad y de sentido de dirección, en forma de liderazgo.

2.5.2   Las etapas de los proyectos

- **Etapa conceptual**

El objetivo de la etapa conceptual es aclarar el objetivo del proyecto. La metodología utilizada para aclarar el objetivo consiste en plantear alternativas de solución viables para cada uno de los aspectos involucrados. Para plantearlas, el equipo de trabajo debe tratar de conocer todo lo relacionado con el tema, esto es analizar todas las posibilidades. Por ello es de vital importancia recolectar toda la información que sea posible.

A partir del abanico de posibilidades analizadas, se deberán identificar las mejores, de tal manera que queden seleccionadas para el trabajo de ingeniería en las etapas posteriores. Esta etapa permite definir la perspectiva técnica y económica del proyecto y establecer un plan de trabajo para el desarrollo del proyecto.

En síntesis en esta etapa se debe:
Definir claramente el objetivo del proyecto.
- Establecer claridad en los aspectos fundamentales que lo justifiquen plenamente.
- Proponer un abanico de alternativas realizables.
- Elaborar el presupuesto.
- Elaborar el plan de trabajo preliminar.

Las actividades a desarrollar en esta etapa son las siguientes:

✓ identificar las necesidades por satisfacer y sus alcances.
Estas ideas no necesariamente nacen de personas involucradas en los procesos que se piensan mejorar o cambiar. Pueden surgir de un administrador, un político o un inversionista. Por ello debe completarse la idea para evitar que quede suelta, poco clara, vaga y demasiado amplia.
El trabajo de los responsables debe incluir traducir la idea original, para entender tanto de qué se trata como el alcance deseado. Es decir, dejar muy claro cuál es la necesidad, delimitándola y aclarando cada una de sus partes. Para con ello

evitar que el objetivo no se cumpla, o que por el contrario, se termine solucionando lo que no se quería. En este sentido el trabajo puede dar lugar a proponer replanteamientos de la idea original, si se encuentra que no es factible conciliar razonablemente todos los propósitos iniciales.

✓ Definición del problema a resolver.
Después de identificar la necesidad y establecer su alcance, se debe formular un primer objetivo que permita darle un norte al proyecto. Si bien con la ingeniería conceptual se busca aclarar el objetivo, definir el problema a resolver permitirá orientar al equipo de trabajo a que determine correctamente los elementos que lo definirán acertadamente. Igualmente, se debe tener precaución especial en la claridad con que se define el objetivo, ya que lograr lo que no se desea es una pérdida de tiempo y dinero.

✓ Acopio de información sobre el estado del arte y su posible aplicación al caso de interés.

Se recopila información del tema. En esta actividad se recoge información de los diversos clientes del proyecto, con posibles proveedores de equipo y estudiando la información que se ha recogido.

✓ Experimentos básicos, análisis de laboratorio y mediciones.
Muchas veces se requiere información que no se encuentra dentro del estado del arte, que no es confiable o que simplemente no es explícita. En este caso se debe recurrir al desarrollo de experimentos, mediciones o análisis de laboratorio, que permitan obtener todos los datos que sirvan de base para la toma de decisiones sobre varios aspectos como: materias primas, tamaños, técnica a utilizar, impactos de variables de proceso, etc.

✓ Análisis de diferentes alternativas.
Es uno de los puntos claves a desarrollar dentro de esta primera etapa. Se deben proponer alternativas de solución a cada uno de los interrogantes que genere el proyecto.

✓ Transferencia de tecnología.
En último término el proyecto va a generar necesidades tecnológicas. Para el caso de las empresas locales, situadas en un país con grandes necesidades de empleo y que debe crecer en prosperidad y en equidad social, en cuanto sea posible, se debe tener la intención de tratar de que los elementos de proceso y los equipos provengan de fabricantes locales y tratar de convencer a los clientes del proyecto de las bondades de esta política. En algunos casos, sin embargo, será

necesario el empleo de tecnología no existente en el medio. En todos los casos, se deben adelantar actividades para localizar las tecnologías necesarias y sus proveedores. Es importante tener en cuenta temas relacionados con repuestos, calidad, entrenamiento, importaciones, tiempos de entrega y experiencia del proveedor.

✓ Selección de mejores alternativas.
Una vez planteadas las alternativas de solución a los diferentes temas a tratar, se debe buscar las que mejor cumplen con encaminar el proyecto a su objetivo, a la luz de la técnica y el dinero.

✓ Perspectiva técnica y económica a nivel conceptual.
Con las ideas seleccionadas en el punto anterior, siempre es importante realizar un análisis de su viabilidad técnica. El tema de los flujos de materiales, de los ahorros de energía, de los impactos ambientales, de las capacidades de producción de los equipos y de los procesos y sus reales capacidades para manejar los tipos de materiales se deben examinar en detalle. Para ello se han presentado herramientas en este módulo.

Es importante en algunos casos, definir si se requiere que el proceso empleado sea manual, semiautomático o automático. Hay procesos que permiten ser manuales y si se desea se pueden convertir en procesos automáticos y hay otros que obligatoriamente deben ser automáticos. El que un proceso sea automático significa aumentar la inversión y los costos en equipos e ingeniería. Con esto se logra que este sea más cómodo y más eficiente, pero la inversión inicial es mayor y su mantenimiento puede ser mayor o menor.

De igual modo, se deben analizar las soluciones desde el punto de vista económico, ya que una buena alternativa vista desde lo técnico puede no ser atractiva para quienes desean invertir en el proyecto. En esta parte, por ejemplo, se analizan los costos que implica la compra de la maquinaria, su importación, si así se requiere, y todos los gastos futuros que los equipos van a necesitar: mantenimiento, suministro de repuestos, soporte técnico etc.
✓ Gestiones con la comunidad y el gobierno.
Para garantizar el éxito del proyecto se requiere que tenga aceptación por parte de la comunidad, y es aún más importante si ella será usuaria directa del proyecto y si sus ingresos y utilidades vendrán de él. En muchos casos en los cuales no se ha tenido presente a la comunidad, se ha fracasado. En temas de energía, por ejemplo, los proyectos de cogeneración y de generación deben ser examinados en detalle desde este punto de vista.

Aproximación conceptual a un presupuesto y plazo de ejecución.
Es importante aproximarse a las cifras económicas del proyecto en términos de:
- Inversiones estimadas necesarias en equipos y tecnología.
- Inversiones estimadas en edificios e infraestructura civil.
- Inversiones estimadas en obras de tratamiento ambiental, y embellecimiento.
- Inversiones estimadas en facilidades para las personas y para el manejo administrativo y educativo del proyecto.
- Inversiones en infraestructura de servicios (electricidad, agua, aire comprimido, redes contra incendio, sistemas de seguridad)
- En las inversiones de deben de tener en cuenta las inversiones en ingeniería, en estudios y en gestiones.
- Capacidades de producción por equipos y procesos.
- Flujos de proceso.
- Ahorros esperados y beneficios
- Costos de producción estimados según los flujos de productos y de materias primas.
- Estimados de precios de venta y de capacidades de venta según productos.

Se debe realizar un análisis de flujo de caja y un análisis de costo beneficio. Los datos a utilizar deberán ser lo más reales que sea posible. En caso necesario, se basará el análisis en aproximaciones en la opinión de expertos para saber costos que no sean fáciles de determinar sin un análisis a fondo, obteniendo fácilmente un valor suficientemente certero sin la necesidad de entrar en el detalle del diseño, ya que se está en la etapa conceptual.

En esta estado del proyecto, se debe plantear un cronograma de trabajo para las distintas etapas faltantes. Se deben configurar los grupos de trabajo (director del proyecto, ingenieros y técnicos internos, asesores externos, paquetes tecnológicos, regalías, etc.).

Igualmente se deben estimar las magnitudes de las etapas de ingeniería remanentes y estimar el costo de las mismas y los recursos necesarios, sean internos y externos

Normatividad aplicable y sus efectos prácticos sobre el proyecto.
Se debe investigar sobre diferentes normas que rigen el proyecto en todos sus ámbitos: Energéticas y de instalaciones; ambientales (Control de emisiones, ver-

timientos, residuos sólidos, ruido, etc.); jurídicas (Comerciales, laborales, tributarias, etc.); técnicas (De calidad para procedimientos y productos, ensayos, convenciones, etc.).

Establecer un organigrama y una logística para la administración del proyecto (planeación, financiación, compras y contratación). En este punto junto con el anterior se preparan ordenadamente los pasos a seguir durante la ejecución del proyecto.

- **Etapa básica**

En la etapa de la ingeniería básica se busca fundamentar y cimentar el proyecto con bases fuertes, utilizando como herramienta los conceptos básicos de la ingeniería.

El objetivo de esta etapa consiste en obtener una idea muy clara de cómo se verá el proyecto a partir de la mejor alternativa seleccionada, usando descripciones, planos, esquemas, maquetas, bocetos, listado de equipos, rutas de redes, etc. y refinando la factibilidad técnica y económica. Esto implica determinar:

- Definición de la localización del proyecto. En la ingeniería conceptual se han planteado esquemas de localización más o menos definidos, pero en esta etapa este tema debe quedar cerrado.
- Esquema del proceso: Se deben definir las secuencias y los procesos necesarios con todos sus flujos y transformaciones, especialmente las de naturaleza energética y ambiental y sus relaciones con la producción.
- Tamaño y capacidad de equipos: con base en las necesidades de capacidad de producción y los consumos de energía y los impactos ambientales a resolver, se deben seleccionar los equipos que requiere el proceso.
- Flujos de materiales y energéticos: El proceso se dimensiona con base a la demanda de producto terminado. Con esta base, se determinan las materias primas y energéticas necesarias y en función de los equipos utilizados se determina la cantidad de desperdicios generados. Esto en términos generales entrega la cantidad, calidad y tipos de materias primas que se requiere al iniciar el proceso.
- Consumos de servicios industriales: de haber determinado el proceso y de elegir el tipo de máquinas a utilizar, se puede hacer una suma de los consumos totales que se requiere para el funcionamiento, teniendo en cuenta el factor de simultaneidad en los consumos de servicios. Con esta base se determina la capacidad a instalar.

- Costos de producción: con la determinación de lo indicado en las actividades anteriores, se puede visualizar el proyecto en operación y se puede determinar cuánto costará dicha operación.
- Presupuesto se determinan las distintas inversiones necesarias para hacer realidad el proyecto.
- Cronograma de ejecución, el cual es la carta de navegación definitiva del proyecto

Es claro que en la etapa de ingeniería conceptual se han cubierto estos aspectos, pero de una forma muy general, aplicable a distintas alternativas que se están comparando. En esta fase ya se define o congela la alternativa seleccionada y sobre ella se procede a elaborar la secuencia de actividades que se ha señalado.

En consecuencia, al finalizar ésta etapa, debe haber claridad en los aspectos fundamentales de los procesos de producción y operación de la planta, configuración básica y funcionamiento de equipos o sistemas. Aspectos de operación, tecnologías empleadas, tipos de equipos y sus capacidades, también se precisará el alcance del trabajo (ideas confiables de cómo será la planta, equipos o sistemas basándose en esquemas, maquetas, lay out preliminares, diagrama de flujos, diagramas lógicos, grado de automatización, etc.). Además se debe tener certeza sobre las posibilidades de éxito del proyecto, perfeccionamiento del análisis económico y financiero y evaluación de sus atributos frente a los criterios de éxito.

La consecuencia más importante de desarrollar esta etapa es la determinación de la factibilidad técnica y económica. La idea es que no se ejecute la etapa siguiente, la ingeniería de detalle, a proyectos que no sean factibles. La ingeniería conceptual debió arrojar una buena probabilidad de factibilidad, pero es la ingeniería básica la que debe definir realmente el proyecto.

En este sentido es importante detectar si los estudios de factibilidad realizados inicialmente, aunque aparezcan en ellos elementos muy definidos como es el caso de algunos aspectos de la arquitectura y diversos listados de equipos, y algunos estudios de costos y flujos de materiales, tienen el desarrollo suficiente como para que con ellos se pueda declarar que un proyecto es factible. Con frecuencia falta que se involucren al proyecto elementos definitorios en cuanto a las capacidades y flujos de producción y a la naturaleza de los procesos, en los cuales puede faltar el análisis técnico de alternativas, es decir, la ingeniería conceptual.

Por otra parte, a veces se trata de un proyecto de tipo social o político, sobre el cual existe un propósito y un compromiso, de tal manera que el proyecto se va a ejecutar muy seguramente. Es importante en este contexto, que las ingenierías conceptual y básica se enfoquen en que ser un proyecto razonable, funcional, equilibrado y realista, sobre el cual, el estado y los patrocinadores tengan una clara perspectiva de los balances económicos y sociales y de su capacidad para ser sostenible y de servir de modelo a otros proyectos de este o de similar tipo.

Se debe hacer el esfuerzo para no frustrar a la comunidad y para no crear un ente complejo e inviable. De ahí la importancia de la ingeniería básica y de no ahorrársela.

La factibilidad técnica se puede ver claramente después de analizar los niveles de tecnología y de técnica que se requieren para la ejecución del proyecto y para su funcionamiento.

En cuanto al aspecto económico, se deben evaluar tres aspectos básicos: el costo de la inversión, la recuperación del capital y la rentabilidad (tasa interna de retorno). Esta información le permitirá al inversionista determinar si el proyecto es atractivo o no, y al director si es viable o no

Para hallar el costo de la inversión, se deben tener en cuenta todos los rubros asociados con ejecutar el proyecto y ponerlo en marcha, tales como: terrenos y adecuación, edificios, equipos de producción, equipos y mano de obra para construcción y montaje, materia prima y materiales para construcción, consumo de energía y servicios en la ejecución, ingeniería (diseño, ejecución, pruebas y puesta en marcha, cierre), capital de trabajo

Se deben determinar las inversiones como ya se señaló en la ingeniería conceptual, pero para la alternativa seleccionada que ha sido objeto del diseño básico. Esto hace parte del capital necesario. Con este, con los costos de depreciación, con los costos y valores de las ventas, se determina la rentabilidad del proyecto y los flujos de caja esperados durante la operación los cuales involucran aspectos como costo de mano de obra directa e indirecta, costo de materias primas, costos de servicios industriales, arrendamientos, impuestos y otros. Al determinar la factibilidad técnica y económica se debe tener en cuenta incluir todos los aspectos, consultar con expertos para determinar algunos costos.
Este análisis, debe ser objetivo, pero no altamente detallado, pues no se han hecho los diseños de detalle. Por ello se admite un 20% más o menos de variación, es decir, no se puede llegar a una exactitud mayor a un 80%, a no ser que se lleve a cabo una ingeniería básica avanzada, con elementos de ingeniería de detalle. Las siguientes son las actividades a desarrollar en la ejecución de esta etapa.

En cuanto a plantas y sistemas:

- Análisis y definición de los procesos.
- Definición de servicios.
- Lógica de control e instrumentación.
- Estudio de secuencias y tiempos.
- Dimensionamiento de servicios (flujos y energía).
- Características básicas para instrumentos (funciones y precisión).
- Definición de los sistemas de seguridad, protección y alarmas.
- Lógica operativa y definición de actividades de los operarios y su número.
- Dimensionamiento de equipos.
- Selección de normas.
- Definición de premisas y criterios de diseño.
- Distribución de planta.
- Estudio de costos de inversión y operativos. Análisis de rentabilidad y viabilidad financiera.
- Definición de calidades.

En cuanto a equipos y elementos:

- Elaboración de esquemas básicos de ideas constructivas sin entrar en detalles
- Dimensionamiento de potencias, flujos, capacidades térmicas, consumos de energía, etc.
- Selección de materiales.
- Configuración constructiva general sin entrar en detalles.
- Selección de normas.
- Elaboración de maquetas y prototipos.
- Pruebas de prototipos y su evaluación.
- Ensayos y escalamiento.
- Definición de premisas y criterios de diseño.
- Lay out de planta y sistemas.

Toda la información recolectada en esta etapa se debe organizar para ser presentada a los que aprueban las inversiones, para facilitar la ejecución de la ingeniería de detalle y para dejar constancia de la experiencia acumulada en el proceso. Para tales fines se debe consolidar información que incluya los siguientes aspectos:

- Diagramas de flujos del proceso.

– Diagrama de flujos de servicios.
– Diagrama de flujos de instrumentación y control.
– Diagramas lógicos.
– Esquemas de dimensionamiento de equipos.
– Esquemas básicos mostrando ideas constructivas.
– Lay out en planta y elevaciones para perfeccionar en la ingeniería de detalle.
– Informes con análisis económico y financiero, estudio de tiempos y secuencias, lógica de control y protecciones, dimensionamiento de equipos y sistemas, diseños básicos.
– Planos preliminares de ideas básicas.
– Documento de justificación del proyecto ante junta directiva o gerencia.

- **Etapa de detalle**

Después de haber hecho en su totalidad y con éxito la ingeniería conceptual y la ingeniería básica, en la ingeniería de detalle se deben elaborar los documentos que permitan la materialización del proyecto con el mínimo de contratiempos. En esta etapa se debe asegurar: el éxito operativo conforme con las expectativas previstas, la calidad de los bienes de capital que configuran el proyecto, lo relacionado con la seguridad industrial, diversos factores humanos, la preservación del medio ambiente y el confort laboral. Se perfeccionan el presupuesto y el plan de ejecución y se ajustan los parámetros financieros y temporales.

Entre los diferentes documentos que se deben preparar en esta etapa se tienen:

– Documentos técnicos: Catálogos, planos, manuales de operación, layout, diagramas y normas.
– Documentos económicos: Estado de pérdidas y ganancias, presupuestos de mano de obra, de maquinaria, etc.
– Documentos relacionados con el tiempo: Cronogramas y planeación de actividades.
– Documentos legales: Contratos, seguros, permisos, etc.

Los siguientes son puntos genéricos a tener en cuenta para el desarrollo de la ingeniería de detalle.

Disposición de planta (Layout): Son planos del proyecto en vista de planta, en los que se puede observar la distribución de los diferentes elementos que lo componen, facilitando así una completa compresión de la dinámica e interacción de cada uno de ellos como parte de un todo. En ellos se especifican:

Diagrama, ruta y equipos de proceso

Flujos de gente y zonas de circulación

Zona y flujo de servicios

Zonas de entrada y salida de materias primas y productos

Proceso: En esta etapa es de importancia definir todos los detalles relacionados con su diseño. Incluyendo elementos como: equipos de proceso y equipos de transporte. Incluir:

Áreas de proceso y sus separaciones por zonas: húmedas, secas, limpias, sucias, frías, calientes, entre otras.

Las líneas del proceso y sus flujos

Se deben prever en el diseño posibles ampliaciones de la planta para minimizar costos en el futuro.

Se debe tener la siguiente información: Equipos, numeración de líneas, válvulas, filtros, trampas, mangueras, aislamientos, calentamientos, conexiones, tuberías, reducciones, drenajes, juntas de expansión, pendientes de los pisos, etc.

Soporterías y bases de los equipos y elementos.

Almacenamientos de producto del proceso: En algunas plantas estos ocupan un espacio considerable, por esto se deben ubicar estratégicamente, teniendo en cuenta aspectos como mantenimiento, operación, tiempo de almacenamiento, material a almacenar, etc. Estos son importantes ya que permiten decidir el lugar óptimo de ubicación.

Espacios para nuevos equipos: Dependen de las proyecciones de la planta, de los recursos económicos y de espacio. Ya que si en un futuro se decide aumentar la capacidad de producción de la planta, se necesitará de este espacio.

 Es importante tener en cuenta áreas para talleres de mantenimientos, almacenamiento de combustibles, primeros auxilios, calderas, etc., ya que estos demandan un espacio especial.

Servicios a la producción: Son los flujos requeridos para la producción y óptimo funcionamiento de la planta, como agua, vapor, aceite, alcantarillado, combustión, gases de combustión, energía, etc.

Aspectos ambientales: Incluye la Evaluación de Impacto Ambiental, que es el proceso formal empleado para predecir las consecuencias ambientales del proyecto.

Aspectos laborales: Los aspectos laborales son de gran cuidado ya que están cobijados por leyes, tanto a nivel de riesgos y derechos laborales como en adecuación de espacios físicos para los trabajadores (baños, duchas, comedores, etc.). Por esto es importante saber el número de empleados, hombres y mujeres, pues existe normatividad sobre el número de baños por un número determinado de mujeres y otro diferente para el número de hombres. Por ejemplo en industrias como la química, se debe hacer una descontaminación de los trabajadores antes y después de la jornada de trabajo lo cual implica una cantidad determinada de duchas, con diseños específicos que implican un espacio considerable.

Igualmente se tiene en cuenta la seguridad industrial para la prevención de accidentes laborales. Como los accidentes surgen por la interacción de los trabajadores con el entorno de trabajo, hay que examinar cuidadosamente ambos elementos para reducir el riesgo de lesiones. Éstas pueden deberse a las malas condiciones de trabajo, al uso de equipos y herramientas inadecuadamente diseñadas, al cansancio, a la distracción, a la inexperiencia o las acciones arriesgadas.

La capacitación es una obligación de la empresa, por esto se debe disponer de un lugar apropiado para ésta; cuando no se cuenta con espacio suficiente se puede recurrir a espacios como el comedor siendo utilizado eventualmente como un salón múltiple 1

Operación y mantenimiento: Se debe contar con los espacios adecuados para el mantenimiento de las máquinas, y ubicarlos correctamente dentro del layout. Tener presente que hay maquinaria con piezas de gran tamaño y peso que eventualmente requieren ser cambiadas o retirar para un mantenimiento, para ello se debe disponer de elementos para poder retirarla, idealmente un puente grúa, pero como antes se mencionó no siempre se cuenta con esta posibilidad, entonces se debe tener otras opciones para este tipo de casos.

Los espacios de circulación se deben tener presentes. Así mismo es importante contar con espacios o zonas para: taller de mantenimiento, almacenes de aceites y grasas, herramientas, materias primas, productos terminados, etc. según los requerimientos de la planta o empresa.

Las bombas, motores, válvulas, equipos de control etc., se deben ubicar pensando en su fácil mantenimiento, cambio u operación, se debe tratar de localizar los diferentes elementos de control a una altura visible.

Permisos y licencias: Se deben tener presentes todos los permisos y licencias en la realización y puesta en marcha de un proyecto, para no tener problemas legales a posteriori, lo cual entorpece el proceso, generando retrasos de la puesta en marcha y sobre costos que posiblemente llevarían el proyecto al fracaso.

Algunos permisos y licencias en la realización de proyectos son: permiso de planeación, normas del régimen de propiedad compartida, licencias de funcionamiento, ambientales y de construcción, etc.

Cronogramas y recursos: Este cronograma se aplica a las etapas remanentes del proyecto, dado que ya se ha llegado al nivel de detalle. Es un perfeccionamiento de los anteriores cronogramas que se han realizado, que son de tipo más general. Por debe referirse a toda una serie de eventos ya muy detallados.

En él deben intervenir no solamente el director del proyecto y la empresa, sino los contratistas, de forma que incluya todas las actividades a realizar durante cada etapa. Puede incluir si es del caso, un desglose de actividades, que es el registro de todas las tareas de cada actividad con un tiempo determinado para realizarlas. Puede llegar a incluir un control diario de tareas, para asegurar una buena realización de las tareas en el tiempo predefinido.

En la realización de los cronogramas es conveniente tener el personal ya seleccionado para que cada uno de los integrantes tenga conocimiento de la actividad a realizar y asegurar una buena planeación.

Cuando el tiempo de ejecución se quiere disminuir, se deben asignar mayores recursos hasta donde sea posible: mejor tecnología, mejor transporte, horas extras de trabajo, mayor cantidad de mano de obra, etc. Para cada cambio en el cronograma, se debe dejar constancia en actas por escrito.

Presupuesto detallado: Teniendo ya un diseño claro y completo se puede entrar a hacer un presupuesto completo, con todos los costos y gastos que tenga el proyecto. En esta etapa se llega a un alto grado de definición que asegura aproximaciones de más del 90 %.

Informe: memorias y planos: Los planos contienen la representación gráfica necesaria para la ejecución, e incluyen cartografía con la proyección de la obra, así como alzados y plantas de la misma. Algunos tipos de planos son: planos de planta, en isométrico, de detalle, de proceso, etc.

Los planos son útiles para:

- Saber encontrar y seleccionar información sobre diferentes aspectos de la obra.
- Representar con fidelidad la información para que los usuarios puedan interpretarla correctamente.
- Visualizar los elementos y sus fronteras y conexiones a nivel de detalle o general
- Simplificar y dibujar la información mediante símbolos, líneas y colores, de modo que el amontonamiento o el desorden sean mínimos y los planos resulten legibles.

Las memorias son exposiciones escritas que aportan datos y valoraciones relacionados con el proyecto. Están complementadas con los documentos que se tengan, que contengan la historia del proyecto y los análisis realizados. Entre las memorias más importantes en el desarrollo de un proyecto están: los catálogos, manuales de operación y mantenimiento, informes entre el cliente y el contratista, cotizaciones, etc. todas las exposiciones escritas que de una u otra manera contienen la historia del proyecto que ayudaran al dueño en el futuro.

Especificaciones técnicas para terceros: Las especificaciones técnicas detallan lo que se quiere hacer y sus características generales. Están contenidas en documentos a ser elaborados por la administración, o bien por posibles contratistas a indicación de la misma. En ellos se establecen los compromisos técnicos que deberán asumir los diversos adjudicatarios y proveedores de la obra y de los equipos. Contiene la descripción y justificación de los elementos adoptados.

Anexos: Son todos los demás documentos que se requieran para tener una historia completa del desarrollo del proyecto estos pueden ser entre otros: fotografías, normas, contratos, cálculos, cotizaciones, etc.

Las actividades a desarrollar en esta etapa son similares a las ya señaladas en las etapas de ingeniería conceptual, pero más elaboradas en algunos casos y complementadas con otras que se desprenden del detalle:

- Levantamientos de campo (topografía y fotografía).
- Adquisición de información disponible y su clasificación.
- Estudio de la información.
- Observación de los procesos y funcionamiento de equipos y sistemas.
- Mediciones, ensayos y pruebas.
- Consultas comerciales.
- Consulta a fabricantes.

- Perfeccionamientos de diagramas de flujo (procesos, controles e instrumentos, servicios) y de diagramas lógicos.
- Perfeccionamiento de planos de lay-out.
- Elaboración de planos de servicios (vapor, agua, aire comprimido, etc.); de sistemas de ventilación, aire acondicionado etc; de planos constructivos para equipos y elementos; de planos estructurales; de planos para instalación de instrumentos; de planos para operaciones críticas en el montaje; de planos para dispositivos especiales para fabricación, ensamble y montaje.
- Elaboración de planos civiles y arquitectónicos.
- Realización de cálculos detallados y simulaciones.
- Listas de materiales y equipos.
- Presupuesto final (fabricación, compras, montaje y puesta en marcha).
- Elaboración de especificaciones para la compra de equipos y materiales.
- Redacción de informes de diseño.
- Estrategias de implementación del proyecto (considerar producción, suministros, espacios, servicios, etc.)
- Elaboración de procedimientos para fabricación (soldadura, pintura, etc.,)
- Especificaciones para el montaje definiendo el alcance de los trabajos, responsabilidades, recursos disponibles, etc.
- Elaboración de procedimientos para pruebas estáticas, en vacío y de producción.
- Perfeccionamiento de la red de actividades para fabricación, compras, montaje, y puesta en marcha (planeación).

- **Configuración de un archivo del proyecto**

Los resultados de esta etapa se entregan como
- Esquemas y diagramas.
- Planos.
- Informes.
- Especificaciones.
- Procedimientos
- Listas de materiales.
- Documentación para fabricación y montaje.
- Perfeccionamiento al presupuesto.
- Programación para la ejecución.
- Manuales de operación.
- Manual de mantenimiento.

–   Manual de operaciones y descripción de funciones para todos los operarios.
–   Procedimiento para pruebas.
–   Manuales o procedimientos de capacitación y transferencia de tecnología.

• **Etapa de ejecución**

La etapa de ejecución tiene un carácter diferente al de sus etapas antecesoras. En las ingenierías: conceptual, básica y de detalle todo lo realizado es de carácter virtual, por lo tanto los errores cometidos y las modificaciones hechas representan un costo adicional muy pequeño comparado con lo que sería en esta nueva etapa, ya que hasta este momento todo se encuentra en planos, bocetos, descripciones, libros y documentos. En la ejecución, la corrección de un error representa sobrecostos generalmente muy altos.

La figura siguiente esquematiza esta situación

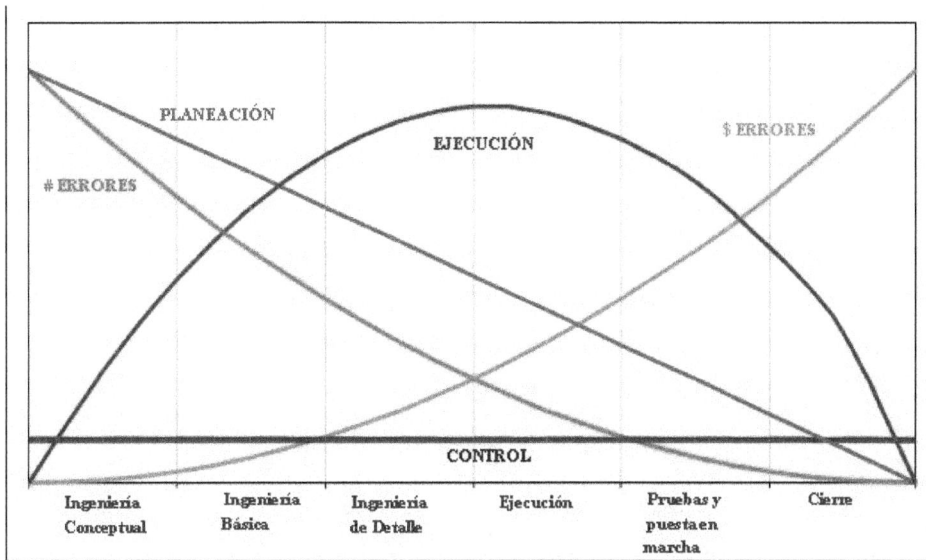

Impacto de las etapas de desarrollo de un proyecto

En ella se aprecia que los costos de los errores son pequeños en las etapas iniciales y se vuelven prohibitivos en las etapas finales a partir de las etapas de ejecución.

De ahí la importancia de no ahorrar en las etapas de la ingeniería de diseño, pues estos ahorros pueden significar grandes problemas en las etapas reales del proyecto.

El objetivo de la etapa de ejecución es el comprar, construir e instalar y montar todos los elementos y sistemas del proyecto, de acuerdo a los diseños y especificaciones desarrollados en la ingeniería de detalle, dentro del tiempo y dinero presupuestados. La ejecución contiene actividades como:

- Obras civiles.
- Fabricación de equipos.
- Compra de equipos.
- Instalaciones eléctricas y mecánicas.

Es importante reconocer el tema de los requisitos para iniciar, que son los siguientes:

- Ingeniería terminada: Es requisito indispensable tener completa toda la fase de ingeniería de detalle, ya que con ésta se garantiza que se tiene toda la información necesaria para ejecutar exacta y exitosamente el proyecto. Es una garantía que en la ejecución no se va a tener contratiempos por errores de diseño.
- Fondos disponibles: Todo proyecto se ejecuta con dinero, y de que se desembolse el dinero necesario en el momento adecuado, depende que el proyecto se pueda ejecutar completamente y dentro de los plazos estipulados dentro del presupuesto.
- Permisos conseguidos: Es obligatorio para dar inicio a cualquier proceso de ejecución de obras, la consecución de todas las licencias y permisos necesarios tanto para la construcción, como para la operación después del cierre del proyecto.
- Que haya una organización: Se deben conformar equipos de trabajo para la coordinación y dirección de las actividades de ejecución.
- Que la motivación siga presente: Es vital la motivación del ejecutante, pero más importante es la motivación del cliente (un cliente desmotivado no estará conforme con el trabajo y se tornará un obstáculo para el desarrollo de las actividades).

El procedimiento para desarrollar la ejecución se conforma de cuatro actividades fundamentales: planear, licitar, contratar y ejecutar.

- Planear: se debe planear el trabajo con base en los cronogramas desarrollados en la ingeniería de detalle.

- Licitar: la variable crítica de éxito en cualquier proceso de ejecución es el contratista, ya que un buen contratista incluso con una ingeniería de diseño pobre sacará adelante el proyecto exitosamente. El proceso licitatorio es un concurso en el que busca seleccionar al mejor contratista.
- Contratar: La contratación registra el común acuerdo de las voluntades del contratista y el contratante.
- Ejecutar: es la ejecución de los trabajos y obras requeridas según los parámetros descritos en el informe de ingeniería de detalle.
- Liquidar: es el cierre de los contratos celebrados con el contratista al finalizarse todas las obligaciones de ambas partes (obras ejecutadas y pagadas).

- **Etapa de pruebas y puesta en marcha**

En la etapa de pruebas y puesta en marcha se tiene como objetivo prepararse para la operación, verificando la concordancia entre lo presupuestado (técnicamente, económicamente y temporalmente) y lo ejecutado.

En esta etapa inicialmente se hacen las pruebas de aquellos equipos que se pueden probar individualmente y finalmente se hacen las pruebas al proceso. Es recomendable, en los casos que se permita, que las pruebas se comiencen a hacer desde la etapa anterior, ya que normalmente es mucho más fácil detectar fallas y corregirlas en etapas preliminares.

Cuando se llevan a cabo proyectos relacionados con la energía, la prueba ácida es que realmente se logren los ahorros esperados. Esto debe ser verificado. La verificación de la concordancia se debe hacer midiendo. Para dichas mediciones se debe hacer un formato en donde se especifique claramente los pasos a seguir durante las pruebas, anotando en ellos los aspectos más importantes a considerar, así como lo cuidados especiales que se deben tener por razones de seguridad, para evitar un mal trato a los equipos. A continuación, se especifican los tipos de pruebas típicas que se hacen a un proyecto.

Pruebas de fábrica. Estas pruebas son las relacionadas, entre otras, con la certificación que poseen los equipos, exigen a los fabricantes realizar ensayos y pruebas para garantizar un buen funcionamiento del equipo, calidad, seguridad etc. En algunos casos quien compra un equipo puede presenciarlas siempre y cuando esté permitido y exista la facilidad para hacerlo. Un equipo que posea un certificado de calidad o certificación, se asume que cumple con las cualidades que la certificación le atribuye y por ende no es necesario realizarlas nuevamente.

Pruebas en el lugar de operación. Como ya se mencionó se requiere de un formato de pruebas en donde se especifiquen los pasos a seguir y procedimientos. Se debe realizar un completo registro de lo acontecido en la prueba, chequeando que se siga el procedimiento al pie de la letra y teniendo especial cuidado en las anomalías como fallas y mala operación del equipo o sistema.

Durante esta etapa se debe ir capacitando o entrenando a aquellos que recibirán el proyecto, ya que de esta manera se logra realizar un acople que evite que aquellos que hagan uso de él, den un mal trato por ignorancia sobre su funcionamiento, evitando así posteriores problemas. En esta etapa se sabrá si el proyecto fue exitoso en el presupuesto de tiempo y dinero.

- **Interventorías y control de calidad en el proyecto**

La interventoría no es en sí misma una etapa del proyecto, sino más bien un elemento transversal que tiene que ver con las diversas etapas, especialmente a partir de la ingeniería de detalle.
Se entiende como interventoría a la supervigilancia de los trabajos y del desarrollo del contrato a la firma responsable de la ejecución de un proyecto, por sí misma, o por medio de un tercero que conceda la buena asesoría o respaldo técnico y administrativo, con personal de su libre nombramiento y remoción y con los elementos y equipos que considere necesarios para el cumplimiento de su labor. La interventora será por tanto, la intermediaria entre el propietario y el contratista y por su conducto se tramitarán todas las cuestiones relativas al desarrollo del presente contrato.

El interventor debe contemplar la implementación de controles a la calidad, al cronograma y a los costos. Pero esto como un medio para el logro del objetivo definitivo, la puesta en marcha adecuada y puntual del proyecto.

Los técnicos montadores de las firmas suministradoras de equipos tendrán carácter de asesores de la interventoría.

Todas las indicaciones, modificaciones y recomendaciones del interventor y todos los asuntos convenidos entre el propietario, la interventoría y el contratista se harán por escrito.

El contratista deberá dar aviso oportuno a la interventoría sobre cualquier prueba o ensayo que deba efectuarse en desarrollo de los trabajos, para verificar los resultados. Sin la presencia de la interventoría éstos no tendrán validez alguna.

Si un proyecto se orienta hacia la ejecución llave en mano, se vuelve muy importante que se cuente con una buena interventoría, que vaya más allá del control de especificaciones y de verificación de los contratos y de las cantidades de obra y que pueda dar cierto nivel de soporte técnico y de criterio, para contribuir a que no ocurran errores por causa de falta de trabajo de diseño.

- **El cierre del proyecto**

La culminación de un proyecto es igual o más importante que su comienzo. Una clausura adecuada del proyecto proporciona entradas para posteriormente poder auditar y efectuar, de ser requeridas, ampliaciones a éste en un futuro. Una terminación anormal de un proyecto causa insatisfacción y frustración, ésta ocurre cuando algunas restricciones se han violado, en el caso en el que el desempeño es inadecuado y cuando las metas del proyecto no son relevantes para las necesidades. Pueden ocurrir desde pérdidas en dinero o fallas para cubrir las necesidades esperadas, hasta pérdidas emocionales y sus problemas consecuentes.

En los proyectos de alto contenido comunitario, con públicos y clientes llenos de expectativas y alto nivel de complejidad, con perspectivas que se tengan de replicarlo e inclusive de venderlo, es vital acompañar el proyecto hasta esta etapa final.

Un proyecto puede tener problemas de cierre por problemas de tiempo y de dinero. Por esta razón el cierre exitoso de un proyecto es aquel que se realiza en los tiempos estipulados y con los recursos dispuestos para ello, y además, cuando es precedido por un manejo impecable de recursos.

Comprender las razones para la terminación de un proyecto es tan importante como conocer las metas del mismo en sus inicios. Se sabe por parte de los expertos que los conflictos se incrementan en los proyectos que tienen los objetivos poco claros y que no son entendidos por el personal del proyecto.
Los objetivos de la etapa de cierre son los siguientes:

- Transferir adecuadamente el proyecto, destacando las lecciones aprendidas.
- Reunir todos los documentos que sean necesarios para la entrega del proyecto: se debe entregar la historia y desarrollo del proyecto, igualmente aquellos que serán requeridos para el funcionamiento y/o cambios que se puedan requerir en el futuro.

- Entregar el proyecto oficialmente, a aquellos que se encargarán.
- Finalizar todo lo concerniente a documentos legales y demás aspectos que de una u otra manera se relacionarán con la ejecución y puesta en marcha del proyecto
- Celebrar el éxito del proyecto y llevar a cabo los reconocimientos a las entidades y personas que han sido protagonistas esenciales del trabajo realizado.

El material sobre proyectos acá presentado se ha basado en buena parte en material presentado por INDISA en seminarios y cursos sobre dirección de proyectos por sus especialistas José Fabio Vélez Mejía y Enrique Posada Restrepo.

2.5.3   Algunas bases para el análisis económico de los proyectos

Los proyectos relacionados con la energía se logran llevar a cabo en buena medida por razones económicas. Por ello el análisis económico es fundamental. En el caso de los proyectos ambientales, las razones pueden ser de otro tipo. Sin embargo, cuando se enfoca adecuadamente, el control ambiental puede ser rentable. Es por ello que en este caso, también el análisis económico es fundamental.

- **Herramientas de análisis**

En la evaluación económica de los proyectos, es conveniente contar con herramientas prácticas que permitan cuantificar los ahorros en el tiempo, base de la justificación del proyecto.

La siguiente lista cubre los elementos esenciales del proyecto desde el punto de vista económico.

I   Valor de la inversión.

C   Costo de mantenimiento y operación del equipo en un período de tiempo, por ejemplo, anual. En los costos de operación se deben incluir los de los servicios.

R   Reducción de consumo del insumo o energético considerado en el período considerado (por ejemplo kWh/año para la electricidad, Nm3/año para el gas natural). Esta reducción es la que se espera que se obtenga como resultado del proyecto.

E   Precio actual del combustible, de la electricidad o del insumo (por ejemplo $/Nm3 de gas; $ por kWh).

M   Precio medio previsto del combustible, de la electricidad o del insumo a lo largo de la vida del equipo. La vida es el período útil que se quiere considerar como base para el análisis.

V   Vida útil estimada del equipo, que es el período útil que se quiere considerar como base para el análisis.

A   Ahorro en un período dado, por ejemplo el ahorro anual neto. Este ahorro es la diferencia entre en ahorro debido a la reducción del consumo de energía y el costo de mantenimiento y operación.

Esta metodología se puede extender para dar una visión más integral del proyecto. Por ejemplo, **A** puede incluir otros beneficios que resultan del proyecto, tales como ventas adicionales de materiales o de energéticos resultantes.

Si en el valor de los costos se consideran los costos financieros y de depreciación, el análisis es más exigente.

B   Es el resultado de la evaluación económica para el tiempo total considerado,, visa útil, que se compone de los períodos de estudio (por ejemplo anuales)

La cuantificación de los ahorros de energía se estima con base en la siguiente expresión:

$$A = R*(M-E)-C$$

La depreciación anual del equipo a lo largo de la vida útil estimada se define por la siguiente ecuación:

$$D = I / V$$

Dos parámetros de evaluación económica muy utilizados son la relación inversión/ahorro y la tasa de retorno de la inversión

Relación X (inversión/ahorro)

$$X = I / A$$

Este parámetro muestra, en términos simples, en cuantos períodos se recupera la inversión con base en los ahorros netos obtenidos.

La Tasa de retorno de la inversión, *TIR* se estima en la siguiente forma

$$TIR = (A - D) / I * 100$$

Los que es está haciendo es estimar qué porcentaje de la inversión hecha se recupera en el período de interés (anual). Para ello del ahorro anual, se descuenta la depreciación anual, aplicada en cada uno de los años de la vida útil estimada del equipo.

Es importante señalar que estas expresiones son esquemáticas y deben ser evaluadas en detalle para cada elemento del proyecto que dé lugar

Ejemplo. Aplicación de las herramientas de análisis

En el ejemplo se van a considerar siete años de vida útil. En la práctica, los proyectos tienen vidas útiles (hasta que se terminan de depreciar) del orden de 7 a 10 años. Para las obras civiles se acostumbra tomar 20 años.

Cambio en horno eléctrico a gas natural		
Energético actual		Electricidad
Consumo actual anual (1)	kWh	720 000
Valor de la electricidad (2)	$/kWh	250
Valor de la electricidad anual (18) = (1) * (2) / 1000000	millones $	180,0
Eficiencia de trabajo actual (3)	%	65,0
Energía útil entregada anual (4) =(1) * (3) / 100	kWh	468 000
Energético a utilizar en el proyecto		gas natural
Eficiencia de trabajo esperada con nuevo energético (5)	%	56,0
Nuevo consumo energético anual (6) = (4) / (5) * 100	kWh	835 714
Valor energético del gas natural (7)	kWh/Nm³	10,3
Consumo nuevo anual (8) = (6) / (7)	Nm³	80 824
Valor del nuevo energético, gas natural, (9)	$/Nm³	700
Valor del gas natural anual (10) = (9) * (8) / 1.000.000	millones $	56,6
Otros costos adicionales con el proyecto		Ventilador
Energía consumida adicional anual (11)	kWhr	72 000
Valor de esta energía (12) = (11) * (2) / 1.000.000	millones $	18,0
Mano de obra consumida adicional anual (13)	horas hom-bre	360
Valor de la hora hombre (14)	$	9 302
Valor de esta mano de obra anual (15) = (14)*(13)/1.000.000	millones $	3,35
Mantenimientos adicionales anuales (16)	millones $	2,50
Costos adicionales anuales (17) = (12)+(15) +(16)	millones $	23,85
Ahorros en energéticos (19) = (18) - (10)	millones $	123,4
Sin aspectos financieros		
Ahorros netos (sin aspectos financieros) A (20) = (19) - (17)	millones $	99,57
Periodo considerado (21)	años	7
Ahorros netos totales (22) (20)*(21)	millones $	697,0
Inversión total I (23)	millones $	220
Relación X (inversión/ahorro) (24) = (23) / (22)		0,32
Depreciación considerada anual D (I / V) (25) = (23) / (21)		31,4
TIR = (A-D) / I *100 (26) = ((20) - (25)) / (23) * 100	%	31,0
Tasa TIR atractiva para la empresa	%	25,0
¿Proyecto atractivo?		SI
Tiempo de retorno (27) = (23) / ((20) - (25))	años	3,2
Tiempo de retorno atractivo para la empresa	años	4,0

Cambio en horno eléctrico a gas natural		
Con aspectos financieros (interés	12	% anual)
Costo financiero anual (28)	%	12
Costo financiero anual (29)	millones $	26,4
Ahorros netos (con aspectos financieros) Af (30) = (20) - (29)	millones $	73,17
Ahorros netos totales (31) = (30)*(21)	millones $	512,2
Relación X (inversión/ahorro) (31) = (23) / (30)		0,43
TIR = (A-D) / I *100 (32) = ((30) - (25)) / (23) * 100	%	19,0
Tasa TIR atractiva para la empresa	%	25,0
¿Proyecto atractivo?		NO
Tiempo de retorno aproximado (33) = (23) / ((30) - (25))	años	5,3
Tiempo de retorno atractivo para la empresa	años	4,0

Observando en detalle el ejemplo, se aprecia que al considerar efectos financieros el tiempo de retorno aumenta y la tasa interna de retorno disminuye, con lo cual el proyecto se hace menos atractivo. En este ejemplo, no resulta atractivo con efectos financieros de acuerdo a los límites que fija la empresa, pero sí es atractivo si no se consideran efectos financieros.

Las gráficas siguientes ilustran qué tan sensible al tamaño de la inversión es el proyecto. Esta es una exploración que siempre se debe hacer, ya que al hacer un presupuesto de un proyecto inicial, conceptual, debe tenerse en cuenta que se van a presentar cambios. Si el proyecto es muy atractivo, puede soportar aumentos de inversiones hasta un punto que se puede determinar con gráficas como las señaladas.

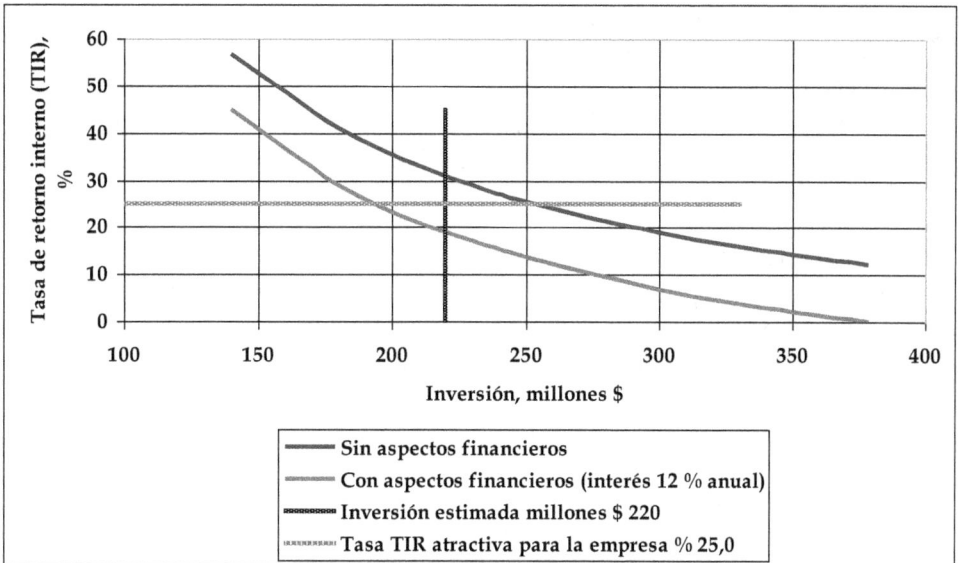

Impacto del monto de las inversiones sobre las tasas TIR

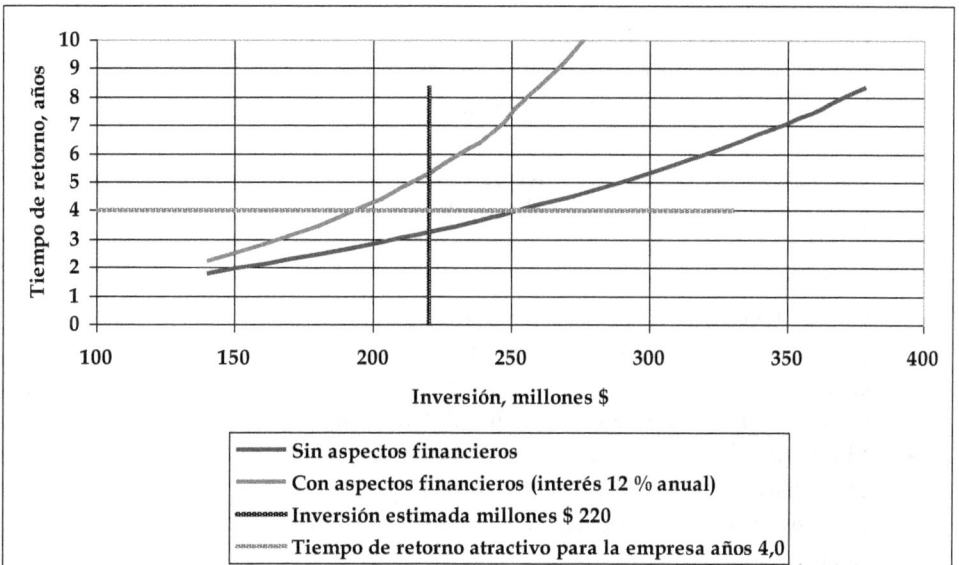

Impacto del monto de las inversiones sobre los tiempos de retorno

A continuación se va a refinar el ejemplo, considerando el comportamiento del flujo de caja durante el período de vida del proyecto. En este caso se hace lo siguiente:

Se examinan en detalle cada uno de los aspectos anualmente, no como promedios tomados en la vida del proyecto.

Se establece un programa de retorno de la inversión, suponiendo que se ha financiado y que se debe devolver el capital de acuerdo a dicho programa. Por ejemplo, se fija un tiempo muerto inicial y luego un sistema de pagos hasta devolver el capital.

La tabla siguiente muestra estos aspectos para cada uno de los siete años de vida de proyecto considerados. El análisis se ha hecho para las dos alternativas energéticas consideradas. Se ha previsto un efecto inflacionario para dar mayor realismo. Igualmente se han previsto aumentos de producción en el tiempo.

La tabla muestra:

- El plan de inversiones
- El plan de pagos de las inversiones
- Los consumos anuales de energéticos y sus valores
- Las variaciones anuales de precios
- Los distintos costos anuales
- Los ahorros que se generan
- El flujo de caja neto que resulta al comparar las dos alternativas (seguir trabajando con gas natural versus seguir trabajando con electricidad), obtenido al restar de los ahorros los distintos gastos.
- Con el flujo de caja resultante se pagan las inversiones. El sobrante es la ganancia neta del proyecto de cambio.
- El cálculo de la tasa TIR según fórmulas financieras y el cálculo según la fórmula simplificada. Para el cálculo financiero se usa la función de excel respectiva. Se aplica esta tasa a la inversión inicial y a los flujos de caja sin descontar en ellos pago de capital. También se podría calcular la tasa de retorno interna con base en la inversión inicial y los flujos de caja totales. Arrojaría esta última un valor menor.
- El cálculo del valor presente neto con una tasa de descuento dada (en este caso se hizo con el 12 % anual) aplicado a los flujos de caja netos anuales totales. Para calcularlo se utilizó la función respectiva VNA del Excel.

Análisis de rentabilidad y flujo de caja para proyecto de cambio de hornos eléctrico a gas natural

Año		1	3	5	7
Inflación anual	%		4,0	4,0	4,0
Aumento de producción anual	%		3,0	3,0	3,0
Energético actual		Electrici-dad	Electrici-dad	Electrici-dad	Electrici-dad
Consumo actual anual	kWh	720 000	763 848	810 366	859 718
Valor de la electricidad	$/kWh	250,0	270,4	292,5	316,3
Valor de la electricidad anual	millones $	180,0	206,5	237,0	272,0
Eficiencia de trabajo actual	%	65,0	65,0	65,0	65,0
Energía útil entregada anual	kWh	468 000	496 501	526 738	558 816
Energético a utilizar en el proyecto		Gas natu-ral	Gas natu-ral	Gas natu-ral	Gas natu-ral
Eficiencia de trabajo espe-rada con nuevo energético	%	56,0	56,0	56,0	56,0
Nuevo consumo energé-tico anual	kWh	835 714	886 609	940 604	997 887
Valor energético del gas natural	kWh/Nm³	10,3	10,3	10,3	10,3
Consumo nuevo anual	Nm³	80 824	85 746	90 968	96 508
Valor del nuevo energé-tico, gas natural	$/Nm³	700,0	757,1	818,9	885,7
Valor del gas natural anual	millones $	56,6	64,9	74,5	85,5
Otros costos adicionales con el proyecto		Ventila-dor	Ventila-dor	Ventila-dor	Ventila-dor
Energía consumida adicio-nal anual	kWh	72 000	76 385	81 037	85 972
Valor de esta energía	millones $	18,0	20,7	23,7	27,2
Mano de obra consumida adicional anual	H hombre	360	360	360	360
Valor de la hora hombre	$	9 302	10 061	10 882	11 770
Valor de esta mano de obra anual	millones $	3,35	3,62	3,92	4,24
Mantenimientos adiciona-les anuales	millones $	2,50	2,87	3,29	3,78
Costos adicionales anuales	millones $	23,85	27,15	30,91	35,21
Ahorros en energéticos	millones $	123,4	141,6	162,5	186,5
Sin aspectos financieros					
Ahorros netos (sin aspec-tos financieros)	millones $	99,57	114,48	131,60	151,27

Año		1	3	5	7
	años	7			
Ahorros netos acumulados	millones $	99,6	320,8	575,2	867,5
Inversión anual	millones $	220		50	
Inversión acumulada	millones $	220	220	270	270
Relación X (inversión acumulada/ahorro acumulado)		2,21	0,69	0,47	0,31
Depreciación anual		31,4	31,4	38,6	38,6
TIR = (A-D) / I *100	%	31,0	37,8	34,5	41,7
Pagos a capital	millones $		44,0	60,7	16,7
Pagos a capital acumulados	millones $	0,0	88,0	192,7	270,0
Flujo de caja neto con alternativa eléctrica (salidas de caja)	millones $	180,0	206,5	237,0	272,0
Flujo de caja neto acumulado con alternativa eléctrica	millones $	180,0	579,4	1037,6	1563,4
Flujo de caja neto con alternativa gas natural (salidas de caja). Incluye depreciación y pagos a capital	millones $	111,9	167,5	204,6	175,9
Flujo de caja neto con alternativa gas natural acumulado	millones $	111,9	440,8	819,4	1207,4
Flujo positivo de caja anual al comparar las dos alternativas (sin aspectos financieros)	millones $	68,1	39,1	32,4	96,0
Flujo positivo de caja acumulado al comparar las alternativas (sin aspectos financieros)	millones $	68,1	138,5	218,2	356,1
Flujo de caja disponible para cubrir inversiones anual	-220	68,1	83,1	93,0	112,7
Flujo de caja disponible para cubrir inversiones acumulado		68,1	226,5	410,9	626,1
Tiempo de retorno esperado inversión inicial	años	2,9			

Año		1	3	5	7
Tiempo de retorno atractivo para la empresa	años	4,0			
Tasa interna de retorno		**32,0%**			
Tasa TIR atractiva para la empresa	%	25,0%			
¿Proyecto atractivo?		SI			
Valor presente neto del flujo de caja positivo	millones $	226,7			

Con aspectos financieros (tasa interés aplicable	12	% anual)			
Costo financiero anual	%	12	12	12	12
Capital financiado anual	millones $	220,0	132,0	77,3	0,0
Costo financiero anual	millones $	26,4	21,1	10,6	2,0
Ahorros netos (con aspectos financieros)	millones $	73,17	93,36	121,04	149,27
Ahorros netos acumulados	millones $	73,2	246,9	474,8	755,9
Relación X (inversión/ahorro)		3,01	0,89	0,57	0,36
TIR = (A-D) / I *100 anual	%	19,0	28,2	30,5	41,0
Tiempo de retorno aproximado	años	5,3	3,6	3,3	2,4
Flujo de caja neto con alternativa eléctrica (salidas de caja)	millones $	180,0	206,5	237,0	272,0
Flujo de caja neto acumulado con alternativa eléctrica	millones $	180,0	579,4	1037,6	1563,4
Flujo de caja neto con alternativa gas natural (salidas de caja). Incluye depreciación y pagos a capital	millones $	138,3	188,6	215,2	177,9
Flujo de caja neto con alternativa gas natural acumulado	millones $	138,3	514,7	919,7	1319,0
Flujo positivo de caja anual al comparar las dos alternativas (con aspectos financieros)	millones $	41,7	17,9	21,8	94,0

Año		1	3	5	7
Flujo positivo de caja acumulado al comparar las alternativas (con aspectos financieros)	millones $	41,7	64,6	117,9	244,5
Flujo de caja disponible para cubrir inversiones anual	-220	41,7	61,9	82,5	110,7
Flujo de caja disponible para cubrir inversiones acumulado	años	41,7	152,6	310,6	514,5
Tiempo de retorno esperado inversión inicial	años	3,9			
Tiempo de retorno atractivo para la empresa	años	4,0			
Tasa interna de retorno		22,2%			
Tasa TIR atractiva para la empresa	%	25,0%			
¿Proyecto atractivo?		NO			
Valor presente neto del flujo de caja positivo	millones $	145,4			

Los gráficos siguientes ilustran la situación que se encuentra en el análisis del proyecto.

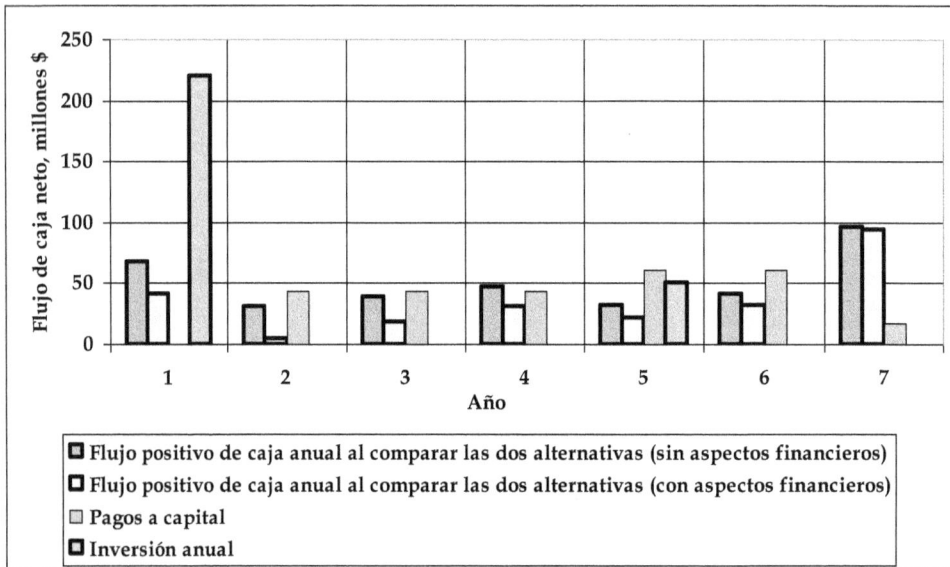

Flujos de caja anuales

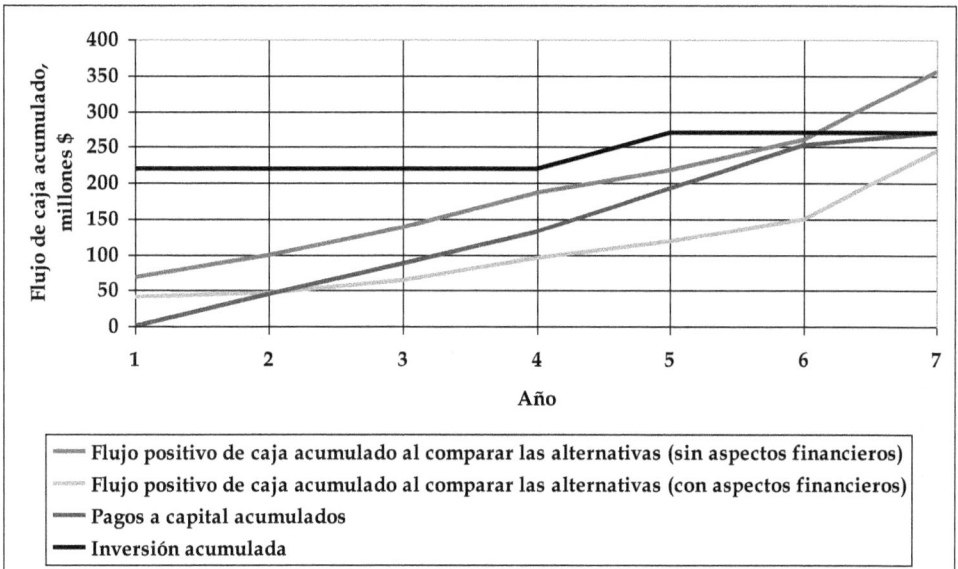

Flujos de caja acumulados

Lo importante en estos proyectos es que al comparar alternativas, una que existe y una nueva, la nueva genera flujos de caja positivos, con los cuales:

- Se paga la inversión de acuerdo a un plan de pagos dados.
- Este plan de pagos está dentro de límites aceptables para la empresa.

Ejemplo: Proyecto que combina aspectos energéticos y ambientales

A continuación se presenta un ejemplo de proyecto, cuyos resultados se describen a continuación a modo de resumen. Detrás de los mismos está un conjunto de cálculos como los que se han venido discutiendo y mostrando en este módulo.

En una empresa de alimentos se eliminan anualmente 240 toneladas de desechos sólidos con una humedad del 40%, los cuales tienen un poder calorífico de 2 667 kCal/kg a una humedad de 15%. Actualmente el costo de disposición de éste desecho es 65 $/kg e incluye transporte y disposición en un relleno sanitario.

El grupo de ingenieros de la empresa de alimentos ha planteado la posibilidad de quemar este desecho en la caldera de la empresa la cual debe generar 40000Lb/h de vapor para ser usados en diferentes procesos. Esta caldera trabaja quemando carbón, el cual tiene un costo de 160 $/kg. El vapor generado bajo las actuales condiciones de operación cuesta 20,4 $/Lb. (valores en 2011).

Para adecuar el desecho de modo tal que pueda ser usado en la caldera, se debe realizar una inversión de $3.000 millones de pesos en equipos e infraestructura para su secado, almacenamiento y transporte. Con esta inversión el costo de producción del vapor es de 17.1$/Lb, naturalmente considerando que buena parte del carbón que se quema se va a reemplazar por el residuo seco.

Para definir si resulta rentable o no implementar esta solución se plantean los siguientes criterios:

El sustituir el combustible actual de la caldera por este desecho representaría varios beneficios entre los que se cuenta:

- Disminuir los costos de disposición de residuos sólidos ya que solo se deberán disponer los residuos de la combustión,
- Disminuir las emisiones atmosféricas de óxidos de azufre ya que el consumo de carbón en la caldera disminuiría en un 20%,
- Disminuir las compras de carbón ya que el residuo sustituye parte del carbón que actualmente se requiere en la caldera,
- Se obtendrían beneficios de las autoridades ambientales por el aprovechamiento de los residuos sólidos generados en la producción.

Al mismo tiempo se presentan algunos aspectos negativos:

Aumenta la cantidad de material particulado en los gases de combustión, por lo que deberá instalarse un equipo sofisticado de control de emisiones,
- Son necesarias importante inversiones en los equipos requeridos para adecuar el desecho (transporte, secado y compactación).
- Se pueden presentar irregularidades en la generación de vapor mientras se domina el proceso de combustión de los desechos,
- Se requerirá designar espacios para la instalación de los nuevos equipos.

Para realizar la evaluación de costo beneficio de éste proyecto se deberán categorizar los beneficios por orden de importancia dentro de la empresa:

1. Rentabilidad del proyecto
2. Beneficios ambientales
3. Solución al problema de disposición de desechos sólidos.

La rentabilidad es el aspecto que más relevancia tiene en la toma de decisiones dentro de la organización, por lo que se deberá evaluar si el ahorro que se genera por la disminución en el costo de producción de vapor es lo suficientemente alto como para realizar la inversión requerida.

El gerente de la empresa de alimentos decide que el cambio de combustible en la caldera se hará si la inversión se recupera en máximo 4 años.

Para averiguar si esto es posible debemos calcular el ahorro anual que representa la sustitución del carbón:

Eso implica que la inversión necesaria para la compra de equipos y adecuaciones en la planta se recuperaría en 2 años y 7meses.

Como la inversión requerida para cambiarse a quemar biomasa en la caldera se recupera en menos de 3 años, sumado a los beneficios ambientales y legales que implica el cambio de combustible, la empresa decide que es factible realizar el cambio.

Por ello decide emprender un proyecto de ingeniería completo.

2.5.4 Bases para el diseño económico de proyectos desde el punto de vista de la energía

El ahorro y uso eficiente de la energía se ha convertido en un referente para el desarrollo sustentable de la sociedad actual, por el impacto que su uso causa en el medio ambiente, en la economía y, en general, sobre toda la sociedad. La evaluación y ejecución de los proyectos de ahorro energético se pueden llevar a cabo en distintas etapas de la vida de una planta industrial. En la industria, todos los sistemas que empleen energía para su funcionamiento deben estar constantemente monitoreados, de esta forma se detectan ineficiencias en su operación y se pueden aplicar las medidas correctivas que sean necesarias.

Durante el diseño de una nueva planta, es más eficaz y rentable ejecutar estas mejoras de ahorro energético en las etapas iniciales del proyecto, ya que, al no haber restricciones de diseño, es mayor la facilidad y la factibilidad de incorporarlas al diseño original. En una planta en operación donde los cambios de diseño están condicionados a la continuidad de la producción y al diseño original, en primer lugar, se deberán analizar las oportunidades de ahorro energético mediante la optimización de parámetros de operación, sin necesidad de incorporar cambios en el diseño. En la mayoría de ocasiones, las inversiones necesarias no son elevadas; sin embargo, la identificación de las oportunidades de ahorro energético requiere buen conocimiento de las tecnologías de ahorro energético disponibles, capacidad técnica para el análisis detallado del funcionamiento de los equipos y dominio de la metodología de análisis estadístico de datos de operación de las plantas y optimización del control de procesos.

En los diseños se deben tener en cuenta lo siguiente desde lo energético:
- Permitir el aprovechamiento del calor de los gases para aprovechamientos en otros procesos, por ejemplo, para secado.
- Permitir precalentamiento o recirculaciones en los procesos térmicos.
- Trabajar con velocidades de transporte en los ductos que permitan un buen equilibrio entre pérdidas de fricción e inversiones.
- Tener en cuenta las necesidades reales de producción.
- Trabajar en forma continua y a alta capacidad
- Seleccionar siempre componentes energéticos de alta eficiencia

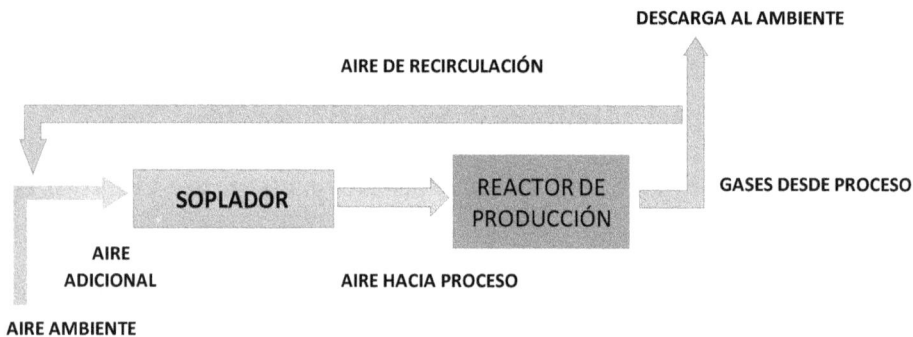

Esquema de reciclaje de gases en un sistema de soplado para un reactor que genera sustancias recuperables

- **La tecnología pinch (integración de procesos) en la etapa de diseño**

Al momento de diseñar procesos industriales, se dan dos situaciones de diseño que deben ser enfrentadas. Por una parte, cada componente individual debe ser diseñado o seleccionado, esto se refiere al diseño de las operaciones unitarias. Por ejemplo el secado, la cristalización, la evaporación, la filtración, las reacciones. Al mismo tiempo, se debe realizar el diseño del sistema completo, de la planta, compuesta por una multiplicidad de operaciones unitarias.

Existe abundante oferta de alternativas para lograr excelentes diseños de componentes individuales desde el punto de vista energético. No es tan extendido el concepto de la integración energética que permita acercarse a sistemas o ciclos óptimos. Entonces la integración de proceso se ha desarrollado como un área relativamente nueva dentro de la metodología para el diseño en ingeniería.

Uno de los métodos que se ha desarrollado es la tecnología "pinch". Esta es una metodología para optimizar la recuperación energética en un proceso químico industrial, minimizando la inversión de capital. Fue conceptualizada inicialmente a finales de la década de 1970 por Linnhoff y Vredeveld, este análisis cuantifica los servicios que existen en una planta industrial (vapor, agua, y en general los servicios de calentamiento y enfriamiento), y los analiza frente a las necesidades de intercambio de calor de la planta. A través de un diseño correcto de la red de intercambiadores de calor, el análisis Pinch indica de qué modo se pueden aprovechar aquellas corrientes calientes y frías de una planta, para intercambiar calor entre ellas, minimizando así el uso de servicios de calentamiento o enfriamiento.

En nuevos proyectos, durante las primeras etapas del diseño de una nueva planta, los estudios de integración energética permiten minimizar el consumo de energía del proceso. El objetivo es buscar la combinación óptima mediante intercambio de calor entre las corrientes de proceso frías y calientes para minimizar el consumo e servicios.

En plantas existentes en operación, hay factores a considerar que pueden ayudar a identificar nuevas oportunidades de mejora de intercambios de calor:
- Construcción de nuevas plantas próximas con posibilidad de intercambiar calor entre corrientes de ambas plantas.
- Con un mayor conocimiento de la planta y de sus márgenes de operación, se puede combinar el análisis Pinch con variaciones en las condiciones de operación de los equipos.
- El análisis debe incluir los aspectos económicos. Estos permiten realmente evaluar la viabilidad de una propuesta de conexión o intercambio entre corrientes.

La figura siguiente esquematiza la metodología de intercambios. No se deben en principio arrojar corrientes calientes al medio que estén por encima de unas temperaturas que permitan aprovechamiento de calor. Esas corrientes deben ser usadas para entregar energía a otras corrientes frías que deban ser calentadas. A su vez, no se deben utilizar fuentes externas para enfriar o calentar corrientes, si se cuenta con fuentes internas para ello.

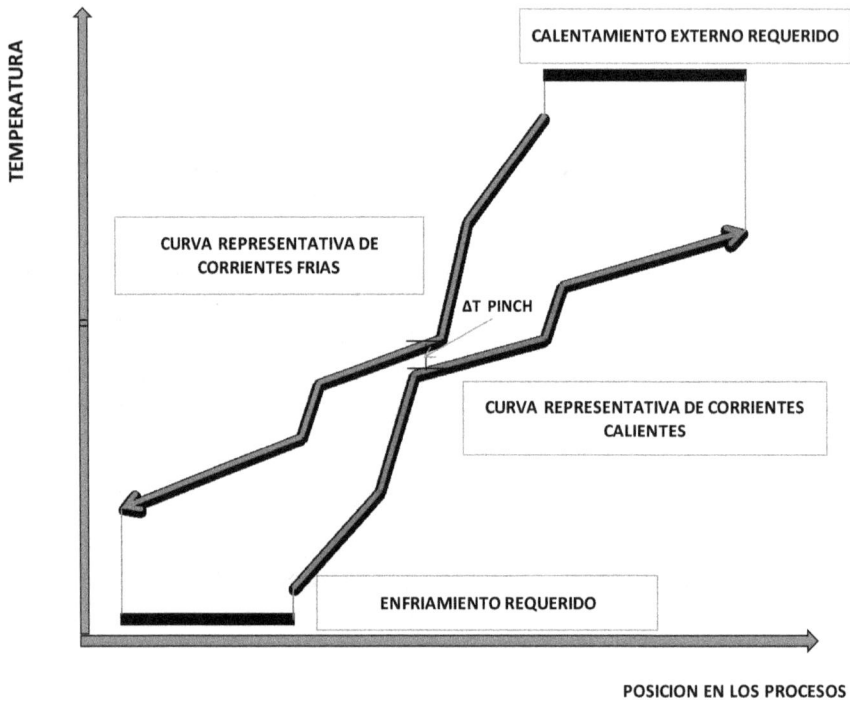

Esquema de la metodología "Pinch". Se observa que solamente las potencias de los dos extremos (calentamiento y enfriamiento) deben suministrarse externamente. Buena parte de las potencias resultan del intercambio entre los dos grupos de corrientes, frías y calientes.

En el esquema se representan los datos de un proceso complejo compuesto por múltiples operaciones unitarias por medio de curvas de temperatura contra potencia calorífica. Una curva para las corrientes calientes (que pueden perder calor) y una para las corrientes frías (que requieren de calor). El punto del acercamiento más cercano entre dichas curvas se denomina punto "Pinch", pinza o pliegue, y en esa zona "Pinch" hay dos temperaturas, una para las corrientes calientes y otra para las corrientes frías. Esta zona de temperaturas es interesante desde el punto de vista del diseño. De allí se parte para localizar posibles fuentes frías y calientes que puedan intercambiarse, tratando de que las diferencies de temperaturas entre las corrientes sean mayores que el delta de temperatura del Pinch.

- **La exergía**

315

El concepto de exergía se ha desarrollado para analizar las disponibilidades de las energías que se manipulan en los procesos. En principio toda descarga de energía es una fuente potencial de energía que se puede transformar en trabajo útil. Pero cuando la energía se "degrada" pierde ese potencial.

La disponibilidad de una corriente que lleva energía es el trabajo reversible que se puede lograr llevando la sustancia hasta el equilibrio con el ambiente [el cual está a To (temperatura ambiente), ho (entalpía del ambiente), So (entropía del ambiente), EPo (energía potencial, es decir, posición) y sin EC (sin energía cinética)]. Para sistema estable y de flujo estable:

$$Disponibilidad = (h-Tos+EC+ EP) - (ho +Toso+ EPo) =$$
$$Dh - To\ Ds + DEC + DEP$$

Donde h, s , EC y EP son las mismas características, para la sustancia y la corriente cuya disponibilidad se calcula.

Entonces, si se arrojan corrientes y sustancias al ambiente con energía (h, EC y EP) sin hacer nada con ellas, se pierde su disponibilidad, su capacidad para hacer trabajo mecánico con ellas, lo cual lo que hace es aumentar el desorden (la entropía) del medio ambiente.

Por otra parte, si con esas sustancias se hace algo útil, por ejemplo, llevarlas a una turbina, produciendo trabajo, y luego se arrojan al medio con menor disponibilidad, lo que se hace es comparar la disponibilidad ya empleada con el trabajo hecho, para observar qué tan bueno fue el proceso realizado. Igualmente, si se logra enfriar las corrientes mediante intercambios de calor, al ser arrojadas al medio, ya no contienen tanta disponibilidad y es menor el desorden y la irreversibilidad que se genera.

Esta disponibilidad se denomina exergía. En una planta en operación, los análisis de exergía son una herramienta eficaz para identificar oportunidades de ahorro energético y una etapa previa antes de definir las soluciones a implementar.

La exergía es una medida de la energía que está disponible para ser usada. Es una forma de medir las pérdidas de energía y cuantificarlas, no solo por la cantidad de calor intercambiado sino también por la facilidad con que este calor puede recuperarse. La eficiencia de exergía de una planta es una medida de su nivel de aprovechamiento energético.

Puede decirse que estos conceptos no son de aplicación frecuente en las empresas. Sin embargo, encierran conceptos vitales para el logro del desarrollo sostenible y para la búsqueda de la competitividad de las empresas. Por ello se mencionan acá. A medida que se vayan sofisticando los mecanismos de transformación y haciéndose más exigentes y restrictivas las normas sobre descargas de corrientes calientes al medio, estos conceptos se harán parte del lenguaje normal de las personas dedicadas a temas del uso racional de la energía.

- **Línea base. Entendimiento energético de las operaciones.**

En una planta se puede determinar una línea base, que corresponde al periodo de menor consumo energético con planta estable. La línea base permite comparar los distintos periodos de operación estable. El análisis detallado permite comprender los motivos para que consumos energéticos sean menores. Detrás de este análisis se van a desencadenar acciones y mecanismos de control en la planta, en busca de la estabilidad, corrigiendo desviaciones de forma continua, con el objetivo de minimizar el consumo global de energía de la planta. Se pueden obtener líneas base, separadas para cada unidad o sub-sistema; pero es necesario hacerlo también para el conjunto de la planta para tener control de consumo total de la misma.

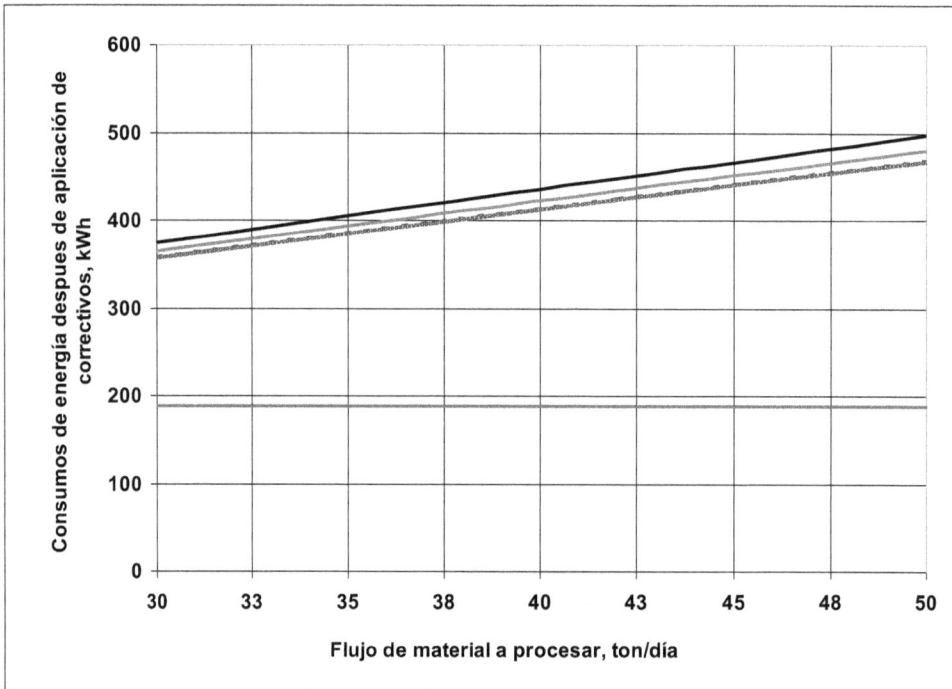

Línea base en un proceso en el cual se han realizado ajustes de operación

Para optimizar la operación y reducir consumos energéticos de planta, es importante conocer los márgenes de operación y ajustarlos para conseguir un menor consumo energético, manteniendo las especificaciones de calidad del producto. Con el tiempo, el modo de operación óptimo establecido puede variar.

Otro nivel de ahorro potencial de energía es el control multivariable, que en base a parámetros de costes de materia prima y energía, permite buscar en todo momento los mínimos costes de operación en cada nuevo escenario.

- **El aprovechamiento de las normas para la puesta en marcha de proyecto. Aplicación de ahorro energético en sistemas de iluminación**

Las normas energéticas que deben aplicarse en las empresas se presentan como una excelente oportunidad para el lanzamiento de proyectos de mejora y de uso racional de la energía. Se tiene la ventaja de que al ser de obligatorio cumplimiento, los programas que resulten de su puesta en marcha van a ser apoyados por la administración. Lo mejor que puede suceder es que las normas se aprovechen en la siguiente forma:
- Para modernizar y transformar sistemas obsoletos y poco eficientes.
- Para entrenar y capacitar al personal, generando motivación y compromiso.
- Para profundizare en el conocimiento y dominio de los sistemas energéticos.
- Para conocer lo que se hace en otras plantas.
- Para contar con asesores expertos que soporten los cambios tecnológicos y operativos.
- Para estudiar los sistemas y conocer sus líneas base.

Un ejemplo de lo anterior es el RETILAP. En la búsqueda para minimizar los consumos energéticos y mejorar el uso correcto de los recursos naturales disponibles, el Ministerio de Minas y Energía de Colombia adoptó el RETILAP que tiene por objeto establecer los requisitos y medidas que deben cumplir los sistemas de iluminación y alumbrado público, para garantizar los niveles y calidades de la energía lumínica requerida en la actividad visual, la seguridad en el abastecimiento energético, la protección del consumidor y la preservación del medio ambiente.

Debido a la amplia cantidad de lámparas disponibles en el mercado, a los constantes desarrollos que se viene dando, a los muchos temas que se deben resolver, no es de esperar que el personal de compras de las empresas conozca en detalle sobre cuáles son las luminarias y las lámparas más adecuadas para iluminar las zonas de trabajo y de oficinas de sus compañías.

Ante esta coyuntura del RETILAP, resulta aconsejable que las emprendan estudios y evaluaciones de los sistemas de iluminación actualmente instalados y piensen en la posibilidad de nuevos diseños e instalaciones más adecuadas.

En la evaluación de los sistemas actuales se revisa:
- Intensidad luminosa actual,
- Altura de las luminarias.
- Cambio de la fuente de luz actual por otra de mayor eficiencia,
- Aprovechamiento de la luz natural,
- Integración de los sistemas de alumbrado, climatización y acústica,
- Necesidad de iluminación de acuerdo a las actividades de la empresa,
- Área a iluminar, color de paredes, techos, superficies, etc.

En la evaluación de lámparas más adecuadas se deberá generar con información como la que se encuentra en la siguiente tabla (valores en 2011), que muestra las amplias posibilidades y los rangos de costos resultantes, en los cuales interviene no solamente el costo eléctrico sino el de los recambios.

| Tipo de lámpara | Lúmenes | vatios | Costo anual $/1000 lúmenes | | |
			Cambios	Electrici-dad	Total
Fluorescente normal	1800	40	2400	16000	18400
Fluorescente de alta tecnología T8	3000	27	2520	6480	9000
Ahorrador fluorescente	1200	20	6600	12000	18600
Incandescente normal	1350	100	2667	53333	56000
Incandescente Day spot Growth Lights	2700	150	14311	40000	54311
100 MH	9000	100	3224	8000	11224
1000 MH	110000	1000	553	6545	7099
100 HPS	9000	100	2080	8000	10080
1000 HPS	140000	1000	279	5143	5421
Días por año	360				
Horas por día	10				
Costo kWh	200				

- **Listas de proyectos pendientes y presupuestos de proyectos de energía**

Los responsables de los temas de energía y de los proyectos en las empresas, deberían contar con una lista de proyectos pendientes en el campo de la energía, con el fin de contar con bases para hacer propuestas presupuestales que contribuyan a que las empresas ejecuten proyectos relacionados con la energía.

Algunos proyectos desarrollados para obtener ahorro energético son:
- Automatización de componentes y procesos
- Eficiencia en iluminación
- Eficiencia y ajuste de arranque en motores eléctricos
- Control de tarifas eléctricas
- Intercambiadores de calor y eficiencia térmica
- Calentamiento de agua con energías recuperadas
- Calentamiento de aire con energías recuperadas
- Usos de energías renovables y alternativas.
- Eficiencia y ajuste en calderas y quemadores
- Sustitución de acometidas eléctricas inadecuadas
- Eficiencia y ajuste automático en equipos de refrigeración
- Eficiencia y ajuste automático en equipos de aire comprimido
- Entrenamiento de personal.
- Desarrollo de sistemas de gestión.
- Realización de estudios y evaluaciones sistemáticas en temas de energía.

Cada línea de proceso, cada equipo, cada sección de la planta, debería contar con una lista de proyectos y de temas pendientes.
A nivel presupuestal, las empresas debieran dedicar un cierto porcentaje de sus utilidades o de sus ventas al desarrollo de programas de buen manejo de la energía.

- **Aprovechamiento de los estudios**

Las empresas realizan con alguna frecuencia estudios energéticos y ambientales. Muchos de ellos son realizados por estudiantes en práctica. Otros son el resultado de programas subsidiados por entidades externas o proveedores de servicios energéticos. Otros son entregados por proveedores. Es común que se queden como documentos en las bibliotecas. Esto no debiera ocurrir.
Para evitar estas desafortunadas situaciones, se plantean las siguientes ideas:
- Llevar los resultados de los estudios a ideas que se puedan poner en la lista de proyectos pendientes.

- Velar porque haya continuidad en los estudios. Que se entreguen los resultados existentes al personal que emprende un nuevo estudio.
- Aplicar la metodología propuesta en este módulo para convertir los datos en análisis de eficiencia y de costos.
- Velar porque se hagan presentaciones de los trabajos en los distintos niveles de la organización orientadas a su puesta en práctica.
- Velar porque haya participación activa y colaboración de las personas de la empresa cuando se lleven a cabo los estudios.
- Velar porque los estudios sean de buena calidad, especialmente si se trata de programas subsidiados.
- Contar con una biblioteca especializadas en temas de energía, en la cual se conserven los documentos en formatos impresos y digitales.

- **Aprovechamiento de las mediciones para generar proyectos de mejora**

Con frecuencia las empresas adquieren algún equipo que les permite hacer mediciones de parámetros relacionados con la energía. Los primero que se debe considerar es que medir es un asunto de cierta complejidad. Para evitar llenarse de datos poco valiosos, las mediciones que se realicen deben estar bien planificadas, teniendo en cuenta temas como los siguientes:

¿Qué se debe medir? Se deben medir ante todo variables que permitan establecer relaciones con los aspectos energéticos: consumos, eficiencia, temperatura, presiones, flujos, etc.

¿Cómo se debe medir? Con equipo calibrado y con procedimientos establecidos y claros. Con orden. Con registros. Con análisis de datos. Con reportes. Las mediciones se deben realizar aplicando las tecnologías disponibles a costos manejables. Es importante tener en cuenta que en el mercado local existen empresas que prestan servicios de mediciones en diferentes campos, con equipos calibrados y procedimientos que permiten obtener resultados muy acertados.

¿Cuándo se debe medir? la frecuencia de los monitoreos a los equipos consumidores de energéticos dependerá de su estado, de la cantidad de equipos, de los sistemas auxiliares que requiera para su operación (cuanto más grande y complejo, mayor atención se deberá prestar a sus mediciones) y dependiendo de la estabilidad del proceso.

En la recolección de datos se debe tener presente:
- La información está disponible para ser usada.
- Poner atención a los datos crea oportunidades.
- El orden es esencial.
- El recurso humano es esencial
- Hay inteligencia en las operaciones de recolección de datos.

El proceso de recoger datos hace parte de bucles de mejora. Por ello debe desembocar en el diseño y en el proyecto, cuando se vea que es necesario. Las mediciones son entonces, fuentes de proyectos. Se proponen las siguientes siete herramientas básicas para enfocar bien las mediciones:

- Registros y hojas de verificación: Usar formatos que permitan recolectar datos relacionados con cualquier aspecto del equipo que se esté midiendo. Este es un registro de los datos de operación, que sirve para llevar estadísticas de las variables medidas y contabilizar la información.
- Determinar claramente el proceso sujeto a observación con énfasis en el análisis de las características del proceso.
- Definir el período de tiempo durante el cual serán recolectados los datos. Esto puede variar de horas a semanas.
- Diseñar una forma que sea clara y fácil de usar. Asegurarse de que todas las columnas estén claramente descritas y de que haya suficiente espacio para registrar los datos.
- Obtener los datos de una manera consistente y honesta. Asegurarse de que se dedique el tiempo necesario para esta actividad.
- Categorización o Estratificación: Los datos se debe clasificar de algún modo, con base en sus relaciones y en sus afinidades. Ello facilita el análisis y permite visualizar sus estructuras y patrones. Se deben identificar los tipos de variaciones que ocurren y clasificar según las variables.
- Análisis de causa – efecto: Por diversos medios se deben plantear hipótesis y probabilidades de las relaciones entre los resultados observados (por ejemplo desviaciones de los datos) y sus posibles causas. Por ejemplo, con ayuda de un mapa mental o de gráficos de flechas representativos de las posibles causas relacionadas con un resultado. En esta forma se tienen lluvias de ideas, se identifican factores que pueden afectan el sistema y determinar causalidades de los problemas detectados.

Los pasos para elaborar el diagrama de causa- efecto son los siguientes:

- Seleccione el efecto (problema) a analizar. Se puede seleccionar a través de un consenso, un diagrama de Pareto, otro diagrama o técnica.
- Realice una lluvia de ideas para identificar las causas posibles que originan el problema.
- Dibuje el diagrama:

– Coloque en un cuadro a la derecha la frase que identifique el efecto (característica de calidad)
– Trace una línea horizontal hacia la izquierda del cuadro que contiene la frase. A esta línea se le conoce como columna vertebral.
– Coloque líneas inclinadas que incidan en la columna vertebral (causas principales).
– Dibuje líneas horizontales con flechas que incidan en las líneas inclinadas conforme a la clasificación de las causas (causas secundarias)
– Dibuje líneas inclinadas que incidan en las líneas de las causas secundarias (causas terciarias)
– Clasifique las causas derivadas de la lluvia de ideas, de la siguiente manera:

Causas principales.
Causas secundarias.
Causas terciarias.
Jerarquice las causas por grado de importancia y defina aquellas que tengan un efecto relevante sobre la característica específica.

Un ejemplo de este diagrama, presentado en la forma espina de pescado, nos relaciona algunas causas de los altos consumos de energía en equipos industriales:

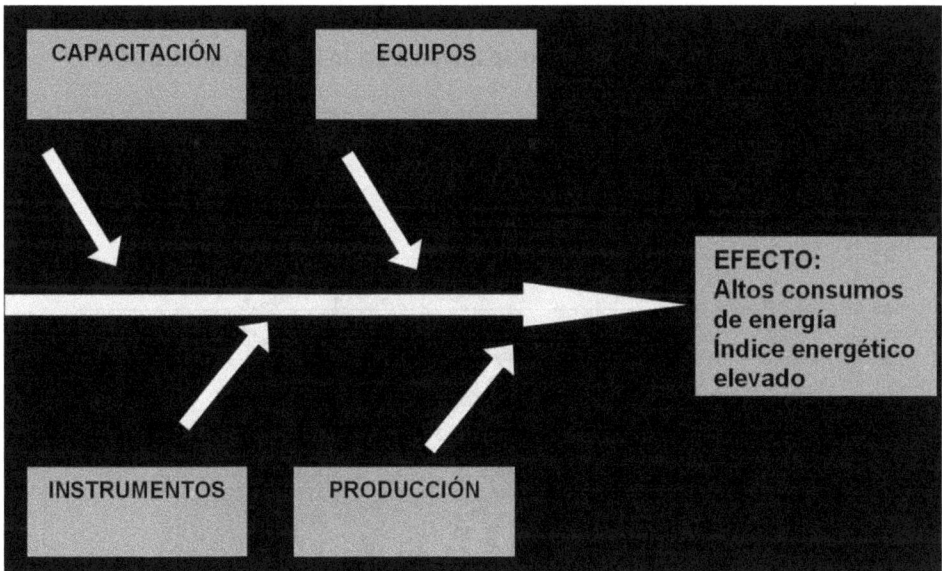

Pasos para desarrollar el diagrama:

- Seleccione qué clase de problemas se van a analizar.
- Decida qué datos va a necesitar y cómo clasificarlos. Ejemplo: Por tipo de defecto, localización, proceso, máquina, trabajador, método.
- Defina el método de recolección de los datos y el período de duración de la recolección.
- Diseñe una tabla para el conteo de datos con espacio suficiente para registrarlos.
- Elabore una tabla de datos para el diagrama de Pareto con la lista de categorías , los totales individuales, los totales acumulados, la composición porcentual y los porcentajes acumulados
- Organice las categorías por orden de magnitud decreciente, de izquierda a derecha en un eje horizontal construyendo un diagrama de barras. El concepto de "otros" debe ubicarse en el último lugar independientemente de su magnitud.
- Dibuje dos ejes verticales y uno horizontal.

Por ejemplo, en el análisis de calidad del aire, el grupo de investigadores desea saber si la concentración de monóxido de carbono medida al interior de un túnel de tránsito vehicular está relacionada con la visibilidad dentro del mismo, para lo cual se grafican los datos de ambas mediciones y con ayuda de una línea de tendencia de los datos se establece su relación. Es de anotar que en tal caso, no se aprecia ninguna correlación, como se aprecia en la figura siguiente.

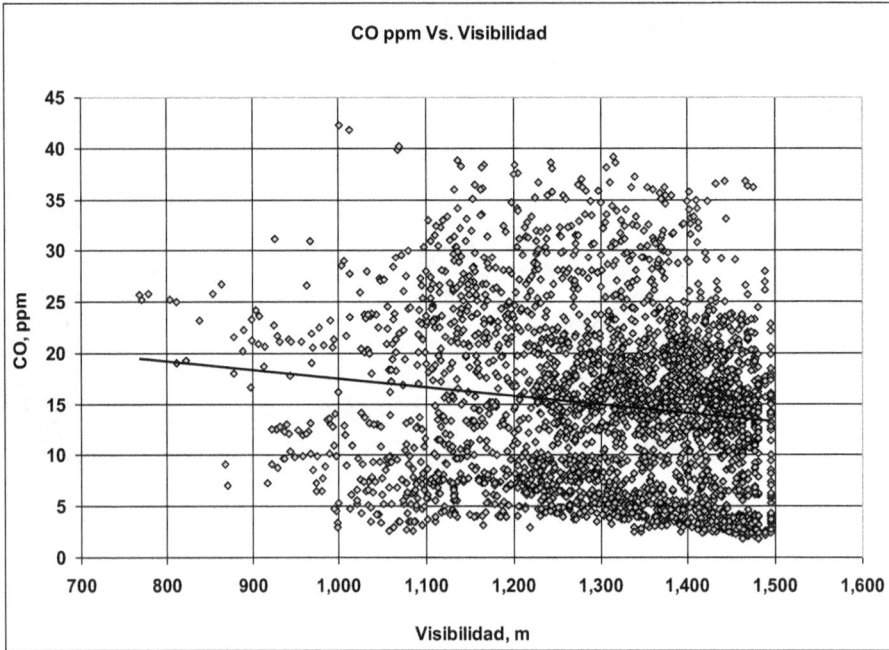

Las gráficas siguientes muestran diversa formas de manejo de los datos, que facilitan el análisis de los mismos y que permiten su presentación a los diversos clientes de un proyecto de energía y medio ambiente.

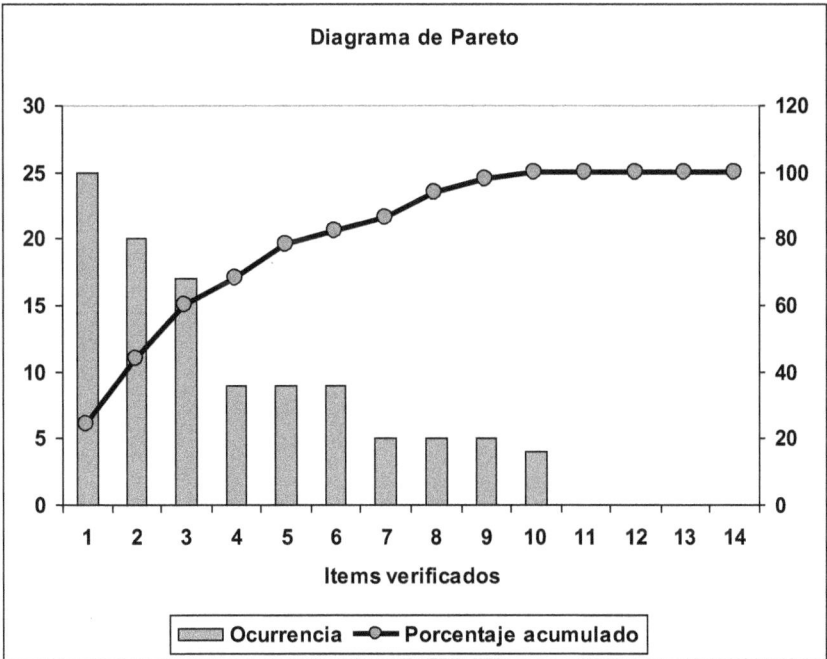

Diagrama de Pareto

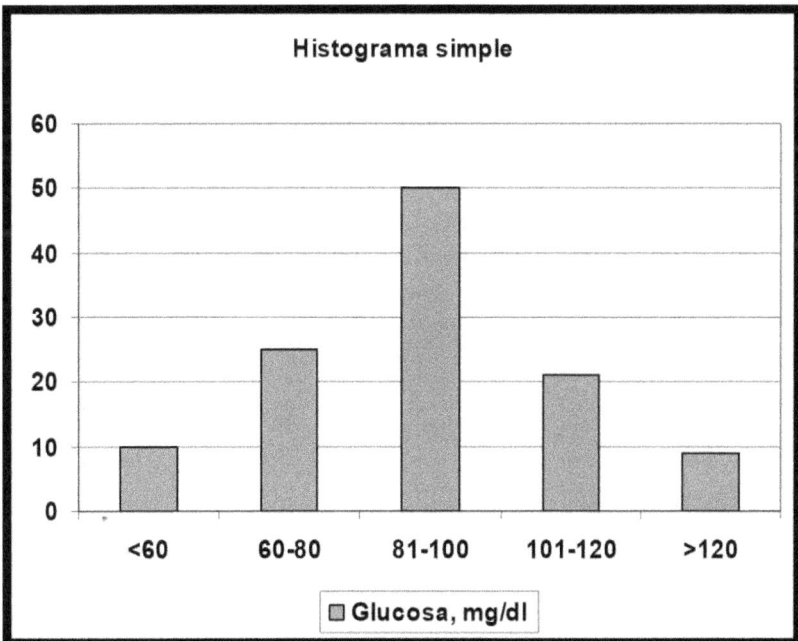

Histograma

El diagrama de Pareto es una gráfica que representa en la forma ordenada el grado de importancia de diferentes factores en un problema, según frecuencia. Sirve para canaliza esfuerzos vitales, es el primer paso hacia mejoras y permite comparar antes y después del proceso.

El Histograma es una representación gráfica de las variables en forma de barras donde la superficie de cada barra es proporcional a la frecuencia de los valores representados. Se utiliza cuando se estudia una variable continua.

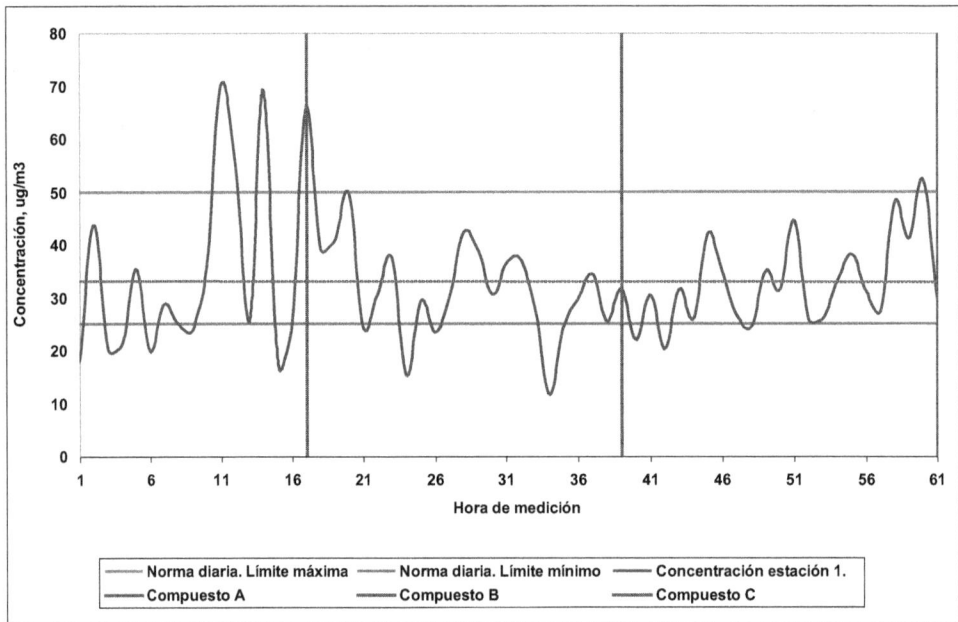

Gráfica de control

Los Gráficos de control muestra el comportamiento de un proceso dentro de los límites establecidos. Se emplea para reconocer relaciones causa-efecto e indicar relaciones entre características de calidad.

En la ruta hacia establecer un proyecto, los datos, las mediciones, se deben llevar a indicadores. Una guía esquemática general para la elaboración de estos indicadores se muestra a continuación

Fuentes de datos	Recolección de datos	Datos
Técnicas para el análisis de datos	Análisis y conversión de la información obtenida	Información
Criterios de evaluación de desempeño para la comparación	Reporte y comunicación de los resultados	Resultados

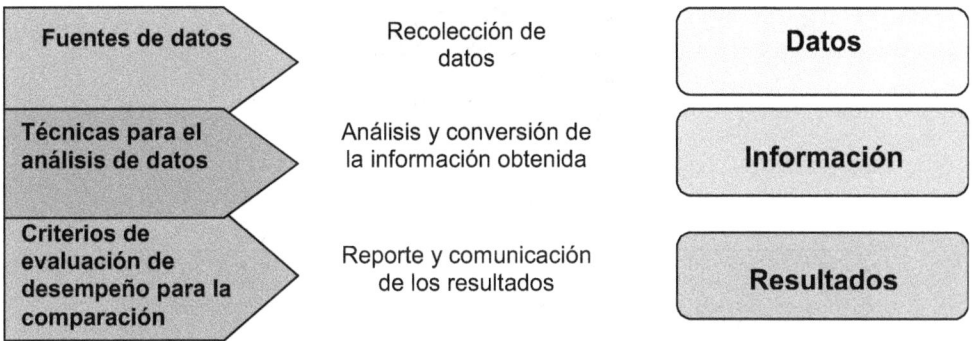

Cuando se habla de resultados, aparecen de forma casi natural los proyectos que van a permitir instrumentar las mejoras y generar los cambios deseables.

2.5.5 El gran proyecto: hacia la puesta en marcha de un programa para el uso eficiente de la energía en la empresa

En actividades pequeñas que puede desempeñar cada uno de los miembros de la organización, se pueden lograr ahorros energéticos inmediatamente y sin invertir grandes cantidades de dinero. Para ellos se requiere de motivación, acompañamiento y apoyo técnico básico, de confianza, de entrenamiento, de un sentido de compromiso y del conocimiento de principios sencillos.

Otras acciones corresponden implican inversiones y manejo presupuestal. Son acciones más técnicas que son emprendidas bajo la dirección de mandos y jefes en distintos niveles. Para ellos se requiere un programa deliberado, acompañado igualmente de entrenamiento, de sentido de compromiso con objetivos y del conocimiento de principios, algunos sencillos, otros más complejos.

Para mantener e incrementar los ahorros que se pueden lograr en los niveles anteriores, es aconsejable el desarrollo de un programa o sistema de manejo energético y el compromiso de la gerencia. Acá se manejan políticas y objetivos de toda la organización y se está interviniendo sobre los fundamentos de los procesos y sobre el diseño mismo del producto.

Todo esto se puede aplicar a procesos o equipos particulares o en procesos más generales como los de una línea de producción completa o al organización como un todo.

Normalmente un programa tendiente al uso eficiente de la energía conduce a hacer eficientes los manejos de otros recursos, como el personal, las materias primas, el tiempo, el medio ambiente. Esto se debe a la situación dinámica y estratégica del tema energético en la organización y en el proceso.

Los pasos para la puesta en marcha de un programa de este tipo en las empresas pueden ser generales como los siguientes

- **Contar con una visión y una decisión administrativa al nivel gerencial, de forma que se trate de una iniciativa verdaderamente empresarial.**

Como muchas de las actividades de ahorro energético dependen de las personas, desde la gerencia hasta la planta de producción, es importante el compromiso, pues de lo contrario se pueden generar fricciones y contradicciones internas.

Eventualmente el programa va a exigir cierto nivel de inversiones y cambios. Por ello involucra liderazgo, medición y reporte, entrenamiento y revisión de los procedimientos estandarizados. Para que la gestión energética se vuelva parte de la forma como la empresa hace los negocios, es conveniente que esté integrada a sistemas de gestión existentes tales como de calidad, ambiente y salud y seguridad. El alcance preliminar del proyecto debe ser definido en su inicio. Cuando se define el alcance preliminar es importante definir las metas y los resultados que se quieren lograr para así determinar un marco de trabajo de costo y tiempo.

El adoptar un sistema de gestión energético permite basar el sistema en un marco consistente con las prácticas actuales de manejo de la empresa. Es importante que el sistema sea dinámico de modo que se pueda cambiar a medida que la empresa se desarrolla y madura.

La revisión gerencial es importante.

- **Selección de un equipo de trabajo**

Se va a requerir que algunas personas estén involucradas, ciertamente deben participar las relacionadas con las área determinadas que tienen que ver con los programas.

Es importante establecer lenguajes comunes y nivelar a las personas en lo relativo a los conceptos de conservación de energía. Se recomienda iniciar con seminarios para aquellos que vayan a participar en él. Los seminarios deben ser planeados y ejecutados de tal manera que sean compatibles con los intereses de los participantes.

Es aconsejable establecer un comité de energía que sea representativo y designar líderes de los programas.

- **Auditorías Energéticas y Revisiones**

Es aconsejable contar con auditorías energéticas de tipo general y específica. Lo que se quiere es detectar las áreas de oportunidad para mejoras y detectar las causas fundamentales de los problemas de ineficiencia o altos consumos y plantear acciones correctivas y preventivas.

Es posible que se requiera personal experto en medición y cálculos de energía, así como asesoría relacionada con los procesos. Este personal puede ser interno y externo. Siempre es aconsejable contar con la visión de personas externas, que ven asuntos que pueden pasar inadvertidos para las personas de la organización.

Una auditoría puede ser ejecutada en varias etapas. Por ejemplo, la evaluación general de una planta puede mostrar que los consumos de vapor o energía eléctrica son mayores que los estándares conocidos para el tipo de proceso que allí se hace, por lo que se puede hacer una auditoría específica a una fuente de energía y posteriormente a los equipos.

Es conveniente designar y entrenar auditores internos que hagan revisiones sencillas y regulares de los temas de energía.

- **Mediciones y registros. Uso de indicadores**

La medición regular de las variables de proceso es muy importante como base para encontrar eficiencias y puntos de trabajo comparativos. Permite contar con elementos racionales y técnicos para:
- Estudiar las condiciones actuales y calcular los indicadores
- Fijar y revisar metas y comportamiento de indicadores.
- Proponer y estimar ahorros y mejoras
- Entender la magnitud de los cambios necesarios y estimar inversiones
- Tomar decisiones y establecer prioridades

- **Puesta en marcha**

Estos programas se pueden desprenden de diversas motivaciones, por ejemplo de instrucciones de la casa matriz, de la asistencia a un seminario, de la conciencia gerencial o de las personas de la empresa, de instrucciones de los dueños, de la revisión de costos, de la presión del mercado que obliga a rebajar costos, de la imitación de algún programa semejante en otra empresa, del conocimiento de lo que hace la competencia, de grupos de apoyo o programas sectoriales o gremiales, de programas estatales de apoyo empresarial, etc.

Con frecuencia se inicia con algún tipo de visita técnica por algún experto. Esta visita idealmente se puede planear.

Idealmente, el equipo de trabajo que se establezca en la empresa, propone un plan de trabajo, con objetivos, lista de actividades y recursos.

Habrá actividades rutinarias de las que normalmente se llevan a cabo en la organización, pero enriquecidas con la visión del manejo de la energía. Estas actividades contemplan la recolección de datos y su análisis para identificar áreas de oportunidad o puntos críticos. El objetivo será mejorar las operaciones y normalizarlas.
Eventualmente se seleccionan áreas de trabajo a las cuales se va a aplicar un esfuerzo especial de seguimiento, evaluación y mejoras.

Eventualmente se harán mediciones y evaluaciones especiales para estos casos. Cuando se requieran recolectar datos, es necesario hacerlo individualmente para cada fuente de energía según su naturaleza específica: datos eléctricos, datos de consumo, datos de propiedades, datos de producción, datos de flujo.

Todos estos esfuerzos de evaluación deben estar acompañados de un correcto manejo de la información. Deben generarse reportes e informes, que presenten el comportamiento de los indicadores, los cálculos y balances, el análisis de resultados y los correspondientes diagnósticos y recomendaciones.

Eventualmente se llevan a la práctica las recomendaciones y se ponen en marcha las medidas para reducir consumo, aumentar las eficiencias y establecer las formas mejoradas de manejo de los procesos.

Habrá que evaluar los resultados obtenidos, con procedimientos objetivos y técnicos que permitan en verdad evaluar los ahorros y las mejoras. Es posible que haya necesidad de realizar ensayos y ajustes, pues el cambio con frecuencia trae complicaciones e incertidumbre. Seguramente habrá lugar a entrenar de nuevo a las personas y a cambiar métodos y registros. Es un proceso que puede ser algo laborioso pero que resultará en los ahorros deseados.

- **Un nuevo ciclo de mejoras y de nuevas decisiones**

Estos programas son continuos y caracterizados por la retroalimentación. Con frecuencia el ciclo debe comenzar de nuevo, pero bajo condiciones más dominadas. Los aprendizajes se deben elaborar, comunicar a la organización y extenderlos a otras áreas. Si hay logros, deben existir reconocimientos.

- **El consumo específico, un indicador que vale la pena utilizar**

El consumo especifico, que es la relación entre los consumos de energía y la cantidad de producción relacionada con dicho consumo es un indicador muy valioso que vale la pena registrar, comentar y analizar periódicamente. Es claro que encierra todo un conjunto de variables de proceso y es de gran utilidad para la gerencia y para observar globalmente los comportamientos. Permite ver los costos y los límites de los procesos. El análisis de sus comportamientos históricos permite descubrir oportunidades de mejora. En las siguientes etapas veremos algunas bases para que las empresas desarrollen proyectos en los que se incluyan tecnología eficaz para sus procesos.

Las empresas deben mirar constantemente al interior de la organización y superar las falencias encontradas. Los aspectos a mejorar deben ser divulgados a las personas internas para que caigan en cuenta de estos vacíos y vean las oportunidades para participar en el fortalecimiento que los supere. Los vacíos encontrados deben ser listados, para no olvidar alguno de ellos y trabajados internamente. Es decir, trabajar los temas detectados: Valoración, negociación, asimilación, transferencia y protección de la tecnología y la verdadera naturaleza del rol del equipo que actúa como gestor de tecnología (y otros).

- Definir cada tema.
- Detectar el alcance del mismo dentro de la organización.
- Hacer un análisis, como por ejemplo la matriz DOFA
- Detectar los perjuicios y debilidades que tal vacío causa en la institución
- Señalar varias estrategias de trabajo para superarlo, en lo posible con recursos internos.

Veamos como ejemplo de ésta metodología la negociación de la tecnología para proyectos energéticos

Supongamos que se identifican siete perjuicios y debilidades en la institución:
- Se compran equipos y sistemas a precios muy altos.
- Se agotan los presupuestos, quedan mal hechos y no hay ahorros.
- Se pierden oportunidades de mejora por falta de habilidad para lograr que el proveedor ofrezca opciones.
- No se presentan proyectos por miedo al proceso de negociación.
- Se reciben sistemas de calidad inferior a la mejor posible
- El proveedor no entrega la tecnología completa y se crea dependencia excesiva con él.
- Los adicionales quedan excluidos de la negociación y después hay que pagar altos precios por esos suministros.

Se elabora una lista de estrategias para cada perjuicio o debilidad. Por ejemplo:

Estrategias para cada debilidad	
Debilidad o perjuicio	Estrategias internas y externas
Se compran equipos y sistemas a precios muy altos.	-Estudio de costo beneficio realista -Estudiar con seriedad las propuestas -Contar con listas preferidas de proveedores y con listas adicionales para que los proveedores sientan que hay preferencia pero también competencia (no listas cerradas) -Estudiar el costo beneficio real de los proyectos ejecutados
Se agotan los presupuestos, quedan mal hechos y no hay ahorros	-Conocer sobre presupuestos -Llevar un control sencillo de ejecución de proyectos que todos entiendan -Evitar engañar al proveedor -Evitar procesos de compra en ambiente de acoso
Se pierden oportunidades de mejora por falta de habilidad para lograr que el proveedor ofrezca opciones	-Contacto estrecho con proveedores -Lista de chequeo de los temas a tener en cuenta en toda negociación -Evitar poner al proveedor contra la pared, pues ofrece a menos precio menos opciones.
No se presentan proyectos por miedo al proceso de negociación	-Educar sobre negociación -Revisar las negociaciones que se hacen -Establecer un grupo de teatro en el grupo negociador. -Estimular la honestidad
Se reciben sistemas de calidad inferior a la mejor posible	-Permitir un proceso de pos entregas que permita al proveedor ajustar y corregir errores. -Definir las especificaciones de común acuerdo con el proveedor -Pedir al proveedor que de opciones para mejorar el suministro.
El proveedor no entrega la tecnología completa y se crea dependencia excesiva con él.	-Definir bien el contenido y alcance de las entregas. -Convenir un programa de entrenamiento y asesoría con el proveedor. -Estudiar a fondo la información entregada y comunicarse sobre ella con el proveedor

Estrategias para cada debilidad	
Debilidad o perjuicio	Estrategias internas y externas
Los adicionales quedan excluidos de la negociación y después hay que pagar altos precios por esos suministros.	-Discutir el tema de los adicionales -Manejar los presupuestos de forma flexible para contar con capacidad de adquisición de adicionales -Planear gastos adicionales como parte del proyecto.

Se elaboran acciones concretas para poner en marcha las estrategias. Con base en el trabajo anterior u otro semejante, se elabora el plan estratégico respectivo

Estrategia	Acción	Responsable	Plazos y duración
Realizar estudios de costo-beneficio	Contar con un modelo de costeo.	Director de proyectos.	3 meses
	Realizar talleres para explicar el modelo y aplicarlo con proyectos ya realizados.		16 horas
	Revisar y perfeccionar el modelo.		Cuando se cuente con el modelo
	Aplicar el modelo perfeccionado a todo proyecto.		Cuando se haya realizado el entrenamiento
	Velar porque las conclusiones sean llevadas a la práctica.	Gerencia, sistema de aprobación y compras y dirección de proyectos.	1 mes
Contacto estrecho con proveedores	Educar sobre el modelo gana-gana de negociación	Director de proyectos	1 mes
	Invitar proveedores a la empresa regularmente		Cuatro proveedores por mes
	Compartir con los proveedores el plan anual de compras y necesidades de tecnología	Dirección de proyectos y compras	A fin de año

	Pedir a los proveedo-res que hagan pro-puestas anuales de suministros de tec-nología		A fin de año

REFERENCIAS

1. Yunus Cengel. "Termodinámica", 5ta edición. Mc Graw Hill.
2. Henley, E. J., Operaciones de separación por etapas de equilibrio en Inge-niería. Química. Editorial Reverté.
3. Incropera. Fundamentos de Transferencia de Calor.
4. Mc Cabe, Warren L. Operaciones unitarias en ingeniería química. 4ta edi-ción. Mc Graw Hill.
5. Hougen, O.A. Watson, K.M. Rogatz, R.A. Principios de los procesos quími-cos. Editorial Reverte 1994
6. Guía de los fundamentos de la dirección de proyectos. Tercera edición.
7. Guía del PMBOK. Norma nacional americana ANSI /PMI 99-001-2004
8. Facchini. Marcos L; Doña. Víctor M; Morán. Federico A. "Valoración téc-nica y económica del impacto de penetración de generación distribuida a través de energía solar fotovoltaica". Instituto de Energía Eléctrica. Uni-versidad Nacional de San Juan.
9. Domingo, Déborah. Martínez, María F. Mangas, R. "Oportunidades de ahorro energético en la industria de proceso". Ingeniería Química. Nº 462. 2008
10. Bejarano, C.A. "Hacia una agresiva política social de educación ambien-tal". Universidad Distrital "Francisco José de Caldas".
11. Contaminación ambiental Medellín. Colombia, 1986 V9 N17.
12. Cuantificación de ahorros y Evaluación económica de mejoras. PROENERGIA SAC
13. http://www.proenergiasac.com/pa-nel_097/upload/arch/1049504918.pdf
14. Ley de conservación de la materia.
15. http://es.wikipedia.org/wiki/Ley_de_conservaci%C3%B3n_de_la_ma-teria
16. Reacción química.
17. http://es.wikipedia.org/wiki/Reacci%C3%B3n_qu%C3%ADmica
18. Consumo
19. http://es.wikipedia.org/wiki/Consumo
20. Criterios de selección de proyectos
21. http://www.oas.org/dsd/publications/unit/oea28s/ch16.htm

22. Tijuana B.C. 28 y 29 de junio de 2005. M.C. Mónica pérez Ortíz. NREL-CONAE.
23. http://www.conae.gob.mx/work/sites/CONAE/resources/LocalContent/2962/1/images/15_nrelconae.pdf
24. Análisis Pinch
25. http://es.wikipedia.org/wiki/An%C3%A1lisis_Pinch
26. Guía técnica para balances de masa y otras variables en la industria frutícola. Ministerio de agricultura y ganadería. El Salvador.
27. http://frutal-es.com/docs/centro/Guia%20tecnica%20para%20variables%20de%20masa.pdf
28. Posada Restrepo Enrique. Curso de energía.
29. Posada Restrepo. Enrique. Material docente para el curso sobre "BUENAS PRÁCTICAS PARA EL USO RACIONAL DE LA ENERGÍA EN LA INDUSTRIA. Centro Nacional de Producción más limpia. 2002
30. Plan estratégico programa nacional de investigaciones en energía y minería 2010-2019
31. http://www.minminas.gov.co/minminas/energia.jsp?cargaHome=3&id_subcategor
32. Fuente: BKH 919960: Policies and Policy instruments to promote cleaner production.

CAPÍTULO 3. OPTIMIZACIÓN DE SISTEMAS ENERGÉTICOS

Introducción

Los sistemas energéticos son parte esencial de los procesos industriales y los costos de la energía son un componente importante del costo total en la mayor parte de los procesos. Es importante prestar atención a las condiciones de operación y al estado de los sistemas energéticos. Se trata de elementos sometidos a condiciones que pueden ser muy exigentes en cuanto a temperatura, corrosión, movimientos y reactividad. Cuentan con instrumentos cuya información es vital. Trabajan a condiciones sensibles, cuya variabilidad puede causar daños de materiales y de productos y problemas de calidad. El deterioro, la descalibración, la obsolescencia pueden dar origen a altos costos, a pérdida de competitividad, a derroches de la energía y de dinero.

El campo de la optimización es muy amplio. Son diversos los planteamientos sobre el uso eficiente de los energéticos. Para cada aplicación hay varias posibilidades y enfoques. Lo más importante, sin embargo, es contar con una filosofía, con unos criterios de mejora, con una intención de búsqueda de la excelencia energética. En este módulo se presentarán técnicas, criterios y enfoques para el logro de estos objetivos de buenas prácticas.

Las técnicas fundamentales serán el análisis de estados y el análisis estratégico. Los fundamentos serán la aplicación de las leyes de la naturaleza y la construcción de bases teóricas para entender los límites y los potenciales existentes. Los puntos de funcionamiento deseables se pueden localizar y se pueden extrapolar, teniendo en cuenta las abundantes similitudes en el uso de la energía dentro de la industria.

3.1 BASES CONCEPTUALES PARA ENCONTRAR LOS PUNTOS DE MEJOR FUNCIONAMIENTO

En esta sección se explora el concepto de optimización energética y se presentan las bases del trabajo de análisis de estado y de análisis estratégico, aplicado a temas de energía.

3.1.1 La capacidad humana como punto de partida para alcanzar funcionamientos óptimos

Los seres humanos son el producto de muchos miles de años de evolución que ha permitido que cuenten con una herramienta muy potente, que es el sistema nervioso. Se identifica esta gran capacidad con conceptos como el de la inteligencia, la memoria la creatividad, la planeación, la investigación, la ciencia, el desarrollo, la imaginación. En la medida en que las personas sean conscientes de estas capacidades y se apliquen a ellas con plena autonomía, autoestima, confianza e intencionalidad, se aumentan las posibilidades de trabajar en forma más integral y más humana. Investigadores del comportamiento humano como Gegory Bateson y Carl Rogers señalan que existen importante mecanismos de retroalimentación positiva que impulsan el comportamiento armonioso de las personas, y por lo tanto, de las organizaciones.

Gregory Bateson, autor del libro "Steps to an Ecology of Mind", Hacia una ecología de la mente.

Gregory Bateson no es una figura menor. Tuvo mucho que ver con los desarrollos científicos que dieron lugar a la cibernética y al entendimiento de los fenómenos de retroalimentación tanto en ingeniería como en ciencias humanas. En 1972, Gregory Bateson sacó a la luz pública su teoría según la cual el cambio deseable (la búsqueda de la optmización para hablar en los términos de energía), no se debe referir solamente a nuestras acciones, sino más que todo a nuestros pensamientos. Es decir, hay que pensar sobre cómo pensamos. A esto lo llamó Bateson la "ecología de la mente".

Para Carl Rogers los organismos poseen una tendencia innata a la actualización, la cual gobierna todas las funciones, tanto físicas como de la experiencia. Esta fuerza tiende constantemente a desarrollar las potencialidades de los individuos para asegurar su conservación y su prosperidad, dentro de los límites del ambiente. Sin embargo, el éxito de esta acción, no depende de la situación real u objetiva, sino de la situación tal como el sujeto la percibe, y el sujeto percibe la situación en función de la noción que tiene de su yo. Podríamos decir entonces que, de acuerdo a Rogers, el mundo es percibido a través del prisma del yo, o sea, lo que se refiere al yo tiene tendencia a ser percibido en relieve y es susceptible de ser modificado en función de los deseos del sujeto, mientras que lo que no tiene relación con el yo, tiene tendencia a ser percibido de forma más vaga o a ser totalmente pasado por alto. De tal modo que en última instancia, es la noción que se tiene del yo la que determina la eficacia o el fracaso de la tendencia actualizante. Esta tendencia actualizante es lo que en este módulo se denomina optimización. Por ello, el logro de la optimización, reforzando lo que asevera Bateson, es un aspecto mental, un resultado de la ecología de la mente.

Rogers es el padre de la escuela humanista del manejo de la mente humana. Esta escuela desarrolla el concepto de la empatía, que consiste en asumir la posición del otro como método de trabajo para el logro de las buenas relaciones humanas. La psicología humanista pone de relieve la experiencia no verbal y la exploración total de los estados de conciencia como medio de realizar el pleno potencial humano

Con base en estos enfoques, los mejores puntos del comportamiento humano se logran cuando se da un manejo delicado, empático, bien intencionado, libre, amplio, integral, descansado, evolutivo y equilibrado al sistema nervioso humano, en un sano equilibrio con la realidad natural. En esta forma se facilita que las personas encuentren en sus propias capacidades, en sus propios sistemas nerviosos, capacidades insospechadas.

Por extensión se puede decir que las organizaciones también tienen su propio sistema nervioso, al cual se pueden aplicar principios semejantes a los que se aplican a las personas. Desde un punto de vista conceptual y simbólico se puede decir que existen dos modos de funcionamiento del sistema nervioso, los cuales se han asociado con la existencia de dos hemisferios en el cerebro: hemisferio izquierdo y hemisferio derecho. Al considerar estos dos modos de funcionamiento lo que se quiere es plantear el punto de vista de que es posible enriquecer el funcionamiento cerebral y nervioso cuando se es consciente de las gamas de posibilidades que existen. Los dos modos de funcionamiento no son totalmente independientes ni corresponden a separaciones claras de tipo físico. Más bien son opciones de contemplación y de experimentación de la realidad.

La tabla siguiente contrasta los dos modos de funcionamiento de los procesos nerviosos y cerebrales. Uno de los modos, el del hemisferio izquierdo, está asociado con el aspecto consciente de los funcionamientos y con la mente. El otro modo con el cuerpo y con el aspecto inconsciente de los funcionamientos. Pero no son modos separados radicalmente sino que estas clasificaciones denotan símbolos de posibilidades. Lo que aparece en la tabla siguiente es la forma en que se pueden categorizar en dos grupos opuestos y complementarios distintos aspectos de funcionamiento relacionados con el sistema nervioso.

La idea de establecer estas dos categorías es provocar que las personas y las organizaciones se atrevan a buscar formas deliberadas y novedosas de funcionamiento. Por herencia, por educación, por influencia ambiental, por adoctrinamiento, por elección propia, o por otras muchas razones, se tiene la tendencia a preferir ciertos modos de funcionamiento. Las costumbres o rutinas que se adoptan pueden condicionar funcionamientos parciales. Con ello se pierden opciones y esto se refleja en las formas de relación con el ambiente. Este funcionamiento limitado es una de las causas de los comportamientos desordenados y poco evolutivos y poco delicados con relación a la naturaleza y a los demás.

La nueva disciplina de la Bioética ha venido explorando estos nuevos campos de funcionamiento, en los cuales la tecnología y la ciencia, al abrir nuevas posibilidades y al crear grandes impactos, ponen al ser humano ante complejas disyuntivas. Para acercarse a la responsabilidad plena individual y social, el ser humano y las empresas deben enfocarse de una manera integrada, total, de manera que puedan tener en cuenta puntos de vista diversos y contradictorios. ¿Cómo mira la tierra al hombre, cómo mira el pobre al desarrollo, cómo mira la sociedad al derroche, cómo mira el Estado a las empresas, cómo juzgarán las generaciones futuras el trabajo que se está haciendo ahora, tienen inteligencia y sensibilidad los seres vivos, cuáles son los límites del crecimiento, qué relaciones hay entre energía y daño ambiental? Con los puntos de vista que se presentan en la tabla siguiente se abren grandes posibilidades para enfocar estas situaciones complejas.

Modos de funcionamientos opuestos y complementarios

341

Aspecto de Funcionamiento	Hemisferio Izquierdo	Hemisferio Derecho
Zona de dominio	La mente Lo consciente	El cuerpo Lo inconsciente
Tipo de percepción	Pensamientos Sensaciones	Sentimientos / Sentir Intuición
Tipos de Recuerdos	Palabras Números Partes Nombres	Imágenes Caras Patrones Lo global
Formas de Expresión	Verbal Hablada Contar Escribir	No verbal Gestos Dibujos Garabatos
Formas de Pensamiento	Analítico lineal Lógico Racional Secuencial Vertical Convergente Deductivo	Visionario Espacial Analógico Creativo Simultáneo Lateral Divergente Inductivo
Formas de acción	Prueba Ejecuta	Visualiza Se proyecta
Énfasis organizativo y empresarial	Normas Capital Mano de obra Recursos Tecnología	Visión y valores Motivación Compromiso Ideas y creatividad Innovación
Forma de definir y presentar las cosas	Blanco y negro Sin dudas Asertivo Con palabras	Grises o colores Con alternativas Sugerente e Integrativa Con gráficos
Enfoque de conocimiento	Reduccionista	Holístico
Enfoque de los Valores	Expansión Dominio Competencia Cantidad	Conservación Asociación Cooperación Calidad

Toda empresa, todo grupo humano tiene su cultura. La cultura está formada por las creencias fundamentales que se comparten (visión, misión objetivos, metas, reglamentos internos, códigos de comportamiento, valores). Dentro de estas bases ideológicas, hay aspectos que encaminan a las organizaciones a alcanzar logros en los aspectos técnicos, comerciales, ambientales y sociales. Es importante que exista un compromiso con la organización con la sociedad y con el medio ambiente. Mientras más integral sea esta visión y este compromiso, más duraderos y de mayor impacto serán los beneficios.

¿Cómo se pueden tener en cuenta las categorías de la tabla anterior? Determinar esto es una tarea inteligente y creativa que hace parte de los programas de gestión en la organización. Los siguientes son algunos ejemplos, todos en el tema de la energía, sobre el uso de las categorías de la tabla.

- **La zona de dominio**

Corresponde a los temas administrativos, al comando de la organización. Se presentan dos aspectos: La mente y lo consciente por un lado; el cuerpo y lo inconsciente por el otro. La gestión se hace a partir de una administración comprometida. Administrar en sus orígenes significa servir, el ministro (el que ad-ministra) es el servidor de los demás. El liderazgo se basa en el servicio. Esta es la zona donde se toman las decisiones.

Los aspectos mentales del dominio tienen que ver con la lógica y el conocimiento que dan fundamento a la acción. Para trabajar en temas de energía es menester conocer la lógica de los sistemas, contar con bases teóricas. Esto lo puede lograr la empresa con ayuda de asesores o con recursos propios capacitados. Una organización que es consciente de estas capacidades mentales, las divulga, las estimula, les da importancia, las utiliza. Si cuenta con instrumentos, los usa; si cuenta con manuales e información, los emplea. Una organización inteligente y consciente, es estratégica, tiene metas, planea, piensa, aprende, cambia.

Los aspectos corporales del dominio, tiene que ver con las rutinas de trabajo, con los procedimientos, con el funcionamiento automático. El entrenamiento, la práctica constante, las brigadas de trabajo, los ejercicios, los talleres, los controles automáticos, el trabajo con base en metas, la gestión, van estableciendo modos de funcionamiento autónomos. Entonces la organización funciona como un cuerpo, cada cual en forma comprometida, casi automática haciendo su trabajo (así como el hígado o la célula corporal, que todo lo hacen calladamente, bien hecho, sin que se entere demasiado la mente)

- **La zona de la percepción**

Esta zona corresponde a los mecanismos que tiene la organización para darse cuenta, para medir, para captar información, para conocer dónde se encuentra.

Es la zona dónde se identifican los estados y se hacen las evaluaciones. Es la zona de las auditorías.

Desde el punto de vista mental, la organización percibe ideas, pensamientos, estructuras ideológicas y mentales. Para ello está dotada, tal como ocurre en las personas, de mecanismos de comunicación y de percepción sensorial, los sentidos. Con la vista se hacen observaciones, se miran situaciones, se admiran y se aprecian oportunidades, se leen las leyes y las normas, se vela porque haya imágenes y símbolos. Con el oído, se presta atención a los eventos llamativos y a las alarmas, se escucha a las comunidades y a los clientes, se oyen las inquietudes y las ideas del personal, crean opciones para que las personas hablen y expongan sus ideas. Con el gusto, se disfrutan y se celebran los logros, se es esmerado y ordenado, se hace buen mantenimiento, se hacen las cosas con cariño y con refinamiento y elegancia. Con el olfato se detectan los problemas, se huelen las situaciones riesgosas o dañinas, se sensibilizan las comunicaciones, se captan los pequeños detalles escondidos y sutiles que luego se pueden volver catastróficos, se estimulan los compromisos y las pequeñas acciones que luego pueden ser muy importantes. Con el tacto se manejan bien las situaciones, se hace fuerza donde corresponde, sin hacer daño; se tocan los problemas y se miden las variables, para tenerlas a la mano.

Desde el punto de vista corporal los mecanismos de percepción tienen que ver con los sentimientos, el sentir y la intuición. Se trata de percepciones que son de tipo identificación, de tipo empático. La figura siguiente compara las dos formas de percibir, corporal y mental. En ellas X es el sujeto que percibe y la forma ovalada es el objeto que se percibe.

La percepción corporal tiene que ver con un mayor involucramiento de los responsables en los temas de la energía, en los equipos, en los sistemas, viéndolos desde adentro. En esta forma se pueden apreciar diversos detalles que dan origen a divergencias, a desviaciones. La identificación también tiene que ver con un acercamiento cariñoso a los equipos, con la creación de espacios para la motivación y el cuidado. Cuando se logra una buena identificación, los sistemas energéticos se sienten cercanos y se experimentan y se reciben datos de manera intuitiva, como si se tratara de un sexto sentido. Cuando se trabaja con expertos, se tiene la sensación de que el experto está estrechamente unido al equipo, al proceso, y sabe todo lo que hay que saber. Desarrollar cercanías, "expertises" en la empresa aumenta la percepción empática.

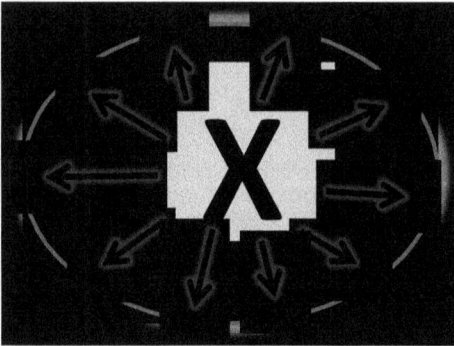

MÉTODOS DE PERCEPCIÓN CORPORALES EMPÁTICOS

El sujeto que percibe (**X**) se identifica con el objeto percibido, se adentra en la realidad percibida y se expande armónicamente con el objeto. El sujeto que percibe se deja afectar por el objeto

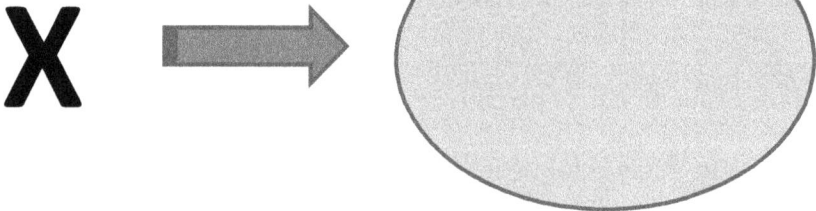

MÉTODOS DE PERCEPCIÓN MENTALES OBJETIVOS

El sujeto que percibe (**X**) se queda externo al objeto percibido. Recibe señales de la realidad percibida y las procesa . El sujeto que percibe tiende a ser independiente del objeto.

- **La zona de la memoria y de los registros**

El conjunto empresarial requiere de memoria, es decir, de registros de las situaciones, de bases de datos, de información organizada.

Los registros de tipo mental están asociados con los mecanismos verbales, con las palabras, los números, las partes y los nombres de las cosas. Todo lo que tiene que ver con instrucciones, con asignar categorías, con clasificar, con asignar códigos, con elaborar tablas y registros de datos, contribuye a que la mente empresarial esté clara, a que fluya la información de forma lógica, precisa, sin confusiones. En cambio si los datos no se registran, si no se organizan, si no se recogen, se pierde la memoria empresarial que queda sujeta a los vaivenes de las memorias de las personas que pueden entrar y salir de la organización.

Los registros de tipo corporal tienen que ver con imágenes, caras, patrones y con la memoria fotográfica o global. Una imagen energética vale más que mil palabras, se podría decir. Por otra parte cuando las empresas tienen la capacidad de distinguir patrones de comportamientos en sus datos, se sofistica la memoria empresarial, ya que recordar patrones implica recordar comportamientos, recordar conclusiones, recordar compromisos. La figura y la tabla siguientes ilustran la comparación entre un conjunto de datos, algo simplemente numérico, que en principio no muestra mucha información y una curva de comportamiento sin categorizar, cuyo aporte es algo mayor y otra categorizada, que ya permite inferir y avanzar hacia la optimización.

Datos de intensidad de corriente en el motor de un molino, según producción

Amperaje	Producción, kg/h
55,0	0
54,8	0
182,0	800
181,4	800
181,9	800
180,8	800
55,0	0
55,0	0
55,7	0
181,5	780
180,6	780
180,6	780
54,8	0
54,1	0
187,6	1 200
189,2	1 200
55,3	0
55,5	0
191,7	1 300
191,2	1 300

Un primer elemento de registro, más corporal, es el haber añadido sombras grises a los datos de producción cero, los cuales registran unos valores de corriente, que se podrían denominar corrientes de vacío. Así queda en la memoria que hay zonas de funcionamiento en vacío.

Cuando se grafica la tabla, con un gráfico simple en línea (los datos unos detrás de los otros) comienza a registrarse nueva información, que no es evidente en la tabla. Se observan dos claras zonas de funcionamiento, las de carga y las sin carga. Se nota que han ocurrido cuatro tandas de trabajo, con una dinámica suave de carga en la primera tanda

Registros simples

Cuando se grafica una tabla mediante un gráfico de dispersión, en el cual los datos iguales se superponen (no se ponen consecutivos), se aprecia un comportamiento asintótico. Es decir, se aprecia que los datos de la corriente no siguen a la producción en forma constante, sino que se llega a una zona donde se tienen altas producciones con corrientes que tienden a ser constantes.

Con este tipo de gráficos, se pueden añadir nuevos elementos visuales, para mejorar la memoria y el registro de la información. Esto se ha hecho añadiendo una curva de correlación. Se observa con esta curva que los datos siguen un patrón de comportamiento, que tiene una forma que no es lineal sino más bien cuadrática.

Un análisis más detallado de los datos muestra que las intensidades de corriente son altas cuando las producciones son muy bajas. ¿Querrá decir esto que salen excesivamente costosos esos momentos de trabajo sin carga, que de todas formas son necesarios en la producción? Para investigar esto, se ha colocado un analizador de redes y se ha medido la potencia eléctrica real consumida en el motor.

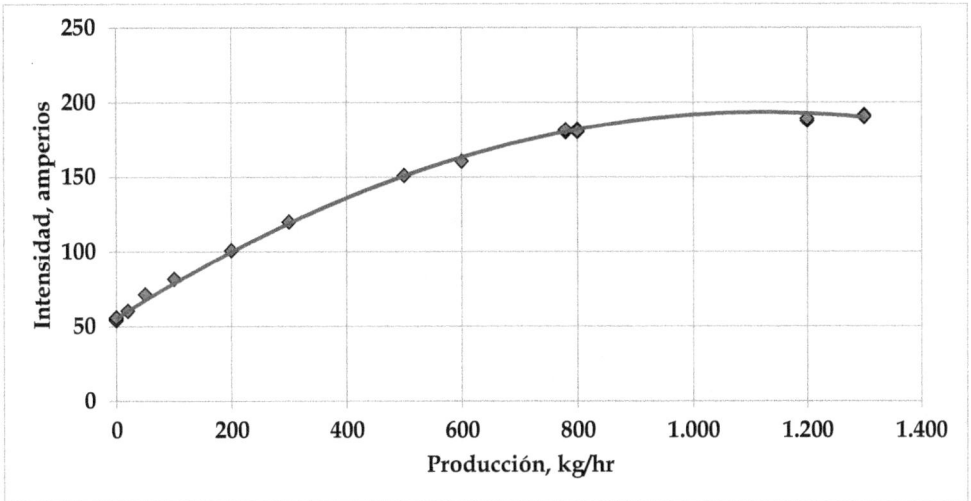

Gráfico de dispersión al cual se le ha añadido una curva de correlación

Ahora se grafica la carga real del motor contra la intensidad de la corriente.

Se observa que a bajas cargas la intensidad tiende a un valor límite que no es igual a cero. Esto quiere decir que no se puede deducir el consumo eléctrico multiplicando el voltaje por el amperaje por raíz de tres por el factor de potencia a cargas altas. Es decir a cargas bajas se disminuye notablemente el factor de potencia.

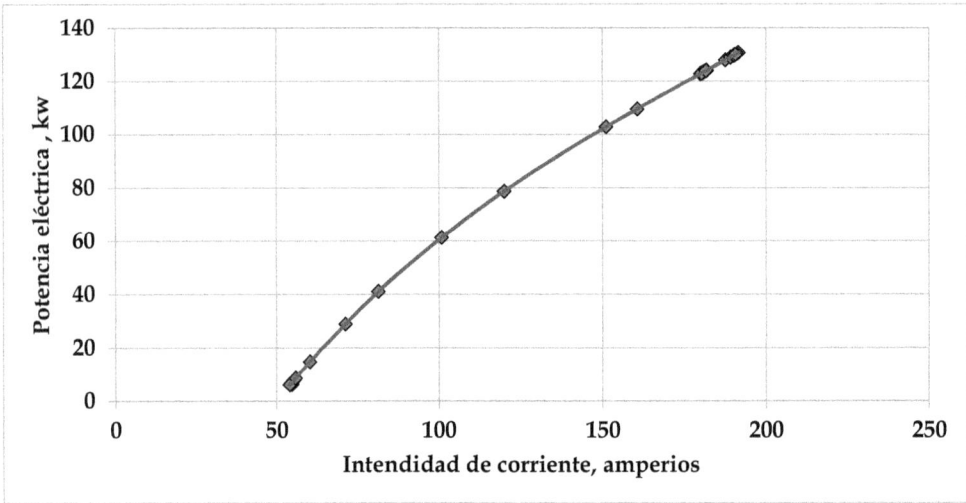

Gráfico de potencia contra intensidad con curva de correlación

Refinando todavía más el trabajo, volviendo más profundo el registro tanto mental como visual, se elabora un gráfico de porcentaje de carga del motor contra intensidad de corriente.

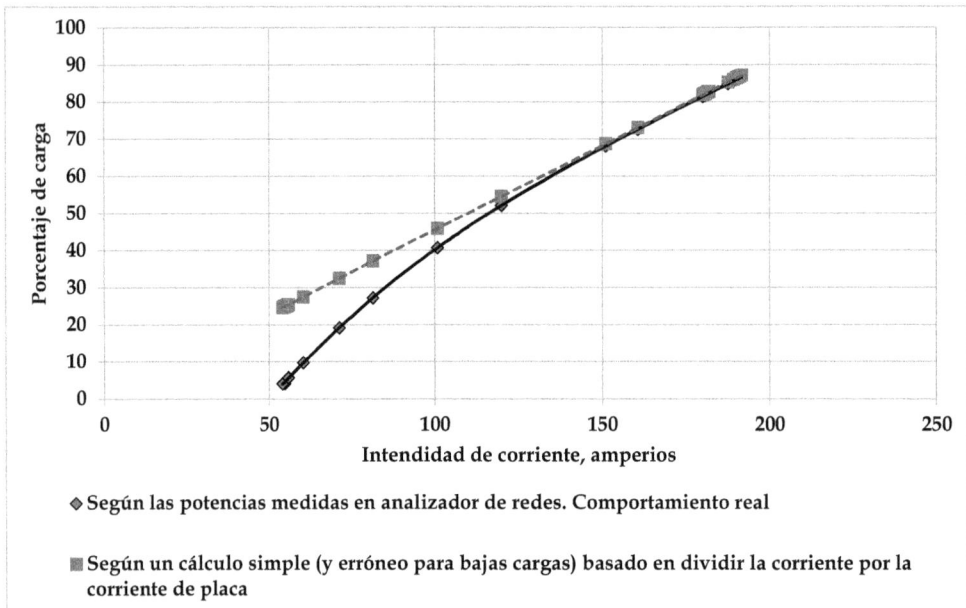

◇ Según las potencias medidas en analizador de redes. Comportamiento real

▪ Según un cálculo simple (y erróneo para bajas cargas) basado en dividir la corriente por la corriente de placa

Análisis lineal contra comportamiento real

Acá se observa la no linealidad del comportamiento de la corriente contra la cargas del motor, expresada porcentualmente. El análisis lineal es equivocado a bajas cargas. No ocurre que el motor en vacío consuma, en este caso, el 25% de la potencia como se deduce del análisis lineal; solo consume el 5 %. En cambio a altas cargas, el comportamiento es bastante lineal.

Cuando la memoria empresarial se va volviendo capaz de apreciar los efectos lineales y los efectos no lineales, se abren nuevas perspectivas para el análisis. Ahora se presentan los datos desde otro punto de vista, el punto de vista de la productividad.

La primera mirada a este punto de vista se tiene con un gráfico de consumo de potencia contra producción, como se aprecia en el siguiente gráfico. Una segunda mirar permite visualizar en qué medida el equipo está trabajando a plena carga para las producciones entregadas.

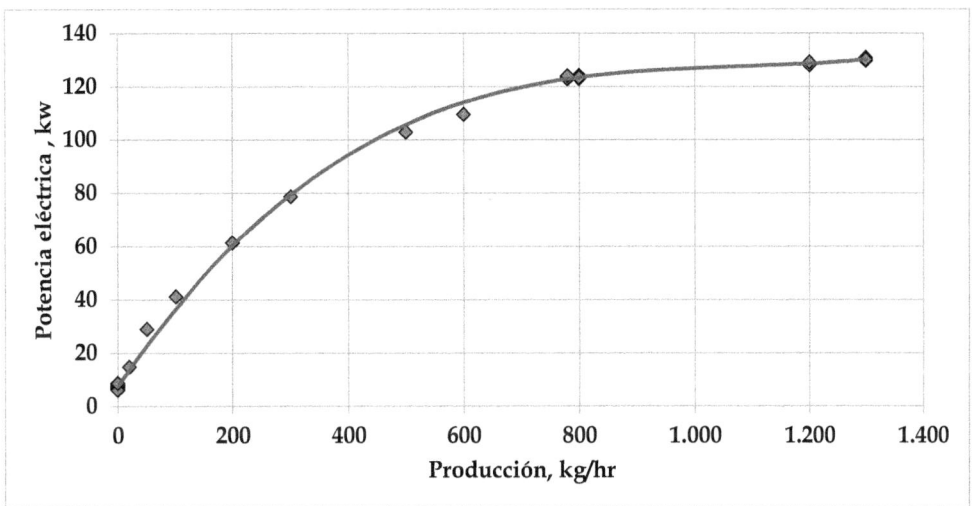

Consumo de potencia contra producción con curva de correlación

Se observa que vale la pena poner este equipo a trabajar a cargas altas. Según lo que se observa se consumen potencias similares en el rango de 800 a 1300 kg/h Es posible que este equipo se pueda trabajar a cargas mayores todavía con cierta ventaja.

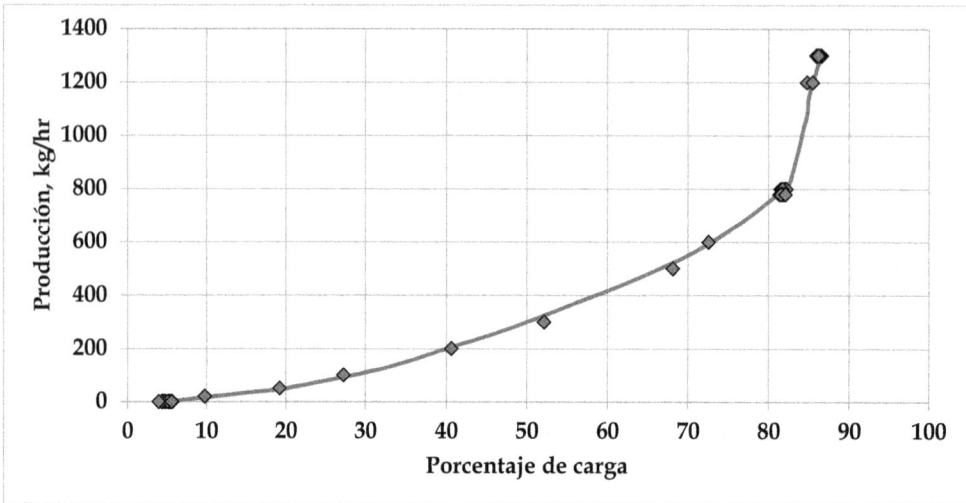

Relación entre producción y % de carga

Al trabajar con consumos específicos, el registro se lleva otro nivel de refinación, como se advierte en la siguiente figura. En ella se aprecia con mucha claridad la conveniencia de trabajar a altas cargas. La memoria de la empresa incluye ahora el concepto de menor consumo específico. Ahora se abre la mente a otro nivel de refinación cuando se consideran los costos de la energía eléctrica.

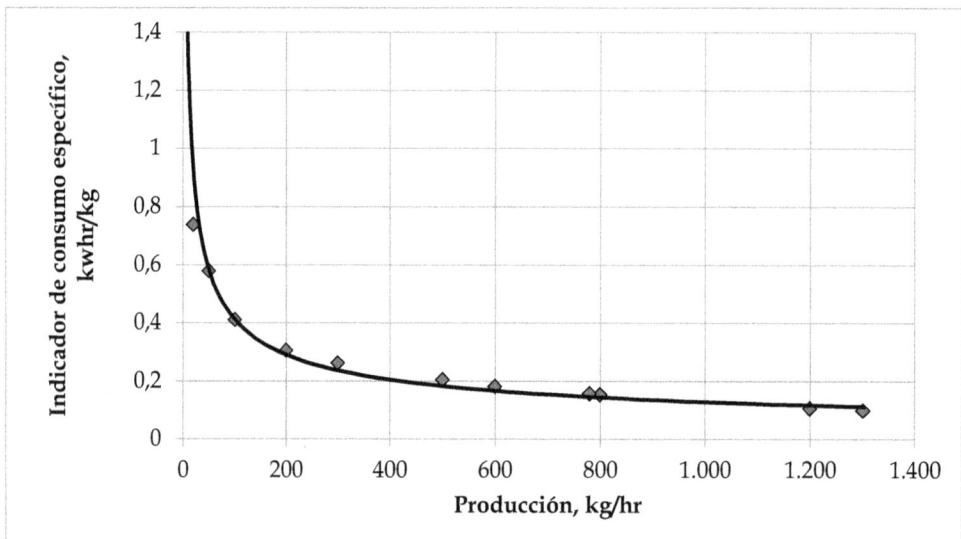

Consumos específicos contra producción

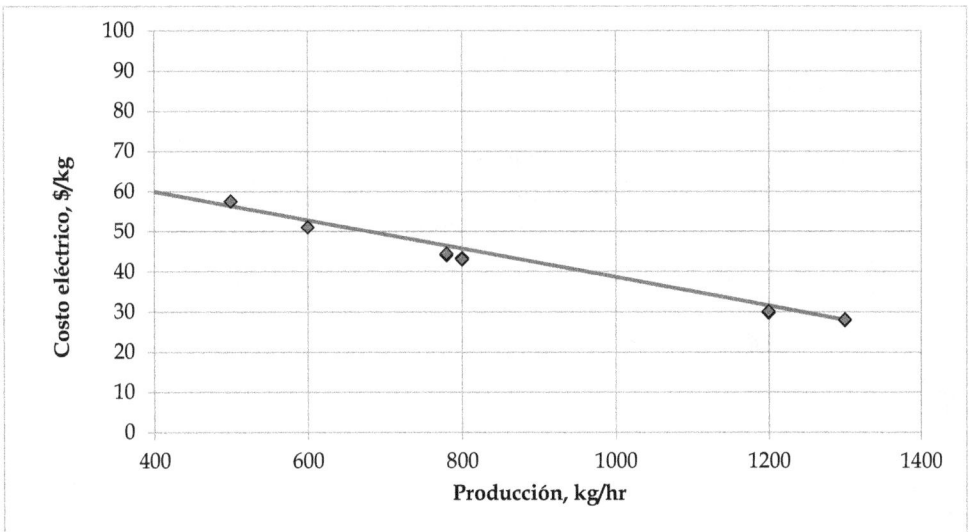

Costos de electricidad contra producción

En el gráfico anterior el registro mental ha decidido, por la lógica del proceso, representar solamente la zona de producciones normales, de más de 400 kg/h. Se advierte que los costos se comportan linealmente con la producción.

Es evidente como se va recorriendo el camino hacia la optimización con ayuda de una memoria inteligente y creativa. De los datos amontonados sin mayor sentido, se pasa al patrón de comportamiento y las acciones de mejora.

- **La zona de la expresión, de los reportes y de la entrega de información**

El aspecto mental tiene que ver acá con las expresiones verbales, con el uso de números y con el lenguaje escrito. Es evidente que hay un amplio rango. Lo verbal tiende a ser olvidado y debe ser complementado con lo escrito, al momento de reportar resultados, conclusiones, recomendaciones. El uso de datos numéricos ese esencial, dadas las características físicas de los aspectos energéticos y sus relaciones con la economía.

El aspecto corporal de la expresión se adentra en zonas de tipo gestual, simbólico, no verbal. Tiene que ver con gestos, dibujos, bosquejos, inclusive con trazos y garabatos. Al utilizar gestos cuando se habla, mejora la calidad del mensaje; al utilizar gráficos, esquemas y dibujos, mejoran las posibilidades de lograr objetivos y por ende, de llegar a puntos óptimos.

Para llegar a los puntos óptimos de trabajo, es muy probable que sea necesario convencer a distintas personas en la organización. Ello va a requerir la utilización de la gama completa de canales de comunicación.

La expresión correcta comienza desde el momento en que se decide utilizar la gama completa de posibilidades. Por ejemplo, si se van a tomar datos de campo, conviene contar con una lista de chequeo, como la que se muestra.

INDISA S.A.
INGENIERIA DE PROYECTOS

FORMATO 1						
EMPRESA						
FECHA			DIA	MES		AÑO
Condiciones del area						
Descripción del area						
Dimensiones			Largo	Ancho		Altura

Descripción de paredes pisos y techos						
Descripción	Condición de la superficie					
	Material	Color	Textura	Limpia	Media	Sucia
Paredes						
Techos						
Pisos						
Superficie de trabajo						
Equipo o maquina						

Condiciones generales				
Clasificación del equipo				
Tipo de luminaria				
Especificación de la bombilla				
Numero de Luminarias				
Numero de filas				
Luminarias por fila				
Altura del montaje				
Espacios entre las luminarias				
Condicion de las luminarias	Limpio		Medio	Sucio
Descripción de la iluminación local o complementaria				

Una simple revisión de paso, que luego se resume en una conversación ligera, no va a tener el mismo impacto que el de un registro bien hecho, apoyado en una lista de chequeo, que incluye un informe con sus conclusiones y recomendaciones. Por el contrario, solicitar a un operario su colaboración o a un proveedor una ayuda para estimar presupuestos, se va a facilitar con mecanismos de expresión no verbales. Explicar algo, se facilita con un diagrama, con un esquema. Por ello se utilizan las pantallas con mímicos en todos los sistemas energéticos.

- **La zona de enfoque de las situaciones**

El aspecto mental tiende a que las situaciones se enfoquen desde lo analítico, lineal, lógico, racional, secuencial, vertical, convergente y deductivo.
- Analizar datos de energía supone categorizarlos, mirarlos en detalle, por partes, sacar promedios, desviaciones y correlacionar.
- El enfoque lineal implica hacer proyecciones del comportamiento que son proporcionales a las variables. Implica ajustes lineales del comportamiento.
- Lo racional implica aceptar solamente lo que se aprecia bien comportado, bien explicado, coherente y rechazar lo que no tiene explicación aparente.
- La visión secuencial implica organizar las cosas unas a continuación de las otras, de manera ordenada en el tiempo, en el espacio. Primero los datos de Enero, luego los de Febrero.
- Lo vertical se refiere a no darle vueltas a las cosas, decidir con rapidez y tener una línea de mando clara, sin dar lugar a demasiadas opiniones.
- Lo convergente implica que las cosas tienden a dar un resultado esperado, a acercarse a un punto común. Se busca que se igualen las cosas.
- La deducción tiende a ser la consecuencia lógica de los hechos, lo que sale de la primera observación.

Se complementa este enfoque con la visión corporal, que da mayor importancia a lo visionario, espacial, analógico, creativo, simultáneo, lateral, divergente e inductivo:

- Lo visionario tiene que ver con ver más allá de lo que está ocurriendo, con proyectar a otros espacios distintos.
- Lo espacial tiene que ver con salirse de la línea, entender otras relaciones con otros elementos o equipos que no son proporcionales, que no son obvios. Por ejemplo, descubrir un ahorro de energía valioso interconectando dos equipos que no tienen nada que ver entre sí.

- Lo analógico tiene que ver con usar ejemplos, con observar otras situaciones distintas y aprender de ellas.
- Lo creativo tiene que ver con establecer nuevos modos de funcionamiento, con cambiar esquemas existentes, con descubrir, con aportar ideas.
- La simultaneidad implica la posibilidad de que los eventos se influyan entre sí, la posibilidad de mirar distintas variables a la vez, sin que se experimente agotamiento de la atención. Lo controles automáticos favorecen la simultaneidad.
- Lo lateral, implica aceptar las desviaciones como algo importante, que lleva a ajustar el funcionamiento. La turbulencia y lo aleatorio se asumen como reales, se debe de tener en cuenta.
- Lo divergente tiene que ver con cambios de dirección, con capacidad para ensayar y ver otros puntos de vista, para salirse de las rutinas y buscar otras opciones.
- Lo inductivo tiene que ver con establecer polos de atracción que lleven a un resultado, de crear posibles explicaciones cuando hay problemas o situaciones no explicadas

Naturalmente que es mejor contar con enfoques totales, que abarquen los dos espectros que se acaban de mencionar. Es importante caer en cuenta de que los sistemas energéticos, en sí mismos, sean físicos o institucionales, obedecen y se comportan en el rango total de enfoques que se acaba de describir.

- **La zona de la acción**

El aspecto mental de la acción es vigoroso y directo, de corto plazo, inmediato: Prueba y ejecuta. El aspecto corporal complementario implica una acción a más largo plazo: Visualiza y se proyecta.

El logro de los puntos óptimos de funcionamiento energético tiene que ver con acciones de todo tipo, de corto y de largo plazo. Los logros de corto plazo que se obtienen bajo el liderazgo rápido, ejecutivo, sirven para probar que las ideas funcionan. Las metas de largo plazo, permiten enfrentar grandes desafíos y se pueden plantear con mayor éxito si los programas muestran resultados efectivos en el corto plazo. De ahí la importancia de contar con una metodología de trabajo integral y con un equipo de personas de amplio espectro.

Los mecanismos de retroalimentación, ayudan a corregir el rumbo y al logro de los objetivos. Las metas nacionales son importantes y se deben reflejar en metas regionales y empresariales. Cuando se hacen proyecciones, las organizaciones deben estar en capacidad de responder con estrategias y con políticas. De acuerdo con las estrategias que se escojan, se van generar impactos y necesidades.

- **La zona de la administración**

Lo mental, en lo administrativo y organizacional, tiene que ver con los aspectos de normas, capital, mano de obra, recursos y tecnología.

Las normas son marcos de referencia que se van adoptando, tratando de que las organizaciones funcionen de forma coherente, exitosa, con calidad, verificable por terceros, dentro de lo que es aceptable. En el campo de la energía es importante que se conozcan las normas aplicables, que se cuente con manuales, con procedimientos y que se tengan en cuenta.

El capital es el fundamento económico, la riqueza, que permite el desarrollo de los programas y de las ideas. Si no hay capital propio, debe ser gestionado externamente y ello tiene un costo. Es importante que las acciones energéticas agreguen valor agregado, es necesario que contribuyan a generar capital y riqueza. Es importante asignar recursos a partir de las utilidades y tener una política en este sentido.

La mano de obra tiene que ver con el recurso humano, siempre fundamental en términos de energía, que a su vez es costoso y limitado. Las condiciones siempre deben mejorar y el trabajo debe ser digno y bien remunerado. No se deben hacer proyecciones futuras con base en costos laborales muy bajos. Los proyectos deben generar buenos salarios y prosperidad para todos.

Los recursos constituyen un aspecto esencial. Tienen tendencia al agotamiento y no deberían se dilapidados. Sin embargo, en apariencia no se agotan, más bien tienden a crecer las reservas existente, ya que se mantiene un ritmo fuerte de descubrimientos.

La tecnología va respondiendo a las necesidades de una manera muy eficaz y acelerada hasta el momento. Sin embargo hay grandes cuestionamientos sobre la sostenibilidad a largo plazo. Es importante que las empresas, las regiones y el país desarrollen tecnologías. Cuando se sabe desarrollar algo, se conocen mejor sus secretos y es más probable que haya un acercamiento al trabajo en las zonas óptimas. El subdesarrollo puede conllevar a trabajar en condiciones ineficientes.

Lo corporal en lo administrativo y organizativo tiene que ver con la visión y los valores, la motivación, el sentido de compromiso, las ideas la y creatividad y la innovación.

La visión y los valores señalan una ruta honorable, que se puede mostrar a terceros. A nivel mundial se cuenta con pactos, con compromisos, con protocolos, con acuerdos. Estos de deben reflejar a nivel local y regional. Las empresas deben participar como gremios en lograr buenas leyes, buenas circunstancias, estímulos y condiciones favorables.

La motivación es la fuerza interior que lleva a la acción. Debe ser creada y mantenida por diversos métodos, entre ellos los estímulos, el seguimiento, el trabajo en equipo, las celebraciones y las buenas comunicaciones y relaciones públicas.

El sentido de compromiso se logra con un liderazgo continuo, con una buena selección de los recursos, con campañas de valores, compartiendo y estructurando en equipo las metas y los objetivos y trabajando en forma participativa.

El flujo de ideas y la creatividad se estimula con la apertura, evitando las críticas y creando un ambiente donde se las pueda ensayar (laboratorios mentales y laboratorios de ensayos, plantas piloto, equipos de prueba, instrumentos de medición, reuniones de trabajo, grupos primarios, metodologías tipo seis sigma, Kaizen y similares)

La innovación se logra con una actitud de aprecio, de ensayo, de proyectos semilla, de apoyo económico a los proyectos que surjan, con una visión de largo plazo, con contactos con universidades, organismos de apoyo, asistencia a ferias, contratación de personal que tenga formación avanzada, trayendo expertos y hablando bien de ella.

- **La zona de la representación**

De cierta manera las personas y las entidades están representando roles, cumpliendo funciones y papeles, como si se tratara de una obra de teatro. Se pudiera decir que se trata de un juego dramático.

Desde lo mental, se definen y se presentan las cosas en blanco y negro; sin dudas; en forma clara y asertiva, de manera verbal, con palabras.

Desde lo corporal, se hacen las presentaciones en tonos que pueden ser grises y difusos, o con colores; se ofrecen alternativas; se muestran las cosas de manera sugerente e integrativa, ilustrando con gráficos y con símbolos y esquemas.

Como se ha ido señalando, es importante que se trate de presentaciones integrales, en las cuales se combine la claridad con los aspectos que impliquen ciertas dudas, que indiquen que hay alternativas, que las cosas pueden variar.

Un resumen ejecutivo señala los puntos claros e importantes, lleva a la acción inmediata y señala visiones. El informe completo se detiene en todos los detalles, positivos y negativos. Fundamenta la acción a largo plazo. Desarrolla el conocimiento esencial y básico de la organización.

Un gráfico general resume la totalidad y da la apariencia de que todo está claro. Cuando se observa el detalle, se cae en cuenta de que para elaborarlo, fue necesario hacer diversas simplificaciones, en aras de lograr una presentación ejecutiva.

Una tabla resumen selecciona aspectos importantes y las pone de relieve. Por ejemplo la siguiente tabla apareció en el documento "Plan estratégico programa nacional de investigaciones en energía y minería 2010-2019" por un grupo de expertos que apoyan al Ministerio de Minas y Energía.

Oportunidades y Áreas para Ciencia y Tecnología.

Oportunidades de desarrollo de tecnologías
Tecnologías de eficiencia energética en los sectores de construcción, transporte e industrial
Carbón y Gas Natural con Captura y Secuestro de Carbón (CCS)
Energía nuclear evolutiva
IGCC, carbón pulverizado ultrasupercrítico, y plantas de oxicombustión para mejorar la eficiencia y desempeño de electricidad generada por carbón
Conversión termoquímica de carbón y mezclas de carbón y biomasa para combustibles líquidos
Investigación y desarrollo en métodos de conversión celulósica; producción de etanol celulósico a escala comercial
Vehículos de carga liviana (LDV) avanzados, híbridos
Áreas necesarias para I+D
Biociencias avanzadas (genómica, biología molecular y genética) para desarrollar biotecnologías para convertir biomasa en combustibles que se integren directamente a la infraestructura de transporte

Oportunidades de desarrollo de tecnologías
Tecnologías avanzadas para la producción de combustibles líquidos alternativos a partir de recursos renovables
Tecnologías avanzadas para la producción de biomasa que proporcione rendimientos sostenibles, minimice la competencia con alimentos y cultivos y ofrezca beneficios sustanciales en reducción de gases de efecto invernadero
Materiales fotovoltaicos avanzados y métodos de fabricación que mejoren la eficiencia a bajo costo
Almacenamiento avanzado a larga escala para energía eólica y gestión de carga eléctrica
Energía geotérmica avanzada

El documento base respectivo tiene 109 páginas, que a su vez es un resumen de numerosos documentos y reuniones. El plan definitivo, que busca el manejo óptimo de los recursos energéticos, saldrá luego de deliberaciones y discusiones adicionales.

Al realizar acciones de mejora energía, hay que ir perfeccionando los asuntos mediante ensayos, cuyos resultados deben discutirse y ser presentados.

3.1.2 La planeación estratégica como metodología para localizar funcionamientos óptimos

La planeación estratégica es una metodología para hacer las cosas de una manera organizada, intentando definir las trayectorias y los caminos que conduzcan hacia objetivos determinados, en este caso, lo que se busca es descubrir la zona óptima de funcionamiento y cómo llegar a ella.

Se está hablando de un esquema de avance, en busca de objetivos, que responde a motivaciones y a necesidades de los grupos humanos que se involucran. En este caso, el logro de metas de energía óptimas. Para ello se han de plantear y buscar actividades específicas.

La planeación intenta organizar las actividades según prioridades, de acuerdo con las conexiones lógicas entre ellas, teniendo en cuenta los recursos disponibles y las restricciones o exigencias de tiempo. Con la planeación se cuenta con un mapa, para viajar con mayor seguridad en un territorio relativamente desconocido. Sin embargo, al contrario de lo que sucede con los mapas casi perfectos que describen una región bien conocida y explorada, los proyectos de mejora energética y ambiental tienen incertidumbres y podrían fallar en el sentido de no llegar con facilidad a los objetivos buscados. Pueden resultar más costosos de lo previsto o no cumplir las expectativas de productividad o producción. Puede que no se logren las optimizaciones previstas. Puede que no sean apoyados o aprobados por otras personas en la organización que tienen autoridad e influencia.

Para ayudar a aliviar estas dificultades, la planeación estratégica es una herramienta interesante, pues se diseña para considerar alternativas, para examinar las debilidades y los riesgos, para considerar fortalezas y oportunidades. De esta manera, se facilita el que las mentes estén abiertas a las opciones y al flujo de cambios que es necesario una vez que el proyecto esté en marcha.

En la siguiente figura se ha trabajado con un gráfico tridimensional. No hay necesidad de usar un listado para la tercera dimensión, que ahora aparece graficada.

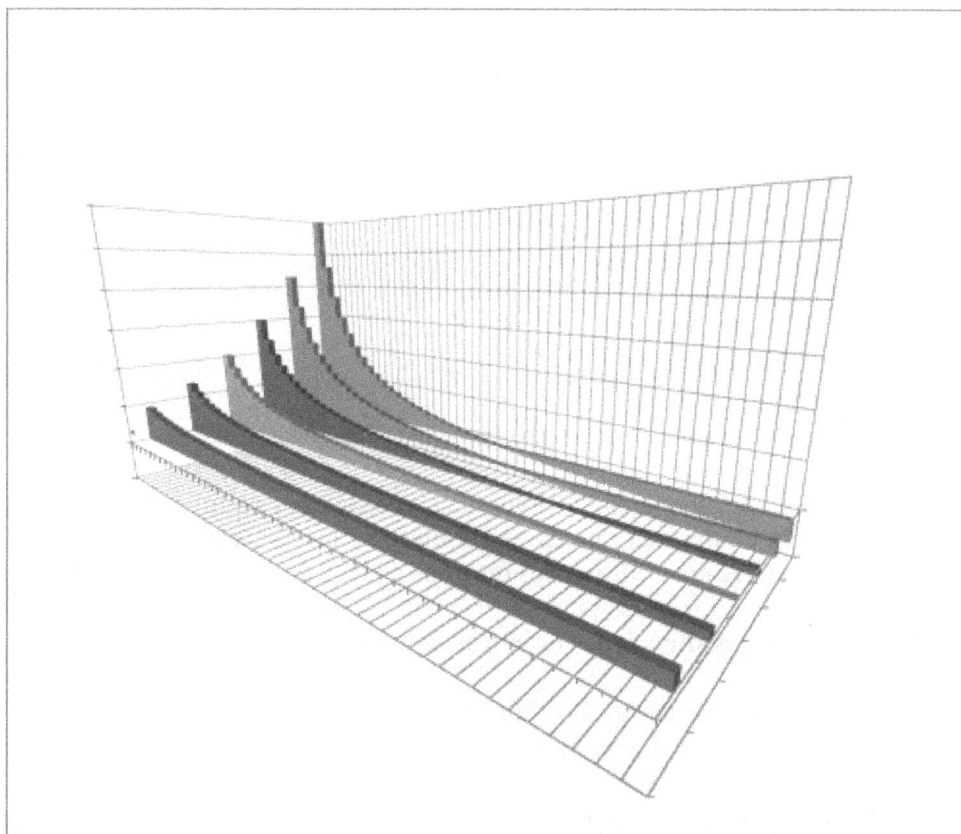

Comportamiento tridimensional en un gráfico 3D

¿Pero qué pasa cuando se trata de más de dos variables influenciando? Ya no se posible representar en forma espacial el comportamiento. Habrá que hacer familias de gráficos. Todo se complica.

Estos son los casos reales. Por ejemplo, la eficiencia de un secadero va a depender de variables como las siguientes:

- Flujo de aire de entrada
- Flujo de aire de salida
- Humedad del producto a secar
- Humedad del producto a la salida
- Flujo de producto.
- Temperatura del aire a la entrada
- Temperatura del aire a la salida
- Perfil de temperaturas del aire
- Humedad del aire
- Perfil de humedades del aire
- Velocidades de paso del aire
- Velocidades de paso del producto
- Tiempo de residencia del producto
- Tiempo de residencia del aire
- Propiedades superficiales del producto (forma, porosidad)
- Geometría del secadero
- Estado del secadero
- Aspectos operativos
- Curvas de secado del producto (propiedades de secado)

No es un asunto que se maneje fácilmente con ecuaciones simples. No se visualiza tampoco con un par de gráficos. Se requiere de análisis estratégico en caso de que se quieran localizar los puntos óptimos de trabajo.

Naturalmente que las situaciones prácticas se manejan de forma simplificada:

- Se cuenta con una experiencia operativa.
- Se cuenta con un conocimiento básico
- Se cuenta con controles operativos.
- Los equipos funcionan y se pueden evaluar
- Se consigue asesoría, hay expertos que saben de los temas.
- Hay otros equipos cuyo funcionamiento similar sirve como guía

- Los fabricantes entregan manuales de funcionamiento y hay asesoría de su parte.
- Se pueden contratar estudios.

Al refinar todo esto, se arma una estrategia y se avanza en la dirección del funcionamiento óptimo.

Es importante fijar prioridades, dedicar esfuerzos a los consumidores importantes de acuerdo a criterios estratégicos. Jugar con ventaja, de manera que se logren éxitos rápidos y significativos.

- **Cuatro preguntas importantes. Matriz estratégica**

Si se acepta esta visión, se procede a examinar la situación energética a partir de cuatro peguntas:

¿Cuáles son las fortalezas que la organización tiene con relación a la situación, que le permitan llegar a puntos óptimos de trabajo.

- Se examinan los recursos existentes
- Se examina el conocimiento existente
- Se examina la información existente
- Se examina la motivación existente
- Se examina la capacidad de los grupos humanos y sus competencias
- Se examinan las características mismas del sistema estudiado
- Se examinan las fortalezas metodológicas
- Se examina la capacidad económica y de inversión existente
- Se examinan las relaciones externas de la empresa que puedan apoyar el proyecto.

La idea es aprovechar las fortalezas para aproximarse a las zonas óptimas de trabajo.

¿Cuáles son las oportunidades asociadas con los procesos de optimización que se pretende emprender?

- Se examinan las relaciones del proceso con otros que puedan ser afectados favorablemente
- Se examinan las posibilidades de ahorros
- Se examinan las posibilidades de mayor productividad

- Se examinan las posibilidades de aumentos de producción
- Se examinan las posibilidades de mejoras en los aspectos ambientales
- Se examinan las posibilidades de mejoras en los aspectos laborales
- Se examinan las posibilidades de desarrollo de conocimiento y de desarrollo de tecnología
- Se examinan las posibilidades de mejoras en la administración y manejo de los sistemas
- Se examinan las posibilidades de mejoras en la calidad

La idea es convertir las oportunidades en realidades que en verdad impliquen un trabajo óptimo.

¿Cuáles son los riesgos o amenazas asociados con los procesos de optimización?

- Se examinan las dificultades que puedan surgir si se afectan negativamente otros procesos.
- Se examinan los posibles daños a terceros
- Se examinan los riesgos de seguridad, salud, ambientales.
- Se examinan los aspectos normativos y regulatorios que aplican
- Se examinan los posibles conflictos de intereses y de tipo humano que deben ser tenidos en cuenta
- Se examinan los problemas de tiempo y de espacio que puedan existir.
- Se examinan los criterios limitantes de tipo presupuestal o económico que pueden existir
- Se examinan posibles problemas de calidad o de productividad que se puedan generar con el proyecto que se plantea.

La idea es tener en cuenta los riesgos y desarrollar competencias para fortalecer la empresa

¿Cuáles son las debilidades que tiene la empresa y que le restan capacidad para llegar a los puntos óptimos?

- Se examinan las carencias de recursos
- Se examinan las carencias de conocimiento
- Se examinan las carencias de experiencia
- Se examinan las carencias de información
- Se examinan las carencias de métodos
- Se examinan las dificultades de comunicación
- Se examinan las carencias de normas y procedimiento

– Se examinan las carencias de instrumentación

La idea es convertir las debilidades en fortalezas que faciliten el llegar a los puntos óptimos de trabajo. Estas cuatro preguntas corresponden al análisis clásico de matriz FODA o DOFA (fortalezas, oportunidades, debilidades y amenazas).

- **Análisis de estado**

Un segundo método de análisis estratégico examina la situación desde el punto de vista del estado del sistema que se desea optimizar y se denomina análisis de estado. Para ello se examina a su vez cuatro estados diferentes.

El estado del arte. Las mejores prácticas. Se hace un intento por describir cómo se manejan este tipo de situaciones o sistemas en otros lugares o empresas en los cuales se tiene certeza de que se trabaja con los mejores métodos en términos de calidad, eficiencia, tecnología y conocimiento.

Como su nombre lo indica, se supone que hay lugares en los cuales se domina el arte respectivo, sea por experiencia, por tradición, por tecnología, por capacidad económica, por contar con proveedores.

El estado ideal. La teoría de comportamiento. Conocer y describir este estado supone contar con conocimientos básicos sobre los procesos productivos, sobre las leyes de conservación de masa y energía y sobre las leyes limitantes de la naturaleza. En esta forma se pueden describir y conocer los límites que pueden ser alcanzados cuando la situación se intenta llevar a puntos de trabajo idealizados, reversibles y totalmente optimizados y productivos.

Naturalmente que este estado comprende todo un rango, que va desde el conocimiento de los puntos de trabajo mejorados hasta el de los puntos de vista idealizados.

El estado histórico. Seguimientos. Al observar estado histórico, lo que se hace es describir la situación tal como es actualmente y tal como se ha comportado en épocas anteriores. Esto incluye el conjunto de datos y registros que lleva la empresa y su análisis estadístico. Para refinar estas observaciones históricas, es conveniente realizar seguimientos y mediciones, las cuales deben incluir observaciones cualitativas sobre la situación existente y las evaluaciones que se hacen desde los responsables de operación y de mantenimiento. Se incluye el resultado de las auditorías y estudios energéticos y ambientales que se hayan realizado.

La historia se refiere también a la hoja de vida de los componentes del sistema en sus diversos aspectos: mantenimiento, repuestos, daños, ensayos.

El estado modelado. Simulaciones. Cuando se mira al sistema desde el punto de vista de la modelación, lo que se hace es someterlo a simulaciones y a pruebas, a través diversas técnicas, para examinar cómo responde a posibles variaciones. Las simulaciones se pueden llevar a cabo experimentalmente, con base en ensayos debidamente programados, en los cuales se tiene el cuidado de controlar las variables y de permitir el movimiento de aquellas cuyo efecto se desea sensibilizar. Estos ensayos deben ir acompañados de los respectivos reportes, de manera que se puedan sacar las conclusiones en forma válida, comunicable y reproducible.

Las simulaciones se pueden llevar a cabo mediante modelos de cálculo, las cuales se facilitan mucho con las herramientas computacionales.

- **Actividades estratégicas y plan de trabajo**

Los ocho puntos de vista que se acaban de describir (cuatro de análisis estratégico, cuatro de análisis de estado) iluminan el análisis de la situación y permiten formulaciones más sabias del proyecto. Este examen de ocho puntos de visita pertenece a una familia generalizada de técnicas de análisis, muy útiles en la planeación estratégica y que incluyen además:
- Análisis de aspectos políticos, económicos, sociales, y tecnológicos
- Análisis de aspectos socioculturales, tecnológicos, económicos, ecológicos y regulatorios.
- Análisis EPISTEL (ambiente, político, información, social, tecnológico, económico y legal).

Una vez hecho un análisis de matriz estratégica, se visualizan rutas atractivas que conducen a los puntos de óptimos de trabajo.
Surge entonces la necesidad de trazar las rutas, de controlarlas, para que en verdad se logre la optimización deseada. Para ello se trabaja en tres direcciones:
- Se definen y se trazan las estrategias. Estas direcciones concretas que conducen a lo deseable. Por ejemplo: establecer indicadores, hacer seguimientos, capacitar a las personas, instrumentar los equipos, establecer un equipo de trabajo. Las estrategias deben estar relacionadas con el análisis FODA y con el análisis de estado.
- Se establecen metas y objetivos concretos, para direccionar el avance.
- Se hace una lista de actividades para cada tipo de objetivo, asignando recursos y responsables y definiendo tiempos y cronogramas.

Debe existir un director o coordinador del trabajo y una metodología organizada de reportes y registros del avance. Los avances deben ser evaluados de acuerdo a criterios de optimización. Tres muy importantes son los siguientes:

Económico: Tiene en cuenta aspectos como el costo total de inversión, costo total referido anualmente, retorno del capital o cualquier tipo de ahorro de dinero, rendimiento económicos anuales.
Tecnológico: Se destacan aspectos como la eficiencia termodinámica, tiempo de producción, tasa de producción, confianza en la operación del sistema, peso total del sistema.
Ambiental: Aspectos como los flujos de contaminantes, la conservación de los recursos naturales, el ciclo de vida y el impacto global.

ASPECTOS ECONÓMICOS · ASPECTOS AMBIENTALES · ASPECTOS AMBIENTALES

PROCESO CONSUMIDOR DE ENERGÍA

Criterios de optimización de sistemas energéticos.

Una vez se sabe bajo qué criterios se trabaja, el proceso de optimización intenta aproximarse a un mínimo o a un máximo y a combinaciones, por ejemplo, buscar mínimos impactos ambientales con el máximo de eficiencia energética con el mínimo de costos (llegando al caso más idealizado).

Desde un punto de vista muy simple, para optimizar los costes de operación y los costes de inversión lo que se haría es asignar valores a variables de diseño o a variables operativas y determinar los valores o resultados en las metas deseadas. Si no se logra la mata deseada, se cambian los valores asignados y se observa el nuevo comportamiento. En la medida en que haya una aproximación a la meta, se mantienen ciertas direcciones en las variables, con la esperanza de irse aproximado a la meta de manera continua.

Acá conviene observar este proceso de optimización desde un punto de vista más generalizado y global, para caer en cuenta de las filosofías de trabajo con las cuales un equipo de trabajo puede avanzar en estos procesos.

Supóngase que se desea conocer la respuesta a la siguiente ecuación:

$$f(x) = 0$$

f(x) es una función compleja de la variable independiente x. Se desea averiguar los distintos valores de x que hacen que la función valga cero.

Si se cuenta con una ecuación clara y sencilla para f(x), lo que se hace es "despejar" la x por medio de la aritmética o el álgebra.

Por ejemplo si f(x) = x – 4, es claro que x = 4 hace que f(x) sea cero.

Sin embargo no siempre es tan claro el problema.

Por ejemplo, si $f(x) = 3 x^2 + \ln x$, no es clara cuál es la respuesta y no es claro qué tantas respuestas hay para $f(x) = 3 x^2 + \ln x = 0$. Mediante el estudio matemático, se sabe que x = 0,487 es la respuesta deseada.

En cambio, si $f(x) = = 0,10 x^3 - 0,40 x^2 + 3,6 x – 3$, se observa que es mucho más complejo encontrar las respuestas, que son en principio 3.

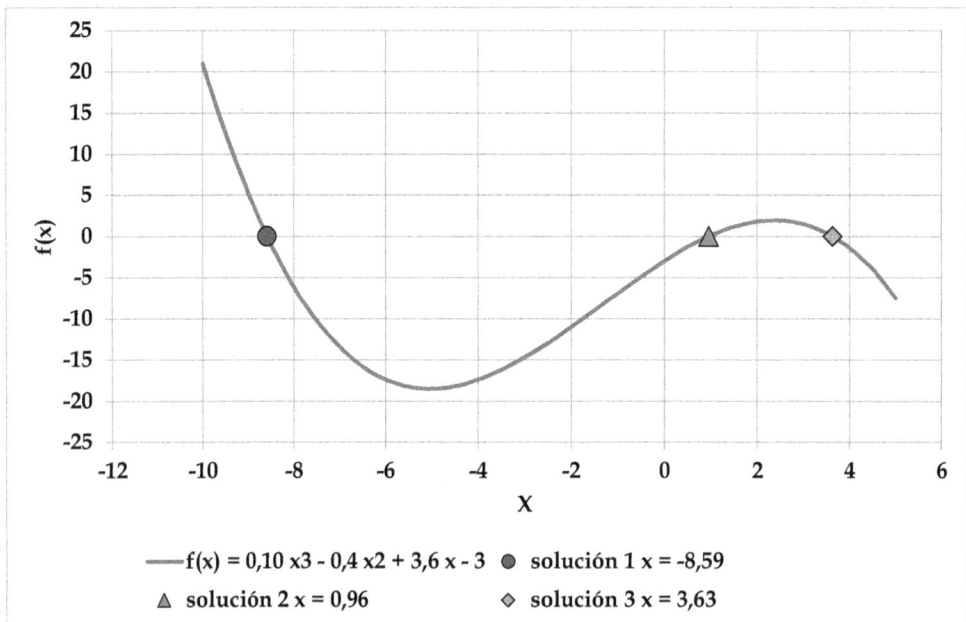

Comportamiento de función con tres soluciones para f(x) = 0

Extrapolando esto a la realidad, existen casos simples y casos muy complejos y por ello el tiempo para lograr terminar con un proceso de optimización va a depender del método y de las herramientas empleadas.

Supóngase que encontrar el punto óptimo fuera equivalente a encontrar una de las tres soluciones, que además tenga que cumplir otra restricción, por ejemplo, que sea un valor positivo mayor que tres. Entonces habría una respuesta que cumple, x= 3.63

Supóngase que en la realidad práctica la variable x está en otro valor, por ejemplo, en 5.0 y que la empresa desea llegar al punto óptimo. Se cuenta con diversas aproximaciones.

Dejar todo como está, asumir que la solución es el valor presente existente
Esto es lo que se hace con mucha frecuencia. Si se toma que 5 es lo que se puede hacer y de ahí no se mueve el funcionamiento, en tal caso f(5) = -7.5, muy distinto de cero.

Pudiera ser que se estuviera trabajando en x=5.5, en tal caso f(5.5) = -11.9

Un observador que tuviera acceso a estos dos datos, diría que vale la pena rebajar el valor de la variable x, no se quedaría contento con el valor actual. Se aprecia la importancia de mover la variable, para sensibilizar qué pasa, no quedarse con los valores existentes, declarando que están bien.

Moverse en una dirección, poco a poco, por aproximaciones sucesivas
En las empresas con frecuencia se mueven las variables, con prudencia, para ir detectando los efectos y aproximándose con prudencia a la solución deseada.

Por ejemplo, se está en 5.5 y se hacen cambios con lentitud y prudencia, de 5.5 a 5.4, luego a 5.3, 5.2, 5.1 hasta llegar a 5.0 En esta forma se observa una mejora, hay éxito. En cambio sí se avanza en la dirección opuesta, 5.6, 5.7, etc., se daña el comportamiento.

Este es un buen método de trabajo, pero debe ser complementado con una observación de los datos, para proyectarlos y predecir la solución.

Obsérvese este proceso, como va cambiando f(x) con x en las aproximaciones sucesivas y el resultado de interpolar el comportamiento y predecir una solución, en la figura siguiente. Se observa que mientras más aproximaciones se tengan, mejor es la predicción del comportamiento. Entonces en la figura se aprecia que si se ensayan las extrapolaciones de las simulaciones, se llega con mayor rapidez a la respuesta.

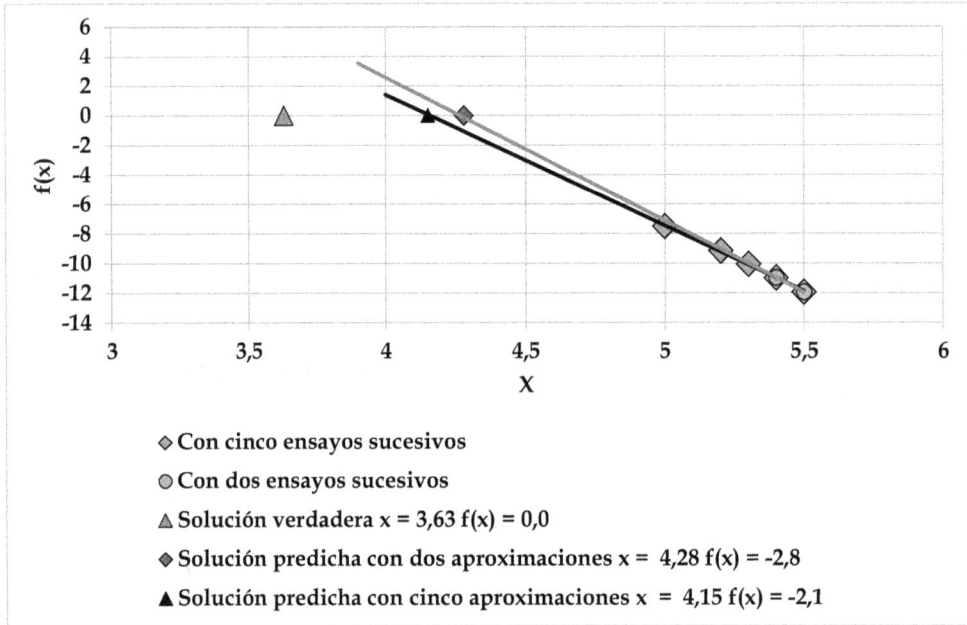

◇ Con cinco ensayos sucesivos

◎ Con dos ensayos sucesivos

△ Solución verdadera x = 3,63 f(x) = 0,0

◆ Solución predicha con dos aproximaciones x = 4,28 f(x) = -2,8

▲ Solución predicha con cinco aproximaciones x = 4,15 f(x) = -2,1

Búsqueda por aproximaciones sucesivas

Moverse con mayor amplitud, buscando cambios importantes para darse cuenta de la zona donde el comportamiento es óptimo

En ocasiones se pueden mover las variables con mayor libertad, de tal manera que se logren observar comportamientos oscilantes, comportamientos opuestos, con lo cual se puede sospechar que hay un punto óptimo entre dos zonas estudiadas. Para hacer esto, se requiere mayor dominio, mayor autonomía y conocimiento del proceso que en el caso de las aproximaciones sucesivas.

Para el ejemplo que se está presentado, se puede tomar como dato de ensayo x=5, con lo cual f (x) = -7.50 y x = 2, con lo cual f(x) = 1.8

Es claro que debe existir un punto de quiebre x entre estos dos valores que se acerque a la solución. Acá se puede operar en dos formas: interpolando (método de la secante) para aproximarse a la solución o tomar como valor de x el intervalos medio entre los dos valores ensayados. La figura siguiente ilustra estos dos métodos de trabajo.

En el primero, que se basa en extrapolar los resultados y en el segundo en promediar los valores ensayados, se logran respuestas más rápidas y más aproximadas a los buscados que en los métodos de aproximaciones sucesivas y ciertamente mucho mejores que en los métodos donde se dejan las cosas tal como están. Nótese que a propósito no se ha dibujado la función en estos ejemplos, ya que eso es lo que en realidad pasa. No se conoce bien la forma de la función, sino más bien los resultados que se obtienen para distintos ensayos (valores de x).

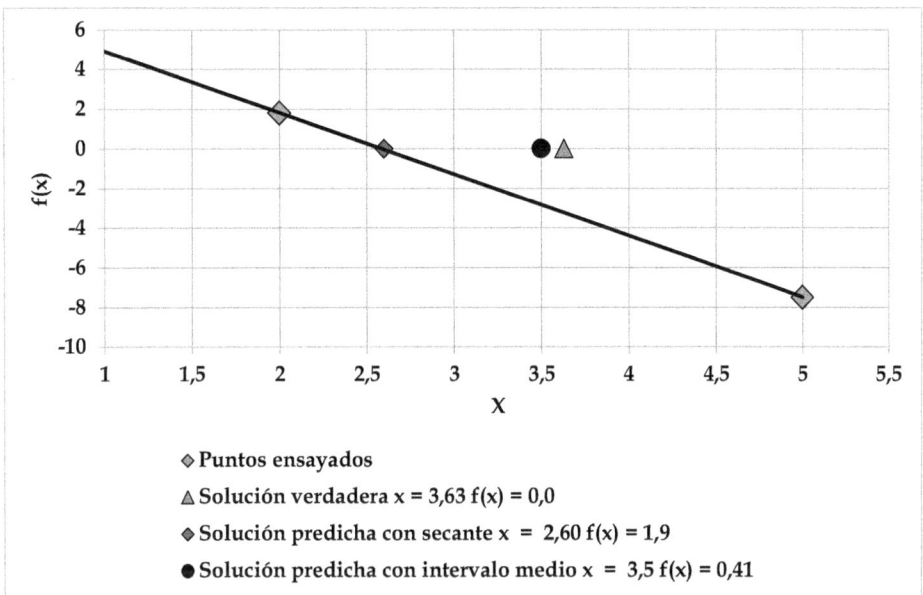

◇ Puntos ensayados
△ Solución verdadera x = 3,63 f(x) = 0,0
◆ Solución predicha con secante x = 2,60 f(x) = 1,9
● Solución predicha con intervalo medio x = 3,5 f(x) = 0,41

Búsqueda por secante e intervalo medio

Moverse de manera predictiva, aprovechando la información que da el comportamiento de la función con sus variaciones

Para trabajar en esta forma, se requiere de muy buen conocimiento, no solamente del comportamiento de las variables sino de los impactos de sus variaciones, es decir de los cambios de la función contra la variable ensayada. Supóngase que se hacen varios ensayos y se estudian las variaciones en la siguiente forma.

	x	f(x)	Delta f(x)	Delta x	y'=Pendiente, Delta f(x) / delta x	x predicho = x - f(x)/y'
Valor existente	5,50	-11,9				
Valor ensayado 1	5,40	-11,0	0,97	-0,10	-9,7	4,27

Valor ensayado 2	4,27	-2,7	8,29	-1,13	-7,3	3,90
Valor ensayado 3	3,90	-1,0	1,71	-0,37	-4,7	3,69
Valor ensayado 4	3,69	-0,2	0,78	-0,21	-3,8	3,64

En este método, cada ensayo genera información predictiva para el siguiente ensayo basado en la variación de f(x) como función de la variación de x. Este método tiene la gran ventaja de dar resultados rápidos inclusive partiendo de funcionamientos muy alejados del valor óptimo. Ellos se aprecian en las tablas siguientes.

	X	f(x)	Delta f(x)	Delta x	y´=Pendiente, Delta f(x) / delta x	x predicho = x - f(x)/y´
Valor existente	2,00	1,8				
Valor ensayado 1	5,40	-11,0	-12,77	3,40	-3,8	2,48
Valor ensayado 2	2,48	1,9	12,91	-2,92	-4,4	2,92
Valor ensayado 3	2,92	1,6	-0,33	0,44	-0,7	5,07
Valor ensayado 4	5,07	-8,1	-9,69	2,15	-4,5	3,28
Valor ensayado 5	3,28	1,0	9,06	-1,79	-5,0	3,47
Valor ensayado 6	3,47	0,5	-0,49	0,19	-2,5	3,67

	X	f(x)	Delta f(x)	Delta x	y´=Pendiente, Delta f(x) / delta x	x predicho = x - f(x)/y´
Valor existente	15,00	-376,5				
Valor ensayado 1	5,40	-11,0	365,53	-9,60	-38,1	5,11
Valor ensayado 2	5,11	-8,4	2,56	-0,29	-8,9	4,17
Valor ensayado 3	4,17	-2,2	6,23	-0,95	-6,6	3,84
Valor ensayado 4	3,84	-0,7	1,46	-0,33	-4,4	3,67
Valor ensayado 5	3,67	-0,1	0,59	-0,16	-3,6	3,64

Lo que hacen lo grupos de trabajo estratégicos es aplicar estos métodos de trabajo acelerados, entendiendo el significado de las variaciones (debilidades) como oportunidades (pendientes de las curvas) para encontrar los nuevos puntos de funcionamiento (nuevas fortalezas) alejándose del riesgo de no cambiar hacia una mayor competitividad y hacia un funcionamiento más sostenible, más racional y más eficiente y económico.

3.2 REVISIÓN DEL ESTADO DEL ARTE Y DE LAS MEJORES PRÁCTICAS Y COMPARACIÓN CON LA SITUACIÓN EXISTENTE

La optimización del uso de la energía es un tema que se ha trabajado ampliamente en las últimas décadas y que se ha venido perfeccionando. En esta búsqueda se ha venido conformando toda una filosofía de trabajo con base en buenas prácticas, con la idea de alcanzar el estado del arte. Se hace un repaso de lo que significan estas metodologías para las empresas a nivel económico y humano. Se presentan algunos métodos de optimización para equipos y procesos en busca de lograr el estado del arte.

3.2.1   Generalidades sobre el estado del arte

Cuando se habla de arte, se está abarcando un amplio espectro de posibilidades en el desarrollo de las habilidades humanas. Comprende la totalidad de los campos de la mente y del cuerpo, desde lo creativo hasta lo intelectual con todos los aspectos emocionales y físicos, integrado este conjunto en la práctica de unas habilidades valiosas para el ser humano.

El desarrollo de un arte implica un trabajo constante, evolutivo, sistemático, de tal manera que se va estructurando un cuerpo de ideas, de métodos, una sabiduría, un saber hacer las cosas bien hechas.

Este trabajo no cesa. Continuamente se va refinando y se perfecciona. En cada tema, hay una gran cantidad de personas y de instituciones que hacen aportes. En los temas de energía, tan vitales para la humanidad y para la economía, hay muchas instituciones, universidades, empresas y personas altamente comprometidas con el perfeccionamiento de los sistemas. Con todos estos aportes se va conformando un cuerpo cada vez más elegante y coherente, al cual se le puede llamar el estado del arte del desarrollo de las aplicaciones de la energía.

- **Localización del estado del arte**

Para localizar el estado del arte, una empresa no se debería aislar de estos procesos de desarrollo pues estaría perdiendo oportunidades y competitividad. El cambio tecnológico tiende a ser muy acelerado y se debe estar pendiente de las cosas que pasan.

Información disponible en la red internet. Existen diversas páginas web que suministran información de interés.

A modo de ejemplo, estas son noticias de una página web que sale tres veces a la semana en Inglaterra (The Enginee Monday briefing - www.theengineer.co.uk). Se han completado con algunos comentarios, para resaltar la idea de estado del arte y cómo puede impactar los programas de una empresa el estar consciente de estos desarrollos.

A proposed biogas facility near Plymouth is hoping to divert 75,000 tonnes of waste from landfill every year to generate clean electricity. AeroThermal Group and 4Recycling have submitted plans to Devon County Council for an innovative facility that uses autoclaving and anaerobic digestion on municipal solid waste (MSW) to generate biogas for electricity generation.

Esta noticia indica que hay grandes potencialidades en los desechos orgánicos para generar electricidad y energía limpia. En Colombia estos valiosos desechos orgánicos simplemente se llevan a los rellenos sanitarios sin ningún aprovechamiento, muy lejos del estado del arte. Medellín lleva a uno de sus rellenos sanitarios anualmente del orden de 700.000 toneladas de desechos, los cuales son orgánicos un 53,2 % (más de 350.000 toneladas anuales), unas cinco veces la cantidad mencionada en la noticia. La figura siguiente muestra cómo van creciendo estas cantidades anualmente bajo cuatro alternativas. Si se aplicara el estado del arte asociado con este artículo, sería como aplicar la alternativa 4 de alto aprovechamiento.

Desechos totales acumulados en el relleno sanitario para cuatro alternativas

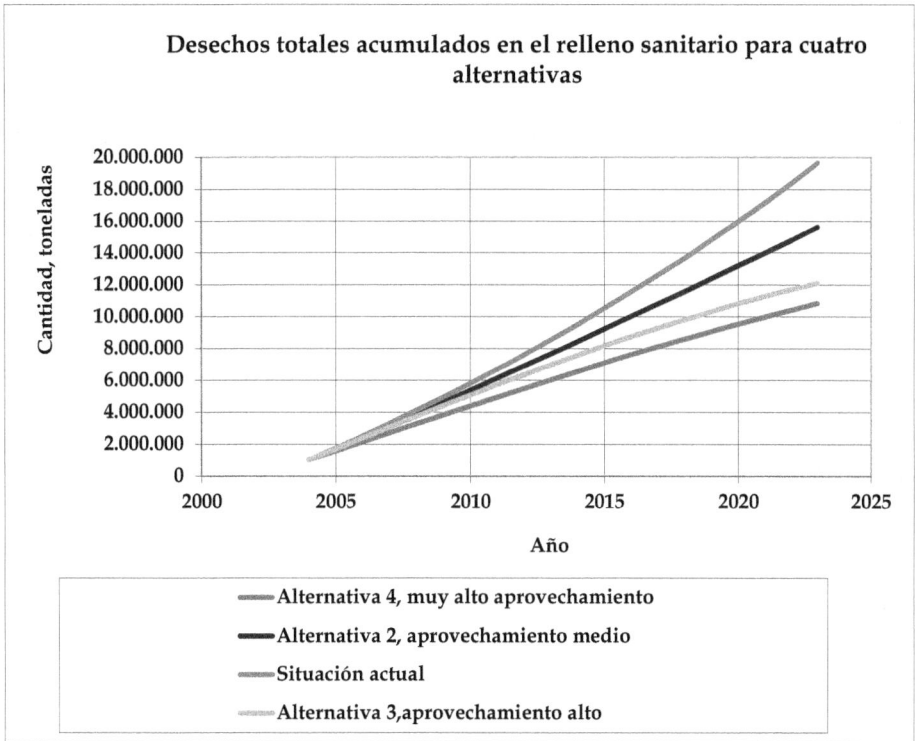

Ejemplo de alternativas en comparación con el estado del arte

Otra mirada al observar este estado del arte es descubrir las oportunidades que se esconden en los problemas ambientales y energéticos para:

- Suministrar equipos y componentes para este tipo de aplicaciones.
- Desarrollar esquemas propios de aprovechamiento de materiales orgánicos y de biogás.

Menciona el artículo, por ejemplo, que la compañía AeroThermal encontró en estas aplicaciones un nicho para su tecnología de fabricación de autoclaves.

Affordable and efficient solar cells made by laser pulsing. A new manufacturing method that employs an ultrafast pulsing laser aims to make solar cells more affordable and efficient.

Researchers at Purdue University in the US say their innovation may help to overcome two major obstacles that hinder widespread adoption of solar cells: the need to reduce manufacturing costs and increase the efficiency of converting sunlight into an electric current.

Esta noticia contribuye a acercarse al conocimiento del estado del arte en el campo del aprovechamiento de la energía solar. Señala dos campos de trabajo, claramente delineados que llevan al estado del arte en la energía solar: reducir costos de manufactura y aumentar las eficiencias de conversión. Esto es completamente aplicable para todos los sectores.

UK government launches Renewable Heat Incentive. The UK government today launched the Renewable Heat Incentive (RHI), a scheme designed to stimulate a new market in renewable heat by providing subsidies. The new financial incentive is expected to encourage the widespread installation of equipment such as renewable heat pumps, biomass boilers and solar thermal panels in domestic and commercial premises. According to the Department of Energy and Climate Change (DECC), around half of the UK's carbon emissions come from the energy used to produce heat. The RHI will reduce emissions by 44 million tonnes of carbon to 2020, equivalent to the annual carbon emitted by 20 typical new gas power stations.

Esta noticia da idea del estado del arte de los programas de manejo de la energía en los países avanzados, como es el caso de Inglaterra. Señala que se están creando grandes incentivos para que se utilicen energías renovables (bombas de calor, calderas de biomasa, paneles solares). Al estar conscientes de estos desarrollos, se contribuye a que la economía local también persiga este tipo de objetivos.

Colombia no es ajena a este tipo de iniciativas y programas. El Ministerio de Minas y Energía cuenta con un sistema informativo que puede ser utilizado, con la colaboración de todos los sectores, para aproximarse al estado del arte.
Este ministerio cuenta con la unidad UPME, unidad de planeación minero energética, cuya página web http://www.upme.gov.co da acceso a información de mucho interés.

Un ejemplo es el BOLETÍN ESTADÍSTICO DE MINAS Y ENERGÍA 1990 – 2010, que trae información sobre los energéticos en el país y en el mundo. Cuando las empresas llevan a cabo planes estratégicos a largo y mediano plazo, deben contar con una visión amplia basada en datos como los que se ofrecen en este tipo de documentos.

Ferias y congresos (conferencias). El estado del arte se localiza a través de eventos internacionales y nacionales, como por ejemplo las distintas ferias y conferencias que se celebran.

Proveedores de equipos. El estado del arte, naturalmente, se localiza manteniendo contactos con los proveedores de equipos. Esta es una de las rutas más directas en esa dirección. A medida que las tecnologías maduran, se reflejan en equipos comercialmente disponibles, proceso que puede tomar varios años, pero que eventualmente va a significar el contar con cotizaciones y proveedores.

Es una sana política el invitar con frecuencia a los proveedores de equipos a las empresas, para que tengan la oportunidad de presentar las innovaciones. Dado que los temas de energía se prestan para referirse a asuntos de eficiencia y de optimización, es una política acertada pedir datos energéticos y de eficiencia a los proveedores de todo tipo de equipos, cuando estén haciendo sus ofertas.

Un proveedor puede compartir experiencias. La gráfica siguiente muestra lo que se hizo a nivel de instrumentación para optimizar la operación de un arreglo de compresores. Al observar en detalle se aprecia que el estado del arte sugiere que se miren los sistemas de modo integral, para encontrar los mejores puntos de trabajo.

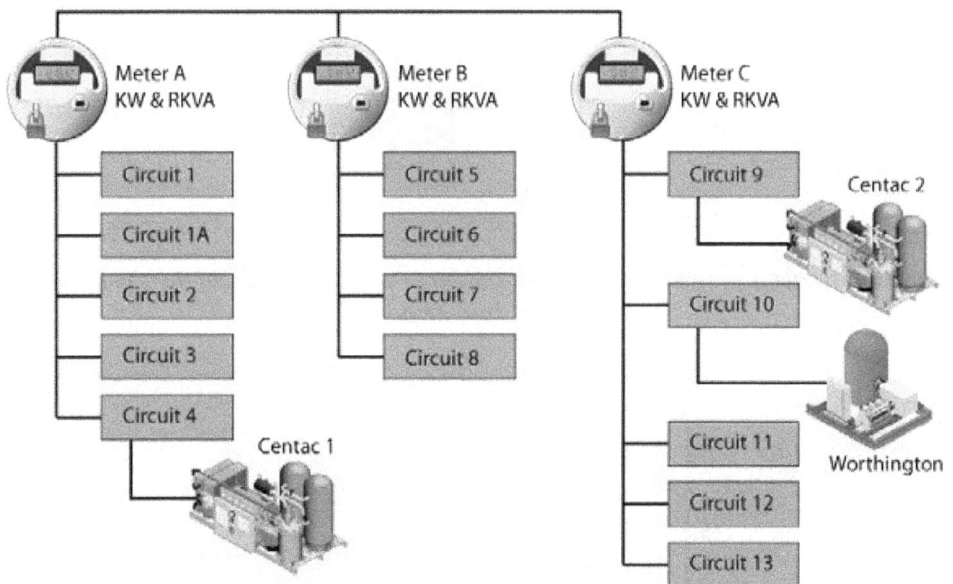

Estudios de consumos en un conjunto de compresores (tomado de http://www.plantservices.com/articles/2011/02WhatWorks.html)

Un proveedor de sistemas de control podría hacer que una empresa mejore sus elementos de control del nivel de agua en una caldera, buscando el estado del arte, es decir la mejor opción, como se sugiere en el siguiente ejemplo (Tomado de *Invensys Foxboro. http://www.plantservices.com/articles/2004/180.html*)

Forma fácil de controlar con un módulo de control de un solo elemento (señal de nivel).

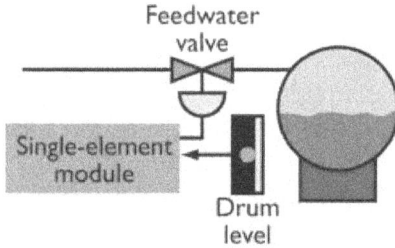

Forma típica de control un módulo de dos elementos (señal de nivel y flujo de vapor)

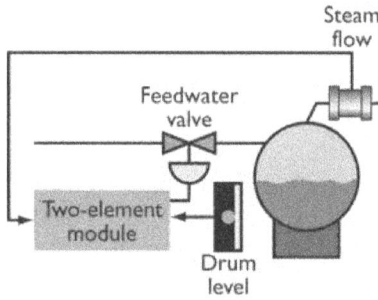

Forma más aconsejable con un módulo de tres elementos (señal de nivel, flujo de vapor y flujo de agua)

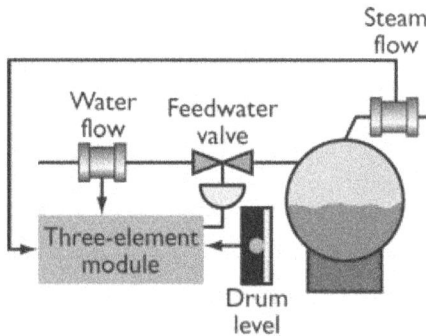

Estudios y seguimientos sistemáticos de equipos y procesos

El estado del arte se localiza también mediante la realización de estudios sobre equipos y componentes. Cuando se realizan estudios debe velarse porque incluyan un aparatado sobre el estado del arte. Puede que a corto plazo no se hagan modificaciones del sistema analizado, pero quedan puestas sobre la mesa diversas opciones que pueden volverse reales en el futuro. Estudiar es una operación retroalimentativa que tiene consecuencias profundas sobre el estado de un sistema en la medida en que haya una conciencia desarrollada de parte de los que emprenden el estudio. El ciclo retroalimentativo tiende a llegar a estados óptimos, al estado del arte, en la medida en que se cuente con objetivos y con la intención de repetir los ciclos.

La figura siguiente esquematiza este proceso de retroalimentación basado en el estudio y seguimiento, con fines de llegar al mejor proceso.

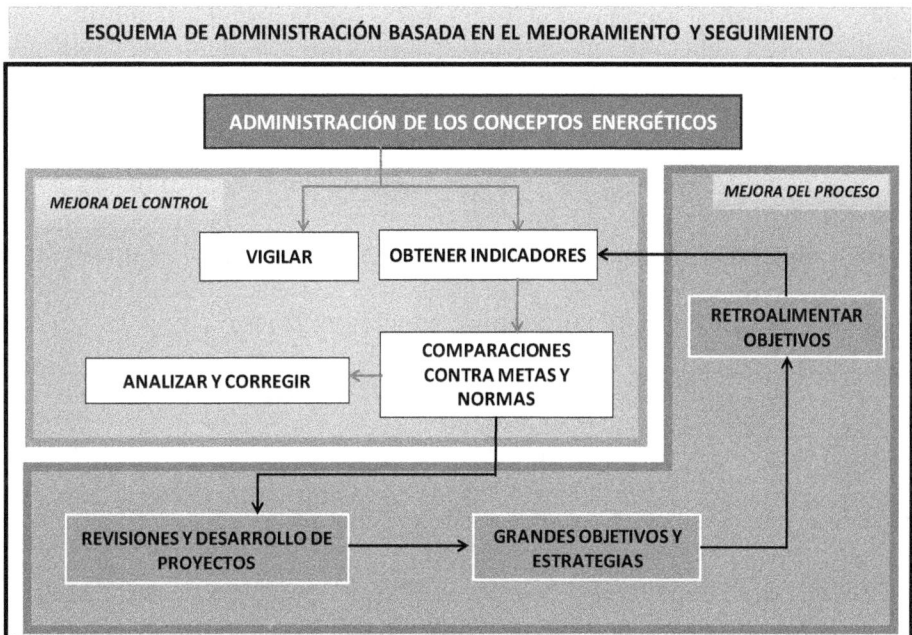

ESQUEMA DE ADMINISTRACIÓN BASADA EN EL MEJORAMIENTO Y SEGUIMIENTO

ADMINISTRACIÓN DE LOS CONCEPTOS ENERGÉTICOS

MEJORA DEL CONTROL

MEJORA DEL PROCESO

VIGILAR — OBTENER INDICADORES

RETROALIMENTAR OBJETIVOS

COMPARACIONES CONTRA METAS Y NORMAS

ANALIZAR Y CORREGIR

REVISIONES Y DESARROLLO DE PROYECTOS — GRANDES OBJETIVOS Y ESTRATEGIAS

Proceso de Mejoramiento

Los estudios pueden partir de un trabajo interno de revisión, que se puede simbolizar acá por una lista de chequeo. Una lista de chequeo consta de una serie de titulares significativos que corresponden a inquietudes válidas que se plantean. En la medida en que se haga un trabajo consciente, real, honesto, la lista de chequeo va a permitir localizar debilidades, cuya corrección ayuda a desplazar el funcionamiento hacia el estado del arte.

La siguiente es una lista de chequeo sugerida para revisar temas relacionados con el manejo de la energía y los procesos. La tabla se aplica a:

* La generalidad de la empresa
* A subsistemas energéticos
* A sistemas de proceso
* A equipos específicos

Lo que se hace es indicar con ella en qué medida la empresa posee diversos elementos de manejo y en qué medida se los tiene operando idealmente, con una calificación de 0 a 5, así

0 No existen en los equipos que los requieren a juicio de la empresa
1 Existen en muy pocos equipos que los requieren a juicio de la empresa
2 Existen en un número significativo de equipos que los requieren a juicio de la empresa
4 Existen en la gran mayoría de los equipos que los requieren a juicio de la empresa.
5 Existen en todos los equipos que los requieren a juicio de la empresa

Se indica en la tabla de este ejemplo también el porcentaje de equipos y/o procesos que a juicio de la empresa, requieran estas medidas. Se trata de estimaciones generales, aplicándolos a procesos o equipos globales.

Elemento de manejo, procedimiento o medida	Nivel	% que lo requiere
Medición de consumo de energético en los equipos		
Evaluaciones anuales de consumos, pérdidas y eficiencias		
Evaluaciones mensuales de consumos, pérdidas y eficiencias		
Evaluaciones continuas de consumos, pérdidas y eficiencias		
Medición de variables de proceso		
Registro de datos continuos		
Registro de datos horarios		
Registro de datos diarios		
Registro de datos semanales		
Registro de datos mensuales		
Manuales de manejo operativos		
Capacitación y entrenamiento formal de los operarios		
Auditorías energéticas internas regulares		
Auditorías energéticas externas regulares		
Cálculo de costos energéticos por proceso		

Elemento de manejo, procedimiento o medida	Nivel	% que lo requiere
Programas de ahorro energético y de reducción de pérdidas en marcha.		
Programas de ahorro energético y de reducción de pérdidas en planeación		
Cambios de tecnología significativos en marcha		
Cambios de tecnología significativos en planeación		
Balances de masa y de energía realizados y documentados		
Existencia de datos sobre lo que consumen las empresas del sector en este tipo de proceso.		
Existencia de una teoría sobre lo que se debería consumir en estos tipos de proceso.		
Revisión de los responsables técnicos de los consumos		
Revisión gerencial energética		
Indicadores de consumos		
Indicadores de eficiencias		
Indicadores de pérdidas		
Asesorías externas en temas de energía		
Contactos con proveedores para mejorar aspectos de energía		
Programas de investigación y desarrollo generales		
Programas de investigación y desarrollo energéticos generales		
Ingeniería eléctrica aplicada a procesos		
Automatización		
Optimización y dominio de procesos		
Mantenimiento preventivo		
Mantenimiento predictivo		
Sistemas de calidad normalizados		

En algún nivel de la organización debe existir una visión global, que permita elaborar la siguiente tabla general de chequeo, en la cual se muestra el nivel de avance en que se sitúan los programas energéticos globales de la empresa

Nivel	Descripción
1	No hay conciencia sobre las perdidas y no se ven como problema
2	Existe conciencia de que las pérdidas dan lugar a costos que se pueden evitar
3	Se tiene el propósito o el deseo de reducir las pérdidas de energía
4	Se han identificado pérdidas y se trabaja en su manejo y control.
5	Se han logrado disminuciones de las pérdidas de energía a medida que se introducen cambios en las forma de trabajar.
6	Se están optimizando procesos y se están logrando importantes mejoras y reducciones en costos.

7	Se ha llegado a puntos en los cuales solamente mediante cambios en la tecnología pueden obtener mejoras sustanciales adicionales.
8	Se introducen cambios tecnológicos
9	Pérdidas totalmente disminuidas o eliminadas (Pérdidas "cero"). Procesos totalmente dominados y optimizados (Procesos ideales)

Universidades e institutos de investigación. Por vocación estas instituciones deben estar cercanas al estado del arte. De hecho, en buena parte son responsables de generar conocimiento que conduzca a mejoras y a refinamientos.

Por método, por sabiduría, por estímulo al sistema educativo y científico, todas las empresas deberían realizar estudios e investigaciones, tanto en áreas de frontera como en análisis y seguimientos, con la colaboración de estas entidades de generación y desarrollo de conocimiento.

Expertos y asesores. Como el manejo normal de los procesos industriales es tan exigente, no les queda mucho tiempo a los responsables para estudiar y profundizar con visión profunda. Por ello es saludable contar con expertos, asesores y consultores. Con ellos se debería mantener un programa regular de consultas, en lo posible, que no se limite a convocar al experto para casos puntuales y problemática solamente.

- **Naturaleza profunda del proceso para alcanzar el estado del arte**

El estado del arte se refiere al nivel más alto de desarrollo conseguido en un momento determinado sobre cualquier aparato, técnica o campo científico. Dentro del ambiente tecnológico industrial, son todos aquellos desarrollos de última tecnología realizados a un producto, que han sido probados en la industria y han sido acogidos y aceptados por diferentes fabricantes.

En términos de energía, se refiere a los avances en las técnicas de optimización de los sistemas energéticos, a los avances en los desarrollos tecnológicos que nos permitan lograr mejores resultados en los procesos, por ejemplo, el estado del arte de los sistemas de lubricación se refiere a las nuevas tecnologías en el desarrollo de lubricantes especializados y en la mejor aplicación de éstos en los procesos.

La palabra arte tiene un sentido profundo, estético, relacionado con la belleza. Las bellas artes son las artes más sublimes y elevadas. Cuando se habla del arte en sus niveles mayores, se piensa en dos personajes del renacimiento italiano, Miguel Ángel y Leonardo da Vinci. Ambos se destacaron por ser seres humanos integrales, con amplios alcances. Miguel Ángel fue pintor, escultor, constructor, diseñador y poeta. Leonardo fue pintor, anatomista, diseñador, ingeniero, inventor, filósofo y teórico, escritor y constructor.

Es aspecto artístico, es decir, el relacionado con el arte, implica un empleo amplio de las posibilidades humanas. El estado del arte verdadero energético debe incluir el empleo respetuoso de los recursos, el diseño elegante y estético, una ergonomía y un respeto por las personas, sostenibilidad, calidad del producto, productividad, facilidad de manejo y eficiencia. Todo ello dentro de unos costos que permitan su aplicación. Se aprecia que se trata de una utopía, de un gran desafío.

Intentar aproximarse al estado del arte es importante porque amplía la visión de lo que se puede lograr con las tecnologías, aumenta el conocimiento de los nuevos avances en equipos, sistemas de medición, equipos, procedimientos, formulaciones, conocimientos todos aplicables no solamente al proceso que se examina, sino a toda la organización e inclusive a las personas.

Cuando se examina en profundidad el avance hacia el estado del arte, se plantean los siguientes elementos

Contar con una intención. Este es un proceso de decisión. Implica seleccionar un objeto deliberadamente como elemento sobre el cual se va a trabajar. Se genera una serie de eventos con esta intención.

Ejemplo. Se toma la decisión de que la empresa será líder dentro de un grupo de empresas.

Observar el sistema elegido. Este es un proceso de conocimiento detallado. Implica sacar tiempo para contar con datos y documentar.

Ejemplo. Se identifica en qué punto se está y se hace una comparación con las demás empresas del grupo.

Establecer los límites de trabajo. Definir y delimitar. Este es un proceso de observación y definición del alcance, del especio que ocupa el objeto que se va a trabajar.
Ejemplo. Se señala en cuánto tiempo se logra el objetivo. Se escogen recursos. Se establece un plan de trabajo.

Sentir el sistema. Identificarse con él. Profundizar en los detalles y en las realidades internas. Motivar. Sensibilizar y estimular. Apreciar y retroalimentar.

Ejemplo. Se comunican los objetivos. Se capacita al personal. Se hacen ensayos. Se miran en detalle distintos aspectos.

Expansión y cambio de nivel. Se proponen, se negocian y se aceptan cambios. Se evalúa el nuevo nivel.

Ejemplo. Se logran cambios favorables y se decide que se puede avanzar en el programa.

Eliminación de prácticas menos favorables. Se toma la decisión de cambiar aspectos que no contribuyen al logro del estado del arte, reconociendo que se pueden cambiar por prácticas mejores y que se cuenta con la capacidad para asumir y disfrutar del cambio.

Ejemplo. Se sistematizan los cambios y se comunican.

Adopción de las nuevas prácticas. Se comienza a trabajar y a disfrutar de los resultados optimizados.

Ejemplo. Se entrena al personal y se ponen en marcha los nuevos esquemas.

Celebración. Se comparte el éxito con todos los involucrados.

Ejemplo. Se divulgan los buenos resultados y se destaca a las personas que han contribuido significativamente.

Retroalimentación. Se repite el ciclo anterior hasta llegar al estado del arte.

No hay fórmulas únicas que permitan optimizar el uso de la energía, ni siquiera para procesos dados, ya que los mismos pueden ser distintos en muchos aspectos, aun fabricando productos aparentemente similares. En la tabla siguiente se muestra un esquema comparativo.

3.2.2 La evolución de los procesos de transformación hacia zonas más eficientes

Desde los inicios de la era industrial ha existido una clara tendencia hacia el desarrollo creciente de métodos de trabajo más eficientes.

- **La evolución de los procesos**

Ante una necesidad nace una nueva tecnología y con ella las etapas necesarias para su desarrollo. Con la experimentación, que está muy insertada en las costumbres humanas, que nace de la misma curiosidad, se van reconociendo las falencias de los procesos, se va cayendo en cuenta de las precauciones y cuidados que se deben tomar y de la conveniencia de mantener buenos controles que faciliten las operaciones.

El impulso comercial y los deseos de inventiva y de prestigio, hacen que los avances que se logran en el desarrollo de los procesos y de los productos se convierta en la oferta comercial de equipos, de componentes y de métodos; en el registro de marcas y patentes; en el desarrollo de métodos novedosos, normas y sistemas de gestión. Con la mejora de los procesos, aparecen nuevas técnicas en la evaluación de un proyecto, tecnologías más nuevas y especializadas que a su vez repercuten sobre el proyecto para que haya una nueva mejora.

Ya se han mencionado tres nuevos elementos a tener en cuenta en la evolución de los procesos, que hacen todavía más interesante el avance hacia el estado del arte: La creciente conciencia ambiental; las limitaciones en los recursos energéticos y la necesidad de tener en cuenta los aspectos humanos y culturales. Se generan entonces novedosas y complejas interacciones:

Desarrollo. Esta palabra contiene un elemento cíclico, el de rollo, enrollar, desenrollar, que implica dar vueltas. El prefijo des le añade la idea de hacer estos giros en forma creciente, para desenvolver algo. Implica la apertura de un paquete, el paquete de la tecnología. Este se abre con ilusión, como si se tratara de un regalo atractivo.

Tecnología. Esta palabra tiene dos conceptos. Técnica, es decir arte u oficio, que se convierte en destreza. Logos, que significa palabra y que se vuelve logía que viene a ser el estudio de algo. Es entonces la tecnología un concepto muy amplio, un conjunto de conocimientos técnicos, ordenados con método y base científica, que permiten diseñar y crear bienes y servicios para resolver necesidades en una forma respetuosa con el ambiente, con los recursos y con la integridad de las personas.

Capacitación. Tiene que ver con capacidad, que a su vez tiene que ver con espacios que se vuelven más amplios. Espacios cada vez más amplios para la acción.

A las personas capacitadas les cabe cada vez más el mundo en sus cabezas y esta capacidad la convierten en acciones de mejora.

Programa. Tiene que ver con propuesta (pro) que se hace en forma explicativa (diagrama). Es decir, es un plan de trabajo que se explica de manera convincente, para que se vuelva real, para que sea aceptado por otros, para que ellos se sumen al proyecto.

Buenas prácticas. Bueno, es decir, bien hecho, en busca de la perfección, pero todavía no perfecto, es decir, se puede mejorar, pero a través de la práctica. Opuesto a prácticas descuidadas, a desatención, a falta de interés. Buenas prácticas que a su vez fomentan la repetición de estos ciclos virtuosos.

Veremos el estado del arte de algunos equipos y sistemas auxiliares que han permitido avances en el desarrollo de la tecnología.

- **Algunos ejemplos de evolución de procesos energéticos**

Aislamientos térmicos. El concepto de calor y de frío es muy fisiológico, todas las personas lo conocen a través de las reacciones corporales. El hombre ha sido capaz de adaptarse a los climas extremos y la necesidad del aislamiento térmico existe desde el inicio de los tiempos, cuando se usaban las pieles de los animales. Es importante visualizar que el uso de las pieles dio lugar a las primeras técnicas químicas de curtición y constituye una forma integral de utilizar los recursos, ya que en general los animales eran fuente de alimentación.

Cuando el hombre empezó a utilizar el fuego, sea para cocinar o para la fabricación de piezas de cerámica o de herramientas metálicas u objetos de arte, cayó en cuanta de materiales que lo protegían de las temperaturas extremas y que permitían conservar las temperaturas de un sistema. Los primeros aislantes térmicos a partir de minerales seguramente se desarrollaron cuando el hombre comenzó a construir hornos de barro.

En la época industrial ha sido abundante el uso de diferentes tipos de materiales como aislamiento térmico. Se considera material aislante térmico cuando su conductividad térmica k es inferior a 0,085 kcal/h m °C medido a 20 °C o a 0,10 W/mK.

Todos los materiales oponen resistencia al paso del calor. Algunos, muy escasa, como los metales, que son buenos conductores; los materiales de construcción (yesos, ladrillos, morteros) tienen una resistencia media. Los materiales que ofrecen una resistencia alta son los aislantes térmicos.

Entre los aislantes térmicos se cuentan las lanas minerales (lana de roca y lana de vidrio), las espumas plásticas (EPS, Poliestireno expandido, Polietileno expandido, PUR, Poliuretano expandido), cierto materiales provenientes de reciclaje como los aislantes celulósicos a partir de papel usado, vegetales (paja, virutas madera. El rango es amplio, va desde los materiales cerámicos, pasa por las lanas y fibras y llega hasta los materiales poliméricos entre los que se cuentan el poliuretano y el poliestireno.

La fabricación de aislantes ha evolucionados de la mano de las industrias química y cerámica, en un ciclo que se retroalimenta, pues dichas industrias son en sí mismas grandes consumidoras de estos productos. La introducción de los minerales como la alúmina y el silicato en la construcción de los refractarios permitió los procesos que requerían alcanzar altas temperaturas. Estos se conocen como materiales refractarios y son muy usados en hornos, calderas, chimeneas de gran tamaño y demás equipos o instrumentos que deban soportar temperaturas muy altas.

Hay diferencias entre refractarios y materiales aislantes. Los refractarios tienen cierta capacidad aislante, pero lo más importante en ellos es que resistan altas temperaturas sin perder sus propiedades físicas. Los aislantes tienen baja conductividad térmica y cuando se colocan en una pared evitan el flujo de calor a través de la misma. Existen materiales que ofrecen ambas características, tal es el caso de los ladrillos refractarios aislantes, ricos en sílice (SiO_2) y alúmina (Al_2O_3).

Con frecuencia los aislantes térmicos deben ser productos que exhiban buenas propiedades de resistencia a la corrosión y a los ambientes que se generan en los procesos térmicos (gases corrosivos, expansiones y contracciones). Deben contar con buena estabilidad mecánica y carecer de grietas que dejen escapar gases o que permitan la entrada de aires fríos. Para mejorar estas prestaciones se los puede combinar con otros materiales que tengan propiedades estructurales y de resistencia química.

La era moderna industrial, con los desarrollos de la química y los materiales sintéticos, ha dado lugar a los polímeros mejorados con propiedades aislantes que se pueden diseñar específicamente.
El estado del arte en aislantes asocia las pérdidas de energía con las emisiones de CO_2 que se generan sin un buen aislante. El estado del arte se va reflejando en

las regulaciones y códigos de construcción, como los que se especifican en los distintos países en los cuales es importante el tema del calentamiento de las casas y edificios.

El trabajo a bajas temperaturas, la criogenia, ha sido factible a medida que se desarrollan procesos de enfriamiento, apareados con el uso de fase licuados. Este trabajo solamente es posible mediante del empleo de aislamientos especializados. Un ejemplo muy especializado de aislamientos de altas prestaciones es el caso de las paredes del transbordador espacial, que deben soportar altas y bajas temperaturas y esfuerzos mecánicos. La tabla siguiente muestra el amplio espectro de conductividades para distintos materiales y diversos aislantes que se ofrecen comercialmente.

Material	Conductividad K en W/(K·m)
Poliuretano	0,022
Aerogel de sílice	0,022
Aire	0,025
Espuma plástica	0,030
Poliestireno expandido	0,030
Espuma polietileno	0,034
Corcho	0,035
Cascarilla de arroz	0,036
Amianto	0,040
Lana de vidrio	0,040
Fibra de vidrio	0,050
Ceniza de cascarilla de arroz	0,062
Madera	0,13
Aceite mineral	0,14
Caucho	0,16
Alcohol	0,16
Plexiglass (vidrio acrílico)	0,19
Parafina	0,21
Polipropileno	0,25
Glicerina	0,29
Apliques de yeso	0,28
Mica	0,35
Silicato de calcio	0,45
Bloques de hormigón	0,57
Ladrillo hueco	0,60
Agua líquida	0,60
Ladrillo refractario	0,76
Ladrillo macizo	0,80
Tierra húmeda	0,80

Material	Conductividad K en W/(K·m)
Vidrio	0,80
Mortero de cemento	0,87
Caliza	1,30
Suelo	1,50
Hielo	2,00
Hormigón	2,18
Arenisca	2,40
Mármol	2,50
Alpaca	29
Plomo	35
Níquel	52
Acero	53
Estaño	64
Hierro	80
Mercurio	84
Latón	99
Zinc	123
Bronce	151
Aluminio	209
Litio	301
Oro	308
Cobre	380
Plata	410
Diamante	1600

Motores eléctricos. Entre los años 1945 y 1973, se emprendió el desarrollo de motores eléctricos en los que se pudiera minimizar la cantidad de cobre, aluminio y acero, con la idea de rebajar los costos de fabricación y un menor tamaño, requiriendo de ésta manera menos espacios en la planta y facilitando su traslado. La búsqueda en la optimización de motores ha continuado enfocada en mejores eficiencias.

Desde los años 70 los fabricantes ofrecen líneas de motores de mayor rendimiento, además de sus líneas de motores normales. Estos motores de mayores rendimientos se fabrican con materiales mejorados eléctricos y magnéticos y prestaciones mecánicas mejoradas. Naturalmente las disminuciones de pérdidas se logran a costa de un incremento en los precios de los motores. La experiencia muestra que para una nueva instalación, con gran número de horas de funcionamiento, permite que en dos años se amortice la inversión en un motor de alta eficiencia. Las mejores oportunidades de incorporar motores de alto rendimientos se presentan en las nuevas instalaciones o en la sustitución de motores dañados.

Muchos de los equipos industriales vienen con sus motores ya incorporados, por lo que es importante que las empresas especifiquen que los motores que se empleen en equipos recibidos llave en mano, sean de alto rendimiento.

Es importante visualizar que el motor aporta la energía mecánica a un proceso con base en el giro de un eje. Los motores tienen velocidades de giro constantes y en general tales velocidades de giro no coinciden con las velocidades óptimas de trabajo en los procesos o con las velocidades requeridas. Por ello se cuenta con sistemas de transmisión de velocidades entre el eje del motor y el equipo de proceso. Estas transmisiones implican el empleo de equipo adicional y por ello dan lugar a pérdidas de potencia, que se convierten en flujos de calor al ambiente a los equipos.

Las elecciones del motor adecuado para un proceso y de las velocidades de giro del equipo siempre han sido un proceso que incluye incertidumbres, por lo cual se acostumbra trabajar con factores de diseño. Se tiende a trabajar con factores de diseño conservadores, es decir, que aseguren que las potencias disponibles y las velocidades disponibles sean mayores que las usadas. Ningún ingeniero desea que un equipo que se diseñe muestre mayor consumo de potencia que la del motor seleccionado. Tampoco se desea que exija mayor velocidad de trabajo que la especificada.

En la práctica operativa va a ser muy común que los diseñadores empleen factores de diseño muy altos. Esto ocurre porque los factores se van acumulando en un ciclo vicioso, así:

- El proceso debe ser especificado. Eso se hace según su producción.
- Las producciones varían ampliamente.
- El responsable de la producción quiere grandes capacidades de producción y exige que el equipo las suministre sin falta. Selecciona un valor mayor que su necesidad real máxima para cubrirse en salud. Puede ser un 50 % más o inclusive el doble.
- El diseñador recibe este dato de la máxima capacidad especificada y selecciona su equipo con un factor de seguridad, por ejemplo del 20 o del 50 % con respecto a dicha producción máxima especificada.
- Se selecciona ahora una velocidad de trabajo y un equipo de transmisión que la entregue.

- Como el proceso va a contar con producciones que pueden ser bastante menores a las máximas seleccionadas, será necesario contar con elementos de control para ajustar las velocidades.
- Estos elementos de control a su vez deben ser seleccionados y diseñados con sus propios factores de diseño.
- El control mismo va a generar pérdidas de potencia.

Con ello se llega por lo general a puntos de trabajo ineficientes por las siguientes razones:

- Los equipos de proceso tienen curvas de respuesta. En general tienden a trabajar a mejores eficiencias en un rango estrecho de funcionamiento. Si se los pone a trabajar en los extremos de sus curvas tienden a perder eficiencias. Si un equipo se especificó para altas cargas, el que lo suministra va a tender a recomendar un equipo bastante mayor, que dé buenos rendimientos en el punto especificado. Pero en la práctica va a trabajar a cargas muchos menores, con lo cual la curva se desplaza a zonas de menores rendimientos.
- Los motores eléctricos tienden a trabajar conservando sus altas eficiencias para cargas por encima del 50 % de su capacidad nominal. Si se especificaron para grandes capacidades, pueden terminar trabajando a un 15 o 25 % de su carga nominal, con lo cual pierden eficiencias.
- Los controles de funcionamiento de tipo restrictivo (válvulas, sistemas on-off) son en general menos costosos en su valor inicial y por ello se tiende a seleccionarlos o a colocarlos cuando se experimenta que un proceso está fuera de control.

Para visualizar lo anterior, se ha preparado el siguiente ejemplo, en el cual se *aprecia* el impacto de trabajar con factores de diseño excesivos, para el caso de una bomba.

		Caudal, m³/h	Cabeza, m H₂O
Mínimo proceso		80	37,2
Máximo proceso		150	87,5
Factor de solicitud con respecto al máximo valor		1,5	2,0
Solicitado al diseñador		225	175
Factor de diseño proveedor		1,2	1,4
Entregado por el proveedor		270	245
Eficiencia de proveedor en punto de diseño, %	72		
Potencia mecánica esperada en punto de diseño, kW	254		
Eficiencia motor esperada en punto de diseño, %	92		
Potencia eléctrica esperada a punto de diseño, kW	276		
Motor seleccionado, kW	300		
Punto esperado de trabajo medio		100	48,5
Eficiencia esperada a punto medio, %	70		
Potencia mecánica esperada a punto medio, kW	19,1		
Eficiencia motor esperada a punto medio, %	91		
Potencia eléctrica esperada a punto medio, kW	21,0		
Velocidad en punto de selección del proveedor, rpm	1600		

La gráfica siguiente ilustra estas situaciones para una bomba hipotética seleccionada con base en la tabla anterior. Se observa que se ha seleccionado una bomba muy grande. Como el proveedor no entró en detalle a examinar la situación y simplemente especificó una bomba muy buena y eficiente, se tienen puntos de trabajo de diseño muy alejados de las situaciones de trabajo, inclusive, de las zonas de trabajo a carga máxima.

Si se supone que esto se ha instalado, llega ahora el funcionamiento real. Puede suceder que simplemente resulte la bomba dando un flujo mayor, naturalmente con mayores pérdidas de tuberías y que ello se acepte como normal. Pero si se requiere un flujo regulado, se debe instalar algún tipo de regulación. En la figura aparecen dos opciones: variando velocidad de la bomba (a 940 rpm para dar el máximo flujos deseado y a 695 rpm para dar el flujo medio deseado); y regulando con válvulas y dejando la bomba a la velocidad de diseño de 1600 rpm.

Curvas y puntos de trabajo de cabeza contra caudal

Es evidente que las cabezas necesarias son mucho mayores al trabajar con regulaciones, pero la inversión inicial es menor.

Es importante entonces examinar los consumos de potencia mecánica en las dos formas de trabajo, los cuales aparecen graficados en la figura siguiente. En ella se aprecia que los consumos con regulación por válvula son muy superiores, para el caso considerado.

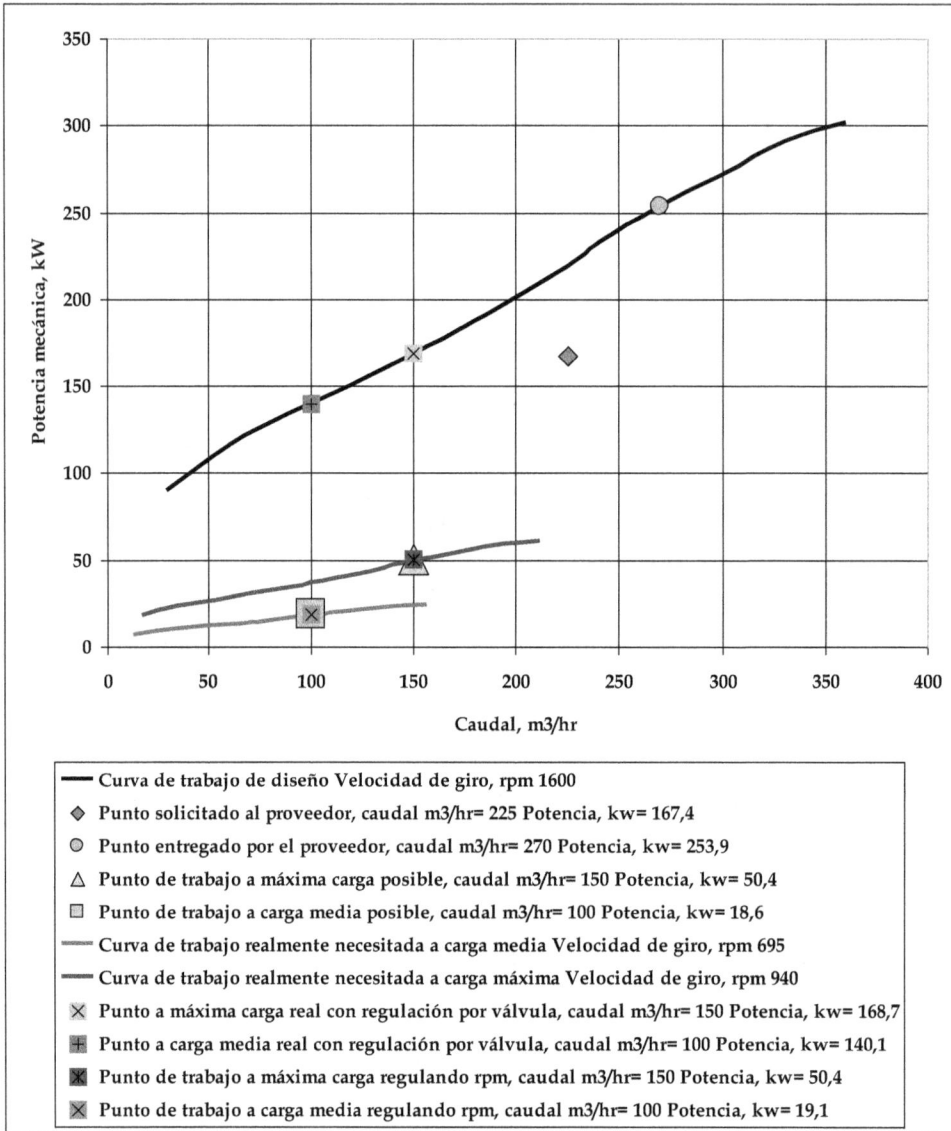

Curvas y puntos de trabajo de potencia contra caudal

Existe la posibilidad de haber resuelto este problema con factores de diseño moderados, lo cual habría dado lugar a una bomba y a motores mucho más pequeños y a consumos de potencia inferiores, como se señala en la tabla siguiente, en la cual se ha examinado el tipo de motor a seleccionar según la solución escogida.

	A, m³/h	B, kW	C, kW	D, %	E, %	F, kW	G
Con bomba seleccionada con factor de diseño correcto y regulando con válvula	100	60	37	62	90	41	71,9
Con bomba seleccionada con factor de diseño correcto y regulando con RPM	100	60	18,6	31	88	21	37,0
Con bomba seleccionada con factor de diseño alto (ejemplo) y regulando con válvula	100	300	140	47	87	161	281,8
Con bomba seleccionada con factor de diseño alto (ejemplo) y regulando con RPM	100	300	19	6,4	60	32	55,8

A: Caudal a carga media
B: Motor
C: Potencia mecánica a carga media
D: carga
E: Eficiencia eléctrica
F: Potencia eléctrica a carga media
G: Costo anual, millones $, a 7000 horas de trabajo y $ 250 el kWh

Afortunadamente, con la introducción del control de velocidad en los motores de inducción se ha encontrado una forma excelente de acoplar los motores eléctricos a los requerimientos del proceso, ofreciendo grandes oportunidades de ahorros energéticos. En el mercado se encuentran sistemas de accionamientos electrónicos de velocidad variable, controlados por microprocesador y sistemas de procesamiento de señal con aplicaciones importantes en los sistemas de fluidos variables y los accionamientos de tracción, elementos de soporte, bobinadoras, máquinas herramientas y robótica.

Esto controles tienen ventajas son solamente en temas de regulación, como se ha señalado en el ejemplo presentados. Adicionalmente:

- Permiten arranques suaves en el motor, reduciendo los desgastes en las partes mecánicas

- Contribuyen a ajustar y a mejorar el funcionamiento del proceso en el que se encuentra instalado.
- Contribuyen a reducir el ruido generado por el motor y especialmente el de sus procesos acoplados.
- Los variadores vienen con instrumentación completa, con lo cual se cuenta con mejores datos de proceso y de funcionamiento que a su vez facilitan el control de los procesos y la obtención de ahorros.
- Se facilita el acople de los procesos a sistemas de control automático basados en la velocidad de giro regulada.

Para evitar el que se presenten problemas de incompatibilidad electromagnética con armónicos e interferencias, debe realizarse un buen diseño, seleccionado el mejor variador para la situación existente y aplicando correctores en caso necesario, que puede ser el de sistemas de gran tamaño. .Adicionalmente, sobre todo en proyectos nuevos, se debería combinar el control de velocidad con el uso de motores de alto rendimiento.

Un estudio realizado por la European Motor Study Group para la Comisión Europea en el año 1997, arrojó que con incrementos hipotéticos de consumos anuales del 1,6 % en la industria se puede pasar de consumir 1038 TWh de energía en el año 2010 a 716 TWh de energía en el mismo año, mediante el empleo de variadores de velocidad, lo que representa un ahorro del 31,0 %.

Instrumentación y control industrial. Las mejoras en los equipos industriales no solo se logran introduciendo nuevos equipos o procesos más eficientes en el uso de la energía, sino además por el desarrollo de una instrumentación que permita controlar mejor los procesos y reducir los riesgos en la operación de los equipos. Con el paso de los años, los desarrollos en la instrumentación han permitido automatizar los procesos logrando un mejor ajuste de las variables de operación.

¿A dónde lleva el estado del arte? En general a mejorar continuamente en todo lo relacionado con instrumentación y los controles. Para tener una buena perspectiva es importante contar con diagramas de instrumentación y control para todos los procesos consumidores importantes de la empresa. Es importante hacer la pregunta ¿Se cuenta con diagramas de proceso y con diagramas de instrumentación y control? Si la respuesta es negativa, es muy posible que existan grandes áreas de oportunidad en los procesos que no cuenten con esta información.
En la mayor parte de los procesos importantes las empresas cuentan con salas de control, a las cuales llegan las señales de los procesos. Pero no siempre se

utilizan los datos para analizarlos desde el punto de vista de la energía. Al momento de instalar nuevos componentes y elementos de control y de visualización, es importante hacerlo teniendo en cuenta que permitan aproximarse a los consumos y a las eficiencias, de manera que los operarios y los responsables cuenten con información directa.

Un ejemplo sencillo permite visualizar para dónde va el estado del arte. Es el de los vehículos automotores. Hasta hace poco, si se quería llevar un control del consumo y del rendimiento (por ejemplo en km/l de gasolina) el conductor debía tomar notas cuando llenaba su tanque (anotando los litros comprados para llenar el tanque y los kilómetros recorridos desde su llenada de tanque anterior). Un conductor disciplinado y consciente (¿Si las hay a este nivel?) llevaba datos estadísticos para observar la evolución de su motor y de su carro con el fin de tomar acciones de reparación, de conducción o de mantenimiento. Ahora, los carros modernos, cuentan con completa instrumentación y entregan directamente, en tiempo real, los datos de consumo, de velocidad, de consumos específicos y pueden inclusive dar mensajes de alerta al conductor y establecer rutinas de manejo controlado que generan menores consumos de combustibles, sin hablar de los mensajes y controles para vigilar las variables de mantenimiento. En esta misma dirección va el estado del arte de la instrumentación y el control de los procesos industriales.

Ahora, en el caso de equipos viejos y obsoletos, puede no ser adecuado instalar un sistema de instrumentación muy avanzado. Naturalmente que se debe instalar instrumentación cercana al estado del arte en equipos nuevos y sofisticados.

El objetivo principal de los instrumentos es la medición, el registro y control de las variables de proceso, manteniéndolos dentro de los requerimientos del proceso. Es indispensable en todo tipo de industria que involucre transformación de la materia. Como se ha visto con el ejemplo de los vehículos, debe existir un acople entre la instrumentación, la operación y el logro de puntos óptimos de funcionamiento. Ese es el avance hacia el estado del arte, que permite la realización de estudios para optimizar las variables del proceso con base en la instrumentación existente y su facilidad para convertir los datos en resultados que se puedan examinar en tiempo real y en forma amigable para el usuario.

Además de medir y registrar, la instrumentación sirve como respaldo de seguridad en los procesos. El estado del arte va en la dirección de máxima seguridad. Solamente cayendo en cuenta en la importancia de la seguridad, es importante resaltar la necesidad de mantener calibrados todos estos dispositivos. Esta calibración debe ser periódica. El estado del arte evoluciona hacia instrumentos que tengan rutinas de autocalibración.

Hay mucha especialización de tal manera que los instrumentos usados en la industria se seleccionan y se diseñan cada vez más de acuerdo al proceso al que se quieran aplicar. Gracias a la constante necesidad de optimizar los procesos (por razones económicas, ambientales y sociales), y a los avances en otras tecnologías como el desarrollo de materiales e informática, los instrumentos industriales evolucionan constantemente ofreciendo productos de aplicaciones específicas y óptimas de acuerdo a las necesidades de cada industria. Las empresas que desarrollan instrumentos están creciendo por todo el mundo.

En la evolución de la instrumentación industrial se da el caso de innovaciones radicales, aquellas que implican el diseño y el desarrollo de nuevos instrumentos y el de innovaciones incrementales, relacionadas con modificaciones y mejoras en instrumentos ya existentes en el mercado, complementándolos con avances tecnológicos, especialmente en el manejo y proceso de señales. Para el caso de procesos complejos o de control complejo, conviene contar con modelos de comportamiento que faciliten el diseño científico de los sistemas de control respectivos.

Los procesos de combustión y la energía térmica. Los combustibles fósiles representan el parte de las fuentes de energía primaria en la canasta energética mundial. Según la Agencia Internacional de la Energía (AIE) en el 2050 seguirán representando la mayor parte de la energía mundial. En Colombia representó el 65,8 % del consumo final de energía en el año 2009, de acuerdo al balance minero energético del país presentado por el UPME soportado con el uso de derivados del petróleo, gas natural y carbón.

El dominio de la combustión es imprescindible para la optimización del uso de los combustibles (convencionales y de origen renovable) y para el control de sus emisiones contaminantes, cuando estos se utilizan en los sectores industrial, transporte, residencial y de generación de electricidad. Para avanzar hacia el estado del arte en los temas de combustión en Colombia, conviene plantear las siguientes acciones:

- Consolidar las capacidades científicas y tecnológicas para el manejo de la combustión. Este es un tema poco dominado y poco conocido. Cada empresa debiera contar con unas bases mínimas de conocimiento de sus combustibles, por lo menos basándose en los datos que entregan los proveedores.

- Contribuir al desarrollo de los grupos de investigación y de innovación tecnológica que hay en el país, en universidades e instituciones. Las empresas pueden contratar estudios con estos grupos de forma continua, haciendo de esto parte de sus presupuestos de trabajo. Igualmente propiciando que haya oportunidades de trabajo para personas especializadas con magíster y doctores.

- Examinar con responsabilidad el grado de obsolescencia tecnológica, de baja eficiencia térmica y de baja productividad de los procesos. Examinar las posibilidades de adoptar las nuevas tendencias tecnológicas en combustión y calentamiento: combustión en lecho fluidizado, gasificación del carbón, del coque y de la biomasa, combustión sin llama, combustión catalítica, oxicombustión, combustión con recuperación autoregenerativa de calor, combustión sumergida, combustión con condensación, microcombustión y la combustión tipo HCCI (Homogeneus Charge Compression Ignition). Estas formas de trabajo buscan mayores eficiencias energéticas, menores emisiones contaminantes, mayor productividad de los procesos y mayor flexibilidad para el uso óptimo de combustibles de composición química diferente.

- Contribuir al desarrollado una industria nacional fuerte de fabricación de equipos de combustión y calentamiento que incorporen las tendencias tecnológicas en nuevos tipos de combustión y al desarrollo de una infraestructura experimental para la certificación y normalización de equipos y procesos. Para ello deben plantearse nuevos proyectos y localizar posibles proveedores y velar porque los procedimientos de trabajo esté normalizados

- Establecer objetivos de mejoras en las eficiencias energéticas y en la productividad energética (consumos específicos de energía) que sean ambiciosos, por ejemplo, del orden del 20% en los primeros cinco años

- Desarrollo, evaluación y demostración y/o transferencia tecnológica de sistemas de producción de vapor con recuperación de calor por condensación, como también aplicación de sistemas de calentamiento directo (sistemas radiantes, combustión sumergida y combustión con condensación) para la sustitución de sistemas centralizados de producción de vapor con alto grado de obsolescencia tecnológica y baja eficiencia.

- Examinar las posibilidades de utilizar los residuos y las biomasas como combustibles.

3.2.3 El proceso de optimización asociado con efectos opuestos

Para ilustrar este proceso, dirigido al estado del arte, se va a presentar el ejemplo de la selección de las velocidades más apropiadas de conducción de gases por un ducto. Tómese el caso de la selección del diámetro de una chimenea. Cuando una empresa selecciona un diámetro de chimenea, lo que está seleccionando es una velocidad de salida de los gases, dado que los caudales de gases dependen totalmente del proceso que se está evacuando por la chimenea.

El criterio aceptado para seleccionar velocidades de gases limpios (ver Industrial Ventilation: A Manual of Recommended Practice for Design, de la ACGIH) es trabajar con velocidades de transporte de 2.000 fpm (es decir del orden de 10 m/s). Si se trabaja con mayores velocidades, lo cual es posible, las pérdidas de energía en las chimeneas van a ser mayores y los consumos de energía, el tamaño de los ventiladores y su costo van a ser mayores y en general no hay ventaja económica para que el diseñador trabaje con velocidades de chimenea mayores de 10 m/s. Si se trabaja con menores velocidades, resultan ductos de tamaño muy grande, lo cual incrementa los costos. La velocidad de 10 m/s es un valor que maximiza las ventajas, como se muestra a continuación.

La tabla siguiente muestra un modelo de cálculo para determinar los dos principales gastos asociados con una chimenea: el valor de las inversiones y sus costos financieros asociados y los costos de la electricidad resultantes de las potencias de ventilación necesarias para vencer las caídas de presión de los gases.

Estos costos están directamente relacionados con la velocidad de paso, a través de su efecto sobre el diámetro, para un flujo de gases dado. El punto de partida es el flujo de gases.

La tabla se ha elaborado para tres flujos de gases (bajos, medios, altos).

Análisis económico para flujos bajos de gases					
Condiciones		estándar			
Velocidad de gases	m/s	5	10	15	20
Longitud de chimenea	M	20	20	20	20
Espesor de chimeneas	mm	3,2	3,2	3,2	3,2
Diámetro de chimenea	M	0,71	0,5	0,41	0,35
Caudal de gases	m³/h	7 065	7 065	7 065	7 065
Cabeza de velocidad	in H_2O	0,061	0,242	0,545	0,968
Factor de fricción		0,018	0,018	0,018	0,018
Pérdidas de longitud	in H_2O	0,0308	0,1743	0,4803	0,9859
Pérdidas de longitud	mm H_2O	0,78	4,43	12,2	25,04
Valor de la energía eléctrica	$/kWh	250	250	250	250
Horas de operación anuales		8 030	8 030	8 030	8 030
Eficiencia del ventilador	%	55	55	55	55
Potencia consumida en ventilación	kW	0,028	0,157	0,433	0,889
Energía consumida en ventilación	kWh año	223	1.262	3.477	7.137
Valor de la energía consumida en ventilación	millones $ año	0,06	0,32	0,87	1,78
Costo de la chimenea	$/kg	15 000	15 000	15 000	15 000
Costo de la chimenea	millones $	15,87	11,22	9,16	7,93
Costo financiero	% anual	12	12	12	12
Costo financiero	millones $ año	1,9	1,35	1,1	0,95
Costo eléctrico más financiero	millones $ año	1,96	1,66	1,97	2,74
Análisis económico para flujos medios de gases					
Velocidad de gases	m/s	5	10	15	20
Longitud de chimenea	m	20	20	20	20
Espesor de chimeneas	mm	4,8	4,8	4,8	4,8
Diámetro de chimenea	m	1,41	1	0,82	0,71
Caudal de gases	m³/h	28 260	28 260	28 260	28 260
Cabeza de velocidad	in H_2O	0,061	0,242	0,545	0,968
Factor de fricción		0,018	0,018	0,018	0,018
Pérdidas de longitud	in H_2O	0,0154	0,0871	0,2401	0,493

Pérdidas de longitud	mm H$_2$O	0,39	2,21	6,1	12,52
Horas de operación anuales		8 030	8 030	8 030	8 030
Eficiencia del ventilador	%	55	55	55	55
Potencia consumida en ventilación	kW	0,056	0,314	0,866	1,778
Energía consumida en ventilación	kWh año	446	2.523	6.953	14.274
Valor de la energía consumida en ventilación	millones $ año	0,11	0,63	1,74	3,57
Costo de la chimenea	$/kg	15 000	15 000	15 000	15 000
Costo de la chimenea	millones $	47,61	33,66	27,49	23,8
Costo financiero	% anual	12	12	12	12
Costo financiero	millones $ año	5,71	4,04	3,3	2,86
Costo eléctrico más financiero	millones $ año	5,82	4,67	5,04	6,42
Análisis económico para flujos altos de gases					
Velocidad de gases	m/s	5	10	15	20
Longitud de chimenea	m	20	20	20	20
Espesor de chimeneas	mm	6,4	6,4	6,4	6,4
Diámetro de chimenea	m	2,83	2	1,63	1,41
Caudal de gases	m^3/h	113 040	113 040	113 040	113 040
Cabeza de velocidad	in H2O	0,061	0,242	0,545	0,968
Factor de fricción		0,018	0,018	0,018	0,018
Pérdidas de longitud	in H$_2$O	0,0077	0,0436	0,1201	0,2465
Pérdidas de longitud	mm H$_2$O	0,2	1,11	3,05	6,26
Horas de operación anuales		8 030	8 030	8 030	8 030
Eficiencia del ventilador	%	55	55	55	55
Potencia consumida en ventilación	kW	0,111	0,628	1,732	3,555
Energía consumida en ventilación	kWh año	892	5 047	13 907	28 548
Valor de la energía consumida en ventilación	millones $ año	0,22	1,26	3,48	7,14
Costo de la chimenea	$/kg	15 000	15 000	15 000	15 000
Costo de la chimenea	millones $	126,96	89,77	73,3	63,48
Costo financiero	% anual	12	12	12	12

Costo financiero	millones $ año	15,23	10,77	8,8	7,62
Costo eléctrico más financiero	millones $ año	15,46	12,03	12,27	14,75

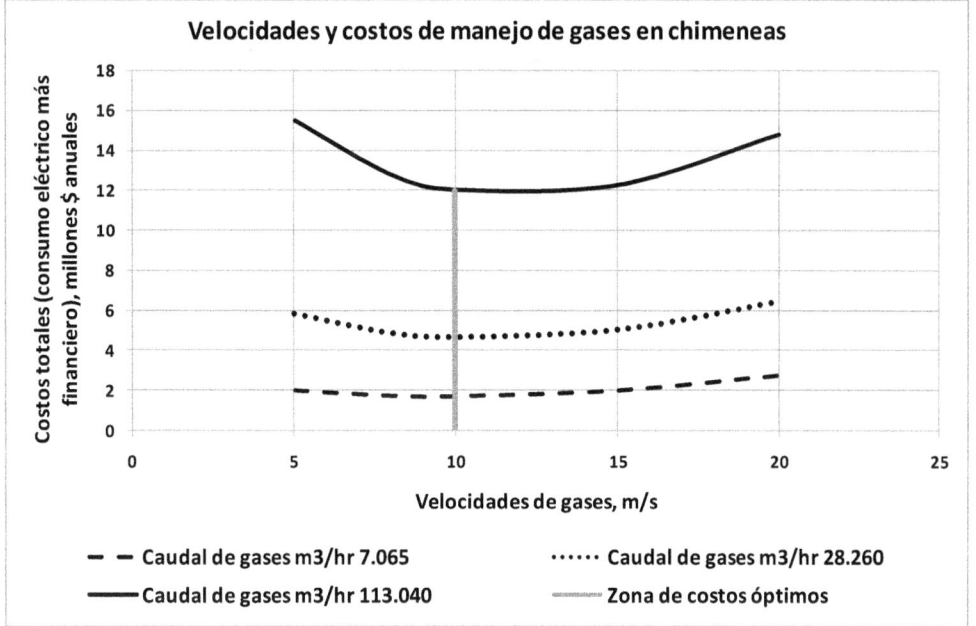

Velocidades y costos de manejo de gases en chimeneas

Costos como función de la velocidad de paso

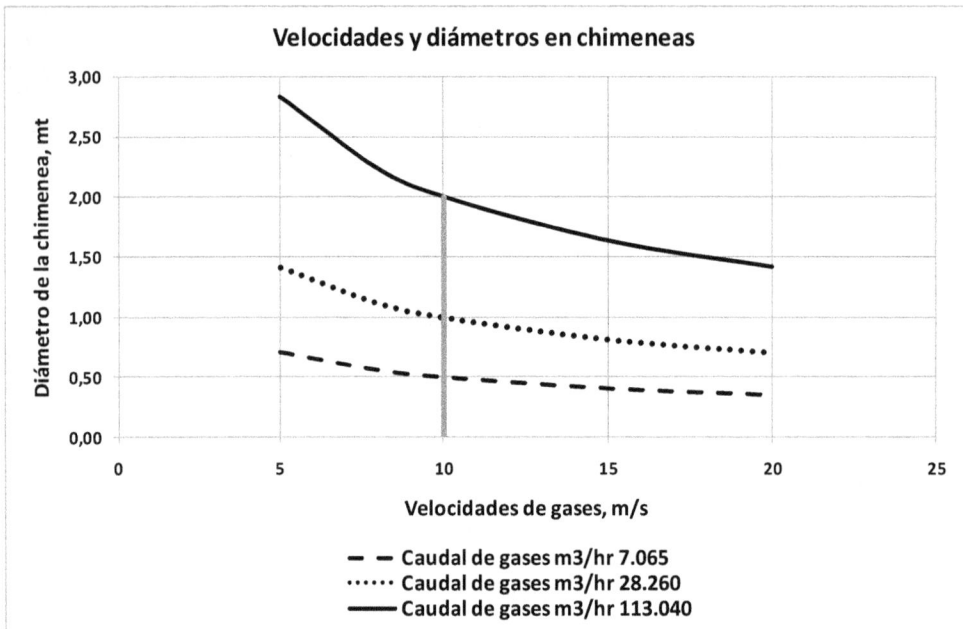

Diámetros como función de la velocidad de paso

Se observa que es atinado el trabajo con velocidades de 10 m/s ya que corresponde a los mínimos de todas las condiciones estudiadas. Este resulta ser el mismo valor aconsejado por la entidad ACGIH

Por otra parte, desde el punto de vista de la dispersión de los contaminantes, la velocidad de 10 m/s es muy apropiada para evitar el fenómeno del arrastre de la pluma que sale de la chimenea por el viento, el cual da lugar a los efectos de fumigación y de "downwash" Este fenómeno se evita si la velocidad de salida es al menos mayor que la velocidad del viento y se asegura si es tres veces la velocidad del viento. En las zonas industriales de Colombia las velocidades de viento están por debajo de los 2,0 m/s, así que al trabajar con 10 m/s se evita este fenómeno.

3.2.4 Metodología de optimización basada en el uso comparativo de indicadores. Benchmarking

El benchmarking es un anglicismo. Se puede definir como el proceso sistemático y continuo de evaluación comparativa de productos, servicios y procesos de trabajo en organizaciones. Se aplica específicamente a las comparaciones basadas en indicadores, comparadores o "benchmarks" aplicados a los productos, servicios y procesos de trabajo que pertenezcan a organizaciones que evidencien las mejores prácticas sobre el área de interés, con el propósito de transferir el conocimiento de las mejores prácticas y su aplicación. El empleo de las técnicas de benchmarking contribuye decididamente a que se logren comportamientos competitivos y eficientes. En el campo de la energía se viene utilizando con frecuencia creciente, sobre todo para incentivar a los productores de equipos que consumen energía a acercarse al estado del arte. Por ejemplo, las entidades regulatorias pueden publicar tablas con el comportamiento comparativo de indicadores semejantes para distintos productores de un mismo bien (una nevera, por ejemplo). Nadie quiere ser el peor en una lista de este tipo. En el caso de empresas multinacionales que cuentan con varias plantas en distintos lugares, trabajando procesos comparativos, se acostumbra establecer comparaciones, muchas veces con ánimo competitivo o con la idea de establecer premios o castigos sobre los ingresos de las personas responsables, en cuanto al cumplimiento de objetivos. Se acostumbra señalar a una de las empresas como la que posee el estado del arte y en tal caso se estimula que sus prácticas sean difundidas y puestas como ejemplo para las demás empresas.

Las entidades estatales que impulsan las buenas prácticas en el manejo de la energía acostumbran a publicar listas de indicadores de consumos energéticos y de emisiones ambientales por sectores, con la idea de incentivar dichas buenas prácticas en las empresas cuyos indicadores estén por debajo de los de la *benchmark* (nivel del estado del arte actual). Cada empresa debería establecer indicadores asimilables a los que son utilizados por sus empresas amigas o competidoras en los campos o procesos generales o específicos. Se deberían establecer los niveles de benchmarking a lograr mediante el desarrollo sistemático. Es evidente que si una empresa decide aplicar procesos de Benchmarking, se está embarcando en procesos de descubrimiento y de aprendizaje. En general va ser muy sorprendente y revelador descubrir que otros hacen las cosas en forma mucho mejor. Esta no debería ser una moda pasajera, debería ser parte de una estrategia dirigida a la excelencia, al logro del estado del arte.

Siempre es conveniente contar con un punto de vista externo para establecer objetivos. Cuando una empresa se compara contra la excelencia, contra el estado del arte, se va desarrollando también un nuevo enfoque administrativo, que implica comparar las acciones internas contra estándares externos y a conocer cómo son las prácticas de la industria en otras latitudes.

Como ocurre con todas las estrategias que buscan los estados excelentes, se fomenta el trabajo de equipo y se modera la subjetividad de la toma de decisiones.

3.3 REVISIÓN DE POSIBILIDADES RELACIONADAS CON ENERGÍAS ALTER-NATIVAS

Hay indicios de que el modelo energético actual se está agotando, por sus implicaciones ambientales, por el derroche excesivo y por las señales de escasez y de agotamiento de recursos. Esto se revisa analizando las cifras de demanda energética en Colombia y el mundo. Dado lo anterior, se están haciendo grandes esfuerzos en el trabajo con energías alternativas, las cuales han tenido un gran avance en su desarrollo y empleo durante las últimas décadas y existen ya casos industriales exitosos en el empleo de éstas tecnologías. Se hará un repaso de estas energías alternativas. Igualmente se explorará el concepto de cambio energético como una filosofía que impulsa y que se relaciona con el cambio tecnológico.

3.3.1   Demanda energética mundial y nacional

Antes de la era industrial, que se inició a comienzos del siglo XIX, la demanda energética mundial era pequeña. No se contaba con electricidad ni existían plantas de potencia mecánica a partir del uso de combustibles. Los requerimientos de energía eran suplidos principalmente por el aprovechamiento de la biomasa (especialmente de la leña), la tracción animal, la mano de obra basada inclusive en la esclavitud, el aprovechamiento de caídas de agua, vientos y mareas. Los desarrollos industriales tenían que ver con los textiles, la fabricación de pan y harinas, la cerveza y el vino, la curtición de cueros, la construcción, la fabricación de armas y de utensilios agrícolas, los jabones, la cera, el vidrio, el papel y la cerámica. Los establecimientos industriales tendían a estar situados en las orillas de los ríos.

Cuando se descubrió que era factible convertir la energía térmica en energía mecánica, aparecieron la máquina de vapor y los ferrocarriles y se posibilitó el uso de las bombas mecánicas para extraer agua de los minas, con lo cual se desarrollaron los países ricos en carbón y acero. Con la electricidad y los hidrocarburos derivados del petróleo, se desató en grande la era industrial. En la actualidad, la demanda de energía crece a tal ritmo que supera la tasa de crecimiento de la población mundial. Actualmente, la población mundial, cercana a los 6.600 millones de habitantes, posee una demanda de energía estimada de 500 cuatrillones de BTU, equivalente a 150 PWh (miles de teravatioshora). Esto implica un consumo actual anual de 22.513 kWh por persona, es decir 61.7 kWh por persona día.

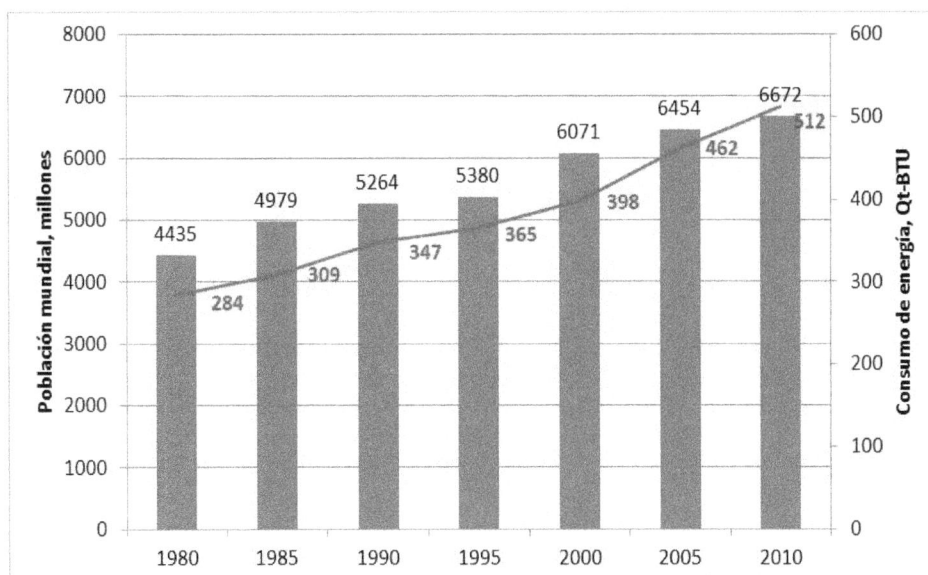

Crecimiento poblacional y de la demanda energética en el periodo 1980-2010 a nivel mundial. Qt: cuatrillones de BTU. Fuente: EIA, 2008

La gráfica siguiente muestra la comparación entre dos comportamientos. En los años 1990 se había hecho la proyección de AF ENERGIKONSULT que se muestra, en comparación con las proyecciones más recientes de la EIA de 2008. Se observa que el crecimiento fue bastante mayor que el esperado.

Naturalmente se debe tener en cuenta que es imposible conocer con exactitud el consumo de energía anual y se presentan por esta razón también diferencias entre las proyecciones de entidades diferentes. De lo que no hay dudas es de los crecimientos fuertes de los consumos y de los riesgos de agotamiento de las fuentes de continuar los ritmos de consumo crecientes, dado que las fuentes actuales están limitadas necesariamente por tratarse de recursos no renovables a corto plazo.

Las gráficas siguientes muestran el comportamiento de los crecimentos de los consumos y de la población, lo mismo que los crecimientos de los consumos per cápita. Se muestran tanto anuales como acumulados anuales.

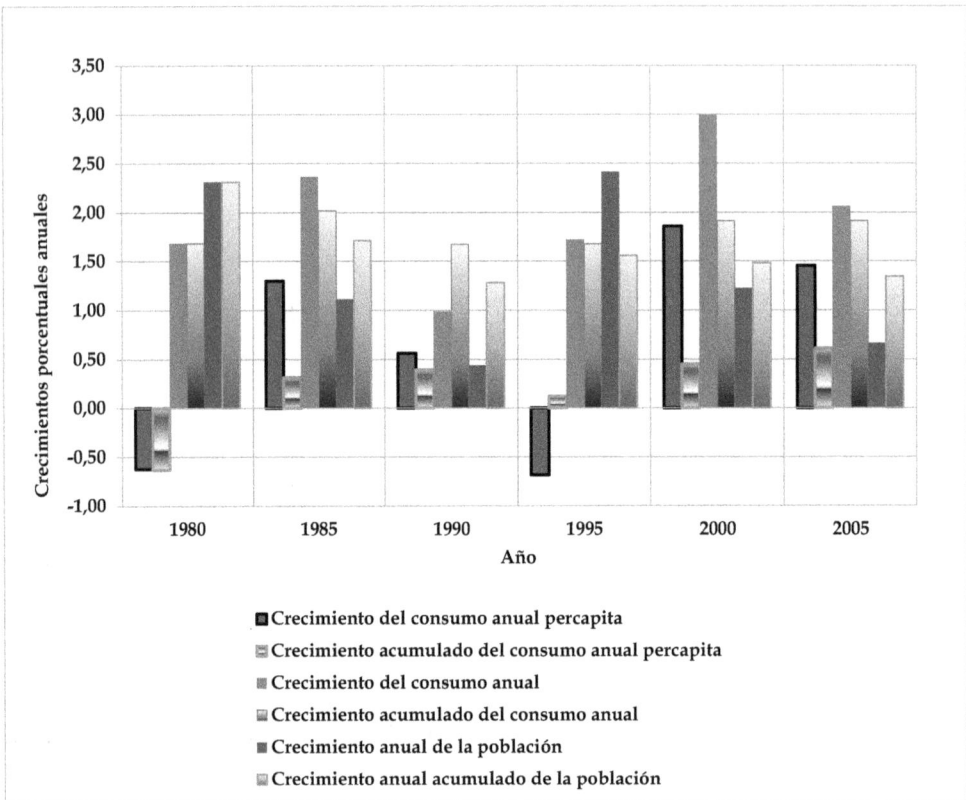

Crecimientos de consumos mundiales de energía y población

Se advierten claras tendencias de crecimiento de los consumos y de los consumos per cápita, las cuales se deben tanto a los aumentos mismos de la población como a las tendencias a sofisticar la sociedad, que se va convirtiendo cada vez más en una sociedad de consumos, basada en la utilización de elementos automáticos, mecánicos, móviles. Las personas se han vuelto móviles, dependientes en grado sumo de la iluminación artificial, del aire acondicionado, de los elementos de transporte. A medida que los países se desarrollan, siguen los hábitos de consumo de los países ya desarrollados. Esta es una carrera prácticamente imparable que tiene efectos favorables y efectos desfavorables y preocupantes. Los programas de uso racional de la energía pretenden precisamente poner cierta sabiduría, cierto orden en esta carrera impetuosa, tratando de no que no se tenga que llegar al punto de fijar límites arbitrarios a la sociedad que la hagan renunciar a los privilegios de la afluencia, de la prosperidad.

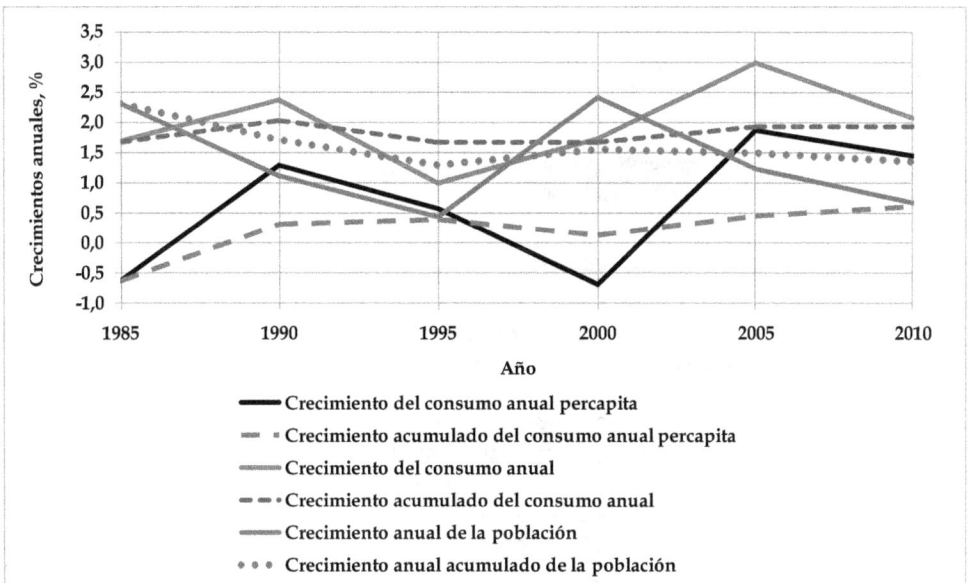

Crecimientos porcentuales poblacional y de la demanda energética en el periodo 1980-2010 a nivel mundial

¿Qué es posible, qué es necesario, qué es inteligente, qué es obligatorio, qué es razonable, qué es balanceado con el medio ambiente y los recursos existente, qué es socialmente justo, qué es responsable, qué es sostenible en el largo plazo? Estas son las preguntas que la sociedad debe responder con sabiduría.

¿Cómo se obtiene actualmente la energía, de qué fuentes? La energía se obtiene actualmente utilizando recursos naturales. Las fuentes de energía se han clasificado en primarias y secundarias. Las fuentes de energía primaria son todas aquellas que permiten la generación de energía mediante el uso de elementos naturales no intervenidos por el hombre. Por su parte, las fuentes secundarias son aquellas que permiten la generación de energía en distintas formas a través de productos procesados o que han tenido algún tipo de intervención. En esta categoría están las energías transformadas en electricidad, energía de movimiento (mecánica) y energía calorífica o térmica.

Al final de la cadena energética están los usos mismos de la energía en sus distintas aplicaciones. Ya se ha señalado que en los procesos de transformación entre las fuentes primarias, las secundarias y los usos finales se da lugar a pérdidas e ineficiencias.

ENERGÍA PRIMARIA							
Energía solar	Energía Geotérmica	Energía hidráulica	Energía mareomotriz	Energía eólica	Química de los elementos	Combustibles fósiles primarios	Biomasa (natural)
Hidrógeno	Vapor	Biocombustibles	Carbón de leña	Derivados del petróleo		Residuos sólidos	
	Energía nuclear	Aguas residuales		Residuos agroindustriales			

ENERGÍA SECUNDARIA		
Energía eléctrica	Energía mecánica	Energía calórica

Producción industrial
Producción agroindustrial
Calefacción - Enfriamiento
Comunicaciones
Transporte
Iluminación
Investigación
Salud...

Clasificación de la energía en primarias y secundarias Fuente: EIA-2008

La siguiente tabla y la siguiente figura muestran cómo se ha venido distribu-yendo históricamente el suministro de energía de las fuentes primarias y cómo se proyecta esta distribución hacia el futuro.

Distribución de las fuentes primarias de energía en el mundo

Año	Gas natural	Carbón	Petróleo	Otros
1961	13	39	39	9
1971	17	27	48	8
1980	19	29	43	9
1985	20	31	38	11
1990	22	27	39	12
2020	24	25	28	23
2050	23	21	20	36

Fuente AF ENERGIKONSULT 1990

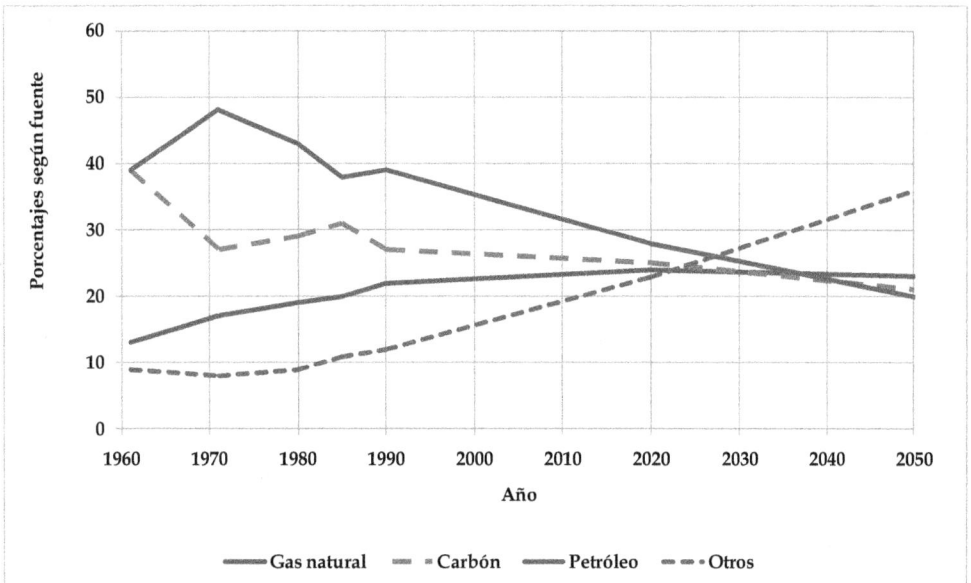

Distribución de las fuentes primarias y proyección

Se observa que el petróleo representa cerca del 35% del total del suministro primario y aunque las otras fuentes hayan aumentado su contribución, no se aprecian reducciones significativas en el horizonte. Por su parte, el gas natural, ha venido en aumento y alcanza niveles del orden del 20%. La participación del carbón sigue siendo importante, del orden del 25% pese a las restricciones ambientales, explicándose en parte por la abundancia y distribución del recurso. Así, los combustibles fósiles aportan un 80% del suministro primario de energía. El 20% restante lo aportan la biomasa, otros renovables y desechos, nuclear y potenciales hídricos.

Se observa entonces que la canasta energética mundial está fundamentada en el aprovechamiento de los combustibles fósiles líquidos asociados con el petróleo, que se convierten mayormente en gasolina y diesel. En segundo lugar, está el carbón seguido del gas natural, que ha vendió aumentando. La categoría otros incluye las energías hidroeléctricas (hidráulica, eólica, de biomasa, geotérmica, hidrógeno, nuclear y solar). Se aprecia una contribución creciente de estas fuentes, que se vuelve mayoritaria a partir del año 2040 a 2050 según las proyecciones. De acuerdo a estas proyecciones la participación de las energías renovables en la canasta energética global seguirá siendo minoritaria, pero cada vez más importante.

Vale la pena señalar que las reservas probadas de combustibles como el petróleo, el gas natural y el carbón se han venido comportando en forma mejor que lo previsto en las proyecciones más bien pesimistas que se hicieron durante los años 70 y 80. Se han desarrollado métodos mejorados para extraer los combustibles y para localizarlos a grandes profundidades y en las zonas marinas. Países como Brasil se han convertido en potencias energéticas. Inclusive Colombia ha mantenido un ritmo de exploración y de extracción de petróleo y de gas natural que ha pospuesto repetidamente el inicio de una crisis de suministro de combustibles derivados del petróleo. En la práctica la sustitución de los energéticos fósiles por otras energías renovables y más limpias, no ha estado dictada hasta ahora por la escasez de los primeros sino por la aparición de una conciencia ambiental cada día más creciente y por los desarrollos tecnológicos que permiten obtener de manera más fácil y rentable las nuevas energías. En esto ha sido importante el papel de los gobiernos que han establecido incentivos a la investigación y a la producción de energías renovables.

El crecimiento económico guarda una gran relación con el comportamiento de los consumos energéticos, pudiéndose plantear esquemas de crecimiento variables, como el de la figura siguiente

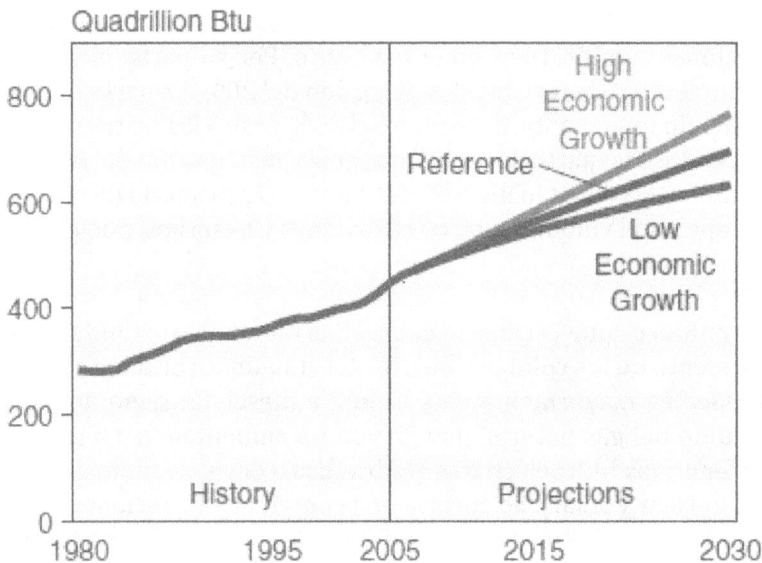

Crecimientos económicos y de consumos energéticos
Fuente: International Energy Agency. IEA/OECD. 2009

En Colombia se cuenta con la unidad UPME del Ministerio de Minas y energía, entidad que elabora reportes sobre la energía consumida y producida en el país

411

y hace proyecciones hacia el futuro. Es importante prestar atención a esta información, pues en la medida en que haya conciencia, todos podrán contribuir desde las empresas a hacer más lógica y más racional la canasta energética del país.

A continuación se hace un resumen de algunos puntos significativos del informe de la UPME, titulado BOLETÍN ESTADÍSTICO DE MINAS Y ENERGÍA 1990 – 2010.

Sobre el petróleo en Colombia. La industria del petróleo en Colombia se ha vuelto más competitiva debido a cambios en la modalidad de los contratos que firman las empresas exploradoras. Inicialmente, a principios del siglo XX, se firmaban contratos de concesión que le permitían a la empresa explotar un área por largo tiempo (30 años), lo cual otorgaba grandes beneficios para el concesionario. Posteriormente en 1974, tras la crisis petrolera del año 1973, se abolieron los contratos de concesión y permitió a Ecopetrol llevar a cabo las actividades de exploración y explotación de forma directa o mediante contratos de asociación, de operación de servicios o de cualquier otra naturaleza, distintos de los de concesión, celebrados con personas naturales o jurídicas nacionales o extranjeras. Finalmente en el año 2003 y tras la caída en la inversión en materia de exploración petrolera, se decide escindir de Ecopetrol las funciones de administración integral de las reservas de hidrocarburos de propiedad del Estado y se crea para tal fin a la Agencia Nacional de Hidrocarburos - ANH.

Esto trae la creación de dos nuevos tipos de contrato: El contrato TEA, que es un contrato de evaluación técnica y el contrato E&P, que es un contrato de exploración y producción. Esta nueva forma de contratación y las rondas realizadas a nivel mundial, han sido atractivas para un mayor número de inversionistas, lo cual se refleja en el aumento del número de contratos firmados (58 contratos E&P firmados) y en el aumento de la producción petrolera (670,6 miles de barriles/día) para 2009 y a junio de 2010 (767,6 miles de barriles/día).

Para 1985, las reservas probadas de petróleo eran del orden de 1.244 millones de barriles y había una relación reservas / producción de 19 años. En 1990 esta relación bajó a 12 años y posteriormente se aumentó a 20 años en 1992 con la entrada en producción de Cusiana, siendo este su mayor valor para el periodo 1990- 2009, debido a que posteriormente se aumentó la producción hasta su mayor nivel de 298 millones de barriles / año en 1999. Luego de este aumento, se ha mantenido la relación reservas / producción en un valor promedio de 8 años de reservas. Según escenarios de prospectiva de la UPME el autoabastecimiento de petróleo se garantizaría hasta el 2018 en escenario alto, y en escenario medio hasta el 2020.

Sobre los precios de los combustibles en Colombia y el consumo. En 1999 se adopta una política de liberación de precios de combustibles orientada a liberar el precio de la gasolina extra y el margen de los distribuidores minoristas, así como fijar los precios de la gasolina regular y el diesel según su costo de oportunidad, que para este caso es el de paridad de importación tomando como referencia la costa del Golfo de México. También se implementó el cobro por concepto de sobretasa, cuyo objeto fue el mantenimiento y la pavimentación de vías. Esta política protegió al país de la presión inflacionaria que se vivía cada enero, cuando se realizaba el ajuste anual del precio de los combustibles. Los usuarios ya conocen el sistema y se han habituado a cambios mensuales que no impactan el precio de otros bienes de consumo final.

En cuanto al consumo de combustibles, continúa el crecimiento del consumo de ACPM, debido a la diferencia de precio con la gasolina y a la implantación en las principales ciudades de sistemas de transporte masivo, así como al cambio de tecnología en vehículos de servicio particular, carga interurbana y camionetas que funcionan con este combustible. Es así como durante 1990 se consumieron 36.000 barriles /día de ACPM, mientras en el 2009 el promedio fue de 98.000 barriles / día. El consumo de la gasolina regular ha registrado una tendencia decreciente pasando de 107.000 barriles /día en 1990 a 65.000 barriles / día en el 2009 debido, entre otros factores, a la sustitución por gas natural vehicular, a la mezcla de etanol y al cambio de tecnología en los vehículos.

Sobre los biocombustibles. Desde hace más de una década algunas entidades del país, organizaciones no gubernamentales, gremios, el sector energético y ambiental, y algunas entidades educativas, se han venido integrando al desarrollo de las fuentes de energía no convencionales, entre ellas la biomasa, la energía eólica, la geotérmica, el alcohol carburante y más recientemente el biodiesel.

A partir de la entrada de las primeras plantas de alcohol desnaturalizado en el mes de octubre de 2005, se empezó con una producción de 27 millones de litros en 2005, a finales del 2009 se produjeron más de 326 millones de litros.

El Gobierno Nacional promoverá la competencia entre los diferentes biocombustibles, con criterios de sostenibilidad financiera, ambiental, y abastecimiento energético. El Ministerio de Minas y Energía evaluará la viabilidad y conveniencia de liberar los precios de los biocombustibles y eliminar los aranceles a estos productos, considerando en todo caso el esquema actual de fijación de precios basados en costos de oportunidad de estos energéticos, de sus sustitutos y de las materias primas utilizadas en su producción.

Diesel mejorado. Para contar con un diesel de mejor calidad y con menor contenido de azufre en todo el territorio colombiano, en 2007 el diesel que consumía el país debía ser de 4.000 partes por millón de contenido de azufre y el de Bogotá de 1.000 partes por millón, frente a los 4.500 y 1.200 partes por millón que se tenían como límites máximos anteriores. A partir de 2010, los límites máximos permitidos son: 50 ppm para el diesel de los sistemas de transporte masivo de todo el país, y 500 ppm para el diesel del resto del territorio nacional. Para el 31 de diciembre de 2012, todo el país deberá contar con diesel de 50 ppm de azufre.

Sobre el gas natural. El gas natural se ha convertido en uno de los energéticos más importantes, pasando de una representación en el consumo final del 5,7% en 1990 al 16,4% en 2009. Mientras en 1990 la oferta de gas natural era de 385 MPCD (millones de pie cúbicos diarios), en 2009 fue de 1.003 MPCD, siendo la principal fuente de producción el departamento de La Guajira cuya participación no ha bajado del 60% durante el periodo 1990-2009.

Durante los últimos 4 años, las reservas probadas se han mantenido por encima de los 4.000 GPC (giga pies cúbicos) . Sin embargo y tras el aumento del consumo de los sectores industrial, vehicular y residencial, se cuestiona si las reservas serán suficientes para atender esta demanda a mediano plazo. De acuerdo a lo indicado por el Ministerio de Minas y Energía, el factor R/P de referencia para 2009 es de 7 años.

Colombia puede duplicar sus reservas de gas con el gas metano asociado al carbón, dichas reservas son del orden de 4 TPC (tera pies cúbicos). La utilización de estas reservas brinda un periodo de holgura para hacer nuevos hallazgos y para la entrada de importaciones de gas desde Venezuela a partir del año 2012 el cual garantiza el abastecimiento interno. Las proyecciones de demanda de la UPME en su escenario alto indican que para mediados de 2017 se requerirán 1.100 MPCD y que en 2020 se solicitarán más de 1.200 MPCD, pasando el umbral de los 1.500 MPCD en 2028.

En el último año se presentó el fenómeno climatológico de El Niño, lo cual hizo que se aumentara el consumo de gas natural por parte de las termoeléctricas, sin embargo, a mediados de 2010 esta situación se ha normalizado. El consumo de la industria ha tenido un fuerte crecimiento en los últimos 10 años, en el periodo 2000-2006 creció al doble, pero se ha visto afectado por las restricciones impuestas para cubrir el fenómeno de El Niño, para dar prioridad al consumo doméstico.

El consumo vehicular también ha crecido, para el periodo 2002 a 2009 ha crecido seis veces pasando de 13 MPCD a 76 MPCD, pues el número de vehículos convertidos continúa en aumento pasando de 18.369 vehículos en diciembre de 2002 a 313.433 vehículos a julio de 2010. Durante el periodo de enero a julio de 2010 se han convertido en promedio 1.580 vehículos al mes. El Ministerio de Ambiente adjudicó un cupo para importación sin aranceles de 100 vehículos híbridos, eléctricos y dedicados a gas natural para 2010, además anunció que para 2011 el CONFIS ha aprobado la importación de 100 vehículos más.

- **Comparaciones de los patrones de consumo y de producción energética de Colombia y el mundo**

A continuación se presentan algunas gráficas que permiten visualizar la situación del país y compararla con la situación del mundo. Lo primero que se quiere presentar es que Colombia le ha dado mucha importancia a sus exportaciones de energéticos (petróleo y carbón sobre todo), las cuales se han convertido en una fuente muy alta de divisas. Esto naturalmente ha afectado sus reservas, especialmente de petróleo, pero a la vez ha permitido generar ingresos para mantener un ritmo creciente de exploraciones. Ello se advierte en la gráfica del comportamiento de las reservas de petróleo, que viene disminuyendo como un porcentaje de las reservas mundiales. En la actualidad Colombia posee un 0.15 % de las reservas mundiales. Su población es un 0.70 % de la población mundial, lo cual indica que Colombia no es un país rico en reservas en el contexto mundial.

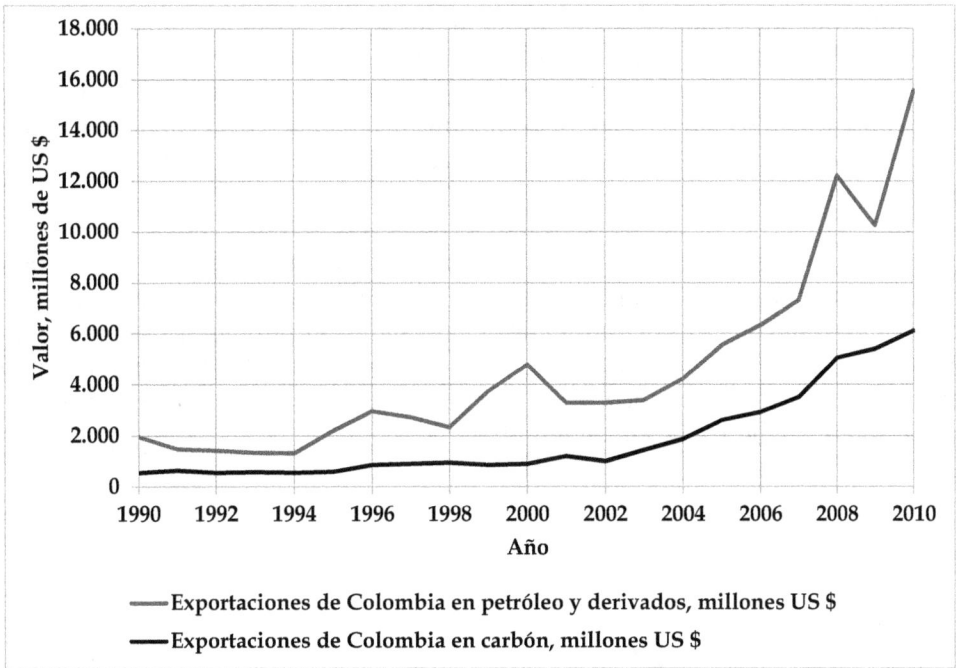

Exportaciones de combustibles

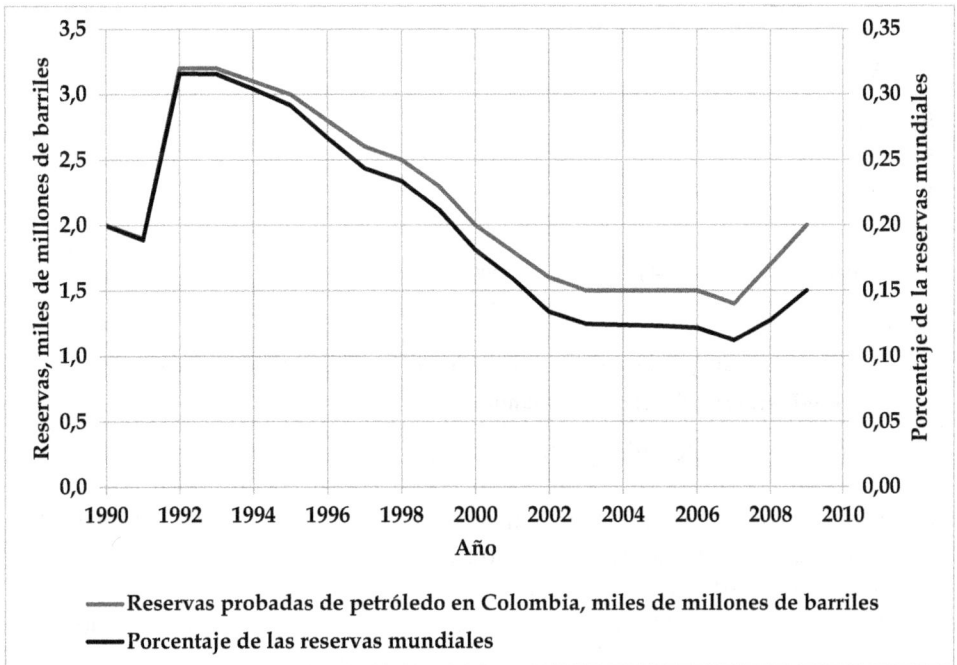

Reservas nacionales y comparación con las reservas mundiales

Colombia ha experimentado aumentos de producción hasta el año 2000, que luego disminuyó, con una tendencia un nuevo aumento en los últimos años. El porcentaje de producción actual mundial (0.9 %) es algo superior al porcentaje de su población, lo cual lo pone como un país productor por encima del promedio. Esto ocurre, como se dijo, a costa explotar sus reservas por encima del promedio mundial.

En cuanto al consumo de petróleo, se aprecia un aumento sostenido, acelerado en los años recientes. Como porcentaje del consumo mundial viene en aumento, todavía por debajo del porcentaje de la población (el porcentaje del consumo mundial en 2009 fue del 0.40 %, por debajo del % de la población mundial, que es el 0.70 %). Eso quiere decir que Colombia se viene convirtiendo en un consumidor medio de petróleo a nivel mundial.

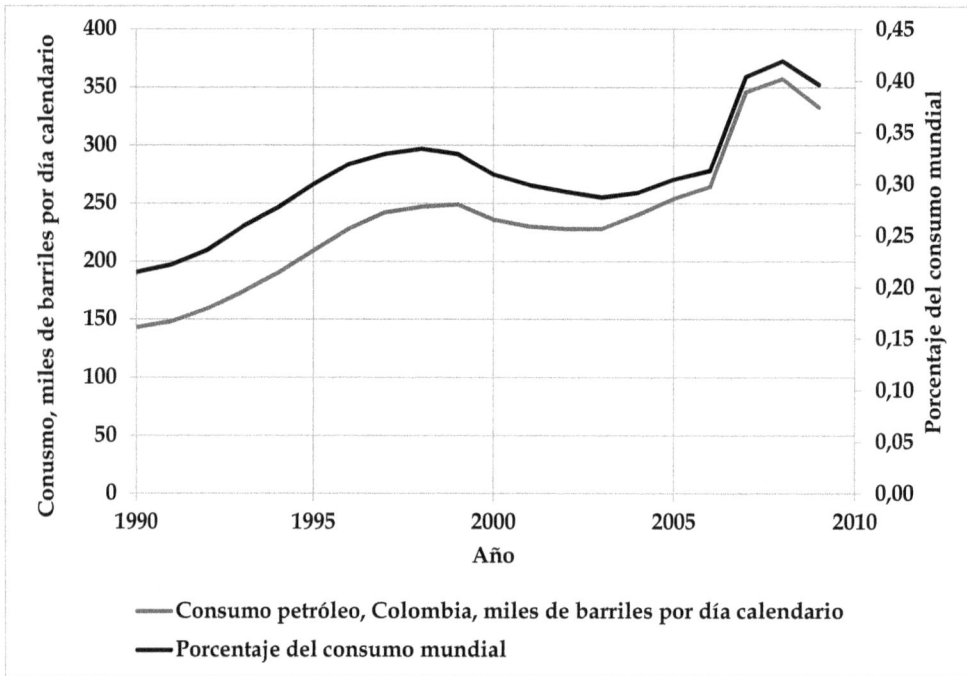

Consumo de petróleo y comparación con el consumo mundial

¿Y cómo es la situación de reservas, mirada en términos de años de reservas? Se observa en la gráfica siguiente que el mundo ha sostenido continuamente un nivel de reservas de 40 a 45 años. Colombia ha perdido su nivel de reservas, aun comparando con sus consumos y en términos de consumos está en 15 años y de producción en 8 años.

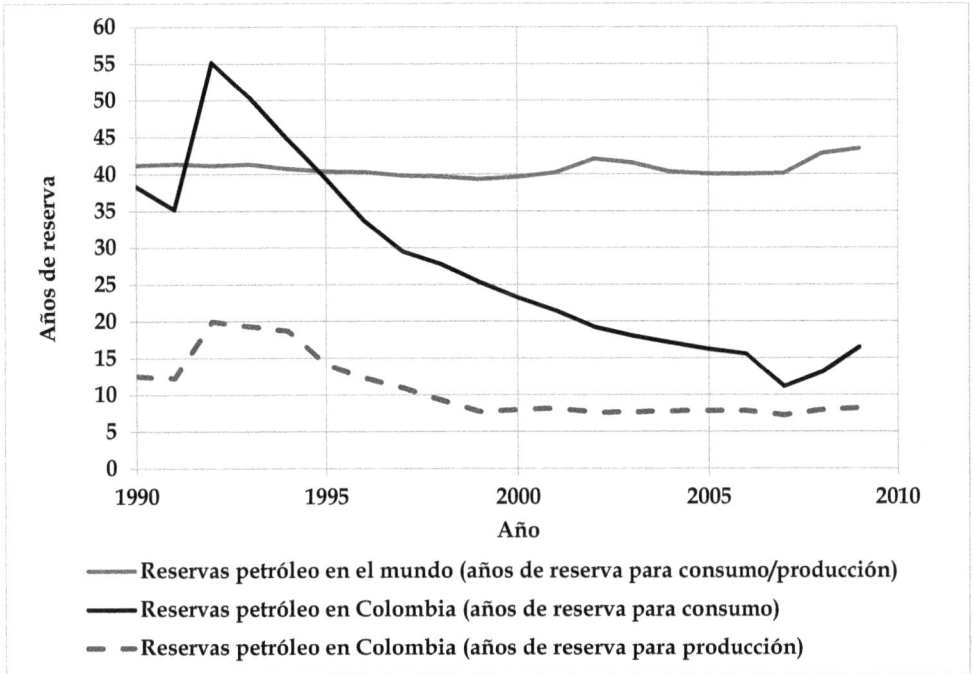

Reservas de petróleo

Es indudable que se trata de situaciones que se deben manejar con cuidado, ya que, en cierta forma, el país está gastando a ritmos por encima de sus riquezas reales comprobadas. Ahora, las reservas probadas van a aumentar casi seguramente al ritmo de las exploraciones, las cuales implican inversiones muy significativas y un claro esfuerzo nacional por desarrollar integralmente su industria de petróleos.

En cuanto al gas natural, la siguiente gráfica muestra la clara dinámica que se ha presentado de aumento de la producción en los últimos años. Estos aumentos se están dando también como porcentajes de la producción mundial. Todavía Colombia está por debajo de los promedios de producción de gas natural por habitante mundiales, ya que produce del orden del 0.35 % de la producción mundial. En Colombia los consumos de gas natural son un poco menores que las producciones, debido a las exportaciones.

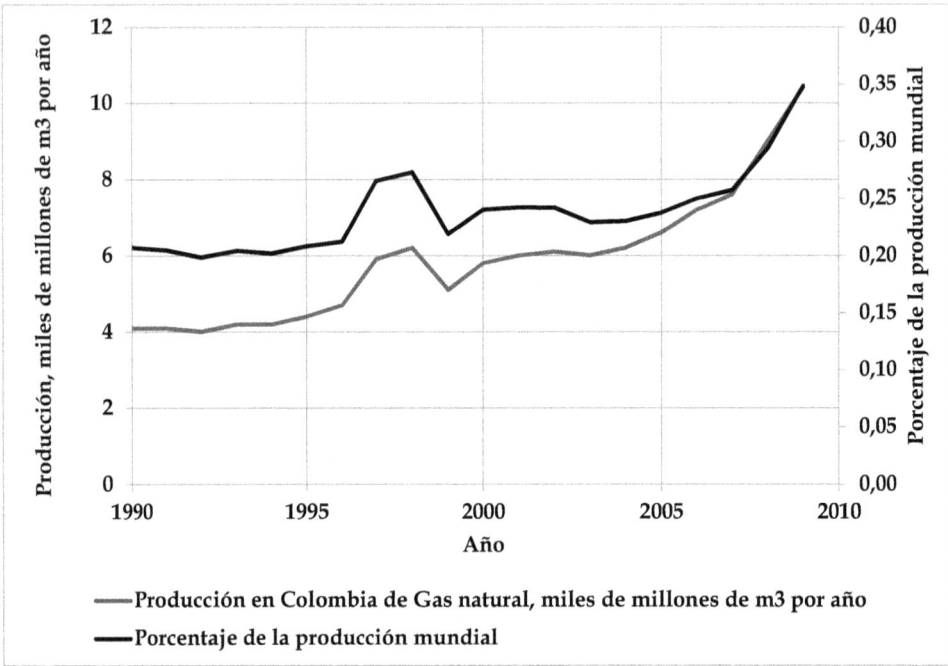

Producción de gas natural y comparación con la producción mundial

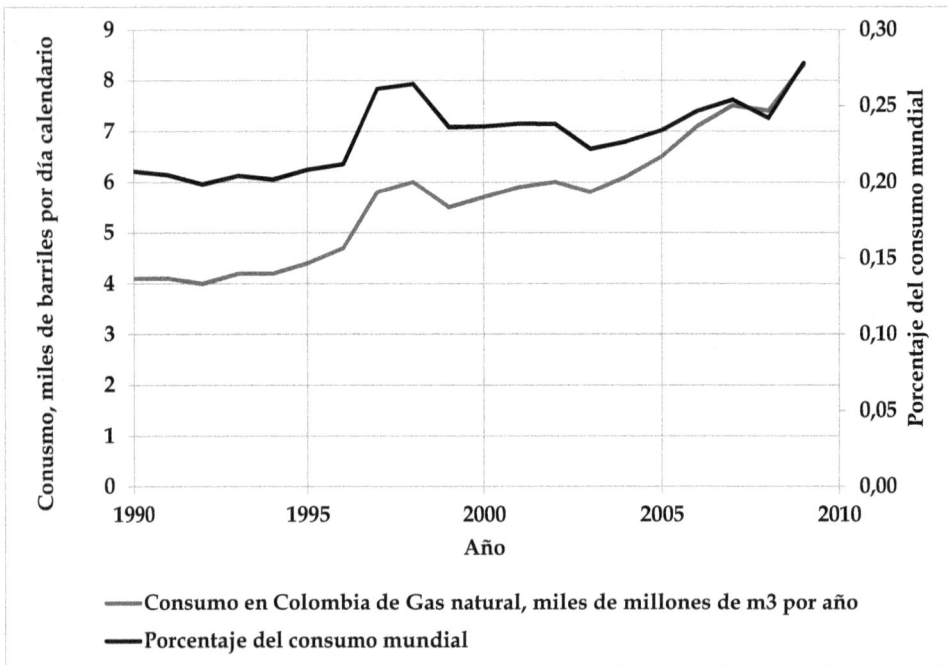

Consumo de gas natural y comparación con el consumo mundial

¿Y cómo es la situación de reservas de gas natural, mirada en términos de años de reservas? Se observa en la gráfica siguiente que la situación de Colombia en este sentido es aún menos favorable que la del petróleo. Tal como en el caso del petróleo, el mundo ha sostenido continuamente un nivel de reservas, pero todavía mayor, en este caso entre 60 y 67 años. Colombia ha perdido su nivel de reservas, el cual viene disminuyendo, siendo en la actualidad del orden de 12 años para producción y de 16 años para consumo.

En cuanto al carbón, la siguiente gráfica muestra la clara dinámica que se ha presentado de aumento de la producción en los últimos años. Estos aumentos se están dando también como porcentajes de la producción mundial. Ya Colombia ha superado promedios de producción de carbón por habitante mundiales, ya que produce del orden del 1.0 % de la producción mundial.

Por el contrario, en Colombia los consumos de carbón son mucho menores que las producciones, debido tanto a las grandes exportaciones como a una tendencia decreciente que se viene experimentando en los patrones de consumo. Estas tendencias van en contravía con las tendencias mundiales. Resulta notable que Colombia no incremente sus patrones de consumo en el caso del carbón, de forma que se ponga a tono al menos con los patrones mundiales. En la actualidad consume solamente el 0.06 % del consumo mundial, cuando su población es el 0.70 % de la población mundial. Debe anotares que el carbón es el único energético que posee cuyas reservas son significativas y superiores a los promedios mundiales. Estas tendencias tienen que ver tanto con políticas de estímulo al gas natural como a falta de oferta tecnológica local suficiente para quemar el carbón en buenas condiciones ambientales y operativas.

En cuanto a las reservas, en el 2009, las reservas carbón en Colombia eran de 6.668 millones de toneladas, en comparación de unas reservas carbón en el mundo estimadas en 825.855 millones de toneladas. Ello indica que Colombia posee el 0,81 % de las reservas mundiales, es decir está ligeramente por encima del promedio mundial, ya que su población es el 0.70 % de la población mundial.

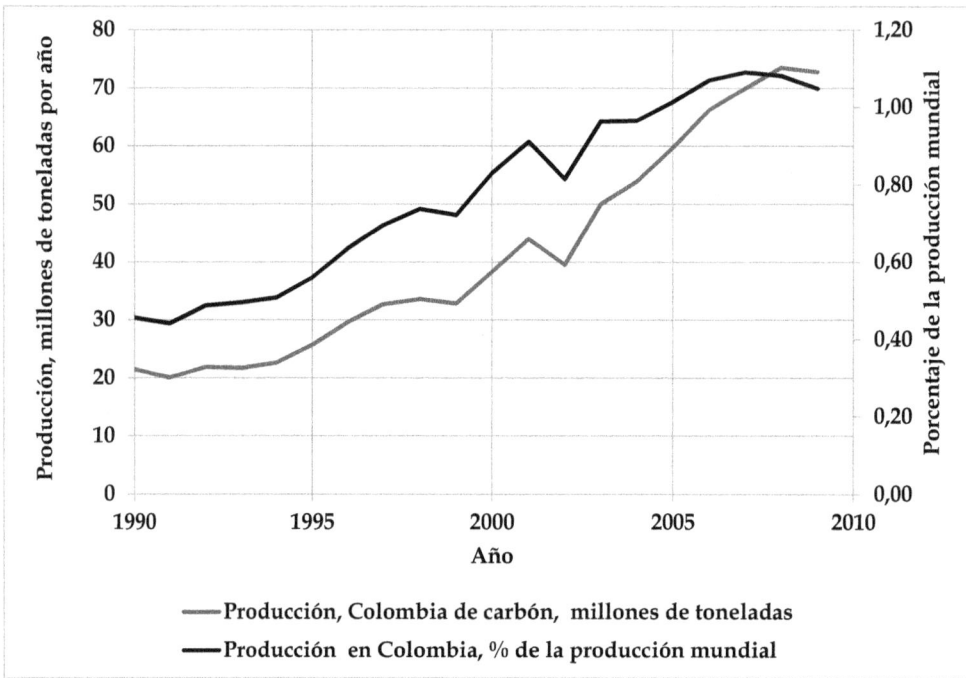

Producción de carbón en Colombia y comparación con la producción mundial

En cuanto a años de reservas, el mundo posee 119 años de reservas en carbón. Colombia cuenta con 92 años de reserva para sus ritmos de producción y 1710 años de reserva para sus ritmos de consumos. Una situación bien distinta a la del petróleo y a la del gas natural.

Las siguientes gráficas examinan la totalidad de la canasta de combustibles de Colombia y su comparación con el mundo. Para elaborar las comparaciones entre combustibles, se supusieron poderes caloríficos según la tabla siguiente.

Poderes caloríficos de los combustibles considerados

Petróleo, PWh por cada barril de petróleo	2,26 4E-09
Gas natural, PWH por cada m3 de gas natural	1,034 E-11
Carbón, PWh por cada tonelada de carbón	6,78 E-09

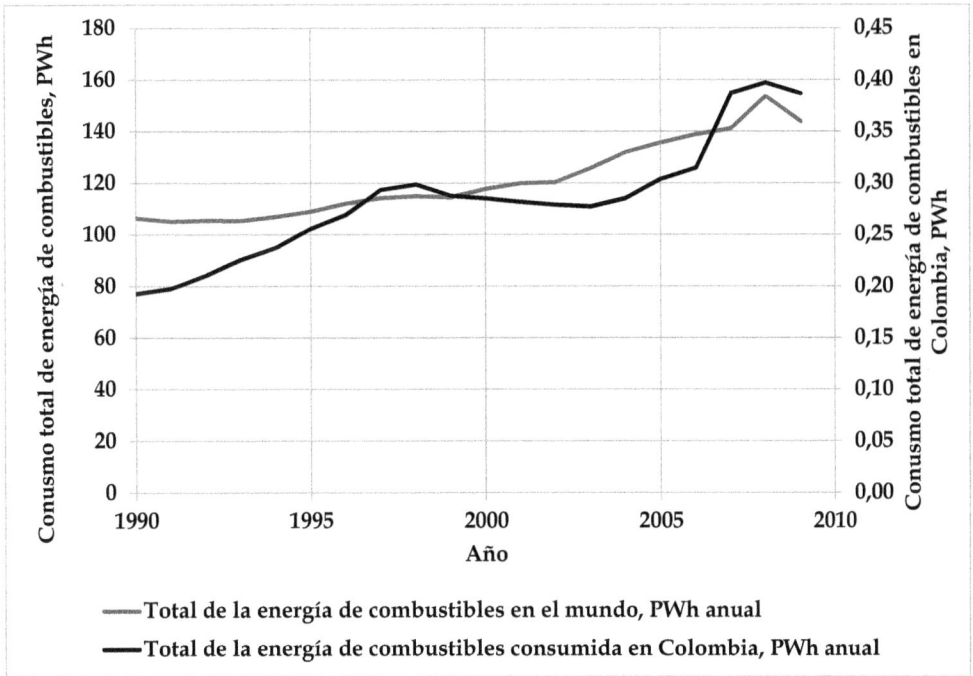

Consumo total de energías de combustibles en Colombia y en el mundo

En la gráfica anterior se aprecia que el país viene creciendo de forma constante en sus consumos de energía totales, expresados en PWh, Petavatios hora, (1015 vatios hora). Su ritmo de crecimiento es algo mayor que el ritmo mundial de crecimiento, el cual también es sostenido.

En total, Colombia es un consumidor bajo de energía, ya que gasta un 0.25 % de la energía total de combustibles del mundo, para una proporción de población del 0.70 %.

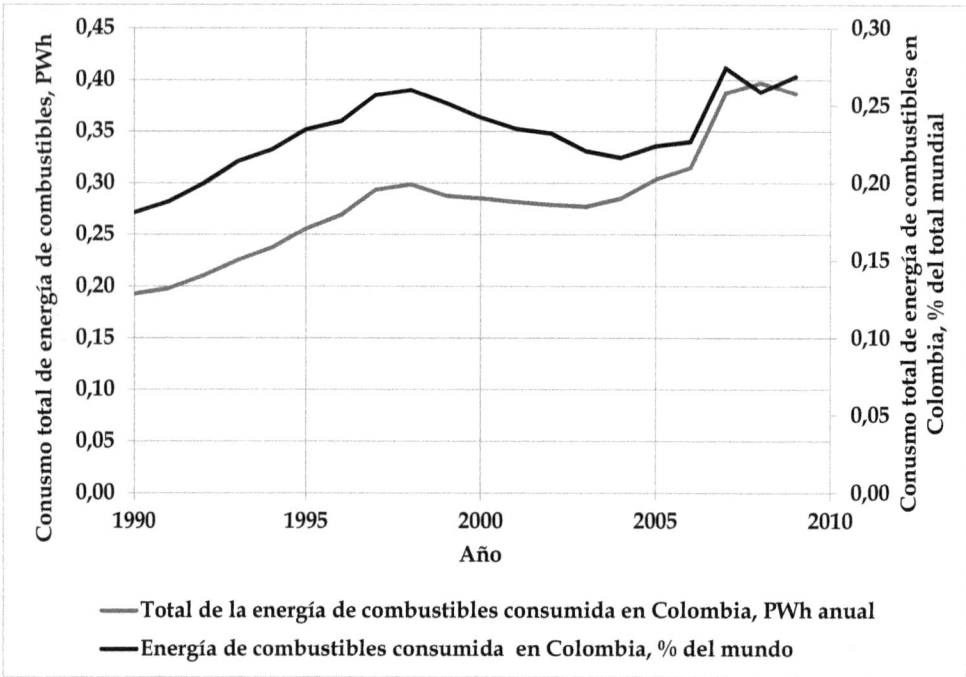

Colombia en el concierto mundial de consumo de combustibles

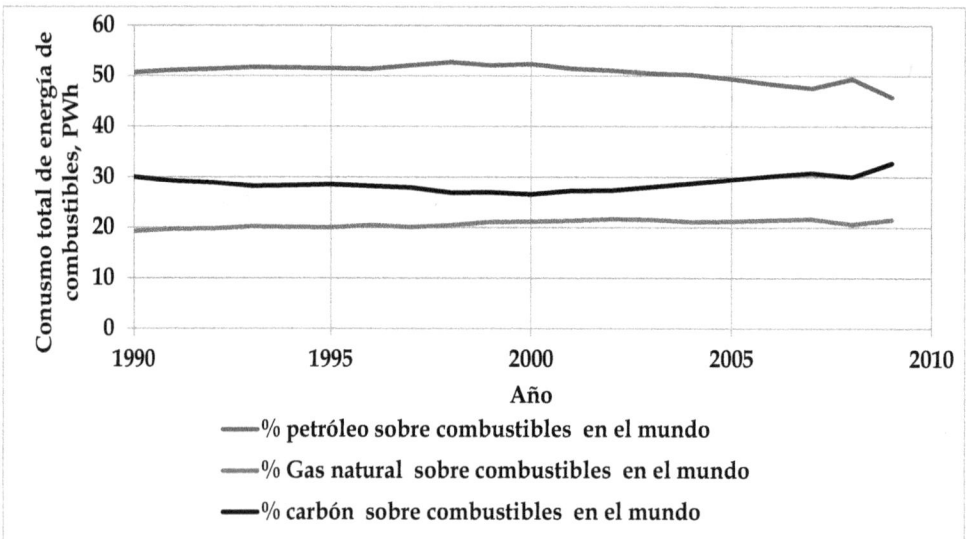

Distribución de los consumos de energía de combustibles en el mundo

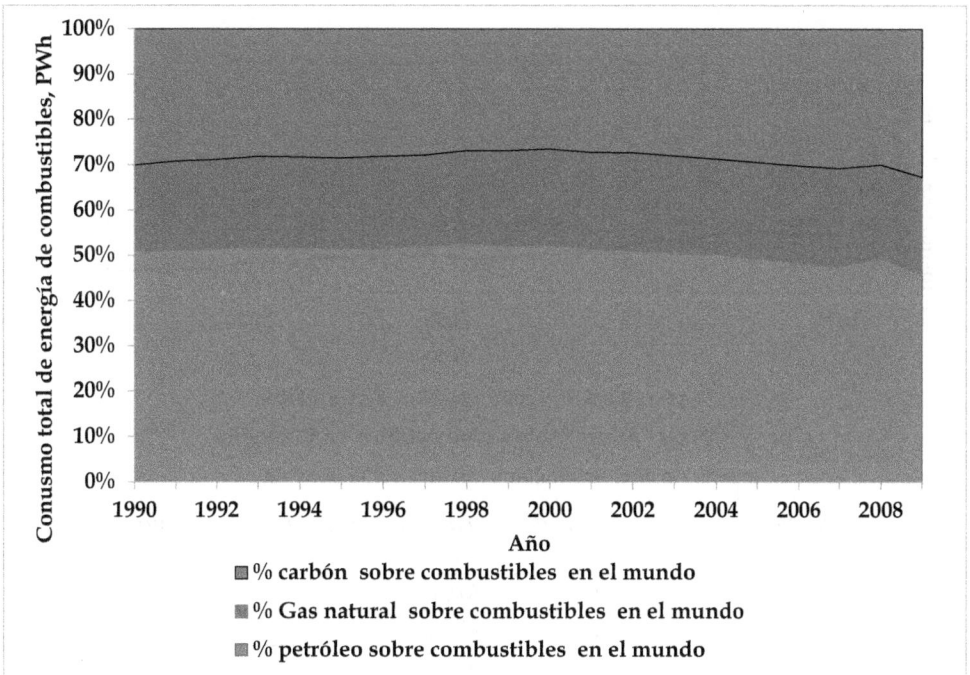

Distribución de los consumos de energía de combustibles en el mundo

Al observar en forma comparativa los consumos de energía de los distintos combustibles en el mundo se aprecia una tendencia a que aumente el consumo de gas natural, a costa del consumo del petróleo, que es el que aporta mayoritariamente a la canasta total de combustibles, con cerca del 50 % del total. En cuanto al carbón, no muestra tendencia a disminuir porcentualmente, más bien aumenta ligeramente. En Colombia las tendencias son distintas, como se observa en la figura siguiente.

En la figura siguiente se observa que el petróleo es mucho más importante, porcentualmente, en Colombia, que en el mundo, con aportes de más del 60 %. El carbón viene perdiendo importancia, mientras la gana el gas natural.

La electricidad es muy importante para el sector industrial. El país cuenta con una capacidad instalada actual de 13 568 MW de los cuales el 66,5 % son hidráulicos. Los térmicos corresponden al 32,8 % del total.

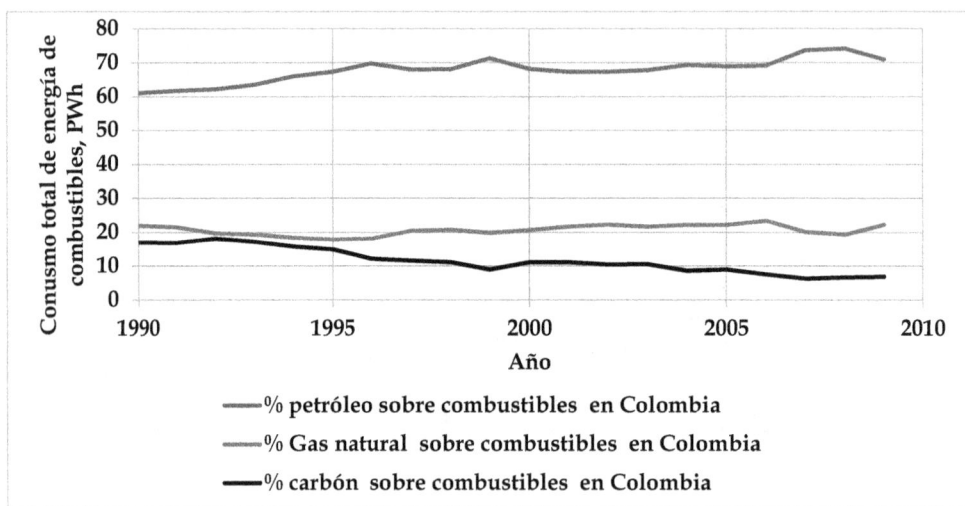

Distribución de los consumos de energía de combustibles en Colombia

	MW	% capacidad
Hidráulica	9.026	66,52
Carbón	700	5,16
Gas natural	3.759	27,70
Eólica	18	0,13
Otros	65	0,48
Total	13.568	100,00

Se observa que apenas comienzan a figurar las fuentes de energía alternas, con la eólica en un 0.13 % de la capacidad instalada. A diferencia de otros países en los cuales el carbón es vital para generar electricidad, en Colombia se genera un 5.2 % de la electricidad a partir de la combustión del carbón.

En cuanto a la generación, en el 2010 se produjeron 55 817 GWh de electricidad, de los cuales el 80,2 % se produjeron con base en centrales hidroeléctricas.

La figura siguiente muestra cómo se comparan las capacidades instaladas con las demandas máximas y las potencias medias generadas. Se observa en el 2010 que se demanda como máximo el 67 % de la capacidad y en promedio se trabaja al 48 % de la capacidad instalada.

Al observar el consumo global de energía del país, considerando la energía de los combustibles y la energía de origen hidroeléctrico y eólico, se aprecia que el aporte de la energía es mayoritariamente térmico.

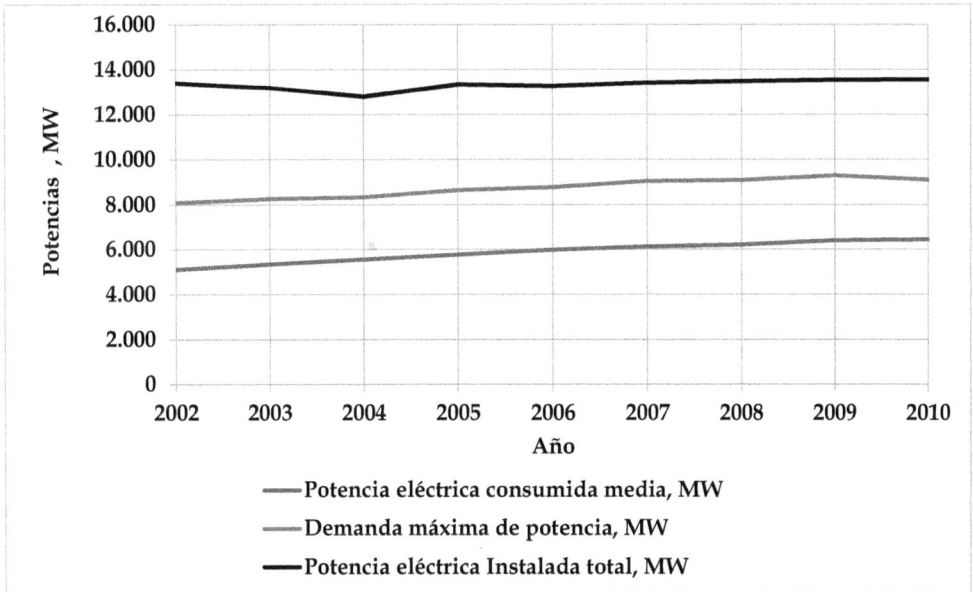

Relaciones entre capacidades instaladas de generación eléctrica y las potencias media y máxima generadas

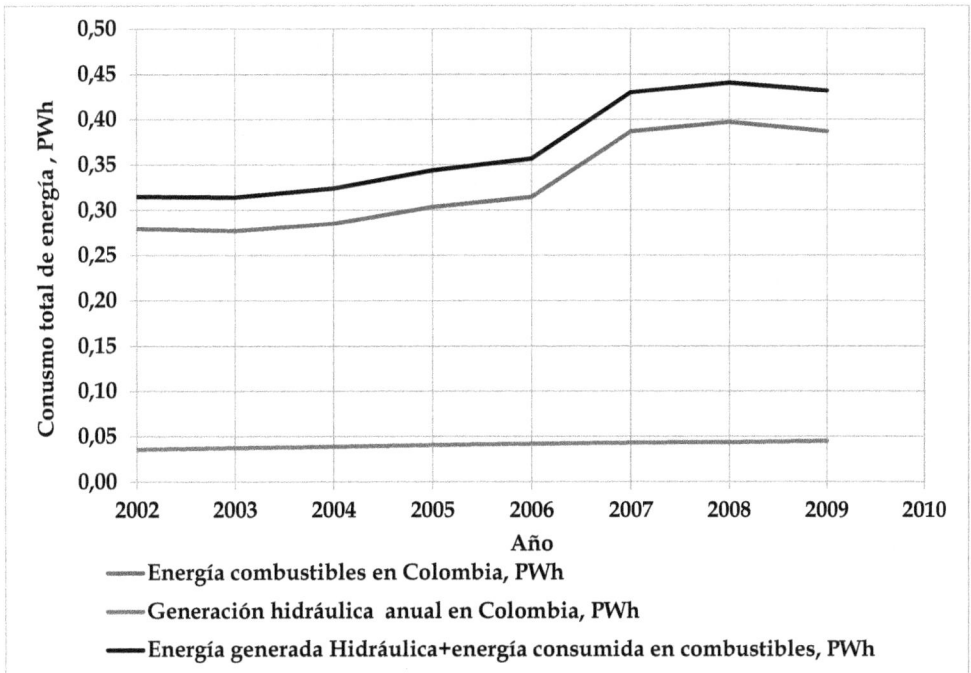

Consumo total de energía en Colombia

La figura siguiente muestra las proyecciones de demanda máxima de potencia en Colombia

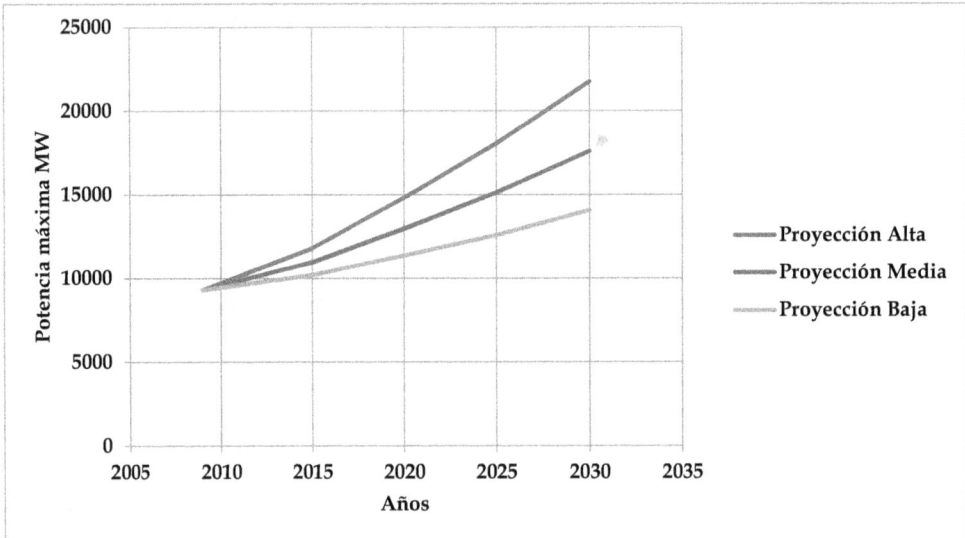

Proyección de la demanda máxima de potencia en Colombia según escenarios

Se aprecia un aumento sostenido que puede ser muy grande para las proyecciones altas. Para satisfacer las demandas se cuenta con la capacidad instalada y con las nuevas centrales que están entrando en operación.

Es bastante evidente que buena parte de los consumos de combustible, al menos en el caso de los derivados del petróleo, se destinan equipo de transporte.

La tabla siguiente, tomada directamente del informe de la UPME muestra cómo se distribuyen los combustibles consumidos en Colombia según tipo.

Se observa la importancia decreciente de las gasolinas, la importancia creciente del diesel y el gran aporte de los fuel oil negros (crudos y combustibles pesados).

PRODUCCIÓN DE COMBUSTIBLES 1990 - 2009
Barriles por Día Calendario

Año	Gasolina Motor Regular	Gasolina Extra	Bencina & Cocinol	Total	Diesel (ACPM)	Queroseno	JP-A	Total	Avi gas	Propano	Total	Fuel-Oil
1990	68.534	7.764	3.597	79.896	41.304	5.845	10.839	57.988	762	13.361	221.910	69.904
1991	77.753	6.712	2.858	87.323	44.647	4.811	11.145	60.603	825	13.975	237.466	74.740
1992	76.052	6.363	2.604	85.018	44.354	5.737	11.461	61.552	566	11.604	224.587	65.828
1993	73.166	7.119	2.144	82.429	50.759	4.748	13.263	68.770	588	11.196	225.292	62.309
1994	69.417	8.907	1.708	80.032	54.761	4.075	13.661	72.496	966	12.757	220.724	54.452
1995	97.714	13.447	1.751	112.912	69.549	5.053	17.287	91.888	792	16.379	276.873	54.901
1996	105.418	3.762	866	110.046	67.022	4.172	16.538	87.732	374	21.735	272.855	52.967
1997	103.006	0	885	103.891	66.480	3.232	15.868	85.581	390	21.592	265.510	54.056
1998	105.127	0	1.812	106.938	63.586	2.609	16.900	83.295	398	20.523	262.548	51.394
1999	111.246	0	2.325	113.571	58.106	2.904	19.445	80.455	502	21.480	272.987	56.979
2000	113.162	910	119	114.191	61.928	584	22.637	85.149	402	22.402	275.317	53.172
2001	115.021	3.497	100	118.619	66.357	444	24.745	91.546	388	23.296	290.390	56.542
2002	102.712	6.261	107	109.080	64.870	414	24.745	90.029	189	22.163	278.359	56.897
2003	98.026	12.083	165	110.274	65.513	2.994	26.767	95.274	863	24.100	283.696	53.185
2004	103.505	11.313	122	114.940	72.802	702	20.605	94.108	878	19.881	290.005	60.198
2005	88.427	8.983	172	97.582	72.469	311	20.000	92.780	1.394	20.000	280.966	69.210
2006	77.369	4.766	126	82.261	83.222	307	17.592	101.121	1.064	20.957	269.454	64.051
2007	69.237	4.273	59	73.569	89.828	331	15.980	106.139	373	17.952	264.982	66.947
2008*	69.138	4.267	59	73.464	78.955	404	21.168	100.527	276	19.931	257.273	63.075
2009*	64.301	3.296	117	67.714	73.116	438	22.925	96.479	253	20.187	244.070	59.437

Año	Alcohol carburante en Colombia, millones de Lt	Biodiesel en Colombia, barriles
2006	266	
2007	272	
2008	256	795.276
2009	326	1.583.388

En el 2009 el alcohol aportó PWh, un % del total de la energía de los combustibles en Colombia y el biodiesel aportó PWh, un % del total.

Año	2006	2007	2008	2009
Alcohol carburante en Colombia, millones de litros	266	272	256	326
Energía alcohol, pWH	0,00157	0,00160	0,00151	0,00192
aporte del alcohol a la energía de combustibles del país, %	0,50	0,41	0,38	0,50
Biodiesel en Colombia, barriles			795.276	1.583.388
Energía biodiesel, pWH			0,00157	0,00313
aporte del biodiesel a la energía de combustibles del país, %			0,40	0,81

La utilización de los derivados del petróleo se destina a los sectores que se indican en la figura siguiente. Se observa que el uso industrial es del orden del 24 %, mientras que el transporte consume el 37 % del total

Se puede concluir de todo este análisis que apenas si comienza en Colombia el uso de las energías renovables y alternativas. Dado el alto peso que tienen dentro del consumo el petróleo y el gas natural y la situación relativamente estrecha de sus reservas en Colombia, es conveniente que desde el sector industrial se vayan teniendo enfoques hacia usos crecientes de las energías renovables. Otro tema a considerar es el del uso del carbón, combustible abundante en el país, el cual se debe visualizar como un recurso importante que se debería utilizar más, naturalmente vigilando estrechamente sus aspectos ambientales, de seguridad y laborales.

- **Energías renovables**

Aunque la demanda de energía a partir de fuentes no renovables se sigue manteniendo, a nivel mundial se están realizando esfuerzos grandes en hacer viable económicamente el consumo de energía a partir de las fuentes renovables como son las biomasas, energía solar, energía mareomotriz y eólica entre otras. El interés en aprovechar otras fuentes de energía parte del agotamiento ya anunciado de las fuentes no renovables, el deterioro de los recursos naturales a nivel mundial por el alto uso de los energéticos y la creciente demanda mundial de energía.

Actualmente existe mucha preocupación por las consecuencias ambientales del uso de recursos no renovables para la generación de energía. La que más está en la mira actualmente es el calentamiento global, al cual se están atribuyendo problemas en los ecosistemas del mundo y en el clima. Se están considerando efectos como el derretimiento eventual de los casquetes polares, el aumento en la frecuencia e intensidad de tornados y huracanes y los cambios en las rutas migratorias de muchas especies de animales entre otros. Otro problema ampliamente conocido del uso de combustibles fósiles es el material particulado suspendido en el aire, el cual causa problemas en las vías respiratorias. Por su naturaleza, de combustibles no renovables, los energéticos obtenidos del petróleo, y el subsuelo tendrán que agotarse en algún momento.

Se ha emprendido entonces una búsqueda a nivel mundial de energías que no generen estos problemas, o que si los generan, tengan un menor impacto. Algunas de estas alternativas son:

- La energía eólica

- La energía solar
- La energía obtenida a partir de biomasas (basuras, desechos orgánicos, residuos industriales con poder calorífico)
- Energía a partir del hidrógeno,
- Los sistemas de cogeneración que aumenten las eficiencias de los procesos de generación de electricidad.
- Energía obtenida a partir de las olas del mar (energía mareomotriz)
- Energía mareomotriz
- Energía hidroeléctrica

Cada una de estas alternativas tiene algunas dificultades o desafíos. Algunos países y diversas empresas se han enfocado decididamente en el desarrollo de sus posibilidades, con resultados cada vez más alentadores, aunque en general sin lograr una clara competitividad con las fuentes tradicionales, excepto para la energía hidroeléctrica.

- **Alternativas energéticas y medio ambiente**

En las últimas décadas se ha visto con preocupación todo lo relacionado con el deterioro de la calidad de los recursos naturales. No hay duda que la mayor parte de los problemas ambientales se deriva de los consumos de energía. Por ello es imperativo el trabajar en forma eficiente con los combustibles y con la electricidad, como se ha señalado ampliamente en este curso.

Por otra parte, las fuentes alternas de energía en general ofrecen mejores posibilidades de usar la energía en forma más limpia y respetuosa con el medio ambiente. Por ello existe un claro incentivo en la búsqueda de nuevas alternativas energéticas que permitan mitigar los impactos ambientales y que sean más eficaces que las energías usadas en la actualidad.

Al igual que con cualquier tecnología, el desarrollo en las energías alternativas es un proceso que se va mejorando con la experiencia y con el desarrollo de la tecnología. Cada día más se logran mejores adaptaciones a los procesos, traduciéndose en menores costos en su generación.

La combustión de los combustibles fósiles genera importantes cantidades de contaminantes gaseosos como el CO_2, SO_2, CH_4, NOX y material particulado. Aunque la emisión de estos contaminantes se controla desde la mayoría de las fuentes industriales con equipos como lavadores de gases, filtros para gases y precipitadores electrostáticos, las fuentes móviles, causantes de la mayor cantidad de los contaminantes atmosféricos no siempre tienen controles efectivos que contribuyan al mejoramiento de la calidad del aire que respiramos.

La sustitución de los combustibles que actualmente usamos por otros combustibles renovables, es ahora una alternativa, pero en algunos años, si seguimos contaminando de la forma como lo hacemos en la actualidad, se convertirá en una obligación.

Aquí radica la importancia de invertir en la investigación y el desarrollo de las energías alternativas. Veamos algunas generalidades de las energías más avanzadas actualmente y los criterios de selección de cada una de ellas:

- **Hidrógeno (H_2)**

El hidrógeno es un combustible muy interesante dado que su combustión solamente da lugar a la producción de agua. Además tiene un poder calorífico muy alto. Se han desarrollado diversos sistemas para generar energía eléctrica a partir de H2 mediante las llamadas celdas de combustibles, con las cuales se facilita su empleo como energético en los vehículos.

El problema con el nitrógeno es que no se lo encuentra ampliamente disponible en la naturaleza en forma no combinada. Generalmente se lo obtiene a partir del gas natural, del biogás generado en rellenos sanitarios y plantas de tratamiento de agua (donde se genera gas metano, CH4), desperdicios agrícolas que pueden posteriormente ser fermentados para generar CH4 ó algún tipo de alcohol.

El metano, es precisamente la materia prima que más se utiliza en la industria para generar hidrógeno. El CH4 es transformado a alta temperatura, mediante procesos con vapor de agua y catalizadores, en un gas rico en hidrógeno el cual es posteriormente purificado para producir hidrógeno grado industrial. En el proceso se genera CO2 gaseoso. Otro método de producir hidrógeno con mayor pureza y eficiencia que cuando se extrae de gas natural, es la electrólisis del agua en la cual se hace pasar corriente eléctrica a través de un reactor electroquímico.

El dispositivo empleado para combinar el hidrógeno con el oxígeno y generar electricidad, calor y agua, se conoce como celda de combustible. Esta produce corriente directa como una batería, pero al contrario de una batería, no se descarga; la celda sigue produciendo energía mientras se disponga de combustible, es decir, se le inyecte más hidrógeno. Existen varias clases de celdas de combustible, generalmente clasificadas según el tipo de electrolito que emplean, así: la de Membrana de Intercambio Protónico (PEM), la de carbonato derretido, las de ácido fosfórico y las de las de electrolito alcalino (las usadas por NASA).

Las celdas de combustible de carbonato derretido funcionan a temperaturas muy elevadas y así son más aptas para aplicaciones a mayor escala, por ejemplo, en plantas eléctricas. Las celdas de combustible PEM son más apropiadas para la generación de energía a pequeña escala, como en vehículos, debido a que son compactas y livianas. Además, las celdas PEM, tienen una eficiencia tres veces mayor a la que presentan los motores de combustión interna, en los cuales la mayor parte de la energía se pierde en forma de calor y fricción.

Ventajas de esta tecnología:
Una celda de combustible genera electricidad combinando hidrógeno y oxígeno electroquímicamente sin ninguna combustión de una manera directa y por lo tanto eficientemente.
Estas celdas no se agotan como lo haría una batería en tanto se les alimente el combustible hidrógeno y el oxidante.
Los únicos subproductos generados son agua 100% pura y también calor.
La energía aprovechable de esta reacción está dada por la diferencia de potencial o voltaje entre ambos electrodos.

Aplicaciones:
Las celdas de combustible al ser generadoras de electricidad encuentran una amplio espectro de aplicaciones que van desde dispositivos portátiles como Laptops, agendas electrónicas, teléfonos celulares, autos y autobuses eléctricos, hasta la alimentación de electricidad en hogares, comercios como oficinas escuelas, hospitales y edificios enteros.

Alrededor del mundo los principales fabricantes de automóviles cuentan con programas de investigación y desarrollo de la tecnología. Estas experiencias las encontramos en el NECAR 4 y el NEBUS desarrollados por la empresa Daimler-Chrysler, el primero de ellos, a partir del Mercedes Benz Clase A, alimentado por una celda de combustión que consume hidrógeno líquido. Actualmente en forma experimental, se encuentra brindando servicio de traslado a personalidades y pilotos en el Aeropuerto de Munich, Alemania, es considerado como de "Vehículo Cero Emisiones", alcanzando una velocidad máxima de 145 km/h, con una autonomía de 450 km y un espacio para cinco pasajeros y su equipaje. El segundo de estos es un prototipo aún, pero se han reportado eficiencias de conversión de energía de hasta un 55%, casi un 15% mayor que un motor diésel.

Otros ejemplos, se encuentran en los autobuses experimentales de transporte público, que circulan por las calles de Chicago y de Vancouver, que ha casi de un año de funcionamiento han arrojado resultados y experiencias de su comportamiento en condiciones normales de tráfico.

En los diversos países hay equipos y plantas para la generación del hidrogeno, en su mayor parte operando con gas natural. Ahora, los niveles de producción son todavía pequeños en comparación con los consumos equivalentes de combustibles que se podrían reemplazar y no se logran las eficiencias netas de conversión y de usos de energía y de gas natural tales que se vuelva económico su uso masivo para impulsar vehículos. Otras plantas producen H_2 a partir de propano y unas más por vía electrólisis del agua. Estas plantas que generan el hidrogeno a partir de CH_4 o de propano se denominan de reformación catalítica.

Las posibilidades que se están explorando para utilizar el H2 implican que los costos finales sean aceptables, que el balance energético sea positivo (es decir que se genere energía neta útil disponible el proceso) y que se generen menos gases de efecto invernadero (CO_2) que por las rutas normales de empleo directo de los combustibles de origen (CH_4, propano, biomasa).

- **Bioenergía y biocombustibles**

Los biocombustibles son obtenidos principalmente a partir de la biomasa, por intervención de microorganismos o por síntesis artificial. El primero es el caso del biogás y el etanol carburante, el segundo es el caso del biodiesel que se obtiene a partir de grasas y aceites por reacción química con alcoholes.

El biogás es básicamente metano (mezclado con CO2) que se obtiene por la acción de células específicas sobre la materia orgánica en un proceso anaerobio (sin presencia de oxigeno), de este se obtiene biogás y subproductos sólidos usualmente utilizados como abono. Se puede obtener a partir de desechos como excremento animal, basura, residuos orgánicos de industrias con materias primas vegetales o animales. Su obtención es relativamente fácil de implementar tanto a escala doméstica como industrial, sin embargo, en la industria es más utilizado como una forma de aprovechamiento de los desechos que con fines comerciales, aunque dependiendo de la cantidad de desechos, el volumen de gas producido puede ser muy significativo.

Los principales biocombustibles desde el punto de vista de producción industrial y sobre todo en Colombia, son el etanol carburante y el biodiesel. La producción y masificación de estos biocombustibles son una preocupación actual de la mayoría de los gobiernos, pues buscan garantizar la autonomía energética respecto al petróleo y la disminución de emisiones a la atmósfera. Además, para los países productores representan beneficios sociales claros en cuanto a la generación de empleos permanentes en toda la cadena de producción de los mismos, el mejoramiento y el desarrollo del sector agroindustrial y de las economías regionales.

Los biocombustibles tienen varias ventajas sobre sus contrapartes de origen fósil:

- Son renovables. En cambio los derivados del petróleo están en evidente agotamiento y con precios cada vez mayores.
- Su uso contribuye a la disminución neta en las emisiones del CO_2 teniendo en cuenta que las plantas de las que provienen las materias primas de biocombustibles (por ejemplo caña de azúcar o palma africana) absorben CO_2 de la atmósfera.
- Los biocombustibles son exentos de azufre y de compuestos aromáticos. El reemplazar con ellos los derivados del petróleo, contribuye a aliviar los problemas de emisiones a la atmósfera, disminuyendo la cantidad de inquemados, de compuestos de azufre, compuestos volátiles orgánicos (VOC) y material particulado.
- Los biocombustibles son biodegradables.

En contraparte:

- Tienen un contenido energético menor que los de origen fósil y por lo tanto demandan mayor consumo.
- Actualmente no pueden ser utilizados sino como mezclas con combustibles fósiles por los motores existentes.
- Pueden presentar problemas de congelamiento a bajas temperaturas.

Alcohol Carburante. El alcohol carburante es aquel que viniendo de la biomasa puede ser utilizado en motores de combustión. Este etanol debe ser anhidro para poder servir a tal fin pues de lo contrario deteriora los motores y presenta problemas de separación de fases.

El alcohol es obtenido por fermentación celular. La fermentación se hace sobre azúcares, pero dependiendo de la materia prima, estos azucares pueden o no estar disponibles a priori. Cuando la fermentación es directamente sobre azúcares, el proceso es bastante eficiente, tal es el caso de la caña de azúcar o la remolacha azucarera. Para el caso de materias primas ricas en almidón como maíz o yuca, se debe primero desdoblar los almidones hacia azucares por acción enzimática o por adición de ácidos. También pueden obtenerse a partir de la celulosa pero este es un proceso más laborioso. El proceso y la materia prima dependen de la disponibilidad de la misma, por ejemplo Brasil utiliza caña de azúcar para producir su etanol pero Estados Unidos que es el primer productor mundial utiliza maíz.

Rendimientos de Algunos cultivos para la producción de Etanol Carburante y Producción de Empleo Especifica

Cultivo	Rendimiento (l/ha/año)	Empleos en agricultura e industria por ha por año	Rendimiento Energético
Caña	9.000	0.18	8.3
Remolacha	5.000	0.65	1.5
Yuca	4.500	0.60	1.2
Sorgo dulce	4.400	0.20	2.9
Maíz	3.200	0.41	1.7

Los rendimientos energéticos de estos cultivos son altos, gracias al proceso de fotosíntesis de las plantas, que emplea la energía solar. El mayor es el de la caña de azúcar con una relación de 8.3 unidades de energía en el alcohol carburante por cada unidad de energía que se suministra en su procesamiento, el resto proviene de la fijación de energía solar.

Luego de la fermentación, el alcohol debe ser separado y purificado. En esta purificación debe ser eliminada toda el agua presente, esta es la parte compleja del proceso pues el etanol y el agua en una composición cercana al 95% en peso de alcohol tienen un estado especial conocido como azeótropo el cual no permite llegar al etanol puro por métodos corrientes de destilación, esto implica manejo de tecnologías especiales por lo que la implementación industrial de este proceso requiere de un capital importante y de ingeniería de calidad.

El etanol carburante se mezcla en alguna proporción con la gasolina y esta mezcla queda denominada según el porcentaje de etanol, por ejemplo E5, E10, E85 son mezclas del 5%, 10% y 85% respectivamente. Los motores actuales pueden utilizar mezclas de E10 sin ninguna modificación, mezclas mayores de etanol necesitan diseños especiales del motor. En algunos países como Brasil y Estados Unidos se comercializan automóviles flexibles que pueden utilizar gasolina y mezclas de etanol en proporciones hasta de E85 o E90, incluso en Brasil se comercializan automóviles que pueden trabajar con E100.

La adición de etanol a la gasolina reduce la cantidad de inquemados (CO) debido al oxigeno que va presente en la molécula del alcohol, además aumenta el número de octano de la gasolina y disminuye la cantidad neta de emisiones de material particulado, compuestos de azufre y aromáticos. El oxígeno adicional sustituye la adición de metil ter-butil éter que se usa como aditivo para la gasolina sin plomo y que es un contaminante fuerte de las aguas subterráneas.

Emisiones Comparativas de la Gasolina Corriente y la Mezcla E10 (Estudio Mezclas con Etanol Anhidro – ECOPETROL 2005)

Compuesto	Gasolina Corriente (g/kW/h)	E10 (g/kW/h)
Monóxido de Carbono (CO)	59.1	49.5
Dióxido de Carbono (CO_2)	83.7	82.6
Hidrocarburos (HC)	4.1	3.6
Óxidos de Nitrógeno (NOx)	2.5	2.2

Actualmente se están desarrollando procesos para la producción de biobutanol que es mejor que el bioetanol en el sentido en que puede mezclarse en mayor proporción con la gasolina sin alteraciones al motor dada su baja presión de vapor, es menos corrosivo y tolera mejor la contaminación con agua lo que le permite ser directamente utilizado con las actuales tuberías de distribución. Además, tiene un nivel energético más cercano al de la gasolina que el etanol.

Biodiesel. El biodiesel es aquel combustible que se obtiene de fuentes renovables, generalmente aceites vegetales, aunque puede obtenerse a partir de grasas animales e incluso de aceites de cocina utilizados.

La forma más común para la fabricación de biodiesel es el proceso conocido como transesterificación. La materia grasa está formada por triglicéridos que son tres largas cadenas carbonadas de ácidos grasos unidas por una molécula de glicerol. En la transesterificación, se adiciona un alcohol y este en presencia de catalizador separa la molécula de glicerol y se une a los ácidos grasos formando un éster de alcohol y ácido graso que es lo que se conoce como biodiesel. El alcohol más utilizado es el metanol pero también se puede utilizar etanol para este proceso, dependiendo del alcohol escogido se utiliza como catalizador hidróxido de sodio o de potasio en el primero y segundo caso respectivamente.
Para obtener biodiesel de alta calidad se debe garantizar un buen aceite por lo cual debe ser refinado previamente y se deben separar todos los subproductos

que se obtienen de la reacción (glicerina, jabones, alcohol, agua) para lo que se necesita un diseño adecuado del proceso según las materias primas.

La producción de biodiesel a nivel industrial se hace a partir de aceites vegetales que provienen de diferentes fuentes, el rendimiento de la producción desde el cultivo mismo depende en gran medida de la planta que produzca el aceite.

Cultivo	Rendimiento (Lt/ha/año)	Empleos en agricultura e industria por ha por año	Rendimiento Energético
Palma africana	5.550	0.27	6.0
Jatropha	1.559	0.30	5.0
Colza	1.100	0.40	1.7
Soya	840	0.37	3.2

El biodiesel tiene mayor lubricidad que el diesel fósil por lo que extiende la vida de los combustibles fósiles, es más seguro de almacenar y transportar pues tiene un punto de inflamación más alto que el diesel fósil. No contiene azufre ni componentes aromáticos y también representa una disminución neta en las emisiones atmosféricas.

Emisiones Comparativas del diesel y diferentes mezclas con biodiesel, Kg/kg de combustible-("Emisiones Gaseosas y Opacidad del biodiesel de Palma", Universidad del Norte, 2005)

Compuesto	Diesel	B5	B10	B20	B100
CO	34,02	31	31	29	18
CO_2	3,12	3,11	3,09	3,06	2,81
HC	100	96	92	89	40
NOx	15,2	15	17,9	18,3	14,0

- **Beneficios de los Biocombustibles**

Por su clima Colombia es privilegiada al poder producir masivamente los dos cultivos más eficientes para la producción de biocombustibles como son la caña de azúcar y la palma africana, esto sumado a una política de estimulación a la producción y consumo de los mismos así como a la investigación y desarrollo del campo harán que Colombia sea en poco tiempo un líder regional en este campo.

La masificación de los biocombustibles en Colombia representa ventajas específicas para el país. En el campo agrícola, la siembra de cultivos para la producción de biocombustibles genera empleo e ingresos a población de sectores tradicionalmente pobres, además estos cultivos entrarían a sustituir en muchos casos áreas destinadas a cultivos ilícitos. Según el ministerio de agricultura, en el área sembrada de palma en la actualidad (330.000 ha) se generan 89.000 empleos, si se sembrara en toda el área potencial disponible para palma se lograrían uno 900.000 empleos. Las 480.000 hectáreas de caña que actualmente hay sembradas generan 90.000 empleos y si se sembrara el área potencial se lograrían 700.000 empleos.

El gobierno ha venido tomando una serie de medidas que estimulan la producción de biocombustibles, tanto bioetanol como biodiesel favoreciendo todo el proceso desde la siembra hasta la producción con beneficios tributarios y de subsidios. Además la legislación establece los porcentajes de mezclado obligatorios lo que permite la sostenibilidad y garantiza el mercado para estos productos. Actualmente la mezcla para etanol es E10 y para biodiesel es B5, inicialmente se ha comenzado en algunas regiones y paulatinamente se extenderá a todo el territorio nacional.

- **Las desventajas de los Biocombustibles**

Según varios sectores, la destinación de tierras para la producción de los biocombustibles tiene dos inconvenientes, el primero es que se está remplazando terreno que antes se utilizaba para la producción de alimentos y el segundo es que se están destruyendo bosques y selvas naturales para el mismo fin.

Lo primero representa una competencia directa entre la producción de combustible y la producción alimenticia que podría llevar al aumento de precios de los alimentos e incluso a escasez de los mismos pues actualmente debido a los beneficios gubernamentales y subsidios es más rentable sembrar para biocombustibles. Esto es cierto en principio pero al final será la economía la que balancee los precios pues el aumento en los precios de los alimentos volverá a hacer rentable cultivarlos y el aumento en la oferta de biocombustibles disminuirá naturalmente sus precios, además, los subsidios de los que gozan hacen parte de una campaña de masificación de los biocombustibles y no necesariamente serán permanentes.

En lo que respecta a la destrucción de bosques y selvas, es en realidad un aspecto delicado pues eliminaría el concepto de combustible ecológico. Según el ministerio de minas y energía, en Colombia hay tierras suficientes para abastecer la necesidad nacional de biocombustibles e incluso para pensar en exportaciones sin necesidad de destruir áreas de selva. Según MinMinas (Colombia), el 41.7% de la tierra apta para agricultura es utilizada en ganadería siendo necesario apenas el 11.2% pues en la mayoría de las ocasiones están subutilizadas con menos de 0.5 cabezas de ganado por hectárea. La mayoría de estas tierras son aptas para la producción de biocombustibles, la cuestión es que los dueños de estas grandes extensiones accedan a hacer el cambio a cultivar caña o palma, de otra forma, la demanda hará que segmentos de la población colonicen y destruyan selvas para la siembra de palma o caña de azúcar.

Uno de los puntos importantes en el debate de los biocombustibles es el balance energético pues se considera que no se está teniendo en cuenta toda la energía indirecta en la producción de los mismos, por ejemplo de los tractores, de la alimentación de trabajadores, el desgaste de las máquinas, la adecuación de los terrenos, la producción de fertilizantes y pesticidas, etc. Los partidarios de los biocombustibles sostienen sin embargo que estas son en general energías de baja calidad y por lo tanto de bajo costo y que la ganancia energética neta es muy significativa.

La producción de biocombustibles aún está ligada a los combustibles fósiles en las etapas de transporte y en la producción de fertilizantes y pesticidas por citar solo dos casos y por esta razón, la emisión neta de gases de invernadero a la atmósfera cuando se tiene esto en cuenta no es tan optimista, sin embargo se sostiene que paulatinamente se llegara a la autosuficiencia en cuanto al transporte y se podrá obtener precursores totalmente naturales.

Obtención de los biocombustibles

Forma de la bioenergía	Proceso de obtención	Fuentes de origen
Biocombustible sólido	Combustión directa, usualmente de sólidos en hornos y calderas.	Residuos industriales y agrícolas, Desperdicios orgánicos de los animales
Biocombustible líquido	Fermentación de los compuestos orgánicos, acompañado de un proceso de destilación y secado. Digestión bacterial Conversión química o bioquímica en un gas rico en metano, y, Hidrólisis de la celulosa.	Residuos de palma Semillas de girasol Bagazo de caña de azúcar remolacha Maíz Soya

Biogas	Gasificación vía proceso de conversión físico o químico a un combustible gaseoso, seguido por la combustión en una turbina o caldera.	Residuos orgánicos industriales y agrícolas. Desperdicios orgánicos provenientes de la actividad con animales. Basuras.

Residuos sólidos. En los casos menos tecnificados, las biomasas se aprovecha por combustión, es decir, se utiliza su poder calorífico, tal es el caso de los residuos de madera, subproductos celulósicos y excrementos de animal. Para aprovechar al máximo el potencial energético de las biomasas, están deben estar libres de agua. En muchos casos de aplicación, estos residuos son generados por la misma empresa, como es el caso de la industria arrocera que aprovecha la cascarilla que se le quita al grano para aprovecharla como combustible en las calderas, igualmente sucede con la industria papelera que entre las múltiples aplicaciones que le puede dar a su residuo de papel, está el usarlo como combustible en la caldera.

Colombia es un país con altísimo potencial energético de los biosólidos, aproximadamente contamos con 21,5 millones de hectáreas dedicadas a la ganadería extensiva con cargas inferiores a media cabeza de ganado por hectárea y en las cuales pueden sembrarse materias primas para biocombustibles. Esto se puede lograr sin comprometer la seguridad alimentaria de los colombianos y con la posibilidad de generación de empleo cercana a 250 mil nuevos empleos por cada millón de hectáreas así aprovechadas. Se evidencia de esta manera que el país tiene una gran oportunidad gracias a la disponibilidad de tierras para producción agrícola que permitirán ampliar la capacidad industrial en biocombustibles y participar en el mercado mundial en un 3–5% tanto en etanol como en biodiesel. El aprovechamiento de los residuos se puede aplicar fácilmente, como en las zonas bananeras, donde las partes no aprovechadas de los cultivos, los productos que no son aptos para la exportación son arrojadas en tiraderos de basura convirtiéndose en problemas ambientales para la población local. En el procesamiento del café, producto agrícola de exportación colombiana, también genera desechos (pulpa y grano no apto). Lo que se puede aprovechar para obtener biocombustibles que a su vez pueden ser usados en la misma planta de procesamiento del grano. Los desechos de los animales también pueden ser usados. El excremento seco se puede usar como fuente de calor directa en las calderas ya que poseen un poder calorífico que las hace apta para la combustión.

Usando los residuos se puede reducir el desecho de basuras. Algunas dificultades que se asocian al aprovechamiento de las biomasas, el combustible ocupa un gran espacio durante el transporte, que también implica un costo de energía. La biomasa tiene un contenido de energía bajo, podría ser un recurso difuso en algunas áreas, es un combustible heterogéneo, y puede servir a veces usos limitados.

Las aplicaciones de las distintas formas de bioenergía incluyen los combustibles para uso en motores, industria química (etanol), biogas (calefacción, electricidad), combustión directa en hornos y calderas (residuos industriales orgánicos).

En general se podría decir que si se trata de un material seco puede convertirse en calor directo mediante combustión, el cual producirá vapor para generar energía eléctrica. Si contiene agua, se puede realizar la digestión anaeróbica que lo convertirá en metano y otros gases, o fermentar para producir alcohol, o convertir en hidrocarburo por reducción química.

Consideraciones prácticas al utilizar un residuo como combustible. Al momento de examinar la rentabilidad de un proyecto de bioenergía se debe revisar lo concerniente al tipo, la cantidad y el costo de la biomasa a utilizar. Los proyectos que utilizan residuos de procesos de producción son los que tienen un potencial de mejor relación costo-beneficio.

Hay a la vez ventajas y desventajas ambientales. Las fuentes de biomasa son en esencia renovables ya que están asociadas con la conversión de CO_2 y del agua de la atmósfera en materia orgánica, por el efecto de la fotosíntesis. Por ello, en cuanto al flujo neto de carbón, se considera favorable, muy pequeño o neutro el impacto sobre el calentamiento global por efectos del CO_2. Sin embargo, se involucra el empleo de minerales y fertilizantes que si bien regresan al suelo eventualmente, no lo hacen en forma disponible para su uso en la vegetación. Es importante tener en cuenta que hay potencial para el deterioro del suelo y de las fuentes de agua en los procesos agrícolas.

Para aplicar la primera forma de introducción de un nuevo energético se debe tener en cuenta su aplicación y su disponibilidad en el medio. Si la empresa propietaria de la caldera desea cambiar el energético, por ejemplo carbón, por biomasa, se deberán aplicar algunos pasos para conocer si realmente este cambio es beneficioso en varios aspectos:

Disponibilidad energética y compatibilidad de tamaños. Seguramente será necesario utilizar equipos auxiliares para acondicionar la biomasa (secadores, briqueteadores, silos, elementos de transporte, de dosificación y de medición). Deben conocerse los poderes caloríficos y sus posibles variaciones. Si el energético es sólido, su tamaño, sus forma y su densidad son importantes, para determinar si es posible quemarla en la caldera tal y como se encuentra o si se deben realizar adecuaciones como reducción de tamaño. Siempre es recomendable hacer ensayos o consultar con entidades o personas que tengan experiencia al respecto.

En general la disponibilidad de energía alternativa va a determinar si se requiere un reemplazo total o parcial del energético actual y las adecuaciones necesarias para esta aplicación.

Costos de la biomasa. Si bien las biomasas son desechos de productos y más bien se paga para que sean aceptadas en algún relleno sanitario, debe considerarse que tales desechos tienen involucrados costos de transporte y de acondicionamiento. En otros casos se paga por ellos.

Por otra parte se van a generar cantidades de cenizas distintas a las existentes en el sistema existente y es posible que haya cambios en los sistemas de ventilación, de manejo de cenizas, en las rutinas operativas, de mantenimiento, de limpiezas y en el control ambiental. Todo esto involucra costos e inversiones y se debe considerar para hacer la evaluación económica del proyecto.

Estado que presenta el desecho. Los desechos combustibles en general van a estar contaminados por otros materiales que reducen su poder calorífico y complican su manejo y utilización. Esto en general va significar menores eficiencias en la caldera. Si están contaminados con materiales inflamables, hay riesgos en su utilización y manejo, para las personas y para los equipos.

Inversiones. Seguramente, como ocurre en cualquier cambio de energéticos, será necesario realizar inversiones y cambios de tecnología. Por ejemplo, casi seguramente será necesario invertir en zonas y equipos de almacenamiento, sistemas de transporte y equipos para el control de los residuos de la combustión. En el caso más general, el uso de una energía alternativa implica la necesidad de adecuaciones tecnológicas.

Impactos ambientales. Las biomasas están constituidas por materiales orgánicos, por ello son compuestos ricos en carbono que al participar en una reacción de combustión van a liberar CO, CO_2, H_2O, entre otros compuestos, dependiendo de su naturaleza química. Además de los gases liberados por la combustión, también desprenderán cenizas que podrán aumentar la generación de material particulado y desechos sólidos de combustión con respecto a la cantidad que se genera quemando carbón. Para el control de los contaminantes generados se pueden instalar equipos como precipitadores electrostáticos, filtros de talegas, ciclones, lavadores de gases, entre otros equipos de control de emisiones.

Se puede dar lugar a problemas de combustión incompleta que hagan más complejo el control ambiental y aumenten los riesgos de explosiones e incendios.

- **Producción en el país de biocombustibles líquidos**

La producción de biocombustibles en el país comenzó a escala industrial desde 2005, con el montaje de cinco destilerías de alcohol carburante en el Valle geográfico del río Cauca con una producción de 1 050 000 L de etanol/día a partir de caña de azúcar. Esta producción cubre, según el Ministerio de Minas y Energía, cerca del 68 % del mercado interno para mezclas E10.

En el caso del biodiesel, el desarrollo se ha dado de forma pausada y, a octubre de 2008, se contaba con una planta de producción ubicada en el departamento del Cesar, que producía 50 000 t/año de biodiesel a partir de aceite palma. Esta producción hasta ahora cubre la parte norte del país. Adicionalmente, existe una planta en Santa Marta que se encuentra en estado de prueba.

Existen proyectos de inversión para el establecimiento de nuevas plantas productoras de biocombustibles, que tienen como objetivo cubrir las proyecciones del programa de mezclas del Ministerio de Minas de E20 y B20 para el año 2012. En producción de etanol, se tiene una meta de producción de 4,7 millones de L por día a 2010 y de 15,4 millones a 2020, de los cuales 10 millones de L estarían disponibles para exportación si se mantiene la meta de mezcla de 20% de etanol. En lo referente a las proyecciones de biodiesel, se tienen metas de producción de 830 000 t/año a 2010 y 2,8 millones de t/año a 2020.

En el entorno internacional, actualmente la producción mundial de etanol es del orden de 150 millones de L/día, incluyendo 60 millones de L/día de Brasil y 75 millones de L/día de USA. En el caso del biodiesel, la producción mundial es de aproximadamente 14 millones de toneladas/día, siendo los principales productores Alemania, Francia, Estados Unidos, Australia e Italia.

Tomando en consideración todos estos factores, para el caso de apoyo a la investigación e innovación en Colombia, se han identificado tres componentes principales de la cadena de producción de los biocombustibles que son: 1) la producción agroindustrial; 2) la transformación de materias primas a biocombustibles y, 3) la optimización del uso final de los productos y subproductos. Las principales áreas de investigación que pueden ser analizadas en estas etapas son:
- Proyección del conocimiento actual sobre caña de azúcar y palma de aceite para adaptar la producción a las diferentes regiones potenciales de cultivo en Colombia.

- Estudiar los aspectos asociados con la producción agrícola de nuevas materias primas con alto potencial en Colombia para la obtención industrial de biocombustibles.
- Desarrollo y fortalecimiento de bancos de germoplasma para las diferentes especies a emplear en producción de biocombustibles.
- Desarrollo de cultivos de rotación en la producción de biocombustibles.
- Utilización de desechos agroindustriales para la obtención de biocombustibles.
- Desarrollo de cultivos de algas y microalgas a partir de cepas nativas.
- Identificación y desarrollo de sistemas microbiológicos para la producción de biocombustibles.
- Aplicación de proyectos de Mecanismos de Desarrollo Limpio (MDL).
- Desarrollo de proyectos de genómica y bioinformática para el análisis y mejoramiento de cultivos existentes y promisorios para producción de biocombustibles.
- Optimización de procesos productivos de primera, segunda, tercera y cuarta generación con miras al incremento de productividad y disminución de impactos ambientales. Algunos ejemplos son los procesos fermentativos para la obtención de alcohol, la degradación lignocelulósica, los subproductos de la glicerina y las vinazas y las alternativas de obtener productos de mayor valor agregado de estas.
- Desarrollo de procesos de segunda generación para la producción de biocombustibles como procesos enzimáticos para producción de etanol, procesos de BTL (del inglés biomass to liquid) para producción de biodiesel, gasificación y Fisher-Tropsch, entre otros.
- Desarrollo de sistemas para la obtención de resinas alquílicas a partir de glicerina.
- Desarrollo de transesterificación in situ para producción de biodiesel.
- Producción de biobutanol a partir de materias primas colombianas.
- Diseño de biorrefinerias para generación de compuestos orgánicos y biocarburantes a partir de materias primas colombianas.
- Producción de biodiesel a partir de algas y microalgas.
- Producción de hidrógeno utilizando bacterias como bioreactores.
- Desarrollo de sistemas microbiológicos de producción de biocombustibles utilizando emisiones de dióxido de carbono.
- Desarrollo de aplicaciones de análisis y modelos computacionales para apoyar el avance rápido de la I+D+I en biocombustibles.
- Desarrollo de la infraestructura biotecnológica para apoyar el aprovechamiento de subproductos de la producción de biocombustibles.
- Estudio de mezclas de bioetanol y biodiesel como combustible.

- Desarrollar los protocolos de operación y actualización tecnológica de la flota automotor colombiana para mezclas superiores a E10 y B5.
- Adaptación de los vehículos para el uso de 100 % etanol carburante o 100% biodiesel.

Energía eólica. Consiste en el aprovechamiento del potencial energético de las corrientes de viento resultantes del calentamiento diferencial de la superficie de la tierra. El momento del viento puede ser aprovechado convirtiendo la energía cinética en energía eléctrica o energía mecánica mediante una turbina.

En principio la generación de energía eólica es una tecnología no contaminante. Se genera la energía eléctrica al hacer girar una hélice conectada a un rotor de un generador. Las turbinas más comunes generan energía por medio de 3 aspas que se montan en una torre, dichas turbinas tienen además un generador, una caja de cambios, y un soporte del equipo mecánico y eléctrico. La turbina comercial más común tiene un rango de 600 kW a 1 MW, potencia suficiente para abastecer 600-1000 casas. Las turbinas más modernas generan de 1,5 a 2,5 MW.

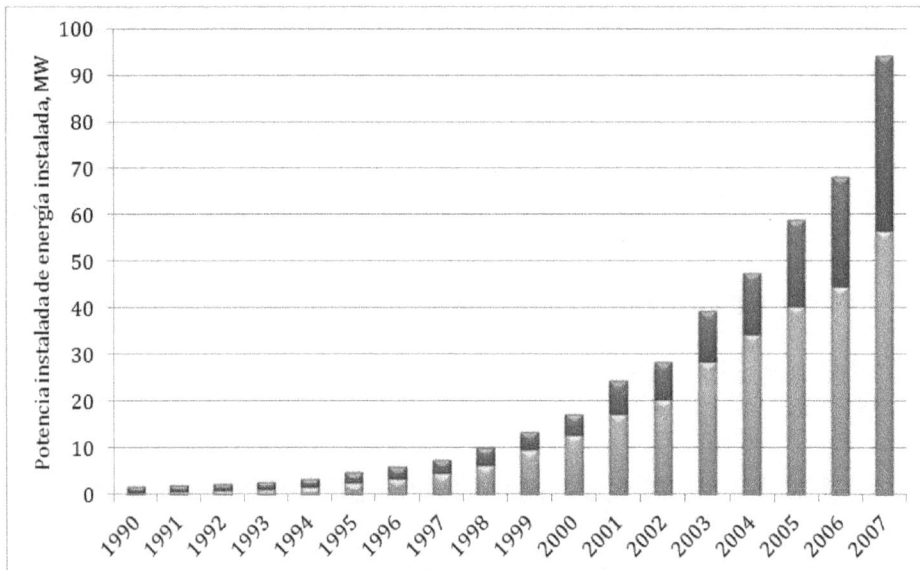

Energía eólica. Potencia instalada en el mundo entre los años 1990 y 2007

En el 2007 en el mundo la potencia instalada en energía eólica era 94 122 MW y al 2009 paso a ser 159 213 MW en todo el mundo. El uso de esta energía viene en aumento en los últimos años. El rango de velocidad del viento que puede resultar aprovechable está entre 15 y 50 km/h. Es de anotar que los vientos en Colombia presentan velocidades relativamente bajas por estar situado el país en la zona tropical. La potencia que se puede generar en una turbina es proporcional a la velocidad del viento al cuadrado.

La existencia de datos de velocidad de vientos, es un factor crítico para la factibilidad de un proyecto de este tipo. Los datos son recolectados por un determinado periodo tiempo usando anemómetros.

Las turbinas más comerciales están ubicadas en sitios que registran velocidades de 6 (m/s) o 22 (km/h). Un sitio óptimo se encuentra a una velocidad promedio de 7,5 (m/s) o 27 (km/h). En Colombia las velocidades promedio del viento tienden a estar en cercanías de los 2 m/s como máximo

Aunque las corrientes de aire son intermitentes, es decir presentan altas variaciones en su velocidad, son factibles de predecir y por lo tanto se puede conectar la salida de la turbina a la malla eléctrica. Una turbina moderna maneja un factor de capacidad (porcentaje de tiempo en el que una turbina genera electricidad) de 20-40 %.

Puntos claves:

- El viento es una fuente intermitente pero predecible.
- Registros de datos de velocidad es un factor crítico para determinar la factibilidad económica de un proyecto de este tipo.
- Los lugares óptimos para instalar un sistema de que aproveche la energía del viento, debe tener velocidades mucho mayores que 7m/s.
- Principales impactos ambientales: deterioro del paisaje, impedimento de uso de suelos, ruido, problemas con los pájaros.
- Es necesario tener licencias ambientales y estudios de impacto para desarrollar este proyecto.

Las aplicaciones aisladas por medio de pequeña o mediana potencia se utilizan para usos domésticos o agrícolas (iluminación, pequeños electrodomésticos, bombeo, irrigación, etc.), Incluso en instalaciones Industriales para desalación, repetidores aislados de telefonía, instalaciones turísticas y deportivas, etc.

Los sistemas más desarrollados y rentables consisten en agrupaciones de varias máquinas eólicas cuyo objetivo es verter energía eléctrica a la red. Dichos sistemas se denominan parques eólicos.

Colombia tiene un potencial estimado de energía eólica de 21 000 MW en la región de la Guajira. El país tiene una capacidad instalada de 19,5 MW de energía eólica (proyecto Jepirachi) y de varios proyectos bajo consideración, incluyendo uno de 200 MW en Ipapure y está en proyecto la instalación de un parque eólico con capacidad de 32 MW en la guajira, por parte de ISAGEN.

Poder potencial eólico en regiones de la costa Atlántica de Colombia, 10 m de altura	
Lugar	Poder eólico (kWh/m²/año)
Cabo de la Vela	3 043
San Andrés	2 182
Providencia	1 727
Rioacha	829
Soledad	633
Cartagena	587
Valledupar	502

Una de las ventajas de la energía eólica es su inagotable disponibilidad, no es contaminante, es de libre acceso y puede aprovecharse en la medida de las necesidades del momento.

Algunas de sus desventajas:
Su distribución dispersa, su variabilidad, no continuidad e imposibilidad de almacenamiento.

Desde el punto de vista económico, aun cuando la inversión inicial necesaria para la instalación de los sistemas de captación eólica es mayor que la requerida para un sistema diesel, los equipamientos eólicos tienen bajos costos de mantenimiento, combustible gratis y una vida útil prolongada, lo que les permite competir cada vez más eficazmente con otras fuentes energéticas.

La siguiente tabla permite visualizar los costos asociados con un proyecto de este tipo.

Energía eólica		
Proyecto	Unidad	Guanacaste, Costa Rica
Potencia	mW	49,5
Inversión	US Millones	100
Inversión unitaria	US $/Kw	2 020
Cambio	$/US $	2 200

Energía eólica		
Proyecto	Unidad	Guanacaste, Costa Rica
Inversión unitaria	$/kW	4 444 444
Recuperación	años	5
Costo capital	% anual	12
Costo capital y recuperación	% anual	32
Horas anuales estimadas a carga diseño		6 000
Energía generada	kWh	297 000 000
Costo capital y recuperación	$/kWh	237

Energía solar. La energía solar es obtenida por el aprovechamiento de la radiación solar sobre la tierra mediante la captación de la luz y el calor. La potencia de la radiación varía según el momento del día, las condiciones atmosféricas y la latitud. Para capturar la energía del sol se utilizan sistemas de espejos y otras superficies reflectivas para concentrar la radiación del sol. Geometrías paraboloides concentran los rayos solares en un punto para producir temperaturas mayores de 1000 ºC. El calor transferido puede ser utilizado para producir vapor que impulse una turbina. La energía solar es una fuente inagotable de energía térmica que se puede almacenar para generar vapor a temperaturas superiores a los 100 ºC. El sol entrega a la superficie de la tierra cerca de 4 500 veces la demanda total de energía a nivel mundial.

Según las cifras de EIA la energía solar no supera el 1 % de la energía comercializada en el mundo, pero ha tenido un crecimiento del 20 % en los últimos años. Respecto a la capacidad de producción anual de energía fotovoltaica, Japón produce 450 MW, Alemania 200 MW, EEUU 170 MW, Australia 40 MW, países Bajos e Italia 30 MW y Suiza 25 MW.

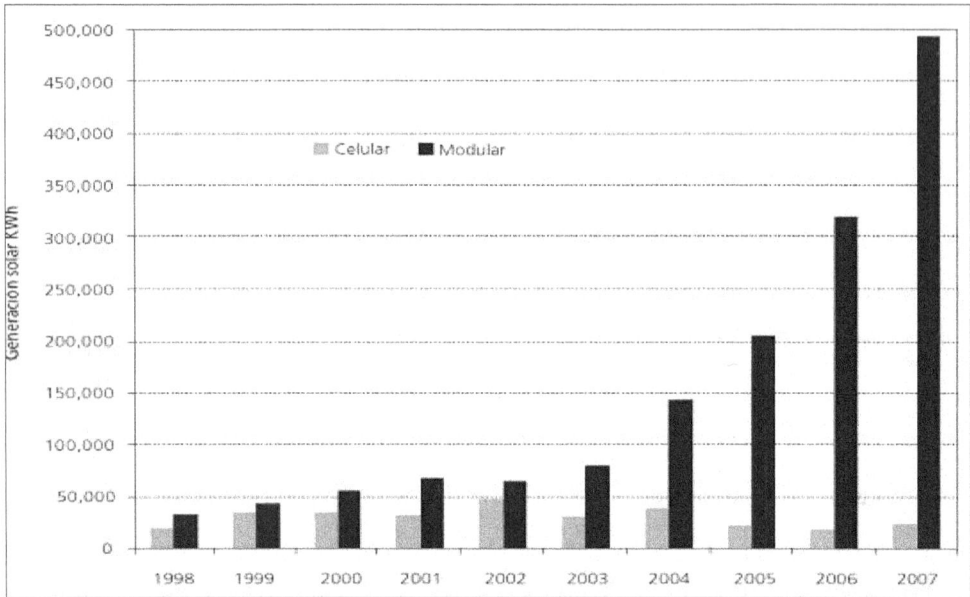

Energía solar. Generación solar en el mundo entre los años 1998 y 2007

Algunos usos de la energía solar transformada son la electrificación rural y de viviendas aisladas, comunicaciones, ayudas en navegación, iluminación, agricultura, aprovechamientos industriales refrigeración/calefacción. Las tecnologías comunes, usadas para captar la energía solar son las celdas fotovoltaicas y los colectores térmicos a baja temperatura. Los rendimientos típicos de estas tecnologías son:

Celda Fotovoltaica de silicio policristalina: 10 %

Celda Fotovoltaica de silicio monocristalina; 15 %

Colectores solares térmicos: 70%

Los paneles solares fotovoltaicos no producen calor que se pueda reaprovechar, aunque hay líneas de investigación sobre paneles híbridos que permiten generar energía eléctrica y térmica simultáneamente. Sin embargo, son muy apropiados para instalaciones sencillas en proyectos de electrificación rural en zonas que no cuentan con red eléctrica.

Algunas de las ventajas de la energía solar son:

- La posibilidad de instalar en cualquier parte del planeta una planta de energía fotovoltaica, cero emisiones,
- Exige poco mantenimiento,
- No necesita radiación solar directa,
- Es un sistemas de fácil ampliación y
- No requiere inversiones adicionales.

Entre sus desventajas se puede contemplar:
- La variabilidad de generación.
- Requiere de un colector para ser aprovechada y de un sistema de almacenamiento para controlar su variabilidad temporal.
- Tiene alto costo de implementación.

3.3.2 Tendencias globales en el consumo de energía y en los cambios tecnológicos

En una proyección de los consumos de energía en el mundo, elaborada por la EIA para el período 2007-2035 se identifican algunas tendencias:

- En el caso de referencia, el consumo global de energía crece un 49 %. La mayoría de este crecimiento ocurre en países de Asia no pertenecientes a la OECD y al Medio Oriente.
- Sin cambios de política que limiten su uso, los combustibles fósiles proveerán cerca del 80% del consumo de energía mundial al 2035. El petróleo permanece como la mayor fuente de energía, aún si su participación total baja. Las fuentes renovables ganan participación en el total.
- Las emisiones de CO_2 asociadas al uso de la energía aumentarán de 30 billones de toneladas en 2007 a 42 billones de toneladas en 2035 bajo las políticas y legislaciones actuales.
- Para satisfacer el crecimiento proyectado en combustibles líquidos derivados del petróleo, requerirá aumentos en suministro convencional y no convencional de 25,8 millones de barriles por día. El precio del petróleo alcanzará los $133 dólares en 2035 (dólares de 2008 por barril).
- El consumo de gas natural aumenta a 44%. Los países en vía de desarrollo de Asia aportan un 35% del incremento en el consumo mundial. El Medio Oriente aporta 32% del incremento de la producción.
- El uso del carbón aumenta 56%. La China y la India son los países que aportan el 85% del incremento.
- La generación de energía nuclear aumenta un 74 %.

- El uso de energías renovables, incluyendo biocombustibles crece 11 %.
- La liberalización del mercado eléctrico, sumado a las restricciones ambientales crea un escenario futuro que se orienta hacia la diversificación energética basada en el uso de fuentes de energía renovables, configurando un sistema eléctrico en el cual los centros de generación se sitúan en puntos cercanos a los lugares de consumo.

Dadas las estrechas relaciones entre la energía y la tecnología, el cambio energético es sí mismo un elemento esencial que está impulsando el cambio tecnológico. Buena parte de los procesos investigativos y de desarrollo en la actualidad están relacionados con aspectos de energía y de medio ambiente. Los sectores energético, industrial y productivo nacionales no pueden estar ajenos a estos esfuerzos de investigación y desarrollo.

3.4 SISTEMAS COMBINADOS Y DE COGENERACIÓN

Con la búsqueda de la optimización de los sistemas energéticos se han desarrollado diversas técnicas de cogeneración de energía, las cuales consisten básicamente en obtener energías térmica y eléctrica a partir de un mismo proceso. Estos sistemas están ganando aceptación en la industria. Se hará un repaso de sus principios de operación, sus campos de aplicación y sus limitaciones.

3.4.1 Esquemas de combinación y de cogeneración

La idea de combinar posibilidades y de generar conjuntamente hace parte de uno de los esquemas más interesantes que se pueden utilizar al momento de aprovechar los potenciales existentes en un sistema.

Existen importantes potenciales para generar energía eléctrica con base en esquemas de cogeneración en el sector industrial del país. Gran parte de las empresas que tienen consumos de combustibles importantes tienen potenciales en este sentido. Siempre será posible combinar los sistemas térmicos y los sistemas mecánicos, dado lo siguiente:

- La generación de energía mecánica a base de energía térmica va a tener una eficiencia baja, en general menor del 35 %. Eso quiere decir que del orden del 65 % o más de la energía térmica empleada en las transformaciones mecánicas puede estar disponible para ser utilizada como energía térmica.
- La energía térmica sobrante puede ser utilizada para generar energía eléctrica adicional.
- El empleo directo de la energía térmica puede ser asociado con la producción de energía mecánica.
- El calor puede ser empleado para reemplazar potencia mecánica en sistemas de refrigeración, con el empleo de sistemas de refrigeración por absorción.
- Se pueden interconectar sistemas para aprovechar estas opciones.
- Existen diversas formas de extraer las energías térmicas y electromecánicas, lo cual permite combinaciones interesantes.

Un esquema de cogeneración puede ayudar a mejorar el rendimiento de las centrales termoeléctricas, utilizando una parte de la energía que se desechada para suministrarla a otros procesos. Naturalmente esto implica la existencia de consumidores de energía térmica en las cercanías de la planta termoeléctrica.

Un esquema de cogeneración puede ayudar al rendimiento y a la economía de una planta de producción de energía térmica, al aprovecharla también para generar energía electromecánica. Naturalmente que esto se facilita cuando la empresa tiene consumos altos de energía eléctrica o mecánica.

Los siguientes diagramas permiten visualizar varias posibilidades.

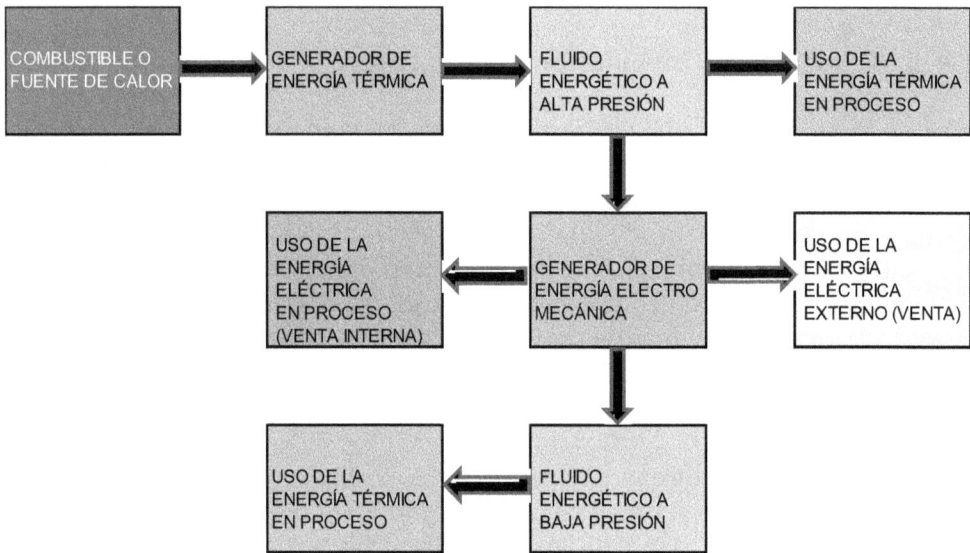

```
┌─────────────────┐   ┌─────────────────┐   ┌─────────────────┐   ┌─────────────────┐
│ COMBUSTIBLE O   │──▶│ GENERADOR DE    │──▶│ FLUIDO          │──▶│ USO DE LA       │
│ FUENTE DE CALOR │   │ ENERGÍA TÉRMICA │   │ ENERGÉTICO A    │   │ ENERGÍA TÉRMICA │
│                 │   │                 │   │ ALTA PRESIÓN    │   │ EN PROCESO      │
└─────────────────┘   └─────────────────┘   └─────────────────┘   └─────────────────┘
                                                     │
                                                     ▼
┌─────────────────┐   ┌─────────────────┐   ┌─────────────────┐
│ USO DE LA       │   │ GENERADOR DE    │   │ USO DE LA       │
│ ENERGÍA         │◀──│ ENERGÍA ELECTRO │──▶│ ENERGÍA         │
│ ELÉCTRICA       │   │ MECÁNICA        │   │ ELÉCTRICA       │
│ EN PROCESO      │   │                 │   │ EXTERNO (VENTA) │
│ (VENTA INTERNA) │   └─────────────────┘   └─────────────────┘
└─────────────────┘          │
                             ▼
┌─────────────────┐   ┌─────────────────┐
│ USO DE LA       │◀──│ FLUIDO          │
│ ENERGÍA TÉRMICA │   │ ENERGÉTICO A    │
│ EN PROCESO      │   │ BAJA PRESIÓN    │
└─────────────────┘   └─────────────────┘
```

Esquema tipo 1 con cogeneración

En el primer diagrama se observa un esquema en el cual se emplea un generador de energía térmica que mediante una fuente de calor produce una salida de fluido a alta presión. Un ejemplo es la generación de vapor sobrecalentado a alta presión en una caldera.

Con este fluido se puede alimentar un proceso. Igualmente se puede llevar este fluido a un equipo que aproveche las altas presiones para generar movimiento mecánico, por ejemplo una turbina de vapor. La turbina se acopla a un generador eléctrico y así genera energía eléctrica. Inclusive, al eje de la turbina se puede acoplar un equipo (por ejemplo un soplador) y así usar directamente la energía mecánica generada.

La energía eléctrica generada se puede aprovechar internamente en la empresa o se la puede vender en el mercado externo.

A la salida del equipo que genera movimiento mecánico, el fluido que había entrado a alta presión, sale a baja presión, pero todavía rico en energía térmica. Esta se puede aprovechar en los procesos.

Como es natural, a la salida de los procesos el fluido, con su energía disminuida, debe salir, ya que la masa se conserva. Todavía contiene energía. Por ello no será posible extraer por completo su energía. Recordemos los límites de aprovechamiento que impone la segunda ley de la termodinámica.

En muchos casos, el fluido que sale (por ejemplo vapor a presión ambiental o condensados del vapor), se lleva de nuevo al sistema generador, en vez de arrojarlo al ambiente. Para ello será necesario acondicionarlo a las condiciones de entrada al generador, lo cual implica extraerle calor, por ejemplo mediante condensadores o torres de enfriamiento. Este calor va a ser arrojado al medio ambiente, como una pérdida.

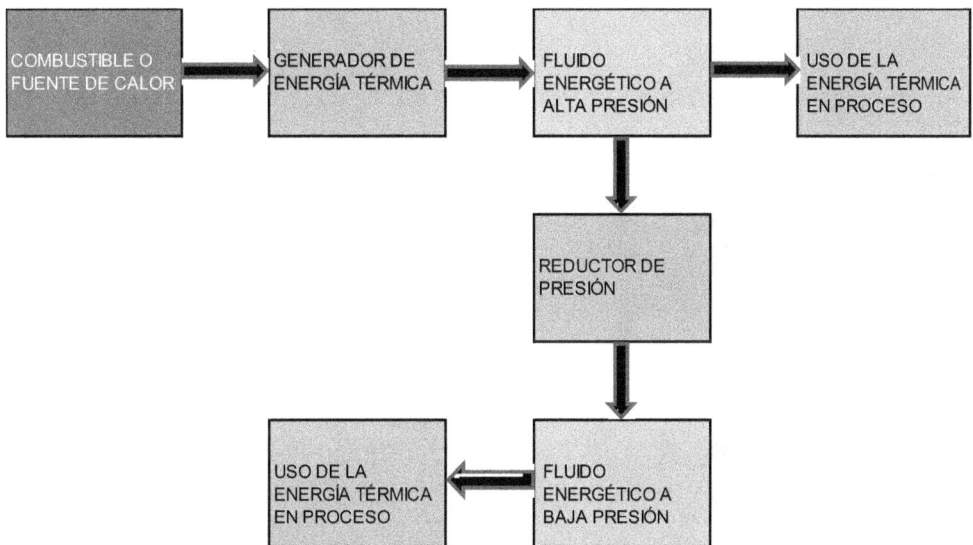

Esquema tipo 1 sin cogeneración

Compárese el esquema anterior con uno sin generar energía electromecánica: En este caso, en vez de utilizar un equipo que aproveche la diferencia de presión en el fluido energético para generar potencia electromecánica, se emplea un elemento reductor de presión (por ejemplo una válvula y un sistema de inyección de agua para acondicionar el vapor a las condiciones de baja presión requeridas). Este elemento no genera energía ni la pierde, pero se pierde exergía, es decir capacidad de generar trabajo útil, por lo cual se genera mayor entropía en el medio ambiente.

Desde el punto de vista integral, que tiene en cuenta medio ambiente, economía, tecnología, empleo, normatividades, energía y administración, existen posibilidades de trabajo diversas, situadas entre las condiciones señaladas en los dos diagramas, algunas de las cuales permiten soluciones optimizadas en comparación con otras.

Otro esquema de trabajo es el siguiente

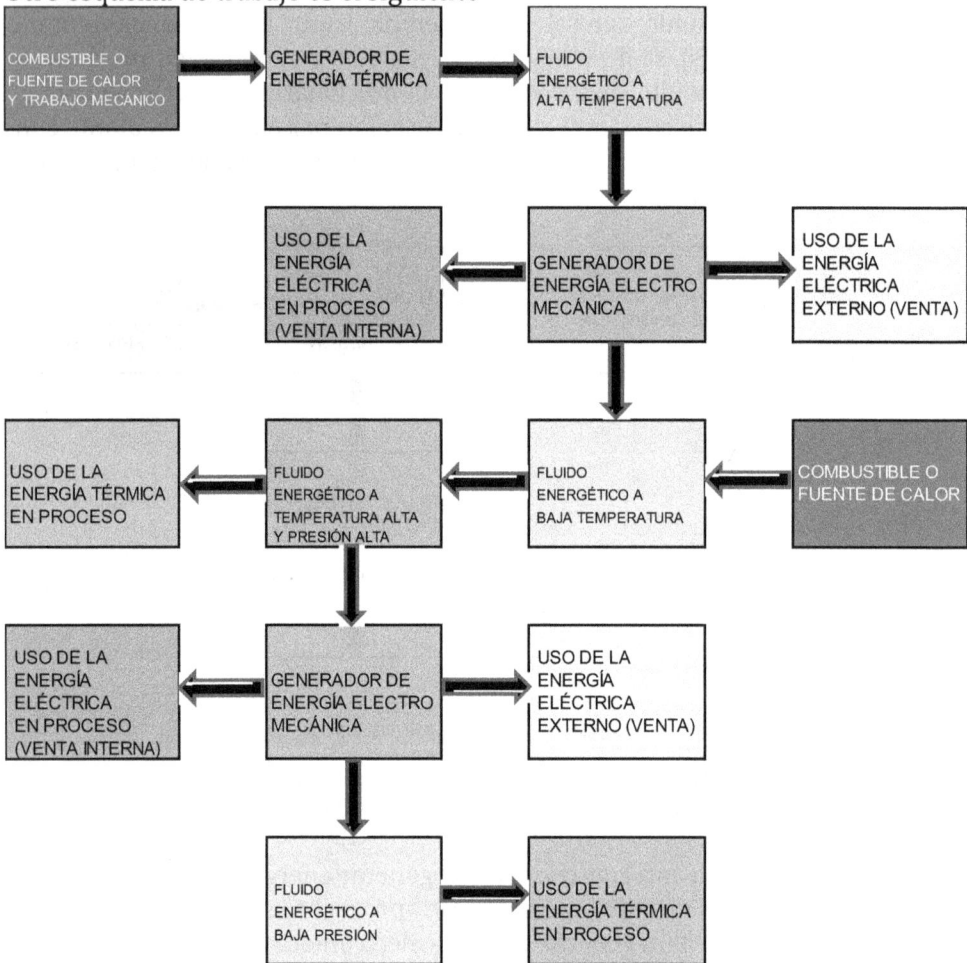

Esquema tipo 2 con cogeneración

En el tercer diagrama se observa un esquema de alta complejidad en el cual se emplea un generador de energía térmica que mediante una fuente de calor y de trabajo mecánico produce una salida de fluido a alta temperatura (igualmente a alta presión), pero sin generar cambios de fase en el fluido. Un ejemplo es la generación de gas combustible a alta presión en una cámara de combustión, el gas presionado previamente mediante un compresor.

Este fluido se lleva a un equipo que aprovecha las altas presiones y temperaturas para generar movimiento mecánico, por ejemplo una turbina de gas. La turbina se acopla a un generador eléctrico y así genera energía eléctrica. Inclusive, al eje de la turbina se puede acoplar un equipo (por ejemplo el compresor necesario para presionar el fluido en la cámara de combustión) y así usar directamente la energía mecánica generada

La energía eléctrica generada se puede aprovechar internamente en la empresa o se la puede vender en el mercado externo.

A la salida del equipo que genera el movimiento mecánico, el fluido que había entrado a alta presión y temperatura, sale a baja presión y temperatura, pero todavía rico en energía térmica. En el esquema mostrado, se inyecta nuevamente energía térmica, para elevar la energía del fluido. Este se lleva a un nuevo elemento, que genere un fluido presionado mediante cambio de fase, por ejemplo, a una caldera de vapor, caso en el cual el fluido presionado es vapor.

Con este vapor se puede continuar con un esquema del tipo 1 con cogeneración, generando electricidad y energía térmica para proceso. Eso es lo que se ha hecho en caso ilustrado en el tercer diagrama.

Como es natural, a la salida de los procesos el fluido, con su energía disminuida, debe salir, ya que la masa se conserva. Todavía contiene energía. Por ello no será posible extraer por completo su energía. De nuevo, recordemos los límites de aprovechamiento que impone la segunda ley de la termodinámica.

Compárese el esquema anterior con un cuarto esquema sin cogeneración de ninguna clase. En este caso, en vez de utilizar un equipo que aproveche la energía térmica que sale del sistema generador de energía electromecánica, simplemente se arroja al medio ambiente, por ejemplo como gases de combustión calientes.

Como ya se ha señalado en el esquema de tipo 1, desde el punto de vista integral, que tiene en cuenta medio ambiente, economía, tecnología, empleo, normatividades, energía y administración, existen posibilidades de trabajo diversas, situadas entre las condiciones señaladas en los dos diagramas, algunas de las cuales permiten soluciones optimizadas en comparación con otras.

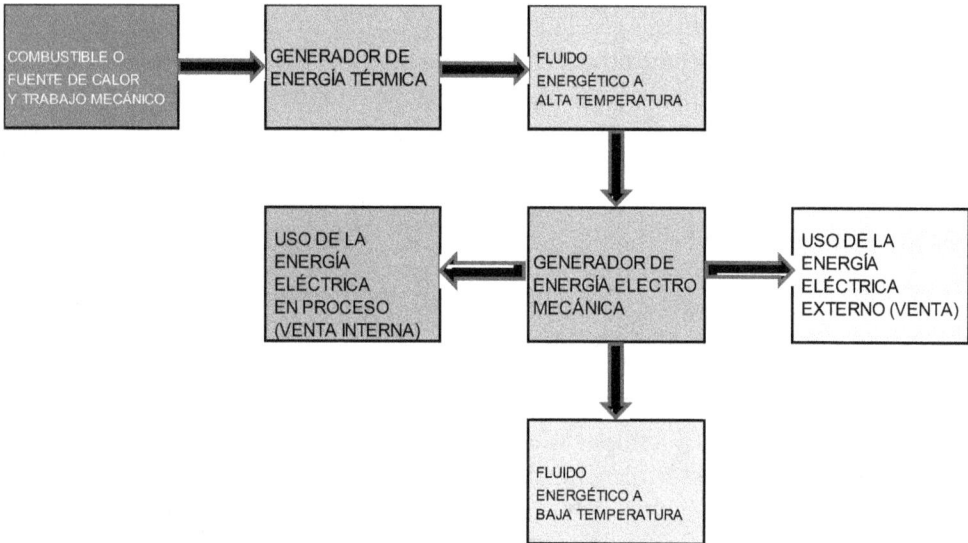

Esquema tipo 2 sin cogeneración

En el caso de los sistemas de enfriamiento, se pueden aprovechar calores de desecho como fuentes de calor en un sistema de refrigeración por absorción, evitando el empleo de altas potencias mecánicas como las que se emplean en los sistemas de refrigeración por compresión. Sin embargo, debe examinarse el hecho de que estos sistemas de absorción en general implican mayores inversiones que los de compresión. Igualmente el empleo de calores de desecho conlleva problemas de tipo práctico, pues casi siempre están asociados con gases o líquidos que contienen impurezas o con bajas temperaturas y grandes áreas de transferencia de calor.

3.4.2 Sistemas combinados y de cogeneración

Como se desprende de las consideraciones anteriores, es una práctica normal el que las centrales termoeléctricas cada vez más utilizan los ciclos combinados de potencia, en vez de trabajar con un ciclo de potencia único. El rendimiento energético se mejora, se disminuye el efecto neto contaminante de la combustión de los combustibles fósiles y la rentabilidad generada permite recuperar el capital invertido para la construcción del sistema combinado dentro de tiempos razonables.

Por otra parte, se mejora la flexibilidad de los sistemas, ya que las centrales pueden operar a plena carga o a cargas parciales para adaptarse a la demanda de energía eléctrica existente.

Las empresas productivas que requieren energía térmica pueden igualmente contar con un sistema de producción conjunta de electricidad, energía mecánica y energía térmica, es decir con un sistema de cogeneración. Naturalmente que las empresas buscan en este caso reducir sus pagos de energía eléctrica contando con un suministro propio a menor costo, garantizando a la vez la energía para sus procesos productivos. Las plantas que adoptan tal sistema pueden en esta forma alcanzan niveles de rendimiento energético altos, generando electricidad y calor simultáneamente. Una planta de cogeneración es recomendable cuando se cuenta con una demanda de calor importante y continuo, combinado con demandas importantes de energía eléctrica; cuando hay cantidades importantes de calores de desechos producidos; cuando la empresa desea contar con mayor confiabilidad en el suministro de energía eléctrica y desea contar con un sistema propio de generación. El análisis de costo beneficio desde el punto de vista económico es muy importante.

- **Elementos básicos de un sistema combinado**

Los sistemas combinados en general se basan en la interacción de ciclos de potencia distintos. Uno de los ciclos emplea como entrada importante de energía el calor que se desecha a la salida del otro. Un sistema combinado muy empleado utiliza ciclos trabajo con gas y con vapor, uniendo un ciclo de turbina de gas (Brayton) con uno de vapor (Rankine). Con tal configuración se alcanzan eficiencias térmicas más altas que si se trabajara cualquiera de ambos ciclos individualmente.

El esquema de una central eléctrica que opera bajo el ciclo combinado de gas y vapor se muestra en la siguiente figura con sus respectivos equipos. Se pueden observar en la figura los dos ciclos. El de gas, a la salida de la turbina de gas, da origen a flujos de salida de gases muy calientes. Esta energía de los gases de escape se recupera mediante un intercambiador de calor (una caldera de recuperación) para producir vapor. Con el vapor se genera electricidad en la turbina de vapor. En este segundo ciclo, el vapor que sale de la turbina va a un condensador donde se convierte en agua, para entrar de nuevo al ciclo de evaporación. Para condensar el vapor se requiere agua de enfriamiento, la cual se calienta y sale hacia el medio.

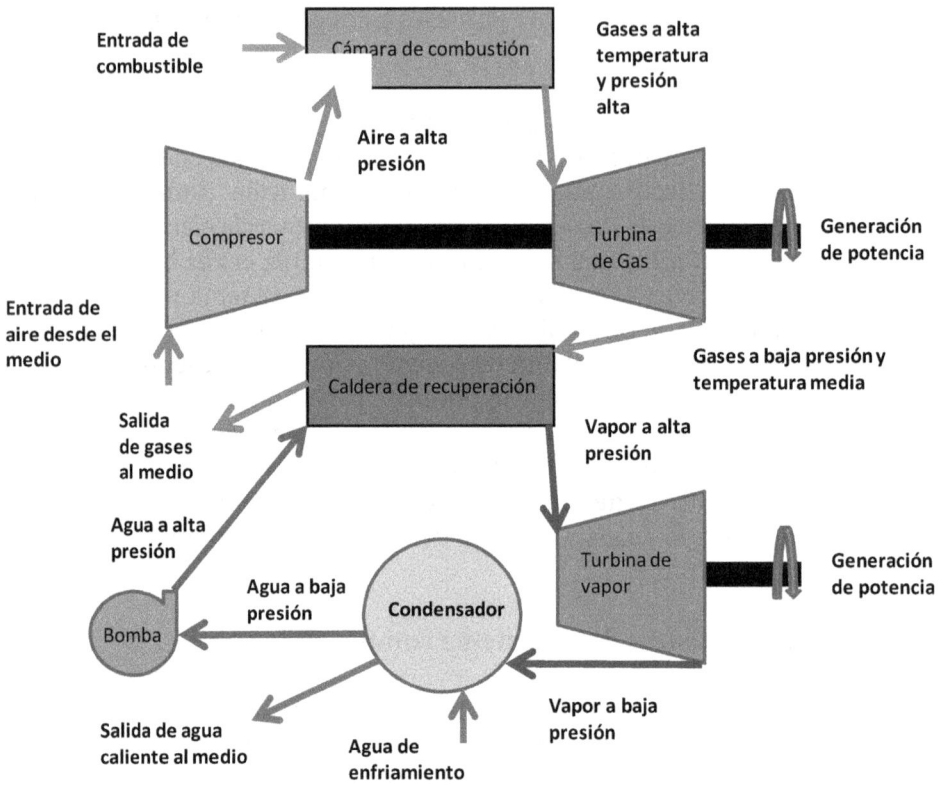

Central termoeléctrica que funciona con un ciclo combinado de gas y vapor

En el ciclo de gas, se trabaja con aire ambiente, que es filtrado y comprimido antes de entrar a una cámara de combustión, en la cual se lo mezcla con el combustible (en general Gas natural) para generar un flujo de gases calientes a alta presión. Estos se llevan a una turbina en la cual se expanden hasta la presión del ambiente, generando trabajo mecánico y energía eléctrica con un generador acoplado a la turbina de gas. El compresor recibe su potencia desde la turbina. Los gases calientes, que están formados por una mezcla de aire, CO_2 y vapor de agua, salen de la turbina hacia el ambiente, a temperaturas bastante altas. El ambiente natural se encarga en principio de cerrar el ciclo. Las plantas (árboles, vegetales) absorben el CO_2, el agua entra al ciclo de agua natural, el calor se disipa en el ambiente y el aire fresco queda disponible para entrar de nuevo al compresor. En el ciclo combinado, se aprovecha la energía térmica (interna, entalpía) existente en los gases de escape provenientes de la turbina de gas, los cuales se hacen pasar por una caldera de recuperación que opera como un intercambiador de calor y los enfría, facilitando el ciclo natural descrito. En la caldera se retira buena parte de la energía disponible en los gases de escape produciendo vapor de agua a presión para la turbina de vapor. Los gases más fríos son entregados a la atmósfera por medio de una chimenea, para proceder al cierre del ciclo de gas tipo Brayton.

En cuanto al segundo ciclo tipo Rankine, el vapor procedente de la turbina de vapor se dirige a un condensador donde es transformado en agua líquida que después es bombeada a alta presión hasta la caldera de recuperación para reiniciar el ciclo.

La turbina de vapor va acoplada igualmente a un generador para producir energía eléctrica.

El rendimiento térmico del ciclo combinado de gas y vapor viene dado por:

$$\eta_{ter} = \frac{w_{neto}}{q_{entrada}} = \frac{w_{neto,gas} + y w_{neto,vapor}}{q_{entrada}}$$

Donde:

w_{neto} : Trabajo neto en el sistema combinado debido a los gases de combustión.

$w_{neto,gas}$: Trabajo neto en el sistema con ciclo de turbina de gas.

$w_{neto,vapor}$: Trabajo neto en el sistema con ciclo de turbina de vapor.

$q_{entrada}$: Calor transferido al ciclo combinado en la cámara de combustión (Ver

El rendimiento térmico del ciclo de potencia de turbina de gas y del de turbina de vapor suele estar entre el 30% y el 40%. Al trabajar con un ciclo combinado, se aumentan los rendimientos térmicos.

- **La cogeneración**

Cuando se presenta el caso industrial en el cual se utilizan cantidades importantes de calor en los procesos y se consumen cantidades significativas de energía eléctrica, resulta factible utilizar el potencial energético existente para producir energía eléctrica internamente evitando desperdicios de energía térmica, tal como se ha descrito. Cuando se hacen estas combinaciones se tienen una planta de cogeneración. Contar con un sistema de cogeneración es producir más de una forma útil de energía (Como calor de proceso y energía eléctrica) a partir de una misma fuente de energía primaria.

Existe la posibilidad de concebir el sistema en tres formas:
1. Generar solamente la electricidad que es factible generar con los calores de desecho disponibles. Naturalmente, cuando se genera menos electricidad que la que se necesita para consumo interno, será necesario comprar la que falta. En este caso las inversiones iniciales van a ser menores y los ingresos por generación de electricidad también. La electricidad se puede "vender" internamente a los precios comerciales a los cuales se compra desde las fuentes externas, los cuales en general va a ser mayores que los costos de generarla.

2. Generar la totalidad de la electricidad que se requiere para consumo interno y obtener la energía térmica para el proceso con extracciones de calor del sistema de cogeneración o con extracciones de calor de la fuente de energía térmica. En este caso las inversiones serán mayores. Como en el caso anterior, la electricidad se puede "vender" internamente a los precios comerciales a los cuales se compra desde las fuentes externas, los cuales en general va a ser mayores que los costos de generarla.

3. Generar energía eléctrica en cantidades mayores que las del consumo interno, bajo condiciones en las cuales se produce la energía térmica necesaria por extracciones del sistema de cogeneración. La electricidad de sobra se puede vender a la malla eléctrica o proveer a otro cliente vía el sistema de la distribución. En este caso las inversiones serán mucho mayores pues la planta eléctrica será de tamaño mayor. A diferencia de los dos casos anteriores, solamente una parte de la electricidad se puede "vender" internamente a los precios comerciales a los cuales se compra desde las fuentes externas. El resto, para venta externa, se venderá a precios de subasta, los cuales en general va a ser mucho menores que los precios de compra. Puede suceder que los costos de generarla sean mayores o poco competitivos en comparación con el precio de "venta" ponderado resultante.

En la situación actual (2011) existente en Colombia, las empresas compran la electricidad a precios del orden de los 220 a los 300 pesos por KWh. En cambio las ventas a la subasta de sus posibles sobrantes de energía eléctrica serán del orden de los 100 pesos por KWh. Adicionalmente deben contar con permisos para estas ventas externas y cumplir con eficiencias de generación mínimas para hacerlo. Esto hace que no sea muy atractivo generar energía para la venta externa.

Un sistema de cogeneración bien diseñado y operado dará lugar a rendimientos energéticos mejores que los de una planta convencional y es posible que el resultado económico neto sea atractivo. Se desprende que los ingresos evaluables van a resultar de las ventas de electricidad que resulte barata de producir, en comparación con los precios de venta internos y externos. Pero el criterio de tamaño de las plantas va a tener que ver con utilizar adecuadamente el calor generado en los procesos internos o para ventas a usuarios cercanos.

Las unidades de cogeneración se pueden categorizar de acuerdo al tipo de elemento que convierte la energía térmica (entalpía) en trabajo mecánico y al tipo de combustible utilizado. El elemento de conversión de energía se denomina motor primario.

Las turbinas de vapor han sido usadas como motores primarios desde hace muchos años. Se alimentan con vapor de alta presión recalentado (es decir, calentado por encima de su temperatura de saturación a la presión a la cual entra a la turbina). El vapor recalentado se genera en una caldera equipada con recalentador. En la turbina se expande, es decir, pierde presión y densidad, con lo cual experimenta un cambio de entalpía que se convierte, según la primera ley, en trabajo mecánico. La energía mecánica correspondiente sale por el eje de la turbina para mover un generador eléctrico. La potencia producida depende naturalmente del flujo de vapor y del cambio de entalpía que se produce. Una turbina ideal, trabaja en forma adiabática y reversible, a entropía constante y logra el máximo cambio posible de entalpía. En la realidad se producen fricciones y pérdidas e irreversibilidad. La eficiencia se obtiene comparando el cambio de entalpía real de la turbina con el que se obtendría a entropía constante. Las turbinas de vapor trabajan con eficiencias entre un 70 y un 85 %. .

Cuando se trabaja con turbinas de vapor en proceso de cogeneración se puede extraer parte del flujo de vapor en una etapa intermedia del paso por la turbina, para llevarlo a proceso a la presión requerida, que en este caso va a estar intermedia entre la presión de salida de la caldera y la presión de condensación del vapor.

Las turbinas de gas se han vuelto cada vez más importantes como motores primarios. Se utilizan por ejemplo en los motores de aviación y en casi todas las plantas térmicas operadas con gas natural. En estos equipos se reciben gases de combustión provenientes de una cámara de combustión presurizada, alimentada con gas natural. Los gases calientes y presurizados (900ºC-1200 o C) son usados para hacer girar las aspas de la turbina y así producir energía mecánica. La energía residual en forma de gases calientes contiene cantidades importantes de energía remanente que puede ser utilizada para generar energía térmica en procesos o en una caldera de recuperación.

La energía mecánica disponible puede producir energía eléctrica en un generador y usarse para impulsar bombas, compresores y sopladores.

Como las turbinas de gas trabajan a condiciones de altas velocidades y temperaturas, deben trabajar con gases combustibles limpios y libres de partículas que erosionen las aspas y de gases corrosivos. Por ello se trabajan con combustibles limpios como el gas natural.

Los Motores de combustión interna de tipo reciprocante son también importantes motores primarios. Pertenecen a este grupo los motores diesel y a gasolina. A diferencia de las turbinas de gas, la combustión ocurre dentro de cilindros equipados con émbolos y bielas, que convierten las explosiones del combustible en movimiento en un cigüeñal. Estos equipos disipan el calor residual en buena parte en sus sistemas de refrigeración que protegen al motor de las altas temperaturas y los gases de salida no son tan ricos en energía residual como en el caso de las turbinas de vapor. Por ello presentan menos oportunidades de aprovechamiento de calores residuales que las turbinas.

Las aplicaciones más apropiadas para utilizar las energías residuales en esto equipos son la utilización de los gases en calderas de recuperación para generar vapor, el calentamiento de agua, el secado con los gases de salida y la generación de aire caliente.

Los Generadores convierten la energía mecánica del eje en electricidad. Es una máquina eléctrica que realiza el proceso inverso al del motor eléctrico, el cual transforma la energía eléctrica en energía mecánica. Aunque la corriente generada es corriente alterna, puede ser rectificada para obtener una corriente continua. , pueden ser sincrónicos o asincrónicos.

Los generadores son equipos de altas eficiencias. Las pérdidas que se presentan son las pérdidas eléctricas o pérdidas en el cobre (Pérdidas de tipo IR^2); pérdidas eléctricas en el núcleo (causadas por la histéresis y por corrientes parásitas que se presentan en los núcleos metálicos) y las pérdidas mecánicas por fricción o rozamiento debido a las partes en movimiento o a los acoples (cojinetes, rozamientos con el aire).

Una planta de cogeneración de tipo idealizado se presenta en la figura siguiente. En este esquema se puede observar la posibilidad de generar energía y suministrar calor a algún proceso industrial.

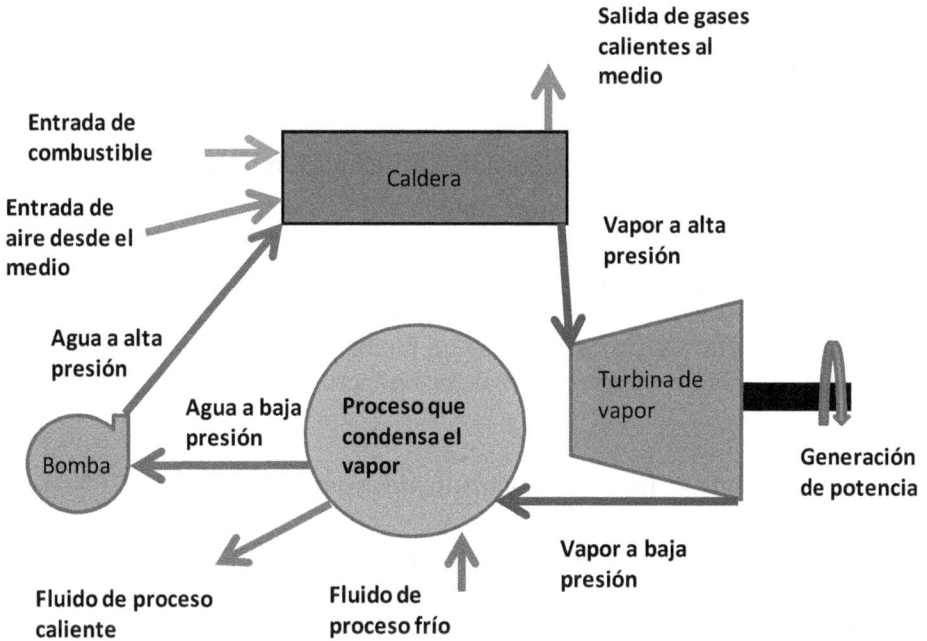

Planta de cogeneración idealizada

En el ejemplo, que se refiere a una planta idealizada, en la cual el vapor sale de la turbina hacia un calentador de proceso, del cual sale como líquido saturado, de manera que no se liberan calores de desecho hacia el medio en el ciclo de vapor. El agua así condensada se bombea hacia la caldera.

En el caso presentado, toda la energía transferida al vapor en la caldera se emplea ya sea como calor de proceso o como energía eléctrica. Es apropiado definir el factor de utilización o rendimiento global ε_u como:

$$\varepsilon_u = \frac{\dot{W}_{neto} + \dot{Q}_p}{\dot{Q}_{entrada}} = 1 - \frac{\dot{Q}_{salida}}{\dot{Q}_{entrada}}$$

Donde:

$\dot{W}_{neto}$: Salida de trabajo neto.

$\dot{Q}_p$: Calor de proceso entregado.

$\dot{Q}_{entrada}$: Entrada total de calor.

$\dot{Q}_{salida}$: Calor rechazado en el condensador. Se incluye también todas las pérdidas térmicas de la tubería y otros componentes

La planta ideal de cogeneración identificada en la figura anterior, que opera con turbina de vapor y es capaz de utilizar toda la energía del vapor que sale de la turbina para calentar un proceso, posee un factor de utilización de 100%. En la realidad, las plantas de cogeneración alcanzan factores de utilización de alrededor de 60 al 80%.

En la figura siguiente se muestra una planta de cogeneración real.

En ella parte del vapor procedente de la turbina, a una presión intermedia, se utiliza para calentar algún proceso. El resto del vapor se expande hasta la presión del condensador y luego se enfría a presión constante. El calor rechazado desde el condensador representa el calor de desecho en el ciclo. Igualmente el calor expulsado en los gases calientes que salen de la caldera.

El máximo calentamiento del proceso ocurre cuando todo el vapor proveniente de la caldera pasa a través de una válvula de expansión o de reducción de presión (VRP) ($\dot{m}_5 = \dot{m}_4$), de esta manera ninguna potencia se produce. Cuando no hay demanda de calor para proceso, todo el vapor pasa a través de la turbina y el condensador ($\dot{m}_5 = \dot{m}_6 = 0$), y la planta de cogeneración opera como una central ordinaria eléctrica de vapor.

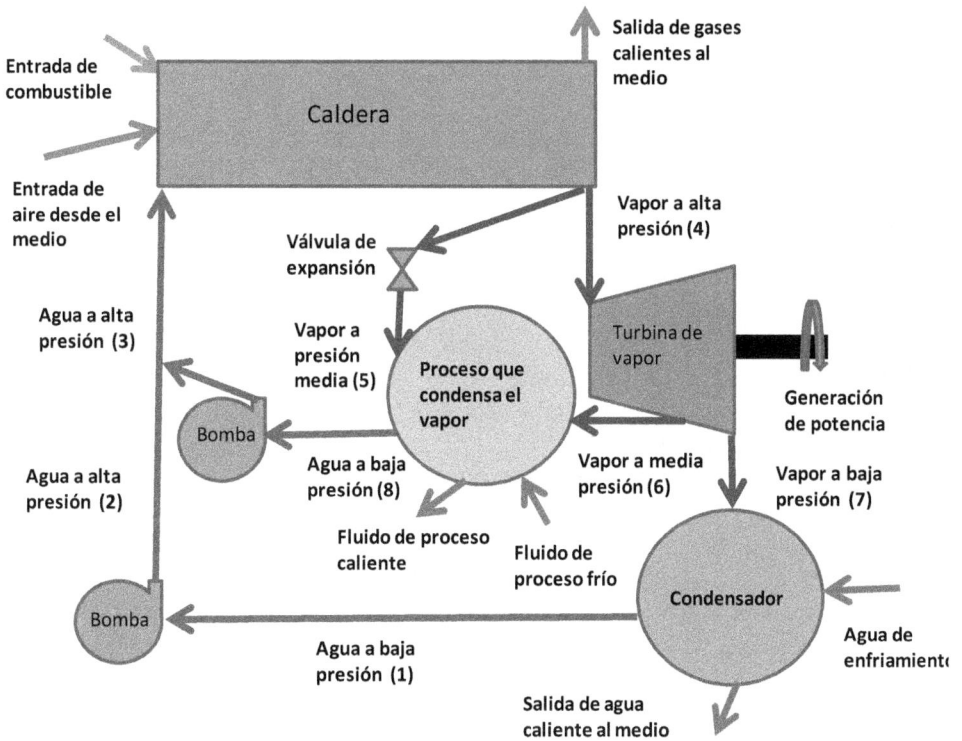

Planta de cogeneración real

Los flujos de entrada de calor, calor rechazado y el suministro de calor al proceso, así como la potencia producida en la planta de cogeneración de la figura anterior, se expresan respectivamente como:

$$\dot{Q}_{entrada} = \dot{m}_3 \left(h_4 - h_3 \right)$$

$$\dot{Q}_{salida} = \dot{m}_7 \left(h_7 - h_1 \right)$$

$$\dot{Q}_p = \dot{m}_5 h_5 + \dot{m}_6 h_6 - \dot{m}_8 h_8$$

$$\dot{W}_{turbina} = \left(\dot{m}_4 - \dot{m}_5 \right)\left(h_4 - h_6 \right) + \dot{m}_7 \left(h_6 - h_7 \right)$$

Siendo $\dot{m}_i$ y h_i los flujos másicos de vapor y las entalpías específicas según el esquema mostrado en los distintos puntos de entrada y de salida.

Dependiendo del punto de proceso en el cual se lleve a cabo la generación de energía eléctrica mediante el motor primario se pueden clasificar los ciclos para cogenerar.

En un ciclo primario, la energía eléctrica es generada en el primer paso luego de la entrega de la energía térmica primaria. A la salida del motor primario se genera calor residual, que se puede suministrar a los procesos constituyendo en un segundo paso (ver la figura siguiente).

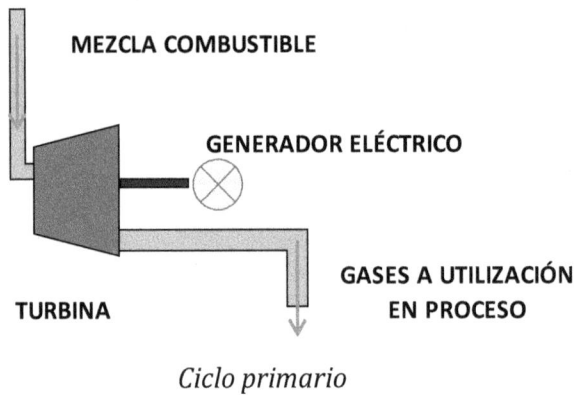

Ciclo primario

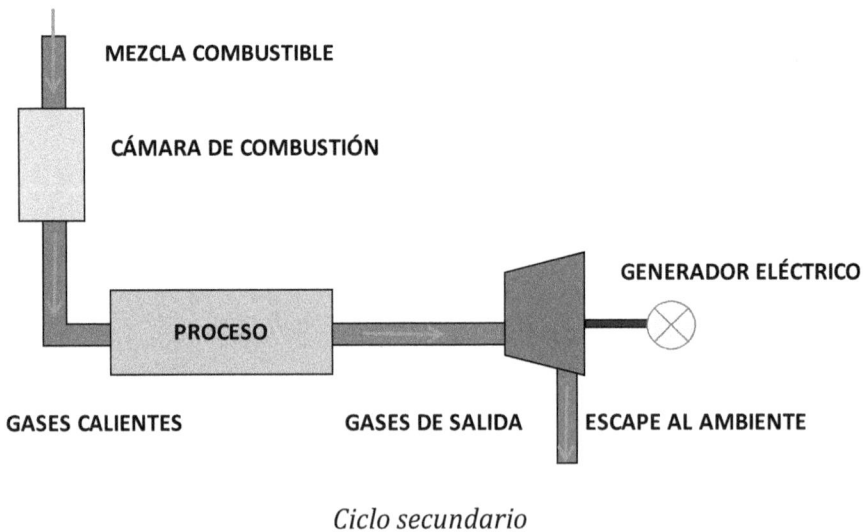

Ciclo secundario

En el ciclo secundario, la energía térmica residual de un proceso es la utilizada para producir la electricidad. Estos ciclos están normalmente asociados con procesos industriales en los que se presentan altas temperaturas en los gases residuales como el caso de las turbinas de vapor. Los calores residuales pueden ser corrosivos por lo que los intercambiadores de calor serían costosos.

La cogeneración mediante ciclos combinados aprovecha la temperatura de los gases de escape de la turbina de gas para generar el vapor que acciona la turbina de vapor (ver figura siguiente).

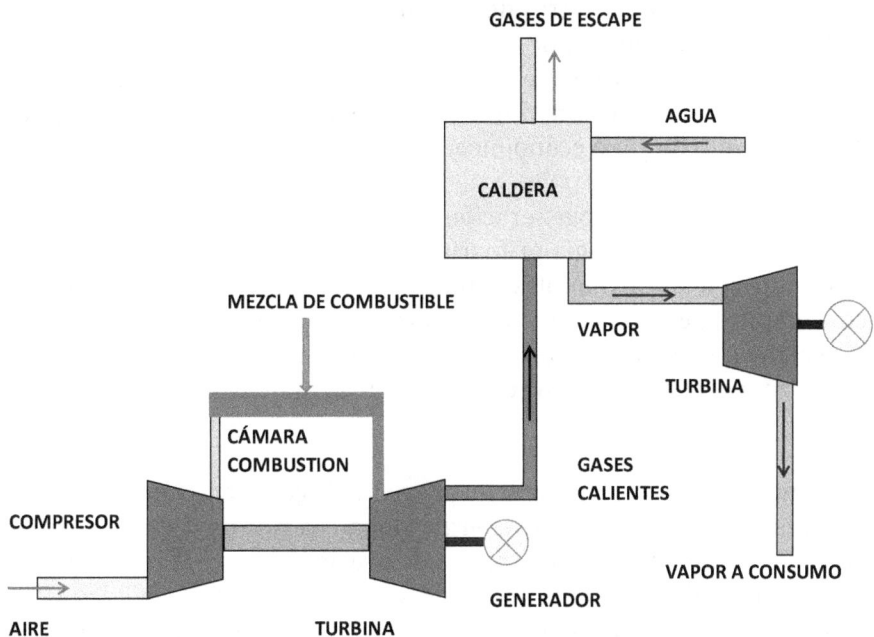

Cogeneración con ciclo combinado

La eficacia de un sistema cogenerativo se puede cuantificar con el ahorro de energía (cambio en el consumo de combustible) que considera la producción de energía eléctrica Q_e y térmica Q_h con cogeneración, respecto a la producción por separado de estas energías.

$$Ahorro = \Delta Q_f = (Q_{fe} + Q_{fh}) - Q_f$$

Donde:

Q_{fe}: Consumo para generar energía eléctrica Q_e.

Q_{fh}: Consumo para generar vapor de energía Q_h.

Q_f: Consumo de un ciclo cogenerativo para generar Q_e y Q_h.

- **Factibilidad de la cogeneración**

La cogeneración se utiliza en muchas aplicaciones en el sector industrial y en el sector de servicios para proveer energía eléctrica y agua caliente. En diversos países se estimulan los proyectos de cogeneración con ventajas legales y económicas. Para ciertos sistemas, por ejemplo lo hospitales, que presentan combinaciones de demandas de energía eléctrica y térmica combinadas (por ejemplo en calefacciones y aire acondicionado) la cogeneración puede ser un sistema atractivo desde el punto de visto económico.

La principal ventaja de la cogeneración desde el punto de vista global de la sociedad es el ahorro de energía primaria (las fuentes primarias según se señaló anteriormente son las disponibles naturalmente antes de ser transformadas). El aspecto complejo de la cogeneración es que las inversiones necesarias son altas por lo que hay que analizar integralmente la situación para determinar si realmente se van a generar retornos que compensen la inversión en tiempos razonables.

Para una empresa que quiera hacer un proyecto de cogeneración la ventaja principal es la reducción de gastos de energía global. La principal causa para conseguir ahorros económicos es la diferencia de precio entre la energía eléctrica y la energía primaria (Combustibles). Cuando se cuenta con la posibilidad de suministro eléctrico propio y de venta de excedentes a precios competitivos, se generan los ahorros que pueden pagar la inversión.

Queda claro que el aspecto económico es fundamental decisivo para emprender un proyecto de esta naturaleza. Se debe hacer un estudio de factibilidad que contemple los cambios que van a ocurrir, tales como los siguientes:

- Necesidad de aumentar la capacidad de generación de vapor, sea con base en calderas más grandes, nuevas calderas o calderas de recuperación.
- Necesidad de contar con sistemas de motores primarios que antes no existían en la planta como unidades productivas. Sea que se trata de motores diesel, turbinas de gas o turbinas de vapor.

- Necesidad de aumentar las capacidades de consumo de combustible (patios, tanques, unidades de regulación)
- Necesidad de contar con un sistema eléctrico capaz de sincronizar la energía propia con la de la red y de responder a los cambios que se produzcan de manera automática y confiable.
- Aumento de la capacidad de control de las emisiones.
- Espacio y obras civiles adicionales.
- Capacidad para manejar y administrar nuevas tecnologías.
- Capacidad para financiar las inversiones.

Muchas empresas no desean involucrarse en proyectos de generación dada la alta confiabilidad de los sistemas eléctricos y su naturaleza altamente regulada. Consideran que su negocio es producir los bienes que manufacturan y que la electricidad es un negocio distinto que debe ser manejado por especialistas.

No obstante lo anterior, el atractivo económico puede ser alto y las empresas al menos hacen estudios de factibilidad, que incluyen los siguientes elementos, entre otros:

- Análisis de consumos térmicos y eléctricos.
- Evaluación de los costos energéticos en la situación actual.
- Evaluación de diferentes alternativas y de las inversiones necesarias.
- Simulación de las diferentes alternativas.
- Análisis de la rentabilidad de cada alternativa y propuesta final.

El análisis de consumos consiste en determinar las curvas de demanda térmica y eléctrica. En este sentido se pueden presentar grandes variaciones y presencia de grandes picos de consumo que complican el análisis. Obviamente debe contarse con buena información de consumos de proceso y elaborar curvas, tablas y simulaciones.

Se presenta a continuación un análisis realizado por INDISA para casos hipotéticos de proyectos de cogeneración. Estos se han hecho para las siguientes condiciones:

- Una capacidad total de combustión (entrada de energía térmica) de 50.000 KW, los cuales se operan al 75 % de capacidad.
- Dos usos para esta capacidad: generar energía eléctrica y generar energía térmica.
- Dos combustibles, gas natural y carbón

Se consideraron dos precios para cada combustible, así:

- Gas natural de $ 700 /Nm3 (precio alto semejante al que se paga en la actualidad en la zona de Antioquia)
- Gas natural de $ 400 / Nm3 (precio atractivo semejante al que se tiene en algunas regiones del país o al que se podría ofrecer con un programa de incentivos)
- Carbón de $ 220/kg (precio que se considera que incluye en general todos los costos adicionales que implica quemar y producir carbón en forma responsable con el medio ambiente y con mejores condiciones para las personas que trabajan y que viven de la minería y el transporte del carbón)
- Carbón a $ 130 /kg (precio de rango alto que actualmente se paga en la zona de Antioquia)

Se ha considerado un precio de venta de la energía eléctrica interna (consumo propio) de $ 240 /KWh y para la venta externa de $ 100 /KWh. Estas cifras se ajustan a la realidad actual (2011) del mercado en la zona de Antioquia.

Se ha considerado en el análisis que la energía útil térmica llevada a proceso tiene un valor de "venta" de 80 $/KWh térmico. En la realidad las empresas no hacen este tipo de costeo, lo que hacen es costear sus consumos de combustible sin detenerse realmente en el costo de la energía térmica que consumen como tal. Sin embargo es importante asignar un valor a esta energía ya que en un análisis de cogeneración de deben comparar alternativas y posibilidades y el consumo de energía térmica en procesos es esencial en este análisis. Para llevar estos consumos útiles en procesos a pesos debe establecerse un valor de la energía térmica útil.

Para establecer este valor INDISA tuvo en cuenta los valores de la energía térmica de entrada, es decir, la que se tiene en la entrada de las cámaras de combustión, con base en el poder calorífico superior de los combustibles. La tabla siguiente muestra los valores considerados para los combustibles estudiados a sus precios de compra. Se observa que el precio de "venta" para la energía térmica es apenas superior al precio del combustible para el caso del gas natural de alto precio. En cambio es claramente superior al precio del combustible para el carbón y el gas natural de menor costo.

Combustible		Gas natural		Carbón	
Precio del gas natural	$/Nm³	700	400		
Precio del carbón	$/kg			220	140
Poder calorífico alto gas natural	kWh/Nm³	10,3	10,3		
Poder calorífico alto carbón	kWh/kg			6,8	6,8
Valor de la energía térmica en la combustión	$/kWh	67,7	38,7	32,5	20,7
Valor de la energía térmica útil en proceso	$/kWh	80,0	80,0	80,0	80,0
Valor de la energía eléctrica para consumo interno	$/kWh	240,0	240,0	240,0	240,0
Valor de la energía eléctrica para venta externa	$/kWh	100,0	100,0	100,0	100,0

La tabla siguiente muestra el tipo de análisis que se hace. Este se hace para distintas combinaciones de los parámetros, con el fin de obtener las curvas que se presentan a continuación. En la tabla solamente se muestra una de las muchas combinaciones posibles.

Potencia de entrada en combustible a plena carga	KW	50 000
Este valor indica el tamaño de la instalación que se está considerando		
Porcentaje de carga total	%	75,0
Porcentaje de carga eléctrico	%	75,0
Estos valores indican en qué porcentaje se está utilizando la capacidad instalada.		
Aprovechamiento eléctrico	%	10,0
Capacidad de generación eléctrica a plena carga	KW	5 000
Estos valores indican el tamaño de las unidades generadoras de energía eléctrica		
Tipo de combustible		Carbón
Precio del combustible	$/Nm³ (gas natural)	
Precio del combustible	$/kg (carbón)	220
Poder calorífico alto	KWh/Nm³ (gas natural)	
Poder calorífico alto	KWh/kg carbón	6,8
Precio del combustible	$/KWh térmico	32,5
Eficiencia (Energía eléctrica / Energía térmica) * 100	%	20,0
La eficiencia de aprovechamiento eléctrica es la relación entre la energía eléctrica producida y la energía existente en el combustible utilizado para este aprovechamiento.		
Precio de la electricidad proveniente del combustible	$/KWh eléctrico	162
Potencia total de combustible operativa	KW	37 500

Energía térmica disponible luego de generar electricidad	%	90,0
Porcentaje de aprovechamiento térmico	% de lo disponible	36,0
Porcentaje de aprovechamiento térmico	% de lo global	40,0
Precio de venta de la energía térmica utilizada	$/KWh térmico	80,0
Horas por año de trabajo		8 000
Energía térmica aprovechada (sin electricidad)	MWh	120 000
Producción anual de electricidad	MWh	30 000
Producción total de energía eléctrica y térmica	MWh	150 000
Porcentaje de aprovechamiento de la energía del combustible	%	50,0
Consumo de carbón	kg/h	5 534
Costo anual de combustibles (F)	millones $	9 740
Precio de venta de la electricidad interno	$/KWh eléctrico	240
Precio de venta de la electricidad externo	$/KWh eléctrico	100
Porcentaje de venta interna	%	50
Precio de venta de la electricidad	$/KWh eléctrico	170
Valor de la venta de la electricidad anual (A)	millones $	5 100
Costo de combustible para generar electricidad (B)	millones $	4 870
Este costo se calcula según la eficiencia de aprovechamiento de la energía eléctrica		
Margen bruto de la venta de electricidad anual (A-B)=(C)	millones $	230
Valor de la venta de energía térmica anual (D)	millones $	9 600
Margen bruto de la venta anual total (D+C−(F-B)) =(G)	millones $	4 960
Inversiones que se pueden recuperar a tres años con el margen bruto total = 3 * (G)	millones $	14 881
Inversiones que se pueden recuperar a tres años con el margen bruto total	millones $/MW combustible	397
Inversiones que se pueden recuperar a tres años con el margen bruto total	millones $/MW eléctrico	3 968
En los márgenes brutos calculados acá, solo se consideran los valores de las ventas menos los costos de los combustibles. No se tienen en cuenta costos de mano de obra, electricidad consumida, depreciación, financieros, mantenimiento ni otros operativos.		

En las figura se muestra el aprovechamiento global de la energía que se logra en un sistema de cogeneración, de acuerdo con los aprovechamientos térmicos y eléctricos. En todos los caso de esta figura se ha considerado altas eficiencias del aprovechamiento eléctrico, del 35 %.

Se observa que son muchas las combinaciones que permiten un aprovechamiento alto de la energía de los combustibles. Precisamente de ello se trata al cogenerar.

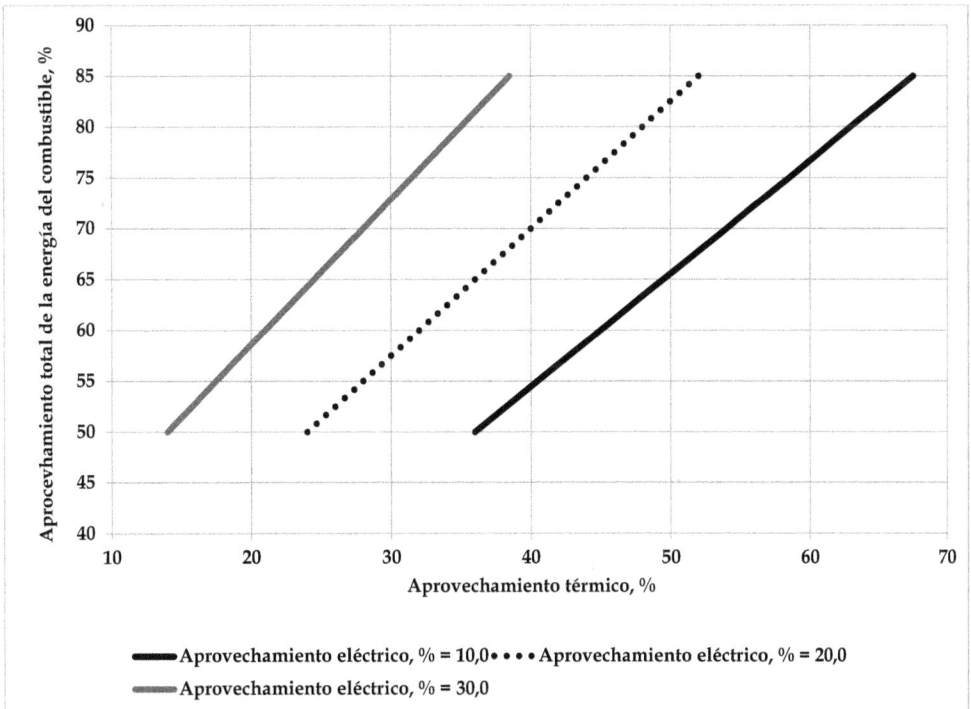

Aprovechamiento total de la energía según aprovechamientos térmicos y eléctricos, para una eficiencia eléctrica del 35 %

En las dos figuras siguientes se observan los márgenes brutos de sistemas de cogeneración con base en gas natural (la primera) y con carbón (la segunda) en los cuales se varía el aprovechamiento térmico y la eficiencia del aprovechamiento eléctrico. En estas dos gráficas se ha supuesto que la energía eléctrica se vende un 50 % externa y un 50 % interna, lo cual significa un valor de venta de $ 170 por KWh.

Se observa en la primera de ellas, que las instalaciones con gas natural a bajo costo dejan margen bruto, pero las de alto costo de gas natural solo dejan márgenes brutos para altas eficiencias de aprovechamiento eléctrico y altos aprovechamientos térmicos.

Se observa en la segunda, que las instalaciones con carbón dejan margen bruto en todos los casos.

En ambas figuras se observa que los márgenes crecen en función de los aprovechamientos térmicos y de las eficiencias de aprovechamiento eléctrico.

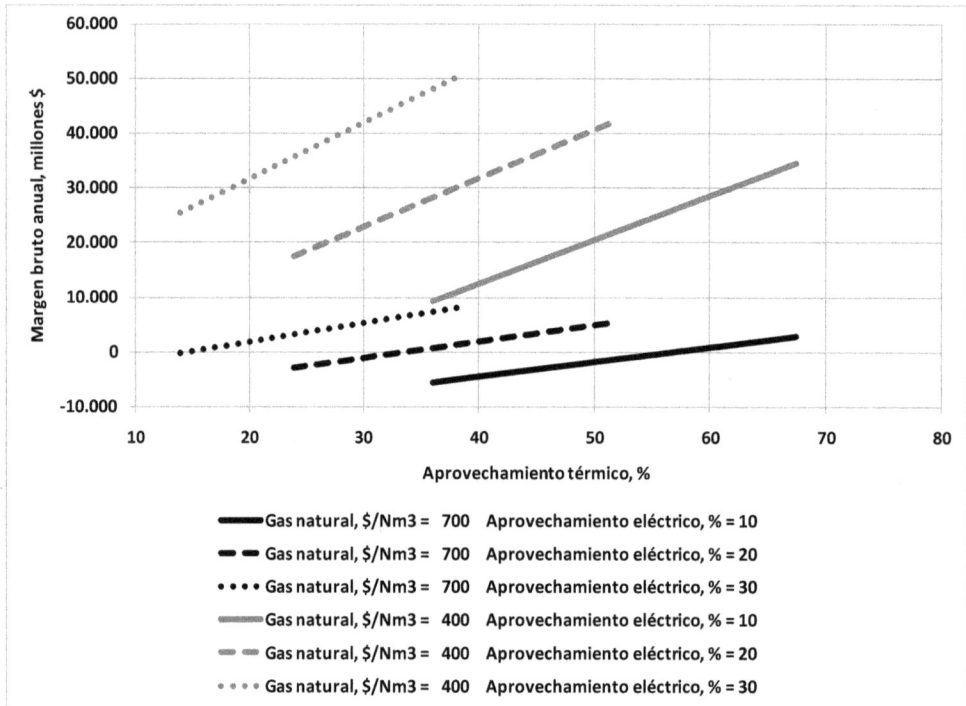

Márgenes brutos en cogeneración con gas natural según precios del gas, según aprovechamientos eléctricos y térmicos, para electricidad a $ 170 /kWh, eficiencia eléctrica del 35 %, venta térmica útil a 80 $/kWh y 37.500 kW de combustible utilizado.

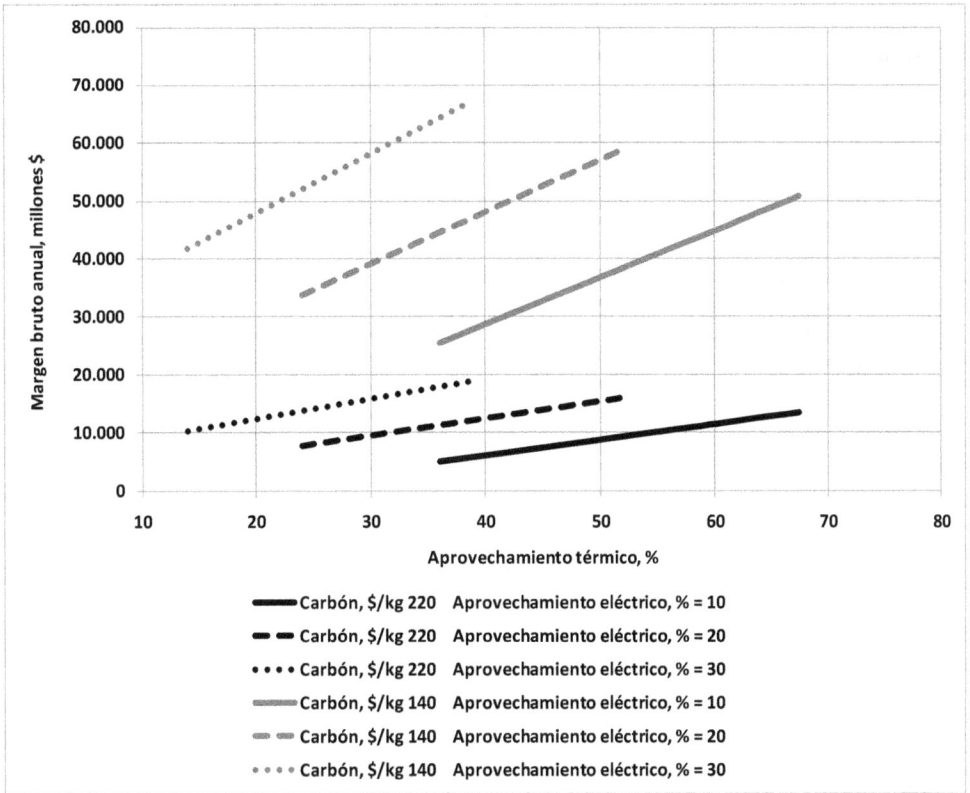

Márgenes brutos en cogeneración con gas carbón según precios del carbón, según aprovechamientos eléctricos y térmicos, para electricidad a $ 170 /kWh, venta térmica útil a 80 $/kWh, eficiencia eléctrica del 35 % y 37.500 kW de combustible utilizado.

Se presentan a continuación cuatro figuras donde se grafican los márgenes para el caso del gas natural, trabajando a tres precios de venta de la electricidad, los cuales tienen que ver con los porcentajes de la venta que son para consumo externo. Dos de figuras muestran los márgenes brutos de venta de electricidad y los márgenes brutos totales para el caso de trabajo con gas natural a bajo costo (400 $/Nm³), con eficiencia eléctrica del 35 %. Las otras dos muestran los mismos márgenes para el caso de la venta de gas natural a 700 $/Nm³.

Es evidente que la situación de precios de gas de 700 $/Nm³ no da lugar en general a márgenes atractivos, excepto para ventas de electricidad a alto precio (para consumo interno). Para costos de gas de 400 $/Nm³ se logra que haya márgenes positivos en todos los caso graficados.

A continuación de las cuatro figuras, aparecen cuatro figuras en un estudio similar para los dos precios del carbón que se simularon, 200 y 140 $/kg.

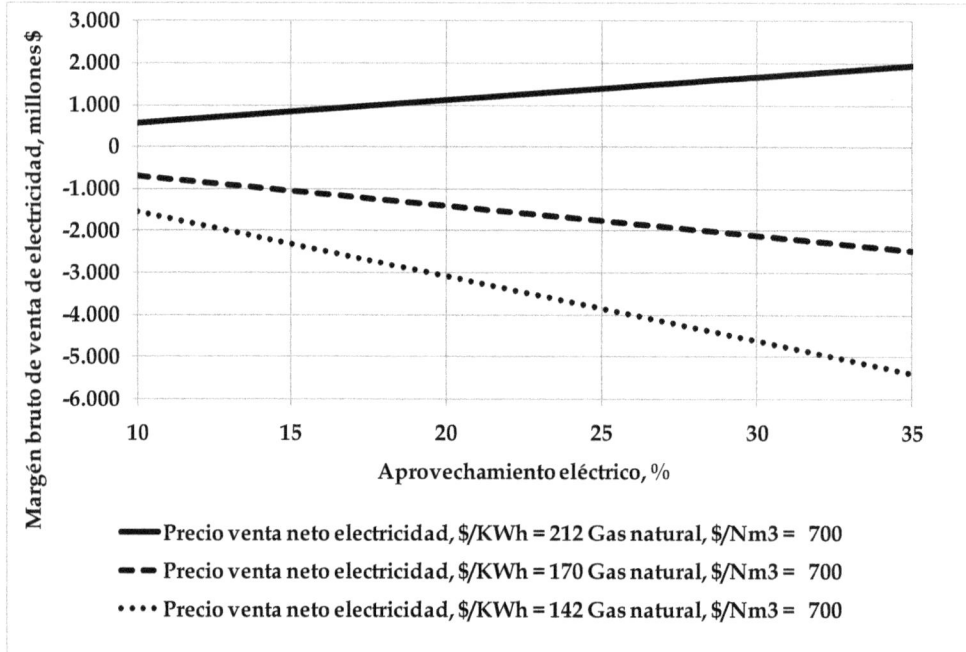

Márgenes brutos de venta de electricidad en cogeneración con gas natural a 700
$/Nm³, según aprovechamientos eléctricos, para tres precios de electricidad.
Aprovechamiento térmico del 36 %, eficiencia eléctrica del 35 %, y 37500 kW de
combustible utilizado.

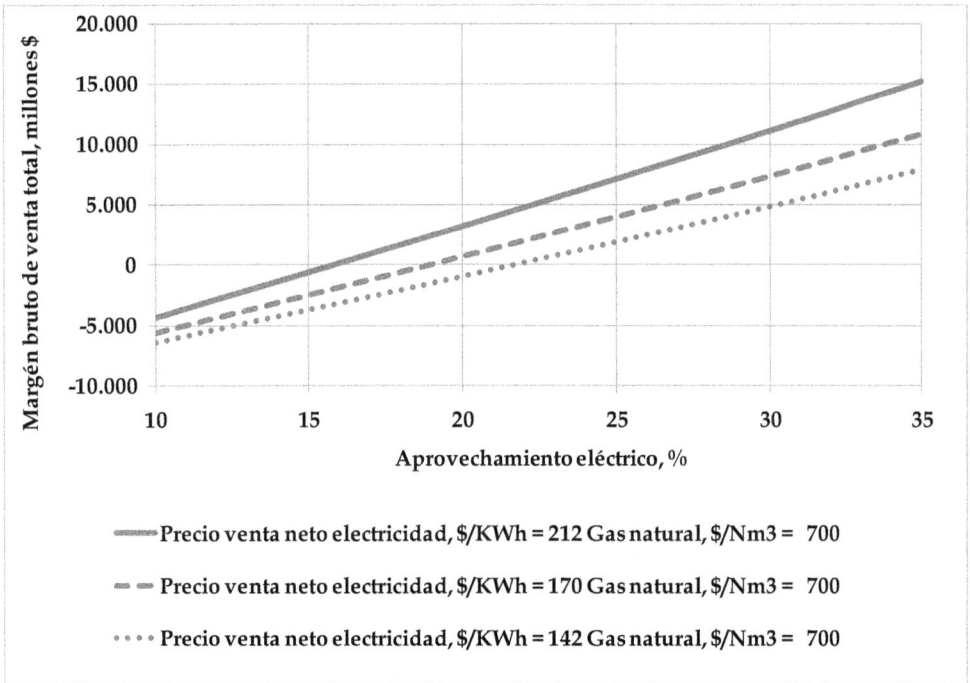

Márgenes brutos totales en cogeneración con gas natural a 700 $/Nm³, según aprovechamientos eléctricos, para tres precios de electricidad, aprovechamiento térmico del 36 %, eficiencia eléctrica del 3 5%, y 37 500 kW de combustible utilizado.

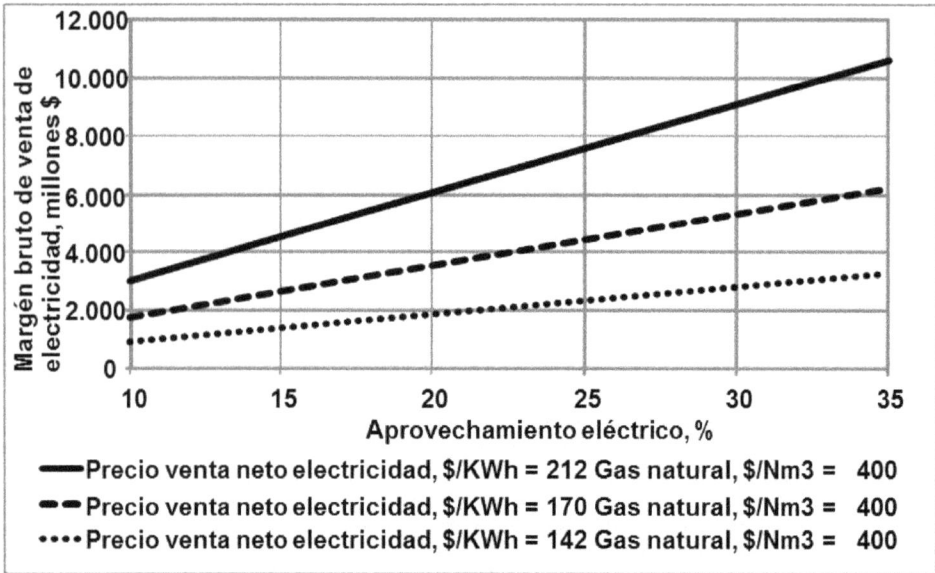

Márgenes brutos de venta de electricidad en cogeneración con gas natural a 400 $/Nm³, según aprovechamientos eléctricos, para tres precios de electricidad, aprovechamiento térmico del 36 %, eficiencia eléctrica del 35%, y 37.500 kW de combustible utilizado.

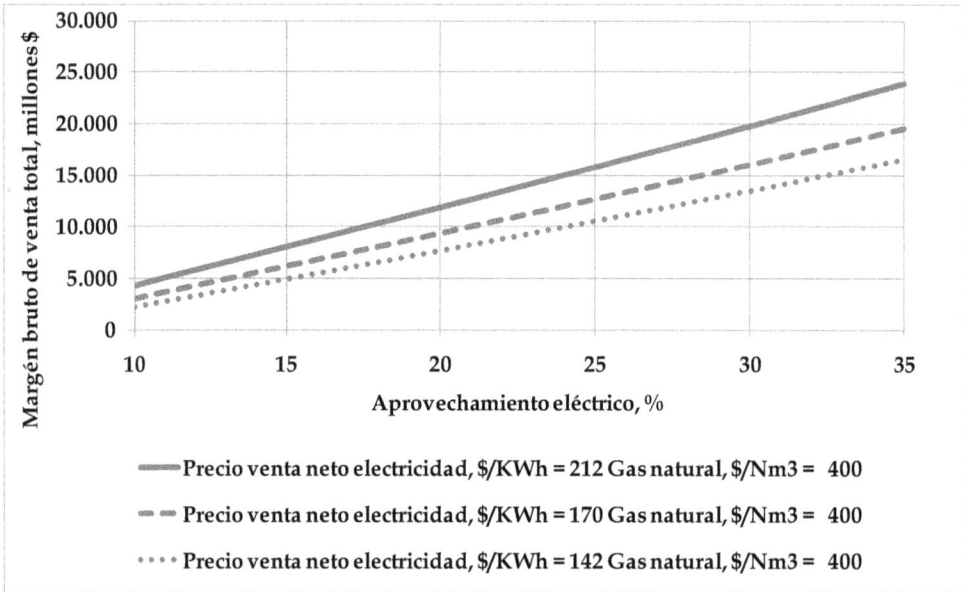

Márgenes brutos totales en cogeneración con gas natural a 400 $/Nm³, según aprovechamientos eléctricos, para tres precios de electricidad, aprovechamiento

térmico del 36 %, eficiencia eléctrica del 35 %, y 37.500 kW de combustible utilizado.

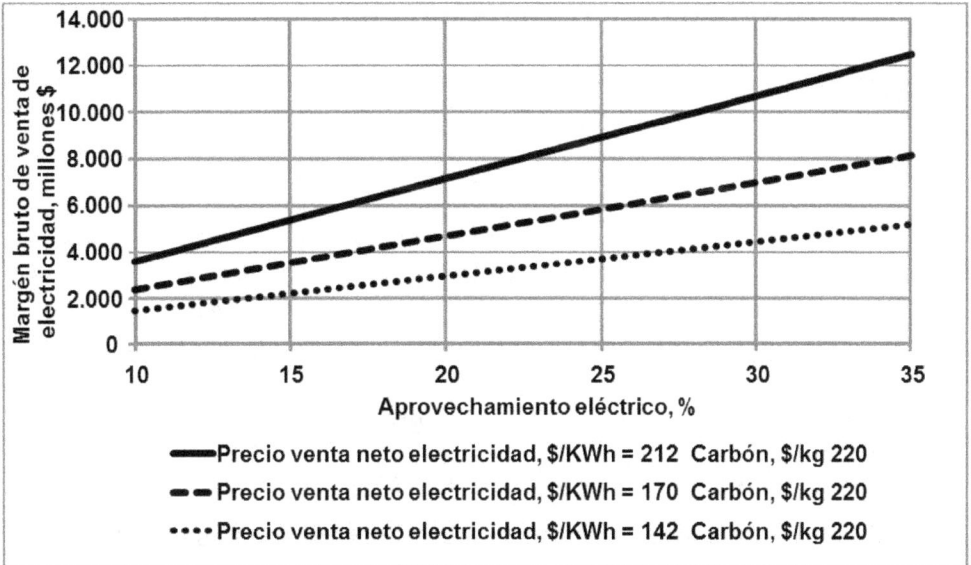

Márgenes brutos de venta de electricidad en cogeneración con carbón a 220 $/kg, según aprovechamientos eléctricos, para tres precios de electricidad, aprovechamiento térmico del 36 %, eficiencia eléctrica del 35 %, y 37 500 KW de combustible utilizado.

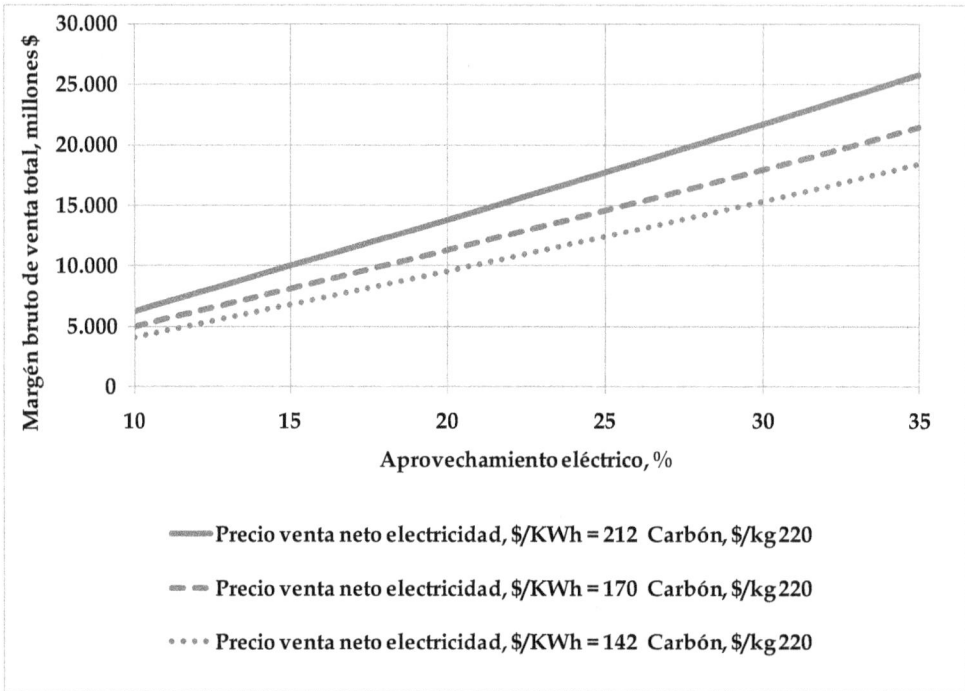

Márgenes brutos totales en cogeneración con carbón a 220 $/kg, según aprovechamientos eléctricos, para tres precios de electricidad, aprovechamiento térmico del 36 %, eficiencia eléctrica del 35%, y 37.500 KW de combustible utilizado.

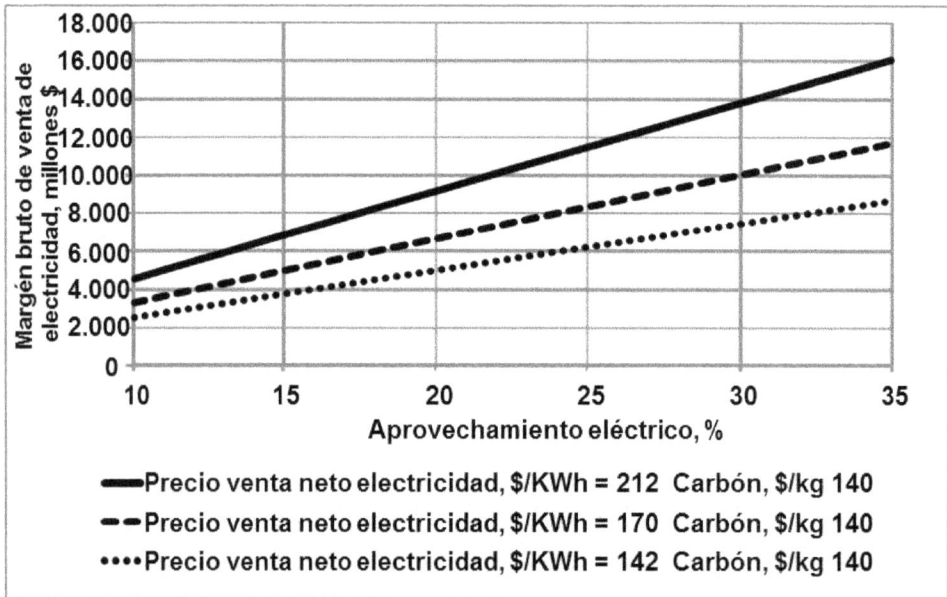

Márgenes brutos de venta de electricidad en cogeneración con carbón a 140 $/kg, según aprovechamientos eléctricos, para tres precios de electricidad, aprovechamiento térmico del 36 %, eficiencia eléctrica del 35%, y 37.500 KW de combustible utilizado.

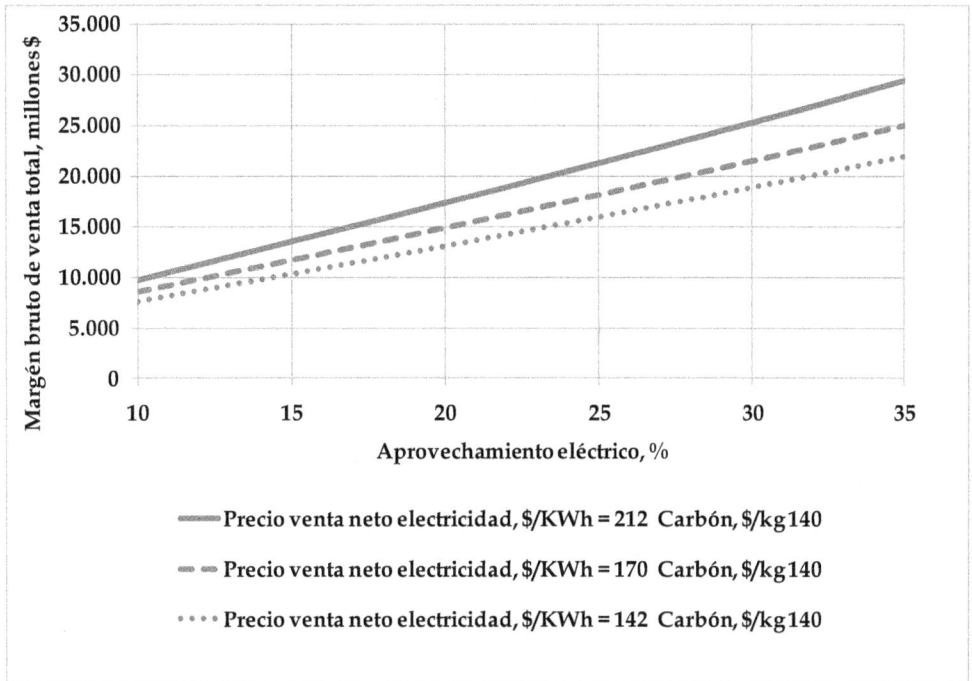

Márgenes brutos totales en cogeneración con carbón a 140 $/kg, según aprovechamientos eléctricos, para tres precios de electricidad, aprovechamiento térmico del 36 %, eficiencia eléctrica del 35%, y 37500 kW de combustible utilizado.

- **Ventajas de los sistemas combinados y de cogeneración**

De acuerdo con lo que se ha podido comentar en esta sección se tienen las siguientes ventajas potenciales de estos sistemas:

- Se logra un rendimiento energético más elevado que el de las centrales convencionales no combinadas.
- Se cuenta con ofertas tecnológicas ya desarrolladas, lo cual hace que en estos proyectos sean bastante estandarizados a nivel internacional.
- Un sistema de ciclo combinado es capaz de operar en un régimen de funcionamiento variable y responde rápidamente a las variaciones de carga.

- La tecnología de ciclo combinado consume un porcentaje menor (del orden de 35 %) de combustible fósil que las convencionales, con lo cual se contribuye a la racionalización de las emisiones de CO_2 a la atmósfera.
- Los costos de operación son menores.
- En la producción eléctrica convencional, existen pérdidas de energía del 5 al 10% asociadas con la transmisión y a la distribución de la electricidad que viene desde centrales eléctricas alejadas de los puntos de consumo. En el caso de la electricidad generada por cogeneración, se utiliza a nivel local y con ello las pérdidas de la transmisión y de la distribución serán menores.
- El usuario se beneficia de un menor costo de electricidad auto-consumida y de la posibilidad de vender el exceso de energía eléctrica producida.
- La cogeneración permite aprovechar calores residuales y combustibles derivados de los procesos.
- En caso de fallo de suministros externos, existe una mayor autosuficiencia en el abastecimiento de la energía para uso industrial.
- En algunos casos, donde hay biomasas o materiales de desecho combustibles, estas sustancias se puede utilizar como combustibles para los sistemas de cogeneración, con la posibilidad de mayor rentabilidad y reduciendo los problemas de disposición de desechos.
- Dependiendo de las combinaciones y de las capacidades de inversión, se pueden generar ahorros significativos de costos, mejorando la competitividad para usuarios industriales y comerciales.
- En el caso de usuarios domésticos que consuman energía térmica, se pueden obtener a bajo costo con base en el calor de desecho de plantas cercanas.
- La cogeneración facilita la apertura de mercados de energía.

Ejemplo del análisis de un sistema de cogeneración

Una empresa cuenta con una caldera de con capacidad de generar 70 000 Lb/h de vapor sobrecalentado a una presión de operación, nominal de 600 PSI. La caldera es alimentada con carbón y el vapor generado solo se emplea en los procesos productivos de la empresa. La carga de operación de la caldera es típicamente del 60 % con una eficiencia térmica del 82 %. La empresa, mediante unos procesos de optimización en cada una de las líneas de producción logró reducir su consumo a 35 000 Lb/h de vapor, así que tendrá un excedente importante de capacidad en el vapor generado. En la búsqueda de la forma más práctica y rentable de usar el vapor no aprovechado, se pensó en desarrollar un proyecto de cogeneración de energía. La idea estudiada es la de realizar las generación de electricidad con ayuda de un turbo generador.

En primer lugar se realizaron pruebas y revisiones para determinar si los equipos y sistemas auxiliares de la caldera estaban en condiciones de operar a plena carga, ya que al generar el vapor para el proceso y para la energía eléctrica, era necesario que la caldera operara a su máxima capacidad.

Después de comprobar la capacidad de los equipos y elementos instalados, se procedió a identificar las adecuaciones necesarias en la planta y los equipos requeridos para la generación y la seguridad del personal como pararrayos, pórtico, seccionador bipolar y sistema de puesta a tierra.

Para el análisis económico del proyecto se estudiaron las siguientes opciones:

Alternativa	Sin cogenerar	1	2	3
kW totales generados	0	3,600	3,000	500
Flujo de vapor, Kg/h	15,000	30,000	30,000	15,000
Consumo de carbón año 1, t/mes	1,400	2,800	2,800	1,400
Ventas internas de electricidad año 1, kw	0	3,600	3,000	500
Precio de venta medio del kWh	NA	160.0	160.0	175

Después de analizar cada una de estas alternativas, se encontró que cada una de ellas permitía recuperar la inversión en plazos razonables definidos por la empresa. Proyectando las ventas de electricidad y vapor generado en la caldera, se encuentra que es una decisión acertada realizar las adecuaciones necesarias para la cogeneración. Al emprender un proyecto de cogeneración, se presentan algunos impactos en el ambiente, en la comunidad cercana a la empresa y en los empleados internos.
Estos impactos fueron estudiados y mitigados para evitar problemas a futuro, pues se instalarán equipos de gran tamaño lo que requiere la movilización de maquinaria pesada.

Sustancia emitida		Actual	Plena carga	Aumento, %
CO_2	kg/h	5,000	7,500	50.0
SO_2	kg/h	25	37.5	50.0
Material particulado	kg/h	4.0	6.0	50.0
Escorias y cenizas	kg/h	200	300	50.0
Aguas de purgas	kg/h	500	750	50.0

Uno de los perjuicios que se generan por la instalación de equipos para la cogeneración de energía eléctrica y calor es el aumento de gases emitidos al ambiente, tal como se aprecia en la tabla anterior. Actualmente, después de instalados todos los equipos y elementos necesarios para la generación de energía eléctrica, esta empresa podría operar su caldera a plena carga logrando una producción de 35,000 Lb/h de vapor, para sus procesos productivos y 30,000 Lb/h de vapor, aproximadamente usado para la generación de 3,500 kWh de energía eléctrica.

3.5 CASOS PRÁCTICOS DE OPTIMIZACIÓN Y DE APLICACIÓN DE LA INGENIERÍA DE PROYECTOS

Mediante un enfoque de proyectos será factible pasar de la estrategia a la práctica. Por ello es importante entrar con cierto detalle en los asuntos a tener en cuenta para poner en marcha un proyecto energético enfocado en la optimización. Acá se dará una mirada a algunos casos prácticos en los cuales la ingeniería ha logrado importantes mejoras en los temas de energía, en el desarrollo de nuevas tecnologías que permitan un mejor aprovechamiento de los sistemas energéticos y la exploración de nuevas fuentes.

- **Ingeniería de proyectos aplicada a temas energéticos**

3.5.1 El crecimiento del país, la energía y los proyectos

La ingeniería comparte la responsabilidad de llevar al país a un mayor estado de desarrollo, que le permita cada vez ser más competitivo a nivel global. Este país inmensamente rico en recursos naturales y humanos debe encaminarse a lograr que los productos nacionales sean de mejor calidad, lo cual se logra con mayor tecnificación de los procesos, mejor calidad de la educación y una adecuada y comprometida inversión en la investigación.

Algunos sectores industriales tienen una mayor proyección de crecimiento en el corto y mediano plazo pero para lograrlo requieren la intervención de todas las ingenierías. En el siguiente cuadro se puede observar, durante los años 2011 y 2012, una idea proyectada de los diferentes sectores productivos del país y sus tendencias de crecimiento, las cuales indudablemente tiene que ver no solamente con aumento de la capacidad productiva, sino también con las mejoras en los procesos y en la tecnología.

Tendencias de crecimiento como las mostradas son buenas y desafiantes. Pero quizás no son suficientes para generar la riqueza necesaria para disminuir significativamente las grandes desigualdades del país y para poner al día la infraestructura nacional con las necesidades sentidas de la población.
En todos los sectores se deberá trabajar fuertemente, aplicando los conocimientos desarrollados a nivel mundial, aportando idea y desarrollos propios, con una filosofía de optimización para generar bienes competitivos y de alta calidad. Algunos sectores industriales tienen potenciales en los cuales se debe trabajar de manera urgente y para lograrlo se debe contar con el conocimiento progresivo de la ingeniería.
Proyección de crecimiento anual en Colombia. FEDESARROLLO 2010

486

	2010		2011	2012
	julio 2010	octubre 2010		
PIB	4,0	4,0	5,0	5,7
Sectores				
Agropecuario	-0,6	0,4	1,8	2,9
Minero	12,5	13,0	10,5	9,0
Industrial	4,6	5,6	6,4	7,5
Construcción	5,7	3,6	5,2	9,9
Comercio	4,0	4,4	5,6	6,2
Servicios	3,5	3,0	4,0	4,1
Demanda				
Consumo Privado	4,9	4,2	5,1	5,3
Consumo Público	2,8	5,1	2,9	2,3
Inversión Total	4,5	13,7	5,9	8,7
Exportaciones	3,8	-0,5	6,9	8,5
Importaciones	7,2	12,0	6,0	7,7

La energía va a ser el motor de los crecimientos en los distintos sectores, ya que el crecimiento va a resultar de las acciones productivas y las acciones productivas se basan en el suministro de potencias eléctricas, mecánicas y térmicas. Estos crecimientos se pueden atender con aumentos de capacidad de generación eléctrica y con mayores producciones de combustibles. Pero también con mejores aprovechamientos.

Los temas energéticos (suministro, optimización y crecimiento de infraestructura) tienen mucho que ver con el campo de la ingeniería. La ingeniería contiene todos los conceptos teóricos y tecnológicos para desarrollar proyectos que permitan obtener beneficios energéticos a partir de cualquier sistema. La intervención de la ingeniería abarca todo el espectro, desde la evaluación y el diagnostico, hasta el diseño, la ejecución y el funcionamiento.

En muchos países se están preparando los profesionales en ingeniería, en los temas de gestión y eficiencia energética que hacen que se enfocan el desarrollo de proyectos donde se busca aprovechar las fuentes de energía que no son explotadas.
Algunos proyectos de temas energéticos prioritarios son los siguientes:
* Proyectos de generación de energéticos

- Aprovechamiento de energías alternativas
- Sustitución de energéticos
- Estudios de eficiencia y optimización de aprovechamiento de energías

Los proyectos energéticos que se ejecutan en el país son:

- Centrales hidroeléctricas
- Centrales generadoras de biocombustibles
- Exploraciones petroleras
- Redes de transmisión
- Sistemas de transporte de combustibles
- Sistemas de conversión y de refinación

A nivel empresarial

Sustitución de combustibles (generalmente de fósiles y minerales a gas natural)
Proyectos de mejora en la eficiencia energética (auditorías energéticas, estudio de pérdidas de energía)
Aprovechamiento de energías residuales (reciclaje de gases y aguas calientes, desechos sólidos con potencial energético)

Estos proyectos cada día resultan más exigentes en la calidad de la ingeniería requerida ya que los aspectos sociales y ambientales se vuelven más estrictos con el tiempo y le exigen a la ingeniería mayor responsabilidad en el diseño y ejecución de las obras.

3.5.2 Ingeniería de proyectos aplicada a temas de energía

Se presentan algunos ejemplos de proyectos de ingeniería aplicados a temas energéticos. En general se han tomado de la experiencia de la empresa INDISA S.A. y se presentan de modo general. Es importante caer en la cuenta en cada empresa sobre la necesidad de involucras al departamento de proyectos respectivo en el desarrollo de las ideas y planes de crecimiento y mejora energética.

- **Diseño y puesta en servicio de nuevos sistemas energéticos**

Este tipo de proyectos está enfocado a analizar la matriz energética de una empresa específica y seleccionar el combustible o la fuente energética que brinde el mejor balance entre tecnología, economía y ambiente para un determinado proceso industrial o una planta manufacturera.
Las oportunidades de cambio de energéticos se enmarcan en varios aspectos:

- La disponibilidad de energéticos
- El estado del arte o la tecnología aplicada al proceso o equipo
- El costo equivalente y la factibilidad financiera de reemplazo del energético actual
- La disponibilidad de la planta física o proceso para la instalación de los equipos y partes
- Aspectos de medio ambiente, salud ocupacional y seguridad industrial y del proceso mismo
- Aprovechamiento de la energía sobrante del mismo proceso industrial
- El mejoramiento de la eficiencia

Algunas de las actividades de este tipo de proyectos, fundamentales para lograr un cambio de energéticos de manera exitosa son:

- Asesoría en cambios de energéticos
- Conversión de sistemas y equipos
- Diseño e instalación de sistemas para el suministro de energéticos.
- Cambio de interconexiones
- Asesoría en las pruebas de funcionamiento y participación en la puesta en marcha de los equipos que utilizan el nuevo energético
- Manuales de instrucción de la operación de los equipos que utilizan el nuevo energético

El fin principal de un proyecto como este es brindar apoyo en el desarrollo y puesta en marcha de sistemas y de componentes que lleven a un incremento en la eficiencia global de los procesos. Idealmente los empresarios pueden utilizar un proyecto de este tipo para examinar diversas alternativas y elegir la mejor que tenga en cuenta soluciones económicas, ambientalmente viables, racionales desde lo energético y técnicamente correctas.

- **Auditorías energéticas orientadas a la revisión**

Una auditoría orientada a la revisión y al reconocimiento, permite identificar desperdicios de energía que pueden corregirse con mantenimientos o acciones operativas, por ejemplo: fugas, operación de equipos, aislamientos o luces prendidas sin necesidad.

Entre las actividades que se realizan en una auditoría energética está:

- La identificación de los instrumentos de medición necesarios y la justificación de su instalación,
- La elaboración de balances orientados a determinar entradas y salidas de energía y de productos.
- Determinar posibles oportunidades para recuperaciones y mejoras.
- Evaluaciones de consumo en las noches y fin de semana
- Análisis de los balances de energía de los procesos
- Evaluaciones periódicas de consumos en las noches y fines de semana
- Estudio detallado a equipos específicos
- Análisis termodinámicos

Como se vio en el primer curso, la planeación de una auditoría incluye algunas actividades básicas como son:

- Conocer el proceso
- Contar con diagramas de flujo
- Contar con información sobre consumos.
- Hacer reuniones previas con los responsables de los procesos
- Tener mentalidad de identificar oportunidades
- Definir objetivos de la auditoría
- Preparar formatos para la recolección de datos

Se debe ser claro y consciente de que la auditoría energética es solo un paso entre la serie de actividades a realizar en una planta para lograr ahorros de energía. La auditoría es el inicio de un ciclo de actividades que se deben desarrollar periódicamente para lograr buenos resultados en el aprovechamiento eficaz de la energía. Como consecuencia de la ejecución de las auditorías energéticas en una empresa, se tendrá conciencia de los requerimientos energéticos para desarrollar adecuadamente las actividades requeridas en la empresa. Para evitar nuevos desperdicios de energía, la empresa podrá crear un grupo de veedores de los consumos de toda clase de energía en los diferentes procesos desarrollados, este grupo conocido como comité energético tendrá a cargo, además de las inspecciones, el planteamiento de las acciones correctivas en los casos de aprovechamiento ineficiente de la energía.

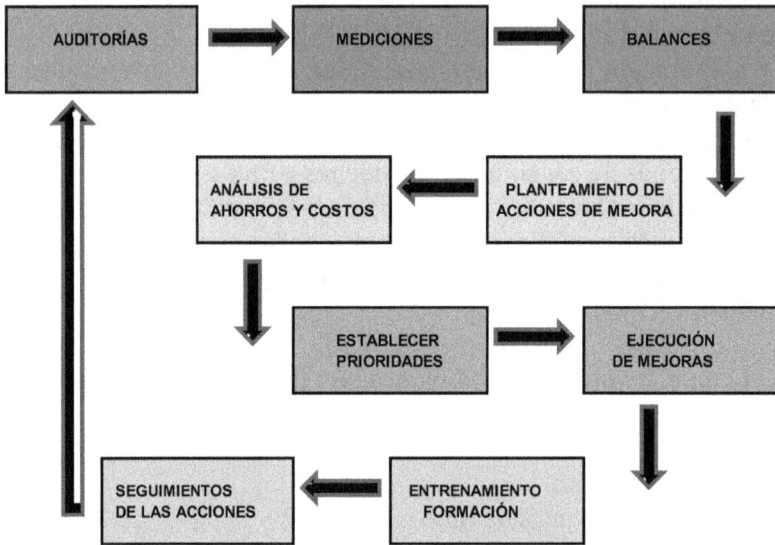

Flujograma de acciones relacionadas con las auditorías energéticas.

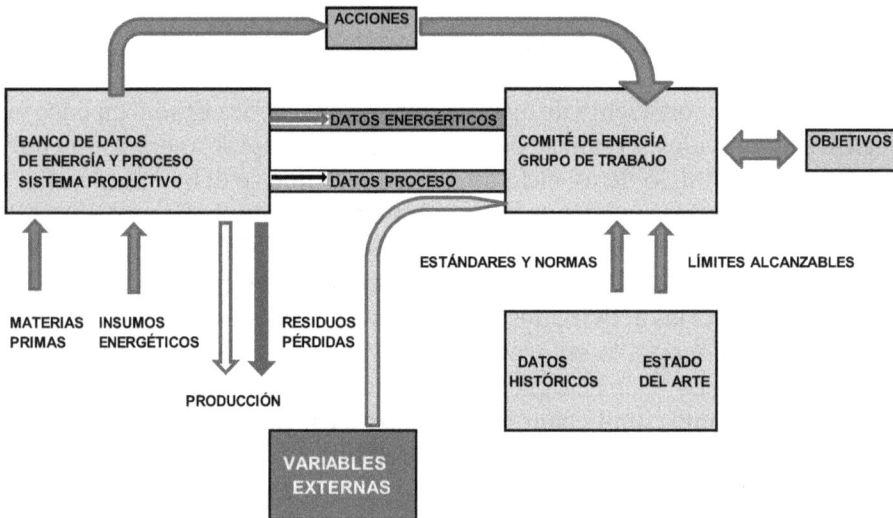

El espacio de las acciones empresariales para la optimización energética.

Se puede decir que la realización de programas de vigilancia y de auditoría es el comienzo de muchos de los proyectos de ingeniería a desarrollar en las empresas, los cuales, correctamente enfocados con las herramientas que se han dado en estos cursos, van a ser rentables. Se puede declarar sin temor: Si una empresa desea invertir para ganar y para comprometerse también con el desarrollo sostenible, vale la pena vigilar y revisar lo que se hace y encontrar los puntos débiles, para invertir en corregirlos.

- **Aprovechamiento de energías residuales**

A través del tiempo se ha venido profundizando en el aprovechamiento del calor residual en la incorporación de procesos, de tal manera que se han encontrado aplicaciones para recuperarlo y reutilizarlo en muchas ocasiones dentro del mismo proceso. La energía usada para generar calor puede provenir de fuentes directas o indirectas como la combustión, la electricidad, el vapor o agua caliente. Las fuentes directas hacen referencia a calentadores donde el calor es generado como parte de la corriente misma de gases o líquidos calientes. Pueden ser calentadores eléctricos o por combustión En el caso las fuentes indirectas, se calientan los materiales o por medio de superficies de transferencia de calor. Este es el caso de las calderas o de lo fluidos que se calientan mediante serpentines de vapor.

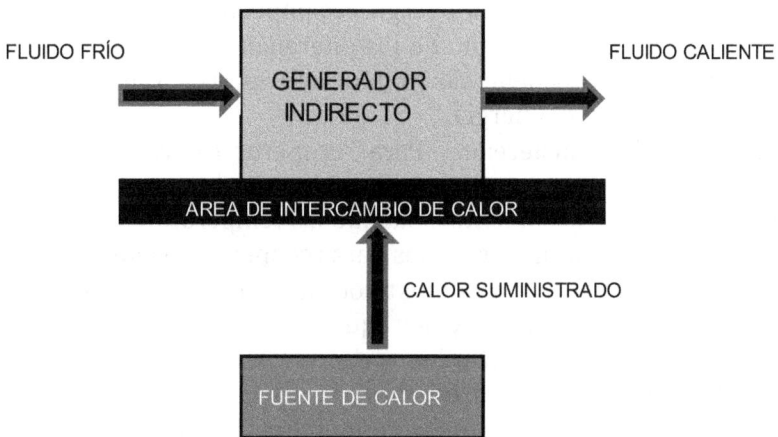

Calentamiento indirecto de fluidos de proceso

Calentamiento directo de fluidos de proceso

Las etapas de los proyectos de recuperación de calor residual son:
- Identificación de la fuente de calor que se desea aprovechar
- Mediciones de los flujos de energía de desecho existentes en los gases o líquidos que salen calientes del sistema estudiado.
- Determinación del nivel de aprovechamiento factible, es decir, hasta qué punto se pueden rebajar las temperaturas de las corrientes que salen del proceso.
- Análisis económico de las ventajas, ahorros y costos generados al aprovechar estas pérdidas de calor
- Identificación de los procesos en los que podría ser aprovechada esta fuente
- Diseño del sistema o mecanismos de aprovechamiento del calor a recuperar
- Ejecución del diseño y puesta en marcha
- Mediciones posteriores, para verificar la eficacia del desarrollo del proyecto

Al transmitir calor para recuperar energías es importante lo siguiente:
- Tener en cuenta el tamaño de los diferenciales de temperatura. Si una corriente de gases tiene altas temperaturas, habrá mayor potencial de recuperación de su energía.
- Las áreas de transferencia. Para recuperar calores, serán necesarias áreas de transferencia, que en general están representadas en equipos, tubos, paredes, aislamientos. Cuando las temperaturas son bajas, se van a requerir equipos muy grandes para recuperar el calor.
- Los movimientos de los fluidos asociados, representados en sus velocidades de paso por ductos y por equipos. Estos están asociados con pérdidas de presión, con fricción y con elementos que generan potencia (ventiladores, sopladores, bombas).
- El uso de elementos aislantes y conductores y de elementos que almacenan calor, los cuales facilitan o dificultan las transferencias de calor.
- Las propiedades de las sustancias involucradas.
- Aspectos químicos y físicos. A medida que se rebajan las temperaturas de las corrientes que se desechan de un proceso, se pueden generar problemas de corrosión y de condensación de las humedades existentes.
- Aspectos de contaminación. Los fluidos de desecho pueden contener sustancias contaminantes que pueden afectar a los equipos de recuperación, formando depósitos, incrustaciones y eventualmente taponando los sistemas o afectando la transferencia de calor.

- Aspectos de espacio. Los equipos de recuperación en general requieren tamaños grandes y movimientos de fluidos entre equipos a través de grandes distancias.
- Aspectos de control de proceso y de instrumentación. Siempre existen riesgos de descontrol cuando se conectan sistemas entre sí y por tanto debe contarse con excelente instrumentación.
- Aspectos de economía. La recuperación de calores es atractiva en principio, pero deben evaluarse las inversiones necesarias y los costos operativos para determinar si se justifica un proyecto o no.

- **Diseño de equipos térmicos**

Existen grandes oportunidades energéticas cuando se concibe un equipo nuevo en el cual se trabaja a altas temperaturas. En principio los equipos térmicos se diseñan de acuerdo a las necesidades del proceso en los cuales serán aplicados. Estos diseños se enfocan a suplir las necesidades de equipos con la capacidad necesaria para el proceso y que tengan incorporadas tecnologías eficientes en el uso de la energía. Pero no basta con ello. Puede suceder que un equipo tenga carencias de diseño, cuando se observa desde el punto de vista energético, tales como las siguientes:

- Tamaño demasiado grande con respecto a las necesidades. Ello puede llevar a que se opera a bajas cargas o en forma intermitente, en puntos de baja eficiencia.
- Tamaño estrecho con respecto a las necesidades. Ello puede llevar a que se opere en condiciones extremas y muy exigentes que dan origen a deterioros.
- No tener en cuenta en forma integral y completa todo lo relacionado con los controles, instrumentación, controles ambientales y buenas prácticas en energía.
- No comparar contra el estado del arte.
- No seleccionar componentes eficientes, descuidando los detalles en lo que concierne a bombas, válvulas, ventilaciones, filtros.
- No tener en cuenta el mantenimiento y las reposiciones en el proyecto.

Los equipos térmicos tienden a ser complejos, con problemas de desgaste por altas temperaturas y por flujos de materiales calientes y corrosivos. Pertenecen a esta categoría equipos como hornos, calderas, reactores, intercambiadores de calor, secaderos, cristalizadores, evaporadores.

En ocasiones se puede emplear parte de la tecnología de los equipos ya instalados o existentes en el proceso. Las consideraciones que se requieren al realizar el diseño de un equipo térmico son:
- Las necesidades de energía del proceso
- Mecanismo de transferencia de calor requerido
- Cantidad de energía requerida
- Disponibilidad de energéticos
- La disponibilidad de recursos económicos, de personal y espacios disponibles en la planta
- Aspectos medio ambientales, de salud ocupacional y seguridad industrial
- Aprovechamiento de las energías sobrantes en procesos de la empresa.

Es fundamental para el desarrollo de estos proyectos cumplir con las siguientes actividades:
- Reconocimiento del proceso para el cual se requiere el equipo térmico
- Levantamiento de la información del proceso
- Diseño del equipo de acuerdo a las necesidades energéticas
- Evaluación de los impactos que se pueden generar (ambientales, económicos, es seguridad y en el proceso)
- Fabricación, montaje y puesta en marcha del equipo térmico,
- Capacitación del personal operativo
- Mantenimiento preventivo posterior a la puesta en marcha.

Estos diseños cada vez son más interdisciplinarios ya que los avances tecnológicos y las exigencias permiten y requieren la participación de diferentes ramas de la ingeniería.

Con el desarrollo de proyectos de ingeniería relacionados con la energía, se le permite a las empresas acceder al conocimiento del estado del arte de las tecnologías y el desarrollo en la implementación de nuevos energéticos.

Estos proyectos permiten conocer a profundidad y tener un mayor entendimiento de los procesos y la interacción entre los diferentes equipos y sistemas en las empresas, creando conciencia en el personal involucrado de la importancia de una buena gestión y operación de los equipos. Estos proyectos también dejan al descubierto potenciales ahorros que se pueden lograr con pequeñas modificaciones en los equipos, procesos o hábitos de trabajo.

- **Equipos para mejoramiento ambiental**

Las empresas no tienen como objetivo intrínseco dañar el medio ambiente, por ello, los conflictos no surgen de los objetivos sino de los métodos de trabajo utilizados. En el planteamiento de estos métodos se deben tomar en consideración los factores ecológicos y tener claro que no están necesariamente asociados con situaciones de aumento de los costos de producción sino también a un gran número de situaciones de reducción de costos.

Es común ver que los proyectos de mejoramiento ambiental tienen cada vez más protagonismo dentro de las organizaciones y empresas, no solo por las normas impuestas por los organismos de control ambiental, sino por la conciencia ambiental de quienes administran las empresas.

Es importante que el lenguaje medioambiental, a veces confuso, se pueda traducir con base en conceptos de costos, en esta forma se pueden comunicar más efectivamente los gerentes de empresa y el medio ambiente. Algunos problemas ambientales dan lugar a actividades que no generan valor añadido al producto, como la generación y disposición de residuos. Estos costos están por lo general entre un 5 y un 15% de los costos totales de una empresa (insumos, materias primas, energía) y siempre implican problemas de consumos de energía.

Los proyectos de mejoramiento ambiental pueden estar enfocados a solucionar los siguientes problemas:
- Control de material particulado
- Control de emisión de gases contaminantes
- Tratamiento de aguas residuales industriales y domesticas
- Recolección y clasificación de residuos sólidos (clasificación de basuras)
- Reciclo de rechazos de proceso
- Usos alternativos de residuos de proceso
- Control de ruido
- Cambio de combustible
- Aumento de los pasos y contactos del reactivo o de los materiales por el proceso para mejorar la eficiencia.
- Cambio de materias primas por otras equivalentes, más limpias y abundantes.
- Rediseño de los productos o reemplazo por otros equivalentes.
- Cambio radical de la metodología y de los equipos.

Estos son solo algunos de los proyectos que se pueden desarrollar en este sentido y cada vez se ven con mayor frecuencia, pues no solo es una solución al problema específico de contaminación, sino que además traen beneficios económicos a la empresa que los desarrolla.

Los proyectos de mejoramiento ambiental deben mirarse como cualquier otro proyecto, es decir, respondiendo preguntas como: ¿cuáles son las alternativas?, ¿cuánto cuestan? ¿Qué beneficios traen? y ¿cuál es el balance?

Para responder a estos interrogantes se requiere en desarrollo de actividades básicas que dependerán del problema a solucionar, pero que en general implican:

- Medición de emisiones y muestreos,
- Evaluación de los impactos generados (ambiental, económico, social y energético)
- Planteamiento de alternativas de solución,
- Evaluación económica de las alternativas,
- Desarrollo de la mejor alternativa (ingeniería básica y de detalle),
- Adquisición de equipos y/o ejecución de las obras necesarias para el desarrollo de la mejor alternativa de solución,
- Instalación de equipos, puesta en marcha, calibración y mediciones de las emisiones posteriores al cambio de tecnología,
- Capacitación del personal involucrado en el proceso intervenido.

El desarrollo de estas actividades tiene una serie de costos involucrados como son:

- Costos de evaluación y muestreos, ajuste de los procesos, lucro cesante por instalaciones y puestas en marcha.
- Costo de los equipos de tratamiento.
- Adquisición y/o adecuación de terrenos
- Costos de accesorios
- Costos de ingeniería, incluyendo selección, diseños y dirección de montajes.
- Costos de instalación y obras civiles.
- Costos de operación, incluyendo mantenimiento, energía eléctrica, agua, repuestos, etc.
- Costos de equipo periférico para eliminación o aprovechamiento de subproductos.

Si bien hay una serie de costos involucrados en la ejecución de este tipo de proyectos, el no realizarlos también genera costos e impactos que pueden ser altamente perjudiciales para la economía de la empresa y para la comunidad:

- Efectos sobre la salud

- Efectos sobre los materiales
- Efectos sobre el ecosistema
- Calentamiento global
- Deterioro del medio
- Toxicidad
- Pérdidas de oportunidades

Aunque no todos los proyectos ambientales son tan grandes como el diseño de una planta industrial o la construcción de proyectos de generación de energéticos (centrales hidroeléctricas, exploración y extracción de crudo, explotación de minas, plantas de bioprocesos), si tienen impactos sociales y ambientales altos lo cual los hace importantes y delicados a la hora de ejecutarse. Algunos de estos impactos son:

- Generación de empleo
- Crecimiento económico
- Incremento de costos
- Comercio exterior
- Mercado verde (Posibles beneficios de la venta de los subproductos y de las mejoras realizadas en los procesos).

Las soluciones a este tipo de procesos son diversas y puede suceder que no requieran de altas inversiones. De hecho, un gran logro de la ingeniería de proyectos puede estar en lograr las soluciones requeridas con acciones sencillas que influyan principalmente en los hábitos de trabajo en las empresas.

Algunas soluciones frecuentes en los proyectos de mejoramiento ambiental son:

- Cambios de Materias primas.
- Mantenimiento adecuado.
- Estudio detenido de los flujos.
- Reparación de equipos de proceso.
- Cambios en el diseño de los empaques.
- Experimentación con formulaciones nuevas.
- Cambios en las materias primas y auxiliares.
- Estudio y programación de los ciclos de carga.
- Aprovechamiento de residuos para generar energía.
- Cambios en el proceso productivo y mejoras tecnológicas.
- Cambios en los sistemas de tratamiento de aguas residuales y de aire.
- Mejoras en la aplicación de químicos para el tratamiento de aguas.

- Instalación de dosificadores y medición precisa de las formulaciones.
- Calibración de instrumentos, reemplazo de instrumentación dañada e instalación de medidores.
- Instalación de sistemas de transporte y descarga cerrados para evitar escapes.
- Uso de motores eléctricos de alta eficiencia y de sistemas de regulación de velocidad electrónicos.
- Reciclaje de materia prima contenida en las salidas no productivas (recuperados de procesos).

En general la ingeniería de proyectos puede intervenir de diferentes maneras en la industria, y su intervención siempre estará enfocada a lograr mejoras en los procesos productivos, en el aprovechamiento de energías y en controlar y minimizar los impactos ambientales que se generen por la actividad industrial. El desarrollo de los proyectos requerirá de la participación de toda la organización si se quiere lograr resultados positivos y duraderos.

3.5.3   Ejemplos de optimización de sistemas energéticos

Todos los temas vistos en este curso tienen una interconexión. Esto debe tenerse en cuenta al visualizar su aplicación dentro de cualquier tema energético. Industrialmente la búsqueda de la optimización de los temas energéticos es una constante obligada por los costos que representa el desperdicio de la energía de cualquier tipo, por las consecuencias ambientales que se generan, por la incertidumbre y malestar que genera un trabajo mal hecho.

Desde siempre el ser humano ha trabajado en la búsqueda de lograr el mejor aprovechamiento de la energía lo cual es posible con el avance tecnológico, la trazabilidad de las técnicas de mejora y el aprendizaje a partir de las experiencias.

Se presentan a continuación algunos casos prácticos de la aplicación de la ingeniería en el desarrollo y mejora de los sistemas energéticos.

- **Distribución de gas natural. Optimización del transporte de combustibles.**

Se presenta a continuación un novedoso sistema de transporte y distribución de gas natural para llevar este combustible a regiones apartadas, que estarían sujetas a permanecer en el olvido por los sistemas tradicionales de infraestructura.

La infraestructura del gas natural tiene algunos componentes que se mencionan a continuación, aplicadas al caso de Colombia:

Producción (P): Existen dos áreas principales de producción de gas natural en Colombia y se encuentran ubicados en la Guajira (Plataformas Chuchupa y Campo Ballena) y en Casanare (Campos Cupiagua y Cusiana), los cuales están interconectados al Sistema Nacional de Transporte de gas natural y tienen reservas probadas. En los yacimientos se encuentra el gas natural asociado (con trazas de agua, petróleo y otros componentes disueltos), el cual es extraído y refinado por diferentes sistemas de limpieza hasta garantizar los límites permisibles estipulados en el Registro Único de Transporte (RUT) y con los cuales debe ser entregado a la empresa transportadora.

Transporte (T): Una vez recibido el gas natural en las instalaciones de la empresa transportadora este ingresa a la red de gasoductos del país, conformado por tubería en acero al carbón de diferentes diámetros y encargada de llevar el gas natural a los diferentes puntos de consumo. Para compensar las pérdidas de presión en la tubería y en los diferentes accesorios, se instalan una serie de compresores en la línea de gas natural, los cuales garantizan una presión de suministro de 1.200Psig y aseguran el flujo continuo del gas a través de todo el sistema.

Distribución (D): El gas natural transportado a alta presión en el gasoducto es entregado en estaciones de regulación conocidas como "Citygates", las cuales se encargan de reducir la presión, generalmente a 250psig, para que esta pueda ser distribuida a los diferentes puntos de consumo en redes de polietileno ó acero carbono según necesidades particulares del mercado. En la mayoría de los casos el sistema de distribución del país está conformado por estaciones de distrito las cuales reciben el gas natural a 250Psig y reducen su presión hasta 60psig para facilitar su transporte y disminuir los costos de montaje asociados a las redes fabricadas en acero carbono.

Como puede observarse, existen diferentes organizaciones que hacen posible el consumo de gas natural en los sectores de la economía. Estas están reguladas por la CREG (Comisión Reguladora de Energía y Gas) y soportados por diferentes entidades y gremios como la ANH (Agencia Nacional de Hidrocarburos) y NATURGAS, entre otros.

Debido a los altos costos de suministro e instalación de un gasoducto de transporte y/o distribución, que cuestan entre USD 600.000 y USD2'000.000 por km, Colombia ha venido incursionando en sistemas no tradicionales conocidos como gasoductos Móviles. Este mecanismo permite llevar el gas natural de un lugar a otro mediante vehículos de transporte terrestre en los cuales es almacenado el gas a alta presión (220Barg ó 3200Psig aprox.), manteniendo su estado gaseoso, utilizando sistemas de compresión como los usados para comprimir el gas natural vehicular. Una vez el gas natural es almacenado en cilindros especialmente diseñados para soportar la presión, puede ser llevado por las carreteras a puntos alejados hasta 200km, donde será distribuido en redes de polietileno ó acero carbono una vez que pasa por estaciones de regulación conocidas como estaciones de descompresión.

De esta manera, se aprecia el trabajo de la ingeniería en los temas de transporte y distribución del gas natural en todos los territorios, y como se integran factores sociales, topográficos y económicos, entre otros, para lograr avances en la distribución de energéticos.

- **Utilización de subproductos combustibles y la necesidad de que la combustión de los mismos sea eficiente**

El aprovechamiento de los subproductos sólidos combustibles puede significar, para ciertas empresas, una solución tanto para la generación de desechos sólidos como una disminución en los costos en combustibles. Sin embargo, llevar estos subproductos a los sistemas de combustión de la empresa va a dar origen a mayores emisiones de material particulado. El control eficiente de las emisiones de material particulado constituye un propósito importante a partir de los años 1970 en todo el mundo y está muy regulado. Ello impone exigencias especiales, que deben ser atendidas desde la ingeniería.

Como ejemplo se tiene el caso de una empresa que genera 130 ton/mes de residuos que contienen un 60% de materiales orgánicos combustibles. La empresa advierte el potencial que tiene la combustión de este material en su caldera para ahorrar consumo de combustible (en este caso carbón) y para disminuir en la disposición de desechos sólidos.

Antes de proceder con este proyecto es importante resolver los siguientes problemas.
- La alimentación y la preparación de los subproductos combustibles de manera que se puedan quemar adecuadamente es un importante desafío. Estos materiales pueden tener tamaños y consistencias que hagan difícil su combustión. Por ejemplo, pueden tener tamaños muy grandes o muy pequeños. Pueden tener cantidades importantes de humedad y de cenizas. Puede que se generen de forma irregular, con flujos variables. Entonces habrá que prever sistemas de molienda, de aglomeración, de secado,

de almacenamiento, de dosificación, según el caso. Cada una de estas operaciones implica inversiones, consumos de potencia, diseño, mantenimiento y control ambiental propio.

- La combustión del subproducto, como tal, va a tener la tendencia a generar inquemados (productos de combustión parcial) y material particulado en exceso. Ello implica que se deben refinar los sistemas de combustión y de manejo de aires, para lograr una buena combustión. Adicionalmente habrá que contar con mayores emisiones de cenizas y con la necesidad de refinar los sistemas de control de emisiones.

Es muy probable que los desechos combustibles existentes tengan características especiales distintas a las de otras empresas y que no se cuente con tecnología disponible para quemarlos con completa confianza y seguridad. Dado lo anterior, es muy posible que sea necesario llevar a cabo un estudio completo del asunto, basado en investigación de literatura, experimentación y en trabajo piloto, el cual incluye entre otros, las siguientes actividades:

- Revisión de literatura sobre el residuo, sus propiedades combustibles y su uso y preparación como combustible y sus características de seguridad y composición.
- Ensayos de calcinación a distintas temperaturas, para examinar su comportamiento en condiciones de quema.
- Elaboración de un modelo de emisiones de gases y de material particulado. En casos complejos se deberían realizar ensayos reales y determinar la naturaleza de las emisiones y experimentar con los métodos de control de combustión y de emisiones.

Las emisiones atmosféricas de gases contaminantes y de material particulado pueden tener características inflamables y explosivas, las cuales deberían ser resueltas y tenidas en cuenta antes de proceder con el proyecto de aprovechamiento. Como la empresa es la que genera estos desechos, en ella reside la mayor responsabilidad para invertir en los estudios necesarios. Habrá que tener en cuenta que va a ser necesario invertir en el desarrollo de la tecnología correspondiente y en los equipos adicionales. El logro de la combustión de los subproductos en forma eficiente es vital, ya que en esta forma se minimizan las emisiones de materiales inflamables, explosivos y contaminantes.

Incrementos de capacidad de equipos de secado. Optimización del consumo de energéticos.

Una empresa desea incrementar la capacidad de un secadero continuo en un 40%, respecto a la que se había venido presentando en años anteriores, por lo que decidió realizar un estudio que le permitiera encontrar la mejor opción para su requerimiento.

La humedad de entrada del material a este secador es del 38 % y debe llegar a una humedad final de 10 %.

Dentro de las actividades realizadas para lograr este objetivo se incluyeron:
- Mediciones de flujos de aire de secado y de producto húmedo
- Mediciones de potencia eléctrica en los ventiladores
- Modelo del proceso de secado

Este secador tiene dos quemadores situados en los extremos del secador, uno en la entrada del material, y el otro en la salida.

Un balance de masas y energía en el secador corresponde al diagrama siguiente:

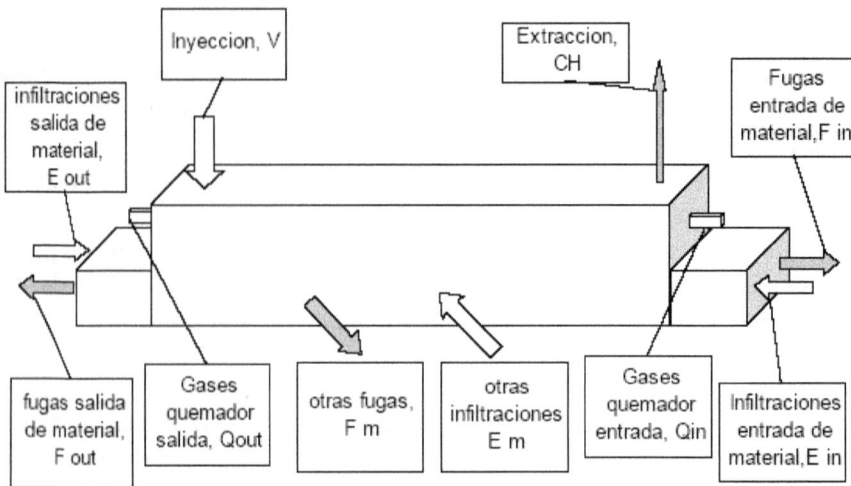

Elementos de flujo en un secadero de banda

De acuerdo a las mediciones realizadas se pudo determinar que el secadero trabajaba con una eficiencia promedio del 50 %. En el estudio se encontró que los quemadores estaban operando por debajo de su capacidad, por lo cual era factible contar con mayor potencia para aumentar la producción del secador. Se determinaron las condiciones para aprovechar esta capacidad adicional, las cuales tenían que ver con controles exigentes en los flujos de producto, en las humedades de la alimentación, en las velocidades de trabajo en la banda y en la eliminación de entradas de aires parásitos al equipo por las bocas de entrada y de salida de producto.

Se desarrolló una herramienta de seguimiento para la empresa, la cual tiene en cuenta la complejidad de un sistema de este tipo, en el cual entran a jugar muchas variables operativas.

Una de las ventajas al hacer este tipo de estudios, es advertir el impacto de las variaciones en la alimentación de los materiales a secar. Ello conduce a refinar los equipos previos y los sistemas de dosificación. La figura siguiente, obtenida en el estudio realizado, se incluye acá para mostrar el tipo de variaciones que se presentan en las capacidades de secado y las eficiencias resultantes.

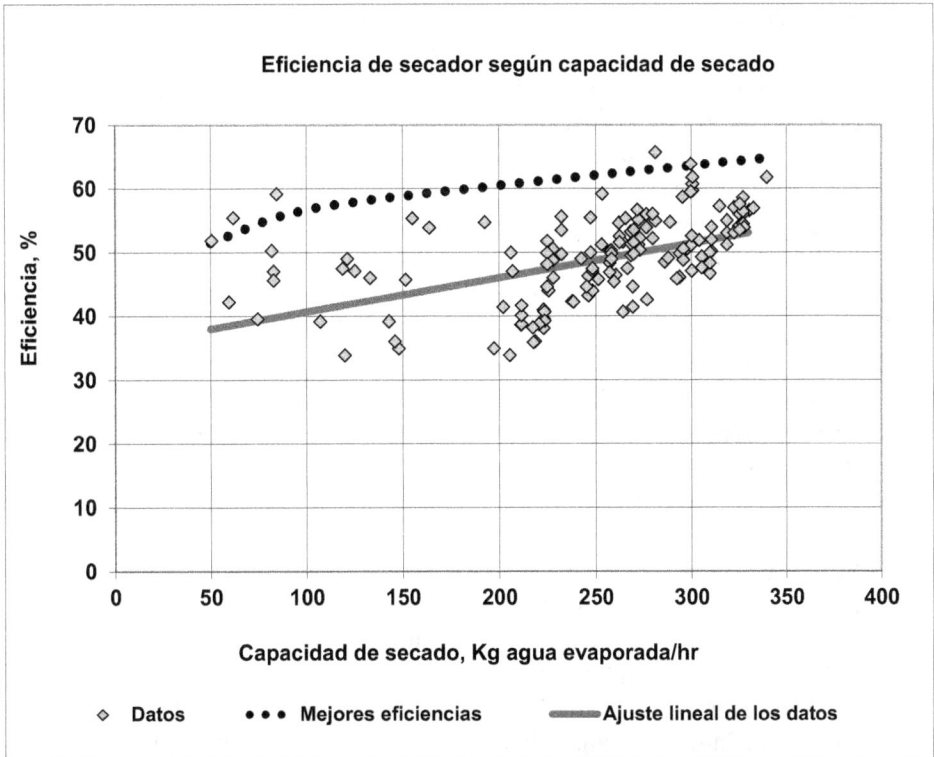

Eficiencia de secador según capacidad de secado

Eje Y: Eficiencia, %
Eje X: Capacidad de secado, Kg agua evaporada/hr

◇ Datos   ••• Mejores eficiencias   ━━━ Ajuste lineal de los datos

Ejemplo de análisis de eficiencia y capacidad de secado

REFERENCIAS

1. Bermúdez Tamarit, Vicente. "Tecnología energética". Universidad Politécnica de Valencia.
2. Yunus Cengel. "Termodinámica", 6ta edición. Mc Graw Hill.
3. Y. Calventus, R. Carreras, M. Cassals y otros. "Tecnología energética y medio ambiente", tomo II. Universidad Politécnica de Cataluña.
4. Máquinas térmicas motoras. Edicions UPC
5. http://www.consumer.es/web/es/medio_ambiente/energia_y_ciencia/2007/08/20/166035.php
6. http://es.wikipedia.org/wiki/Ciclo_combinado
7. http://www.electrabel.es/content/mybusiness/Combined_Cycle_es.asp
8. http://www.endesaeduca.com/recursos-interactivos/produccion-de-electricidad/ix.-las-centrales-termicas-de-ciclo-combinado
9. http://www.monografias.com/trabajos33/centrales-termicas/centrales-termicas.shtml
10. http://www.upb.edu/ipgn/Ventajas%20de%20las%20centrales%20de%20gas%20ciclo%20combinado.htm
11. http://www.ambientum.com/enciclopedia/energia/4.06.01.36_1r.html
12. http://www.eve.es/web/Eficiencia-Energetica/Cogeneracion.aspx
13. http://www.empresaeficiente.com/es/catalogo-de-tecnologias/plantas-de-cogeneracion#ancla
14. Aprovechamiento de calores sobrantes en procesos industriales. Enrique Posada Restrepo, Sandra Milena Silva Arroyave. Artículo para ISAGEN
15. Plan estratégico programa nacional de investigaciones en energía y minería 2010-2019
16. http://www.fedesarrollo.org.co/contenido/capitulo.asp?chapter=249
17. http://www.conuee.gob.mx/wb/CONAE/CONA_2080_hidrogeno
18. http://www.minminas.gov.co/minminas/minas.jsp?cargaHome=3&id_categoria=108
19. Relaciones entre combustión y contaminación del aire. Enrique Posada Restrepo, Sandra Milena Silva Arroyave. Artículo para ISAGEN
20. Foto de Barry Schwartz tomada de http://www.earthzine.org/2010/10/21/a-re-introduction-to-ecology-of-mind/

CAPÍTULO 4. GESTIÓN ENERGÉTICA

Introducción

Se entiende por Gestión Energética (GE) el conjunto de las acciones que llevan a una organización a hacer un correcto uso de su energía y a manejar responsablemente los temas del medio ambiente, especialmente los relacionados con su gestión energética. Por ser un sistema de gestión incluye un conjunto de procesos y factores estructurados mediante normas, procedimientos y actividades con el objetivo de aplicar un conocimiento y alcanzar unos resultados, en este caso con respecto al uso de la energía, las metas de eficiencia energética y de manejo ambiental a través de una participación activa del personal de la organización.

Hasta ahora muchas empresas han puesto en marcha proyectos que buscan mejorar sus cuestiones relacionadas con el consumo energético. En algunas porque la optimización de los recursos energéticos hace parte de sus políticas empresariales. En otras porque han visto que se encarecen sus consumos de recursos energéticos. En otros porque han caído en la cuenta de que es posible aprovechar oportunidades, sea como resultado de auditorías o estudios, o por sugerencias o proyectos desarrollados por sus ingenieros o funcionarios o por procesos de transferencia de tecnologías desde sus casas matrices. En otros casos como resultado de exigencias de regulación.

Lo que se pretende con una visión GE es contar con una aproximación integral a estos asuntos, que haga parte de un esquema gerencial, que contenga elementos de gestión, que sea integrado, que tenga en cuenta los aspectos ambientales y que sea sostenible y sostenido en el tiempo. Entre los aspectos fundamentales de los proyectos de GE se tiene los siguientes:

- Desarrollo de una cultura en la organización que se comprometa con la gestión integral de los recursos y de la energía y que propenda por las buenas prácticas operativas y la producción sostenible, eficiente y más limpia.
- Contar con diagnósticos energéticos y ambientales sobre las tecnologías que se usan en la organización. Con esa base, desarrollar planes y acciones para la reducción de los costos energéticos, para disminuir los impactos ambientales asociados y para racionalizar el uso de los recursos naturales en los procesos.
- Creación de indicadores energéticos, de consumo de recursos y de impactos ambientales asociados y monitoreo de los mismos basados en el

registro de datos de procesos para verificación de consumos e identificación de equipos y procesos altos consumidores. Utilización de dichos indicadores para desarrollar planes de mejora y para establecer y lograr metas.

- Sustitución de energéticos primarios y desarrollo de cambios tecnológicos en busca de economías energéticas y de materiales y recursos y del logro de la sostenibilidad medio ambiental.
- Sustitución de tecnologías ineficientes y contaminantes por otras más eficientes y más sostenibles.
- Gestión de contratación de energéticos primarios, de recursos y de bienes energéticos y ambientales.

Puede ocurrir que las empresas ya cuenten con varias de estas actividades de gestión, pero ejecutadas de manera discontinua en el tiempo, o de forma desordenada o aislada, sin que se logre una coherencia administrativa, de tal manera que la organización no siente que se cuenta con una gestión real. En este curso se presentarán distintos lineamientos dirigidos a que las acciones hagan parte del desarrollo de política de Gestión Energética.

4.1 GENERALIDADES SOBRE LA GESTIÓN ENERGÉTICA

Mucho se escucha hablar de la gestión energética y es posible que se trate de un tema de actualidad. Pero es importante que se tenga una conciencia amplia sobre este tema para impulsarlo debidamente por las muchas ventajas que se pueden lograr en estas épocas en que está a las puertas de crisis energéticas y medio ambientales y en las cuales se encarecen continuamente los recursos naturales y se experimentan tendencias a su conservación y uso sostenible y respetuoso.

Por fortuna, en muchas empresas por exigencias diversas, sean gubernamentales o de sus casas matrices o de sus propietarios, o por presiones comunitarias; en otros casos porque en verdad tienen entre sus políticas empresariales el objetivo de reducir sus impactos ambientales y sus consumos de energía, o por la aparición de proyectos y de oportunidades de cambio, se han venido adoptando prácticas que aumentan la cultura de hacer una verdadera gestión de calidad, humana, ambiental y energética en dichas organizaciones.

En los sectores industriales y en muchos comerciales y de servicios, se experimentan, junto con el crecimiento de los negocios, la implantación de prácticas de seguimiento y control a los procesos. Sin embargo queda mucho por hacer para llegar a altos estándares en la puesta en marcha de registros de consumos de energía, en el establecimiento de indicadores de consumo de energía y de recursos, en el establecimiento de indicadores de impacto ambiental y en la puesta en marcha de acciones y políticas energéticas al nivel de la gestión apoyada desde la gerencia. Las compañías, especialmente las más grandes, organizan sus consumos de energía, y datos de producción y llevan estadísticas y registros. Pero en pocos casos la calidad de todo el sistema de consumos energéticos y de sus impactos medio ambientales es objeto de un manejo coherente e integral. Es posible por ello que se estén generando consumos excesivos, pérdidas no controladas y emisiones excesivas de agentes contaminantes o dando lugar a impactos dañinos que se pueden mitigar o evitar.

Precisamente para estimular y conducir a las empresas a una situación más acorde con las necesidades de la época y los compromisos globales del desarrollo sostenible, y dotarlas de las herramientas necesarias para ello y optimizar sus consumos energéticos, surge la Gestión Energética (GE).

Un sistema de gestión energética facilitará a las empresas mantenerse vigentes en el mercado cambiante y vigilante de la sostenibilidad, atentas a los cambios en las tecnologías y en las tendencias globales, a aprovechar las oportunidades que se desarrollan en las ofertas de los energéticos y en la reducción de los impactos negativos en el medio ambiente.

Una de las potencialidades bien importantes que se abren al contar con programas de GE es que las empresas contribuyan a que el mundo y el país propio, en particular, se pueden liberar de la dependencia del consumo de los combustibles fósiles para satisfacer sus necesidades energéticas. Este es un proceso complejo, pero algunos países cuentan con acciones decididas en procura de este objetivo, como es el caso de España, Reino Unido, Islandia, Dinamarca, Noruega, Suecia, Alemania y Brasil. Para ello se han comprometido desde hace años en el perfeccionamiento de tecnologías de diferentes energías alternativas como son la eólica, la energía solar, la energía geotérmica y los biocombustibles. En el caso de Colombia la energía alternativa más usada gracias a la disponibilidad de recursos hídricos es la energía hidráulica, que suple gran parte de la energía eléctrica consumida en el país. En este sentido no es tan fuerte la dependencia de los combustibles fósiles, pero sí lo es en el caso de los procesos térmicos industriales.

4.1.1 El concepto holístico e integrado de las gestiones energéticas, ambientales y humanas en la organización

La globalidad de los mercados ha permitido que algunos sistema de gestión sean reconocidos y aplicados en todo el mundo, tal es el caso de los sistemas de gestión de la calidad y ambiental divulgados por el sistema de estandarización ISO. Estas normas y la de gestión energética pueden acoplarse para su aplicación en la industria, pues son diseñadas para permitir una interacción en cada una de sus etapas.

- **Cultura de un sistema de gestión**

En la cultura de la gestión algunas etapas son comunes, sin importar lo que se esté gestionando en la empresa. Una de ellas es la "decisión estratégica", es el principio de la gestión, el nacimiento de la idea como estrategia para lograr algún objetivo en la organización. Su importancia radica en que ante la existencia de compromisos estratégicos las personas se comprometen con mayor decisión y sentido de pertenencia y de logro y en esta forma se allana el camino hacia la puesta en marcha de un sistema de gestión. Es bien evidente que para lograr el éxito en la implementación de sistemas de este tipo, es necesaria la participación y el compromiso de todas las personas de la cadena productiva. Para que esto se dé es necesario contar con trabajo de preparación, entrenamiento e integración en los aspectos culturales, técnicos y organizativos. En esta forma se facilita ya sea el inicio del sistema de gestión o su integración a los sistemas de gestión existentes.

En esta etapa se identifica el estado actual de la empresa, las metas globales y los impactos en la productividad, el medio ambiente, la utilidad, los gastos operacionales, el rendimiento y las ventas al implementar el sistema de gestión como estrategia.

Es decir, se toma la decisión estratégica porque la gerencia de la organización ve con claridad que el estado actual debe mejorar hacia el logro de metas importantes energéticas y medio ambientales y que ello va a significar impactos favorables sobre toda la organización, en lo económico, en lo comercial, en lo social, en lo humano y en su valor intrínseco como empresa.

De manera global, una segunda etapa es la "instalación del sistema de gestión en la organización", la cual se puede ver como la participación activa en la creación de las políticas, la designación de responsabilidades, las estructuración de planes de mediciones, de control de los procesos, de establecimiento de indicadores, metas y seguimientos.

Es decir, se ponen en marcha elementos de trabajo, organizados y coherentes, para que la decisión estratégica se pueda instrumentar en acciones reales, verificables, efectivas que den resultados acordes a lo esperado por la gerencia.

En una tercera etapa se establece la "operación del sistema de gestión", es decir se lleva a la práctica. Como se trata de la puesta en marcha de momentos de verdad, es precisamente en este etapa en la que se necesita contar con las fortalezas, las habilidades y los compromisos de los integrantes de la organización para que las estrategias planteadas, los programas de trabajo y valores adquiridos no se dejen de lado después del primer intento, sino por el contrario para que su participación refine esos detalles que quedaron sueltos desde la concepción y estructuración de las políticas del sistema y se avance de manera continua y efectiva.

Es decir, se hacen cosas y se logran las mejoras, en un ambiente de participación y de compromiso, de forma organizada, con planeación, con registros. A medida que se logran los objetivos y las metas, se celebran estos logros para estimular el compromiso, la participación inteligente y creativa de las personas y los sentimientos de autoestima en ellas y en la organización.

- **Sistemas de gestión**

Con la evolución y globalización de los mercados, han surgido guías técnicas para la implementación de diferentes sistemas de gestión en las organizaciones. Las más reconocidas a nivel internacional son la ISO 9001(Gestión de la calidad), ISO 14001 (gestión medioambiental), OHSAS 18001 (gestión de la seguridad y la salud ocupacional) y recientemente fue publicada la ISO 50001 (Gestión energética).La más reconocida e implementada entre estas guías es la ISO 9001, ya que en el mercado internacional se ha convertido en sinónimo de calidad en toda clase de productos y servicios. Para algunos productores es fundamental que sus productos se encuentren certificados bajo esta norma para abrir mercados internacionales y nacionales. En muchos casos se ha visto igualmente que la gestión de calidad está íntimamente unida a la gestión misma de la organización, como un todo integrado.

Precisamente, las normas técnicas para la gestión, emitidas por la organización internacional de estandarización (ISO) deben visualizarse como elemento de trabajo que tienen el propósito y la potencialidad de ser integradas a otros sistemas de gestión, lo que facilita a las empresas para que se implementen de manera efectiva y coherente. Todos estos sistemas tienen en común que son aplicables a cualquier tipo de organización, de cualquier tamaño y que realicen cualquier tipo de actividad comercial. Las normas internacionales de la organización internacional de estandarización se basan en el ciclo de mejora contínua Planificar-Hacer-Verificar-Actuar (PHVA). Este enfoque puede resumirse de la manera siguiente:

Planificar: llevar a cabo la caracterización de la organización y establecer la línea de base, los indicadores, objetivos, metas y planes de acción necesarios para lograr los resultados que mejorarán el desempeño de la organización de acuerdo con sus políticas.

Hacer: implementar los planes de acción del sistema de gestión.

Verificar: realizar el seguimiento y la medición de los procesos y de las características clave de las operaciones que determinan el desempeño en relación a las políticas y objetivos.

Actuar: tomar acciones para mejorar en forma continua el sistema de gestión.

Otra característica común de las normas de los sistemas de gestión es que pueden ser ejecutadas y dirigidas por el grupos de personas de la empresa, incluso las auditorías internas a estos sistemas de gestión pueden ser realizadas de forma integral, auditando en un solo proceso diversos sistemas de gestión. Algunos de los aspectos comunes de los sistemas de gestión diseñados bajo las normas ISO son:

- Definición de un alcance que sea medible y que este documentado en la organización.
- La definición de las responsabilidades dentro de la organización, encabezadas por la alta dirección, entre estas responsabilidades se encuentra la documentación y divulgación del sistema de gestión, y la destinación de los recursos necesarios.
- Evaluar, medir, documentar resultados, tomar acciones correctivas, actualizar la política de gestión considerando la actualización de normas y regulaciones gubernamentales, ofrecer capacitación al personal que afecta al sistema de gestión, realizar auditorías internas.

Hay que agradecer al sistema ISO que se hayan estandarizado los sistemas de gestión. Sus guías han servido de modelo en todo el mundo y se recomienda que las empresas se asocien con una entidad que les pueda certificar que sus sistemas de gestión están normalizados con este tipo de procedimientos y de metodologías. Sin embargo para implementar un sistema de gestión no es estrictamente necesario seguir una norma internacional en la que estén establecidos los pasos a seguir para hacer bien las cosas dentro de una compañía, certificado todo esto por una entidad externa. Pero si es recomendable que la empresa conozca al menos las normas, los procedimientos y se apunte al seguimiento de procesos verificables de gestión, aunque la empresa no tenga por objetivo obtener una certificación donde se declare externamente que se ha acogido a una norma de este tipo y que cumple con sus procedimientos de verificación.

La aplicación o implementación de un sistema de gestión típicamente lleva a lograr los objetivos de otros sistemas, por ejemplo el implementar un sistema de GE se pueden conocer y controlar las emisiones atmosféricas de la organización y para implementar cualquiera de estos dos sistemas, es necesario aplicar muchos de los requisitos de un sistema de gestión de la calidad.

Debe aclararse que cualquier guía de un sistema de gestión entrega unas pautas y lineamientos para alcanzar unos objetivos, mas no impone metas o niveles de desempeño, pues estos varían de acuerdo al tipo y tamaño de la organización.
En muchas empresas los sistemas de gestión nacen como una respuesta a los altos costos y la exigente normatividad que rige en sus empresas, uno de los casos más frecuentes es el sistema de gestión ambiental. Con la implementación de sistemas de gestión alrededor del mundo y el aprendizaje a partir de los mismos, se

integraron elementos globales, impulsados especialmente por el interés de preservar el equilibrio ambiental del planeta. Cualquier sistema de gestión que se empleé en la organización, debe integrarse a las políticas de la empresa para que sea efectivo.

- **Sistema de gestión energética**

Este sistema de gestión es la suma de medidas planificadas y ejecutadas para conseguir el objetivo de utilizar la mínima cantidad posible de energéticos mientras se mantienen los niveles de confort y de producción. Su objetivo principal es que las organizaciones conozcan y mejoren continuamente sus consumos energéticos y que como consecuencia de ello la emisión de gases de efecto invernadero y los costos energéticos de las organizaciones disminuyan. La recién lanzada norma ISO 50001 especifica los requisitos para establecer, implementar y mejorar un sistema de gestión de la energía, para permitirle a la compañía alcanzar una mejora de su sistema energético con acciones como la medición, documentación e información, diseño y adquisición de nuevas tecnologías que contribuyan al desempeño energético.

Sus acciones se concentran en la conservación, la recuperación y la sustitución de la energía.

- **Sistema de gestión ambiental**

Proporciona a una organización las herramientas de gestión que permite identificar y controlar el impacto ambiental de sus actividades, productos o servicios y mejorar continuamente su desempeño ambiental. Permite implementar un enfoque sistemático para la fijación de objetivos y metas ambientales, para beneficio de la comunidad.

Es importante en este sistema el reconocimiento de los diferentes contaminantes emitidos por la organización:
- Contaminación del agua: toda clase de efluentes que alteren las condiciones normales de los lechos acuáticos, como son los sólidos totales, una alta concentración de metales pesados (plomo, cobre, cadmio, mercurio, arsénico y selenio), líquidos que alteren el pH y saquen el agua de su nivel de neutralidad mínima requerida para la existencia de vida.
- Contaminación de suelos: la contaminación de suelos puede tener diferentes impactos, desde los más bajos en cuestión de contaminación como desechar materiales orgánicos y biodegradables ocupando una gran can-

tidad de espacio y requiriendo mayor cantidad de terrenos para su disposición. Los impactos en los suelos pueden ir hasta la contaminación por radiación como sucede con los desechos radiactivos, pasando por generación de lixiviados, deposición de materiales que no son biodegradables, contaminación con metales pesados.

- Contaminación atmosférica: es tal vez la más reconocida a nivel mundial, especialmente porque los contaminantes pueden ser arrastrados a regiones lejanas del lugar en que fueron generados, por los vientos, causando un problema de escala mundial. Los más comunes son los gases de efecto invernadero (vapor de agua, dióxido de carbono, monóxido de carbono, ozono, óxidos de nitrógeno, metano, dióxido de azufre, clorofluorocarbonos entre otros). Además de las actividades industriales, la actividad humana genera en cantidades significativas de material particulado, el cual dependiendo de su tamaño puede quedarse suspendido en el aire o precipitarse. Este material que se queda suspendido en el aire, causa perjuicios en la salud respiratoria de los humanos.

Los componentes básicos del sistema de gestión ambiental son la definición de una política y los compromisos ambientales de la empresa, el seguimiento y monitoreo, la evaluación de los resultados y la toma de acciones correctivas para dar cumplimiento a las políticas y metas ambientales de la organización.

- **Sistema de gestión humano**

Los sistemas de gestión de los recursos humanos son un poco menos estandarizados, pero igualmente son aplicados en todo el mundo ya que su principio básico es coordinar el talento necesario en la organización con el recurso humano disponible.

Para que un sistema de gestión humano funcione es necesario entender que el recurso humano es el elemento más importante de las organizaciones, el segundo paso es acoplar la cultura de la organización con los intereses particulares de los empleados, por medio de herramientas de evaluación, entrevistas y observaciones, de esta manera se mejoran las relaciones interpersonales, se detectan las necesidades de crear o fomentar el conocimiento y se evalúa constantemente si los valores de cada trabajador son los que la organización requiere para el logro de objetivos. Estos sistemas de gestión proponen diariamente estrategias para una mayor productividad y efectividad. Su importancia creció a partir de aquellos estudios que ubican a las personas como el factor fundamental del proceso de producción y como el factor clave en el logro de ventajas competitivas en la consecución de los objetivos estratégicos de la organización.

Una de las herramientas disponibles para cualquier organización, que permite la integración de todos los sistemas de gestión es el sistema de gestión de la calidad. El sistema de gestión de la calidad pone su énfasis en el cliente, sin descuidar las otras partes interesadas, sus principios son el enfoque al cliente, el liderazgo, participación del personal, la mejora continua y la toma de decisiones basadas en mediciones, y una relación mutuamente beneficiosa con los proveedores.

- **Sistemas de gestión integrados**

Cada sistema de gestión creado para una organización, debe ser congruente a las políticas empresariales de la organización, y a sus objetivos empresariales, es decir, deben ir de la mano con los valores y metas corporativas. La integración de sistemas de gestión son el conjunto de elementos que permite implantar y alcanzar la política y los objetivos de una organización.

Las ventajas que ofrece trabajar de forma integral los sistemas de gestión son, entre otras, las siguientes:

- Se impulsa el que las personas tengan una visión integrada y holística de la organización y de sus procesos.
- Se facilita el trabajo gerencial y administrativo, especialmente en la medida que los sistemas hagan parte de la gestión misma de la organización.
- Se generan sinergias y mayores oportunidades de mejora.
- Se logran mayores ahorros y metas más significativas.
- Se logra una reducción de la cantidad de documentos para gestionar los sistemas.
- Se simplifica y se reduce el número de registros necesarios para demostrar la correcta implantación de los sistemas.
- Las auditorías internas se pueden hacer conjuntas, de esta manera se reduce la cantidad de personas, tiempo y documentación para hacer las auditorías. Para lograrlo es recomendable que los auditores internos de la organización estén capacitados en cada uno de los sistemas de gestión que aplica la compañía.

Típicamente un sistema de gestión está apoyado en seguir la metodología PHVA (Planificar, Hacer, Verificar y Actuar), o en metodologías del tipo Seis Sigma para facilitar el trabajo del comité o de los grupos encargados de los sistemas de gestión. Es importante que no se pierda estos enfoques pues con ellos como guía se facilita el avanzar por los pasos a seguir en una exitosa gestión.

4.1.2   Aspectos culturales de la Gestión Energética

Hasta hace pocos años la cultura energética de la gestión energética estaba poco difundida, era casi inexistente. Con la globalización de la información, que permite adquirir rápidamente datos y conocimientos de otras regiones, la cultura empresarial energética que se va desarrollando en los países más conscientes, se va extendiendo por todo el mundo, con frecuencia de la mano de las empresas multinacionales extranjeras. Contribuyen también los esfuerzos del estado y de las organizaciones internacionales por estimular una mayor competitividad y actitudes más conscientes, lo mismo que los trabajos académicos y científicos y los esfuerzos de diversos proveedores de servicios de energía. En esta forma, la cultura de gestión energética se va extendiendo, si bien todavía se está lejos de que la mayor parte de las empresas tengan incorporada una verdadera gestión en sus prácticas.

Es evidente la voluntad del estado por implantar una cultura empresarial competitiva, y es necesario que las empresas complementen o potencien sus actividades económicas con sistemas de gestión integrales. Para apoyar estas estrategias se han creado desde los diferentes ministerios del país normativas, incentivos y grupos de apoyo empresarial que buscan incentivar una mayor gestión en las organizaciones.

Por ejemplo, desde el Ministerio de Ambiente y Desarrollo Sostenible se creó el Sello Ambiental Colombiano. Esta etiqueta ecológica consiste en un distintivo o sello que se obtiene de forma voluntaria, otorgado por un organismo de certificación y que puede portar un producto o servicio que cumpla con unos requisitos preestablecidos para su categoría. Portar este sello es voluntario y puede ser considerado por los productores como una estrategia comercial, y por los consumidores como un valor agregado del producto adquirido. Con este instrumento se busca brindar a los consumidores información verificable, precisa y no engañosa sobre los aspectos ambientales de los productos, estimular el mejoramiento ambiental de los procesos productivos y alentar la demanda y el suministro de productos que afecten en menor medida el medio ambiente. Además del Sello Ambiental Colombiano, este ministerio promueve proyectos de sustitución de insumos y gestión energética a través de diferentes dependencias en el territorio nacional.

El Ministerio de Comercio, Industria y Turismo incentiva la gestión ambiental a través de modelos integrales de producción más limpia, y de estrategias de desarrollo de métodos para disminuir las emisiones de gases de efecto invernadero.

516

El Ministerio de Minas y Energía cuenta con la Unidad de Planeación Minero Energética a partir de la cual se formulan estrategias nacionales para fomentar el mejor uso de los recursos energéticos y del subsuelo del país. A través de Colciencias y del SENA se han conformado nuevas oportunidades y leyes en ciencia y tecnología que contemplan estímulos para desarrollar programas de mejora tecnológica, casi siempre asociados con mejores prácticas energéticas y ambientales.

Diversos países y organismos internacionales han adelantado programas de estímulo a las buenas prácticas empresariales, a través de entidades de apoyo, como el Centro Nacional de Producción más Limpia.

Sin embargo para muchas empresas, especialmente las pequeñas, son desconocidas algunas de las normas y beneficios que ofrecen diversas entidades para fomentar la cultura de gestión energética en la organización. Cuando no se cuenta con una visión global en la compañía, puede que no se investigue, que no se esté actualizado sobre las oportunidades que se abren con los lineamientos del estado. Quizás solamente se estará atento a las normas que se establezcan y que puedan afectar directamente a su producto o que pueden causar sanciones a la compañía.

Otra práctica que impide la gestión integral en las organizaciones es el fijar la atención en asuntos específicos de la producción, como por ejemplo temas relacionados con materias primas, con la modernización de los equipos de producción o la atención a las exigencias de las autoridades ambientales. Pero dejando de lado los asuntos culturales y de gestión humana y las relaciones e impactos sobre la calidad y los energéticos, con el riesgo de afectar la sostenibilidad y la competitividad en el mediano y el largo plazo para la compañía.

Cultura energética colombiana. Al conocer los impactos climáticos que estamos generando por nuestras prácticas ligeras, se inició en todo el mundo una búsqueda por la optimización de los recursos, entre ellos el energético. En Colombia esta práctica se intensificó en el nuevo milenio y desde el año 2001 se han realizado publicaciones de algunos modelos de gestión energética, algunos de ellos son:

- Modelo de control del consumo energético, publicado por la Universidad Pontificia Bolivariana en el 2001
- Guía de buenas prácticas para el uso racional de la energía para el sector de las pequeñas y medianas empresas, desarrollado por INDISA y publi-

cado en el año 2002 a través del Centro Nacional de Producción Más Limpia y Tecnologías Ambientales, con el patrocinio de Ministerio de Medio Ambiente.

- Modelo de Mejora Continua de la Eficiencia Energética, del primer congreso internacional sobre uso racional y eficiente de la energía en el 2004.

- Modelo de Gestión Energética para el sector productivo nacional, publicado por la Universidad Tecnológica de Bolívar, Universidad del Atlántico, Empresa de Acueducto de Bogotá y Universidad de Occidente en el año 2008.

Con el paso del tiempo los sistemas de gestión vienen mejorando, sin embargo los modelos de gestión energética se limitaban esencialmente a los siguientes aspectos:

- Diagnósticos de eficiencia energética,
- Monitoreo de indicadores energéticos,
- Sustitución de fuentes primarias para el suministro de energía,
- Cambios tecnológicos y gestión de negociación y contratación de energéticos primarios.

Sin embargo por ser modelos de sistema de gestión energética en construcción, algunas de las acciones que los acompañaban eran actividades discontinuas en el tiempo, reactivas, girando alrededor de la variación del precio de los energéticos, o el valor neto de la factura de servicios de energía.

Algunas empresas del país vienen realizando pasos concretos que las llevan hacia una verdadera GE. Es cada vez más frecuente que se encuentren compañías aplicando políticas de calidad, energéticas, ambientales y humanas integradas, las cuales conducen a estas empresas a optimizar todos sus recursos, reducir las emisiones de contaminantes y brindar una mejor calidad de vida a sus empleados. Este curso está diseñado para estimular y profundizar estos aspectos en las organizaciones a las cuales pertenecen quienes están tomándolo.

- **Metodología para percibir la cultura energética de una organización**

Cuando los encargados de una empresa toman la decisión de fomentar la cultura energética de la misma, deben evaluar la actual cultura de su personal (operarios, directivos administrativos y técnicos, personal de servicio y personal responsable de las gestiones humana, de calidad y demás) y a partir de ello buscar mecanismos para fomentarla y lograr resultados duraderos y que requieran unas inversiones y esfuerzos razonables, aceptadas y apoyadas por la gerencia, para alcanzar las metas de la GE.

Algunas prácticas básicas para fomentar la cultura energética de la empresa son:

➢ Contar con una declaración gerencial de partida, la cual se irá refinando con el tiempo, para hacerla más acorde con las circunstancias, necesidades, obligaciones y oportunidades que tiene la empresa.

➢ Contar con una cierta estructura de manejo que pueda instrumentar el cambio y la puesta en marcha de la nueva cultura más holística e integral.

➢ Realizar charlas colectivas para sensibilizar y concientizar de la importancia de la gestión energética al personal. Durante las mismas se deberá recibir retroalimentación por parte de los asistentes, otros puntos de vista pueden enriquecer las estrategias.

➢ Examinar con los representantes y responsables de las diversas áreas, la estructura organizacional y las políticas existentes. Determinar las brechas entre los enfoques existentes y los deseables cuando se hace real un enfoque de gestión integral para los asuntos energéticos y ambientales de la compañía.

➢ Observar las actitudes y la forma de trabajar del personal de planta y de administración y servicios, y aproximarse a determinar su impacto y sus elementos culturales. Observar cómo impacta esta cultura existente a la sostenibilidad energética y ambiental de la empresa.

➢ Realizar jornadas de toma de datos y obtención de información en campo para confirmación de las prácticas declaradas en el manejo energético y ambiental.

➢ Documentar y comunicar los resultados de todas estas etapas para establecer las estrategias que lleven a mejorar la cultura energética en la organización.

➢ Involucrar a todo el personal de la organización en las actividades de capacitación y desarrollo del sistema de gestión de la energía, y comunicar periódicamente al personal de la empresa los resultados, esto les mostrará que las medidas que ellos aplican en la empresa tienen resultados y estos se pueden ver, lo que los motivará a seguir trabajando por optimar los recursos energéticos.

➢ Para lograr resultados duraderos es necesario salir del punto de comodidad y cambiar prácticas ancladas en la empresa. en ocasiones será necesario realizar proyectos que transformen el entorno de un proceso lo que puede causar algo de malestar en algunas personas, más esto no debe detener la búsqueda para lograr las metas del sistema de gestión.

➢ Invertir en gestión, educación e innovación tecnológica

➤ Realizar auditorías internas de la GE. Una auditoria exitosa considera la cultura organizacional de la empresa auditada. Es importante que el auditor percibe el ambiente cultural de la empresa con el fin de evitar conflictos.

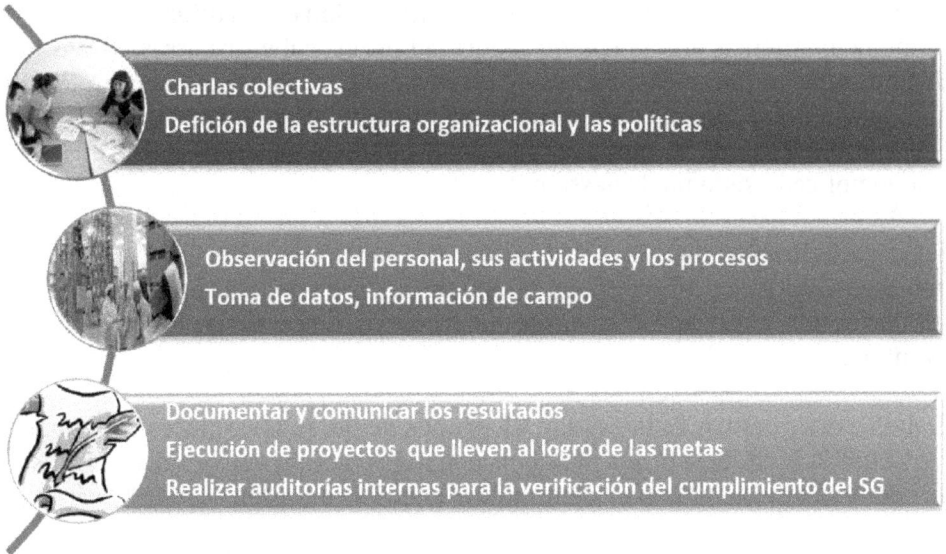

Charlas colectivas
Defición de la estructura organizacional y las políticas

Observación del personal, sus actividades y los procesos
Toma de datos, información de campo

Documentar y comunicar los resultados
Ejecución de proyectos que lleven al logro de las metas
Realizar auditorías internas para la verificación del cumplimiento del SG

Metodología de percepción de la cultura energética

Prácticas inadecuadas en el sistema de gestión de la energía. Algunos comportamientos inadecuados puede que sean comunes en las empresas que no tienen una cultura energética. Por contraste se pueden observar y plantear formas de abandonar círculos viciosos y trascender hacia el cambio.

- No medir
- No documentar
- No llevar trazabilidad de consumos de energía
- Quedarse con las viejas prácticas o costumbres
- No buscar nuevas tecnologías porque son muy costosas; o con el pretexto de lo existente en la empresa todavía funciona, por lo cual no se justifica el cambio.
- No comunicarse. El trabajar de manera aislada es una costumbre altamente perjudicial para el progreso de cualquier organización
- No contar con un programa consistente de manejo de indicadores, lo que dificulta la implementación de la cultura de GE en la organización
- Usar los servicios de la empresa de manera inadecuada o con derroche, por ejemplo, usar el aire comprimido para aseo personal o prender aires

acondicionados para confort humano en lugares en los cuales no hay personal laborando.

Aspectos relevantes de la cultura energética. Como hay aspectos comunes en los diversos sistemas de gestión, se facilita la integración de las diferentes gestiones como la energética, ambiental, de seguridad industrial entre otras. Si la organización tiene amplitud de procesos y de personas, puede resultar complejo que una sola persona tenga la responsabilidad y la sabiduría total para manejar todos los asuntos. Por ello es muy común que se conformen comités de trabajo y de apoyo por cada sistema de gestión.

La responsabilidad directa de la gestión y el manejo de la documentación de los temas energéticos y ambientales, puede ser liderada por un representante de la alta dirección y apoyada por comités energéticos, ambientales o energético-ambientales.

Deben existir dentro de la gestión GE grupos de personas capaces de reconocer y evaluar la existencia de los impactos negativos de tipo ambiental causados por la operación de la empresa y de impulsar el que se adopten acciones correctivas y preventivas.

Los organismos de control del estado, a nivel local, regional y nacional están siempre en función de lanzar normas, cada vez más exigentes y complejas, que deben ser cumplidas para permitir la operación de la empresa. Es necesario estar vigilando la vigencia de estas normas y mantenerse dentro de su cumplimiento. Si la empresa encuentra que alguna de estas normas no está fundamentada en la realidad de las operaciones de su empresa, puede manifestarlo a las autoridades competentes para evaluar la aplicabilidad de la misma en la organización. Esto implica capacidad de gestión ante la autoridad, basada en competencias técnicas dentro de la organización.

El control de los documentos, datos, información en general de la GE debe ser considerado tan importante como cualquier otro compromiso establecido dentro de la política energética. Esto implica contar con un sistema organizado de manejo de información.

De acuerdo al avance de las estrategias energéticas e incorporación de nuevos energéticos y tecnologías, los planes de capacitación para el personal deben ser programados. Esto implica trabajo en recursos humanos.

La distribución de los costos de los consumos energéticos y sus relaciones con la producción, deberían estar basados en mediciones reales de consumos en campo y no en asignaciones acordadas. Esto implica toda una estrategia de trabajo de grupo, de registros coordinados y de manejo datos. Para empresas de cierto tamaño en adelante, se debe trabajar con sistemas de información tipo ERP. Existen módulos energéticos ya ambientales en el mercado.

Adicionalmente hay una riqueza de prácticas que se encuentran en los modelos de gestión a nivel global, aunque no de manera generalizada, por ejemplo:

- Algunas empresas consideran deliberadamente los efectos de la gestión de la producción y el mantenimiento sobre la eficiencia energética y sobre los impactos ambientales. Esta es una inteligencia de proceso de cierto nivel de sofisticación.

- Otro nivel avanzado consiste en involucrar en la gestión energética actividades específicas de diferentes áreas de la gestión organizacional: contabilidad, finanzas, compras, ventas, operación, calidad, seguridad operacional, planeación de la producción, innovación y gestión tecnológica.

- Cuando es alto el nivel de compromiso y de conciencia se llega a puntos de alineación, en los cuales se armonizan deliberadamente, es decir, con pleno propósito, la dirección, los equipos de mejora, los empleados, los trabajadores en busca del logro de objetivos estratégicos de tipo energético y ambiental, llegando hasta comprometer la organización en programas de gestión investigativa y científica.

- En empresas de alto nivel de sistematización se trabaja con monitoreos en línea, no solamente para el control de los consumos e indicadores energéticos, sino también para el diagnóstico operacional de equipos, incremento de productividad y la calidad del producto, además de los temas de tipo ambiental.

- En algunos casos se ha encontrado conveniente establecer centros de costos y modelos económicos para relacionar la eficiencia energética y ambiental con los costos de los procesos o productos y con los objetivos. Un caso importante es el de las empresas que registran sus huellas hídricas y de carbono, en busca de lograr objetivos comprometidos con el medio ambiente.

4.1.3 Aplicabilidad de la gestión energética en la industria colombiana. Normas aplicables y trabajo que se está haciendo. UPME y norma ISO 50000

Colombia trabaja por fortalecer un marco regulatorio y normativo que propenda al desarrollo de oportunidades para incrementar la eficiencia energética y la reducción de los impactos ambientales negativos. Es importante contar con un ambiente colaborativo y favorable de parte de las empresas. Un avance muy importante es que en cada una se incorpore en su cultura un sistema de gestión integral, apoyada en normas, en políticas empresariales documentadas y correctamente definidas, que orienten a la empresa colombiana en el qué hacer para reducir sus costos energéticos continuamente, incrementando o sosteniendo su nivel de productividad y competitividad y disminuyendo sus impactos ambientales.

Como parte del trabajo que viene realizando el estado por fomentar esta cultura en las empresas del país, diversos ministerios han creado estrategias que lleven a las organizaciones a adoptar sistemas de gestión de diferente índole. También se trabaja desde la aprobación de leyes que eximan de aranceles e impuestos a aquellas empresas que trabajen en aumentar su eficiencia energética y en proyectos de mitigación de impactos ambientales. Por su parte las entidades bancarias también ofrecen créditos de bajos intereses a las empresas que quieran emprender proyectos de eficiencia energética. En estas acciones se cuenta en general con el apoyo de la banca de fomento internacional.

Unidad de Planeación Minero Energética (UPME). La UPME es una unidad técnica nacional que articula el planeamiento del sector minero energético del país. Una de sus mayores responsabilidades es la estructuración del plan nacional de desarrollo. En el sector energético es responsable de estudiar la demanda de energía en el territorio nacional, de evaluar los proyectos de generación de energía y de generar proyectos que permitan suplir la demanda energética en todo el territorio nacional de manera sostenible.

La UPME, COLCIENCIAS, la Universidad del Atlántico y la Universidad Autónoma de Occidente publicaron en la página de la UPME la guía para la implementación del Sistema de Gestión Integral de la Energía en Colombia. Esta guía está fundamentada en la implementación estructurada de un conjunto de procesos, procedimientos y actividades con el objetivo de aplicar un conocimiento y lograr unos resultados positivos. El objetivo es que se minimicen los consumos de energía y que se integre la gestión energética con otros sistemas de gestión de la compañía sin que se sacrifique la productividad. Durante la elaboración de esta guía se realizaron estudios de las gestiones energéticas a nivel mundial, y se halló en común las siguientes prácticas:

- Los modelos de gestión tienen como objetivos inmediatos reducir costos e impacto ambiental y elevar la competitividad.
- Están basados en el modelo general de mejora continua: Ciclo PHVA.
- El liderazgo de la implementación y aplicación del modelo está en la gerencia.
- Existe una entidad colectiva que dirige y evalúa la implementación y operación del modelo.
- Existe un representante de gerencia que organiza y controla las actividades del modelo en la empresa.
- Utilizan la figura de equipos temporales para implementar programas, tareas o medidas de eficiencia energética.
- Incluyen la actividad de monitoreo y control de indicadores a nivel de procesos y empresa.
- Incluyen la elaboración de políticas, objetivos, metas y responsabilidades.
- Incluyen el diagnóstico, elaboración de un plan, evaluación económica de las tareas del plan, ejecución, verificación y seguimiento.
- Indican la necesidad de capacitación y /o entrenamiento de recursos humanos.
- Incluyen la necesidad de sistemas de información y divulgación de la gestión energética.
- Enfocan su gestión en cambios organizacionales, preparación de los recursos humanos, cambios tecnológicos, mantenimiento de equipos y cambios de los procedimientos operacionales y de gestión.

La guía establece algunos pasos para facilitar la implementación de la gestión energética en cualquier empresa. Información básica para la implementación de la GE:

- Se refiere a información de diseño de los equipos, programas de mantenimiento, consumos de energía, estructura administrativa y contable de la empresa, indicadores, métodos de evaluación de indicadores y programas energéticos ejecutados anteriormente
- Proceso de implementación del sistema de GE:
- Se divide principalmente en tres etapas (decisión estratégica, instalación del sistema de gestión integral energética de la empresa, y, operación del sistema de gestión integral de la energía en la empresa). La guía muestra

un ejemplo de la implementación de las tres etapas del sistema de gestión, con estimación de tiempos de ejecución y objetivos a lograr en cada etapa.

Pasos para la implementación de la gestión energética

Etapas	Actividades	Tiempo	Objetivo
Decisión Estratégica	Caracterización Energética de la Empresa	2 meses	Potencial rentabilidad del SGIE. Asignación de recursos.
	Compromiso de la Alta Dirección		
	Alineación de Estrategias		
	Definición y Conformación de la Estructura Técnica y Organizacional		
Instalación del SGIE en la Empresa	Establecimiento de los Indicadores del Sistema de Gestión	5 meses	Crear la estructura organizativa, las bases técnicas, preparar e involucrar al personal, identificar los programas, documentar el SGIE y verificar la capacidad de la empresa para ejecutar el SGIE.
	Identificación de las Variables de Control por Centros de Costo		
	Definición de los Sistemas de Monitoreo		
	Diagnóstico Energético		
	La vigilancia tecnológica e inteligencia competitiva		
	Plan de Medidas de Uso Eficiente de la Energía		
	Actualización y Validación de la Gestión Organizacional del SGIE		
	Preparación del Personal		
	Elaboración de la Documentación del SGIE		
	Auditoría Interna al SGIE		
Operación del Sistema de Gestión Integral de la Energía en la Empresa	Seguimiento y divulgación de indicadores	6 meses	Ejecutar los programas, cuantificar los resultados, ajustar y actualizar modelos, verificar presupuestos de ahorros.
	Seguimiento y evaluación de buenas prácticas de operación, mantenimiento, producción y coordinación		
	Implementación de Programas y Proyectos de Mejora		
	Implementación del Plan de Entrenamiento y Evaluación del personal		
	Chequeos de gerencia		
	Ajustes del sistema de gestión		
	Evaluación de resultados		

Esta guía es de las más actualizadas que se pueden encontrar actualmente y es aplicable a la industria colombiana. Está disponible para todo el público en la página de la UPME. Precisamente su divulgación por estos medios permite que las empresas dejen de lado el paradigma del desconocimiento de un sistema de gestión integral para aplicar en sus empresas.

- **Normatividad sobre gestión energética, medio ambiente y energías alternativas**

Ley 697 de 2001. Declarada como la ley del uso racional de la energía, es una ley mediante la cual se fomenta el uso racional y eficiente de la energía, y se promueve la utilización de energías alternativas. Esta ley plantea que el uso racional de la energía es un asunto social, público y de conveniencia nacional.

Plantea que el estado debe proveer la infraestructura legal, técnica, económica y financiera, necesarias para dar cumplimiento a esta ley y que el Ministerio de Minas y Energía será la entidad responsable de promover y asesorar los programas URE, promover el uso de energías no convencionales conociendo la viabilidad tecnológica, económica y ambiental.

Esta ley plantea que el estado debe estar vigilante y tomar las acciones necesarias para que todas las partes de la cadena energética estén haciendo un uso eficiente de la energía y cumpliendo con la normatividad ambiental vigente, por ejemplo, las empresas prestadoras de servicios públicos como lo son las del suministro de energía eléctrica y gas deben promover programas URE en sus empresas y entre sus usuarios teniendo en cuenta las implicaciones tecnológicas y financieras de estos proyectos. Como parte de las acciones impuestas por esta ley, en las facturas de servicios públicos deberán aparecer mensajes promoviendo el uso eficiente de la energía y los beneficios ambientales que esto conlleva.

A través de COLCIENCIAS el estado incentiva la investigación de programas de URE y a través del ICETEX se da prioridad en los préstamos a los estudiantes que deseen estudiar carreras o sistemas de gestión relacionados con el URE

Dentro de esta ley estratégica que ya tiene más de una década de vigencia, se plantea la creación de galardones por parte del estado, a quienes se destaquen en promover estos proyectos y será divulgado su reconocimiento amplia y públicamente a través de medios de comunicación.

Quizás el artículo que más aplique a las empresas colombianas es el Artículo 10 que dice "El Gobierno Nacional a través de los programas que se diseñen, incentivará y promoverá a las empresas que importen o produzcan piezas, calentadores, paneles solares, generadores de biogás, motores eólicos, y/o cualquier otra tecnología o producto que use como fuente total o parcial las energías no convencionales, ya sea con destino a la venta directa al público o a la producción de otros implementos, orientados en forma específica a proyectos en el campo URE, de acuerdo a las normas legales vigentes". Lo que esto significa es que el gobierno deberá respaldar la incorporación de energías alternativas en el sector productivo del país. En la realidad práctica no se han definido incentivos o estímulos amplios para la energía no convencional, excepto algunos programas para sectores no interconectados.

*Ley 1215/08. E*s una ley que plantea a las empresas colombianas una oportunidad más en la implementación de energías alternativas. "Las empresas que generen energía eléctrica a partir de procesos de cogeneración podrán vender sus excedentes de energía a empresas comercializadoras de energía". La CREG debe establecer los requisitos y condiciones técnicas que deben cumplir los procesos de producción combinada de energía eléctrica y energía térmica para que sean considerados un proceso de cogeneración, y así poder disfrutar de los beneficios que ofrece esta ley.

A pesar de lo planteado por esta ley no ha sido muy exitoso el acogimiento de los programas de cogeneración en el país. Algunos sectores empresariales consideran que no se ofrecen las disposiciones claves para la aplicación de estas leyes, razón por la cual han tenido poco impacto.

NTC ISO 50001: Sistema de gestión energética. La norma internacional ISO 50001 nació ante la necesidad mundial de gestionar los recursos energéticos, tanto por el agotamiento de los combustibles fósiles como por el surgimiento y masificación de las energías alternativas. Como ya se vio, en el mundo se han mejorado los sistemas de gestión de la energía, sin embargo no existía una guía para su diseño estandarizado en las compañías, así que cada organización debería inventar su propio sistema de gestión para incentivar el desarrollo de la nueva cultura de eficiencia energética.
Este sistema de gestión promueve el fortalecimiento de una cultura energética organizacional para el uso racional y eficiente de la energía dirigida a nivel estratégico a crear una sostenibilidad energética y ambiental de los procesos y hacer más competitivos sus productos en el mercado.
Un sistema de gestión energética exitoso está integrado a los sistemas de gestión ambiental, y de calidad en la producción, y a la gestión tecnológica de la compañía.

4.1.4 Visión general de las etapas del proceso GE

El propósito de una guía para la gestión es facilitar a las organizaciones establecer los sistemas y procesos necesarios para mejorar su desempeño energético, incluyendo la eficiencia energética y el consumo de energía. Debemos agregar el manejo de los aspectos ambientales, por lo menos los relacionados con los consumos de energía. Es que la gestión energética necesariamente va a llevar a que mediante el uso racional y eficiente de la energía, se reduzcan los impactos ambientales. La norma ISO 50001, para la gestión energética, es aplicable a todo tipo de organización, de cualquier tamaño y en cualquier región, especifica los requisitos de un sistema de gestión de la energía. Los modelos de GE buscan que la organización pueda desarrollar e implementar una política energética y establecer objetivos y metas y planes de acción que tengan en cuenta los requisitos legales y la información relacionada con el uso significativo de la energía.

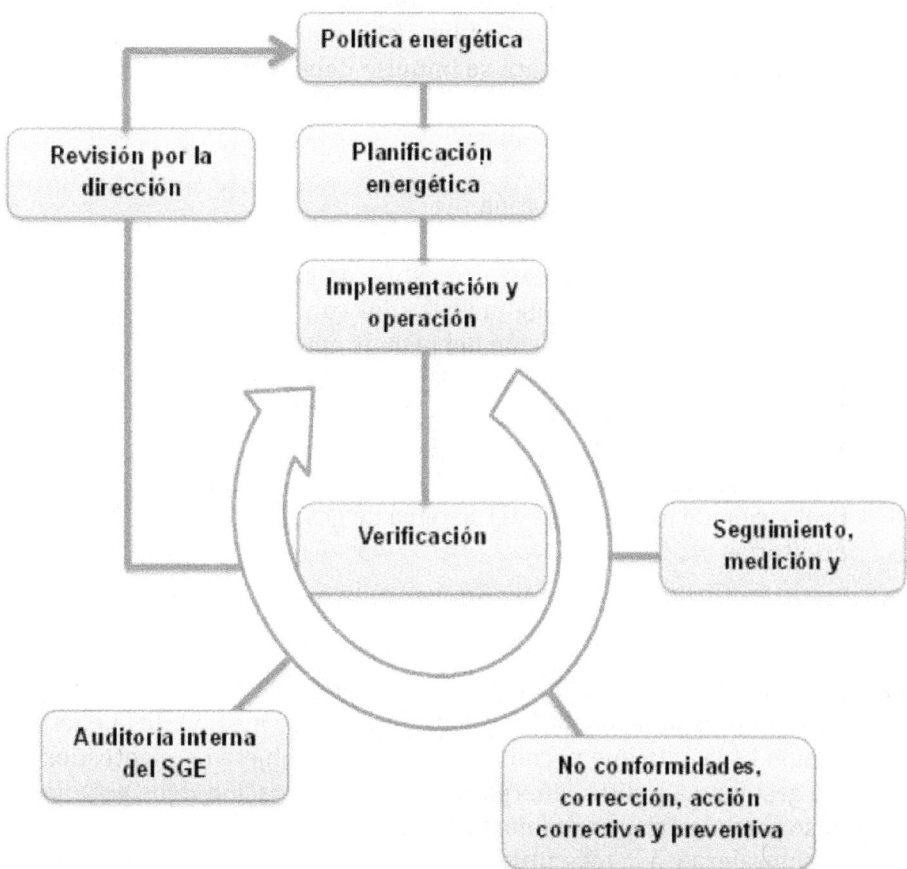

Modelo de Sistema de Gestión de la Energía para la ISO 50001

Los modelos de GE tienen algunos pasos básicos y comunes, con los cuales busca guiar al empresario para lograr la gestión energética.

El Sistema de Gestión Integral de la Energía, publicado por la UPME divide sus actividades en tres grandes grupos ya mencionados que son la decisión estratégica, la instalación y la operación del sistema de GE en la empresa. Plantea un objetivo diferente en cada etapa de la gestión y propone para llevar a cabo todas las actividades, con tiempos estimados de algo más de un año para dar inicio al programa.

Para hacer más genéricos estos pasos, de manera que cualquier empresario del curso pueda aplicarlo en su lugar de trabajo, describimos las etapas de la norma ISO 50001.El propósito de hacer genérica esta descripción radica en que puede ser aplicable a cualquier tipo de organización, de cualquier tamaño y en cualquier actividad económica. Las etapas básicas de un sistema de gestión de la energía (que bajo la filosofía que acá se impulsa debe incluir lo relacionado con los aspectos ambientales asociados con los usos de la energía) se presentan a continuación con breves descripciones:

Documentación del sistema de gestión

En la implementación de un sistema de gestión de la energía se deberán llevar diferentes tipos de documentos, algunos de ellos son:
- Política energética. Definición del plan de gestión de la energía
- Planes de capacitación
- Planes de mantenimiento
- Seguimiento a consumos de energía
- Evaluación de energéticos
- Evaluación de indicadores del sistema de gestión
- Auditorias

Política energética

Es parte muy importante del plan de gestión energética. En ella se define y documenta el alcance, los límites y objetivos del sistema de gestión de la energía, al mismo tiempo es la guía que permite el logro de los objetivos planteados en el sistema de gestión. La política energética de la organización debe establecer el compromiso para alcanzar una mejora en el desempeño energético siendo apropiada a la naturaleza y a la magnitud del uso y del consumo de energía de la organización, debe incluir un compromiso de mejora continua del desempeño energético y un compromiso para asegurar la disponibilidad de información y de los recursos necesarios para alcanzar los objetivos y metas, debe proporcionar un marco de referencia para establecer y revisar los objetivos energéticos y las metas energéticas y deberá contemplar la adquisición de productos y servicios asociados.

La política energética debe ser creada por cada organización y debe conducir a actividades que mejoren de forma continua el desempeño energético. Debe incluir una revisión de las actividades de la organización que puedan afectar el desempeño energético. Todas las políticas energéticas deben ser documentadas y comunicadas.

Definición de responsabilidades

Después de tomada la decisión de implementar un sistema de gestión energética en la organización, deberá designarse a los responsables de establecer, documentar, implementar, mantener y mejorar la gestión energética. La mayor responsabilidad recae sobre la gerencia de la organización, pues es quien tiene la autonomía suficiente para designar todos los recursos necesarios de tipo económico, humano y tecnológico. La implementación de la GE requiere dedicación, por eso se sugiere que la gerencia designe a un representante suyo y a un comité de gestión de la energía.

Requisitos legales y de la organización

Es importante que las medidas que se consideren para lograr la GE no estén en contra de las políticas de la organización ni de otros lineamientos legales que puedan aplicar. Debe realizarse una revisión de las actividades de la organización de manera consciente, con el fin de encontrar los puntos de mejora, esto con el objetivo de identificar y cumplir todos los requisitos que puedan ser aplicables en cuanto al uso y consumo de energía y su eficiencia energética. Todos los requisitos deben revisarse a intervalos definidos con el fin de actualizarse en las exigencias que surjan por parte de las autoridades o de los actores externos a la organización.

Asignación de recursos

Algunos cambios pueden realizarse sin requerir mayores inversiones económicas, tales resultados son los que se obtienen cuando se trabaja en la cultura energética, donde las acciones principales se enmarcan en el cambio de hábitos del personal operativo y del personal de oficina. Pero aun para este trabajo de cultura energética, se requieren algunos recursos de tipo humano, o la contratación de una persona experta en GE para que capacite al grupo de trabajo de la empresa. La asignación de recursos recae sobre la alta dirección o sobre quien la esté representando, siempre y cuando tenga la autonomía para ello. Es importante que se entienda que aunque se trate de un plan de ahorro de energía, se requerirán inversiones en tecnología, capacitación del personal entre otras.

Comunicaciones del sistema de gestión

Es importante comunicar en toda la organización, y especialmente en aquellas áreas que están directamente relacionadas con los grandes consumos de energía los objetivos del nuevo sistema de la energía de la empresa. Se deben comunicar los objetivos del sistema de gestión, los programas de gestión (capacitaciones, mediciones, implementación de alternativas energéticas), los resultados de la gestión de la energía. La información constante sobre los resultados va a repercutir favorablemente en la evolución de la gestión energética. Una buena comunicación aumenta la conciencia y el diálogo sobre las políticas, el desempeño y los logros energéticos y ambientales de la organización al mismo tiempo que demuestra el compromiso de la organización y los esfuerzos por mejorar el desempeño energético.

Plan de mediciones energéticas

Durante la caracterización energética se realizan las mediciones de consumos energéticos en equipos y procesos, y se realiza seguimiento al personal involucrado. En esta caracterización se define el potencial de ahorro de la organización y permite identificar el estado actual de la empresa en cuanto a la administración y al uso eficiente de la energía.

Básicamente es una revisión energética, que parte de un plan de mediciones y análisis de las mismas para identificar las fuentes de energía actuales, evaluar el uso y consumo de energías en el pasado y en el presente. Consiste en la aplicación de herramientas de caracterización para la determinación del potencial de ahorro por la planeación de la producción, y de la mejora de la capacidad técnica y organizativa de la empresa para administrar la energía en forma eficiente. Como resultado de las mediciones energéticas, puede identificarse y priorizar oportunidades para mejorar el desempeño energético incluyendo las opciones de aprovechamiento de residuos energéticos y el uso de energías alternativas.

En esta etapa también se incluyen la elaboración o revisión del plan de mantenimiento preventivo coordinado con la producción, el cual debe ser coherente con la política energética, objetivos, metas y planes de acción del sistema de gestión de la energía. La caracterización del estado actual se complementa con la identificación de las capacidades de innovación y de las condiciones para desarrollar estrategias de vigilancia tecnológica e inteligencia competitiva; así como también la evaluación de los avances organizacionales en relación con el estado de madurez de los procesos.

La información recolectada debe tener una frecuencia consistente con la operación de la empresa y debe provenir de fuentes confiables. El proceso de recolección debe asegurar la confiabilidad de los datos, incluir un control calificado y practicas confiables. Debe tener una apropiada identificación, registro y almacenamiento. Las posibles fuentes de datos son:

- Monitoreos y mediciones
- Entrevistas y observaciones
- Reportes legales
- Registros de inventarios y producción
- Registros contables y financieros
- Registros de compras
- Revisiones ambientales, auditorías, o reportes de valoración
- Reportes de entrenamiento ambiental
- Reportes y estudios científicos
- Entes gubernamentales, instituciones académicas y ONG's
- Proveedores y contratistas
- Clientes, consumidores y partes interesadas
- Asociaciones comerciales

Indicadores energéticos

Los indicadores que se definan pueden ser de dos tipos, indicadores de producción e indicadores por rendimiento, tanto del personal operativo como de las operaciones y el uso de los recursos. El tipo de indicador creado dependerá de la actividad comercial de la organización. Es importante recordar que para el manejo de indicadores se debe contar con unos valores de alerta y otros de objetivo. Esto con el fin de analizar realmente como se están comportando los consumos de la empresa. Estos valores de alerta y objetivo se definen con el histórico de los consumos y de producción de las organizaciones. Estos valores deben ajustarse cuando ya no reflejen el uso y consumo de energía de la organización, cuando se hayan realizado cambios importantes en los procesos, patrones de operación o sistemas de energía. En el establecimiento de metas estas deben estar documentadas y debe verificarse periódicamente su cumplimiento. El seguimiento a indicadores va de la mano de la aplicación programada de los planes de medición de consumos de energía, caracterización de energéticos empleados, costos relacionados con estos consumos y cálculo de indicadores.

Verificación

Las mediciones realizadas deben ser comparadas con los valores meta y alarma, los cuales deberán ser definidos con base en mediciones reales de la planta. Lo ideal no es que se comparen los valores como se recogen de la planta sino que se calculen con ellos indicadores de consumo y producción aplicables a cada área de la empresa.

En resumen, la verificación de las medidas de gestión implementadas se evalúa por medio de los indicadores, la verificación del cumplimiento legal y de la gestión energética se hace por medio de las auditorías internas. Las no conformidades deben ser documentadas, corregidas, y debe hacerse seguimiento a esta corrección

Revisión por la dirección

La dirección debe revisar a intervalos definidos de tiempo, el sistema de gestión. Los datos de entrada para esta revisión son:
- Las acciones de seguimiento de revisiones por la dirección
- La revisión de la política energética
- La revisión del desempeño energético y de los indicadores de energía
- Los resultados de la evaluación del cumplimiento de los requisitos legales y de la organización
- El cumplimiento de metas y objetivos
- Los resultados de las auditorías al sistema de GE
- Como resultado de estas revisiones se deben incluir todas las decisiones y acciones relacionadas con los cambios en el desempeño energético de la organización, los cambios en la política energética y los cambios de asignación de recursos.

Los resultados de la evaluación del desempeño energético deben incorporarse, cuando sea apropiado, al diseño, a la especificación y a las actividades de compras de los proyectos pertinentes. Todos los resultados deben documentarse.
Debe informarse a los proveedores que sus productos serán evaluados por la organización sobre la base del desempeño energético. La organización debe establecer los criterios para evaluar el uso y consumo de la energía, así como la eficiencia de la energía durante la vida útil planificada o esperada al adquirir productos, equipos y servicios que usen energía que puedan tener un impacto significativo en el desempeño energético de la organización.

4.1.5 Costos y beneficios de emprender un proceso GE

La GE pretende alcanzar un nivel de conciencia en todos los niveles de la organización en torno al compromiso de conservación y optimización de los recursos. La cultura del ahorro y la educación energética y ambiental pueden generar grandes beneficios para cualquier tipo de empresa, de esta forma, la implementación de medidas simples como apagar las luces y el aire acondicionado de los lugares que quedan solos, aprovechar al máximo la iluminación y la ventilación natural, los planes de reducción en el consumo de agua y energía, entre otros resultan fáciles de implementar con la cultura energética adecuada. Estas medidas tienen costos de aplicación bajos comparados con las soluciones convencionales de control de consumos de energía y pueden establecerse mediante capacitación y entrenamiento del personal con inversiones muy pequeñas.

Elementos claves de un sistema de gestión

Además de las medidas de tipo rutinario y cultural, las organizaciones tienen un amplio campo de oportunidades para lograr ahorros y mejoras, cuando se examinan el espacio tecnológico de los procesos y del conocimiento íntimo que subyace en los métodos de producción. En los módulos anteriores de este curso se examinaron detalladamente los distintos caminos para la optimización energética y para el análisis de costo beneficio respectivo, que permite justificar los programas desde lo económico y desde los mejores flujos de producción y las productividades. No debe quedar duda de las premisas subyacentes:
- El control ambiental y el uso eficiente de la energía son rentables.
- Invertir en investigación y en desarrollo tecnológico es rentable a plazos medios y largos.
- El sector industrial se debe comprometer con las metas del desarrollo sostenible y ello va a facilitar su éxito futuro.
- La creatividad y la recursividad de las personas es una fuente vital de ideas de mejora y debe ser aprovechada.

- Es necesario contar con alternativas energéticas y el sector industrial debe contribuir activamente, facilitando que se hagan ensayos y proyectos piloto, para que se logre madurar la tecnología.
- Por otra parte, cualquier sistema de gestión que se realice en la empresa va a implicar inversiones. Igualmente costos, los cuales dependerán del tamaño de la organización, de la problemática existente, de las medidas correctivas y de mejora que se tomen, del manejo de los programas y de las tecnologías que se pongan en marcha, entre otros.

- **Costos del sistema de gestión**

Capacitación. Resulta ser una de las fases más importantes para un sistema de gestión exitoso, si la empresa tiene la necesidad de emprender una gestión energética para controlar sus consumos energéticos, quiere decir que algunas prácticas se están haciendo mal y para cambiarlas es necesario emprender capacitaciones en toda la empresa. Estas capacitaciones pueden ser dictadas por un experto de la compañía, o por personas externas que tengan conocimiento de los procesos de la organización y que sean conocedores o interesados en GE. En todos los casos es muy importante contar con los conocimientos del personal interno de la compañía.

Instrumentación. El sistema de gestión energética no sería viable sin mediciones y vigilancia de los procesos de producción y de sus consumos y de sus impactos ambientales. Para realizar esta vigilancia es necesario contar con instrumentos de medición los cuales deberán ser adquiridos si no se cuenta inicialmente con ellos. En esta forma se facilita la recolección de datos del proceso para construir los indicadores de la organización. Cuando se adquiere nueva tecnología, siempre deberá estar muy bien instrumentada; de inmediato debe establecerse un plan de trabajo alrededor de la misma. Capacitar al personal que usará estos instrumentos en su correcta aplicación, entrenar a quienes realizarán el mantenimiento y vigilar su operación, son acciones que garantizarán que toda la información obtenida a partir de los mismos será confiable.

Diagnósticos energéticos y ambientales. La evolución de los impactos ambientales antes, durante y después de la GE debe ser realizada por personal conocedor del tema y entrenado mediante procesos específicos internos o externos, incluyendo procesos certificados. Si la empresa no cuenta con recursos suficientes, deberá contratar los servicios de una empresa que pueda suplir dicha necesidad, lo que pasaría a sumar en los costos de la gestión energética.

Vigilancia tecnológica. Las mayores inversiones que se requieran en el sistema de gestión son los de las adecuaciones en la planta, sustitución de energéticos, compra de equipos de procesos y puesta en marcha de instrumentación y elementos de control de proceso. Además de las inversiones necesarias para mitigar los impactos ambientales. Antes de realizar cualquiera de estas acciones debe haberse estudiado diversas alternativas, comparadas bajo parámetros técnicos, ambientales y económicos, de modo que se tome la decisión más acertada. A este respecto en uno de los módulos anteriores se ha descrito en forma muy completa la metodología de trabajo por proyectos y sus etapas de ingeniería conceptual, básica, de detalle, de compras, de montaje y fabricación y de puesta en marcha.

Cuando se hacen análisis de costos y de beneficios, como se indicó también en uno de los módulos anteriores, las inversiones se llevan a sus costos de capital y de depreciación, para tenerlas en cuenta y sumarlas a los demás costos y comparar con los beneficios. El saldo neto de costos-beneficios da una muy buena idea de la rentabilidad potencial de las inversiones. Es muy importante localizar los posibles ahorros que se van a generar y tratar de cuantificarlos de manera responsable, para contribuir a que el proyecto sea ejecutado con ilusión por la organización.

Certificación. Este costo se presenta cuando la empresa desea certificarse bajo alguna normativa que demuestre su gestión energética, por ejemplo, bajo el cumplimiento de la norma ISO 50001 y está relacionado tanto con sus costos internos como con lo que se debe pagar a la entidad certificadora.

Hay que ser conscientes de la importancia de integrar diferentes disciplinas y sectores directivos de la organización en todo este trabajo, por ejemplo en el comité energético. Cada uno, desde su disciplina y experiencia, desde su compromiso y buena voluntad, debe aportar conocimientos y elementos para optimizar todos los recursos del sistema de gestión. Este grupo podrá trabajar a su vez en la gestión de costos de la GE, que implica manejar efectivamente el costo del sistema de gestión, para lo cual hay que planificar los recursos involucrados, estimar el costo de su uso, preparar el presupuesto de cada proyecto y controlar las variaciones en los desembolsos del presupuesto.

4.2 ANÁLISIS Y MEJORA DE LA INFRAESTRUCTURA

Los sistemas de gestión integran todos los elementos físicos de una compañía, especialmente si intervienen de manera directa en el aspecto que se esté gestionando. En este capítulo se van a tratar dos tipos de infraestructura. De una parte la infraestructura organizacional; de otra parte la estructura del sistema energético y ambiental de la organización, que es el objeto práctico del sistema de gestión.

Teniendo en cuenta esto, la infraestructura de una organización es tanto el medio a través del cual la compañía puede alcanzar las metas propuestas y las herramientas que permiten al personal involucrado en el sistema de gestión desarrollar el programa que se han propuesto para optimizar sus consumos de energía. Pero también son los elementos de trabajo real que tienen que ver con la energía y el manejo de los impactos ambientales asociados. Resulta ser entonces una parte vital para su operación y por esto cualquier sistema de gestión debe incluir dentro de su política la infraestructura de la organización, pues es fundamental para llevar a cabo las estrategias que plantea el grupo líder del sistema. Las estrategias que incluyan la infraestructura deben incluir su revisión, verificación de su estado, vigilancia y actualización tecnológica, certificaciones, permisos entre otros aspectos.

Como infraestructura dentro de la organización podemos entender el software, equipos de medición, equipos de proceso, sistema interconectado, sistemas de transporte y almacenamiento, edificaciones, etc.

4.2.1   Documentación sobre los equipos, los servicios y la infraestructura

Una de las etapas del sistema de gestión de la energía es el manejo de la documentación. Además de que la documentación constituye una evidencia física de que se cuenta con elementos de planificación y con estrategias para lograr las metas planteadas, es una herramienta para facilitar las mediciones, la evaluación de resultados y acciones correctivas emprendidas para mejorar la eficiencia energética de la empresa. Es conveniente que las acciones de la gestión estén documentadas. Ello facilita el seguimiento de los hallazgos y de las acciones correctivas.

La infraestructura por su parte se refiere a las instalaciones físicas, equipos de medición, equipos de proceso que intervienen con el sistema de gestión. Si la GE se aplica en toda la organización, entonces los equipos e instalaciones de toda la organización harán parte del sistema de gestión de la energía.

- **Infraestructura del sistema de gestión energética**

Análisis de estado de funcionamiento. Mantenimiento y planes de mantenimiento.
El análisis de estado permite diagnosticar y examinar el buen nivel de funcionamiento de los equipos y de los sistemas. Los equipos pueden estar:

Dentro del estado del arte. Equipos modernos, de alto nivel de tecnología, controles e instrumentación, dotados de cuartos de control con elementos de diagnóstico e indicación que facilitan el análisis energético, ambiental y de producción. Con información actualizada y completa. Operados por personal entrenado y motivado. Este es el estado ideal, al cual debe aproximarse la organización. Se cuenta con los elementos para llevarlos a estados óptimos.

En buen estado de funcionamiento. Equipos de cierta edad, pero que se tienen en buenas condiciones, razonablemente dotados con instrumentación e información, que se juzga suficiente para logar buenas productividades y buen manejo ambiental y energético, operados por personas entrenadas y motivadas. Este es un estado razonable que se puede completar con algunas acciones para modernizar, instrumentar y controlar, con base en análisis de costo beneficio.

Equipos con cierto nivel de deterioro y con claros aspectos por mejorar. Equipos que por su naturaleza, por el tipo de productos que manejan, por el ambiente de trabajo o por su antigüedad exhiben evidencias de problemas operativos, energéticos y ambientales (fugas, aires falsos, ruido, vibraciones, inseguridad, deterioro superficial, elementos hechizos, desniveles, corrosión, instrumentos y elementos de control dañados, paros frecuentes, malos olores y escapes de sustancias, derrames). Con problemas operativos y con carencias de entrenamiento del personal. Este es un estado que debe ser gestionado deliberadamente para llevar los equipos y procesos a situaciones de buen estado o a cambios de tecnología o sustitución.

Naturalmente que la gestión debe dirigirse a buscar el estado del arte, obviamente dentro de las capacidades de la empresa, dentro de parámetros de costo beneficio y de acuerdo a las disponibilidades de tiempos, capacidades de inversión, obsolescencia de procesos, métodos y equipos y capacidad tecnológica.

El mantenimiento de los equipos es muy importante pues de su buen estado o funcionamiento, depende en gran parte que se puedan alcanzar las metas planteadas en la GE. Existen diferentes clases de mantenimiento, entre las que se puede contar el mantenimiento correctivo, que es el que lleva a intervenir los equipos una vez estos han mostrado indicaciones de falla o funcionamiento defectuoso; el preventivo que es el que se planifica o programa con el fin de evitar daños en los equipos, y está coordinado con la producción.

Un plan de mantenimiento bien estructurado debe contemplar los siguientes aspectos:

- Debe conocerse el proceso de una forma integral. Son muy útiles los diagramas de bloques y los diagramas de tuberías, flujos e instrumentación. En ellos se advierten los elementos energéticos y ambientales. Con ellos se facilita el trabajo para el personal operativo y para los encargados del mantenimiento. Igualmente para los auditores externos que se aproximen a examinar las situaciones energéticas y ambientales.
- Deben existir diagramas unifilares de los sistemas eléctricos, planos de equipos, planos de redes de tuberías. Esto con el fin de permitir la planeación de los mantenimientos preventivos.
- Información de los fabricantes o de los diseñadores sobre los equipos, incluyendo manuales de funcionamiento e instrucciones para revisar fallas y problemas.
- Estudios que se han hecho sobre los equipos, incluyendo los resultados de auditorías y diagnósticos.
- Clasificación de los equipos existentes en la empresa
- Caracterización de los equipos (capacidades, tamaño, consumos, especificaciones de fábrica, horas de servicios, historial de mantenimiento, responsables de su operación y de su mantenimiento)
- Programación típica de la producción en la fábrica (turnos de operación, actividades por turno, frecuencia de producción de cada referencia y necesidades de infraestructura de cada línea de producción)
- Programación de mantenimientos preventivos, coordinados con la producción.

Los reportes de mantenimiento deben ser registrados en formatos diseñados para cada equipo, de manera que se asegure de registrar la información verdaderamente importante y que no quede haciendo falta información para una posterior evaluación.

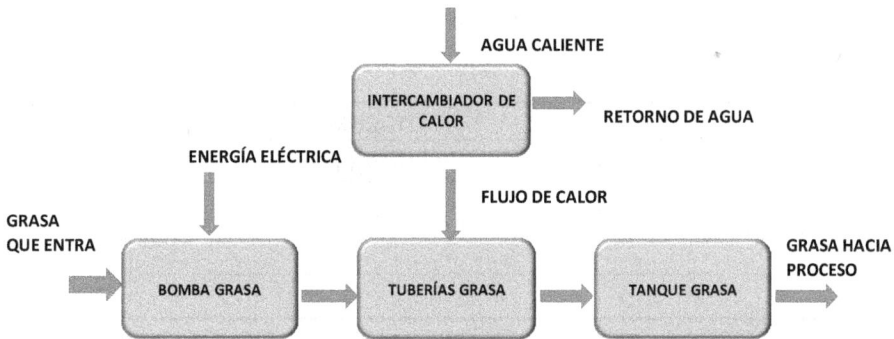

Diagrama simple de tipo funcional de bloques. Ejemplo de un sistema de transporte de grasas

Seguimientos de operación. Es el seguimiento que se realiza a consumos de energía, producción, cálculos de eficiencia e indicadores. Los seguimientos permiten aproximarse a la información necesaria para realizar un análisis correcto de la evolución del sistema de gestión implementado. Dependiendo del sistema de operación, el seguimiento puede ser:

- Sistemas de gestión de la calidad: encuestas de satisfacción, evaluación de personal de la organización, materias primas y proveedores, servicios adquiridos. Todo ello con énfasis de los elementos asociados con la energía (combustibles, vapor, energía eléctrica) y el medio ambiente asociado.
- Sistemas de gestión ambiental: evaluación de impactos ambientales, encuestas sociales de las zonas en las cuales la empresa este interviniendo en el aspecto ambiental, evolución de programas de investigación y desarrollo dirigidos a la eliminación progresiva de los impactos. Listado de equipos y sistemas de control ambiental. Elementos de capacitación a la comunidad, a los empleados. Elementos de responsabilidad empresarial y ciclo de vida de productos y residuos.
- Gestión energética: listado de equipos, consumos de energía, rutinas de mantenimiento, vigilancia tecnológica.

Seguimiento a consumos, cálculos de eficiencias e indicadores. Aplicada especialmente a los equipos de procesos y todos ellos entran en el plan de gestión energética pues requieren algún tipo de energía para su funcionamiento. Los equipos que causen un mayor impacto en los consumos de energía deberán ser discriminados en los programas ambientales. Todos los seguimientos que se realicen en estos sistemas deberán ser documentados, pues permiten en el futuro conocer el historial de acciones e intervenciones al sistema.

Tabla tipo mantenimiento. Ejemplo del sistema de transporte de grasas de la figura anterior

FECHA	14/04/2012	DOCUMENTO	MG-001	
HORA INICIO	8:05 AM	HORA FIN	9:15 AM	
MOTIVO DEL MANTENIMIENTO		Mantenimiento preventivo semana 15		

EQUIPO	HALLAZGO	ACCIÓN EJECUTADA	OBSERVACIÓN
BG-1: Bomba de recepción de grasa	Se encuentra operando correctamente. Los sellos están en buen estado	Limpieza de partes. Lubricación de partes móviles	
ACG-1: Red de agua caliente	Descalibración de termocupla	Inspección de instrumentación. Recalibración de termocupla y medidor de flujo	Realizar seguimiento diario a instrumentación
ACG-2: Red de agua fría	Se encuentra en buen estado	Inspección de válvula e instrumentación	
TCG: Chaqueta de agua caliente	Deterioro de recubrimiento de chaqueta	Evaluación de la magnitud del deterioro. Reporte a ingeniero encargado para posible sustitución de recubrimiento.	Reemplazo de tramos de chaqueta en mal estado
TG-1: Tanque de recepción de grasa	En buen estado	limpieza de tanque	
BG-2: Bomba de grasa a proceso	Se encuentra operando correctamente	Limpieza de partes. Lubricación de partes móviles	

Como la GE es un programa organizado, bien estructurado y planificado para ejecutarse en el presente y futuro de la organización, y la información especificada en esta política deberá ser conservada como evidencia por un periodo de tiempo definido, la información debe ser organizada, en lo posible en formatos diseñados de acuerdo a las necesidades de información e identificada a través de un sistema de archivos bien diseñado, dotado de un mapa descriptivo.

Tabla tipo reporte de consumos de energía eléctrica. Ejemplo para un horno

CONSUMOS DE ENERGÍA ELÉCTRICA EN HORNO DE CLINKER				DOCU-MENTO	ME - 001
SECTOR				FECHA	

LECTURA CONTADOR	HORA	TEMPERA-TURA HORNO	CARGA DEL HORNO	OBSERVACIONES DEL SISTEMA
kWh		ºC	Kg	

Sistema de auditorías. Las auditorias del sistema de gestión son realizadas por una persona externa al equipo de trabajo del sistema de gestión, para permitir que tenga una visión objetiva de cada etapa de la gestión. En esta evaluación se verifica si se está haciendo el tratamiento correcto a la información de la GE, por ejemplo, si están correctamente documentados las medidas correctivas que toman en los procesos, si las responsabilidades se están cumpliendo por parte de la persona designada en la estructuración del plan energético. Este tema ha sido ampliamente tratado en uno de los módulos anteriores. Incluye elementos como los siguientes:

- Conocimiento y descripción del proceso
- Contar con diagramas de flujo
- Contar con información sobre consumos.
- Hacer reuniones previas con los responsables de los procesos
- Tener mentalidad de identificar oportunidades
- Definir objetivos de la auditoría
- Preparar formatos para la recolección de datos

La auditoría del sistema de gestión de la energía puede ser de tres tipos.

Auditoría superficial
- Reconocimiento inicial para identificar desperdicios de energía que pueden corregirse con mantenimientos o acciones operativas (fugas, operación de equipos, aislamientos o luces prendidas sin necesidad)

- Identificación de los instrumentos de medición necesarios y la justificación de su instalación.

Auditoría corta
- Elaboración de balances orientados a determinar entradas y salidas de energía y de productos.
- Determinación de posibles oportunidades para recuperaciones y mejoras.
- Evaluaciones de consumo en las noches y fin de semana

Auditoría detallada
- Análisis de los balances de energía de los procesos
- Evaluaciones periódicas de consumos incluso cuando no se encuentre en operación la planta
- Estudio detallado a equipos específicos
- Análisis termodinámicos
- Análisis y conversión de datos
- Análisis de Datos
- Se debe considerar su calidad, que sean válidos, adecuados, y completos
- Conversión de datos hacia elementos de información que describa el desempeño energético y ambiental de la organización expresado en forma de indicadores.
- Emplear cálculos, estimaciones adecuadas, métodos estadísticos, técnicas gráficas, o índices, adiciones o valoración.

4.2.2 Conocimiento de la calidad de la energía y de los servicios asociados

Cuando se habla de calidad de la energía es importante examinar los diferentes tipos de energéticos, entre los que se cuentan combustibles fósiles, energía eléctrica, biomasas, vapor, aire comprimido, agua a presión, agua caliente. Cada equipo de proceso está diseñado para operar con uno o más tipos de energéticos, definidos desde el diseño. Es importante vigilar su calidad, pues un cambio considerable en su poder calorífico, composición, propiedades físicas puede hacer que los equipos funcionen de manera incorrecta. Aún en el caso del gas natural, que es un combustible limpio, de alta calidad, se pueden generar problemas cuando se presentan oscilaciones en su composición. En el caso del carbón el asunto puede ser muy crítico, pues se presentan con facilidad oscilaciones de la calidad (tamaño, cenizas, humedad, poder calorífico, contenido de azufre) que dan lugar a mayores consumos, emisiones superiores a las normas y dificultades operativas.

Los combustibles en el proceso de combustión, generan energía térmica de gran aplicabilidad en las empresas. La combustión es la reacción de oxidación, que se perfecciona con buenas condiciones TTT (tiempo de residencia en los hogares y cámaras de combustión; turbulencia resultante de la buena mezcla con el aire o con el oxígeno comburentes, a velocidades de llama apropiadas, con excelente contacto y tamaño del combustible, sea atomizado o molido o dispersado; temperatura que debe ser la suficiente para garantizar combustión completa y excelente transferencia de calor a los medios que se van a calentar. De las combustiones se puede extraer energía para la realización de múltiples procesos. Además de las condiciones TTT, la combustión requiere de otros tres factores para llevarse a cabo adecuadamente: combustible en las proporciones y calidad adecuada; comburente (agente oxidante) para lograr la oxidación completa a las temperaturas deseadas y energía de activación (es decir, un elemento catalizador o iniciador, que dispare localmente los fenómenos reactivos, por ejemplo una chispa o una de un encendido de llama piloto. Los siguientes diagramas permiten visualizar la complejidad involucrada en los procesos de combustión.

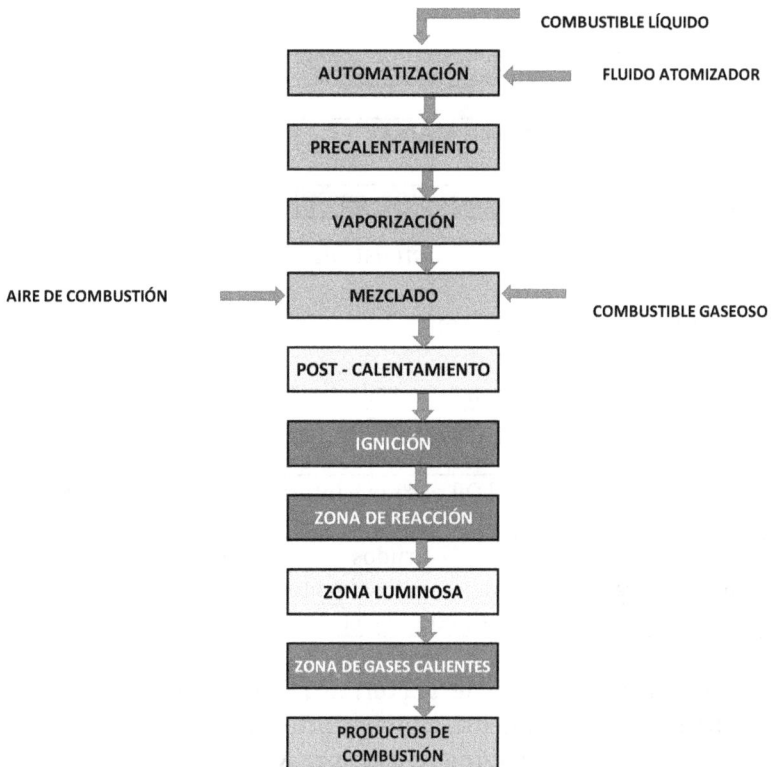

Para combustible líquido y gaseoso

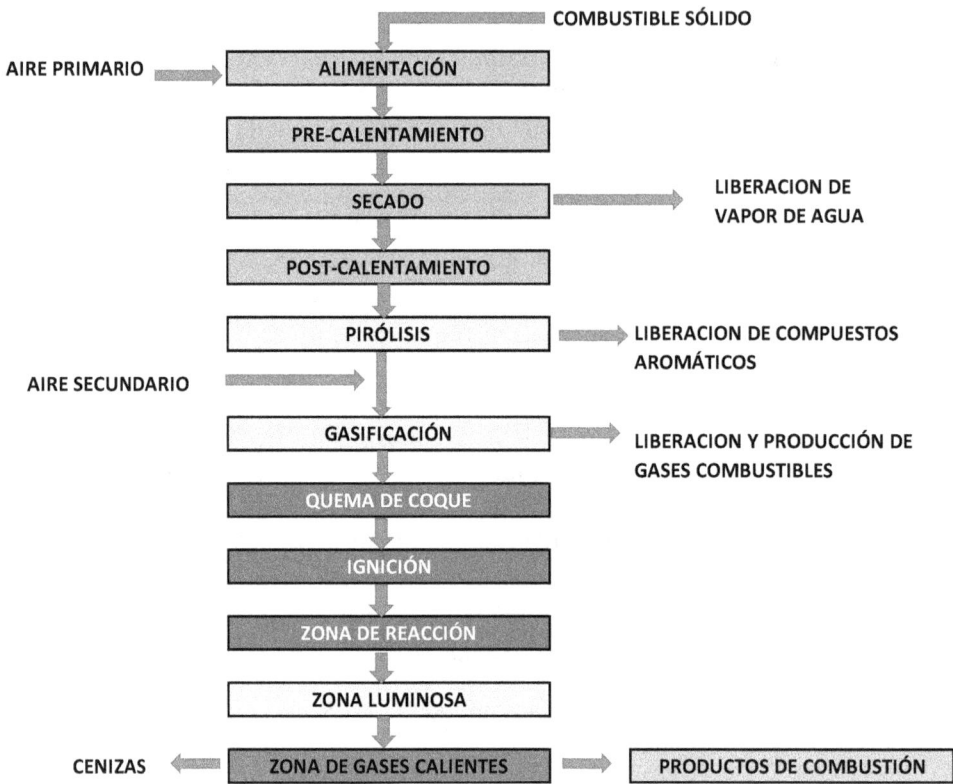

Para combustible sólido

Los combustibles más comunes son:

Ejemplos de combustibles según su estado físico

SÓLIDOS	LÍQUIDOS	GASEOSOS
Madera	ACPM, Kerosene	Gas Natural
Carbón	Fuel Oil pesado e intermedio	Propano
Bagazo	Crudos	Gas de síntesis
Residuos y basuras	Metanol, disolventes	Aire propanado
Leña	Biodiesel y etanol	Hidrógeno

La combustión es la fuente de energía térmica más importante a nivel industrial en la actualidad, y prácticamente con excepción de los hornos eléctricos y los hornos de arco eléctrico y un número cada vez más creciente de equipos solares, los procesos de calentamiento se hacen por medio de la combustión o de un agente secundario proveniente de la combustión o calentado por energía de la combustión (como es el caso del vapor o el aceite térmico).

- **Energéticos comunes y sus características**

Gas natural. Su composición típica varía en los siguientes rangos

Variaciones típicas en la composición del gas natural para uso industrial en Colombia

COMPONENTE	FÓRMULA	PROMEDIO	MÍNIMO	MÁXIMO
Metano	CH_4	83,225	81,793	90,390
Etano	C_2H_6	9,469	5,133	9,928
Propano	C_3H_8	3,327	1,727	3,544
N-butano	C_4H_{10}	0,560	0,272	0,591
Isobutano	C_4H_{10}	0,543	0,272	0,564
N-pentano	C_5H_{12}	0,078	0,024	0,419
Isopentano	C_5H_{12}	0,090	0,045	0,101
Neopentano	C_5H_{12}	0,004	0,000	0,006
C6+	C_6H_{14}	0,032	0,019	0,041
Dióxido carbono	CO_2	1,849	0,000	1,970
Nitrógeno	N_2	0,826	0,000	2,592

Estas variaciones de composición dan lugar a variaciones en los poderes caloríficos superior e inferior y a cambios en los flujos de CO2 y de agua en los gases de combustión, de excesos de aire y flujos de gases. La alta variabilidad de esta composición puede afectar el proceso de combustión pues la demanda de oxígeno para una combustión completa cambia con la cantidad de carbonos, hidrógenos y oxígeno del gas. La liberación de energía a partir de la combustión de los diferentes gases que componen el gas natural en un quemador, se compara por medio del índice de Wobbe.

El índice de Wobbe es un parámetro importante cuando se quiere mezclar gases combustibles y el aire en las combustiones. Da indicaciones sobre la posibilidad de intercambiar combustibles como el gas natural, gas licuado de petróleo, gas de ciudad, gasolina, gasoil y de entender el impacto de las diferencias en composición.

El índice de Wobbe puede ser expresado matemáticamente como:

$$W_s = \frac{PC_s}{\sqrt{GE}}$$

Donde:

W_s es el Índice de Wobbe superior, PC_s es el poder calorífico superior y GE, es la gravedad específica del gas (relativa a la densidad estándar del aire).

Si dos gases de diferente composición tienen índices de Wobbe similares a una presión dada, entonces la energía entregada también será similar. Este índice es un factor importante para minimizar el impacto del cambio del gas de combustión. Se considera al comparar variaciones en el gas natural, que se pueden aceptar cambios hasta del 5% antes de que un consumidor dado note impactos no deseados.

La tabla siguiente muestra los índices de Woobe para los tres gases más abundantes en el gas natural:

Índice de Woobe de algunos combustibles gaseosos

Compuesto	Peso molecular	Densidad relativa a la del aire	Poder calorífico superior, KJ/sm³	Índice de Wobbe superior (KJ/sm³)	Índice de Wobbe superior (BTU/sft³)
Metano - CH_4	16	0,55	37.704	50.620	1.365
Etano - C_2H_6	30	1,04	66.056	64.766	1.739
Propano - C_3H_8	44	1,53	95.078	76.976	2.046

Se observa que la presencia de altos porcentajes de etano y propano tiende a cambiar el índice por encima del 5 % mencionado.

Carbón. En el año 2010 las reservas probadas de carbón en Colombia eran de 6648 millones de toneladas. El 90% de estas reservas están en la zona norte del país y la mayor cantidad de lo que se explota, es exportado a Norte América, Europa y Asia. Para este combustible típicamente se especifica el contenido de humedad, cenizas, azufre, carbono fijo y poder calorífico. Bajo estos parámetros se califica su calidad.

Humedad: Si el carbón tiene un alto contenido de humedad, afectará la eficiencia de la reacción pues parte de la energía liberada se perderá calentando y evaporando el agua contenida en el carbón.

Cz: cenizas no combustibles de origen orgánico e inorgánico. Un alto contenido de cenizas genera material particulado, requiere mayor capacidad en los equipos de control de cenizas y escorias. Finalmente parte del carbón que se quema no se puede aprovechar.

MV: material volátil. Su contenido determina los rendimientos del coque y sus productos y es criterio de selección del carbón para gasificación y licuefacción.

CF: carbono fijo. Es una medida de material combustible sólido y permite clasificar los carbones.

PC: Poder calorífico, representa la energía de combustión del carbono e hidrógeno y del azufre. Es el parámetro más importante en la definición de los contratos de compraventa de carbones térmicos.

Básicamente los parámetros de calidad presentados en esta tabla son los más importantes al momento de seleccionar el carbón y estudiar su calidad. Las empresas deben ser muy cuidadosas en lo relativo al control de la calidad de sus carbones. Las variaciones de humedad, de contenido de cenizas, de contenidos de azufre pueden ser grandes y afectar negativamente el proceso. A modo de ejemplo se presentan a continuación varias curvas obtenidas por INDISA en estudios con sus clientes.

En la primera se aprecia como se ve afectado el poder calorífico superior de acuerdo con los contenidos de humedad y de cenizas en carbones. Para las muestras reales de dos años de trabajo en la empresa se observan variaciones en los contenidos de cenizas entre el 5 y el 15 %. Ello impacta claramente sobre las energías que aportan los carbones.

En la segunda gráfica se aprecia el impacto que se da sobre el costo de usar el carbón y entregar una energía dada en un proceso.

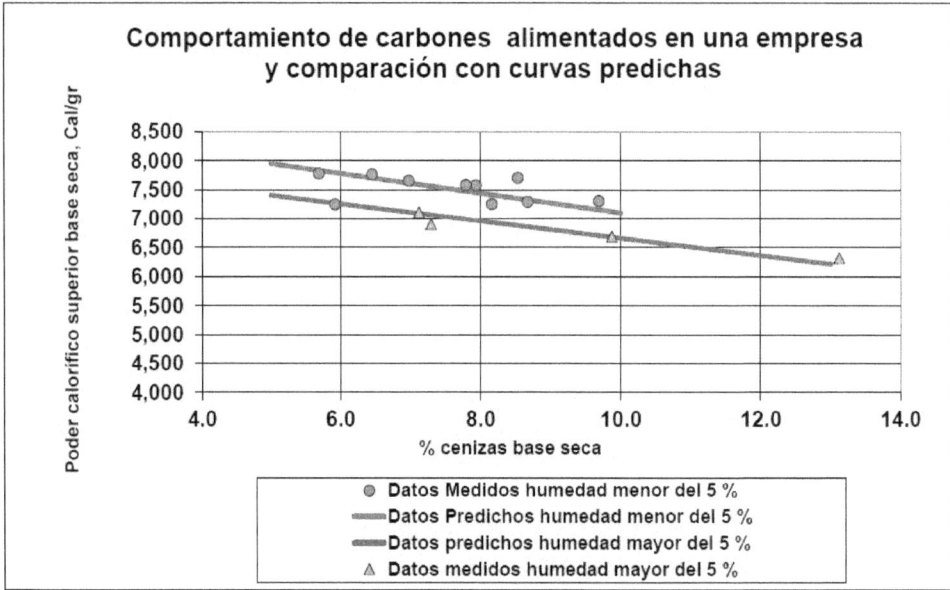

Influencia de las humedades y las cenizas de carbones sobre sus poderes caloríficos

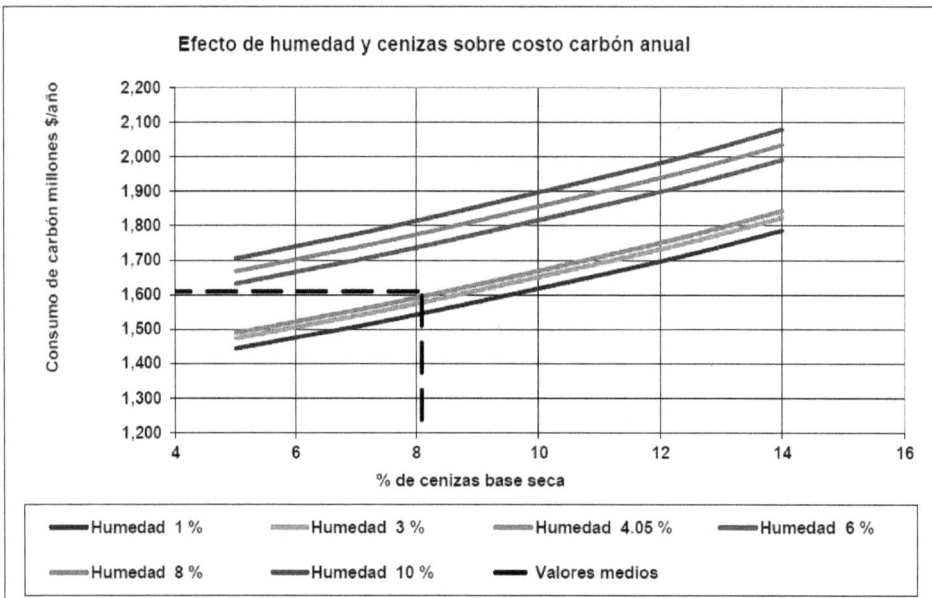

Influencia de las humedades y las cenizas de carbones sobre los costos anuales que paga la empresa, suponiendo precio fijo de compra

No hay que confiar en que datos promedios que se reporten se van a mantener constantes. En realidad se van a producir variaciones.

Se concluye que existen ahorros muy significativos resultantes de las siguientes acciones:

- Tener una política de control de calidad que vele porque los carbones consumidos tengan humedades por debajo de un valor establecido, que sea factible para el proveedor.
- Tener una política de control de calidad que busque trabajar con carbones de bajas cenizas.
- Montar un sistema de control de calidad sencillo basado en las cenizas y en la humedad y actuar en tiempo real sobre los carbones recibidos, que podría basarse inclusive en que el proveedor entregue las humedades y las cenizas de los despachos certificados en estas dos variables.
- Para lograr esto se sugiere reunirse con los proveedores y llegar a acuerdos de precios que estimulen la mejor calidad y restrinjan las entregas que muestren calidades inferiores.

Combustibles líquidos. Típicamente son los derivados del petróleo (gasolina, diesel, aceites combustibles livianos y pesados, y crudos). Su calidad, al igual que la del gas natural y el carbón, depende de la composición. Esta composición no varía mucho, pero algunos de los componentes (azufre, plomo, compuestos aromáticos) deben ser vigilados para evitar un alto impacto ambiental por su combustión. La normatividad colombiana exige que la gasolina usada en el país tenga una cantidad máxima de azufre igual a300ppm y la exigencia para el diesel es de máximo 50ppm de azufre.

Los derivados del petróleo se obtienen de un proceso de fraccionamiento del petróleo crudo y además de descomponerse en diferentes combustibles líquidos y gaseosos, también se separa la mayor cantidad de azufre y metales contenidos.

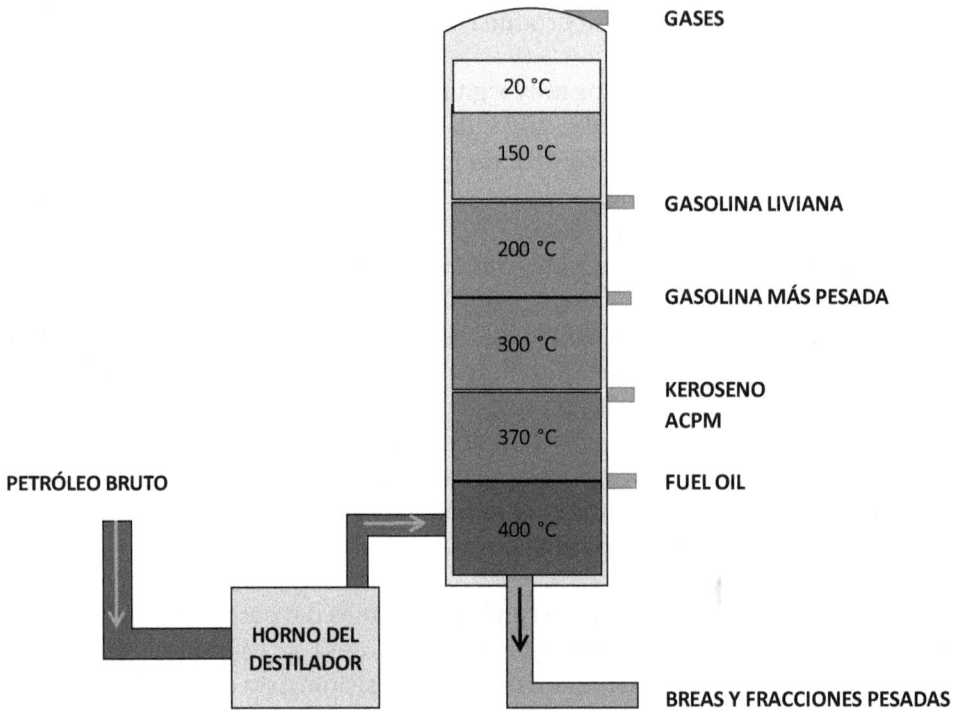

GASES

20 °C

150 °C

GASOLINA LIVIANA

200 °C

GASOLINA MÁS PESADA

300 °C

KEROSENO
ACPM

PETRÓLEO BRUTO

370 °C

FUEL OIL

400 °C

HORNO DEL
DESTILADOR

BREAS Y FRACCIONES PESADAS

Esquema de destilación del petróleo

Los proveedores de los combustibles líquidos entregan información sobre sus calidades

Biomasas o residuos orgánicos. Las biomasas tienden a variar ampliamente en sus características, especialmente si se trata de residuos provenientes de otros procesos industriales o agrícolas. Si se trabaja con biomasas en la empresa, habrá que contar con un sistema adecuado de control de su calidad. Los equipos basados en el empleo de las biomasas pueden dar lugar a problemas importantes en sus sistemas de control ambiental debido a las variaciones en sus humedades, tamaños de partícula, presencia de volátiles y poderes caloríficos.

Las empresas emplean biomasas en sus procesos por varias razones:

- Economía
- Disponibilidad

- Ventajas comparativas contra la necesidad de disponer de ellas en un relleno o por parte de terceros.
- Compatibilidad en su combustión al poseer equipos adecuados.

Dado lo anterior, las empresas deben ser conscientes de que deben destinar buena atención al manejo de estos materiales. Para aprovechar el que cuenten con poder calorífico aceptable para ser usadas, ya sea directamente en combustión, o través de transformaciones químicas como gasificación, biodigestión o metanización, su combustión debe ser cuidadosamente controlada y se debe contar con los tratamientos ambientales adecuados de acuerdo a su composición y propiedades. El tema de la seguridad es esencial por los riesgos de incendio y explosiones, al tratarse de materiales no siempre sujetos a regulaciones y normas claras.

- **Sobre los equipos de combustión**

Quemadores. Los quemadores son equipos que deben lograr la mezcla íntima del combustible con el aire y proporcionar la energía de activación, pueden ser atmosféricos o mecánicos. Los atmosféricos se emplean únicamente para combustibles gaseosos; en estos, una parte del aire necesario para la combustión se induce en el propio quemador por el chorro de gas salido de un inyector; el aire restante se obtiene por difusión del aire ambiente alrededor de la llama. En este tipo de quemadores se tienen combustiones con altos índices de exceso de aire.

La regulación del aire se puede conseguir:

- Variando la sección de entrada de aire, por obturación de los orificios por donde entra, mediante discos roscados, anillo móvil o capuchón deslizante.
- Por deslizamiento de la boquilla del inyector respecto del Venturi.

Lo más habitual es que únicamente se module la válvula de gas, dejando en una posición fija la entrada de aire en la puesta en marcha.

Veamos en la siguiente figura el esquema de funcionamiento de un quemador de este tipo.

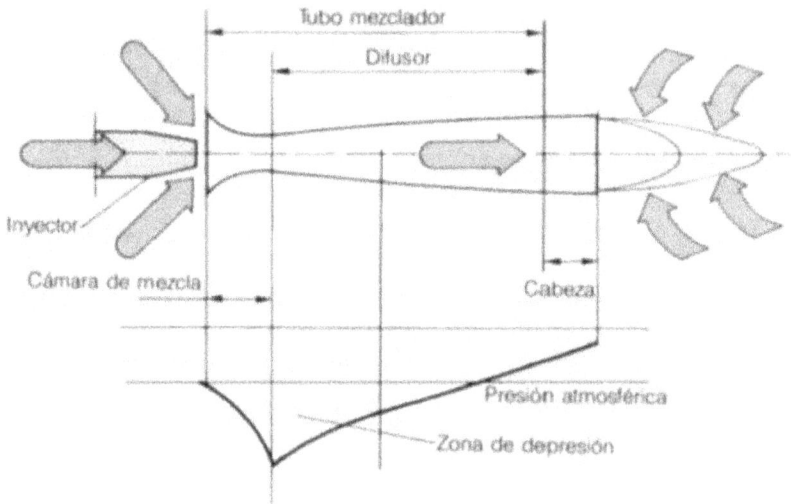

Esquema de funcionamiento de un quemador atmosférico

En los quemadores mecánicos, también denominados quemadores a sobrepresión, el aire de combustión es introducido mediante un ventilador. En el caso del gas, el combustible se introduce mediante los inyectores, aprovechando la propia presión de suministro. En los combustibles líquidos se utilizan diversos sistemas para su atomización, de modo que se creen microgotas de combustible que facilitan su mezcla con el aire.

La combustión puede ajustarse actuando sobre el gasto de combustible, sobre la cantidad de aire a impulsar y sobre los elementos que producen la mezcla; por lo que es posible obtener rendimientos de combustión muy altos. Se distinguen los siguientes tipos de quemadores:

De una etapa: Son quemadores que sólo pueden funcionar con la potencia a la que hayan sido regulados, son quemadores de pequeña potencia.
De varias etapas: Son quemadores con dos ó más rangos de potencia (habitualmente dos, alto fuego y bajo fuego). Deben disponer de los elementos necesarios para poder regular la admisión de aire y el gasto de combustible para cada rango de potencia
Modulantes: Estos quemadores ajustan continuamente la relación Aire - Combustible, de manera que pueden trabajar con rendimientos elevados en una amplia gama de potencias; adecuándose de manera contínua a las necesidades de producción.

Cámaras de combustión. Entre los equipos de combustión ampliamente empleados se cuentan las cámaras de combustión, estas son elementos dentro de los cuales ocurre la combustión para la mezcla de combustible y aire. Los gases que resultan del proceso de combustión pasan a otros sistemas (por ejemplo turbinas) en los cuales se aprovecha la energía térmica generada. La cámara de combustión debe cumplir con las siguientes funciones:

•   Proporcionar los medios necesarios para una adecuada mezcla de aire y combustible.

•   Quemar eficientemente la mezcla de aire y combustible.

•   Entregar los gases resultantes a temperaturas controladas.

En un sistema muy común, el aire entregado a la cámara de combustión se divide en dos flujos conocidos como primario y secundario. El flujo primario es la porción de aire que se mezcla con el combustible y se quema; entre un 25 y 35% del aire que entra a la cámara de combustión es conducido a los alrededores de un inyector para este fin. El flujo secundario entra por orificios dispuestos en las paredes de la cámara de combustión para mantenerlas frías, centrar la llama y combinarse con los productos de la combustión para disminuir y homogenizar la temperatura del flujo de gases producidos.

Tipo de pérdidas en dispositivos de combustión y buenas prácticas para operarlos adecuadamente.

Calderas

Pérdidas de energía	*Buenas prácticas de operación*	*Buenas prácticas de diseño*	*Buenas prácticas de mantenimiento*
Alta temperatura de gases en chimenea	Limpieza de tubos	Diseño de sistemas de tubos con fácil acceso para la limpieza de tubos	Planes regulares de verificación de partes internas
Combustible inquemados. Excesos de aire en la combustión	Regulación del tiro en el hogar. Calibración en medidores de combustible	Regulación de aire en el quemador por medio de compuertas actuadas	Control de la calidad del combustible. Verificación de la relación Aire/combustible en el quemador
Pérdidas de energía por mal aislamiento térmico	Buen sello de la caldera	Selección del tipo y espesor de aislamiento para asegurar temperatura ambiente en la pared externa	Control de la temperatura de pared para detectar puntos calientes y tomar acciones correctivas

Pérdidas de energía	Buenas prácticas de operación	Buenas prácticas de diseño	Buenas prácticas de mantenimiento
Calidad pobre del vapor	Evitar incrustaciones en la caldera	Instalación de medidores de vapor	Calibración de instrumentos de medición.
Excesivo caudal de purgas	Control de la calidad del agua alimentada	Sistema de purgas regulable. Aprovechamiento de agua caliente de purgas.	Tratamiento controlado del agua alimentada a la caldera para evitar alta generación de lodos e incrustaciones
Fugas de vapor		Instalación de medidor de flujo de vapor en diferentes puntos de la red	Verificación regular del estado de la red de vapor. Balances de masa y energía regulares para detectar daños.

Hornos

Pérdidas de energía	Buenas prácticas de operación	Buenas prácticas de diseño	Buenas prácticas de mantenimiento
Alta temperatura de gases en chimenea	Aprovechar el calor de los gases	Permitir aprovechamiento del calor de los gases	Realizar mediciones de control
Combustible inquemados	Calibración en medidores de combustible	Seleccionar quemadores de alta eficiencia	Control de la calidad del combustible.
Excesos de aire en la combustión	Controles automáticos	Seleccionar quemadores de alta eficiencia	Mantener el sistema de control en buen estado
Funcionamiento intermitente	Evitar enfriamiento excesivo en el caso de hornos intermitentes	Diseñar para el trabajo continuo y a alta capacidad	Coordinar las labores de mantenimiento con el equipo de producción

Pérdidas de energía	Buenas prácticas de operación	Buenas prácticas de diseño	Buenas prácticas de mantenimiento
Mala programación de las cargas	Aumentar la carga de los hornos y operarlos a plena producción	Tener en cuenta las necesidades reales de producción	

Es importante resaltar que en general, para obtener una correcta combustión debe lograrse una buena mezcla del combustible con el aire; en este sentido los combustibles gaseosos presentan mayor facilidad de mezcla que los líquidos y éstos a su vez más que los sólidos; por este motivo pueden obtenerse menores excesos de aire con los combustibles gaseosos.

- **Energía eléctrica**

La calidad de la energía eléctrica se mide a través de los parámetros de tensión, corriente y frecuencia. La mayoría de los equipos eléctricos tienen un rango de tolerancia a la variación de estos parámetros. El sistema nacional de energía eléctrica es estable en la mayoría de las regiones del país, lo que hace que los equipos en general no se dañen por sobrecargas o variaciones en las líneas eléctricas.

Los proveedores suministran información valiosa sobre las entregas de energía a los consumidores. Es recomendable que las empresas sepan utilizar esta información.

Las siguientes gráficas fueron preparadas por INDISA para un estudio con uno de sus clientes, con base en información del proveedor y fueron utilizadas en el estudio para analizar ciertos problemas que se estaban presentando.

En el primero se muestra cómo varía la potencia activa en un intervalo de medio año de trabajo. Es evidente en la gráfica que los consumos de la empresa analizada son de naturaleza cíclica semanal, siendo los días domingos los de menor consumo. Se observa que en cada período semanal se presentan a su vez secuencias de consumos picos, los cuales seguramente están asociados con picos de consumos de procesos específicos que son los mayores consumidores de las empresas. Una observación detallada de los valores puntuales, permite distinguir dos conjuntos de datos que se han separado mediante la línea verde de la segunda figura, que separa los bajos consumos en un conjunto independiente y bastante separado de otro conjunto de datos de altos consumos.

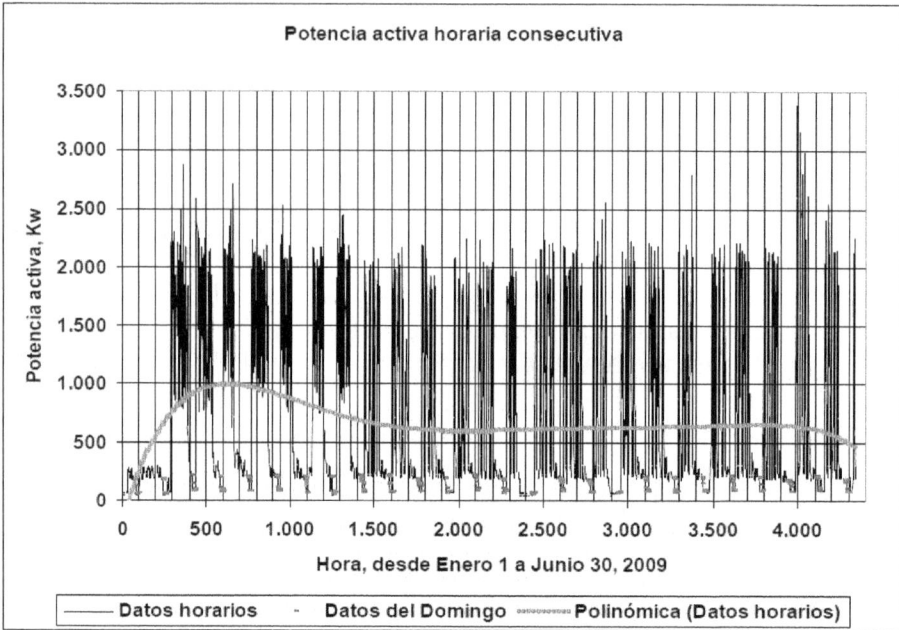

Gráfico de variaciones de la potencia activa obtenidas en una empresa

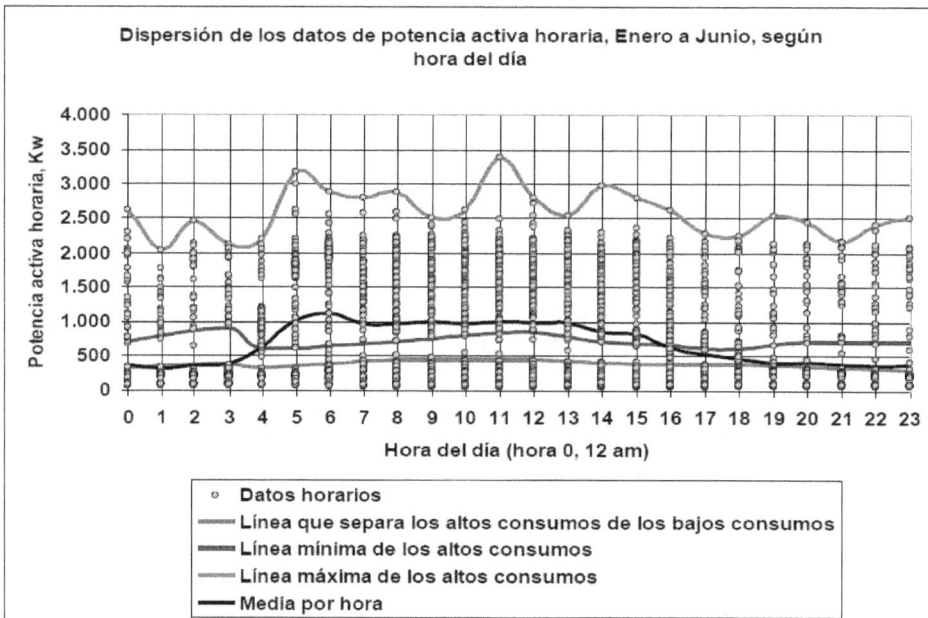

Gráfico de dispersión de los datos de potencia activa en una empresa según hora del día

En un tercer gráfico se muestran agrupaciones de los datos según cargas altas y según cargas bajas, expresados en función de las variaciones con respecto a los valores medios. Observando el conjunto de altos consumos, se aprecia una mayor dispersión de los datos a medida que disminuye la potencia activa (y que aumenta la desviación porcentual). Idealmente, si se contara con relaciones entre consumo y producción, se podrían deducir posibilidades de ahorros en los datos, analizando el comportamiento de los indicadores de consumos específicos.

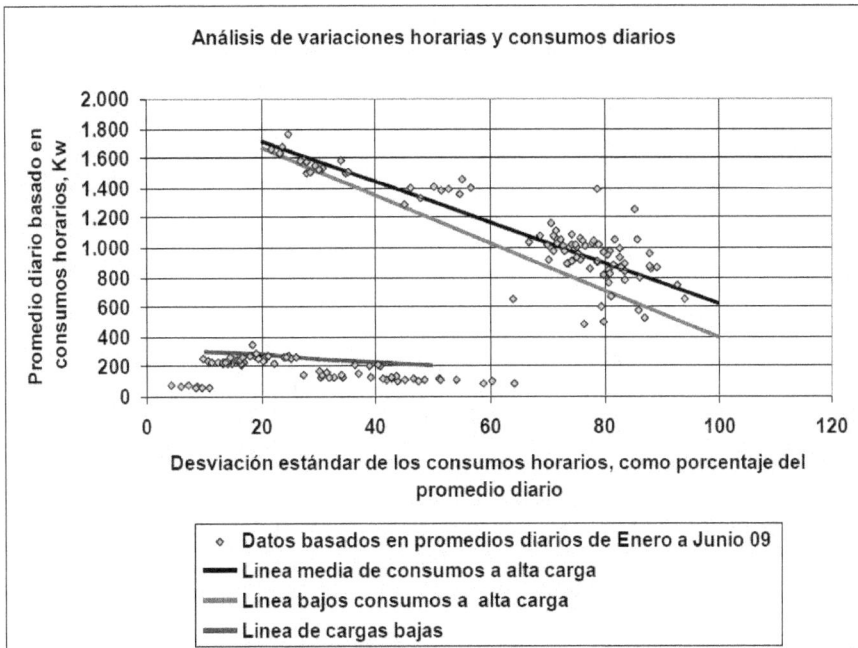

Agrupación de los datos de potencia activa obtenidos en una empresa

- **Sobre la calidad de la potencia eléctrica**

La Calidad de la Potencia Eléctrica (CPE) hace parte de la llamada Compatibilidad Electromagnética (CEM), la cual establece las condiciones para que un equipo o sistema pueda funcionar de manera satisfactoria dentro de su ambiente electromagnético sin introducir perturbaciones electromagnéticas intolerables a ningún otro elemento en ese ambiente. La CEM profundiza hasta llegar al ser humano como fin último del sistema de potencia, el cual estando en inherente intercambio energético con el sistema, es el que finalmente establece los criterios de calidad.

Formalmente, la CPE la define el EPRI (Electric Power Research Institute) de los Estados Unidos: "Cualquier problema de potencia manifestado en la desviación de la tensión, de la corriente o de la frecuencia, de sus valores ideales que ocasione falla o mala operación del equipo de un usuario". Esta definición puede complementarse con lo que dice la recomendación IEEE Standard 1159 – 1995: "El término se refiere a una amplia variedad de fenómenos electromagnéticos que caracterizan la tensión y la corriente eléctrica, en un tiempo dado y en una ubicación dada en el sistema de potencia"; en este comentario se señala el carácter fenomenológico de las características de la potencia, que es la base de la estructura que se planteará.

Un hecho que ha llevado a que se intensifiquen los esfuerzos en el campo de la CPE, es el aumento de la sensibilidad de los equipos de los usuarios a las variaciones de la tensión de alimentación, los cuales son cada vez más susceptibles a fallas y malas operaciones, debidas a una mala CPE. Estos equipos de alta susceptibilidad son por ejemplo aquellos que involucran electrónica, mecanismos de precisión, instrumental médico, equipos de seguridad, comunicaciones, entre muchos otros.

Fenómenos calificadores de la CPE. Los calificadores son las características físicas de la energía eléctrica que permiten evaluar su calidad y son de carácter fenomenológico. Resultan del análisis físico de su impacto en el sistema de potencia, los usuarios y los seres vivos en general (método científico). Se considera que los calificadores de la potencia son la magnitud de la tensión estacionaria, la frecuencia de la tensión estacionaria, el contenido de armónicos en las ondas de corriente y tensión, el factor de potencia, los transitorios electromagnéticos y las fluctuaciones de tensión, desbalances de tensión, señales de ruido electromagnético y flicker.

Fenómenos de la CPE de causas controlables. Los fenómenos que afectan la CPE de causas controlables son aquellos que surgen como consecuencia de eventos cuyas características pueden ser manipuladas directa o indirectamente por personas, o bien, por los sistemas de control de los sistemas de potencia. De esta manera las variables involucradas en el fenómeno pueden ser modificadas con el fin de mantener los niveles del mismo dentro de límites que aseguren la compatibilidad del sistema. En la mayoría de los casos, los fenómenos de la CPE heredan la controlabilidad de sus causas. Fenómenos controlables son por ejemplo: La emisión de armónicos de un equipo al sistema, perturbaciones causadas por la conexión (arranque de motores), ciclos de trabajo, o maniobras de una carga determinada (suicheo de condensadores), la disminución de la tensión por el aumento de la demanda, etc. Estos fenómenos son de fácil evaluación y tratamiento, y por tanto regulación.

Fenómenos de la CPE de causas no controlables. Cuando un fenómeno de la CPE es el resultado de un evento de ocurrencia y severidad aleatoria y no es posible la manipulación de todas las variables involucradas, el fenómeno puede ser considerado de causa incontrolable. En este caso la evaluación y el tratamiento se complican considerablemente, debido a que es necesario recurrir a análisis estadísticos. Es claro que la regulación de este tipo de fenómenos es la labor más ardua de los estudiosos de la CPE, la asignación de límites queda supeditada a la características propias de la región física de la red y puede ser necesario llevar a cabo monitoreos largos y continuos de la red con el fin de señalar valores razonables. Un ejemplo claro son las fluctuaciones de tensión debidas a las fallas que ocurren durante una tormenta eléctrica como consecuencia de las descargas atmosféricas ó de las ramas que caen de los árboles. Algún control sobre el fenómeno es posible manipulando elementos del SP (Sistema de Potencia), como por ejemplo el tiempo de actuación de los relés de protección que determinan la duración de la caída de tensión al presentarse un corto circuito, de esta manera el fenómeno adquiere cierta controlabilidad gracias a elementos del SP.

Descripción de los fenómenos calificadores de la CPE

Magnitud estacionaria de la tensión
Está definida por la amplitud de la onda senoidal de tensión en estado estacionario. Puede darse en valor pico o valor eficaz; para una onda senoidal la relación entre el valor pico y el valor eficaz es . La magnitud de la tensión es un calificador de la CPE porque sus variaciones pueden provocar serios problemas como mal funcionamiento y daños en los equipos de los usuarios y del sistema así como también poner en riesgo la seguridad de los seres vivos. En la tabla siguiente se puede observar el nivel de compatibilidad de la tensión en estado estable.

Niveles de compatibilidad tensión estado estable.

Fenómeno	Causa	Nivel máximo de compatibilidad
Variación lenta de voltaje-regulación	Variación de carga	+10 % -10 % EN 50160-1999

Frecuencia estacionaria de la tensión

Está definida por la frecuencia de la onda de la tensión en estado estacionario. La frecuencia normal en Colombia es 60 Hz. La resolución CREG 025-95 (código de operación) cita: "La frecuencia objetivo del Sistema Interconectado Nacional (SIN) es 60 Hz y su rango de variación en la operación está entre 59.8 y 60.2 Hz, excepto en estados de emergencia, fallas, déficit energético y períodos de restablecimiento".

La frecuencia es un calificador de la CPE porque existen equipos sensibles a sus variaciones, como aquellos que utilizan el cruce por cero de la onda de tensión como referencia.

Distorsión armónica de las ondas de tensión y corriente
Es la distorsión que presentan las ondas de tensión y corriente por la presencia de ondas armónicas acompañando a la componente fundamental (de 60 Hz). Si la frecuencia de la onda es múltiplo entero de la fundamental, la onda se denomina armónico, si no es un múltiplo entero se le denomina interarmónico. En general cualquier onda periódica se puede representar como una serie de senoidales relacionadas armónicamente, y por tanto las ondas distorsionadas periódicas, son analizadas por sus componentes armónicos. En principio, los armónicos son el resultado de las cargas no lineales tanto en el sistema de transmisión, como en el sistema de distribución (cargas de los usuarios). Una tensión distorsionada trae consigo el mal funcionamiento y daño de equipos sensibles a las componentes armónicas así como también funcionamientos ineficientes que se reflejan a veces en calentamientos y ruidos. Los estándares internacionales más importantes sobre armónicos son el IEEE 519-1992: Prácticas recomendadas y requerimientos para el control de armónicos en sistemas eléctricos de potencia (es el que toma como referencia la regulación colombiana) y los IEC de la familia 61000 (CEM). Para regulación se recomienda adoptar el indicador clásico de Distorsión Armónica Total de voltaje (THDv), considerando que su vigilancia es suficiente para garantizar la CEM. En la tabla siguiente se pueden observar los límites de distorsión de voltaje según la norma IEEE Std. 519-1992 en el punto de acople común (PCC).

Límites de Distorsión de Voltaje según IEEE Std 519-1992.

Voltaje de barra en el pcc (vn)	Distorsión armónica individual de voltaje (%)	THDVn (%)
Vn< 69 kV	3,0	5.0
Vn entre 69 y 161 kV	1,5	2.5
Vn > 161 kV	1,0	1.5

Transitorios electromagnéticos

Es todo fenómeno que origine distorsiones transitorias de las ondas de tensión y corriente respecto a su forma y frecuencias permisibles. La IEEE los divide de acuerdo con su duración, en siete grandes categorías: Transitorios Electromagnéticos (TEM), Variaciones de Corta Duración (VCD), Variaciones de Larga Duración (VLD), Desbalance (D), Distorsión de la Forma de onda (DF), Fluctuaciones (F), Variaciones de la Frecuencia Industrial (VFI). Dichos fenómenos han sido clasificados de acuerdo con su contenido espectral típico, duración y magnitud en la guía IEEE 1159-1995.

Fluctuaciones de tensión
Las fluctuaciones de tensión son todos los fenómenos que originen distorsiones transitorias de las ondas de tensión y corriente respecto a su forma y frecuencia permisibles. Según el tipo de distorsión presentada por la onda de tensión, existe una serie de fenómenos como son: Sags (Dips), Swells, Muescas (Notches); los cuales se describirán a continuación.

Sag
Los Sags son decrementos del valor R. M. S. de las ondas de tensión o de corriente, estos decrementos se expresan generalmente en por unidad, es decir, se expresa la reducción de voltaje o corriente, referenciada al valor nominal del sistema, con lo que los valores típicos son decrementos de 0.1 a 0.9 P. U. La duración de los Sags oscila entre 0.5 ciclos (8.33 ms) a 3600 ciclos (1 min.).

Swell
Los Swells son incrementos del valor R. M. S. de las ondas de voltaje o de corriente, estos incrementos se expresan generalmente en por unidad, los valores típicos son incrementos de 1.1 a 1.8 en P. U. La duración de los Swells oscila entre 0.5 ciclos (8.33 ms) a 3600 ciclos (1 min).

Muesca o Notch
Al igual que muchos de los términos usados en la CPE, el término "Notch" es un anglicismo y significa: Muesca, ranura o hendidura. En términos eléctricos es una perturbación, por suicheo generalmente, de la forma normal de la onda de suministro (voltaje casi siempre), que dura menos de 0.5 ciclos, la cual es inicialmente de polaridad contraria a la forma de onda y es así sustraída de la onda normal en términos del valor pico del voltaje perturbador. Esto incluye la completa pérdida de voltaje por encima de 0.5 ciclos.
Este fenómeno se presenta más que todo en Medio y Bajo Voltaje (tensiones menores a 35 kV), donde está muy generalizada la electrónica de potencia. Para Alto y Extra-Alto Voltaje (tensiones mayores a 57.5 kV) es raro encontrar una

muesca ya que no es usual una conmutación en este nivel de voltaje. Cabe señalar que esta clasificación de voltajes corresponde a la normatividad IEC (Tendencia Europea).

En la tabla siguiente se puede observar los fenómenos de variaciones de tensión
en estado transitorio.

Fenómenos de Variaciones de Tensión en Estado Transitorio según la Norma
IEEE 1159-1995.

CATEGORÍAS	CONTENIDO ESPEC-TRAL TÍPICO	DURACIÓN TÍ-PICA	MAGNITUD DEL VOLTAJE
1. Transitorios			
1.1. Impulso			
1.1.1. Nanosegundos	5 ns de subida	<50 ns	
1.1.2. Microsegundos	1u de subida	50 ns - 1ms	
1.1.3. Milisegundos	0.1 ms de subida	>1 ms	
1.2. Oscilatorio			
1.2.1. Baja frecuencia	< 5 kHz	0.3 - 50 ms	0 - 4 pu
1.2.2. Media frecuencia	5-500 kHz	20us	0 - 8 pu
1.2.3. Alta frecuencia	0.5-5 MHz	5us	0 - 4 pu
2. Variaciones de corta du-ración			
2.1. Instantáneo			
2.1.1. Sag (Dips)		0.5 – 30 ciclos	0.1 - 0.9 pu
2.1.2. Swell		0.5 – 30 ciclos	1.1 - 1.8 pu
2.2. Momentánea			
2.2.1. Interrupción		0.5 ciclos - 3 s	<0.1 pu
2.2.2. Sag(Dips)		30 ciclos - 3 s	0.1 - 0.9 pu
2.2.3. Swell		30 ciclos - 3 s	1.1 - 1.4 pu
2.3. Temporal			
2.3.1. Interrupción		3 s - 1 min	< 0.1 pu
2.3.2. Sag (Dips)		3 s - 1 min	0.1 - 0.9 pu
2.3.3. Swell		3 s - 1 min	1.1 - 1.2 pu
3. Variaciones de larga du-ración			

CATEGORÍAS	CONTENIDO ESPECTRAL TÍPICO	DURACIÓN TÍPICA	MAGNITUD DEL VOLTAJE
3.1. Interrupción sostenida		> 1 min	0.0 pu
3.2. Sub-tensiones		> 1 min	0.8 - 0.9 pu
3.3. Sobre-tensiones		> 1 min	1.1 - 1.2 pu
4.0. Desbalance de tensiones		Estado estable	0.5 - 2%
5.0. Distorsión de la forma de onda			
5.1. Offset DC		Estado estable	0 - 0.1%
5.2. Armónicos	0-100 Hz	Estado estable	0 - 20%
5.3. Inter-armónicos	0-6 kHz	Estado estable	0 - 2%
5.4. Muescas		Estado estable	
5.5. Ruido	Banda ancha	Estado estable	0 - 1%
6.0. Fluctuaciones de tensión	<50 Hz	Intermitente	0.1 - 7%
7.0. Variaciones de la frecuencia		<10 s	

Flicker

El Flicker es definido por la IEC como una "impresión de inestabilidad de la sensación visual inducida por estímulos lumínicos, en los cuales fluctúa la intensidad o la distribución espectral"; el nivel de iluminación de la lámpara incandescente depende directamente del voltaje de alimentación; por tanto, fijar límites a la inestabilidad de la luminosidad implica directamente fijar límites a la inestabilidad de la tensión. En CPE, por Flicker, entiéndase condición de inestabilidad de voltaje.

Para la IEC fue prioritario el estudio de la susceptibilidad del sistema lámpara ojo cerebro y con base en su respuesta a los cambios en la luminosidad, estableció requerimientos de compatibilidad para la señal de voltaje y así poder establecer límites para la emisión de perturbaciones desde equipos. El modelo IEC del Flicker, está contenido en el tema de la CEM, en familia de estándares 61000 en los cuales se establecen los indicadores de severidad de flicker, cómo medirlos y qué límites aplican en cada circunstancia. El estudio del modelo de IEC lleva a la conclusión que algunos de estos fenómenos pueden ser regulados de una manera fácil y teóricamente justificada.

Desbalance de tensión

En un sistema polifásico, las tensiones de fase deben tener la misma magnitud, y deben estar desfasadas entre sí el ángulo correspondiente a la relación entre 360 grados y el número de fases del sistema. Cuando alguna de las tensiones no es igual a las demás en magnitud, o cuando algún ángulo de desfase entre dos tensiones consecutivas no es igual a los demás se presenta un desbalance de tensión. Este fenómeno puede ser considerado como un problema de magnitud de la tensión estacionaría, si el desbalance es en estado estable, o como una fluctuación de tensión, si es transitoria. Un indicador definido internacionalmente para la evaluación del desbalance de voltaje en un sistema trifásico, consiste en encontrar la razón entre los valores eficaces de las componentes de secuencia negativa y de secuencia positiva del sistema, y expresarlo de manera porcentual. Dicho indicador se conoce como desbalance de voltaje – Vumb–, y su nivel de compatibilidad aceptado es del 2 %. Así un sistema perfectamente balanceado tiene un Vumb del 0 %, mientras que un sistema de secuencia negativa (intercambio de una de las fases), tiene un Vumb del 100 %. En la Tabla siguiente se observan los umbrales sugeridos para cargas a 120 V.

Umbrales sugeridos para cargas a 120 V			
	Categoría	Límite sugerido	Comentarios
Umbrales de tensión de fase	Sag	108 V rms	Menor del 10% de la tensión nominal.
	Swell	126 V rms	Mayor del 5% de la tensión nominal.
	Transitorios	200 V	Aproximadamente dos veces la tensión nominal fase-neutro.
	Ruido	1.5 V	Aproximadamente 1% de la tensión nominal fase-neutro.
	Arrmónicos	5% THD	Límite de distorsión de tensión en el cual las cargas pueden ser afectadas.
	Frecuencia	±Hz	—
	Desbalance de tensión por fase	2%	Un desbalance de tensión mayor al 2% puede afectar equipos. (Los motores de inducción trifásicos deben ser derrateados cuando operan con desbalances de tensión).
Tensiones inducidas de neutro y tierra	Swell	3.0 V rms	Límite típico de tensión para problemas de neutro o tierra.
	Impulsivos	20 V Peak	10 a 20% de la tensión fase-neutro.
Umbrales de tensión	Ruido	1.5 V rms	Límite típico para equipos de alta susceptibilidad.

Umbrales de corriente	Corriente Fase/Neutro	Corriente normal de carga rms	-
	Corriente de tierra	0.5 Arms	Considerar la sección 250-21 de la NEC.
	Armónicos	20% THD (para pequeños clientes) a 5% THD (para grandes clientes)	Medida en el punto de acople común (PCC), y relacionada a la demanda máxima de corriente.

4.2.3 Conocimiento de la calidad medio ambiental y de la calidad de la gestión humana

Cualquier energético que se use en la empresa va a tener un impacto, en mayor o menor escala, sobre el medio ambiente y en la comunidad. Un aspecto muy importante a considerar es el del posible agotamiento de los recursos energéticos en plazos relativamente cortos y el de la generación de gases de efecto invernadero generando el fenómeno del calentamiento global. Estas son dos razones importantes por las cuales se viene trabajado en todo el mundo en impulsar el uso de energías alternativas a los combustibles fósiles. En los países europeos las energías alternativas son una realidad cada vez más significativa. No es el caso de Colombia, en buena parte por la riqueza de energías hidroeléctricas y por la falta de estímulos para generar los cambios.

En este sentido se pueden clasificar a los energéticos en dos grandes grupos:

Combustibles fósiles	Energías renovables
Petróleo	Energía solar
Gas Natural	Energía Eólica
Carbón	Energía Geotérmica
	Energía Hidráulica
	Energía del Hidrógeno
	Biomasas

Las energías renovables tienen un menor impacto negativo sobre el medio ambiente cuando se le compara con lo que se pueden generar a partir de los combustibles fósiles. Tal vez la tecnología más cuestionada es la obtención de los biocombustibles, pues muchos argumentan que las tierras fértiles para cultivo de alimentos se pueden poner en peligro al ser usadas para el cultivo masivo de palma africana y caña de azúcar para obtener el etanol y el biodiesel que se usa en vehículos.

Las energías renovables en general tienen menos emisiones de gases de efecto invernadero que los combustibles fósiles, pueden ser generadas en el lugar de consumo como la energía solar y la eólica. Aun la biomasa usada de cualquier forma reduce los impactos ambientales que pueda generar porque se aprovecha todo su potencial energético antes de ser desechada.

4.2.4 Impactos ambientales y sociales del uso de la energía

Enfoquémonos en el uso de estos recursos en la industria. El más común de ellos, el de mayor demanda por sus múltiples usos es el petróleo en sus diferentes formas (gasolinas, queroseno, diesel y crudos). Su composición química es en mayor cantidad carbono e hidrógeno, pero también contienen trazas de azufre que al ser quemado llega al aire como SOx. El azufre mismo tiende a afectar las condiciones de combustión y contribuir a generar material particulado fino de tipo hollín (blackcarbon) y los SOx puede participar en reacciones atmosféricas dando lugar a material particulado y acidez.

Como resultado de la combustión se pueden generar CO e hidrocarburos sin quemar o parcialmente oxidados, entre ellos compuestos aromáticos, que contribuyen en la formación de material particulado que se queda suspendido en el aire. Las siguientes tablas muestran el contenido de azufre y compuestos aromáticos de dos de los derivados del petróleo usados en la industria para la combustión en equipos de procesos:

Para cualquier combustible, excepto en el caso del hidrógeno, se van a generar emisiones de CO_2, que es el más abundante de los gases de efecto invernadero. Una buena forma de contribuir a que haya menores emisiones de CO_2 es vigilar la calidad de las combustiones, de manera que sean completas y de altos rendimientos, de modo que se consuma el mínimo combustible necesario; otra manera es seleccionar combustibles con menor producción de CO_2 para la misma energía, como el Gas Natural. Con respecto al SO_2, es necesario tratar de utilizar combustibles con mínima presencia de azufre.

Un contaminante adicional a considerar son los óxidos de nitrógeno, NOx. La formación de los NOx se potencia a elevadas temperaturas, a temperaturas de llama inferiores (por ejemplo a menos de 1 300 ºC) es menos abundante. El exceso de aire en la combustión también favorece su formación aunque en menor medida que la temperatura.

La figura siguiente, tomada de un trabajo del CNPML de Colombia, resume el tema de los impactos ambientales atmosféricos de los combustibles. Considera también los procesos como tales, si bien casi todos los problemas de emisiones van a estar relacionados con asuntos energéticos, es evidente la complejidad de las situaciones que se generan. Estas, naturalmente, dan lugar a regulaciones, cuyo cumplimiento, es parte esencial del trabajo de gestión integral energética y ambiental.

La tabla siguiente intenta a aproximarse al tema de los impactos relativos de los distintos energéticos, estableciendo escalas numéricas relativas, en las cuales los mayores valores implican impactos más negativos.

Impactos ambientales y sobre la salud de los distintos energéticos

IMPACTOS	Carbón	Petró-leo	Gas na-tural	E. Nu-clear	E. Fo-tovol-táica	E. Eeólica	Mini-hi-dráu-lica
Acidificación	27,0	26,0	3,1	0,3	10,0	0,3	0,0
Calentamiento global	11,0	10,0	10,0	0,2	1,5	0,3	0,0
Capa de ozono	0,2	5,3	0,1	0,4	0,4	0,2	0,0
Eutroficación	1,2	1,0	0,7	0,0	0,2	0,0	0,0
Metales pesados	73,0	24,0	4,7	2,5	17,0	4,1	0,3
Carcinógenos	8,0	54,0	2,2	0,2	8,0	1,0	0,1
Niebla de invierno	12,0	14,0	0,3	0,2	5,3	0,1	0,0
Niebla fotoquí-mica	0,3	3,7	0,3	0,0	0,3	0,1	0,0
Radiaciones ioni-zantes	0,0	0,0	0,0	0,2	0,0	0,0	0,0
Residuos	1,3	0,1	0,1	0,0	0,2	0,0	0,1
Residuos peligro-sos	1,1	0,7	0,1	57,0	3,0	0,2	0,0
Agotamiento de recursos	0,5	1,4	5,6	7,0	0,7	0,1	0,0

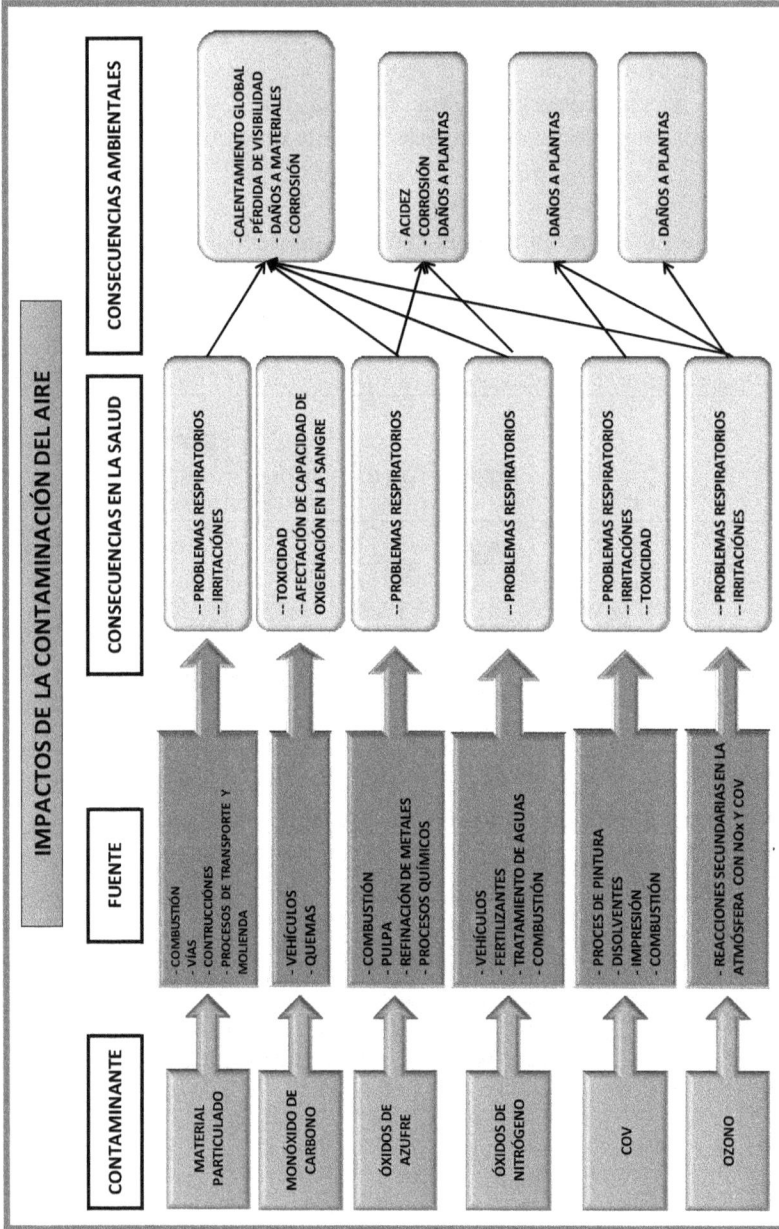

IMPACTOS DE LA CONTAMINACIÓN DEL AIRE

CONTAMINANTE | FUENTE | CONSECUENCIAS EN LA SALUD | CONSECUENCIAS AMBIENTALES

MATERIAL PARTICULADO
- COMBUSTIÓN
- VÍAS
- CONSTRUCCIONES
- PROCESOS DE TRANSPORTE Y MOLIENDA
-- PROBLEMAS RESPIRATORIOS
-- IRRITACIÓNES
- CALENTAMIENTO GLOBAL
- PÉRDIDA DE VISIBILIDAD
- DAÑOS A MATERIALES
- CORROSIÓN

MONÓXIDO DE CARBONO
- VEHÍCULOS
- QUEMAS
-- TOXICIDAD
-- AFECTACIÓN DE CAPACIDAD DE OXIGENACIÓN EN LA SANGRE

ÓXIDOS DE AZUFRE
- COMBUSTIÓN
- PULPA
- REFINACIÓN DE METALES
- PROCESOS QUÍMICOS
-- PROBLEMAS RESPIRATORIOS
- ACIDEZ
- CORROSIÓN
- DAÑOS A PLANTAS

ÓXIDOS DE NITRÓGENO
- VEHÍCULOS
- FERTILIZANTES
- TRATAMIENTO DE AGUAS
- COMBUSTIÓN
-- PROBLEMAS RESPIRATORIOS
- DAÑOS A PLANTAS

COV
- PROCES DE PINTURA
- DISOLVENTES
- IMPRESIÓN
- COMBUSTIÓN
-- PROBLEMAS RESPIRATORIOS
-- IRRITACIÓNES
-- TOXICIDAD
- DAÑOS A PLANTAS

OZONO
- REACCIONES SECUNDARIAS EN LA ATMÓSFERA CON NOX Y COV
-- PROBLEMAS RESPIRATORIOS
-- IRRITACIÓNES

La figura siguiente esquematiza la idea global que se tiene. Lo que se quiere es transitar desde una visión reactiva, basada en la protección y en el cumplimiento de las normas, hacia una visión creativa y proactiva, basada en conceptos de desarrollo sostenible, cambiando los paradigmas y modos de pensar existentes.

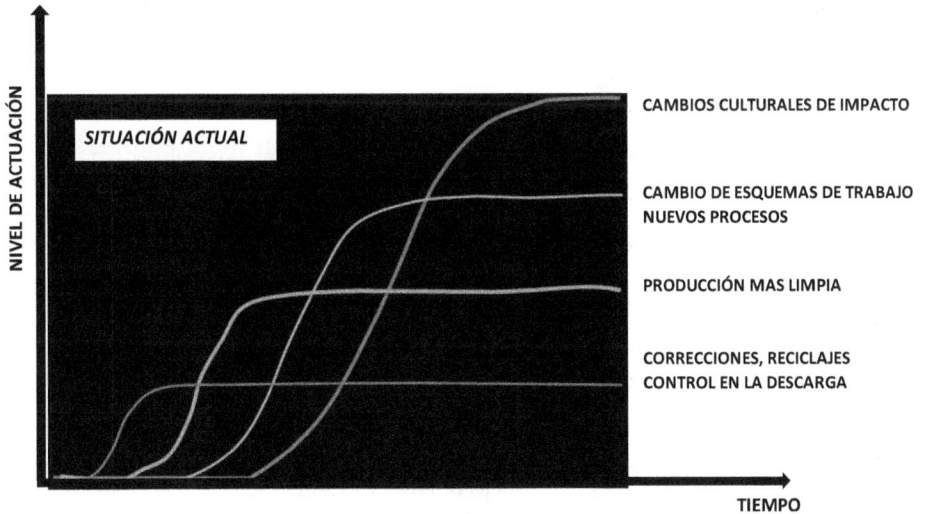

Etapas para ir desde la protección ambiental al desarrollo sostenible

Dejando de lado los aspectos globales, el sistema de gestión se centra en la realidad de la planta y debe conducir a algún tipo de diagnóstico sobre la situación existente.

Al realizar un trabajo de diagnóstico ambiental en la empresa, se deben tener en cuenta los siguientes aspectos:
- El tipo de proceso de la empresa
- La normatividad aplicable a la organización según tipo de actividades de la empresa
- Las materias primas e insumos de la organización
- La cantidad y calidad de los combustibles empleados
- El tipo de equipos que tiene la empresa (calderas, quemadores, tanques, pulidoras, hornos, etc.)

- **Sobre los diagnósticos ambientales**

Entendamos las etapas de un diagnóstico ambiental mediante un ejemplo, en este caso, el de una empresa metalmecánica.
Se hace una lista de los procesos. En el caso considerado: maquinado de piezas metálicas, torneado, troquelado, recubrimiento e inyección de metales.
Se determinan las composiciones de los materiales de sus procesos y las de los productos terminados.

Se revisa el estado general ambiental y la disposición de la empresa hacia las normas, la seguridad, el medio ambiente. En el caso considerado, se trata de una empresa que cuenta con la certificación de la ISO 9001 y que aplica las medidas de seguridad recomendadas en los procesos, teniendo en cuenta las sugerencias de los empleados, pero no tiene bien definido un plan de manejo ambiental ni una caracterización de sus emisiones ni de sus consumos de energía, dirigida hacia la gestión integral.

Se puede partir de una necesidad particular inicial e ir llevando a la empresa hacia una visión general e integral. En el ejemplo, resulta que la empresa desea hacer un diagnóstico ambiental de sus procesos para conocer sus emisiones atmosféricas e implementar medidas que le permitan cumplir con la normatividad aplicable y brindar un mayor confort a sus empleados. Esto lo hace motivada por visitas de las autoridades, enfocadas en el tema de la contaminación del aire.

- **Conocimiento de los procesos**

En primer lugar se hace un reconocimiento de los procesos de la empresa, naturalmente con énfasis en aquellos que tengan impactos ambientales. En estos reconocimientos se toman distintos registros, entre ellos los fotográficos. Se identifican los lugares de trabajo, las secuencias de trabajo y las condiciones de operación. En el ejemplo se observaron cómo fuentes de emisiones atmosféricas una serie de quemadores operados a gas natural, para operar los hornos para fundición, el sistema de secado de las piezas y un calentador de agua usada en desengrase de piezas y recubrimientos metálicos.

Se determina la potencia en los hornos y de los quemadores y se examinan sus sistemas de descarga de gases. En el ejemplo, se pudo observar que no se contaba con chimeneas adecuadas ni con tratamiento de gases.

Se pudo observar como otras fuentes de diversas operaciones que generan polvo y emisiones, a las cuales la empresa no había prestado atención. El maquinado de piezas involucra diversos procesos, todos ellos generan virutas de metal, el pulido de piezas se realiza en un lugar encerrado en un cuarto, lo que ayuda a controlar la dispersión del polvo por la empresa, sin embargo el lugar no tiene extracción de aire ni un filtro o sistema de retención de polvo lo que obliga al operario a trabajar con una máscara para material particulado, resultando molesto por el calor que genera esta condición y repercutiendo en el rendimiento del operario ya que debe parar con frecuencia a secarse el sudor e hidratarse.

En este ejemplo sencillo, se encuentra la evidencia de que la empresa no ha prestado suficiente atención a sus temas ambientales. Pero al tratar de recoger información, se evidencia también que no se cuenta con información energética sistematizada ni con indicadores que relacionen la producción con los consumos de energía y menos aún con las emisiones contaminantes o pérdidas de proceso.

Esta es una oportunidad para señalar posibles oportunidades para dar comienzo a una gestión mejorada.

- **Normatividad aplicable**

Al revisar los métodos de trabajo en la empresa del ejemplo, se advierte que las exigencias de calidad de los clientes de la empresa están cubiertas, en cada etapa de los procesos los operarios revisan los productos y en la etapa final los productos pasan por un control de calidad que consta de la inspección visual del acabado de la pieza y pruebas de resistencia para verificar las propiedades físicas exigidas.

En cuanto a normatividad ambiental, la resolución aplicable establece los contaminantes que deben ser medidos de acuerdo a la actividad industrial, pero con esto se debe tener especial cuidado pues mal interpretar la norma puede llevar a la empresa a incumplimientos que conduzcan a sanciones, incluido el cierre de la empresa, o a incurrir en gastos innecesario para su actividad. En este caso al revisar en detalle se observa que algunas de las actividades mencionadas en las normas coinciden con las actividades industriales de la empresa por lo que se debe prestar atención a los contaminantes mencionados.

Resumen de Actividades industriales y contaminantes a monitorear por actividad industrial

Actividad industrial	Procesos e instalaciones	Contaminantes
Manufactura de acero para uso industrial	Cualquier proceso o instalación donde se realice el decapado del acero con ácido clorhídrico	Ácido clorhídrico (HCl)
	Cualquier proceso o instalación donde se realice la reducción del espesor del acero	Materia particulado (MP)
	Cualquier proceso o instalación donde se realice el proceso de recubrimiento del acero con aleaciones de zinc en un proceso continuo	
Procesos de galvanotecnia	Procesos de desengrasado, decapado, desmetalizados, recubrimiento con películas metálicas y orgánicas sobre sustratos metálicos y plásticos por medio de procesos químicos y electroquímicos	Dióxido de azufre (SO_2) Óxidos de nitrógeno (NOx) Ácido clorhídrico (HCl) Plomo (Pb) Cadmio (Cd) Cobre (Cu)
Fundición de zinc	Cualquier proceso intermedio o instalación relacionada con la producción de zinc u óxido de zinc a partir de concentrados de mineral de sulfuro de zinc mediante el uso de técnicas pirometalúrgicas. Aplica al tostador y a la máquina de sinterización.	Materia particulado (MP) Dióxido de azufre (SO_2)
	Hornos en los que se realice fundición de chatarra y que tenga sistema de control de material particulado.	
	Hornos en los que se realice fundición de chatarra y que no tengan sistema de control de material particulado.	Materia particulado (MP) Dióxido de azufre (SO_2) Dioxinas y Furanos

La actividad de manufactura de acero para uso industrial, incluye los procesos de reducción del espesor del acero, actividad ejecutada en la empresa y que exige controlar el material particulado.

La actividad galvanotecnia incluye la actividad de desengrasado y recubrimiento con películas metálicas. Ambos procesos se realizan en la empresa en las secciones de desengrase, cromado y niquelado de piezas.

Por su parte la fundición de zinc de la norma podría confundirse con la fundición de lingotes de la empresa, pero si nos fijamos bien, la fundición mencionada en la norma se refiere a procesos en los que se obtiene el zinc a partir de otras materias primas como chatarra o material minero. En la empresa no se hace una transformación de minerales, sino un cambio de fase del lingote cuya composición no contiene compuestos azufrados ni orgánicos. Por otro lado el control de material particulado podría aplicarse tanto a la combustión del gas de los quemadores como al cambio de fase del metal, pero primero debe realizarse medición de la emisión de partículas para tomar las medidas de control más adecuadas.

Con estos comentarios, se quiere señalar que se genera un proceso de examen de los procesos, para visualizar bien en qué medida se debe profundizar en la gestión y qué aspectos son críticos.

- **Materias primas e insumos**

Se hace un listado cuidadoso de los metales usados para elaboración de productos de esta empresa. En este caso se trata de aceros, láminas, aleaciones a base de zinc, aluminio, magnesio, cobre y estaño
Para el recubrimiento y tratamiento de piezas se usan productos químicos variados, tales como ácido crómico, ácido sulfúrico, níquel, sulfato y cloruro de níquel y agua.

Es importante visualizar cómo intervienen estos materiales en el proceso, hasta qué punto sufren transformaciones fisicoquímicas y qué tan intensivas son las operaciones de transformación en el uso de energía y cómo se estructuran los balances de masa y energía.

- **Propuestas de mejora**

Para proponer soluciones y gestiones a los problemas ambientales los procesos de la empresa se dividen en tres grupos en el caso del ejemplo: procesos de maquinado, procesos de combustión y procesos acuosos.

Procesos de maquinado
Se realizaron seguimientos a las masas en cada uno de los procesos durante cuatro meses lo que arrojó información suficiente para conocer las emisiones de la empresa. Durante el tiempo que se realizó el seguimiento se encontró que la pro-

ducción de la empresa se mantenía muy constante, a pesar del cambio de referencias producidas mes a mes. Esto facilita promediar los datos para el análisis de emisiones.

Como no se cuenta con equipos de control ambiental y el material generado se esparce por toda la empresa, el cálculo del material particulado se estima a partir de un balance de masas como se muestra en la tabla.

Elementos para un balance de masa en empresa metal mecánica

Descripción	Unidad	Cantidad
Materias primas consumida		
Lámina	kg/mes	Se contabiliza
Lingotes	kg/mes	
Latones	kg/mes	
Producción		
Piezas fabricadas con lámina coldrolled	kg/mes	
piezas fabricadas con lingotes	kg/mes	
piezas fabricadas con latón	kg/mes	
Residuos generados		
Virutas de lámina	kg/mes	
Residuos que se reprocesan de lingotes	kg/mes	
Virutas de latón	kg/mes	
Desbalance de masa: Materias primas-Producción-Reprocesos= material particulado emitido		
Material particulado de láminas	kg/h	Se contabiliza según las horas de trabajo
material particulado de lingotes	kg/h	
material particulado de latones	kg/h	
Material particulado total	Kg/h	

Se examina en detalle la ruta seguida por estos materiales. Se encuentra que buena parte son residuos gruesos que caen a los pisos y al ambiente de las máquinas, los cuales se pesany se vende. Otra parte se devuelve al proceso para ser fundido. El resto del material se convierte en material particulado que se emite al aire ambiente.

La propuesta de mejora para esta problemática comprende las siguientes acciones:
- Proteger a todo el personal con el equipo de protección respiratoria adecuado
- Los procesos que generan mayor cantidad de polvo deben contar con extracción del material particulado. Una opción es que cada máquina de

pulido se encierre en una cabina que esté conectada a un sistema de extracción y posterior retención del polvo.

Con estas propuestas, se está sembrando el ambiente para la gestión mejorada de los procesos. Esto incluye presentar la idea en la empresa de llevar estadísticas organizadas de sus balances de masa y de sus pérdidas por unidad de producción.

Procesos de combustión
Se trata en este ejemplo de combustiones pequeñas. La combustión de gas natural no suele generar material particulado pero sí aumenta la temperatura del entorno, genera NOx y si su combustión es incompleta, libera CO además de CO_2. Por estas razones se concluyó que la empresa debe extraer los gases a través de una chimenea. Puede ser una sola chimenea a la que lleguen todos los gases de combustión. Esta chimenea deberá se diseñada bajo los lineamientos de las normativas aplicables. En cuanto a las emisiones de NOx, se examinaron desde el punto de vista de los factores de emisión aplicables y se encontraron dentro de los límites exigidos.

Acá se aprovecha el estudio para sembrar en la empresa la idea de llevar estadísticas de consumos del gas natural y de relacionarlas con los procesos que consumen este energético, vigilando que se mantengan dentro de índices adecuados.

Procesos acuosos
Se encontró que la empresa no contaba realmente con un manejo adecuado de sus vertimientos en los baños y tratamientos superficiales. El control de vertimientos debe hacerse en todos los puntos de la empresa especialmente en la planta de producción.

Con respecto a los baños para recubrimiento de metales, debe realizarse una neutralización de los líquidos antes de ser vertidos. Los metales pesados deben ser removidos mediante tratamientos químicos que formen precipitados donde puedan removerse los metales. Los criterios que deben cumplirse para el vertimiento de aguas están bien descritos en las normas existentes.

Conclusiones de este tipo de trabajos
Se ha aprovechado el diagnóstico para recomendar que toda la información ambiental de la empresa debe estar documentada, registrada y controlada, y debe ser revisada periódicamente para hacerle seguimiento a los problemas hallados en cada diagnostico o auditoría ambiental y a las propuestas de mejora.

Con este ejemplo sencillo, tomado de la realidad, se puede caer en la cuenta que en las empresas sofisticadas hay múltiples "pequeños procesos" que carecen de gestión adecuada, en los cuales los estudiantes del curso se pueden enfocar para practicar los conceptos del mismo. La gestión integral energética ambiental debe incluir la totalidad de los procesos que implican consumos e impactos.

4.2.5   Conocimiento de los flujos de proceso y de los flujos de energía

En un proceso de gestión energética es importante medir. En las mediciones yace la fortaleza suficiente para impulsarla y para evaluar los resultados de la gestión energética, por eso medir es la acción clave para obtener la información necesaria, para conocer los procesos, consumos de energía, eficiencias energéticas en el proceso y tomar las medidas correctivas para lograr un alto rendimiento energético. Por ejemplo, es esencial medir los consumos de los energéticos en cada proceso.

Acercamiento al proceso
Los procesos productivos de la empresa son bien conocidos por los jefes de producción y directores de planta, constantemente se evalúan, se implementan estrategias que mejoren la producción entre ellas la capacitación del personal operativo, pero es frecuente encontrar que los consumos de energía no sean mirados como algo más que un costo. El conocimiento del proceso de producción y la definición de las capacidades que se esperan en la planta son los datos de entrada para definir la cantidad de energía que se requiere para el logro de los objetivos de producción, lo que muchas veces se olvida es que estas capacidades se van perdiendo por el deterioro de tendidos eléctricos, obstrucción de tuberías, ineficiencias de motores, suciedad en luminarias, obstrucciones en equipos, cambio de la calidad de combustibles sin ajustarse la cantidad de aire para el proceso de combustión, etc.

Esta mirada simplista puede limitar las posibilidades de establecer estrategias de trabajo para mejorar la producción reduciendo los consumos. Un diagrama funcional de bloques es un buen acercamiento al conocimiento integrado del proceso de producción y de las necesidades de energía.

Desde el diseño de un proceso debe estar definida la cantidad de producto que se espera tener, este es el valor de entrada a cualquier diseño. Posteriormente se definen las etapas del proceso, las operaciones unitarias que involucran y la secuencia de las mismas.
Conocida esta información se pasa a definir el tamaño de los equipos de operaciones unitarias involucrados con un factor de diseño definido por el ingeniero.

Este factor debe ser tal que cuando los flujos de proceso estén por encima y por debajo del flujo de diseño, los equipos trabajen sin convertirse en cuellos de botella, ni llegar a caer en ineficiencias por el sobredimensionamiento.

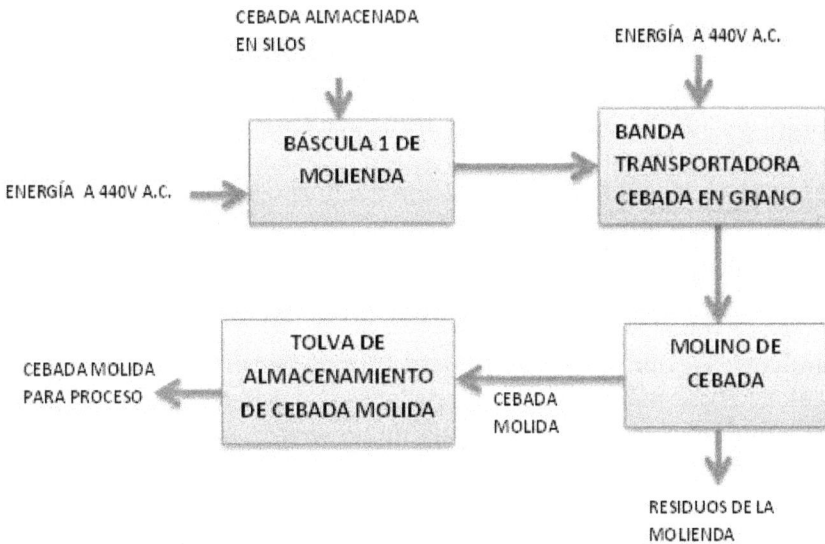

Flujograma de un proceso de almacenamiento de cebada

Veamos por medio de un ejemplo la importancia de los flujos de masa para la evaluación de la eficiencia energética

Balance de energía en un horno y oportunidades de ahorro.

Se realiza un estudio en un horno y su sistema anexo de secado tipo túnel en una empresa fabricante de tejas cerámicas, con los siguientes objetivos:

- Conocer las condiciones de operación actuales del horno y a partir de ellas determinar la factibilidad de ahorrar energía y aumentar la producción hasta llegar a una producción deseada.
- Estimar los flujos de energía y de masa que se tienen en el horno bajo dos condiciones de trabajo. Con ellas se quieren conocer los balances respectivos de pérdidas y entradas de energía.
- Desarrollar un análisis que permita proyectar los posibles ahorros y aumentos de producción y determinar qué se requiere pare ello.
- El horno está operado con carbón. Se desea estudiar el posible uso de gas natural en el horno y señalar los elementos necesarios en forma general.

- Examinar los componentes energéticos y de flujos del horno y hacer recomendaciones si son del caso.

Con las mediciones de temperatura y flujos, se realizan balances de masa y energía, con los cuales se analiza la situación de trabajo del horno, determinando, flujos, temperaturas, eficiencias y perdidas, teniendo en cuenta las humedades y
composiciones de los productos que entran al horno, los consumos de combustibles, información histórica y listado de los datos del horno.

Una vez se conoce en detalle la operación del horno, se procede a la proyección
para ahorros, aumentos, cambios y mejoras, mediante un modelo térmico que se
desarrolló y se aplicó a tres situaciones: mejora de eficiencia en la operación actual, aumento de producción y cambio a gas natural.

Se examinan las propiedades de los materiales que se usan en el horno, con el fin
de calcular los consumos de energía durante la calcinación y los flujos de producto y humedad. En este caso se trata de los materiales arcilla, arena, mezcla
refractaria y chamote, muy típicos en procesos cerámicos.

Se hace un balance de masas relacionado con el producto alimentado al horno.

Flujo de masas de alimentación del horno

Flujo de producción	Carros/día		
Fecha			
Flujo mezcla entrada	Kg/h		
Humedad de mezcla de entrada	%		
Sólidos en mezcla de entrada	%		
Flujo sólidos secos en mezcla de entrada	Kg/h		
Pérdidas de calcinación de mezcla seca	%		
Agua de cristalización en la mezcla de en-trada	Kg/h		
Flujo de agua libre en la mezcla de entrada	Kg/h		
Flujo de agua total en la entrada	Kg/h		
Flujo de sólidos calcinados en mezcla de en-trada	Kg/h		

Se hacen mediciones de los flujos de gases, dada la importancia de estos dentro
de los balances de masa y energía. Se hacen a varias condiciones diferentes con
el fin de obtener información para la elaboración de un modelo térmico del
horno. Con este modelo se podría proyectar los resultados a situaciones de mayor producción y eficiencia.

Las mediciones que se hacen son en general de flujos y temperaturas, ya que la energía pasa por el sistema en forma de masas calientes o de masas reactivas o que sufren transformaciones. Por ello se toman datos de las distintas entradas y salidas de masa el horno. El horno se divide en diferentes zonas las cuales se pueden analizar energéticamente por la instalación de termocuplas en cada una de ellas.

Análisis de energías y flujos de gases en las distintas zonas del horno

Zona precalentamiento	Unidad		
Flujo de gases en la entrada y generados por el producto	Kg/h		
Flujo de gases infiltrados	Kg/h		
Flujo de gases totales a la salida	Kg/h		
Energía para secar y calcinar	Kcal/h		
Energía entregada al material	Kcal/h		
Energía entregada al aire de la bóveda	Kcal/h		
Energía entregada a las paredes laterales	Kcal/h		
Energía de los gases a la entrada de la zona	Kcal/h		
Energía recibida por el producto y para secar y calcinar	Kcal/h		
Energía recibida por el producto y para secar y calcinar	%		
Temperatura media entrada productos	°C		
Temperatura media salida productos	°C		
Temperatura media productos	°C		
Temperatura media entrada gases	°C		
Temperatura media salida gases	°C		
Temperatura media gases	°C		
Diferencia de temperatura entre gases y productos DTlm	°C		
Zona de quema 1			
Flujo de combustible en la zona	Kg/h		
Flujo de combustible en la zona	gph		
Flujo de gases entrada a la zona	Kg/h		
Flujo de gases salida de la zona	Kg/h		
Exceso de aire	%		
Energía aportada por el combustible	Kcal/h		
Energía para secar y calcinar	Kcal/h		
Energía entregada al material	Kcal/h		
Energía entregada al aire de la bóveda	Kcal/h		
Energía entregada a las paredes laterales	Kcal/h		
Energía recibida por el producto y para secar y calcinar	Kcal/h		

Energía recibida por el producto y para secar y calcinar	%		
Temperatura media entrada productos	°C		
Temperatura media salida productos	°C		
Temperatura media productos	°C		
Temperatura media entrada gases	°C		
Temperatura media salida gases	°C		
Temperatura media gases	°C		
Diferencia de temperatura entre gases y productos DTlm	°C		
Zona de quema 2			
Flujo de combustible en la zona	Kg/h		
Flujo de combustible en la zona	gph		
Flujo de gases entrada a la zona	Kg/h		
Flujo de gases salida de la zona	Kg/h		
Exceso de aire	%		
Energía aportada por el combustible	Kcal/h		
Energía para secar y calcinar	Kcal/h		
Energía entregada al material	Kcal/h		
Energía entregada al aire de la bóveda	Kcal/h		
Energía entregada a las paredes laterales	Kcal/h		
Energía recibida por el producto y para secar y calcinar	Kcal/h		
Energía recibida por el producto y para secar y calcinar	%		
Temperatura media entrada productos	°C		
Temperatura media salida productos	°C		
Temperatura media productos	°C		
Temperatura media entrada gases	°C		
Temperatura media salida gases	°C		
Temperatura media gases	°C		
Diferencia de temperatura entre gases y productos DTlm	°C		
Zona de quema 3			
Flujo de combustible en la zona	Kg/h		
Flujo de combustible en la zona	Gph		
Flujo de gases entrada a la zona	Kg/h		
Flujo de gases salida de la zona	Kg/h		
Exceso de aire	%		
Energía aportada por el combustible	Kcal/h		
Energía para secar y calcinar	Kcal/h		
Energía entregada al material	Kcal/h		
Energía entregada al aire de la bóveda	Kcal/h		
Energía entregada a las paredes laterales	Kcal/h		

Energía recibida por el producto y para secar y calcinar	Kcal/h		
Energía recibida por el producto y para secar y calcinar	%		
Temperatura media entrada productos	°C		
Temperatura media salida productos	°C		
Temperatura media productos	°C		
Temperatura media entrada gases	°C		
Temperatura media salida gases	°C		
Temperatura media gases	°C		
Diferencia de temperatura entre gases y productos DTlm	°C		
Zona de quema 4			
Flujo de combustible en la zona	Kg/h		
Flujo de combustible en la zona	Gph		
Flujo de gases entrada a la zona	Kg/h		
Flujo de gases salida de la zona	Kg/h		
Exceso de aire	%		
Energía aportada por el combustible	Kcal/h		
Energía para secar y calcinar	Kcal/h		
Energía entregada al material	Kcal/h		
Energía entregada al aire de la bóveda	Kcal/h		
Energía entregada a las paredes laterales	Kcal/h		
Energía recibida por el producto y para secar y calcinar	Kcal/h		
Energía recibida por el producto y para secar y calcinar	%		
Temperatura media entrada productos	°C		
Temperatura media salida productos	°C		
Temperatura media productos	°C		
Temperatura media entrada gases	°C		
Temperatura media salida gases	°C		
Temperatura media gases	°C		
Diferencia de temperatura entre gases y productos DTlm	°C		
Zona enfriamiento rápido			
Flujo de gases a la entrada	Kg/h		
Energía retirada al material	Kcal/h		
Energía entregada al aire de la bóveda	Kcal/h		
Energía entregada a las paredes laterales	Kcal/h		
Energía ganada por los gases a partir del producto	Kcal/h		
Temperatura media entrada productos	°C		
Temperatura media salida productos	°C		

Temperatura media productos	°C		
Temperatura media entrada gases	°C		
Temperatura media salida gases	°C		
Temperatura media gases	°C		
Diferencia de temperatura entre gases y productos DTlm	°C		
Zona enfriamiento final			
Flujo de gases a la entrada	Kg/h		
Energía retirada al material	Kcal/h		
Energía entregada al aire de la bóveda	Kcal/h		
Energía entregada a las paredes laterales	Kcal/h		
Energía ganada por los gases a partir del producto	Kcal/h		
Temperatura media entrada productos	°C		
Temperatura media salida productos	°C		
Temperatura media productos	°C		
Temperatura media entrada gases	°C		
Temperatura media salida gases	°C		
Temperatura media efectiva de gases	°C		
Diferencia de temperatura entre gases y productos DTlm	°C		

Se observa en esta forma detalladamente cómo funciona el horno. Se aprecia la importancia relativa de todas las zonas, cada una con su especial comportamiento. Se pudo observar, por ejemplo, que en las zonas de combustión se estaba trabajando con excesos de aire altos y variables. Esto pone un límite a las temperaturas de llama que se pueden formar y a las temperaturas de la cocida en el horno. Se examinan, durante las mediciones, por ejemplo, las de las temperaturas internas del horno, algunas irregularidades, debidas quizás a que cuando se abren las puertas del horno para alimentarlo, se suspende el suministro de combustible mientras que se mantiene la circulación de aire.

- **Balances de masa y energía**

La cantidad de energía demandada en un proceso está definida inicialmente por la cantidad de material que se va a procesar y a las operaciones necesarias para su transformación. Sin embargo ineficiencias en el proceso, sobre especificaciones en los equipos y deterioro de instrumentos y equipos de proceso, hacen que la cantidad de energía requerida para transformar una cantidad definida de materia sea superior a la de diseño o a la que se logra en equipos bien operados, de acuerdo al estado del arte.

En el caso considerado se usa como combustible crudo de Rubiales, para el cual se consideraron las siguientes propiedades:

Características del combustible

Densidad del combustible a las condiciones del tanque donde se midió el consumo	Kg/m³	984
Hidrógeno del combustible	%	10,0
Carbono del combustible	%	87,3
Cenizas en combustible	%	0,0400
Humedad del combustible	%	0,00
Otros elementos del combustible	%	2,71
Poder calorífico superior del combustible	BTU/kg	40.996
Poder calorífico superior del combustible	BTU/gal	152.485
Temperatura de entrada del combustible	°C	88

Los elementos para realizar balances porcentuales de energía se muestran en la siguiente tabla.

Balances porcentuales de energía

Pérdidas y gastos de energía porcentuales con respecto a la energía entregada por el combustible		
Flujo de carros por día		
Situación		
Entrada de energía en el combustible	%	
Entradas de energía sensible en los aires	%	
Entradas de energía sensible en el combustible	%	
Entradas de energía sensible en el producto	%	
Entradas totales	**%**	
Potencia energética para secar la humedad	%	
Potencia energética para calcinar	%	
Pérdidas en energía sensible en gases que salen por la chimenea	%	
Salidas en energía sensible en gases que van al secadero	%	
Salidas en energía sensible en gases que van al prehorno	%	
Pérdidas por las paredes del horno y conductos	%	
Pérdidas por energía sensible en la humedad generada en la combustión	%	
Pérdidas por combustión parcial a CO	%	
Pérdidas por energía sensible en los carros y el material que salen del horno	%	
Salidas totales	**%**	

Desbalance	%		

Para este horno se encontró que las mayores pérdidas son las de la chimenea de salida. Como es un horno acoplado a un secadero, se encontró que las salidas hacia el secadero son las salidas de energía más importantes, pero se usan para secar el material previo, a modo de extensión del horno y en este sentido no son propiamente pérdidas. Las características de los gases en la chimenea pueden ser apropiadas para que pueda recuperarse parte de la energía que actualmente llevan y que es evacuada al ambiente exterior.

4.2.6 Análisis de la cultura energética y ambiental

Cuando se implementa un sistema de gestión de cualquier tipo en la organización, y se ha trabajado en la dirección correcta para capacitar y trabajar de la mano con todo el personal operativo y administrativo de la organización, la cultura de la organización cambia, mejorando todo el entorno laboral. Cuando se ha creado una verdadera conciencia energética y ambiental, esa cultura es llevada hasta sus hogares donde se transmite a quienes cohabitan su espacio y contribuye a que se de una mejoría en sus hogares.

Anteriormente en este libro ya hemos aprendido algunos pasos que permiten detectar la cultura energética y fomentarla en la organización, pero en este numeral vamos a ver la cultura energética después de implementados los sistemas de gestión en la organización.

Después de implementada la gestión energética en la organización se esperan las siguientes observaciones:

- Se cuenta con elementos de medición y con un sistema de indicadores que relacionan las mediciones de los energéticos y de los impactos ambientales con la producción.
- Se registran regularmente, por ejemplo, una vez en el turno de trabajo, los medidores de combustible, energía eléctrica y en general todas las materias primas incluida el agua. Idealmente se registran las emisiones y pérdidas significativas.
- Se conoce para cada equipo y proceso significativo, cual referencia de producto se está realizando en un momento cualquiera, para manejar indicadores por producción de la empresa y por referencia producida en la empresa
- Se observan las instalaciones de trabajo limpias, ordenadas, despejadas. Esto demuestra buenas prácticas de manufactura en la empresa. Aunque no sea algo estrictamente energético, después de trabajar en la cultura

de la organización el personal operativo y de oficina preferirá trabajar en un ambiente limpio y despejado. Todas estas prácticas influyen positivamente en la producción

En ocasiones el ausentismo influye en la productividad de la organización, por eso es clave entrenar más de un operario en la operación o mantenimiento de diferentes equipos, máquinas de procesos o líneas de producción. Esto facilitará que la ausencia del personal propio de una línea productiva no cause perjuicio en la programación de la producción de la compañía

Compromiso de la alta dirección con el sistema de gestión

El compromiso de la alta dirección con el mejoramiento continuo es el primer paso para alcanzar el éxito en el logro de las oportunidades de ahorro identificadas dentro de cualquier empresa, no importando su tipo ni su tamaño. La búsqueda continua de las mejores eficiencias energéticas, mediante la implementación de procesos administrativos claves, la concientización del personal y la aplicación de buenas prácticas en el uso de la energía, conducirá al logro de los ahorros. Los pasos que a continuación se enuncian deben incluir los aspectos ambientales asociados con los temas de la energía, tal como se ha señalado en este curso. Una vez confirmado el compromiso de la alta dirección, se recomienda iniciar las acciones de gestión energética integral mediante:

- La institución de una política energética y ambiental
- El nombramiento de un director o líder del programa, quien debe contar con pleno apoyo por parte de la alta dirección
- La conformación de un equipo de trabajo de apoyo (comité energético integral), que debe estar integrado por personas de distintas áreas de la organización, como: Mantenimiento, Calidad, Planeación y Programación, Producción, Diseño, Compras, Higiene y Seguridad, entre otras (por ejemplo, podría incluirse algún cliente, proveedor o socio estratégico).

Conformación del comité energético integral y sus funciones

El comité energético es conformado por un grupo de personas de la Empresa, que generalmente representan diferentes áreas claves de la organización, dedicado a asegurar la aplicación de las buenas prácticas energéticas a través de los distintos procesos de la organización, mediante actividades como la implementación y evaluación de indicadores de eficiencia energética y su conversión en cifras de valor agregado que ayuden a la alta dirección a tomar las mejores decisiones en los aspectos energéticos y ambientales.

Las decisiones del día a día que se tomen o se dejen de tomar en la empresa afectan de una u otra manera los consumos energéticos. Una de las funciones del Comité Energético es que éste sirva de ayuda en la obtención de resultados de gestión energética positivos mediante el seguimiento y análisis de las distintas mediciones previamente definidas.

Estas son algunas de las funciones más importantes del Comité Energético:

- Generar planes de acción de gestión energética integral
- Establecer metas de eficiencia energética
- Definir normas, procedimientos, métodos de medición y sistemas de control enfocados al logro de las metas. Este paso podría requerir apoyo de asesoría externa
- Monitorear los resultados de las mediciones. Si se encuentran valores lejos de lo esperado, hay que buscar inmediatamente las razones de estos desfases en la medición
- Evaluar los progresos del sistema de gestión
- Dar reconocimiento a los logros obtenidos, identificando con nombre propio a sus principales gestores
- Divulgar los resultados
- Crear e implementar planes de acción para las oportunidades de mejora emergentes, reaplicando las lecciones aprendidas
- Generar nuevas metas cuando sea necesario. Esta necesidad puede darse por la introducción de nuevas tecnologías, cambio de energéticos o cuando las metas establecidas inicialmente ya no resulten exigentes para la organización.

Recomendaciones sobre mejoramiento de la cultura energética

- Se recomienda contar con mediciones de consumos energéticos en cada uno de los procesos importantes de la organización. Las inversiones que se hagan en mediciones de combustibles, electricidad, flujos de vapor, flujos de aire comprimido, flujos de agua y demás, serán recuperadas con entera seguridad a base de una mejor gestión.
- Se recomienda implementar indicadores de consumos energéticos específicos y llevar información estadística sobre estos indicadores para analizarlos de manera sistemática.
- Se recomienda contabilizar los desperdicios del proceso, por referencia y cantidad producida ayuda a conocer mejor los costos de producción y con esto ajustar la tolerancia de reprocesos en la etapa productiva
- Los formatos que se dejan a los operarios en algunos equipos de producción deben permitir el registro del nombre del operario que realiza el

registro de datos, fecha, horas del registro, lote en producción, mediciones propias del equipo y observaciones.

- En lo posible se debe contar con puertos de acceso que permitan digitalizar la información y examinarla en tiempo real en sus aspectos más relevantes. Las inversiones que se hagan en profesionalizar la intervención de los operarios en estos aspectos van a redundar en resultados más efectivos y mayor compromiso y participación de las personas.

- Es vital para la producción conocer la capacidad de cada uno de los equipos instalados, de esta manera se pueden identificar los cuellos de botella. Igual de importante es conocer la capacidad instalada y cuan mayor es esta con respecto a las necesidades de la empresa.

- Revisar la eficiencia de los procesos de manufactura y manejo racional de los recursos para disminuir costos y adquirir mayor competitividad. Por ejemplo, hacer estudios para determinar el grado de desgaste natural y los años de vida útil futura para cada máquina, así como las posibilidades y justificaciones económicas de volver a colocar en sus puntos de diseño las que se encuentren más desgastadas.

- Realizar rutinas de medición del amperaje de equipos, consumos y calidad de combustible, proporcionará información valiosa para la empresa en el sentido de obtener datos históricos sobre el comportamiento de los diferentes equipos y de sus consumos eléctricos. Para esto, se recomienda elaborar un formato patrón que contenga los valores nominales y reales de los amperajes de los motores.

- Durante las mediciones de monitoreo, se deben anotar las condiciones de operación encontradas al tomar las nuevas mediciones. Esto con el fin de implementar una referencia comparativa durante el análisis de los datos recogidos, como por ejemplo.

- Se deben ofrecer jornadas de capacitación para el personal, de acuerdo al oficio y categoría del empleado u operario. Se sugiere realizar esfuerzos prioritarios en la sensibilización y capacitación del personal en los aspectos energético y ambiental. En cualquier organización, es necesario que su personal se actualice y se capacite en temas referentes a la función que desempeña. Para el caso del sistema de gestión energética, a manera de ejemplo, pueden programarse capacitaciones y entrenamientos como: operación eficiente de los equipos, incentivación de la creatividad, manejo correcto de los recursos energéticos, impacto del uso de la energía en la sociedad y en la empresa y otros temas asociados con los aspectos energéticos y ambientales.

- El aire comprimido representa en algunos procesos de producción un alto costo, sin embargo muchas veces no se incluye dentro de los planes de inspección y mantenimiento, perdiéndose de la oportunidad de detectar fugas e ineficiencias en el sistema.

- La estandarización en equipos y sistemas auxiliares como tuberías, mangueras, válvulas, motores, facilitará la intercambiabilidad de partes y la minimización de repuestos en stock.

- Tal como en las líneas de aire comprimido, el programa de gestión de la energía no debe dejar de lado los sistemas hidráulicos de los equipos de la planta. Su temperatura, presión y ruidos en el sistema pueden estar arrojando señales de deterioro en los sistemas hidráulicos los cuales aumentan el consumo de energía.

- Cuando se traigan nuevas tecnologías a la empresa, es necesario que quienes van a estar directamente relacionados con estos equipos reciban un entrenamiento muy completo en su operación y mantenimiento, y sobre todo en los principios de operación de estos equipos. Cuando las personas entienden el porqué de las cosas, se les facilita la toma de decisiones en caso de cualquier eventualidad.

4.3 MEJORA DE LA OPERACIÓN

El desarrollo de una adecuada gestión energética en las empresas, se hace en buena parte como un intento de responder, mediante el uso racional de los recursos energéticos, a las situaciones previsibles de agotamiento de los combustibles fósiles y en buena parte en busca de los beneficios que se pueden lograr mediante la disminución de costos de los consumos de energía (además de la disminución de los impactos ambientales negativos). Es importante resaltar la gran posibilidad que se abre para la empresa de aprovechar esta gestión como catalizador para mejorar las operaciones productivas. Cuando se hace una buena gestión de la energía, las empresas aprenden que los beneficios que se logran son múltiples. Las mejores prácticas operativas que se desprenden van a repercutir positivamente en todos los procesos de la organización. El éxito grande y superlativo de una buena gestión consiste en darse cuenta de estas posibilidades, estimularlas, mantenerlas y mejorarlas. En la base de las herramientas de gestión de la energía subyace esta filosofía.

4.3.1 Conocimiento de normas y procedimientos. Normalización y sistemas de gestión normalizados

Muchas entidades y gobiernos, a nivel regional y mundial, trabajan en variadas formas, tanto regulatorias como de incentivos a los cambios, para reducir los consumos de energía innecesarios y para mitigar los impactos ambientales asociados. Gran parte del impacto regulatorio y del impulso incentivador, se orientan al sector industrial. La normatividad no debe ser vista solamente como una obligación o una carga sino también como una fuente de oportunidades para el logro de mejoras en la organización, las cuales van a generar mayor rentabilidad y un mejor ambiente de trabajo, a mediano y largo plazo.

En este sentido se analiza a continuación la Norma ISO 50001, que seguramente va a ser adoptada por muchas empresas.

- **La Norma ISO 50001**

Es común encontrar en las empresas un grado variable de desconocimiento del impacto profundo que los costos energéticos pueden tener sobre los costos de producción. Naturalmente que en casi todas las empresas se contabilizan los costos de la energía y se conoce su contribución a los costos de producción, pero es posible que no se involucren estos recursos en mecanismos de planificación ni de administración específica. Por ejemplo no es tan común que se cuente con indicadores de control y de eficiencia energética y aún menos que se disponga de una correlación entre su comportamiento deficiente y el impacto negativo que podría ocurrir en términos de productividad y costos de producción.

Lo más común es que las empresas utilicen la información energética en algún tipo de indicador global de consumo, sin que se pueda desagregar a nivel de procesos o de equipos. Esto se dificulta con frecuencia por falta de instrumentación específica tanto de consumos como de producción.

En este ambiente relativamente limitado, va a ser difícil atreverse con consideraciones sobre productividad y energía. Pero igualmente puede suceder que no se cuente con bases suficientes para la presentación de proyectos de mejora energética y quizás haya desconocimiento de los incentivos y de los programas de financiación que hay disponibles para la puesta en marcha de proyectos de eficiencia energética y de mejoras ambientales asociadas.

Es importante entonces focalizar la gestión hacia la mejora de la competitividad de la organización y dar esta visión a la implantación de las normas tipo ISO 50001 o a las otras alternativas de gestión que asuma la empresa.

Uno de las herramientas de estos sistemas de gestión es el planteamiento de objetivos. Claramente se está proponiendo acá que los objetivos sean desafiantes, para que jalonen procesos. Los procedimientos de las normas se pueden orientar a guiar a las organizaciones para que establezcan los sistemas y procesos necesarios para el logro de los objetivos, la mejora de sus rendimientos energéticos y al establecimiento de las especificaciones y requisitos aplicables al suministro, uso y consumo de la energía, incluyendo la práctica de mediciones. Las prácticas asociadas van a facilitar el que la organización lleve cuentas claras y mida consumos y producciones. Con ello se pueden establecer indicadores y metas, de manera sistemática.

En todos estos sistemas de gestión se resalta la importancia de documentar una política energética, con objetivos y metas del sistema; se orienta el proceso a la conformación de grupos de trabajo para lograr la puesta en marcha y el realismo de las políticas, de manera que no se trate de letra muerta; se señalan procedimientos de revisión, y prácticas de prevención y de corrección; revisiones gerenciales y un sistema de auditorías.

A partir del uso de esta norma la organización puede:

•   Desarrollar una política energética

- Establecer objetivos, metas y planes de acción que tengan en cuenta un conjunto de requisitos, que pueden ser legales, de compromiso con clientes o de ajuste a las políticas de la organización

La norma ISO 50001 expone paso a paso las actividades genéricas que debe emprender una organización para desarrollar un plan de gestión energética. Es importante resaltar que si se quiere tener una certificación futura bajo el cumplimiento de esta norma, se deben aplicar los lineamientos en ella expuestos. Si alguno no llegase a aplicar, debe justificarse la no aplicabilidad de esa directriz.

Incentivos de la alta dirección para la participación en la GE:
- Delegación de autoridad. Se facilita el proceso administrativo a través de la participación de los distintos niveles y del compromiso.
- Motivación. Las personas vibran con proyectos excitantes que convocan su creatividad, su sentido de compromiso y que tengan que ver con metas globales, comunitarias, de sostenibilidad.
- Reconocimientos. Al trabajar de manera objetiva y organizada, es posible destacar el trabajo de calidad y estimular a los miembros de la empresa cuando se cumplen las metas y objetivos.
- Formación. Se estimula la tendencia natural de las personas a buscar la capacitación. El logro de objetivos desafiantes implica adquirir competencias y hacer las cosas bien, con conocimiento. El conocimiento facilita la autoestima.
- Premios. El mejor premio es el desarrollo de la empresa y su conducción hacia el liderazgo y la rentabilidad.
- Pasos para la aplicación de la norma

Definición de los requisitos generales: Se refiere a la definición del alcance y de los límites del sistema de gestión energético. En esta etapa se define además como se cumplirán los requisitos.
Responsabilidad de la alta dirección: Definir la política de del sistema de gestión, nombrar a un representante quien se encargue directamente del direccionamiento de la GE, suministrar los recursos necesarios para el sistema de gestión.

Responsabilidades del representante de la dirección: Facilitar el trabajo gerencial, conformar el comité energético de la organización, definir responsabilidades para facilitar la GE.

Política energética: Es el documento que define el alcance, los objetivos y los límites del sistema de gestión energético, entre otras definiciones. Debe ser apropiada al tamaño y actividades de la empresa. Debe incluir un compromiso de mejora continua y un compromiso para asegurar la disponibilidad de información y de los recursos necesarios para desarrollar todas las actividades necesarias para el alcance de los objetivos. Es importante que incluya y defina el compromiso de cumplimiento de los marcos legales aplicables. Las organizaciones que planifican a largo plazo pueden incluir aspectos de la gestión de la energía, tales como las fuentes de energía, el desempeño energético y las mejoras del desempeño energético al planificar dichas actividades.

La política energética puede ser una breve declaración que los miembros de la organización pueden comprender fácilmente y aplicar en sus actividades laborales. La difusión de la política energética puede utilizarse como elemento propulsor para gestionar el comportamiento de la organización.

Documentación: La organización debe desarrollar todos aquellos documentos que considere necesarios para la demostración eficaz del desempeño energético y del apoyo al sistema de gestión.

Algunas de los aspectos de implementar esta norma y que contribuyen a mejorar la operación en las empresas se listan a continuación:
- Esta norma proporciona a las organizaciones una forma de integrar la gestión energética a las demás actividades.
- Su aplicación brinda una metodología coherente para la identificación de aspectos y puntos por mejorar y facilita la aplicación de mejoras de la eficiencia energética que contribuyan a la mejora continua de la misma en las instalaciones de la organización.
- Ofrece orientación para definir los puntos de comparación y metas, medir, documentar e informar las mejoras en los indicadores de desempeño energético y su impacto sobre las reducciones de las emisiones de GEI.
- Crea transparencia y normalización en la gestión energética donde actualmente no existe, facilitando el reconocimiento y generalización de las mejores prácticas de dicho tema.
- Reduce los costos de producción relacionados con el consumo energético.
- Obliga a pensar y establecer la seguridad del suministro energético a mediano y largo plazo.
- Ofrece a las organizaciones con operaciones en más de un país, una sola norma para la aplicación armonizada en toda la organización.
- Facilita el acceso a mercados voluntarios de reducción de impactos ambientales.
- Permite demostrar a terceros el cumplimiento de un compromiso social organizacional con el medio ambiente y el sano manejo de los recursos.

- Establece un criterio homogéneo y efectivo en el mercado de servicios de eficiencia energética.

- **Herramientas tecnológicas para la GE**

Existe software especializado en facilitar la implementación de una gestión energética. Algunos de estos sistemas automatizan los procedimientos requeridos por la norma aplicada, de manera que cuando se necesita ejecutar un proceso, el procedimiento correspondiente se carga instantáneamente en el sistema, distribuyendo tareas, instrucciones a responsables y plazos, de forma que la propia ejecución de las tareas autogenera las evidencias necesarias del sistema de gestión. Estas tecnologías resultan de mucha utilidad en empresas con una matriz de consumos energéticos compleja, o que tenga varias dependencias manejadas desde un único punto de gestión. Sus ventajas operativas son:
  - Generan evidencias y registros
  - Ejecutan automáticamente procedimientos
  - Delegan automáticamente tareas, instrucciones y plazos
  - Supervisan en tiempo real tareas y responsables
  - Gestionan en tiempo real requisitos de certificación y auditoría
  - Eliminan no conformidades a causa de errores humanos en el diligenciamiento de procedimientos
  - Elimina toda la documentación en papel

Otros programas por el contrario aprovechan la información arrojada por software como el anterior, que es más de gestión, y calculan la eficiencia energética de la empresa. También cumplen funciones como análisis de costos energéticos, análisis de la calidad de la energía, realizan monitoreos en tiempos real, modelación y programación de consumos de energía, modelación del uso de la energía. Este tipo de herramientas proporciona información útil para:
  - Reducción del consumo y la intensidad energética
  - Reducción de emisiones
  - Optimización de la factura eléctrica
  - Corrección del factor de potencia
  - Reducción y retraso de las reinversiones en equipos
  - Asignación de costes y facturación
  - Integración de todos los sistemas de la instalación
  - Cumplimiento de límites de emisiones
- Aplicar herramientas comparativas y Benchmarking

4.3.2 Cultura del manejo del riesgo, seguridad y salud ocupacional

El análisis de riesgos dentro de las empresas es importante, en muchos aspectos tanto como el análisis mismo de los sistemas productivos. Cada día son más evidentes las consecuencias que pueden ocurrir debido a las malas decisiones en seguridad. Pueden afectar al estado financiero de la organización, la integridad de las personas y de las plantas físicas, y el medio ambiente.

Existen elementos de riesgo relacionados con un manejo deficiente de los aspectos energéticos y ambientales, que si no se tienen en cuenta, pueden ser muy perjudiciales para la sostenibilidad de la organización.

El riesgo tiene que ver con la debilidad potencial, con la vulnerabilidad que muestra una organización y sus bienes ante posibles daños para las personas y cosas, incluyendo el medio ambiente. A mayor vulnerabilidad, mayor es el riesgo. Por consiguiente el riesgo está directamente relacionado con la vulnerabilidad, es decir, con la susceptibilidad de ser lastimado o herido y con el perjuicio, o sea, con las consecuencias que se presenten debido al riesgo, haciendo necesario que estos criterios se tengan presentes al momento de evaluar los riesgos de una actividad. El objetivo principal del análisis y la gestión de riesgos es reducir la exposición a las consecuencias de eventos riesgosos a niveles que sean aceptables para la actividad.

Si bien algunos oficios o actividades representan mayores riesgos relativos para quienes los ejercen, de todas formas en cualquier actividad se deben tomar las medidas preventivas para evitar que el personal se vea involucrado en situaciones que pongan en riesgo su integridad. Las actividades industriales por estar rodeadas de equipos con altas temperaturas, presiones, cargas eléctricas y motores que mueven equipos a altas velocidades representan un mayor riesgo para las personas, que aquellas ocupaciones desarrolladas en una oficina. El manejo de la energía es inherentemente riesgoso. Por ello la GE implica gestión de riesgo.

- **Gestión integral energética de la mano con el análisis de riesgos**

La GE incluye la evaluación y minimización de los riesgos industriales dentro de su alcance, y la gestión de seguridad contempla acciones de la gestión energética y ambiental.

Riesgos en la industria
El análisis de riesgos es una actividad de gran importancia en la industria ya que los equipos y procesos pueden causar perjuicios de diferente índole por ejemplo sobre los recursos de la empresa, seguridad, medio ambiente y riesgo para el público. La buena gestión del riesgo no impedirá que algo suceda pero cuando se

presentan los incidentes, la buena gestión ha permitido anticiparse a este acontecimiento y de esta manera reducir los efectos negativos.

En las organizaciones la integridad de las personas debe ocupar un nivel superior al de las instalaciones físicas, pero para garantizar en alguna medida la integridad de las personas es necesario que los recursos físicos estén en perfecto estado, que se hayan identificado y evaluado los riesgos en el lugar y sobre todo que se hayan tomado medidas preventivas sobre el mismo.

En la evaluación de riesgos dos elementos deben ser evaluados por separado:
- La probabilidad de ocurrencia, y
- La naturaleza de las consecuencias.

Para calcular la probabilidad, se requiere un conocimiento detallado de los mecanismos de degradación que pueden afectar cada equipo. Este conocimiento se adquiere a partir de evaluaciones bien hechas de los equipos y sus distintos componentes. En estos procesos de evaluación es importante el aporte del sistema de mantenimiento y de las personas responsables del funcionamiento y del proceso en la planta.

Del mismo modo, la evaluación de las consecuencias requiere una comprensión completa del modo de falla y sus efectos consiguientes.
Algunos de los riesgos más significativos en las plantas de proceso son:
- Fuego
- Explosión
- Sobrepresión
- Sobrecargas eléctricas
- Reacción o liberación de químicos
- Fallas en componentes simples y sistemas (Fatiga, Fragilidad, Termo fluencia, Corrosión, Fugas, entre otros)
- Error Humano

Nótense los claros aspectos energéticos en los temas de fuego, explosión, y sobrecargas eléctricas.

La labor del departamento de mantenimiento, está relacionada muy estrechamente en la prevención de accidentes y lesiones en el trabajador ya que tiene la responsabilidad de mantener en buenas condiciones, la maquinaria y herramienta, equipo de trabajo, lo cual permite un mejor desempeño y seguridad evitando en parte riesgos en el área laboral.

Costo beneficio en la evaluación del riesgo.

Al evaluar los riesgos surgen diversas alternativas de solución a los mismos, cada una de ellas deberá ser evaluada desde diferentes puntos de vista, entre ellos el económico, ya que la economía es clave para el éxito de una compañía. El análisis de costo beneficio en la evaluación del riesgo permite:

- Determinar inversión necesaria para la disminución de los riesgos y el aumento de la seguridad.
- Hallar un punto de equilibrio en el cual se minimiza el costo de inversión y el riesgo.

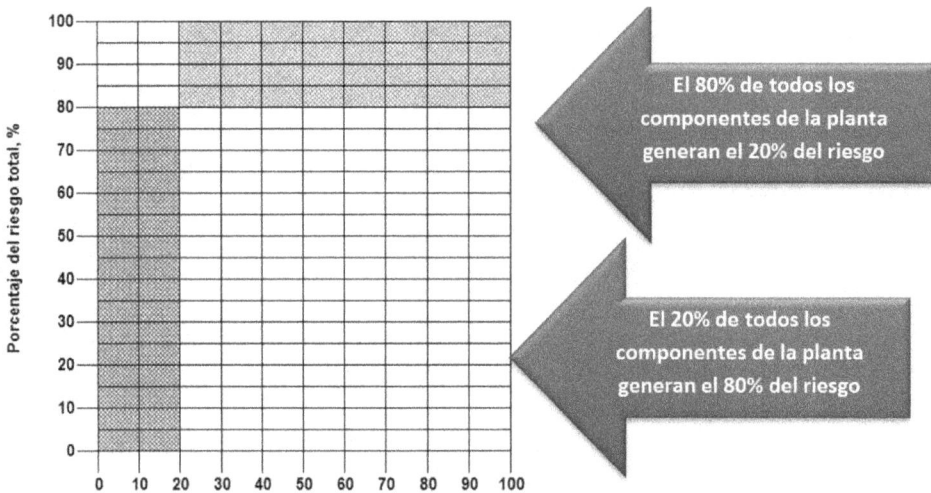

Componentes críticos en una planta de procesos

Al analizar el riesgo debe entenderse que hay elementos prioritarios. Los elementos energéticos caen en general en esta categoría. Como se muestra en el gráfico, dentro del grupo del 20 % que implican los mayores niveles de riesgo.

Al visualizar los costos y gastos, es mejor trabajar con planificación, lo cual implica gestión. En este caso gestión es análoga a inspección. Inspección implica costos de inspección. Estos aparecen en las curvas punteadas. A más componentes inspeccionados, mayores los costos de inspección.

Si no hay gestión, entonces se tienen los gastos no planificados que suceden cuando ocurren los daños, como se indica en las curvas llenas. A menor cuidado, es decir, menor gestión, mayores costos ocasionados por los daños.

Al aplicar inteligencia a la gestión, se trabaja con los componentes críticos, con lo cual disminuyen los costos de la inspección, sin causar riesgos mayores. En general lo elementos energéticos son críticos y deben recibir atención especial.

El análisis de costo beneficio permite hallar un punto de equilibrio en el cual se minimizan las inversiones y los costos de inspección y el costo del riesgo.

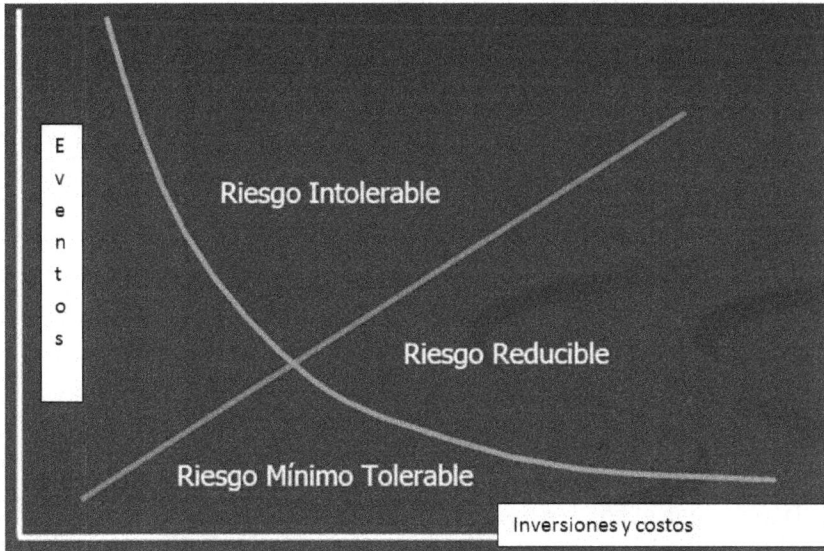

Evaluación gráfica del costo beneficio del análisis de riesgos.

En la figura anterior podemos ver dos curvas útiles en las evaluaciones de costo beneficio del análisis de riesgos. La línea creciente, de costos e inversiones de inspección y prevención, indica que para evitar incidentes y rebajar el riesgo, se requiere de inversiones y de presupuesto que refleje el nivel de atención que se da a las situaciones, ojalá a modo preventivo, desde el diseño mismo. La línea descendiente indica el costo asociado con los riesgos cuando ocurren eventos. Se muestra una zona de muchos eventos, asociada con poca gestión, denominada zona de riesgo intolerable. Al invertir en gestión el riesgo se vuelve tolerable.
Por ejemplo, en lo ambiental, si en la organización se invierte poco en la prevención de los riesgos y emisiones, en apariencia todo sale menos costoso, dada la poca inversión en dispositivos de prevención, en mantenimientos preventivos y en sofisticar los niveles de control operativo. Pero se corre un alto riesgo de que ocurran eventos (derrames, escapes, malos olores, corrosión, quejas, inclusive impactos sobre la salud) que pueden dar lugar a paros, multas, pérdidas, inclusive demandas y un eventual cierre de las operaciones.

Naturalmente que puede ocurrir la situación de una empresa que invierta demasiado en temas de inspección y prevención, más allá de las magnitudes reales de los riesgos involucrados, generando sobrecostos exagerados, que pueden ser inclusive inviables en el tiempo para la compañía.

Se puede teorizar sobre un "punto óptimo" que resulta donde se cortan las dos curvas. Este punto es más bien un punto presupuestal y práctico de atención, en el cual se sitúa la empresa, con la idea de entender serán los riesgos mínimos y tolerables que se pueden asumir, de manera que estos riesgos representen consecuencias tolerables desde los puntos de vista humano, ambiental, energético económico y de calidad.

Cuantificación del riesgo en términos económicos
Este es un ejercicio que se puede hacer en un grupo de trabajo que está concibiendo un proyecto energético. Se hace contemplando la situación desde varios puntos de vista, con la idea de acercarse a puntos razonables de manejo del riesgo. Algunas de las actividades de este ejercicio son:
- Enumerar las consecuencias que pueden resultar
- Evaluar la probabilidad de cada consecuencia
- Estimar el costo o pérdida para la empresa cuando la consecuencia se presenta.
- Determinar el costo esperado o pérdida para la empresa como la multiplicación del costo de la consecuencia por la probabilidad que ocurra.

Dos aspectos imponen límites prácticos al riesgo:
- Los límites de seguridad, usualmente impuestos por la legislación o por las buenas prácticas existentes.
- Los límites económicos: referidos al costo adicional debido a un daño potencial.

Los dos límites requieren la atención del personal de la empresa, de una correcta gestión y planificación, de la identificación de todas sus variables.
El incumplimiento de los límites de seguridad, al estar impuestos por la legislación, además de causar perjuicios a las personas o al medio, puede traer graves consecuencias económicas como cuantiosas sanciones o incluso el cierre de la empresa. Para evitar cruzar este límite las empresas centran su atención en el mantenimiento y la operación atenta y eficiente. Naturalmente que estos temas se deben observar, analizar, prever y resolver desde el diseño mismo.

Análisis de riesgos en plantas de producción.

Las plantas de producción pueden resultar altamente riesgosas para las personas, el medio ambiente y si algún suceso de seguridad llegase a ocurrir, es muy alta la probabilidad que la empresa llegue a puntos críticos en su economía o incluso pueda llegar a cerrar sus instalaciones. De aquí parte la importancia de ver con algo de detalle los riesgos que pueden estar presentes en una actividad productiva.

Para poder realizar el análisis de seguridad de un proceso lo primero es conocerlo muy bien, de manera que se puedan identificar los posibles riesgos, cada una de sus actividades y los requerimientos para que se pueda ejecutar. Para su análisis debe contarse con información actualizada que brinde conocimiento sobre los equipos, materias primas consumidas, tiempos de proceso, controles, etc. Dicha información puede ser recogida por medio de:
-   Planos de planta del área a evaluar
-   P&ID's actualizados de la misma planta
-   Hojas de seguridad de todas las materias primas usadas
-   Planos de los equipos
-   Hojas técnicas de los equipos
-   Curvas de los equipos como bombas, ventiladores, secadores.
-   Resultados de las ultimas inspecciones a equipos
-   Condiciones de operación, es decir, tiempos de operación, rangos de temperatura, presión, pH, amperaje, cualquier variable del proceso que deba controlarse.
-   Condiciones de almacenamiento para materias primas y productos: incompatibilidades con otros productos, información útil para atender una situación de emergencia
-   Materiales para controlar incidentes: extintores, materiales de neutralización, medios para recoger derrames, duchas de lavado para operarios, alarmas, etc.
-   El resultado de estos análisis de seguridad puede comprender:
-   Listado de diagramas de flujos de la planta
-   Listado de equipos
-   Riesgos factibles en cada proceso y equipo
-   Listado de dispositivos de seguridad
-   Recomendaciones
-   Limitaciones de operación
-   Análisis de riesgos

Clasificación de áreas de acuerdo a los riesgos.
En una planta de producción hay diferentes áreas, con riesgos de diferentes niveles, por lo que no es recomendable implementar acciones preventivas iguales

en todas ellas. De aquí parte la importancia de clasificar todas las áreas de la empresa dependiendo del tipo de riesgos presentes. Un ejemplo de dicha clasificación se lista a continuación:

Áreas inflamables. Pueden ser áreas con vapores inflamables, suficientes para prenderse o explotar, polvos combustibles en la atmósfera, fibras o volátiles que fácilmente pueden ser sometidos a ignición pero que no estén suspendidos en cantidades que puedan explotar, atmosferas con polvos metálicos conductores como aluminio, magnesio, hierro, etc.
En la evaluación de estas áreas deberá examinarse si los riesgos de explosión existen en condiciones normales de operación, o si se dan en lugares confinados como tanques, diques, cárcamos, cuartos y que se originen por fugas en este lugar.

Áreas con altas tensiones. Son aquellas áreas donde la alta tensión puede causar daño a quienes se encuentren cerca. Por ejemplo los cuartos eléctricos, las zonas de transformadores eléctricos, motores de alto consumo de electricidad.
Desde el diseño de las plantas estas áreas deberán quedar definidas, pues necesitan medios que ayuden a dispar las sobretensiones, por ejemplo las puestas a tierra, sistemas de apantallamientos, mallas a tierra, etc.

Áreas con riesgo de explosión. Son principalmente aquellas donde se encuentran equipos donde la presión es diferente a la ambiente, como equipos de vacío o presionados (calderas, intercambiadores de calor, compresores, tanques de almacenamiento de sustancias volátiles).

Dispositivos de seguridad.
Algunos de ellos son recomendados por la NFPA (Nacional Fire Protection Association), por normatividades nacionales como el RETIE, NEC (National Electric Code) o por recomendaciones de los fabricantes de equipos. Su uso deberá ser evaluado considerando el tipo de riesgo, grado del riesgo y los dispositivos disponibles para el mismo fin.
- Arrestaflamas
- Conexiones a tierra: descarga de la energía estática
- Diques
- Venteos de explosión
- Sistemas de protección contra incendios: diluvio, espuma, monitores, sensores
- Tanques de techo débil
- Válvulas de alivio
- Duchas

Los riesgos en los procesos deberán considerarse desde el diseño del proceso, por ejemplo para el almacenamiento de sustancias ácidas, deberá contarse con diques de contención de derrames. En el caso de los vapores inflamables por ejemplo, deberá entrar en consideración si éstos son más pesados que el aire, caso en el que se deberán localizar cerca al piso (cárcamos, canaletas, diques), o si son menos pesados que el aire, por lo que resultará conveniente que se almacenen elevados, como en las partes superiores de los cuartos.

El diseño de acuerdo a normas es absolutamente vital en todo lo relacionado con los sistemas térmicos y eléctricos. Uno de los aspectos fundamentales de la GE es revisar que la empresa cuenta con instalaciones perfectamente ajustadas a esas normas.

Inspección de dispositivos de seguridad.
El objetivo de estas inspecciones es reducir la posibilidad de ocurrencia de un evento que ponga en riesgo la integridad de personas, y procesos. Igualmente si estos eventos llegasen a ocurrir, la inspección de dispositivos de seguridad puede brindar información útil para su control.

Su realización debe darse con una periodicidad definida desde el sistema de gestión de la seguridad, de tal manera que no se descuiden los equipos de control de los procesos, pero que tampoco impidan el desarrollo de las funciones normales de la empresa por estar haciendo las inspecciones. Quienes la realicen deben ser personas calificadas, con conocimientos sobre los procesos, experiencia en la evaluación del riesgo y medidas de mitigación de los mismos, y necesidades de la planta para cumplir sus objetivos de operación.

Los hallazgos de las inspecciones deberán quedar registrados, con el fin de facilitar un seguimiento para la implementación de acciones correctivas o acciones exitosas que puedan replicarse en otras partes de la empresa. Estos hallazgos deberán informase a los encargados de cada área y las acciones correctivas o de mejora que se deban emprender serán coordinadas entre los encargados de la seguridad de los procesos.

Medidas de control y reducción del riesgo.
Como resultado del análisis del riesgo, se espera que se contribuya a tomar las medidas inmediatas para mejorar las condiciones de seguridad en la planta. Estas medidas deberán ejecutarse inmediatamente y para verificar su vigencia es

necesario un seguimiento el cual quede registrado. Dichas medidas pueden incluir:

- Actualización del Layout de los equipos y edificios
- Actualización de los P&ID's de los procesos
- Señalizar las áreas eléctricamente clasificadas, indicando las cargas de tensión a las cuales se encuentran.
- Definir las máximas o mínimas presiones permisibles en un equipo.
- Señalizar las superficies calientes como redes de vapor, secadores, intercambiadores, paredes de hornos, etc.
- Capacitar sobre las rutas de evacuación, sonidos de alarmas que indican riesgos, ubicación de los dispositivos de comunicación para indicar la ocurrencia de incidentes.
- Poner en áreas visibles los equipos de control y las indicaciones para su uso, por ejemplo, extintores y su respectiva aplicación, gabinetes contra incendios.

Todas estas medidas hacen parte de la gestión GE.

Análisis de riesgos para sustancias altamente peligrosas.
En la mayoría de los procesos productivos nos encontramos con sustancias que requieren un manejo especial por los riesgos que puede representar para la seguridad de las personas y el medio ambiente. Su control dependerá del tipo de sustancias que sean manejadas durante las operaciones de la empresa, pero en general se aplica en todo tipo de compañías, aun en empresas de servicios, ya que sustancias como pinturas, solventes, productos de aseo, productos para el tratamiento de aguas, son comunes y representan un riesgo, aunque se manejen en pequeñas cantidades. Algunos de los energéticos hacen parte de estas sustancias. Es importante hacer una clasificación de acuerdo al tipo de sustancia y cantidades usadas, una herramienta útil y de fácil acceso son las MSDS (material safety data sheet) de las sustancias, que brindan la siguiente información:

- Identificación de la sustancia: nombre y sinónimos de la sustancia.
- Fórmula y peso molecular
- Clasificación de riesgos según la NFPA, sobre salud, reactividad y fuego
- Límites de explosión
- Datos físico químicos
- Información sobre fuego y explosión
- Transporte y almacenamiento
- Toxicidad
- Primeros auxilios por contacto con la piel, con los ojos, ingestión, inhalación.

603

- Equipos de protección personal
- Reactividad
- Procedimientos en caso de derrame.
- Recomendaciones de manejo y almacenamiento
- Recomendaciones para disponer el producto.

Para el manejo de sustancias químicas se hacen las siguientes recomendaciones:
- Mantener un listado actualizado de los químicos de la planta
- Tener empleados responsables del manejo de las sustancias peligrosas
- Implementar los requerimientos de las sustancias peligrosas
- Incluir en las auditorías de seguridad el tratamiento y cuidados considerados sobre las sustancias, y reportar los resultados a la organización regional de administración de riesgos.

Salud ocupacional
En el sistema de gestión de la seguridad y la salud ocupacional el principal interés es preservar la integridad de las personas que laboran para la organización, esto permitirá minimizar el ausentismo y los paros de operación por la ocurrencia de incidentes de trabajo, lo que repercutirá positivamente en la productividad de la empresa. En muchas compañías los lineamientos de la seguridad y la salud ocupacional son tomados de la NTC OHSAS 18001 (Occupational Health and Safety Assesment Series), la cual es una herramienta que facilita la gestión de seguridad y salud ocupacional con los requisitos del sistema de control de la calidad. Los objetivos de su implementación se enmarcan en lo siguiente:

- Promueven el mejoramiento continuo en seguridad y salud ocupacional.
- Se promueve la cultura del autocuidado en los trabajadores de todos los niveles de la organización.
- Se demuestra interés por preservar la integridad de los trabajadores.
- Este es un sistema de gestión que puede ser integrado a otros como el de calidad, medio ambiente y energía. Los puntos comunes a estos otros sistemas son:
- Se debe contar con una política apropiada al tamaño de organización y acorde con los lineamientos organizacionales.
- Deben ser definidos y cuantificables de ser posible.
- Deben estar en constante mejora.
- Deben dirigirse a cumplir los requisitos legales vigentes en el tema de seguridad industrial.
- Deben estar documentados. La empresa debe contar con un comité integrado por personas de diferentes disciplinas que realicen actividades que propendan a la seguridad de las personas en la empresa.

- Deben ser divulgados.

La salud ocupacional va más allá de la seguridad en los procesos. Abarca la ergonomía, la higiene industrial, la seguridad en el trabajo y la medicina preventiva. Para su promoción, la salud ocupacional requiere la conformación de un comité de salud ocupacional. Las responsabilidades del grupo de seguridad de una empresa son, entre otras:

- Elaborar las evaluaciones globales de riesgos
- Estudios de seguridad de procesos
- Mantener actualizados los estudios de seguridad de procesos
- Participar en el programa de control de cambios
- Mantener actualizados los P&ID de los procesos de la planta
- Definir el tipo y frecuencia de inspección de los dispositivos de seguridad
- Realizar los programa de inspección de dispositivos de seguridad
- Realizar los programa de inspección de recipientes a presión
- Elaborar los planos de áreas clasificadas eléctricamente en la planta
- Investigar incidentes de seguridad técnica en equipos, tuberías, dispositivos de seguridad de procesos.
- Entrenar los inspectores de seguridad de procesos

Para coordinar este trabajo y el comité, la empresa deberá contar con un líder de seguridad y salud ocupacional quien se encargue de dirigir y supervisar todas las medidas preventivas en temas de salud ocupacional, evaluará la necesidad y frecuencia de las capacitaciones.

Toda la información que surja sobre la salud ocupacional y la seguridad en la empresa deberá quedar documentada, de manera organizada, por esto resulta importante que se organicen formatos que faciliten la atención de incidentes, accidentes o quejas en la organización. Veamos un ejemplo de dichos formatos:

FORMATO DE INVESTIGACIÓN DE INCIDENTES		Documento FSI - 001	
Fecha del incidente:	Mayo 4 de 2012	Hora del incidente:	08:37 a.m.
Lugar del incidente:	Planta de tratamientos de aguas		
Situación reportada:	Intoxicación de operario por inhalación de hipoclorito de sodio		
Personas involucradas en el incidente			

Nombre	Tipo de incidente	Área de trabajo/ cargo	Acción emprendida
Pedro YY	Intoxicación	Operario. Planta de tratamientos de agua	Se retiró del lugar con vapores hacia un espacio ventilado

Descripción del incidente: el señor Pedro YY estaba midiendo las cantidades de hipoclorito de sodio a usar para el lavado de la zona de almacenamiento de herramientas de la planta, sin uso de la mascarilla con filtros para vapores tóxicos. El lugar en el que se encontraba no tenía ventilación. El señor Pedro YY se encontraba solo en el cuarto de este producto y el señor Miguel ZZ encontró a Pedro a las 8:31 con fuerte tos, ojos llorosos y sin poder sostenerse en pie, por lo que dio aviso de la situación.

Acciones emprendidas			
A quien se comunicó el incidente?	Ing. Manuel XX. Jefe directo	Que acción se emprendió?	Se retiró a Pedro del área de exposición, se avisó al jefe inmediato y salud ocupacional le aplicó los auxilios indicados para intoxicación con este compuesto.
Quien la ejecutó?	Isabel RR. Jefe de Salud Ocupacional	Qué medio de comunicación se usó?	Radio
Cuanto tiempo tardo la ayuda?	5 minutos después del reporte		
Reportado por:	Manuel XX		

4.3.3   Cultura del mantenimiento

La European Federation of National Maintenance Societies define mantenimiento como "todas las acciones que tienen como objetivo mantener un artículo o restaurarlo a un estado en el cual pueda llevar a cabo alguna función requerida. Estas acciones incluyen la combinación de las acciones técnicas y administrativas correspondientes"

Existen diferentes tipos de mantenimiento entre los cuales se puede contar

<u>Mantenimiento correctivo</u>: Es la corrección de las averías o fallas, cuando éstas se presentan. En esta forma de Mantenimiento la atención se centra en poner a trabajar los equipos, sin que realmente se haga mucho énfasis en contar con un diagnóstico técnico de las causas que provocaron la falla. Sin embargo si se complementa con un buen registro de la falla, con un manejo estadístico y con un análisis, se empieza a trabajar con elementos de gestión, que pueden conducir a que las fallas no se vuelvan a repetir. Esto es recomendable siempre que se trabaje el mantenimiento de los sistemas energéticos, especialmente los de alto riesgo.

<u>Mantenimiento preventivo</u>: En este caso la empresa cuenta con una serie de rutinas de inspección y de recambio de elementos y piezas, antes de que ocurran las fallas o eventos. Un mantenimiento preventivo bien diseñado y ejecutado hace parte de un sistema GE y permite detectar fallos repetitivos, disminuir los puntos muertos por paradas, aumentar la vida útil de equipos, disminuir costos de reparaciones, detectar puntos débiles en la instalación. Acá se deben resolver situaciones de costo beneficio, en busca de puntos óptimos de trabajo.

<u>Mantenimiento predictivo</u>: Cuando se tiene un buen conocimiento del funcionamiento de los equipos y de los principios que los gobiernan, es posible emplear herramientas analíticas sustentadas en información experimental del estado de la máquina en operación (por ejemplo sus vibraciones, sus temperaturas o deformaciones). Con esta combinación de conocimiento y mediciones en tiempo real, se pueden tomar decisiones a tiempo y a costo razonable. El concepto se basa en que las máquinas dan avisos de su estado antes de que fallen y este mantenimiento trata de percibir los síntomas para después tomar acciones. Además de trabajar con mediciones en tiempo real, se emplean ensayos no destructivos, como pueden ser análisis de aceite, análisis de desgaste de partículas, y termografías, Es común que estos ensayos sean contratados a empresas externas ya que requieren instrumentos y procedimientos específicos, no muy comunes en las empresas. El mantenimiento predictivo permite que se tomen decisiones antes de que ocurra el fallo: cambiar o reparar la maquina en una parada cercana, detectar cambios anormales en las condiciones del equipo y subsanarlos, etc. Este tipo de mantenimiento aplicado a los sistemas energéticos supone un alto nivel de gestión GE.

Colaboración en el Mantenimiento
Como las empresas están constituidas por grupos humanos altamente especializados, es conveniente reforzar los aspectos colaborativos y el trabajo en equipo.

Tradicionalmente el mantenimiento se ha asignado a grupos de mecánicos, electricistas e ingenieros que trabajan en forma aislada, bajo condiciones exigentes y mucho sacrificio personal. Al introducir la GE en la empresa será casi natural que se desarrollen principios de solidaridad, colaboración, iniciativa propia, sensibilización, trabajo en equipo, de modo tal que todas las personas se involucren directa o indirectamente en la gestión del mantenimiento, interesados y conocedores al menos de ciertos aspectos de la problemática del mantenimiento.

Mantenimiento de equipos energéticos

Esta es una rama especializada del mantenimiento, base esencial de la GE. Examinemos a modo de ejemplo el caso de los equipos térmicos operados a combustión, que tienen, entre otros, los siguientes aspectos comunes:

- Usan la energía almacenada en un combustible para obtener calor mediante la combustión.
- La energía obtenida de la combustión es llevada a otros equipos y procesos donde se aplicará de acuerdo a las necesidades específicas.
- Requieren cuidados para la evacuación de los gases de combustión que se generan, estos gases pueden requerir sistemas como lavadores de gases, filtros de talegas, ciclones, que controlen los contaminantes que se puedan contener.
- Deben operarse a presiones diferenciales con respecto al ambiente, dando lugar a la necesidad de sellos o a la entrada o salida de calor y de gases.
- Trabajan a temperaturas distintas a las del medio ambiente, por lo cual generan riesgos de calor y quemaduras y pérdidas y ganancias de calor, siendo en general necesario el aislarlos térmicamente.
- Dan lugar a situaciones de desgaste y de corrosión.

Para la realización de labores de mantenimiento en estos equipos conviene conocer:

- La fuente de energía usada: gaseosa (gas natural, metano), sólida (carbón, madera, residuos sólidos orgánicos), energía eléctrica, y líquida (derivados de petróleo, biocombustibles).
- La capacidad térmica del equipo: se refiere a la cantidad de energía que se puede obtener durante su operación. Típicamente se mide en calderas en BHP (Brake Horse power o potencia al freno), BTU/h, MW.
- El tiempo de operación del equipo: es decir, cuánto tiempo lleva en operación desde su fabricación. Si el equipo opera por baches o periodos de tiempo de semanas, meses, debe conocerse cuanto tiempo ha transcurrido desde su último arranque.
- Información sobre sus componentes (catálogos, especificaciones)

- Hojas de vida de los componentes e información del último mantenimiento: la planilla del ultimo mantenimiento donde debe aparecer quien
  realizó el mantenimiento conservando, la fecha y los hallazgos de la
  misma.

Cuando el mantenimiento a realizar ha sido planificado, pueden prepararse listas de chequeo que incluyen las partes vitales del equipo. Tomemos como ejemplo una caldera que obtiene su calor de la combustión de carbón mineral. Es una
caldera con una capacidad de 600BHP y genera un flujo de vapor que en promedio es de 14500Lb/h. Como trabaja en continuo 24 horas del día durante 30 días
seguidos, se realiza un mantenimiento rutinario cada treinta días, después que
entra en operación y se ha estabilizado una caldera de iguales condiciones para
su relevo.

La lista de inspección que el personal de mantenimiento prepara para esta caldera es la siguiente.

Nombre del equipo	Caldera No 1			
Fecha	Febrero 26 de 2012			
Área productiva	Generación de vapor			
ÍTEM	ESTADO INICIAL	ESTADO FINAL	REPARACIÓN REALIZADA	OBSERVACIÓN
SISTEMA DE ALIMENTACIÓN DE CARBÓN				
tolva de alimentación	B	B		
Medidor de nivel de carbón	M	B	Ajuste de piezas y calibración del medidor	
Parrilla	R	B	Sustitución de piezas dañadas	
CONTROL DE NIVEL				
Medidor de nivel digital	B	B		
Medidor de nivel mecánico	B	B		
Línea de purgas continuas	B	B		Limpieza de la línea de evacuación
Línea de purgas de fondo	B	B		Limpieza de la línea de evacuación
SISTEMAS DE COMBUSTIÓN				
Indicador de presión de hogar	B	B		
Indicador de temperatura de gases de combustión	B	B		

Nombre del equipo	Caldera No 1			
Fecha	Febrero 26 de 2012			
Área productiva	Generación de vapor			
ÍTEM	ESTADO INICIAL	ESTADO FINAL	REPARACIÓN REALIZADA	OBSERVACIÓN
Ventilador de tiro forzado	B	B		Se realizó ajuste de la velocidad
ventilador de tiro inducido	B	B		
Línea de evacuación de gases	B	B		
SISTEMA DE VAPOR				
Indicador de temperatura de agua de alimentación	B	B		
Indicador de temperatura de vapor	-			Fue removido
Manómetro de línea de presión del vapor	B			
Válvulas de seguridad	B	B		
Banco de tubos	B	B		Limpieza de los tubos

Las listas de verificación de los equipos deben ser archivadas y registradas para que en acciones posteriores a este equipo, se conozcan las reparaciones realizadas, para conocer la frecuencia de los mantenimientos y la evaluación de costo – beneficio del equipo.

Gestión del mantenimiento en la evaluación de riesgos

Al conocer los límites de seguridad impuestos por las normas, se pueden establecer las medidas preventivas que eviten superar estos límites, dichas medidas incluyen el mantenimiento, el cual permite:
- Evaluar los costos asociados al riesgo y a la prevención del mismo,
- Jerarquizar los riesgos que se pueden generar dentro de la empresa, y
- Proponer medidas que conlleven a la reducción de los riesgos.

No es fácil incluir las consideraciones de riesgo en la práctica diaria del mantenimiento, en la medida en que la empresa represente menores riesgos para las personas, se puede mantener en funcionamiento durante más tiempo.

Para poder hacer una adecuada gestión del mantenimiento dentro de la empresa se debe tener suficiente claridad de las clases de mantenimiento que existen, de que se trata cada uno de ellos y como usarlos para minimizar los riesgos en las plantas, todos estos ya definidos en esta lección.

El más común de estos es el mantenimiento correctivo, el cual se basa en el ajuste y corrección en equipos, es decir, en la reparación. El planteamiento de medidas correctivas en el mantenimiento aún vive en la práctica diaria, sobre todo en los componentes no críticos de los procesos.

La evolución del mantenimiento correctivo, es el mantenimiento preventivo o programado. Una mala programación o planificación de los mantenimientos en una planta puede tener estas consecuencias:
• Poner en peligro la seguridad de la planta,
• Incurrir en costos innecesarios, y,
• Producir una imagen falsa del estado de daño de la planta.

Dependiendo de cómo se lleve a cabo el mantenimiento y la gestión de riesgos, la empresa será más o menos rentable, evita el análisis de componentes que no son críticos para el proceso desde el punto de vista de la seguridad, evita la inspección innecesaria de componentes de baja criticidad, disminuye los gastos no planificados asociados a fallas de equipos y procesos, evita la ocurrencia de fallas o accidentes que son potencialmente dañinos para el medio ambiente.
Un componente crítico en una planta de proceso es aquel al que puede acontecerle un problema insignificante y en respuesta produce un efecto significativo de elevadas consecuencias, por lo tanto, definir adecuadamente los componentes críticos puede variar significativamente los costos de mantenimiento en la industria.

Componentes críticos en una planta de proceso

Un componente crítico en una planta de proceso es aquel al que puede acontecerle un problema insignificante y en respuesta produce un efecto significativo de elevadas consecuencias. Por lo tanto, definir adecuadamente los componentes críticos puede variar significativamente los costos de mantenimiento en la industria.

Algunas técnicas de verificación en equipos industriales que se deben incluir periódicamente en el plan de mantenimiento preventivo son:
- Análisis de vibraciones

- Termografía infrarroja
- Chequeo de espesores
- Líquidos penetrantes y partículas magnéticas
- Análisis metalográficos
- Análisis de aceites
- Boroscopia
- Chequeo de corrientes y aislamiento
- Monitoreo en línea de sistemas hidráulicos

El análisis de riesgos es una disciplina que requiere un conocimiento fehaciente de los posibles riesgos de una actividad. Se debe categorizar entonces quien sufrirá las consecuencias del riesgo, que tipo de consecuencias puede acarrear y los orígenes del mismo. Existen métodos para realizar un análisis completo de los riesgos de una actividad, pero esto no quiere decir que por el conocimiento de estas técnicas, el análisis lo pueda realizar cualquier persona, por el contrario debe ser un experto con conocimientos amplios de la actividad que se está realizando para que pueda considerar todos los riesgos factibles en esa actividad. Especialmente en las plantas industriales, ese experto puede crear estrategias que integren la gestión energética en toda la empresa con el análisis de los riesgos existentes, es decir, como parte activa de la gestión integral de energía, los riesgos pueden disminuir en la organización.

De alguna manera los planes de mantenimiento en las empresas consideran el análisis de riesgos dentro de las razones por las cuales se realizan estas actividades, pues lo que pretende entre otras cosas es que no ocurran accidentes a las personas que operan las máquinas o a las instalaciones físicas donde se encuentran.

Tan pronto como las compañías tomen conciencia del vínculo que hay entre el análisis de riesgos y la gestión integral de la energía, se redireccionarán las acciones de estos planes de mejora con miras a lograr ambos objetivos y como resultado se tendrá un plan gestión en confiabilidad, seguridad y eficiencia operativa.

4.3.4 Cultura de entrenamiento de las personas

Parte del éxito de un sistema de gestión depende de la capacitación que tenga el personal vinculado al sistema de gestión, sobre la gestión integral y los objetivos de la misma. Cuando una persona tiene conocimiento puede hacer aportes valiosos a la gestión de los recursos, con el valor agregado de contribuir con ideas que surgen de aquellos que están al lado del proceso y que lo conocen quizás mejor que cualquier persona externa que llegue a la empresa.

El entrenamiento es la educación que busca adaptar a una persona a determinado oficio, es un proceso a corto plazo en función de objetivos definidos. Este entrenamiento llena el vacío que existe entre lo que alguien está capacitado para hacer y lo que puede llegar a ser capaz de hacer. Con base en esto el entrenamiento actúa mejorando las capacidades y el conocimiento que se requieren para realizar una tarea u oficio específico.

Los beneficios que resultan de una buena capacitación son el logro de actividades bien hechas, en corto tiempo, y realizadas por personas con criterio y conocimiento del oficio que se está desempeñando. En el caso de la GE, el entrenamiento resulta necesario en varios campos diferentes:

- Entrenamiento a los líderes de la GE.
- Entrenamiento sobre la gestión energética y las medidas que se pueden emprender para un uso eficiente de la energía.
- Formación de auditores.
- Entrenamiento en la operación y mantenimiento de alto nivel para los equipos energéticos y medio ambientales asociados.

Formación y entrenamiento para los líderes de la GE

Los líderes de la GE tienen altas responsabilidades dentro de la organización, pues de ellos depende en buena parte la capacidad de la empresa para lograr los objetivos del sistema de gestión de la energía, la aplicación de las actividades, el crecimiento del conocimiento del personal de la empresa y el logro de la calidad en los procesos bajo el cumplimiento de la GE.

Dado lo anterior, resulta de gran importancia establecer las áreas de competencia que deben cumplir las personas que ejerzan funciones de liderazgo en los proyectos de GE. Tales áreas de competencia podrían ser:

- Conocimiento de la organización. Historia, desarrollo, visión, misión, valores, clientes, proyección.
- Conocimiento de las formas internas de trabajo en la organización, en el ámbito administrativo, contable, financiero y de calidad de los procesos.
- Creatividad, ética y liderazgo.
- Manejo y gestión administrativa de proyectos de GE.
- Gestión tecnológica.

613

- Teoría básica sobre gestión energética y eficiencia energética.
- Planeación, manejo y evaluación de proyectos energéticos.
- Gestión financiera y contable de los proyectos.
- Evaluación de impactos ambientales
- Administración y manejo de personal
- Gestión de calidad de los proyectos
- Presentación de informes y de conferencias

Estas competencias serán avaladas por la alta dirección o por el líder del comité de gestión energética. Las competencias necesarias para liderar los proyectos de gestión energética serán definidas por la alta dirección, de tal manera que se pueda conformar un grupo interdisciplinario de profesionales con el propósito de tener una visión general de los proyectos de eficiencia energética que emprenda la organización.

Formación y entrenamiento acerca de la GE y sus objetivos en la organización

Para el éxito de la GE resulta altamente beneficioso que todas las personas relacionadas con la empresa reciban capacitación en temas de interés para el desarrollo de la gestión energética y temas de profundización en nuevas tecnologías, principios de operación y mantenimiento de las mismas. Otros temas importantes son:

- Importancia de la gestión energética. Concientización de la necesidad del uso eficiente de la energía en cualquier espacio.
- Objetivos de la GE en la organización.
- Relación de la GE con las mejoras ambientales. Objetivos energéticos y ambientales que espera alcanzar la organización.

Las capacitaciones deberán tener el enfoque adecuado para el grupo de personas a quienes se esté dirigiendo, es decir, para el personal técnico y operativo de la organización, es importante que el conocimiento que reciban sea en este mismo lenguaje, que se les explique de manera menos cuantitativa y más cualitativa lo que se busca de ellos en la GE. Para el personal profesional, es prudente que se presenten cifras tales como metas de consumos de energía, reducción de emisiones, indicadores, entre otras.

En el plan de capacitaciones debe definirse bajo cuales aspectos se evaluará la formación de las personas, por ejemplo, algunos de los aspectos más generales son:

- Compromiso con la organización y el sistema de gestión
- Responsabilidades en Seguridad y Salud Ocupacional
- Compromiso con el autocuidado
- Conciencia ambiental
- Orientación a la gestión
- Orientación a la mejora
- Aplicación de procedimientos
- Pensamiento estratégico
- Toma de decisiones
- Capacidad para trabajar sin supervisión permanente
- Manejo de herramientas

La creación de una cultura de formación.

Las capacitaciones y entrenamientos que se impartan en una organización dependerán principalmente de la necesidad de conocimiento y criterios que se hayan identificado, pero algunos lineamientos pueden resultar de utilidad para aplicarlos en cualquier tipo de entrenamiento que se quiera impartir. Dichos lineamientos serán vistos a continuación.

Metodología de la evaluación de habilidades
Una organización realmente enfocada a lograr los objetivos planteados en su sistema de gestión debe contar con un plan de capacitaciones que agilice el logro de los objetivos propuestos. Es importante que después de las capacitaciones exista un plan de evaluación de la efectividad de las herramientas de conocimiento impartidas a las personas, esta evaluación preferiblemente se realizará durante el trabajo.

Los líderes o directores de procesos, poseen conocimientos amplios sobre las actividades bajo su liderazgo, los objetivos de la organización y del sistema de gestión, razones por las cuales pueden tener la responsabilidad de evaluar al personal que le sea asignado y otorgar una calificación. Dicha evaluación podrá ser coordinada con la dirección de recursos humanos de la compañía, con el fin de evaluar integralmente a los empleados y no solo desde el punto de vista técnico. En lo posible, la evaluación debe darse en una reunión, en la que evaluador y evaluado puedan discutir los resultados, generar planes de mejoramiento y resaltar fortalezas y aspectos por mejorar.

Para la evaluación se debe revisar la eficacia de las acciones derivadas de la evaluación anterior, en caso de haberse realizado, y se generan las acciones para el presente periodo.

Evaluador	•Evaluación de habilidades por parte del líder del proceso •Coordinación de la evaluación con la dirección de recursos humanos
Evaluación	•Discusión de los resultados de la evaluación con el evaluado •Retroalimentación de los resultados
Seguimiento	•Establecimiento de acciones de mejora •Seguimiento a las acciones de mejora

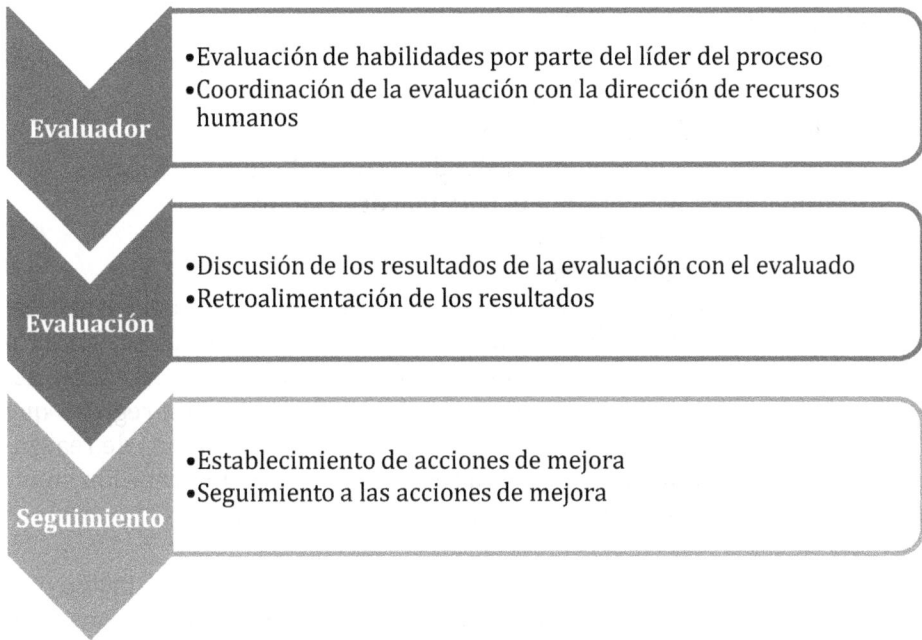

Componentes principales de la evaluación de habilidades

Identificación de necesidades

La alta dirección es la principal responsable del recurso humano, sin embargo en la mayoría de las organizaciones éste delega dicha responsabilidad en un líder de recursos humanos y en los líderes de los programas de capacitación y formación específicos, quienes frecuentemente cumplen las siguientes funciones:

- Detectar, con la colaboración de los responsables de cada área y de otros funcionarios, las necesidades de formación y de capacitación.
- Realizar encuestas entre los empleados para detectar carencias y aspiraciones de formación y de capacitación.
- Realizar una evaluación periódica en temas técnicos en el área de desempeño de cada trabajador.

La identificación de las necesidades de la organización se puede realizar en los siguientes aspectos:

- Directrices de la empresa
- Normatividad aplicable por el área de trabajo, seguridad, medio ambiente o cualquier otra que pueda aplicar
- Resultados del plan de capacitación
- Requisitos a cumplir en la gestión energética

- Resultado de auditorías (internas y externas)
- Acciones de mejora
- Necesidades detectadas durante el desarrollo de los procesos de la empresa.
- Análisis de accidentes de trabajo
- Necesidades expresadas por la alta dirección y directores de áreas
- Necesidades expresadas por el personal de la empresa

Evaluación de la eficacia de la formación
En periodos de tiempo definidos, es conveniente realizar una evaluación al cumplimiento del plan de formación y capacitación, y a la eficacia de las acciones tomadas; las cuales servirán como punto de partida para la estructuración del nuevo plan de formación y entrenamiento. Para ello se genera un registro que incluye el objetivo de la formación, los recursos a utilizar, las fechas de realización, las fechas de seguimiento y su eficacia de acuerdo a la información suministrada por la alta dirección o su representante en este tema, en términos de:

- Evaluar el comportamiento de las personas frente a la capacitación (verificar si los asistentes aplican las nuevas destrezas, conocimientos y aptitudes adquiridas).
- Evaluar el resultado de la capacitación (verificar aumento de producción, mejora de calidad, disminución de costos, aumento de ventas, entre otros).
- Evaluar la reacción de los participantes (permite conocer la aceptación que las personas de la empresa tienen sobre la capacitación y la relevancia que tiene en su labor).

La eficacia de los planes de capacitación y entrenamiento se deberán evaluar en el largo plazo, para lo que se puede medir el desempeño del proceso de capacitación a través de indicadores, donde se observe las características generales y de eficiencia del desarrollo de las actividades.

La formación permanente del personal de una organización fortalece las herramientas de la organización para un trabajo eficaz, con miras a mantener su competitividad, cumpliendo las políticas y lineamientos de la compañía. Una empresa que capacita a sus empleados tiene mayores posibilidades de ser exitosa y duradera, pues todo el tiempo tiene dentro de sus procesos la mirada crítica de sus empleados, los cuales estarán retroalimentando el proceso productivo con miras a obtener mejoras.
Las áreas más comunes en las cuales se capacita al personal de la organización se listan en la siguiente figura:

Salud ocupacional	•Programas de capacitación sobre seguridad, salud ocupacional, higiene industrial. Pueden estar apoyados por las ARP.
Gestión Energética	•Objetivos de la GEI, compromisos de la organización con el uso eficiente de energías. •Capacitación en mantenimiento y operación eficiente del proceso.
Gestión ambiental	•Objetivos ambientales, metas y proyectos de la empresa. •planes de acción con la participación de toda la compañía para el logro de metas.
Capacitación técnica	•Capacitación en las nuevas tecnologías, software y metodos de trabajo. •formación de líderes de procesos.

Temas principales para las capacitaciones en organizaciones

4.3.5   Establecimientos de planes de acción

En el manejo de la GE, la organización tiene por objeto la ejecución de las políticas, planes, programas y proyectos sobre gestión energética y gestión ambiental, así como dar cumplida y oportuna aplicación a las disposiciones legales vigentes sobre su administración, manejo y aprovechamiento. Estas acciones serán desarrolladas con el trabajo colaborativo de toda la empresa, bajo el liderazgo del personal con los criterios y formación en sistemas de gestión energética y ambiental.

Después de planteadas las metas de ahorro de la gestión energética el plan de acción son todas las acciones de la GE que conllevan al logro de esas metas. Comprende las capacitaciones, auditorías, proyectos de ingeniería, revisión de resultados y de las políticas de calidad de la empresa.

Todos estos temas ya se han tratado en este libro, sin embargo aquí tendremos un punto de vista más estratégico y concreto para lograr las metas de la GE.

Capacitaciones. Conocimiento de las experiencias de otras empresas del sector

Como ya se explicó, las capacitaciones son herramientas importantes para alcanzar las metas del sistema de gestión de la energía. Cuando nos capacitamos no podemos partir de conocimientos aislados, a menos que la empresa realice operaciones tan específicas que ningún modelo que se pueda encontrar sea aplicable. Conocer las experiencias de otras empresas en la aplicación de un sistema de gestión es un punto de partida válido, pues se están tomando las experiencias positivas de dicha organización y que pueden resultar de utilidad en el avance de la consecución de metas, pero antes de su aplicación en la empresa, es importante que se evalúe cuáles de las herramientas usadas por la otra compañía son realmente aplicables, pues la diferencia de tamaños, actividades económicas, estructuración de la empresa, pueden hacer inviables algunas acciones que llevaron a ser exitoso un sistema de gestión.

Tomemos como ejemplo la aplicación de la GE en una fábrica de materiales refractarios. Revisemos algunas de las medidas emprendidas por esta organización encaminadas al ahorro de energía eléctrica.

Situación inicial. Una fábrica de materiales refractarios optó por aprovechar las facilidades financieras del mercado colombiano para implementar un sistema de gestión energética en su fábrica y reducir los consumos de energéticos. Actualmente la empresa consume energía eléctrica y gas natural para sus operaciones. Para la implementación del sistema de gestión energética contrató la asesoría de una empresa de ingeniería experta en ahorros energéticos en la industria, por lo que pudo implementar acciones de todo nivel de inversión.

Las inversiones para dar inicio a este programa fueron las relacionadas con asesorías de los expertos y las capacitaciones al personal de la empresa. Las siguientes inversiones fueron realizadas en equipos de proceso para mejorar la productividad y reducir los consumos de energía.

Medidas aplicadas. Algunas de las medidas tomadas con la GE para la optimización del uso de energía fueron:
Optimización de los molinos: los molinos de bola instalados estaban sub-utilizados, realizando solo el 10% de la molienda total de la planta. Con cambios en la programación de equipos de molienda, se aumentó el uso de los molinos de bola, pasando al 52% de la molienda total. Esta decisión se tomó después de conocer que estos molinos presentaban un consumo eléctrico específico menor a otros molinos en la planta. Los ahorros de electricidad por esta práctica representaron

$22.4 millones en el primer año. Actualmente se evalúan mejoras en los molinos para aumentar su capacidad, lo que puede llegar a representar ahorros hasta por $35 millones/año.

Optimización de los secadores: se eliminaron los cuellos de botella de la producción, lo que permitió aumentar la capacidad en el secador de túnel. Esto permitió aprovechar mejor el calor del aire. Igualmente se aprovecharon gases calientes de la salida del secador para el precalentamiento del aire de secado fresco. Esta medida representó un ahorro de $14.2 millones/año en gas natural. La inversión requerida fue de $17.3 millones para recuperar en poco más de un año.

Reemplazo de motor de la mezcladora: la mezcladora se encontraba trabajando a su máxima capacidad, representando un cuello de botella en la producción. Su motor fue remplazado para aumentar la velocidad de mezclado y de esta forma permitir un mayor flujo de material en el equipo. La inversión necesaria fue de $12 millones. El consumo eléctrico neto no disminuyó en el equipo pero el indicador de consumo de electricidad si disminuyo ya que la energía usada estaba acondicionando un mayor flujo de producto.

Reformas estructurales: las reformas estructurales incluyeron la sustitución de luminarias, aprovechamiento de iluminación natural y ventilación de la planta. La iluminación anterior era con metal halide de 400W y lámparas abiertas. En primer lugar se sustituyeron algunas tejas en mal estado por tejas traslúcidas para aprovechar la luz del día. En segundo lugar, la iluminación se remplazó por lámparas herméticas con tubos ahorradores, lo que permite realizar una fácil limpieza y distribuye mejor la iluminación en los niveles realmente requeridos en la planta. La inversión representó $15.6 millones, y el tiempo de recuperación de la inversión es de 2 años.

Ahorros en la facturación de electricidad:
Los ahorros totales en electricidad son del 5.7%, equivalentes a $36.1 millones/año.

Desde la toma de decisión de la implementación de la gestión energética, hasta su aplicación en la empresa transcurrieron tres años en los cuales se ha definido las políticas energéticas de la compañía. Actualmente se continúa trabajando con este sistema de gestión pues se han logrado avances significativos en el ahorro de energía, la seguridad industrial, el autocuidado y cuidado de las instalaciones y equipos de la empresa, y en los cuidados ambientales. Podría concluirse que el mayor impacto ha sido la mejora cultural de la organización.

Trabajo en equipo. Trabajo interdisciplinario.

En las organizaciones pequeñas, el liderazgo de la GE puede estar a cargo de una sola persona, mas esto no quiere decir que todo el trabajo le toque hacerlo solo. Es decir, pueden delegarse responsabilidades como la vigilancia de condiciones de proceso, consumos de electricidad, combustibles, elaboración de formatos y documentos del sistema de gestión, etc.

En las organizaciones de mediano y gran tamaño, ya resulta ser mucho trabajo para una sola persona, por lo que se podría conformar un comité energético, interdisciplinario preferiblemente. Esta interdisciplinariedad aportará conocimientos de normativas y obligaciones legales que se deben considerar en la estructuración de las políticas energéticas, como las ambientales, territoriales y de seguridad. En el equipo resultaría ventajoso contar con una persona que tenga experiencia en el desarrollo de sistemas de gestión, y otra con conocimientos financieros. Lo que resulta de este grupo es un sistema de gestión de la energía que será aplicado con igual contundencia en todas las áreas de la organización, tanto en lo administrativo como en lo operativo.

Proyectos de ingeniería encaminados al cumplimiento de metas. Vigilancia tecnológica

Para alcanzar los objetivos del sistema de GE es necesario emprender proyectos que materialicen las ideas del comité energético. Estos proyectos deberán ser evaluados técnica, ambiental y económicamente de manera que la decisión que se esté tomando sea la mejor posible entre varias alternativas estudiadas para la solución de un problema específico.

Estos proyectos pueden ser:

- Reemplazo de equipos de baja eficiencia por nuevas tecnologías de mayor rendimiento: motores; quemadores; intercambiadores de calor; ventiladores; etc.
- Aprovechamiento de calores de proceso: recuperación de gases calientes; vapor; condensados; aguas calientes.
- Incorporación de nuevas fuentes de energía: sustitución de energéticos; incorporación de energía solar térmica o fotovoltaica; aprovechamiento de biomasas.
- Mejora de infraestructura: reordenamiento de procesos para reducir tiempos de operación o desperdicios de energía; aprovechamiento de la luz natural con instalación de tejas traslúcidas, claraboyas, tubos de luz

solar, sustitución de luminarias; aprovechamiento de ventilación natural en plantas y oficinas para reducir el consumo de aire acondicionado.

La vigilancia tecnológica es una acción estratégica para la implementación de proyectos de ingeniería. En el mercado existen empresas dedicadas a prestar este servicio, donde la tecnología a vigilar es dictada por el cliente y la empresa experta en vigilancia tecnológica entregara información periódicamente sobre innovaciones en la tecnología de interés, nuevos proveedores, precios, condiciones para su compra e implementación como permisos, aplicación de exenciones tributarias, tecnologías alternativas, etc.

Evaluación de la gestión. Auditorías.

Cualquier sistema de gestión debe estar en constante evolución, por lo que se hace importante evaluar con una frecuencia determinada las acciones planteadas en el sistema de gestión, valorar los resultados y tomar decisiones encaminadas a una mejora.

Las auditorias son los mecanismos de evaluación a la GE, puede ser realizada por personal interno de la organización o una empresa experta en evaluación energética, para obtener el conocimiento de la eficiencia en el uso de la energía en la empresa y conocer los puntos de mejora en los procesos y la infraestructura. Existen otras auditorias, que son las del sistema de gestión energética, las cuales evalúan el cumplimiento de las políticas energéticas de la organización, entre ellas el manejo de documentación, cumplimiento de metas, mejoras del sistema, seguimiento a planes de mejora.

De manera global podría decirse que la mejora en la gestión energética comprende diferentes aspectos de la compañía como son la seguridad y el manejo ambiental. Esto a su vez facilita que el sistema de gestión energética sea integrado con otros sistemas de gestión, y que sus actividades pudieran ser desarrolladas con diferentes objetivos como reducción de consumos de energía, mejora de la calidad del proceso y del producto, reducción de impactos ambientales, entre otros.

Se resalta nuevamente la necesidad de emprender capacitaciones que poco a poco lleven a una transformación cultural en todos los niveles de la organización, lo que facilitará cada vez más la implementación de cualquier sistema de gestión. La gestión energética es más visible para todos los operarios de la compañía y es un proyecto en el que personas que usualmente solo se limitan al desarrollo de sus labores operativas, se pueden sentir más útiles, ya que participan activamente en las medidas que encaminan a la empresa para el alcance de los objetivos de la GE.

4.4 EFICIENCIA ENERGÉTICA

Los distintos sectores de la economía tienen consumos energéticos característicos. El sector industrial es uno de los mayores consumidores de energía y está bastante sistematizado y organizado por categorías, hasta el punto de que existe un sistema normalizado de clasificación, el denominado CIIU (Clasificación Industrial Internacional Uniforme de todas las actividades económicas) que es una clasificación de actividades económicas por procesos productivos que clasifica unidades estadísticas con base en su actividad económica principal. Su propósito es ofrecer un conjunto de categorías de actividades que se pueda utilizar para la reunión, análisis y presentación de estadísticas de acuerdo con esas actividades.

El sistema industrial es también el más intensivo en diversidad de fuentes de energía y el que cuenta con las más amplias herramientas tecnológicas para medir consumos y para relacionarlos con las producciones y con los procesos. Desde las épocas de la crisis energética de los años 70s y aún desde antes, se han hecho muchos trabajos de evaluación y de optimización de los consumos sectoriales, buena parte de los cuales están publicados por entidades gremiales, de colaboración internacional y de control y soporte regional y nacional.

Ya está claro para los distintos sectores que se pueden mejorar las eficiencias energéticas en cada proceso y hay suficiente información para aproximarse a la mejora. De ello se ha hablado extensamente en los tres capítulos anteriores.

En el primero, relacionado con auditorías de energía en la industria, se examinó ampliamente el tema del desarrollo de la conciencia y de la cultura en las organizaciones, de tal manera que se hagan seguimientos y que se establezcan objetivos y métodos para el ahorro y la mejora, además de ofrecer metodologías prácticas para ello.

En el segundo, denominado Cuantificación Económica y Técnica de Consumos de Energía, se describieron herramientas para aproximarse a la obtención de datos valiosos y para examinar las ventajas y desventajas de un proyecto de cambio o mejora de energía.

En el tercero, denominado Optimización de sistemas energéticos, se describieron herramientas para mejorar las operaciones y para aproximarse a la obtención de las zonas óptimas de trabajo.

Debe ser evidente que apuntarle a la eficiencia energética industrial es un camino atractivo y cierto para reducir los consumos de energías no renovables y las emisiones que estas generan. De igual manera, las empresas resultan ser unas buenas escuelas para todos los que trabajan en ellas, de ahí parte la importancia de una adecuada capacitación y educación a todos los empleados pues existe la gran posibilidad de replicar los conocimientos adquiridos, al interior de sus hogares, lo que llevara a que se convierta el tema de la eficiencia energética en una verdadera cultura ciudadana.

Mantener una empresa dentro de los lineamientos establecidos en la política energética, se hace posible con un trabajo organizado, continuo, y de participación de todos los miembros de la organización. La eficiencia energética es el resultado de este trabajo y viene acompañada por una reducción significativa de los consumos de energía, aumento en la productividad, mejora de las condiciones de trabajo y reducción de los impactos ambientales.

La eficiencia energética se puede definir como la reducción de los consumos de energía manteniendo los mismos niveles de productividad y sin afectar nuestro confort, sus resultados resultan beneficiosos ya que se reducen los impactos ambientales del uso de energéticos a la vez que disminuye la facturación de la empresa.

4.4.1 Auditorías energéticas, de proceso y de medio ambiente

Las auditorías son procesos de verificación de la información de un sistema de gestión. A través de ellas se indaga sobre el cumplimiento de las políticas definidas por la empresa, de los objetivos y metas, de las estrategias y actividades estratégicas y de las normatividades aplicables a los consumos de energía y generación de impactos en el proceso. La persona encargada de llevar a cabo la auditoría, el auditor, debe conocer lo suficiente sobre los lineamientos bajo los cuales debería estar operando la empresa para tener los criterios suficientes que le permitan decir si se está cumpliendo con lo registrado en las políticas y normas de la empresa en lo energético y ambiental. Pero ante todo, debe enfocarse en reforzar el proceso de mejora y en este sentido, aportar su visión y su inteligencia metodológica hacia el descubrimiento y el realce de las oportunidades de mejora. Por ello es un instrumento esencial en los procesos de GE. Las auditorías pueden ser aplicadas a toda la organización o a un solo proceso y puede auditarse el cumplimiento de todos los puntos del sistema de gestión, o solo uno de los lineamientos. En cualquier caso el auditor debe ser una persona neutral, objetiva y honesta para que los resultados de la auditoría puedan reflejar la verdad de la organización.
A nivel empresarial, los resultados de una auditoría permitirán tomar medidas de mejora sobre aquellos procesos en los cuales se están presentando falencias

en la aplicación de las políticas de la empresa, además de contar con elementos para orientar los procesos y aprovechar las oportunidades.

Auditoria de procesos

En este libro se quiere hacer énfasis en una metodología que profundiza más que las metodologías tradicionales de calidad o las que se hacen a los sistemas de energía o medioambientales. El énfasis se va a poner sobre el proceso y ello implica una aproximación cercana a las leyes que gobiernan los procesos, es decir a los balances de masa y de energía y los aspectos relacionados con la productividad. Una buena auditoría, además de revisar asuntos normativos y de procedimiento, debe acercarse a la realidad íntima de los procesos. El auditor naturalmente que tiene limitaciones para examinar en detalle asuntos profundos o técnicos de los procesos, pero lo importante es el método de auditoría, en el cual el auditor haga de facilitador para que los responsables del proceso, que sí pueden profundizar, aporten elementos y descubran oportunidades y se comprometan, llevados de la mano inteligente y observadora del auditor y por la sabiduría del método.

En estos eventos de aproximación a la realidad siempre van a existir tres elementos, como lo sugiere el siguiente diagrama:

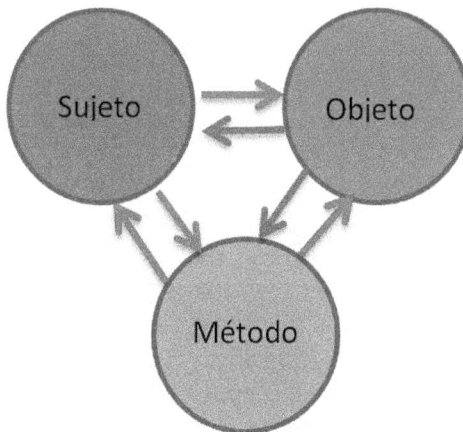

Actores de la auditoría de procesos

Los elementos que intervienen, el sujeto, el método y el objeto interactúan de muchas formas, generando ciclos de funcionamiento, mejora, conocimiento y cambio.

El sujeto se refiere a las personas involucradas: auditores, operarios, ingenieros, administradores, asesores. Aportan conocimiento, motivación, experiencia, interés, criterio, dedicación.

El objeto se refiere al proceso o el equipo que se va a examinar, tiene que ver con elementos mecánicos, materiales, elementos químicos, sistemas estructurales, instrumentación, información, estadísticas, controles, disposición física, relación con otros equipos y procesos, estado que presentan los sistemas, planes de trabajo que se tienen, normas que se deben cumplir.

El método tiene que ver con la auditoría misma, con los procedimientos, con el proceso GE, con el ambiente que se crea, las comunicaciones que se generan, los reportes que se escriben, la metodología de trabajo.
El auditor debería estar consciente de estos elementos y de su riqueza de relaciones.

La auditoría de procesos es una herramienta que ayuda a determinar las oportunidades viables, tanto desde lo económico, como desde la productividad, el confort, la calidad del producto y el ahorro de recursos; todo ello enfocado en los procesos. Estas oportunidades están enmarcadas en cinco aspectos importantes, entre otras:
- Control, seguimiento y análisis de variables de proceso
- Gestión tecnológica del proceso
- Programas de salud, seguridad y ambiente asociados con el proceso.
- Relación del personal operativo con el proceso
- Conocimiento de los balances de materia y energía del proceso

Cada uno de estos aspectos permite evaluar la forma como está encaminada la organización y tomar medidas que conlleven a mejorar la productividad. Es factible hacer una auditoría de procesos en cualquier momento, ya que las oportunidades de mejora son constantes. De todas formas, esto se facilita cuando las empresas se enfocan en procesos internos por medio de los cuales se busca la optimización, el aumento de las ganancias y la reducción de costos generados por el proceso. La auditoría puede ser aplicada a toda una planta de proceso o a un sistema particular que sea crítico para la organización.

Quien realice esta auditoria debe ser una persona con cierto conocimiento de la operación de la organización y de las características de este tipo de procesos, para que pueda evaluar de manera objetiva como se está trabajando. Ojalá que no se trate de algo meramente rutinario y procedimental, lo ideal es que los resultados trasciendan y lleguen a niveles en los cuales se puedan tomar decisiones; por ejemplo que sean examinados por algún grupo de trabajo en el cual haya participación o influencia de la dirección, y los encargados de cada uno de los sectores productivos de la empresa (en el caso de empresas de producción son los directores de producción, de medio ambiente, de mantenimiento, de proyectos y de calidad de los productos; y en el caso de empresas de servicios son los directores de recursos humanos y de cada una de las divisiones de la compañía).

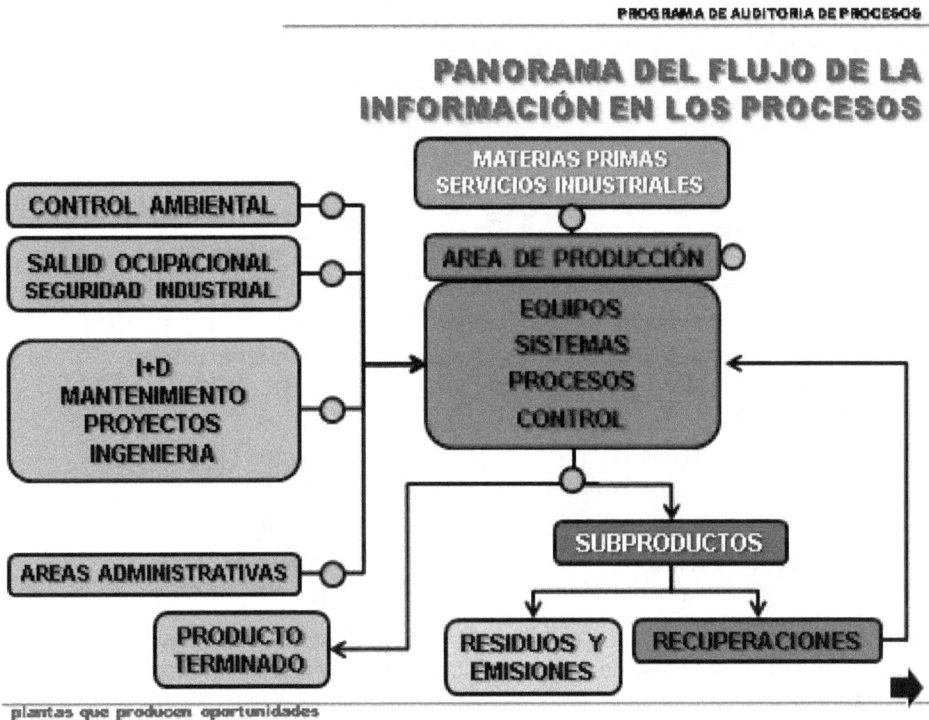

PROGRAMA DE AUDITORIA DE PROCESOS

Flujo de información de los procesos

Los resultados de la auditoria de procesos se consignan en un informe, este documento describe las situaciones que están por fuera de los puntos de trabajo deseables de acuerdo con los procedimientos o con los estándares establecidos, además de poner de relieve las debilidades existentes. Adicionalmente señala oportunidades de mejora y resalta las fortalezas. Con esta base los responsables habrán de emprender las acciones correctivas y preventivas del caso y propondrán esquemas de proyecto o de cambio para aprovechar las oportunidades detectadas.

Es importante la idea de la extrapolación de los resultados a otros procesos o equipos de la organización, que se pueden ver beneficiados con la auditoría realizada. Para ello se pueden programar actividades de divulgación de resultados y actividades para comentar lecciones aprendidas.

Los elementos de registro y de estadísticas son de gran importancia, pues permiten hacer seguimientos en el tiempo de estos procesos. Los siguientes esquemas plantean una visión general de las auditorías de proceso, vistas desde las oportunidades que se presentan según las áreas de la organización:

PROGRAMA DE AUDITORIA DE PROCESOS

OPORTUNIDADES DE LA AUDITORIA
Desde la ENERGÍA y el CONTROL AMBIENTAL

✓ Comparación entre las condiciones actuales de la planta y las descritas por la normatividad vigente y por los estándares.

✓ Plantear programas de gestión integral de residuos que satisfagan los márgenes normativos y conlleven a certificaciones internacionales que generen valor y competitividad para los productos de la compañía.

✓ Plantear alternativas de "producción verde" y proyectos MDL (mecanismos de desarrollo limpio) que contribuyan con el bienestar global y reporten beneficios económicos para la compañía.

✓ Plantear las posibilidades del uso de energías renovables y alternativas para la operación del proceso.

✓ Establecer alternativas para generar, documentar, difundir y aplicar prácticas en los marcos del uso racional de recursos y el ahorro energético.

PROGRAMA DE AUDITORIA DE PROCESOS

OPORTUNIDADES DE LA AUDITORIA

Desde la SALUD OCUPACIONAL

y la SEGURIDAD INDUSTRIAL

✓ Comparación entre las condiciones actuales de la planta y las descritas por la normatividad vigente.

✓ Plantear programas educación y difusión de políticas y prácticas de salud ocupacional.

✓ Proponer la implementación de soluciones técnicas para las debilidades de la compañía en términos de salud ocupacional.

PROGRAMA DE AUDITORIA DE PROCESOS

OPORTUNIDADES DE LA AUDITORIA

Desde las áreas de I+D, MANTENIMIENTO,

PROYECTOS e INGENIERÍA

✓ Alternativas de implementación, cambio o reingeniería de equipos y procesos industriales buscando mejorar la eficiencia.

✓ Analizar los datos de proceso de manera estadística para determinar fenómenos y tomar decisiones hacia la mejora del proceso.

✓ Generar o actualizar los diagramas P&ID con el fin de tener herramientas sencillas para la toma de decisiones de mantenimiento preventivo y de actualización tecnológica.

✓ Valorar de manera técnica y económica los residuos del proceso buscando aprovechamiento energético, venta como materia prima o generación de nuevos productos.

✓ Motivar al establecimiento de programas de mantenimiento preventivo que redunden en la disminución de costos por reemplazo no previsto de las máquinas.

✓ Generar conciencia frente a la capacidad y frente a la eficiencia máxima esperable de los procesos con el fin de operarlos con su mayor aprovechamiento.

OPORTUNIDADES DE LA AUDITORIA
Desde las SALIDAS DEL PROCESO

✓ Buscar nuevas posibilidades de recuperaciones internas o reciclos que permitan disminuir los costos por consumo de materias primas y los costos de por tratamiento y disposición de residuos y emisiones.

✓ Establecer alternativas para generar, documentar, difundir y aplicar procedimientos de producción estandarizados que contribuyan a la autonomía del proceso y a la calidad del producto terminado.

Auditorías energéticas

El esquema que se acaba de presentar, claramente integral, incluye, dentro de las auditorías de proceso, lo relativo a los aspectos energéticos. De todas formas se presenta a continuación una visión más enfocada en lo energético.

La auditoría energética es un proceso mediante el cual se obtiene un conocimiento del consumo energético y de las relaciones entre dichos consumos y la producción en la empresa. Adicionalmente se examinan los equipos o sistemas estudiados desde el punto de vista integral energético: calidad de la energía, eficiencias de trabajo, naturaleza de las pérdidas, comportamiento de los indicadores, inestabilidades y efectos sobre la productividad. Finalmente se identifican los factores que afectan el consumo de energía o que den lugar a usos ineficientes, para identificar, evaluar y ordenar (y eventualmente llevar a cabo) las distintas oportunidades de ahorro de energía en función de su rentabilidad.

Eventualmente las auditorías van a resultar en un análisis que refleja cómo y dónde se usa la energía de una instalación industrial con el objetivo de utilizarla eficientemente. Sus resultados ayudan a comprender mejor cómo se emplea la energía en la empresa y a controlar sus costos, identificando las áreas en las cuales se pueden estar presentando usos deficientes de la energía o de los sistemas de alto consumo (iluminación, agua caliente, vapor, aire comprimido, refrigeración) y en dónde es posible hacer mejoras. Como evaluación técnica y económica de los consumos energéticos de la empresa, muestra las posibilidades de reducir el costo de la energía de manera rentable sin afectar la calidad y cantidad de producto. Incluye la evaluación de los energéticos en la empresa y se realiza bajo los siguientes parámetros:

• Determinación de consumos y evaluación de los usos de la energía en los procesos como tales
• Análisis de los consumos históricos de energéticos
• Identificación de oportunidades de mejora en el uso de energéticos
• Análisis de la calidad de los energéticos

La profundización en estos aspectos va a depender del nivel de conocimientos y del nivel de información, además de las oportunidades que existan para medir y para simular impactos bajo condiciones variables operativas. En este sentido se abren oportunidades para aplicar los conceptos presentados en los capítulos los 2 y 3 de este libro. Por ejemplo, supóngase una cadena de proceso que involucra varias etapas cada una de las cuales tiene aspectos energéticos, por ejemplo un equipo de molienda de sólidos, como se describe esquemáticamente en el gráfico siguiente.

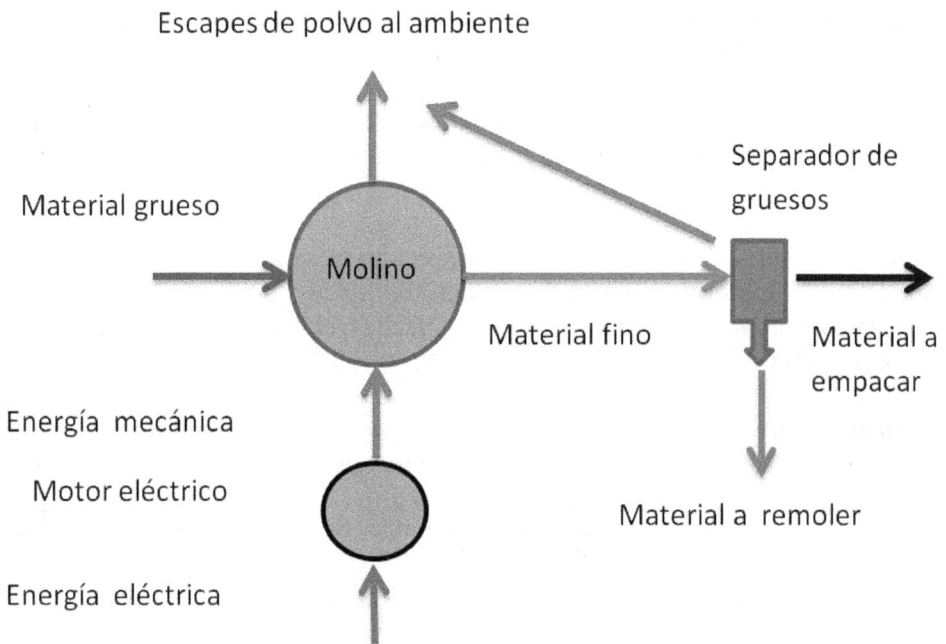

Esquema de una cierta cadena de proceso

En una primera aproximación seguramente se prestará atención solamente al motor, probablemente se anotarán sus consumos (amperaje, voltaje y datos de placa). Al profundizar, se examinará el porcentaje de carga que tiene, la eficiencia nominal y la eficiencia real.

En otro nivel se examinarán las variaciones que se producen y se tomarán datos con un analizador de redes.

Avanzando, se hará la conexión con el molino y se tomarán datos comparativos de producción en el molino y consumos, preparando un indicador de consumo específico.

De acá se puede llegar a la preparación de curvas de molienda según los puntos operativos y es posible que se detecten puntos óptimos operativos o se encuentre que no se está trabajando el molino según su real potencial.

En otro nivel se examinará comparativamente este molino con otros disponibles y se determinará qué tan lejos está del estado del arte.

Eventualmente se llegará al punto de examinar las pérdidas de polvo y la eficiencia de la molienda, tanto en cuanto a consumo como en cuanto a materiales que se pierden o se deben remoler.

El comité energético de la organización definirá con los resultados de la auditoría las medidas correctivas, para llevar la empresa a un consumo eficiente de la energía.

El objetivo general de una auditoría energética es el de racionalizar el consumo energético de una organización. Se pueden definir algunos tipos de auditorías energéticas, por factores como las áreas analizadas, el uso de los diferentes energéticos y los procesos estudiados

Definición de áreas, usos y procesos de consumo de energía en una empresa.

Áreas funcionales	Operativas, administrativas o sub-áreas (talleres, oficinas, calderas, etc.)
Usos	Iluminación, climatización, refrigeración, calefacción, actividades de oficina, producción de vapor, entre otros.
Procesos	Empaque, secado, trillado, despulpado, entre otros.

A su vez se pueden dividir por el uso de la energía: auditorías eléctricas y auditorías térmicas. Las primeras se realizan sobre equipos o sistemas que producen, convierten, transfieren, distribuyen o consumen energía eléctrica. Las térmicas por su parte se realizan en sistemas cuyo principio es la liberación y transferencia de calor. A estas categorías deben añadirse otro grupo importante relacionado con los aspectos mecánicos y fisicoquímicos del uso de la energía. En los sistemas de transporte, molienda, empaque, clasificación y tamizado, aglomeración, ventilación, hay aspectos adicionales de tipo energético, que deben ser enfrentados gradualmente, a medida que se disponga de conceptos y equipos de medición.

La auditoría puede evaluar el desempeño energético de toda la organización o de un solo proceso. Se basa generalmente en una medición y observación del desempeño energético real. Los resultados de la auditoria generalmente incluyen información sobre el consumo y el desempeño actuales y pueden ser acompañadas de una serie de recomendaciones categorizadas para la mejora del desempeño energético. Estas auditorías se planifican y se realizan como parte de la identificación y priorización de las oportunidades de mejora del desempeño energético.

Las auditorías internas pueden ser realizadas por personal propio de la organización o por personas externas. En ambos casos, las personas que conducen la auditoria deberían ser competentes y estar en una posición que les permita realizarlas imparcial y objetivamente. Si es una persona de la empresa, es preferible que no tenga responsabilidades en la actividad que es auditada.

Es importan resaltar que las auditorías energéticas, o sea aquellas en las que se evalúan los consumos energéticos, la calidad de los mismos y las eficiencias de equipos, son diferentes de las auditorías del sistema de gestión energética, donde se evalúa el desempeño del sistema de gestión de la organización .

Auditoría ambiental

La auditoría ambiental es un proceso donde se verifica el cumplimiento de los lineamientos ambientales establecidos por las autoridades (complementados con el de las buenas prácticas en el sector, en caso de que el estado no haya definido las normas) y donde también se revisa el estado ambiental de acuerdo a las expectativas y lineamientos internos de la organización, a ciertas exigencias de los clientes y los lineamiento de sus casas matrices, en caso de que esto se aplicable. Esto se hace de acuerdo a las actividades de la organización. Para realizar exitosamente la auditoría, en auditor debe conocer la normatividad ambiental nacional y de la región, y las políticas y objetivos ambientales de la empresa las cuales deben estar documentadas.

Antes de emprender las auditorías ambientales, la organización debe contar con un grupo de personas capacitadas para tomar los resultados de la auditoría y plantear las acciones correctivas sobre los hallazgos que entregue el auditor. El trabajo de la organización para conformar sus lineamientos ambientales podrá estar dado por los siguientes pasos:

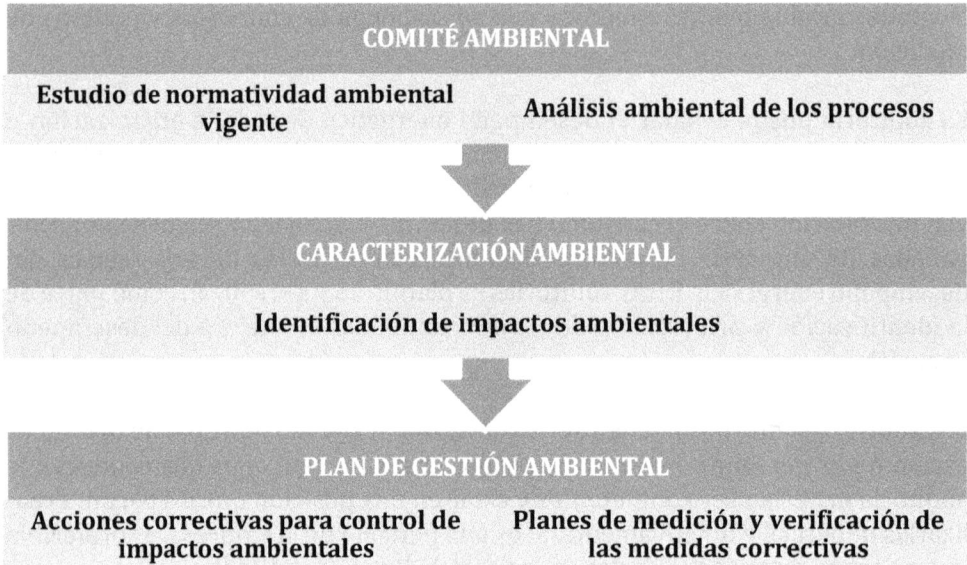

COMITÉ AMBIENTAL

Estudio de normatividad ambiental vigente	Análisis ambiental de los procesos

CARACTERIZACIÓN AMBIENTAL

Identificación de impactos ambientales

PLAN DE GESTIÓN AMBIENTAL

Acciones correctivas para control de impactos ambientales	Planes de medición y verificación de las medidas correctivas

Etapas genéricas de la auditoría ambiental

El resultado de una auditoría ambiental permite determinar los aspectos que se deben mejorar y las oportunidades existentes y viables para lograr que el proceso examinado dé lugar a menores pérdidas y se vaya orientando hacia la sostenibilidad.

Los aspectos genéricos en los cuales puede enmarcarse una auditoría ambiental son:
- Uso adecuado de los recursos naturales
- Minimización de los residuos generados en los procesos
- Valoración técnico-económica de los residuos generados
- Cumplimiento de la normatividad ambiental
- Soluciones industriales para el tratamiento de residuos o emisiones generados.
- Posibilidades de ahorros, recuperaciones y de reprocesos.

Es importante impulsar, a través de las auditorías, una mentalidad de control en la fuente, más que de control de emisiones al final.

Las políticas ambientales de la organización deberían incluir cada uno de los aspectos mencionados, lo que permitiría al auditor evaluar su cumplimiento y al comité de gestión ambiental proponer mejoras sobre los mismos.

Una auditoría ambiental debe aportar valor agregado final, por ejemplo:

- Comparación con la normatividad que permita mejorar la efectividad de los sistemas y alejarlos del incumplimiento.
- Programas de gestión integral de residuos
- Impulso hacia la producción verde y sostenible
- Localización de proyectos MDL – Mecanismos de Desarrollo Limpio y de proyectos que se puedan financiar con los mecanismos de estímulo que existen en el medio.
- Impulso del empleo de energías renovables y alternativas.
- Combinación con programas de uso racional de recursos y ahorro energético

Una metodología general de la elaboración de una auditoría ambiental se presenta en la siguiente lista:

AUDITORÍA AMBIENTAL	-Visita de campo -Entrevistas con directores de producción, director ambiental y de seguridad, en general los responsables de procesos
	-Identificación de factores ambientales y potenciales riesgos ambientales -Toma de muestras (fotografías, testimonios, mediciones)
	-Presentación de los resultados de la auditoría a los responsables de los procesos. -Observaciones -Aspectos por mejorar encontrados

Metodología general de la auditoría ambiental

El sistema de gestión ambiental integral

Un sistema de gestión ambiental es un proceso de mejoramiento continuo, que involucra a todas las partes de la compañía y puede formar parte de los sistemas de gestión y estrategias regulares de la empresa. El Decreto 1299 de abril de 2008 reglamenta el departamento de gestión ambiental de las empresas a nivel industrial. Este decreto normaliza las prácticas y actividades que deben llevarse a cabo por los departamentos de gestión ambiental, de las cuales se mencionan las siguientes:

- Velar por el cumplimiento de la normatividad ambiental vigente.
- Incorporar la dimensión ambiental en la toma de decisiones de las empresas.
- Brindar asesoría técnica - ambiental al interior de la empresa.
- Establecer e implementar acciones de prevención, mitigación, corrección y compensación de los impactos ambientales que generen.
- Estudiar, aprobar y reprobar e todas las decisiones de la empresa que impliquen o puedan llegar a tener un impacto ambiental significativo.
- Planificar, establecer e implementar procesos y procedimientos, gestionar recursos que permitan desarrollar, controlar y realizar seguimiento a las acciones encaminadas a dirigir la gestión ambiental y la gestión de riesgo ambiental de las mismas.
- Promover el mejoramiento de la gestión y desempeño ambiental al interior de la empresa.
- Implementar mejores prácticas ambientales al interior de la empresa.
- Liderar la actividad de formación y capacitación a todos los niveles de la empresa en materia ambiental.
- Mantener actualizada la información ambiental de la empresa y generar informes periódicos.
- Designar cuando sea necesario, el personal externo idóneo para la asesoría, el diseño y desarrollo de proyectos tendientes a mejorar la gestión ambiental de la empresa.
- Plantear esquemas internos de trabajo como metodologías y procedimientos que permitan identificar de manera clara y objetiva la realidad ambiental de la planta y la forma de prevenir y controlar sus impactos.

Sobre la conformación de los departamentos de gestión ambiental el Decreto colombiano respectivo (1299), establece que podrá estar conformado por personal propio o externo y cada empresa determinará las funciones y responsabilidades de su departamento de gestión ambiental, las cuales deberán ser divulgadas al interior de la misma.

Es importante visualizar a los responsables del manejo ambiental como representantes de la comunidad en las empresas, en el sentido de que ellos tienen la misión de dar tranquilidad a la comunidad sobre el buen manejo de los procesos desde lo ambiental.

La gestión ambiental puede integrarse junto con otros sistemas de gestión como el de salud ocupacional, seguridad industrial, calidad y energético. En este caso, deben existir funciones y tareas concretas para sus miembros.

Niveles graduales en las auditorías

Las auditorías de proceso, ambientales y energéticas son en sí mismas procesos, que involucran pasos de complejidad y resultados crecientes. Por ello resulta conveniente visualizarlas en distintos niveles:

Clasificación de las auditorías de acuerdo a su objeto

Clasificación	Nombre de la auditoría	Objetivos de la auditoría
Nivel 1	Auditoría de diagnóstico	Es la auditoría en la que se identifican las oportunidades de mejora en el sistema.
Nivel 2	Auditoría detallada	Evaluación detallada de las oportunidades de reducir consumos y costos. Generalmente no requiere de ningún tipo de medición y las recomendaciones que resultan de la misma suelen ser de baja inversión.
Nivel 3	Auditoría especial	En esta auditoría se toman registros por equipo y medición de parámetros, inventario y ubicación en la planta, de los equipos de proceso, análisis de fallas durante un periodo determinado y su efecto en las horas hábiles de trabajo, y otros análisis que requiera la empresa auditada. Estas auditorías se vuelven permanentes, durante un periodo de tiempo que puede ser hasta de un año, dependiendo de la complejidad de la empresa, y en el cual se deben efectuar los correctivos necesarios para el éxito de los cambios e inversiones efectuadas. Comúnmente es realizada por una empresa experta en auditorías energéticas.
	Auditoría de seguimiento	Asistencia en implementación de recomendaciones y evaluación de sus efectos.

En resumen las auditorías son básicamente las evaluaciones que realiza una organización para conocer sus procesos y los impactos del mismo sobre un aspecto determinado que puede ser el consumo de energéticos, los impactos ambientales o la calidad de sus servicios y/o productos o las finanzas de la empresa. Comprende varias etapas, cada una con un mayor nivel de complejidad que la siguiente, de esta forma se comportan los costos y los resultados esperados de las mismas.

Las auditorías a un sistema de gestión deben estar alineadas por las políticas del sistema, las normas aplicables y las normas acogidas. Por ejemplo, los lineamientos para un sistema de gestión energético deben incluir las regulaciones dictadas por el estado, la norma NTC ISO 50001 (si la empresa la ha acogido) y las políticas energéticas de la organización.

En cualquier caso, quien realice las auditorías debe ser una persona con el conocimiento de las operaciones de la empresa, que cuente con el tiempo suficiente para hacer una auditoría completa, de verdadero análisis. Por esta razón no se recomienda que el equipo auditor este conformado solo por los encargados del mantenimiento de la empresa, pues si bien conocen todos los equipos y sistemas operativos, por sus múltiples obligaciones y necesidad de disponibilidad permanente, puede ser que no dispongan del tiempo suficiente para hacer las auditorías.

4.4.2 Establecimiento y manejo de indicadores de gestión y mantenimiento

El éxito en el desarrollo de los sistemas de gestión GE va a tener que ver con muchas personas, con muchos procesos y equipos, con una riqueza de procedimiento de trabajo. Es todo un conjunto complejo cuyo funcionamiento armónico depende de la conciencia de las personas y de las capacidades de los procesos y equipos, además de la capacidad de la tecnología que se posea.

Dada la complejidad y las leyes naturales a las cuales están sujetos los equipos productivos, se van a presentar múltiples posibilidades de falla, de que los elementos se salgan de sus puntos deseables. La tendencia natural de los sistemas tiende hacia el desorden, hacia el aumento de la entropía, por causas como las siguientes:

* Desgastes por el uso
* Daños por el uso
* Corrosión

- Descalibración de controles e instrumentación
- Olvidos humanos
- Errores humanos
- Accidentes
- Puntos operativos fuera de normas que den lugar a que los equipos se desajusten
- Exigencias de trabajo fuera de especificaciones
- Cambios de personal
- Nuevas instrucciones de trabajo
- Ruido y vibración

Naturalmente que es muy bueno contar con equipos y procesos de altas especificaciones y calidad, excelentemente instrumentados y controlados, que garanticen la estabilidad de los sistemas y su durabilidad, además de un mantenimiento y operaciones excelsos. Pero aun así será inevitable el riesgo de falla. Debe existir, por consiguiente, un sistema de revisiones regulares que permita regresar los sistemas a sus puntos deseados de operación.

Por otra parte, se desea que los procesos y los equipos, la tecnología, los procedimientos, se acerquen cada vez más a sus puntos ideales, al estado del arte.

Es importante entonces revisar en varios niveles, desde el ajuste y cumplimiento de las políticas del sistema de gestión hasta el de velar por llevar los equipos y procesos a sus puntos deseados. Un buen mecanismo para realizar dichas revisiones es el de las auditorías, pero este no es el único método para verificar y ajustar las gestiones de la empresa. El alineamiento de estrategias y el trabajo en equipo son vitales para lograr la competitividad de la organización, y deben estar apoyados en los objetivos, políticas, misión y visión de la compañía.

En el sistema de gestión de la energía, el mantenimiento es un mecanismo que le permite a la gestión energética alcanzar los objetivos propuestos en las políticas, su aplicación depende ampliamente del compromiso y de la coordinación del trabajo de las directivas de la organización. El resultado de esta gestión del mantenimiento se puede ver reflejado en indicadores de tiempo, producción y consumos de energía.

Además de los indicadores de un buen mantenimiento, es importante contar con indicadores de gestión que den posibilidades de ajuste, de control y de vigilancia regular a los distintos niveles de la organización, para crear un círculo virtuoso e inteligente, que mitigue los problemas del deterioro que se han mencionado. Una gran ventaja del uso de estos indicadores es que funcionan además como elementos de motivación y de refuerzo, pues su cumplimiento crea satisfacción y la tarea de alcanzarlos cuando no se han logrado, crea ganas y deseos de logro.

La clave de los indicadores de gestión y mantenimiento consiste en elegir las variables críticas para el éxito de los procesos y en tomar la información que permita evaluar la gestión y tomar las acciones correctivas del caso. El sistema debería facilitar la información sobre el comportamiento de las variables críticas a través de los indicadores de gestión y mantenimiento que sean definidos por la organización.

Aspectos generales acerca de los procesos de revisión

La observación y la revisión de la realidad (la realidad es un equipo, un proceso, un sistema, una situación que se observa y se estudia) tiene en general tres aproximaciones, como se indica en los esquemas siguientes.

Las tres aproximaciones a un problema (lo que se ve, lo que está oculto y lo que pudiera ser), hacen parte de un esquema de observación profunda para aproximarse a la incertidumbre (aspectos por descubrir, por resaltar)

La aproximación creativa a la incertidumbre permite observar hasta ver los detalles que no se han visto antes.

La aproximación creativa a la incertidumbre permite definir los bordes, las fronteras del objeto, saber hasta dónde llega, donde existe.

La aproximación creativa a la incertidumbre permite acercarse bastante hasta sentir mucho el objeto, en un proceso de identificación y de experimentación cercana. Ensayar puntos de vista variados para ver la totalidad del objeto e incluir una mirada objetiva en la cual la realidad se puede observar desapasionadamente. Con esto se logra que el observador se sienta responsable y plantee nuevas realidades.

Estos esquemas de observación y de revisión plantean una relación sensible entre los sistemas energéticos y ambientales y las personas que están en contacto con ellos, ya sea que se trate de auditores, de operadores, de responsables de mantenimiento, de administradores.

El concepto de administrar significa cuidar algo con actitud de servicio (ministro significa servidor) y de eso se trata: observar a los sistemas industriales como elementos de servicio comunitario, que producen bienes útiles para la sociedad, sin dañar el medio ambiente y sin agotar los recursos existentes. Esto solamente se va a logar con una visión cuidadosa de la realidad, que permita aproximarse con profundidad y con sensibilidad.

El esquema siguiente aclara y concreta aspectos de las tres visiones que se proponen.

Aspectos probables de la observación

Lo que se ve en el objeto observado	
	- Tiempo de observación - Habilidad y entrenamiento del observador - Interés del observador - Estabilidad y claridad del objeto - Punto de vista del observador - Calidad de la visión - Interferencias en la observación - Iluminación y descripción de la situación
Lo que está oculto	
	- Complejidad del objeto observado - Niveles existentes en lo observado - Información incompleta - Instrumentos disponibles para afinar y profundizar - Complejidad de las comunicaciones - Ideas fijas y paradigmas - Conexión con otros sistemas
Lo que pudiera ser	
	- Oportunidades y mejoras - Nuevos proyectos - Planeación y cambio - Comportamientos ideales - Benchmarking - Cumplimiento de normas - Aspectos éticos y estéticos - Investigación y desarrollo

Sobre los indicadores de gestión

Habiendo visualizado la importancia del proceso de observación profunda y sensible, es importante detenerse en las señales que envía el objeto al observador y examinar de qué manera el observador las puede registrar y utilizar para los fines deseables en un sistema de GE. Las señales que vienen de los procesos son variadas y es preciso contar con inteligencia para deducir de ellas información valiosa. El siguiente esquema muestra el tipo de señales. Con ellas se confeccionan los indicadores que se van a utilizar para fines de seguimientos, auditoría, revisiones y vigilancia.

En esencia se trata de dos tipos de señales: las que tienen que ver con las variables de proceso que se pueden ajustar y variar (variables independientes) y las variables de producción, de calidad, de consumo y de medio ambiente, las cuales resultan de la práctica operativa (variables dependientes).

Señales que se pueden encontrar en los procesos

Señales relacionadas con la producción
- Flujos de producción
- Flujos de aditivos y materias primas
- Tiempo de producción
- Tiempos de paro
- Derrames
- Escapes
- Flujos de recirculaciones
- Flujos de materiales recuperados

Señales relacionadas con la energía
- Consumos de combustibles
- Consumos de electricidad
- Temperaturas de entradas y salidas de gases y fluidos de proceso
- Flujo de gases y de materiales y sus temperaturas

Señales relacionadas con el medio ambiente
- Ruido
- Vibraciones
- Escapes de gases
- Escapes de polvo
- Derrames de productos
- Consumos de químicos para tratamiento de efluentes
- Concentraciones de contaminantes

- Olores
- Descargas de aguas
- Descargas de desechos
- Quejas de la comunidad
- Emisiones de gases de efecto invernadero

Señales relacionadas con la energía
- Consumos de combustibles
- Consumos de electricidad
- Temperaturas de entradas y salidas de gases y fluidos de proceso
- Flujo de gases y de materiales y sus temperaturas

Señales relacionadas con el medio ambiente
- Ruido
- Vibraciones
- Escapes de gases
- Escapes de polvo
- Derrames de productos
- Consumos de químicos para tratamiento de efluentes
- Concentraciones de contaminantes
- Olores
- Descargas de aguas
- Descargas de desechos
- Quejas de la comunidad
- Emisiones de gases de efecto invernadero

Señales relacionadas con el mantenimiento
- Ruido
- Vibraciones
- Paros de producción
- Alarmas
- Bitácoras de los operarios
- Señales de los instrumentos del equipo
- Estados del equipo (limpieza, estado de superficies, refractarios, corrosión, daños en la pintura y aislamientos)
- Gastos de lubricantes
- Estado de los lubricantes
- Gastos de aire comprimido para instrumentos y controles
- Estado de las variables de control

Señales relacionadas con la calidad

- Quejas de los clientes
- Reprocesos de materiales
- Reportes del sistema de calidad
- Propiedades de materias primas y de producto terminado

Como motivación profunda para la mayor parte de las empresas está la búsqueda de los potenciales de ahorro escondidos. Entonces, ¿Cómo interpretar las señales que vienen de los equipos? Las mejores prácticas de observación muestran que la técnica del uso de indicadores es una excelente forma para identificar estos ahorros. Es decir, indicadores que se estructuran organizando las señales del proceso de manera inteligente y haciendo un seguimiento de las mismas. Esto es lo que se denomina uso de indicadores de gestión como mecanismo para monitorear.

Lo más conveniente es trabajar con relaciones entre las variables o señales, ya sean cuantitativas o cualitativas. Con esas relaciones un buen observador es capaz de visualizar la situación y las tendencias de cambio generadas en el aspecto observado, respecto de objetivos y metas previstas e influencias esperadas.

Los indicadores pueden ser valores, unidades, índices o series estadísticas y su aplicabilidad e importancia está en que sirven para establecer el logro y el cumplimiento de la misión, objetivos y metas de un determinado proceso. Los indicadores que una empresa puede seleccionar son muy variados. De todas formas deberían tener ciertas características como las siguientes:

- Confiabilidad para reflejar la situación que se desea seguir.
- Que se puedan expresar en formas representativas, fácilmente comprensibles para los distintos grupos interesados. En general las señales que hacen parte de la indicación y con las cuales se forma el indicador se pueden organizar en tablas, en gráficos, en mapas mentales, en esquemas. Son variadas las formas de presentación de la información. Este se puede agrupar por categorías, o graficar contra el tiempo, o en forma acumulativa o tabular. Las tabulaciones deben estar acompañadas de un manejo estadístico que incluya cálculos de promedio, mediana, máximos, mínimos, desviaciones estándar. Los gráficos deberían incluir algún tipo de gráfico de ajuste y de factores de correlación.

El tiempo es una variable esencial en las observaciones, pues indica la forma en que van mejorando o sufriendo deterioro los equipos y su funcionamiento. Es obvio que se debe tener una cierta frecuencia asociada con la toma de los datos, es decir, una medida de cuán a menudo se requiere registrar y analizar el dato.

Hay una gran sabiduría y criterio asociados con el manejo de las series temporales de los datos, ya que la inestabilidad y la turbulencia están asociadas con los datos de los equipos reales y el manejo instantáneo de relaciones puede ser engañoso. En general hay necesidad de amortiguar la información y recogerla agrupando conjuntos temporales de datos para que los índices aporten realmente al análisis.

El tiempo también comprende el concepto de período, es decir, el rango de tiempos o su extensión. Ello tiene que ver con el alcance en términos de cobertura temporal del área de interés. Igualmente el espacio involucra el concepto de extensión, límite o frontera. No es posible tomar datos de todos los puntos espaciales de un equipo. Lo normal es trabajar con ciertos puntos preferencialmente (entradas y salidas, centros, fronteras, puntos externos). El manejo de un número muy alto de datos o de puntos de medición no necesariamente conlleva a una mayor calidad de la información.

Los datos se pueden obtener de fuentes externas o internas. Siempre será de interés comparar las situaciones propias con las de otra empresa o las de equipos de similar o de la misma naturaleza.

Temporalidad: La información puede "hablarnos" del pasado, de los sucesos actuales o de las actividades o sucesos futuros.

Relevancia: La información es relevante si es necesaria para una situación particular.

Integridad: Una información completa proporciona al usuario el panorama integral de lo que necesita saber acerca de una situación determinada.

Oportunidad: Para ser considerada oportuna, una información debe estar disponible y actualizada cuando se la necesita.

Con base en las características establecidas en el punto anterior, para la medición se establecen las necesidades de recursos que demanda la realización de las mediciones. Lo ideal es que la medición se incluya e integre al desarrollo del trabajo, sea realizada por quien ejecuta el trabajo y esta persona sea el primer usuario y beneficiario de la información. La experiencia ha demostrado que cuando en una organización no existe la cultura de la medición, es necesario, inicialmente y para generar primero la disciplina y después la cultura, que las personas cuenten temporalmente con una persona que capacite y acompañe al grupo de trabajo en el proceso de establecimiento y puesta de funcionamiento. Es importante resaltar que este acompañamiento es temporal y tiene como fin apoyar la creación y consolidación de la cultura de la medición y el autocontrol. Los recursos que se empleen en la medición deben estar incluidos dentro de los recursos que se emplean en el desarrollo del trabajo o del proceso.

Un aspecto importante del manejo de los indicadores es llevarlos a esquemas gráficos o numéricos que permitan la comparación y la observación del comportamiento de los procesos en el tiempo, mostrando resultados que permiten conocer y analizar variaciones en los consumos de energéticos y de materiales y recursos (agua, aire, vapor, etc.), en las cantidades de producto final y otras de importancia para la toma de decisiones que conllevan a mejoras y a la obtención de los ahorros. El análisis se enfoca en prestar atención a las variaciones, identificar sus causas y promover acciones correctivas para redireccionar la búsqueda de las metas propuestas. A medida que se vayan implementando las acciones correctivas y el indicador mejore, se establecen nuevas metas más exigentes y atractivas.

En algunas organizaciones los sistemas de gestión deben enfrentar algunos paradigmas acerca de las mediciones:

> La medición precede al castigo
> No hay tiempo para medir
> Medir es difícil
> Hay cosas imposibles de medir
> Es más costoso medir que hacer

Una ventaja de poner en marcha indicadores, puede estar relacionada con discriminar los costos, los consumos y los flujos según actividades específicas en vez de mirarlos como un total. En esta forma categorizada se facilita la obtención de ahorros. Al agrupar los datos, se pierde información puntual o específica y se promedian comportamientos buenos con comportamientos inferiores, resultando un comportamiento promedio que se puede considerar aceptable. En realidad, al observar en detalle, se descubren los potenciales.

Algunos de los indicadores que se podrían implementar, para la obtención de los ahorros y objetivos particulares de la organización son:

Indicadores de producción
- $Indicador\ de\ reprocesos = \dfrac{Unidades\ rechazadas}{Unidades\ totales}$

- $Indicador\ de\ ventas = \dfrac{Unidades\ facturadas}{Unidades\ producidas}$
- $Indicador\ de\ productividad = \dfrac{Horas\ de\ paro\ de\ proceso}{Total\ horas\ pagas}$
- $Indicador\ de\ consumo\ de\ energía = \dfrac{Unidades\ procesadas}{Energía\ consumida}$
- $Indicador\ de\ mantenimiento = \dfrac{Tiempo\ de\ paros\ no\ programados}{Tiempo\ de\ paros\ programados}$

Indicadores ambientales

- $Indicador\ de\ residuos\ sólidos = \dfrac{Kg\ de\ residuos\ sólidos}{Kg\ de\ producto}$
- $Indicador\ de\ Emisiones\ atmosféricas = \dfrac{Kg\ CO2}{Kg\ de\ producto}$
- $Indicador\ de\ vertimientos = \dfrac{m3\ de\ vertimientos}{kg\ de\ producto}$
- $Indicador\ de\ consumo\ de\ agua = \dfrac{m3\ de\ agua\ potable\ consumida}{kg\ producto}$

La recolección de datos para el cálculo de indicadores puede ser electrónica con equipos de medición que guardan la información medida, o manualmente, con la ayuda de una persona que tenga conocimiento de lo que debe medir, sin embargo esta forma de registro está sujeta al error humano y no necesariamente resulta más económica que los registros electrónicos. La toma de datos de consumo y operación es común en los equipos de mayores consumos de energía o los más importantes para la producción, sin embargo todos los sistemas deben ser vigilados de manera independiente. Los indicadores específicos que se obtienen de datos de producción y consumos de energía, deben ser empleados para establecer metas relacionadas con ahorro de energía.

Indicadores de consumo de energía

Un indicador de consumos de energía básico es el que resulta de dividir el consumo energético de un proceso sobre la producción lograda en el mismo periodo de tiempo.

$$IE = \frac{Consumo\ de\ energía}{Producción}\ [=]\ \frac{kWh}{Ton}, \frac{kWh}{kg}, \frac{BTU}{Ton}$$

Las unidades de este indicador van a depender de la forma como se registren los datos de producción y consumo de energía, y estas deben ser de uso frecuente en la compañía para tener una mejor comprensión del significado de los indicadores.

Pero si se quiere hacer un análisis más detallado de lo que sucede con la energía en la etapa de producción, pueden manejarse otros indicadores con estos mismos datos:

$$\frac{Energía\ consumida}{Material\ rechazado}\ [=]\ \frac{kWh}{Ton}, \frac{kWh}{kg}, \frac{BTU}{Ton}$$

$$\frac{Energía\ consumida}{Unidades\ producidas\ de\ cada\ referencia}\ [=]\ \frac{kWh}{Ton}, \frac{kWh}{kg}, \frac{BTU}{Ton}$$

Los indicadores pueden estudiarse fácilmente a través de gráficos y con base en el al resultado de este análisis, tomar acciones que estén enmarcadas en la política de calidad de la organización. Estos son comparados contra unos valores de meta y alarma obtenidos de la información histórica del proceso.

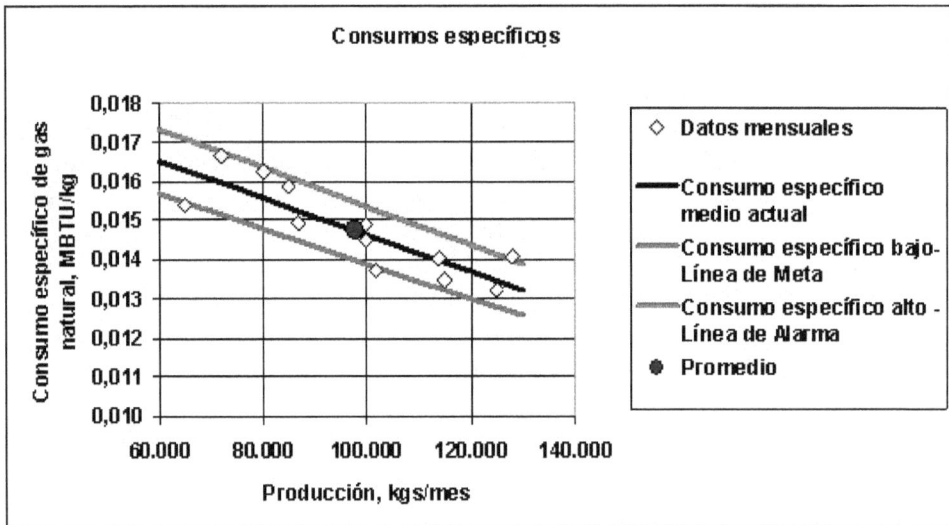

Indicador de consumos de energía. Valores meta y de alarma del indicador.

Las siguientes son algunas recomendaciones a tener en cuenta para el sistema de gestión y el manejo de indicadores:

- Lo más común en una empresa es que su producción varíe mes a mes. Entonces es recomendable que los valores meta de los indicadores (por ejemplo los de consumos específicos) sean ajustados con las variaciones de la producción.

- Los ahorros que se consiguen al reducir los consumos de energía pueden ser invertidos, al menos en parte, en mejorar los instrumentos de medición del proceso, en automatización o en capacitar al personal involucrado con los altos consumos de energía, cualquiera de estas acciones en el tiempo multiplicará los ahorros iniciales.
- La cultura energética organizacional debe incluir la revisión de los indicadores, las metas establecidas y las acciones que se deben tomar para alcanzarlas. Igualmente cuando se obtienen buenos resultados, documentar aquellos hechos que llevaron a lograr estos resultados. Esto aumentará el conocimiento del proceso de producción, y de las acciones correctivas que se pueden aplicar para reducir consumos de energía. Igualmente cuando los resultados no son buenos, su análisis da lugar a lecciones aprendidas.
- Conformar un equipo de trabajo en el cual intervengan personas de procesos, ingeniería, mantenimiento, administración y personal operativo.
- Este equipo debe ser entrenado en técnicas de mejoramiento continuo, trabajo en equipo, análisis de oportunidades y estrategias.
- Establecer indicadores para la planta en general y para equipos y procesos importantes, apoyados en los medidores de consumo por proceso que la empresa decidirá instalar.
- Analizar con determinada periodicidad el comportamiento de los indicadores.
- Proponer acciones correctivas, evaluarlas y ejecutarlas.
- Recoger ideas con la ayuda del personal involucrado y divulgar el trabajo que se hace y los logros que se van obteniendo.

No siempre hay que enfocar las acciones hacia grandes inversiones, por ejemplo, la sustitución de equipos. Puede ser recomendable, especialmente cuando se comienza a poner en marcha medidas de reducción de consumos de energía en el proceso, iniciar con acciones básicas, como la vigilancia del proceso, para determinar las acciones que conducen a tener indicadores cercanos o superiores a la meta establecida. Otras acciones de baja inversión que podrían tener impactos significativos en la gestión energética son:

- ✓ Es recomendable que la empresa inicie con la colaboración de consultoría externa y la intervención del departamento de ingeniería de la empresa.
- ✓ Es muy importante que los instrumentos de medición se encuentren en buen estado y correctamente calibrados.
- ✓ Conocer los ciclos de operación de los equipos
- ✓ Tener muy en cuenta los tiempos de respuesta

✓ Tener criterios para visualizar el impacto de los tiempos de los procesos sobre el análisis

✓ Llevar algunos de los datos estadísticos de producción a números adimensionales. Uno de estos números, por ejemplo, es el de las eficiencias.

4.4.3 Organización del trabajo para lograr y plantear objetivos. Comités de trabajo. Metodologías aplicables

- **Trabajo en equipo**

Aprovechar el potencial de cada persona es el tema clave de los directores en las empresas. Para desarrollar programas de energía en una organización es importante comprometer a todo el personal, en todos los niveles de la cadena productiva incluidos los proveedores y clientes. Esto parte de reconocer el potencial humano. Las empresas deben estar conscientes de que el trabajo con las personas es esencial y que debe estar orientado a reconocer las formas complejas y complementarias en que funcionan las mentes de las personas. En este camino lo esencial es prestar atención a la gente, crear espacios para el diálogo, dar participación, apoyar las ideas, establecer principios y valores.

Las reuniones son fundamentales para el logro de los objetivos trazados. Con frecuencia muchas de las personas se quedan calladas en las reuniones, dejando que unos pocos asuman el liderazgo y la carga de las decisiones que se toman. Muchas veces queda el sabor de la no participación, del no compromiso, y de la apatía por el resultado. Se pierden así opciones de crecimiento al no participar activamente. Para mejorar este aspecto, uno de los principios que mejora la participación en las reuniones es el de la Alineación, es decir, que todas las personas del equipo, se unan en una misma dirección, buscando aumentar el poder colectivo. Es mayor la fuerza de un grupo alineado que la de las personas individuales. Las personas deben tener la posibilidad de poner su atención y su imaginación sobre los objetivos que se están planteando para que puedan aportar. Ello exige espacios de anotación, de reflexión y de aportes durante la reunión. Sobre todo es importante el respeto por las ideas y sugerencias de otras personas, todas tienen valor y deben ser escuchadas.

Como la reunión debe llegar a conclusiones se requiere que los aportes se compartan y se amplifiquen, buscando patrones comunes, verdades más amplias y conceptos útiles para resolver y centrar el tema, es necesario que los participantes se asocien, se toleren en sus especulaciones y cambien sus puntos de vista en busca de conceptos comunes. Esto debe llegar a que el grupo establezca declaraciones finales, que resuman de modo evidente para el grupo, los conceptos desarrollados y se constituyan en el resultado práctico de la reunión.

A medida que el trabajo en equipo mejora y se logran las sinergias, la repercusión en el desempeño es mayor y el equipo de trabajo se puede denominar como de alto desempeño.

- **Alineamiento empresarial**

El alineamiento empresarial significa estar de acuerdo con una cierta meta y trabajar para alcanzarla. Después de tomada la decisión de emprender un sistema de GE y de entender la importancia de contar con uno en la organización, es clave para el éxito del mismo la definición de los objetivos, pues estos serán el norte del sistema, serán los lineamientos bajo los cuales se definan las metas, se estructuren los comités de apoyo y se planteen las estrategias que lleven a lograr el alcance propuesto e indicado para la compañía. Si la organización nunca ha contado con una cultura energética, van a haber muchas cosas por mejorar y lo más probable es que se necesiten inversiones cuantiosas para mejorar la eficiencia energética de la empresa, por lo mismo, como habrán tantas cosas por mejorar, entonces será difícil definir los objetivos correctos.

La selección de metas correctas se hace utilizando el mejor razonamiento de las personas y de los grupos humanos, sumado a la creatividad, la imaginación, la intuición y las capacidades del grupo y de las personas, para apreciar lo que hacen y lo que les espera. Estas metas tienden a verse como posibles. Son intuitivas porque se sienten bien. Son imaginativas porque se sienten posibles y se ven estéticas y bien planteadas. Son creativas porque crean realidades.

Los objetivos y metas que se impongan en un sistema de gestión deberán tener estas características.

Características de los objetivos

Características de un objetivo

*   Medibles
Los objetivos deben ser cuantitativos y estar ligados a un límite de tiempo. Por ejemplo, un objetivo en un sistema de gestión energética puede ser "en seis meses, reducir la facturación de energía eléctrica en un 20%".

*   Claros
Los objetivos deben tener una definición clara, entendible y precisa, no deben prestarse a confusiones ni dejar demasiados márgenes de interpretación.

*   Alcanzables
Los objetivos deben ser posibles de alcanzar, deben estar dentro de las posibilidades de la empresa, teniendo en cuenta la capacidad o recursos humanos, financieros, tecnológicos, que ésta posea. Se debe tener en cuenta también la disponibilidad de tiempo necesario para cumplirlos.

*   Desafiantes
Deben ser retadores, pero realistas. Objetivos poco ambiciosos no son de mucha utilidad, aunque objetivos fáciles al principio pueden servir de estímulo para no abandonar el camino apenas éste se haya iniciado.

*   Realistas
Deben tener en cuenta las condiciones y circunstancias del entorno en donde se pretenden cumplir, por ejemplo, un objetivo poco realista sería aumentar de 10

a 1000 empleados en un mes. Los objetivos deben ser razonables, teniendo en cuenta el entorno, la capacidad y los recursos de la empresa.

- Coherentes

Deben estar alineados y ser coherentes con otros objetivos, con la visión, la misión, las políticas, la cultura organizacional y valores de la empresa.

Veamos algunos lineamientos para el planteamiento de las metas y objetivos más apropiados a la organización, que son aplicables a empresas de cualquier naturaleza y tamaño.

¿Qué tenemos?
Comenzar por realizar las auditorías energéticas que permitan visualizar los consumos actuales y las oportunidades de ahorro energético. Se recomienda que estas auditorías sean realizadas por una persona externa para que su objetividad y conocimiento permitan arrojar resultados objetivos y veraces de los consumos de energía.

¿Para dónde vamos?
Pueden existir muchas razones por las cuales la empresa decida emprender un sistema de GE. Competitividad de sus productos o servicios en los mercados nacionales e internacionales, reducir la facturación de servicios energéticos, fomentar la cultura de la organización, aprovechamiento de subproductos en la generación de energía eléctrica

¿Qué necesitamos?
Son los recursos disponibles de la organización. Es importante que se conozcan las oportunidades que ofrecen entidades gubernamentales y bancarias para la financiación de proyectos de eficiencia energética.

¿Quién se va a encargar?
En esta etapa se define el grupo de trabajo encargado de hacer posible la GE. Este grupo deberá estar integrado, preferiblemente por un representante de cada disciplina en la organización. Si este grupo resulta ser muy grande, entonces deberá seleccionarse a aquellas personas que por sus conocimientos académicos y de la empresa puedan aportar soluciones de alto impacto optimizando todos los recursos disponibles y en poco tiempo. Este grupo de personas resulta ser el comité energético, encargado de liderar todo lo relacionado con la gestión energética en la organización.

¿Cómo lo vamos a lograr?
Una vez definidos los objetivos y las personas encargadas de llevar a cabo los mismos se definen las estrategias de trabajo. En esta etapa se desarrollan los proyectos de eficiencia energética y gestión de los recursos energéticos, la selección y programación capacitaciones necesarias.

4.4.4   Plan de mejoras integrales

Las mejoras y reducciones de consumo de energía son sinónimo de la eficiencia energética en las empresas. Para que estas mejoras sean posibles y se den de forma que optimicen los consumos de energía, debe contarse con una planeación. Esta puede ser diseñada por el comité energético de la compañía y puede apoyarse en los hallazgos de las auditorías energéticas, ya que al trabajar con esta información se van a enfocar en los equipos y procesos con oportunidades de ahorro.

La mejora también puede darse por el aprovechamiento de calores residuales de los procesos, subproductos con valor energético o la implementación de proyectos regionales de eficiencia energética.

Los planes de mejora son todas las acciones organizadas que pueda emprender una organización para avanzar al logro de los objetivos y metas planteadas en las políticas de calidad. Para que sean exitosos estos planes, deben buscar las soluciones en los procesos y fuera de él, es decir, deben incluir una búsqueda en las entidades que promueven la eficiencia energética y el uso racional de la energía, por ejemplo entidades bancarias que prestan dinero a bajos intereses y con posibilidad de condonación de deudas, entidades gubernamentales que brindan la exención de impuestos y aranceles por la importación de equipos para proyectos ambientales y de eficiencia energética.

Un plan de mejora debe tener un objetivo específico y una planificación donde se defina qué es lo que se va a mejorar, quienes participarán en ese proceso y con qué objetivo se someterá a evaluación y mejora el sistema en cuestión. Tales planes ayudan a iniciar los procesos, y por ello se debe contar con ellos desde el inicio. Para lograr dicho objetivo se puede buscar apoyo externo a la organización, por ejemplo una de las acciones de mejora es la capacitación y para ello se puede contar con una persona experta y externa a la organización. Otra de las ayudas que se puedan usar son las guías o normatividades disponibles, por ejemplo, en el tema de mejora de la eficiencia energética puede apoyarse la organización en la norma ISO 50001. Con esta norma se pueden tener los lineamientos para la implementación de un sistema de gestión. De igual forma se pueden usar normativas para acogerse a sistemas de gestión de calidad y ambiental o de seguridad.

Evaluación de las condiciones actuales de la empresa

Al tener planteados los objetivos a lograr, puede pasarse al planteamiento de estrategias. Una útil herramienta para la formulación y evaluación de estrategias es la Matriz DOFA.

La matriz DOFA es un trabajo que realiza toda la organización, donde se detallan las debilidades, oportunidades, fortalezas y amenazas, para posteriormente calificarlas de tal manera que permiten ver en qué estado se encuentra la organización, que elementos deben mejorar, que oportunidades acometer, que otras dejar para poder rediseñar la planeación estratégica en cada momento y reformar la estructura organizacional de acuerdo con las necesidades que se hacen explicitas con este trabajo.

Las gráficas y la tabla siguiente esquematizan el análisis estratégico que facilita la gestión en la organización.

Componentes de la matriz DOFA

Debilidades	
	Son las deficiencias organizacionales, aquellos elementos donde la organización pierde recursos que impiden el desarrollo de los objetivos e impiden el progreso de la entidad. Son los puntos poco resistentes de la cadena.
Oportunidades	
	Son las opciones presentes, en el mercado, en los procesos, en la tecnología, en los proveedores, que aún no han sido completamente exploradas por la organización y que plantean una opción para generar nuevos recursos y progreso para la misma.
Fortalezas	
	Las fortalezas están relacionadas con un correcto manejo de los recursos. Son aquellas áreas y elementos donde la organización es realmente fuerte y que debidamente sustentadas podrán generar un mejor desarrollo de la organización. Una importante fortaleza de una organización es su recurso humano.
Amenazas	
	Son aquellas situaciones externas e internas que ponen en peligro el desarrollo de la organización o del sistema de gestión. El análisis DOFA permite conocerlas y tomar acción de acuerdo con el grado de amenaza que representen.

Fortalezas	Oportunidades
• La empresa tiene una visión muy humana. • La empresa investiga y desarrolla tecnología. • La empresa tiene un manejo integral orgánico y ecológico de sus procesos. • La empresa presenta alta estabilidad laboral y cuenta con personal muy comprometido. • La empresa exporta. • La empresa cuenta con indicadores. • La empresa cuenta con un equipo de profesionales capacitados y estudiosos. • Los dueños están muy comprometidos. • La empresa trabaja con las universidades.	• La empresa podría sacar provecho de las nuevas tecnologías que ha desarrollado y las podría vender. • Existen posibilidades de ahorro importante en los sistemas de refrigeración. • El conformar un sistema de manejo energético con mediciones, indicadores y metas es potencialmente benéfico y es fácil de montar en la empresa. • El contar con manejo integrado de medio ambiente y energía se puede aprovechar en el mercado. • La empresa puede financiar proyectos de ahorro y mejora con entidades de apoyo, dado que tiene tradición de manejo de proyectos.
Amenazas	Debilidades
• Existen riesgos eléctricos en los sistemas de iluminación y otros por falta de aplicación de normas. • La falta de control en los consumos de los cuartos fríos puede dar lugar a sobre costos. • No se aprecia un sistema claro de manejo de riesgos de incendio o de seguridad ni la existencia de una brigada.	• No se cuenta con un sistema de cuentas de consumos de energía bien llevado y organizado. • No se cuenta con asesores en temas energéticos. • Faltan sistemas de medición. • Faltan registros y metas energéticos. • No se tiene un buen registro de datos de producción basados en los flujos de producto. • Las cuentas de consumo incluyen datos de otra pequeña empresa vecina.

Planteamiento de estrategias

Una vez realizado un diagnóstico como resultado de distintos esquemas de revisión, es necesario plantear las estrategias que se van a adoptar y las actividades concretas que se van a poner en marcha. Las actividades deben contar con responsables, con un presupuesto destinado para llevarlas a la práctica y con unos plazos de cumplimiento y de revisión.

Para cada oportunidad o aspecto estratégico se pueden plantear varias estrategias.

Para cada estrategia, se plantean varias actividades.

Debe organizarse un esquema de seguimientos o de proyectos para llevar a la realidad el cambio deseado.

La eficiencia operacional y la estrategia son necesarias para mejorar el desempeño de una organización. Sin embargo, la eficiencia y la estrategia trabajan de formas diferentes, pues una estrategia va más allá de sólo hacer actividades similares a la competencia de una mejor manera. Para alcanzar una posición estratégica, la empresa tiene que basarse en las necesidades de los clientes, la accesibilidad de los consumidores o la variedad de productos o servicios de su compañía. La selección y aplicación de las estrategias más adecuadas para la empresa dependen del líder, esta persona desempeña el papel de hacer elecciones y logra ajuste entre las actividades.

El siguiente esquema muestra la filosofía general que se aplica en este desarrollo estratégico

Filosofía del direccionamiento estratégico

Pero poner en marcha un esquema de este tipo debe considerar la realidad de la empresa y de las personas asociadas con los procesos. Van a existir fuerzas que se oponen, fuerzas que residen en el interior mismo de las personas. ¿Qué impide la coherencia entre los planes y estrategias?, ¿qué atenta contra el cambio deseable?, ¿qué atenta contra la evolución?. El filósofo de las ciencias Bateson ha estudiado el comportamiento humano y ha dado claves importantes para entender qué es lo que sucede.

Cuando se descubrieron los mecanismos de retroalimentación se dio origen al estudio científico de los sistemas automáticos. Bateson ha planteado estos mismos mecanismos de retroalimentación en las personas. Ellos responden a preguntas como las siguientes:

¿Qué hace que un cohete bien construido que se lanza en la dirección correcta y con la fuerza correcta no siempre llegue al objetivo?

¿Qué hace que personas inteligentes y de buena voluntad, capacitadas, bien intencionadas no cumplan la totalidad de los objetivos en un proyecto o en una empresa?

Lo que ocurre es que hay fuerzas y efectos, impredecibles desde el inicio, que perturban el movimiento y lo desvían en formas que no parecen importantes pero que eventualmente se vuelven caóticas, perdiéndose toda posibilidad de llegar al objetivo. En el caso de las personas, decía Ortega y Gasset, están las circunstancias que modifican al yo y múltiples fuerzas y motivaciones ocultas, que perturban el resultado deseado.

Los mecanismos cibernéticos permiten corregir estos problemas. Y estos se basan en:
- Sistema de referencia imperturbable y objetivo
- Medición de la posición en todo instante
- Comparación contra el plan deseado
- Mecanismos de corrección
- Acciones de corrección
- Verificación del resultado
- Desarrollo de la inteligencia para el futuro

Esto, precisamente, es lo que trata de hacer un sistema de gestión para los equipos, pero también para las personas involucradas.

Ahora, el trabajo de gestión, en sus aspectos humanos, se hace para corregir las perturbaciones de las personas, que son, entre otras, las siguientes:

Miedos. La existencia de miedos individuales y de grupo establece limitaciones que cierran las mentes de las personas y las llevan a llenarse de complejidad y de problemas de comunicación. Las personas pueden llegar a actuar de forma inesperada e inexplicable, en algunos casos inclusive desvirtuando los planes y sin comprometerse, de manera que no cumplen aquello a que se comprometen. Puede ser que tengan miedo al cambio y por ello no se alinean con los cambios favorables personales y de grupo.

Falta de compromiso y falta de atención. Puede suceder que algunas personas piensen que las deben arrastrar u obligar y les duele comprometerse, porque lo ven como un riesgo. Pueden reaccionar con incumplimientos, desorden, comunicaciones incompletas o pobres, desconfianza, chismes, creándose la sensación de que las cosas no funcionan bien. En un ambiente desordenado, las personas y los grupos se ponen nerviosos, pierden la atención y cometen errores de calidad.

Falta de unidad y abundancia de agresividad. Puede suceder que las personas no se sientan parte de un equipo de trabajo y vean en los demás a alguien que los ataca y que los obliga a estar a la defensiva. Con ello, se ponen en riesgo y se desaprovechan las oportunidades de trabajar en grupo efectivamente. En vez de planear, responden a los problemas sin saber qué hacer, hasta llegar a convertirse en un esclavo de los problemas.

Fijación en el pasado. Habrá personas que se quedan ancladas en el pasado y por ello no quieren ajustar su comportamiento a los cambios en marcha. Si todo lo referimos únicamente al pasado perdemos el sentido de la vida, ya que la vida es cambio permanente y todo fluye. Puede suceder inclusive que las personas no crean en ellas mismas o en la organización, porque recuerdan los fracasos que han ocurrido. Pero en esta forma se pierde la visión y el ánimo para aprender.

Un sistema de gestión facilita procesos para vencer estas circunstancias perturbadoras, en la siguiente forma:
- Se hace trabajo en grupos y equipos, apoyados en sistemas de calidad y de gestión.
- Se trabaja bajo normas. Ello establece la confianza y ayuda a eliminar problemas de comunicaciones y de trazabilidad. Las normas nos protegen del desorden y del error; por ello disipan los miedos. Además facilitan las comunicaciones.

- El proceso genera conocimiento y ello igualmente disipa el miedo. Por eso se debe dar importancia a los procesos de capacitación.
- Trabajar bajo normas y procedimientos, bien entendidos, es muy amigable. El sistema de gestión ayuda a evitar la tensión para el grupo.

Ahora, si se estimula que el trabajo sea en un ambiente constructivo y de amistad se refuerzan las señales positivas. Por ello es bueno elaborar normas con intención participativa y estimular la capacitación, para alejar las sensaciones de cansancio, de fastidios, inclusive la capacitación debería alejarse del sufrimiento y lograr la tranquilidad sobre los temas. Al archivar bien la información, llevar registros ordenados e indicadores, se evitan los agobios y los acosos y ello a su vez evita conflictos y facilita el que estemos disponibles. Eso renueva a las personas. Si se tiene la actitud de que al presentarse un problema, se le puede convertir en una oportunidad de aprender, de crecer y de servir, se facilita el que las personas sean dueñas de las situaciones y por eso se sienten capaces de cambiarlas para algo mejor.

4.5 GESTIÓN OPERATIVA

La operación es el elemento real de la gestión. En ella se conoce la efectividad del plan diseñado. Comprende los siguientes conceptos:
- Evaluación de la gestión
- Desarrollo de proyectos
- Financiación de proyectos
- Análisis de costos y beneficios
- Gestión tecnológica e innovación

Esto se hará de una forma resumida, aplicada concretamente a la GE, ya que en los tres capítulos anteriores se entró con alto nivel de detalle en los temas del análisis de costo beneficio y del desarrollo de proyectos.

4.5.1 Evaluación de la gestión

La gestión integral tendrá mucho que ver con el trabajo coordinado de las diferentes dependencias de la organización. La evaluación de la gestión se logra principalmente a través del cumplimiento de los objetivos de la organización y del sistema de gestión, se realiza periódicamente, y está diseñada para contribuir al logro de los mismos, mediante la valoración del desempeño alcanzado por los diversos grupos de trabajo.

La evaluación del sistema de gestión es la evaluación de la gestión integral, cuando evaluamos alguno de los procesos del sistema de gestión indirectamente evaluamos la gestión empresarial. La evaluación es un proceso interno, usado por la organización para conocer el avance en la búsqueda del cumplimiento de los objetivos establecidos en las políticas de la empresa. Algunos organismos interesados en conocer este avance, y que son externos a la organización, realizan sus evaluaciones por medio de auditorías, algunas de ellas son realizadas por clientes, otras por las empresas que otorgan certificación bajo una de las normativas de gestión aplicables, por ejemplo Icontec, Bureau Veritas, Cidet, entre otros. En cualquiera de los casos, siempre que se realice una evaluación, ésta debe tener al menos un objetivo, como por ejemplo, verificar el cumplimiento de las políticas de la empresa, verificar el cumplimiento de las políticas de un sistema de gestión, conocer el avance en la adopción de una estrategia para el logro de los objetivos de la empresa, evaluar el nivel de conocimiento de un determinado grupo de la organización, entre otros.

- **Objetivos y límites de la evaluación**

La definición del objetivo de la evaluación servirá como punto de partida para establecer toda la información que se espera encontrar durante la misma. Este objetivo puede involucrar todo el sistema de gestión, o sólo algunas de sus políticas. El objetivo debe ser medible, de esta forma se facilita saber si al final de la evaluación, el mismo se logró, debe estar sustentado en leyes, normas, políticas, acuerdos, o cualquier documento de cumplimiento para el sistema de gestión. Algunos de los aspectos que se busca conocer en la evaluación son:

Distribución de responsabilidades dentro de la organización: Es importante evaluar si las responsabilidades del sistema de gestión están claramente definidas y todas ellas están a cargo de alguna persona o grupo. Esta distribución debe estar documentada.

Revisión del cumplimiento de exigencias legales: Se refiere esta revisión a las leyes y normas aplicables al proceso, diseño, o región. Todas estas deben ser evaluadas, consideradas, revisadas y aplicadas permanentemente. Una persona o grupo tendrá la responsabilidad de vigilar las actualizaciones de estas normativas y otras que surjan y sean de obligatorio cumplimiento.

Determinación del valor agregado que el sistema de gestión le da a los productos de la organización: la razón de ser de una organización es ser competitiva en el mercado con sus productos o servicios, si bien la gestión ayuda a mantener y mejorar dicha competitividad, debe estar en la mira de todos los involucrados la importancia de que haya un valor agregado en los sistemas de gestión, valor que al final se debe traducir en beneficios para los clientes que reciben los productos o servicios de la empresa.

Determinar valores agregados reviste complejidad, ya que pueden ser tangibles e intangibles. Pero es un asunto del cual debe hablarse y sobre el cual deben existir declaraciones. A nivel general debe consignarse un gran objetivo, un gran valor agregado, que debe ser parte de los documentos de la política del sistema de gestión. Su divulgación es necesaria e importante puesto que es un factor clave para la motivación del personal para alcanzar los objetivos del sistema de gestión.

Además de estos valores agregados globales, el sistema de gestión debería agregar valor en los distintos puntos en los cuales opera y estos valores deben quedar registrados tanto a nivel de objetivo como a nivel de logro.

Dado lo anterior, la evaluación del sistema debe incluir evaluaciones de los logros. Resaltar el logro es importante para darle fortaleza al sistema. Buscar el logro es importante para estimular el sistema. Medir el logro es importante para caer en cuenta del trabajo que se está haciendo y de su importancia.

Como se mencionó en la sección anterior, la detección continua, mediante elementos de retroalimentación, del estado del sistema, hace parte del ciclo que permite obtener resultados. Los logros deben ser detectados para facilitar el manejo del sistema.

- **Alcance y metodología de la evaluación**

Una vez conocido el objetivo, es necesario definir el alcance y la metodología para evaluar, que pueden ser simples preguntas, verificando el cumplimiento de la metodología PHVA, o cualquier otra metodología de mejora. Algunas de las preguntas que podrían responderse durante la evaluación son: ¿Cuáles han sido las estrategias empleadas por el sistema de gestión para el logro de sus objetivos?¿Estas han sido eficaces?

Recordemos que las estrategias se deben convertir en acciones, las cuales tienen un nombre, una descripción, un presupuesto y unos recursos asignados, unos responsables, un cronograma y unos resultados esperados. Lo que se hace acá es revisar las listas de acciones para cada estrategia y examinar en qué medida contribuye a la estrategia general planteada.

¿Cómo está organizado en el sistema de gestión todo lo relacionado con la recolección y manejo de la información?

Recordemos que la información debe fluir de manera coherente desde los sistemas que se gestionan (los cuales dan señales de salida) hasta los administradores, los cuales realizan las acciones de ajuste del sistema, para conducirlo al logro de los objetivos. Lo que se hace acá es revisar la trazabilidad de las señales y ver en qué forma se convierten en señales operativas que mantengan al sistema bajo control y en mejoramiento. Para ello deben señalarse los canales de información y la forma en que esta fluye por todo el sistema.

En una evaluación lo que se hace es detectar problemas de flujo de información, tales como información incompleta, información errónea, información que no llega a los puntos deseados, información que se pierde o se distorsiona. Se revisan los esquemas de respuesta y se examinan casos de éxito y casos problemáticos. Se examina la forma en que la información se sistematiza y se convierte en indicadores.

Se examina hasta qué punto las personas entienden y manejan los indicadores y qué responsabilidad sienten en cuanto a que evolucionen correctamente.

Se examina la pertinencia de la información, de acuerdo con el elemento del sistema que se está evaluando, en términos de complejidad, tamaño y potencial de contribución a los grandes objetivos

¿Es transparente y trazable el trabajo del sistema de gestión para los clientes internos y externos de la compañía?

La idea de un sistema de gestión es que haga parte del manejo administrativo regular de la organización. No se desea instaurar una burocracia insensible o voraz ni un centro de poder. El sistema debe responder con logros y con valor agregado, de manera que todos en la organización lo miren con actitud participativa, con interés, con expectativas, con aceptación. La transparencia tiene que ver con su visibilidad para todos.

Atentan contra la transparencia tres circunstancias importantes:

El desorden, que crea problemas de atención, confusión y sentimientos de que las cosas no funcionan. En la evaluación se examina que el sistema sea coherente, ordenado, claro, entendible y conocido por las personas.

Las agendas ocultas (luchas maliciosas por el poder, información privilegiada, información que se oculta, objetivos que no se divulgan, propósitos de desprestigio o de manipulación). Se examinan las incoherencias funcionales y el grado de participación de las personas como evidencia de que no se presenten este tipo de situaciones.

La existencia de secretos, irregularidades o mentiras. Esto puede darse especialmente en la parte ambiental o cuando hay un sistema de premios o castigos pobremente diseñado como parte de los mecanismos de gestión. Para detectar estos problemas se recurre a entrevistas con las personas y al examen documental, acompañado de preguntas sobre la visibilidad de la información.

Cuando se aprecia un buen grado de participación de las personas, es muy probable que el sistema tenga transparencia.

¿Cómo funcionan los proyectos del sistema de gestión?

Recordemos que el sistema de gestión GE va muy orientado a los logros, ya que es una herramienta para que la sociedad y las empresas colaboren con las metas locales, nacionales y universales para resolver los problemas del agotamiento de los combustibles fósiles, las emisiones de gases de efecto invernadero y el desarrollo sostenible (equilibrio entre desarrollo humano y generación de prosperidad y riqueza sin afectar el ambiente, pensando por ello en las futuras generaciones y en los sectores débiles de la sociedad).

Los logros se van obtener con mayor probabilidad si se cuenta con una clara metodología de manejo de proyectos y esto debe ser verificable al momento de evaluar la gestión. Es importante revisar que los proyectos estén bien orientados, con sus objetivos y tiempos de entrega claros, con recursos suficientes (internos y externos). A medida que se terminen los proyectos en sus aspectos de diseño y planeación, es importante que se lleven a la práctica y que exista una metodología para evaluar los logros, al menos indirectamente, a través del comportamiento de los indicadores de gestión.

¿Qué tan pertinente es para la organización trabajar con el sistema de gestión que se evalúa en su funcionamiento?

Como se ha comentado, los sistemas de gestión deben ser útiles. La alta dirección de la empresa debe verificar que sí se estén cumpliendo los grandes objetivos y este sentimiento de efectividad debe volverse parte del sistema de creencias de la organización.

Los clientes externos (clientes comerciales, proveedores, auditores externos, autoridades, entes reguladores, representantes de las comunidades, entidades gremiales, la casa matriz (cuando se trate de una empresa multinacional) deben sentir igualmente que el trabajo que se está haciendo es conveniente y pertinente. Al respecto se examinan las comunicaciones con estos entes y su nivel de participación en la gestión, en cuanto a que este sea necesario para su éxito.
Herramientas usadas

La recolección de la información puede realizarse por medio de:
- Análisis de los datos e información disponibles, incluyendo registros, normas, leyes, políticas internas y auditorías,
- Entrevistas individuales a responsables y expertos del sistema de gestión
- Técnicas de análisis grupal.
- Consulta con asesores
- Visitas de campo para observar lo relativo a logros y proyectos y al estado de los sistemas.
- Revisión de estudios y conceptos externos
- Revisión de la situación de permisos y estado de emisiones en lo relativo al medio ambiente.

- Examen de los informes internos, incluyendo las revisiones gerenciales del sistema.

Equipo evaluador

La evaluación interna generalmente es realizada por un representante de la alta dirección. Las evaluaciones externas son realizadas por personas expertas en el sistema de gestión en evaluación. El sistema de GE puede contar con un esquema de auto evaluación que revise periódicamente el estado del sistema. Una buena herramienta es contar con un comité evaluador, que se reúna con una cierta frecuencia, por ejemplo, mensual. Este comité debe estar constituido por personas que tengan suficiente conocimiento de las actividades que se realizan dentro del sistema de GE.

Tiempo de evaluación

Se establece un tiempo aproximado que podría durar la evaluación del sistema de gestión, dependiendo de la complejidad de la organización y de la cantidad de ítems a evaluar. Esto con fines de programación. Una revisión general puede tomar entre uno o dos días en casos normales.

Evaluación interna continua como parte del sistema administrativo normal de la organización con base en los indicadores de gestión

Hemos insistido en que el sistema de gestión debe ser parte integral de la administración de los procesos, por lo cual los indicadores de gestión para el control de la GE deben ser esencialmente los mismos indicadores operativos de los procesos. No obstante lo anterior, puede ser conveniente agregar otros indicadores para evaluar la efectividad del proceso de gestión como tal. Es decir, evaluar aspectos como los siguientes:
- Efectividad de los objetivos del sistema de gestión para la organización
- Habilidades desarrolladas por los líderes y miembros de los comités de apoyo, para una GE
- Efectividad de las propuestas del comité energético para la gestión energética
- Agilidad en la implementación de planes correctivos para lograr los objetivos del comité energético

El manejo de estos indicadores deberá estar a cargo del representante de la alta dirección, pues es la máxima autoridad en la GE, de manera que si se deben aplicar medidas correctivas con respecto al trabajo de los miembros del grupo de trabajo que diseña y administra la GE, se puedan realizar con rapidez. Las evaluaciones a realizar y su periodicidad debe establecerse. Algunos ejemplos de los indicadores que se podrían usar para evaluar el sistema de gestión se presentan a continuación.

Eficiencia de los consumos de combustible planificados en la GE (EC)

$$EC = \frac{TCC}{TCE} * 100$$

TCC: consumos reales totales
TCE: Consumos esperados totales
Objetivo del indicador: reflejar la proporción de cumplimiento en la programación de consumos de combustible en la planta.
Pero es más recomendable contar con un indicador de consumo específico ajustado a los flujos de producción, ya que el indicador EC puede sufrir muchas distorsiones según oscile la producción.

El indicador de consumo específico
Este se recomienda para evaluar globalmente el trabajo y se puede definir como:

Índice de consumo específico (ICE)

$$ICE = \frac{CEC}{CEE} * 100$$

CEC: consumos específicos reales totales
CEE: Consumos específicos esperados totales
Este índice se puede aplicar a cualquiera de los energéticos, o a la energía total

Índice de eficacia de las capacitaciones (IEC)

$$IEC = \frac{CO}{TO} * 100$$

CO: Objetivos cumplidos con el plan de capacitaciones
TO: Objetivos totales propuestos en el sistema de gestión
Objetivo: indicar el porcentaje de cumplimiento de los objetivos del programa de capacitaciones del plan de capacitaciones.

Este índice puede no ser muy objetivo en cuanto a la eficacia del programa de capacitaciones como tal. Es recomendable examinar la eficacia de las capacitaciones y entrenamientos de alguna forma, por ejemplo a través de conceptos expresados por las personas que trabajan con el personal que se entrena. Este es un tema complejo, pero se puede estructurar recibiendo información sencilla de tres fuentes asociadas con los eventos de capacitación:

- Un concepto de la persona entrenada
- Un concepto del jefe de la persona
- Un concepto del entrenador

La información sencilla se puede armar con una suma de tres índices numéricos de cada una de las tres fuentes, que califiquen la efectividad con valores entre 1 y 10, por ejemplo.

Indicador de procesos Beneficiados (PB)

$$PB = \frac{TPB}{TPA}$$

TPB: Total de procesos que se benefician con el conjunto de medidas tomadas.
TPA: Total de procesos del área.
Objetivo: Reflejar la proporción de procesos sobre los cuales tienen un impacto positivo el conjunto de acciones emprendidas.

De nuevo, se trata de un índice que puede no ser muy objetivo, ya que es complejo decidir si un proceso que ha sido tocado por la GE realmente ha recibido beneficio. Sin embargo, si en su determinación intervienen los responsables del proceso y los responsables de la gestión, va a ser altamente educativo llegar a acuerdos sobre la existencia de beneficios (valores agregados) sean cuantitativos o cualitativos.

Índice de reducción de paros de proceso por fallas en los equipos (RTP)

$$RTP = \frac{TPP}{TTP} * 100$$

PP: tiempo de paros de trabajo en el proceso
TTP: tiempo total del proceso
Objetivo: Reflejar en qué medida el desempeño del sistema de gestión ha logrado reducir con las diferentes acciones emprendidas, los tiempos muertos durante la operación de la organización.

Este siempre va a ser un buen índice, que va a reflejar en conjunto muchas cosas que tienen que ver con los aspectos energéticos y ambientales. Vale la pena complementarlos con comentarios en la medida en que los paros tengan que ver con fuerza mayor.

Índice de Eliminación de Condiciones Inseguras

$$IECI = \frac{CIE}{CIPE} * 100$$

CIE: Condiciones inseguras eliminadas en el período analizado
CIPE: Condiciones inseguras planificadas a eliminar en el período
Objetivo del indicador: Mostrar en qué medida se ha cumplido con las tareas planificadas de eliminación o reducción de condiciones inseguras.

Este es un índice que en general no va a ser muy objetivo, pues la inseguridad contiene el riesgo, cuya medición es compleja. Además es complejo decidir si un proceso que ha sido tocado por la GE realmente ha recibido beneficio real en cuanto a sus situaciones de seguridad. En su determinación deben intervenir los responsables del proceso, de la seguridad, y los responsables de la gestión. Ello va a contribuir a generar valores agregados en lo relativo a seguridad.

• **Auditorías al sistema de gestión**

Son las auditorías que ratifican el cumplimiento de los procedimientos definidos en el sistema, el manejo de la documentación y el cumplimiento de los lineamientos legales aplicables. Algunas de las observaciones de la auditoria al sistema de gestión energética pueden ser:

- Que la empresa cuente con una política energética, que se acoge a la realidad de la organización como tamaño y actividad económica.

- Que la política energética de la organización considera la revisión de las normativas legales y de diseño aplicables, y que se actualizan para la empresa cuando sea necesario

- Que existe un grupo de apoyo para la gestión energética (y del medio ambiente asociado), bajo el liderazgo de un responsable de la dirección. Dicho grupo debe estar definido con funciones específicas dentro del sistema de gestión energética.

- Que el sistema de gestión cuenta con elementos adecuados para el registro de la información de consumos de energía en los procesos y en diferentes áreas de la compañía.

- Que la información arrojada en la evaluación de consumos cuenta con respaldos físicos o electrónicos adecuadamente identificados.

- Que con base en esta información y su comparación con los valores meta y de alarma la organizaciones toman acciones para mejorar la eficiencia energética en la organización.

4.5.2 Desarrollo de proyectos

De la gestión de la organización, surgen propuestas para lograr el cumplimiento de los objetivos planteados en las políticas del sistema de gestión. Estas propuestas son los proyectos que plantea la organización y tiene algunas características generales:
- Son fases únicas, no repetitivas compuestas por procesos y actividades
- Tienen cierto grado de riesgo e incertidumbre
- Se espera que proporcionen unos resultados cuantificados, especificados dentro de unos parámetros determinados, por ejemplo, parámetros relacionados con la calidad.
- Tienen fechas de inicio y de finalización debidamente planeadas, y dentro de unas limitaciones de costos y recursos especificados.

Un proyecto se puede dividir en procesos y en fases, como medio para planificar y hacer el seguimiento del alcance de los objetivos y para evaluar los riesgos asociados de tipo económico, de seguridad y ambiental. Las fases de los proyectos dividen el ciclo de vida del proyecto en etapas gestionables, tales como diseño, desarrollo, realización y finalización.

Los proyectos son tareas que tienen una duración y recursos definidos, desde antes de su inicio. Que estos límites de tiempo y economía no se sobrepasen dependen de una buena gestión del proyecto, el cual implica la planificación, organización, seguimiento, control e informe de todos los aspectos del proyecto y la motivación de todos aquellos que están involucrados en él para alcanzar sus objetivos.

Los ejecutores de los proyectos pueden ser personas o empresas externas a la organización, expertas en el tipo de solución a emplear. La experticia de esta empresa puede ser verificada por la gestión de calidad de la compañía.

- Detección de la necesidad u oportunidad.
- Generación de la idea.
- Evaluación y aprobación del proyecto.
- Solución del problema a través de I + D.
- Elaboración del prototipo.
- Escalamiento y desarrollo comercial.
- Uso, difusión y/o comercialización de la tecnología.
- Desagregación tecnológica

Etapas de los proyectos de la GE

En la gestión energética, muchas de las propuestas para el logro de los objetivos del sistema de gestión, son proyectos de ingeniería que buscan mejorar el consumo de energía, reducir los tiempos muertos en los procesos, reducir los impactos ambientales negativos, reducir las condiciones inseguras de trabajo y mejorar la calidad de vida de los empleados, entre otros objetivos.

Los proyectos de ingeniería se desarrollan en etapas que permiten la minimización de la incertidumbre sobre la inversión. Este es un tema que se ha presentado con alto nivel de detalle en la sección 5 del módulo 2 de este conjunto de cursos. Acá se hace un resumen. Dichas etapas son:

Etapas del diseño.
Ingeniería conceptual, en la cual se refina el objetivo del proyecto, se desarrollan diferentes alternativas para el cumplimiento de dicho objetivo y un costo estimado de cada una de las propuestas, además de una visión general a las exigencias legales que puedan estar implicadas.

Ingeniería básica, que es la etapa en la cual se desarrollan los primeros detalles del proyecto, se estiman las inversiones necesarias para el desarrollo del proyecto, se definen cuáles son las normas y técnicas de diseño aplicables, se determina con mayor profundidad las exigencias legales aplicables. Surge la posibilidad de cuantificar los costos de manera objetiva teniendo en cuenta la existencia de zonas deseables de control y de mejora energética.
Ingeniería detallada: Es la etapa del proyecto en la cual se diseña con detalles constructivos contemplando fielmente todas las medidas de diseño aplicables para garantizar un diseño seguro y que permita el alcance de los objetivos inicialmente propuestos.

Construcción o desarrollo.
Se refiere a la etapa en la cual se materializa la idea desarrollada en el diseño. Es la etapa en la cual se convierten en realidad todos los detalles desarrollados durante la ingeniería. Cuando los proyectos son de una gran magnitud, la organización suele apoyarse en la interventoría externa. La interventoría es la gestión del desarrollo del proyecto. Los encargados de la interventoría se aseguran del cumplimiento de todos los acuerdos entre las partes del proyecto (ejecutor del proyecto y empresa).

Operación.
Una vez montado el proyecto, la operación es la etapa donde se comienza a trabajar en búsqueda del logro de los objetivos. Al principio es una etapa experimental, en la cual se corroboran los consumos de energía, tiempo y materias primas, además se inspecciona si todas las suposiciones de operabilidad como por ejemplo el tiempo, fueron realmente acertadas. Al principio se presentan algunos sobrecostos relacionados con los paros de operación por el ajuste de parámetros, pero una vez ajustados estos, la operación se estabiliza y los costos se mantienen sin variaciones considerables.

Evaluación de proyectos.
En la evaluación de proyectos se genera información que ayuda a la toma de decisiones, por lo cual también se le considera como una actividad orientada a mejorar la eficacia de los proyectos y promueve mayor eficiencia en la asignación de recursos. No existen criterios únicos para la evaluación de proyectos, pero algunos son comunes a proyectos de cualquier tipo como son la pertinencia, la eficacia, la eficiencia y la sostenibilidad.

Pertinencia	Es el criterio que observa la congruencia entre los objetivos del proyecto, las necesidades identificadas y los intereses de la organización.
Eficacia	Es el criterio en el que se han cumplido los objetivos del proyecto, que a su vez debe buscar el cumplimiento de los objetivos del sistema de gestión.
Sostenibilidad	Es la medida en que la organización mantiene vigentes los cambios logrados por el proyecto una vez que este ha finalizado.

Criterios de evaluación de proyectos

Requisitos que se revisan en la evaluación de proyectos

Es conveniente en los procesos de evaluación de proyectos tener en cuenta los siguientes aspectos:

Objetividad. Deben medirse y analizarse los hechos que han resultado al ejecutar el proyecto en su realidad, definidos tal como se presentan.

La objetividad se garantiza mediante el registro de datos a base de fotografías, reportes, conceptos de los beneficiarios y comparaciones entre los entregables del proyecto y los objetivos que se habían planteado cuando fue presentado y aprobado.

Imparcialidad. En la práctica normal de evaluación de proyectos, se propone que la generación de conclusiones del proceso de evaluación sea neutral, transparente e imparcial; se habla de que quienes realizan la evaluación no deben tener intereses personales o conflictos con la unidad ejecutora del proyecto.

Lo importante es tener una visión desapasionada y constructiva sobre los sistemas. En la realidad práctica de los proyectos de gestión, es bueno que en la evaluación participen también las personas interesadas en el proyecto (los que lo han propuesto y los que se benefician; además los que los han desarrollado), pues ellas van a acercarse con mayor motivación a localizar los valores agregados. También debe tenerse en cuenta que con frecuencia los proyectos deben perfeccionarse después de entregados, especialmente en asuntos de desarrollo de tecnología, aprovechamientos de energía y medio ambiente. Ello se debe a las altas influencias, dependencias y retroalimentaciones entre la solución que se ha proyectado y los flujos de producción. Por ejemplo, una recuperación de calores calentando aguas va a estar acoplada con el sistema que usa las aguas calientes y dichos acoples, aunque se hayan previsto con todo cuidado, van a ser complicados y puede que el sistema funcione con defectos al inicio, de modo que se toma cierto tiempo hacer los ajustes del caso.

Validez. Debe medirse lo que se ha planificado medir, respetando las definiciones establecidas. En caso tal que el objeto de análisis sea demasiado complejo para una medición objetiva, deben realizarse aproximaciones cualitativas iniciales.

En estas aproximaciones cualitativas se va logrando llegar a los puntos de trabajo deseados y ello se puede apreciar proyectando los puntos iniciales obtenidos, para ver si, con las tendencias obtenidas, se van a lograr los avances deseables.

Confiabilidad. Las mediciones y observaciones deben ser registradas adecuadamente, preferentemente recurriendo a verificaciones in-situ.Todas las partes involucradas en el proyecto deben tener confianza en la idoneidad e imparcialidad de los responsables de la evaluación, quienes a su vez deben mantener una política de transparencia y rigor profesional.

Oportunidad: La evaluación debe realizarse en el momento adecuado, evitando los efectos negativos que produce el paso del tiempo.

Si un proyecto se evalúa a tiempo, su éxito puede replicarse con rapidez y si presenta problemas, se procede, con el debido tiempo, a revisar, a hacer los cambios que sean del caso.

Utilidad y aplicabilidad. El reporte de resultados debe ser útil y elaborarse en un lenguaje conciso y directo, entendible para todos los que accedan a la información elaborada, los resultados de una evaluación no deben dirigirse sólo a quienes tienen altos conocimientos técnicos sino que debe servir para que cualquier involucrado pueda tomar conocimiento de la situación del proyecto. Un proceso de evaluación debe garantizar la diseminación de los hallazgos y su asimilación por parte de los involucrados en el proyecto (desde las altas esferas hasta los beneficiarios), para así fomentar el aprendizaje organizacional.

Participación: Debe incluirse a todos los involucrados en el proyecto, buscando reflejar sus experiencias, necesidades, intereses y percepciones.

Cuando se evalúa financieramente el proyecto y se compara la incertidumbre contra la inversión, encontramos que con la implementación de un mayor número de etapas la incertidumbre decrece y se minimiza durante la operación del proyecto, como vemos en la figura.

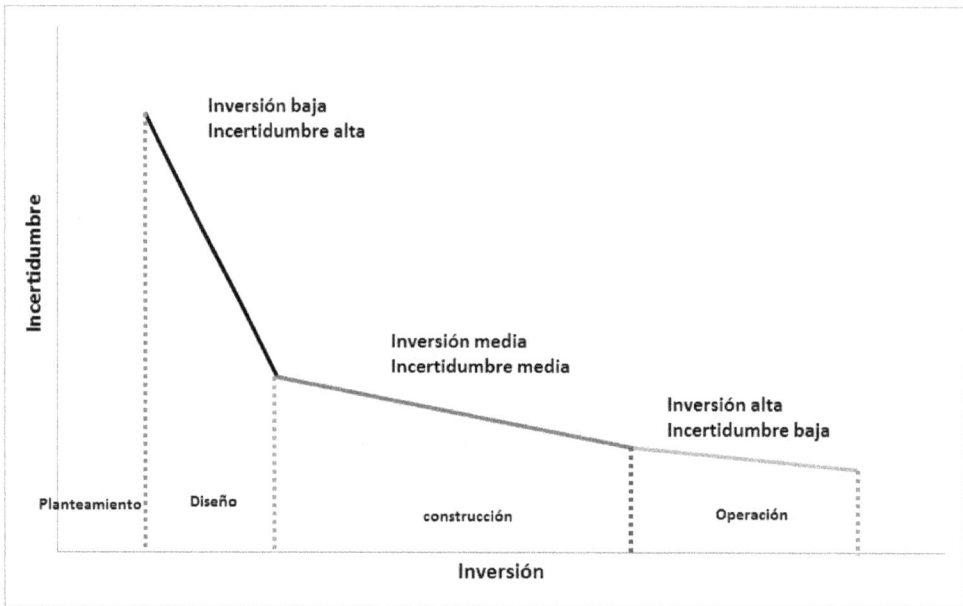

Etapas de desarrollo de un proyecto

<u>Planteamiento</u>: Es la etapa en la cual la organización detecta la necesidad de un cambio. En la gestión energética, se refiere al momento en que se plantean las estrategias para lograr los objetivos de la política energética. No existe una incertidumbre ni una inversión ya que solo se tiene una idea, pero no se han iniciado las etapas de diseño.

<u>Diseño</u>: Es la primera evaluación del proyecto, usualmente las etapas de ingenierías conceptual y básica, que son las que plantean las diferentes alternativas de solución considerando tecnologías, recursos humanos y financieros necesarios, operabilidad de las soluciones, entre otros aspectos. Precisamente la importancia de cada una de las etapas de ingeniería es minimizar la incertidumbre de la solución seleccionada antes de iniciar con la ingeniería de detalle y la construcción de la alternativa. Algunas organizaciones no comprenden la importancia de realizar las ingenierías conceptual y básica antes de implementar la solución, pero si nos fijamos en la figura, esta etapa con poca inversión reduce drásticamente la incertidumbre del proyecto. Es necesario resaltar la importancia de desarrollar todas las etapas de la ingeniería, descritas anteriormente, para minimizar los posibles errores en el desarrollo del proyecto. Si se omite alguna de estas etapas es muy probable que los costos durante la instalación y ejecución del proyecto sean muy altos.

Construcción: Es la etapa que requiere una mayor inversión, en la que se asignan todos los recursos para la viabilidad de la alternativa. Antes de iniciar esta etapa se han evaluado todos costos y beneficios de tipo económico, técnico, social y ambiental que puedan estar relacionados con la solución. A pesar de las evaluaciones realizadas durante la ingeniería, existen incertidumbres al comprar los equipos y esperar que estos den los resultados esperados.

Operación: Las inversiones involucradas en esta etapa se refieren a la mano de obra necesaria para operar, el establecimiento de planes de mantenimiento, permisos de funcionamiento y vigilancia y control de su operación.

Responsabilidad del proyecto

El compromiso y participación de la dirección son fundamentales para el desarrollo del proyecto. La dirección es la responsable de proporcionar los elementos de entrada y es la encargada de encaminar las acciones de mejora de los proyectos presentes y futuros, bajo su responsabilidad está el fomentar una cultura de la calidad para garantizar el éxito del proyecto. La alta dirección además es responsable última de la planificación del proyecto (naturalmente a partir de los mecanismos de delegación de la empresa), lo que implica fechas de inicio y finalización, participación del personal y funciones de cada uno.

La información técnica de entrada para el desarrollo del diseño típicamente incluye unas mediciones en campo que permiten conocer los equipos o sistemas disponibles que puedan ser de utilidad para el desarrollo del proyecto, condiciones del terreno en el cual se instalarían los equipos o sobre los cuales se realizarían todas las modificaciones necesarias. Esta información deberá ser recolectada por los encargados del desarrollo de las ingenierías del proyecto, y la información previa existente deberá ser entregada por la empresa para agilizar el desarrollo del proyecto.

Los diseños son divulgados al líder de la organización para la planificación de la puesta en marcha e interventoría del proyecto.

Para suplir alguna necesidad de la organización, y como resultado de las etapas iniciales de la ingeniería, surgen diversas alternativas que deberán ser evaluadas para tomar la decisión con mejor resultado en el análisis costo beneficio, el cual se realiza considerando:

- Aspectos ambientales involucrados, como generación de residuos sólidos y líquidos, tratamientos de aguas necesarios para los vertimientos,

tratamientos de gases antes de descargar a la atmósfera, ruido y contaminación visual.
- Aspectos de seguridad para las personas, las instalaciones y la economía. Perjuicios ergonómicos, seguridad de la comunidad.

- Cumplimiento de leyes, normativas técnicas aplicables de acuerdo a las condiciones del lugar.

Costos asociados a cada una de las alternativas. Es importante que se tengan en cuenta los posibles beneficios que otorgan el gobierno o entidades financieras para proyectos de tipo ambiental y energético. Estas consideraciones pueden hacer que un proyecto que resulte inviable por la inversión necesaria, resulte ser el más atractivo al momento de tomar una decisión.

El valor agregado para los productos de la compañía. Precisamente este es uno de los aspectos más importantes para quienes dirigen una organización, y pocas veces es tenido en cuenta por el grupo de ingenieros que desarrollan la idea.

4.5.3 Financiación de proyectos

En el capítulo 2 se hizo un tratamiento extenso sobre los asuntos de costo beneficio que son los que impulsan en último término la realización de los proyectos. De todas formas los proyectos de mejora energética y ambiental pueden tener plazos de retorno algo mayores en comparación con los proyectos que dan lugar a aumentos de producción o a impulsar el objeto central de una organización productiva. Cuando se trata de trabajar con energías alternativas o temas de desarrollo ambiental, es posible que no se logre una clara rentabilidad. Es por ello que se han creado en todo el mundo mecanismos de financiación y apoyo.

Por ejemplo, se tiene en Colombia lo siguiente (se advierte que este asunto está en constante evolución)

Apoyo a proyectos de eficiencia energética, producción más limpia y energías renovables

La Ley 697 de 2001 declaró el Uso Racional y Eficiente de la Energía (URE) como un asunto de interés social, público y de conveniencia nacional. La Resolución 180919 de 2010, mediante la cual se adopta el Plan de Acción Indicativo 2010 - 2015 que desarrolla el Programa de Uso Racional y Eficiente de la Energía y demás Formas de Energía No Convencionales, PROURE, plantea una serie de objetivos enmarcados en la eficiencia energética. Dentro de las estrategias de esta resolución, se resalta el subprograma "estrategia financiera e impulso de mercado" el cual tiene entre sus objetivos específicos:

- Facilitar la aplicación de normas relacionadas con los incentivos, incluyendo los tributarios, que permitan impulsar el desarrollo de proyectos de éste tipo a través de estímulos a tecnología, productos y uso de Fuentes No Convencionales de Energía.
- Consolidar una cultura para el manejo sostenible y eficiente de los recursos naturales a lo largo de la cadena energética.
- Construir las condiciones económicas, técnicas, regulatorias y de información para impulsar un mercado de bienes y servicios energéticos eficientes en Colombia.
- Fortalecer las instituciones e impulsar la iniciativa empresarial de carácter privado, mixto o de capital social para el desarrollo de subprogramas y proyectos que hacen parte del PROURE. Igualmente, facilitar la aplicación de los incentivos tributarios, establecidos para estos proyectos.

Líneas de crédito ambiental

Se cuenta con fondos diversos, en general de origen internacional. Los impactos que se buscan reducir son:

- Gases efecto invernadero definidos en el protocolo de Kyoto : dióxido de carbono (CO_2), metano (CH_4), óxidos nitrosos (NOx), hidrofluorocarbonos (HFC), perfluorocarbonos (PFC), hexafluoruro de azufre (SF6)
- Sustancias agotadoras de capa de ozono definidas en el protocolo de Montreal: ver referencia anexa.
- Contaminantes orgánicos persistentes del convenio de Estocolmo: ver referencia anexa.
- Aire: Material particulado, Dióxido de azufre (SO_2) y COV
- Agua: DBO, DQO, y Carbono Orgánico Total
- Consumos: energía y agua

Estos fondos otorgan préstamos están diseñados para inversiones de reconversión industrial que consigan un impacto positivo en el medio ambiente. Las entidades financieras se encargan de:

- Definir quiénes son sujetos de crédito
- Definir las condiciones del crédito
- Manejar el crédito
- Aportar sus propios recursos
- Manejar los rembolsos de capital (incentivo)
- Informar sobre los desembolsos realizados

Las empresas deberán cumplir con diversos requisitos para aplicar a las líneas de crédito:
•   Tener cierta capacidad de empleo
•   Tener cierto nivel de activos totales
•   Con frecuencia las líneas no aplican a proyectos de cumplimiento de normatividad ambiental/laboral
•   Debe demostrarse la reducción del impacto ambiental
•   Deben demostrar capacidad de endeudamiento

Cómo aprovechar las posibilidades financieras y cómo adelantar proyectos

Es evidente que hay diversas opciones de financiación, a las cuales deben agregarse las que resultan de la aplicación de la ley de ciencia y tecnología con el apoyo de COLCIENCIAS.

Es recomendable que las empresas que adopten el sistema GE cuenten con esquemas de presentación de proyectos a entidades de financiación como las mencionadas. Para ello se pueden asesorar de gestores especializados.

Las autoridades preparan documentos de diagnóstico energético, como es el caso del PLAN ESTRATÉGICO - PROGRAMA NACIONAL DE INVESTIGACIONES EN ENERGÍA Y MINERÍA - 2010-2019. Es notoria la falta de participación del sector industrial en estos asuntos de la planeación de la investigación. Ello es sintomático del escaso énfasis que dicho sector coloca en asuntos de tecnología energética y ambiental asociada.

INDISA fue invitada a participar en una discusión del documento una vez elaborado. Al examinarlo en detalle se hizo evidente que el documento señala que las acciones para la optimización del uso de la energía eléctrica en el sector industrial se centran en mejorar la eficiencia de los motores eléctricos y de los sistemas de iluminación.

Según la experiencia de INDISA, estos no son los campos que muestran los potenciales realmente más altos. Los mayores potenciales están en las optimizaciones de los procesos productivos que reciben los movimientos de los motores eléctricos. Igualmente en la optimización de los sistemas térmicos.

Por otra parte tales documentos y esfuerzos del estado tienden a enfocarse en las PYMES. Se menciona en el documento citado la importancia del desarrollo de metodologías para garantizar la introducción de motores eléctricos de alta eficiencia en PYMES, de acuerdo a la escala económica y requerimientos técnicos específicos de sus respectivos procesos. La verdad es que este asunto no es muy claro desde el punto de vista económico, a no ser que se trate de nuevos sistemas. Los grandes excesos de consumos probablemente no tienen que ver con el empleo de motores de bajas eficiencias en las PYMES. Es de pensar que los excesos de consumo tienen que ver mucho más con las ineficiencias de los sistemas productivos como tales, los cuales a su vez afectan la rentabilidad de las PYMES, tanto desde lo energético como desde la productividad misma del proceso y de su capacidad de producción.

Dado lo anterior, el país, de alguna forma, y el documento lo señala, debe enfocarse en apoyar la innovación, el desarrollo tecnológico y la generación de conocimiento para el incremento de la productividad y la competitividad. Pero los documentos se enfocan en los sectores minero y energético, con la idea de garantizar la sostenibilidad ambiental y en busca de la agregación de valor y del incremento del bienestar social en el sector. Es importante enfocarse también en el sector industrial en general.

Vale la pena realizar esfuerzos en las siguientes áreas, como se ha señalado en estos cursos:

- Minimización de residuos y de reprocesos
- Consumo energético ambiental
- Temas de separación, molienda, ventilación, evaporación y cristalización
- Recuperaciones de energía

Es muy importante que el país se enfoque hacia el desarrollo de la tecnología. Esto implica tomar decisiones importantes en las cuales debe participar el sector industrial. En esencia las decisiones son de inversión, inversión con criterios de largo plazo que vayan más allá de la rentabilidad inmediata. Las empresas deberían invertir parte de los recursos que generan en nuevos proyectos del tipo mencionado, incluyendo inversiones en energías alternativas. Ello se puede lograr con la ayuda de los ingenieros de proyectos y de los planes de acción que propongan para sus presupuestos. Un sistema de GE debe incluir este tipo de proyectos y de presupuestos.

La eficiencia energética es un factor clave para reducir el consumo mediante la implantación de hábitos más racionales de consumo, la introducción de mejores sistemas de gestión y la mejora del rendimiento de los equipos. Ahí es donde están los mayores ahorros que generan capital para la innovación.

Se observa en el documento mencionado que en el sector industrial, las acciones encaminadas a reducir la intensidad energética están planteadas apoyándose en los sistemas de cogeneración y en la consideración de criterios ambientales para la toma de decisiones sobre la incorporación de nuevos productos al interior de la industria, estableciendo un sistema de gestión energética.

En el documento comentado se hace un gran énfasis en destinar recursos en la preparación de doctores y maestros. Pero si bien esto ha sido de mucha importancia en el sector universitario, es importante plantearse formas de que estos programas de formación impacten más decididamente en el sector industrial.
Es importante ver la forma de incentivar al sector privado para que invierta en desarrollo, investigación e innovación en el campo de la energía. Dice el documento que en USA, por ejemplo, la inversión en investigación y desarrollo en el campo energético por parte del sector privado es mayor que la del gobierno. La inversión del sector privado se estima en 40 a 60 billones de dólares por año, cifra cuatro a seis veces la del gobierno. ¿Cómo plantear objetivos en estos aspectos y como lograrlos en Colombia?

Es importante anotar que en los años 50 y 60´s Colombia estaba al mismo nivel tecnológico energético que Corea del Sur. Ahora dicho país está mucho más avanzado ¿Qué se hizo allí?

A modo de ejemplo, en Corea se han desarrollado calderas de diseño especial, las cuales han sido desarrolladas por empresas como Mitsui Babcock & Hyundai. En ellas se pueden quemar combustibles difíciles, inclusive desechos carbonosos de altas cenizas. Hyundai de Corea ha construido 18 plantas de cogeneración (en total 700MW) y ha desarrollado diversos tipos de calderas que hoy en día están en la frontera tecnológica:

* Calderas "Radiant Boiler" para carbón pulverizado
* Calderas "UPC-Universal Pressure Boiler" para carbón pulverizado
* Calderas "Benson-Type Once-Through Boiler"

Colombia, mucho más rica en carbón que Corea, todavía no ha hecho desarrollos significativos ni en cogeneración ni en combustión y aprovechamiento del carbón, a pesar del adelanto de algunos proyectos a nivel universitario, en los cuales se cuenta con el apoyo de algunas industrias.

4.5.4 Análisis de costo beneficio

Las decisiones eficaces se basan en el análisis de los datos y la información, la GE de la organización debería analizar la información derivada de las evaluaciones del desempeño y del avance para tomar decisiones eficaces en los que respecta al proyecto de gestión de la energía. El análisis de la información plantea los beneficios y perjuicios de las medidas planteadas, lo que permite tomar las mejores decisiones para el logro de los objetivos de las políticas de la organización.

El planteamiento de alternativas para la solución de un problema específico, supone un reto al momento de evaluar cuál es la mejor entre las opciones disponibles. Como herramienta usada para la toma de decisiones en los distintos campos, aparece el análisis de costo-beneficio. Esta pretende determinar la conveniencia de un proyecto mediante la enumeración y valoración posterior en términos económicos de los distintos costos y beneficios derivados directa e indirectamente de dicho proyecto.

El análisis costo beneficio está basado en el principio de obtener los mayores y mejores resultados al menor esfuerzo invertido, tanto por eficiencia técnica como por motivación humana. Se supone que todos los hechos y actos pueden evaluarse bajo esta lógica, con la idea de seleccionar las opciones o alternativas en las que los beneficios superan los costos.

Si bien este tema ha sido extensamente considerado en el capítulo 2, a continuación se hacen algunas consideraciones básicas.

Los proyectos energéticos involucran diversos aspectos que deben considerarse en este análisis, como son:

- El ciclo de vida de equipos e instrumentos
- La gestión energética sobre el equipo
- Los impactos ambientales que representa su uso
- Las diferentes alternativas tecnológicas para la solución del problema en cuestión
- La disponibilidad de energéticos para su operación
- La aplicación de exención de impuestos o beneficios que puedan ser aplicables

Usualmente este análisis se realiza en la etapa de diseño, o en la ingeniería básica si se trata de un proyecto de ingeniería. Antes de llegar al análisis de costos se desarrollan las siguientes etapas:

- Planteamiento del problema

- Desarrollo de alternativas
- Lista de costos de cada alternativa
- Lista de beneficios de cada alternativa
- Límite de tiempo para recuperar la inversión.

En cada alternativa surgen costos y beneficios directos e indirectos y algunos de ellos no se pueden evaluar económicamente con facilidad, por esto es recomendable realizar una categorización de los criterios de selección de un proyecto.

Para iniciar con el análisis, puede partirse de tener dos situaciones. La situación sin la implementación de la alternativa, sin modificaciones. Esta será la situación base. La otra situación es con la implementación de la alternativa, todo lo que se verá transformado con ella en el tiempo inmediato, y las implicaciones a futuro. Las consideraciones, deben estar respaldadas, de ser posible, con estudios, mediciones, encuestas, certificaciones. Por ejemplo, para un proyecto de construcción de una carretera, los criterios del análisis costo beneficio se verán respaldados con el estudio geotécnico, el estudio de tránsito, el anteproyecto de la carretera, el estudio de factibilidad técnica, ambiental y legal.

Muchos de los aspectos, como los efectos ambientales, no son costos/beneficios directos, en general no son entradas o salidas de dinero en caja, por lo tanto no se tienen en cuenta en la evaluación financiera. La mayoría de estos aspectos indirectos afectan especialmente los proyectos estatales. En cursos anteriores vimos que una de las técnicas para realizar el análisis de costos beneficio de un proyecto era dando valores a los costos totales y a los perjuicios totales del proyecto.

Algunos ejemplos de beneficios son:

- Reducción de costos de producción
- Reducción de emisiones
- Valor agregado al producto
- Mejora de la parte estética
- Beneficios sobre la salud

- **Evaluación financiera de los proyectos de GE**

Con estas evaluaciones buscamos conocer el valor del dinero en el tiempo de vida del proyecto, incluyendo su tiempo de operación. En la mayoría de los casos, y el más simple, es solo una relación entre el valor presente y el valor futuro del dinero.

F=P*(1+i)

F: valor futuro del dinero

P: valor presente del dinero. En el proyecto es la suma de inversión necesaria.

i: es el interés, con el cual crecerá el valor presente del dinero. Típicamente está sujeto a las variaciones determinadas por el estado, pero pueden hacerse consideraciones aproximadas de cuánto será su valor, al analizar los intereses del pasado cercano.

Debemos tener en cuenta:
- Todos los ingresos y egresos que se generen en el proyecto.
- El flujo de caja en el tiempo.
- La tasa de intereses de equivalencia cuando se comparan cantidades que aparecen en momentos diferentes. Por ejemplo, para comparar la inversión inicial en el presente, una primera etapa de rentabilidad, durante el primer año de operación del proyecto, mientras se termina de ajustar todos los parámetros operativos óptimos del proyecto, y una tercera rentabilidad que se obtiene cuando el proyecto ya se encuentra operando en su punto óptimo de funcionamiento.

- **Flujo de caja de un proyecto**

El flujo de caja se refiere a las entradas y salidas de dinero en un periodo de tiempo dado. Para que resulte favorable para el proyecto, las entradas deben ser superiores a los gastos necesarios. Algunos de los componentes de la evaluación del flujo de caja son:

-	Inversión inicial en el diseño
-	Costos de la construcción del proyecto
-	Costos de operación
-	Depreciación
-	Gastos administrativos
+	Ingresos
+	Ahorros por la implementación del proyecto
=	Utilidad operacional
-	Impuestos asociados a la operación
=	Utilidad neta después de impuestos

Para poder comparar las salidas e ingresos de capital, deben llevarse al mismo momento, para lo que se usan las tasas de interés.

Si el proyecto es de corto plazo y los resultados que se obtengan con el mismo son inmediatos, puede simplemente estudiarse la rentabilidad del mismo:

$$Rentabilidad = \frac{Ingresos - Egresos}{Inversión\ neta}$$

Para que sea viable, la rentabilidad debe ser positiva.

La evaluación de tecnología se trata de valorar un paquete tecnológico a partir de una serie de indicadores para seleccionar la más rentable o más conveniente para la empresa. Existen dos criterios de evaluación: el privado y el social. La evaluación social tiene en cuenta el costo social y para ello considera indicadores como desempleo, balance de pagos y efecto ambiental. En la evaluación privada se busca por lo general el costo mínimo generado por el capital y los salarios.

4.5.5 Gestión tecnológica e innovación

La gestión tecnológica es la disciplina en la que se mezclan conocimientos de ingeniería, ciencias y administración con el fin de realizar la planeación, el desarrollo y la implantación de soluciones tecnológicas que contribuyan al logro de los objetivos estratégicos y técnicos de una organización.

La puesta en marcha de nuevas tecnologías podría representar tanto altas inversiones como costos significativos para las empresas. Sin embargo, es de esperar que con ello se logren mejoras notables de la operación. De aquí surge la importancia de una buena elección de tecnologías, lo que se puede lograr con prácticas como vigilancia tecnológica, tecnología eficiente, instrumentación y controles que faciliten la productividad

La gestión de tecnológica exige actividades como: financiamiento, selección de recursos humanos, análisis de la información técnica, estrategias de ejecución, de obtención de patentes y mercadeo. Los aspectos tecnológicos involucran cuatro importantes aspectos:

Hardware (Equipos y maquinaria): Es el término general para la tecnología que se puede tocar. Se refiere a la tecnología incorporada en máquinas.

Software (Estructuras de conocimiento): Es un conjunto de programas, procedimientos, algoritmos y documentación, incluyendo todo lo relacionado con los sistemas de tecnología de información y procesamiento de datos. Se presenta a través de revistas, libros, manuales, videos, acceso a bases de datos, acceso a programas especializados en la web y programas de computador.

Orgware (Estructuras organizacionales): Se refiere a las estructuras organizacionales como reglamentos, medidas y métodos, y a sus procesos de adaptación de una nueva tecnología.

Humanware (Estructuras de manejo humano y administrativo): Es la sabiduría tecnológica incorporada en las personas. Se refiere al know how de los procesos.

- **Gestión tecnológica y gestión energética**

Tecnología eficiente. Lo primero que hay que buscar en la gestión energética es que la tecnología sea usada eficazmente, que sus consumos de energía, tiempo de operación y mantenimiento sean los menores posibles para evitar sobre costos en los procesos, paros de producción por mantenimiento o remplazo de partes.

Vigilancia tecnológica. Se refiere al monitoreo y análisis de la tecnología. Es mantenerse informado de los avances en equipos e instrumentos específicos. Puede ser realizada por empresas especializadas en este servicio, las cuales han desarrollado estrategias de búsqueda y evaluación de nuevas tecnologías, o ser realizado por personal específico de la organización. La vigilancia tecnológica también recoge información de las tendencias del mercado nacional y mundial, las tendencias científicas y tecnológicas, las reglas internacionales de comercio, patentes y tendencias del sistema nacional de tecnologías.

Identificación, evaluación y selección de tecnologías. Es una etapa importante en la gestión tecnológica, en la ingeniería. Después de la vigilancia tecnológica, y mediante algunos criterios, definidos de acuerdo a la necesidad de la organización, se pueden identificar tecnologías que permitan el cumplimiento de los objetivos de las políticas de la organización. Estas tecnologías se evalúan y seleccionan de acuerdo a estos criterios. Algunos de ellos pueden ser:
- Competitividad tecnológica (líder, media, débil)
- Ubicación principal de la tecnología (producto, proceso, maquinaria, servicio)
- Posición en el ciclo de vida de la tecnología
- Disponibilidad

Esta evaluación mostrará en resumen la situación interna que relaciona la tecnología con aspectos de calidad, productos, costos, cómo están los productos, equipos, materiales y procesos frente al estado del arte mundial, cuáles son los cuellos de botella en la empresa en relación con equipos y procesos y las amenazas y oportunidades que pueden surgir.

Adaptación e innovación tecnológica. Son las etapas necesarias de entrenamiento para la operación y el mantenimiento de las nuevas tecnologías. Considera además las modificaciones físicas en la planta para la operabilidad segura y eficiente de la tecnología adquirida. Usualmente las adaptaciones de tipo físico se consideran durante la ingeniería, por ejemplo las adaptaciones civiles, mecánicas y eléctricas, también las adecuaciones de seguridad y las de tipo ambiental.

Algunas de las ayudas para las adaptaciones técnicas de tecnologías, son los paquetes tecnológicos, que se ofrecen como la suma de tecnologías blandas y duras, es decir, la maquinaria, la construcción, la instalación, la operación, el mantenimiento, la gestión, la capacitación. Usualmente son vendidos como proyectos llave en mano. La desagregación significa negociar rubro a rubro, buscando hacer partícipe a la empresa o a la industria nacional, propiciando el aprendizaje y la autonomía. De este ejercicio se llega a definir qué es lo indispensable para comprar. La desagregación tiene más posibilidades de éxito cuando la empresa dispone de una capacidad interna suficiente, lo cual significa fortaleza en ingeniería y gestión (legal, comercial). La capacidad tecnológica interna está relacionada con el Sistema Nacional de Tecnología que se expresa a su vez en la educación científica y tecnológica particularmente en las facultades de ingeniería y en las empresas de consultoría y de servicios.

- **Una propuesta de plan nacional de desarrollo tecnológico**

Consideramos de interés presentar lo que se ha desarrollado en el documento PLAN ESTRATÉGICO - PROGRAMA NACIONAL DE INVESTIGACIONES EN ENERGÍA Y MINERÍA - 2010-2019
El Consejo del Programa de Investigaciones en Energía y Minería (PIEM) presenta para discusión una propuesta de Plan Estratégico del Programa para el periodo 2010 – 2019, la cual recoge y profundiza los planteamientos del PIEM anterior. Esta propuesta se enmarca en la Política Nacional de Fomento a la Investigación y la Innovación y en los documentos Conpes relacionados. Para su elaboración se consultaron las tendencias internacionales más relevantes en energía y minería, las políticas y programas nacionales prioritarios, como Visión 2019, el Plan Energético Nacional, actualmente en discusión y el Plan Minero Nacional vigentes. Igualmente se revisó el avance y resultados de los Programas de Investigación en Energía y Minería anteriormente impulsados por Colciencias. A partir de allí, los consejeros en consulta con algunos miembros de la comunidad

científica y de la industria propusieron las líneas de acción que deberían desarrollarse para cerrar los "gaps" existentes y contribuir con los dos grandes desafíos que se señalan en el documento Colombia Construye y Siembra Futuro: i) Acelerar el crecimiento económico y ii) Disminuir la desigualdad social. Adicionalmente se considera que el Programa debe tener como principio orientador garantizar la sostenibilidad ambiental y no comprometer la seguridad alimentaria.

Con relación al primer gran objetivo, es importante mencionar que el país se ha 'embarcado' en una política de mejora de la productividad y de transformación productiva, con énfasis en ésta última. En particular, el documento CONPES 3527 en el año 2008, señala que: "el objetivo de la política de competitividad es lograr la transformación productiva del país". En un trabajo contratado a Quantum Advisory, Hausmann y Klinger (Haussmann R., Klinger, 2007) afirman que un país puede aumentar el valor de su producción por tres vías: produciendo más (aumentando la productividad), produciendo mejor (aumentando la calidad) o produciendo nuevos productos (transformación productiva); y recomiendan que sin descuidar los dos primeros frentes, se dé más énfasis a la búsqueda de nuevos productos. En 2008 se estructuró el Programa de Transformación Productiva, visto como una alianza de los sectores públicos y privados, con el cual se pretende impulsar el desarrollo de sectores de clase mundial a partir de mejores y nuevos productos de alto valor agregado que amplíen la oferta exportable. El sector de energía eléctrica y bienes y servicios conexos es uno de estos sectores. Además de trabajar en la conformación de estos sectores estratégicos, se busca dar un salto en la productividad y el empleo, una mayor formalización empresarial y laboral, y el fomento de la ciencia, la tecnología y la innovación.

La revisión reciente del avance de este política de competitividad ha identificado la necesidad de promover una mayor internacionalización de la economía mediante acuerdos comerciales y de inversión, mejorar la reglamentación de la Ley de Convergencia Contable, incorporar la asociatividad empresarial y el desarrollo de clusters a la política de desarrollo productivo regional, e incentivar la inversión del sector productivo en Ciencia, Tecnología e Innovación mediante el fácil acceso a beneficios tributarios.

El documento en su sección 4.2.2 denominado Mejoras en los procesos de producción y utilización de la energía presenta dos programas a saber:
Programa nacional de investigación e innovación en combustión de combustibles fósiles y de origen renovable: optimización de los usos finales de la energía térmica

Los combustibles fósiles representan el 86,7 % de las fuentes de energía primaria en la canasta energética mundial. Según la Agencia Internacional de la Energía (AIE) en el 2050 seguirán representando la mayor parte de la energía mundial. En Colombia representan el 66,3 % del consumo final de energía, soportado con el uso de derivados del petróleo, gas natural y carbón. El dominio de la combustión es imprescindible para la optimización del uso de los combustibles (convencionales y de origen renovable) y para el control de sus emisiones contaminantes, cuando estos se utilizan en los sectores industrial, transporte, residencial y de generación de electricidad. En Colombia no se han consolidado capacidades científicas y tecnológicas para el manejo de la combustión, lo cual se constata cuando se examinan las siguientes tendencias:

• No hay una masa crítica suficiente para la investigación y la innovación tecnológica, esto se verifica cuando se examina el número de grupos de investigación con agenda investigativa en el tema, el número de magíster y doctores y la reducida oferta de programas de formación en maestrías y doctorados.

• Los sistemas energéticos térmicos en los sectores de transporte, industrial y residencial presentan un alto grado de obsolescencia tecnológica, baja eficiencia térmica y fuerte incidencia en la baja productividad de los procesos. Las nuevas tendencias tecnológicas en combustión y calentamiento no han sido adoptadas ni adaptadas: combustión en lecho fluidizado, gasificación del carbón, del coque y de la biomasa, combustión sin llama, combustión catalítica, oxicombustión, combustión con recuperación autoregenearativa de calor, combustión sumergida, combustión con condensación, microcombustión y la combustión tipo HCCI (Homogeneus Charge Compression Ignition) empleada en los motores alternativos de combustión interna. En general estos tipos de combustión, con respecto a la combustión convencional, tienen las siguientes ventajas:

- Mayor eficiencia energética.
- Menores emisiones contaminantes.
- Mayor productividad de los procesos
- Mayor flexibilidad para el uso óptimo de combustibles de composición química diferente.

La falta tanto de conocimiento como de uso de tecnologías adecuadas, hacen que las emisiones de especies contaminantes sean críticas y superen los estándares internacionales, con consecuencias en el deterioro de la calidad del aire en grandes centros urbanos. En las zonas rurales el uso de la leña con tecnologías de combustión rudimentarias incide en las enfermedades respiratorias de mujeres dedicadas a actividades domésticas y presiona la tala de bosque.

No se ha desarrollado una industria nacional fuerte de fabricación de equipos de combustión y calentamiento que incorporen las tendencias tecnológicas en nuevos tipos de combustión. Además, tampoco se ha desarrollado una infraestructura experimental para la certificación y normalización de equipos y procesos.

En tal sentido, el objetivo de este programa es desarrollar investigación e innovación tecnológica en combustión para incidir en el manejo óptimo de la energía aumentando la eficiencia energética y la productividad en un 25% y reduciendo las emisiones contaminantes cuando se utilicen combustibles fósiles y de origen renovable, con el propósito de mejorar la competitividad en los sectores productivos de la economía nacional intensivos en el consumo de energía térmica y para contribuir a mejores estándares de calidad de vida en los centros urbanos y en los sectores rurales. Dentro de los temas de investigación se encuentran:

- Desarrollo, evaluación y demostración y/o transferencia tecnológica en procesos para la producción de nuevos combustibles y/o de origen renovable: gasificación de carbón, de biomasa y de coque, descomposición anaerobia, metanización del gas síntesis, transesterificación, fermentación y electrólisis.

- Desarrollo, evaluación y demostración de equipos de combustión y calentamiento que operen con nuevos tipos de combustión, para la utilización de combustibles gaseosos convencionales, particularmente gas natural, y de origen renovable, entre los cuales están: combustión en lecho fluidizado, combustión sin llama, combustión catalítica, oxicombustión, combustión con recuperación autoregenearativa de calor, combustión sumergida, combustión con condensación, microcombustión y la combustión tipo HCCI (Homogeneus Charge Compression Ignition).

- Desarrollo, evaluación y demostración de tecnologías limpias para el uso del carbón en el sector industrial para la generación de vapor, en particular la utilización de sistemas de combustión de lecho fluidizado y carbón pulverizado.

- Evaluación y adaptación al piso térmico colombiano de nuevas tecnologías de motores de combustión interna para aplicar en el sector transporte, generación distribuida y energización rural, entre ellas: motores fuel flex, motores HCCI, motores a gas operando con mezclas 85% gas natural y 15% hidrógeno, motores con biodiesel al 100% y con corrección del efecto de altitud, motores a gas funcionando con gas natural licuado.

- Desarrollo, evaluación y demostración y/o transferencia tecnológica de sistemas de producción de vapor con recuperación de calor por condensación, como también aplicación de sistemas de calentamiento directo (sistemas radiantes, combustión sumergida y combustión con condensación) para la sustitución de sistemas centralizados de producción de vapor con alto grado de obsolescencia tecnológica y baja eficiencia.
- Estudio y caracterización de la combustión de biocombustibles producidos con biomasa autóctona de Colombia.
- Diagnósticos tecnológicos integrales de los sistemas de combustión y calentamiento en grandes empresas y PYMES con procesos intensivos en consumo de energía térmica.
- Desarrollo, evaluación y demostración de sistemas de combustión y de calentamiento para lograr una eficiencia energética mayor del 50% en los sistemas de cocción que utilizan gas natural y GLP en el sector residencial.
- Desarrollo, evaluación y demostración de sistemas de combustión y de calentamiento, con una eficiencia energética mayor a 40 % y bajo costo, para el uso de biogás en procesos de cocción en zonas rurales, que garantice la sustitución de la leña.

Programa nacional de investigación e innovación en optimización del uso de la energía eléctrica.

Los principales sectores consumidores de energía eléctrica en Colombia son el residencial, industrial, comercial, y oficial, con una participación porcentual respectivamente de la demanda de 37,4%; 34,1%; 20,1%; y 6,9% respectivamente, para una demanda total de 54.870 GWh en el 2008, según el Boletín Estadístico de Minas y Energía 1999-2003. Como puede observarse el sector transporte no tiene una participación significativa en la demanda. En el sector residencial los estratos 1,2, 3 representan el 70% de los usuarios y el 72% de la demanda.

Los principales procesos consumidores de energía eléctrica en el sector residencial y comercial son la iluminación y la refrigeración. Además, en regiones situadas a más de 2.000 metros sobre el nivel del mar se observa que aún la electricidad tiene una participación importante como fuente de calor en el calentamiento de agua, representando el 38% del consumo en los estratos 1,2 y 3. En regiones con temperatura promedio mayores de 28 °C y humedades relativas mayores del 70% durante la mayor parte del año, el consumo de energía eléctrica en el accionamiento de aire acondicionado tiene una participación importante en el sector residencial (estratos 4, 5 y 6) y comercial. En este contexto es comprensible y pertinente que la UPME proponga algunas estrategias para el uso racional de electricidad en los sectores residencial y comercial, tales como las presentadas en la tabla siguiente. Estas estrategias son el resultado obtenido del estudio "Formulación Estratégica del Plan de Uso Racional de Energía y de Fuentes no Convencionales de Energía 2007- 2025", el cual fue una consultaría realizada por la Fundación Bariloche y BRP para la UPME en el 2007.

Estrategias para URE sector residencial y comercial según UPME

NÚ-MERO	ESTRATEGIA	SECTOR
1	Aumentar los incentivos a producción nacional, implementar normas de eficiencia mínima	RESIDEN-CIAL
2	Estudiar la oferta interna y externa de electrodomésticos	
3	Aplicar normas y mejorar supervisión de las mismas.	
4	Estudiar la oferta disponible de equipos domésticos	
5	Reflejar objetivos de URE en señales tarifarias	
6	Fortalecer institucionalmente al MME y a la UPME para coordinar y aplicar políticas de URE	
7	Riguroso control del mercado de oferta de equipos: estandarización y etiquetado.	
8	Implementar programa de educación continua al usuario y consumidor para lograr mayor eficiencia energética	
9	Revisión de política comercial y normativa	
10	Instalar en el mapa mental de los actores y de la población la problemática sobre la prospectiva futura energética y el rol de las políticas URE	
1	Profundización en estudios de base sobre posibilidades de ahorro en iluminación y refrigeración	COMER-CIAL
2	Plan de formación de líderes universitarios y docentes que acompañen las estrategias y las acciones de difusión, promoción y capacitación en industria y comercio en las principales ciudades del país.	
3	Realizar seguimiento de las nuevas tecnologías eficientes disponibles en el mercado Colombiano y en el mercado internacional y realizar actividades de difusión permanente en conjunto con centros de investigación y COLCIENCIAS. Plan piloto demostrativo en un Centro Comercial en Bogotá.	
4	Inclusión de aspectos técnicos, regulatorios y de mercado en la página Web de la UPME con enlaces a las páginas de actores relacionados de tipo institucional y gremial de gran impacto y credibilidad Nacional, tales como: ANDI, SIC, MME, Cámaras de Comercio y otras.	
5	Implementación de programas de iluminación de alta eficiencia en oficinas públicas, centros comerciales y supermercados.	

NÚ-MERO	ESTRATEGIA	SECTOR
6	Implementación de programa de mejora de la eficiencia energética en refrigeración en comercios.	
7	Formalización de campañas de divulgación y educación en URE.	

En el sector industrial los principales procesos consumidores de energía eléctrica son el accionamiento de motores eléctricos para múltiples aplicaciones y la iluminación, según el Departamento de Energía de los Estados Unidos el 70% de la energía eléctrica demandada la consumen los motores eléctricos.

En general la industria colombiana no es electrointensiva pues, en el consumo final de energía, la electricidad solo representa el 16%, lo cual se explica porque en Colombia no se han desarrollado un número importante de industrias que utilicen la electricidad como fuente de calor o como insumo tal como es el caso de las industrias electroquímica y electrometalúrgicas. Por lo anterior las acciones para la optimización del uso de la energía eléctrica en este sector se centran en mejorar la eficiencia de los motores eléctricos y de los sistemas de iluminación.

En este programa se establece como objetivo desarrollar investigación e innovación tecnológica en optimización de los usos finales de la energía eléctrica en los sectores residencial, comercial e industrial, con el propósito de mejorar la competitividad en los sectores productivos de la economía nacional y para contribuir a mejores estándares de calidad de vida en los centros urbanos y en los sectores rurales, con lo cual se pretende dar soporte y contribuir al desarrollo exitoso del Plan de Uso Racional de Energía y de Fuentes no Convencionales de Energía 2007-2025, el cual impulsa el gobierno nacional con la iniciativa de la UPME, el CIURE y PROURE. Las líneas de investigación propuestas son:

- Estudio del uso de motores en la industria nacional para identificar su aplicación por sectores y procesos, el grado de obsolescencia tecnológica y la viabilidad técnica, para aplicar las principales acciones de eficiencia energética: introducir motores de alta eficiencia, aplicar sistemas de velocidad variable y banco de condensadores.
- Desarrollo de metodologías para la adaptación al contexto colombiano de procedimientos, estándares y normas requeridos en los programas de etiquetado de equipos para el uso final de energía eléctrica. Incidencia de las condiciones atmosféricas típicas de los pisos térmicos colombianos

sobre la eficiencia energética de electrodomésticos y sistemas de acondicionamiento de aire.

- Evaluación de nuevos refrigerantes, que contribuyan a disminuir el impacto Ambiental y mejoren las eficiencia energética de los sistemas de refrigeración. Mejora de la cadena de frío. Desarrollo de políticas que garanticen una adecuada cadena de frío e introducir nuevas tecnologías eficientes que permitan el suministro de frío en zonas apartadas.
- Reducción del impacto ambiental y el consumo de energía por climatización en edificios: desarrollo de normativa para evaluar el consumo de energía por edificio, reducir el consumo energético por edificaciones, desarrollo de nuevas tecnologías para climatización (bioclimática, energía solar, energía eólica, etc.). Efecto del cambio de bombillas incandescentes a bombillas de mayor eficiencia, sobre los factores característicos de la calidad de la energía eléctrica. Desarrollo de metodologías para garantizar la introducción de motores eléctricos de alta eficiencia en PYMES, de acuerdo a la escala económica y requerimientos técnicos específicos de sus respectivos procesos.

...ncontent.com/pod-product-compliance
...rce LLC
...A
...126
...B/6697